教育部高等学校电子信息类专业教学指导委员会规划教材
高等学校电子信息类专业系列教材·新形态教材

数字电路与逻辑设计

（第3版）

张俊涛 陈晓莉 编著

清华大学出版社
北京

内 容 简 介

本书分为三篇，共12章。第一篇分为2章，讲述数字电路的数制、补码和编码以及数字系统分析与设计的工具——逻辑代数。第二篇分为7章，以原理为主线，以器件为基础，以应用为目标，讲述数字以及数模混合系统设计中常用的集成电路——门电路、组合逻辑电路、时序逻辑电路以及存储器、脉冲电路和A/D、D/A转换器，并通过章内的思考与练习拓展读者思维深度和高度，通过章末典型的设计项目使读者能够及时地掌握应用要点。第三篇分为3章，讲述数字设计新技术——EDA技术的概念和应用要素、硬件描述语言Verilog HDL、常用数字器件的描述以及有限状态机设计方法，并配合设计项目，进一步培养读者数字系统的设计能力。

本书可作为电子信息类、计算机类等专业本科教材或教学参考书，也可作为数字电路自学或电子技术课程设计的参考书。

图书在版编目(CIP)数据

数字电路与逻辑设计/张俊涛，陈晓莉编著. —3版. —北京：清华大学出版社，2023.8（2025.1重印）
高等学校电子信息类专业系列教材·新形态教材
ISBN 978-7-302-62748-7

Ⅰ.①数… Ⅱ.①张… ②陈… Ⅲ.①数字电路－逻辑设计－高等学校－教材 Ⅳ.①TN79

中国国家版本馆CIP数据核字(2023)第027288号

策划编辑：盛东亮
责任编辑：钟志芳
封面设计：李召霞
责任校对：时翠兰
责任印制：宋　林

出版发行：清华大学出版社
网　　址：https://www.tup.com.cn，https://www.wqxuetang.com
地　　址：北京清华大学学研大厦A座　　**邮　　编**：100084
社 总 机：010-83470000　　**邮　　购**：010-62786544
投稿与读者服务：010-62776969，c-service@tup.tsinghua.edu.cn
质量反馈：010-62772015，zhiliang@tup.tsinghua.edu.cn
课件下载：https://www.tup.com.cn，010-83470236
印 装 者：三河市科茂嘉荣印务有限公司
经　　销：全国新华书店
开　　本：185mm×260mm　　**印　　张**：22.5　　**字　　数**：551千字
版　　次：2017年9月第1版　2023年8月第3版　　**印　　次**：2025年1月第4次印刷
印　　数：5501～7500
定　　价：69.00元

产品编号：098098-01

前言

PREFACE

数字系统在通信、信号处理、集成电路设计以及大数据和人工智能等电子信息产业有着举足轻重的作用。党的二十大报告中有“教育、科技、人才是全面建设社会主义现代化国家的基础性、战略性支撑”和“必须坚持科技是第一生产力、人才是第一资源、创新是第一动力”等论述，强调了科技、人才和创新的重要性。

“数字电路与逻辑设计”是学习数字系统设计的入门课程，是电子信息类和计算机类相关专业的重要工程基础课，理论性和实践性都很强。在多年的电子技术教学实践中，编者深切地体会到高等教育必须适应社会发展的需求，将学以致用作为培养目标，以此组织教材内容和编写模式，及设计项目和习题，使学生能够从应用的角度学习数字电路，进而提高电子系统设计的能力。

本书编者具有近三十年的电子技术教学经验，主讲“EDA 技术”课程二十多年，并具有组织和指导大学生电子设计竞赛、EDA/SOPC 电子设计专题、模拟及模数混合应用电路设计竞赛的实践经验，为了达到学以致用的培养目标，编者在教材的架构、内容的侧重点、设计项目的构思、思考与练习和习题的精选等方面深入思考、精心安排。为了体现“数字电路与逻辑设计”课程的基础性，并兼顾没有时序逻辑电路难以有效构成数字系统的应用特点，本书采用理论与实践相结合的编排方式，在讲清数字电路理论的同时，注重器件的原理、功能及应用。为了突出教材的高阶性和创新性，多数章节配有用于课堂启发式教学的思考与练习，并在章末附有设计项目和习题，由浅入深，举一反三，注重系统观念的培养和应用能力的提高。

全书分为三篇共 12 章。第一篇(第 1、2 章)讲述数字电路的数制、补码和编码以及数字系统分析与设计的理论工具——逻辑代数。第二篇(第 3～9 章)以原理为主线，以器件为基础，以应用为目标，讲述数字系统以及数模混合系统设计中常用的集成电路——门电路、组合逻辑电路、时序逻辑电路以及存储器、脉冲电路和 A/D、D/A 转换器，并通过章内的思考与练习拓展课程深度，提升思维高度，通过章末典型的设计项目使读者能够及时地掌握应用要点，培养系统设计能力。第三篇(第 10～12 章)讲述数字系统设计新技术——EDA 技术的概念和应用要素、硬件描述语言 Verilog HDL、常用数字器件的描述以及有限状态机设计方法，并配合设计项目，进一步提升读者的数字系统设计能力。

本书的编写力求突出三个特点：

(1) 注重应用——以应用为导向，注重逻辑设计，淡化器件内部电路分析，突出器件的功能和应用。

(2) 内容全面——本书第一篇、第二篇讲述以中小规模器件应用为基础的经典“数字电路”课程内容，第三篇讲述基于硬件描述语言的现代数字系统设计新技术，通过对常用器件的功能描述和典型项目的设计，举一反三，将传统的“数字电路”课程内容与新技术的应用融合在一起，进一步拓展读者的视野。

(3) 培养能力——通过思考与练习深化课程内容，提升读者的思维高度。通过例题、设计项目和应用性习题，由浅入深，循序渐进，培养学生电子系统设计能力。

本书主要由张俊涛编写，陈晓莉参与编写了部分内容，帮助绘制了书中的插图，并承担了微课视频的录制、剪辑和优化工作。

在本书的编写过程中，编者参考了国内外许多经典的数字电路教材和著作，在此向相关作者表示深深的谢意。

本书可作为电子信息类、计算机类专业本科教材或教学参考书，也可作为数字电路自学和电子技术课程设计的参考书。将本书作为教材时可采用少学时和多学时两种教学模式，少学时可只讲述第一篇和第二篇，因为前两篇已经涵盖了传统的数字电路经典内容；多学时可选讲第三篇，以拓展视野，进一步提升数字系统设计能力。

需要说明的是，为方便学生应用电路仿真软件和 EDA 开发环境进行数字系统分析与设计，同时为方便阅读原始器件资料和进行国际交流，本书采用国际通用的门电路符号。敬请读者注意。

本书配套提供教学大纲、教学课件和习题解答，仅面向选用本书作为教材的高校教师。书中带有“*”标记的习题表示该习题的复杂度超出了基本教学要求，具有一定的挑战性，与“电子技术课程设计”和“电子设计竞赛”相关。

鉴于编者的水平，书中难免存在疏漏之处，恳请读者提出批评意见和改进建议。

编　者

2023 年 7 月

目录

CONTENTS

第一篇　数字电路基础

第二篇 常用集成电路

第三篇　数字系统设计新技术

第一篇

ARTICLE 1

数字电路基础

人类社会通过各种各样的方式传递信息。古人用烽火传递战争预警信息，用击鼓鸣金传送战场上的命令信息。“烽火连三月，家书抵万金”，边关的战事信息需要通过快马加鞭接力传递，费时费力，效率低下。

0.1
微课视频

随着电磁波的发现和半导体器件的产生及性能的提高，信息的传递方式发生了巨大的变化。从起初的电报、电话发展到现在的网络通信、移动通信和卫星通信，极大地提高了信息传递的效率，丰富了人们的生活，拉近了人与人之间的距离。相应地，人类社会也从农业社会、工业社会快速步入了信息化社会。

在电子信息领域，承载信息的载体称为信号(signal)。信号一般表现为随时间等因素变化的某种物理量，例如语音信号随时间变化，图像信号随空间变化，而视频信号随空间和时间变化。在电子系统中，信号是随时间变化的，如电压信号和电流信号，因此记为 $f(t)$。

根据自变量 t 是否连续取值，将信号分为连续时间信号和离散时间信号两大类。又根据信号的幅值是否连续，将信号分为幅值连续的信号和幅值离散的信号。这样，可以组合出以下四类信号：

第一类：时间连续、幅值连续的信号；

第二类：时间离散、幅值连续的信号；

第三类：时间连续、幅值离散的信号；

第四类：时间离散、幅值离散的信号。

分别如图 0-1(a)～图 0-1(d)所示。

通常将第一类——时间连续、幅值连续的信号称为模拟信号(analog signal)，将第四类——时间离散、幅值离散的信号称为数字信号(digital signal)。第二类和第三类信号则为模拟信号转换为数字信号和将数字信号还原为模拟信号时产生的过渡信号。例如，对模拟信号进行等间隔采样可以产生第二类信号(也称为采样信号)，再对幅值进行量化后转换为数字信号,如图 0-2 所示。相应地,将数字信号经过 D/A 转换器转换为第三类信号,再经过低通滤波后还原为模拟信号。相应地,产生和处理模拟信号的电子电路称为模拟电路,产生和处理数字信号的电子电路称为数字电路。而第二类和第三类信号在模拟电路和数字电路课程中均有涉及。

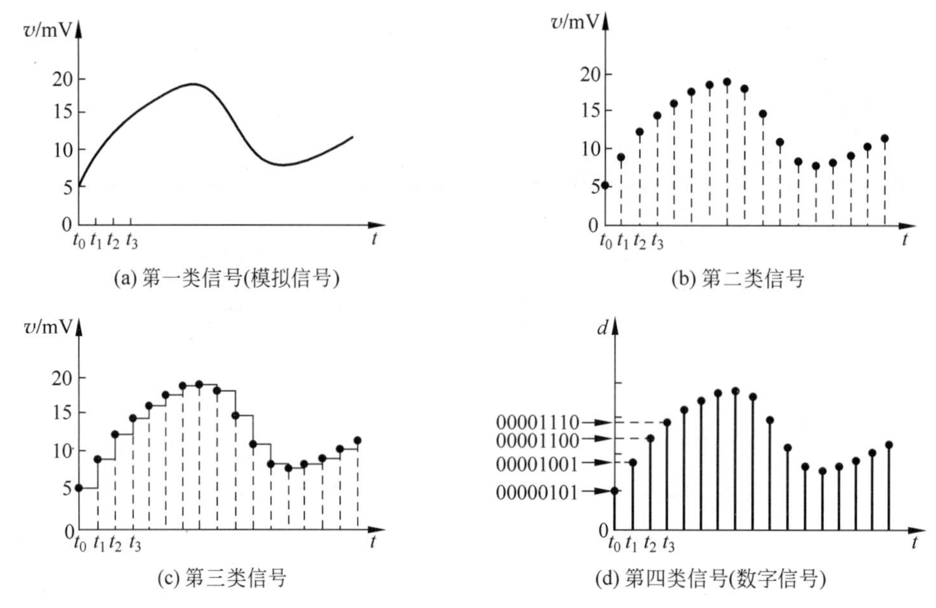

图 0-1　信号的分类

数字系统在信息的存储、处理和传输等方面有着独特的优势,而自然现象中大多数物理量本质上是模拟的,因此,需要应用数字系统处理模拟信号时,首先需要将模拟信号转换为数字信号,经数字系统处理后,通常还需要再还原为模拟信号。例如,音频信号数字化处理流程如图 0-3 所示,前端将模拟音源信号经过调理后转换为数字信号,再经过信源编码、调制记录到存储介质上,或者通过信道编码经过传输介质进行传输,后端则通过光盘传递或网络下载后,经过解调或者信道解码、信源解码后再还原出音源信息。

电子技术飞速发展的几十年间,数字技术的应用改变了世界。人们每天都要获取大量的信息,而这些信息的传输、处理和存储越来越趋于数字化。

在人们的日常生活中,典型的数字产品主要有以下三种。

(1) 计算机。

计算机是数字系统的典型代表,已经广泛应用于人们日常生活和工作中。

自 20 世纪 40 年代第一台数字计算机诞生以来,伴随着半导体工艺技术的提高,计算机的功能越来越强大,其性能也大幅度提高,在数据处理、数字音视频技术和数字通信等领域都得到了广泛的应用。近 30 年来,“数字革命”扩展到人们生活的方方面面。计算机不仅成为人们学习和工作的平台,同时又是文化传播和娱乐的平台,人们可以通过计算机听音乐、看电影、欣赏图片、浏览网页等。

(2) 数码相机。

数码相机的发展和广泛应用主要依赖于数字存储和数字图像处理技术。

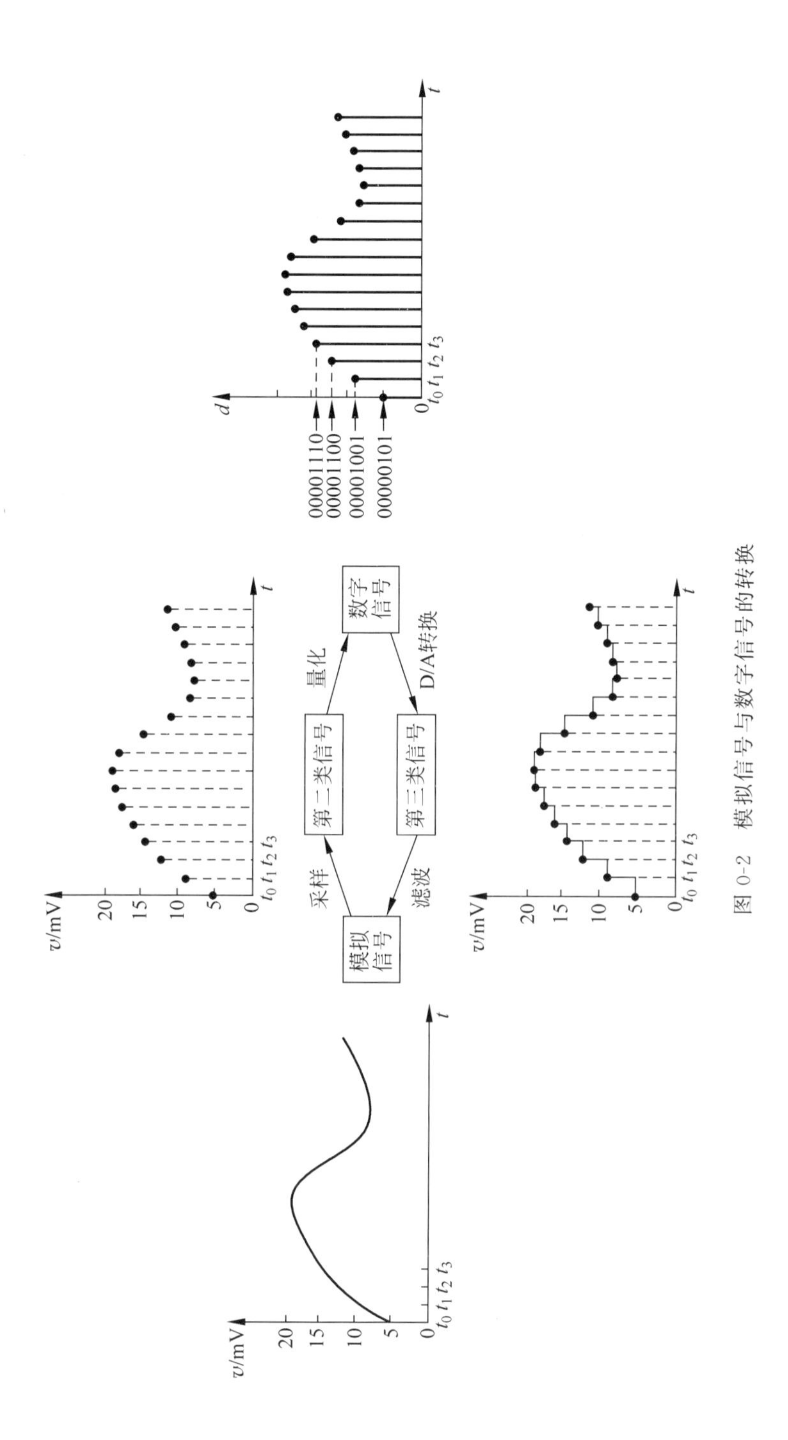

图 0-2　模拟信号与数字信号的转换

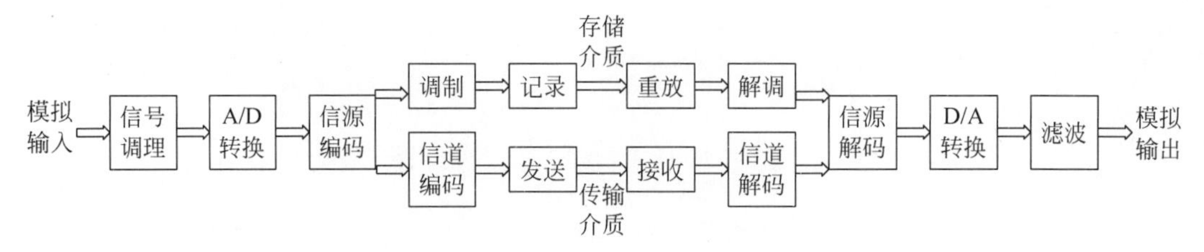

图 0-3 音频信号数字化处理流程

40 多年前,大多数照相机用银卤化物胶片记录图像。胶片需要经过曝光、冲洗、显影等过程才能呈现出摄入的图像信息。如今,半导体制造工艺技术的提高使得半导体存储器的容量大幅度提高,而成本大幅度降低,这使得存储器成为图像信息存储的主要载体。数码相机摄入的图像经压缩记录为数字信息存储在 SD 卡、U 盘等半导体存储器中,这种方式便于图像的传输、备份、加工和处理。每幅图像记录为 720p、1080p 或者更大的像素矩阵,其中每个像素又可以用 8 位或更多位表示红、绿、蓝三基色的强度值。

(3) 智能手机。

智能手机在人们日常生活中扮演着重要的角色,已经成为通信、电子商务的主要工具。

手机从初期以语音通信为主要功能的普通手机发展到现在的集通信、数字音视频、电子商务、卫星定位和导航等多种功能于一体的智能手机,其内部核心电路是以处理器为核心的数字系统。同时,手机的内置摄像头使得人们可以随时随地地拍照,高分辨率的显示屏可以方便地实现视频播放和图片显示,语音接口可以方便地实现录音和音乐播放,高清地图配合 GPS 可以为人们提供实时导航服务。

除上述典型的数字产品外,数字技术的应用领域十分广泛,包括医学信息处理、仪器仪表、工业控制以及音视频信息处理等领域。

数字技术之所以能够广泛应用,主要因为数字电路与模拟电路相比,有许多优点。

(1) 抗干扰能力强。

数字电路能够在相同的输入条件下精确地产生相同的结果,而模拟电路容易受到温度、电源电压、噪声、辐射和元器件老化等因素的影响,在相同的输入条件下,输出结果会不同。

(2) 数字信号便于传输和处理。

数字系统可以很容易地实现对信息的编码,以提高通信效率和可靠性,而且容易实现信息的加密,从而可以有效地保护知识产权。例如,目前许多住宅小区的有线电视网络将信息编码成数字信号进行传输,再通过机顶盒解码出视频与音频信息。除了提供上网和回看等附加功能外,便于收费也是其主要功能之一。

(3) 成本低。

数字电路可以被集成在单个芯片里,如 CPU、单片机和 FPGA 等,以很低的成本进行量产。如经典的 MCS-51 单片机的售价只有几元;等效门电路达到百万门的 FPGA,可以集成功能强大的微处理器、DSP 和乘法器等,其售价也只有几十元到上百元。

为理解数字电路的工作原理,掌握数字系统的分析与设计方法,需要系统地学习数字电路与逻辑设计课程,用理论指导实践。

本篇首先介绍数字电路中常用的数制、补码和编码,然后重点讲述分析与设计数字系统的数学工具——逻辑代数。

第1章 数制与编码

CHAPTER 1

本章简要介绍数字系统中数制、补码和编码等相关概念，为后续章节的展开奠定基础。

1.1 数制

1.1 微课视频

数制即记数所采用的体制，具体是指多位数码中每位数码的构成方式，以及从低位到高位的进位规则以及从高位到低位的借位规则。从古至今，人们习惯于使用十进制进行记数，这与人自身的特点有关。而数字电路采用开关电路来实现，而开关通、断只能代表两种数码，自然与二进制数相对应。因此，二进制是数字电路的基础。

本节介绍常用的数制及其转换方法。

1.1.1 十进制

十进制(decimal)由"0、1、2、3、4、5、6、7、8、9"十个数码和小数点符号"."构成，采用多位记数体制进行记数，其进位规则为逢十进一，借位规则为借一当十。处于不同数位的数码具有不同的权值(weight)，以小数点为界，十进制记数法依次向左每位的权值分别是 10^0，10^1，10^2，…，向右每位的权值分别 10^{-1}，10^{-2}，…。例如十进制数 555.55 每个数码均为 5，但处于不同位置的 5 代表的价值不同，实际表示的数值大小为

$$5\times 10^2+5\times 10^1+5\times 10^0+5\times 10^{-1}+5\times 10^{-2}$$

一般地，任意一个十进制数都可以展开为以下的位权展开式

$$\sum_{i=-m}^{n-1} d_i\times 10^i$$

其中，d_i 是第 i 位数码，10^i 则为第 i 位的权值，n 和 m 分别表示整数部分和小数部分的位数。

1.1.2 二进制

数字电路是基于开关电路实现的，而开关只具有闭合和断开两个稳定状态。用 0 代表其中一个状态，用 1 代表另一个状态，当开关交替闭合断开时，自然形成了 0 和 1 表示的二值序列。多个开关同时工作时则形成了多位 0 和 1 的组合。因此，数字电路自然与二进制(binary)相对应。

二进制只采用 0 和 1 两个数码，采用多位记数体制进行记数，其进位规则是逢二进一，

借位规则是借一当二。

任何一个二进制数可以用其位权展开式表示

$$\sum_{i=-m}^{n-1} b_i \times 2^i$$

其中，b_i 为二进制数码 0 或 1，2^i 则为其相应的权值。例如$(1011.101)_2$ 表示数的大小为

$$1\times 2^3+0\times 2^2+1\times 2^1+1\times 2^0+1\times 2^{-1}+0\times 2^{-2}+1\times 2^{-3}$$

一般地，N 进制数共有 N 个数码，其权位展开式可以表示为

$$\sum_{i=-m}^{n-1} k_i \times N^i$$

其中，k_i 是第 i 位数码的大小；N^i 为第 i 位数码的权值；n 和 m 分别表示整数部分和小数部分的位数。

1.1.3 十六进制

二进制的优点是简单，而且便于运算，缺点是当位数增多时不但书写麻烦，而且不容易识别。一方面是书写时需要占用较大的篇幅，另一方面是按位权展开式计算其数值大小很麻烦。例如，32 位二进制数 1 1111 0001 1110 1010 1010.0111 0110 111 对应的十进数是多少？

为了解决这个问题，人们想到一种转换方法：将二进制数以小数点为界，向左和向右每 4 位合并为一个十六进制数码（常用），或者向左和向右每 3 位合并为一个八进制数码（国学《易经》以八进制为基础），以方便表示和识别。

十六进制采用十六个数码"0、1、2、3、4、5、6、7、8、9、A、B、C、D、E、F"，其进位规则是逢十六进一，借位规则是借一当十六。以小数点为界，十六进制整数向左每位的权值依次为 $16^0,16^1,16^2,\cdots$，向右小数部分每位的权值依次为 $16^{-1},16^{-2},\cdots$。例如：

$$\begin{aligned}(9AB.1C)_{16} &= (9\times 16^2+10\times 16^1+11\times 16^0+1\times 16^{-1}+12\times 16^{-2})_{10}\\ &= (2475.109375)_{10}\end{aligned}$$

即十六进制数 9AB.1C 和十进制数 2475.109375 等值。

十六进制数既方便书写又方便识别，是数字系统中常用的数制之一。表 1-1 为不同进制数值之间关系的对照。

表 1-1 不同进制数值之间关系的对照

十进制	二进制	十六进制	十进制	二进制	十六进制
0	0000	0	8	1000	8
1	0001	1	9	1001	9
2	0010	2	10	1010	A
3	0011	3	11	1011	B
4	0100	4	12	1100	C
5	0101	5	13	1101	D
6	0110	6	14	1110	E
7	0111	7	15	1111	F

1.1.4　不同进制的转换

日常生活中最普遍使用的是十进制数，而数字系统是由产生和处理二进制数码 0 和 1 的开关电路构建的，所以应用数字系统进行数值计算时，就需要将我们熟悉的十进制数转换成二进制数送入数字系统，计算完成后再将二进制数还原成十进制数以方便我们识别。

1. 十进制数转换成二进制数

十进制数转换为二进制数时，整数部分和小数部分的转换方法不同。将整数部分和小数部分分别转换完成后，再合并为一个数。

十进制整数转换成二进制时采用“除 2 取余”的方法。具体做法是：用 2 去除十进制整数，得到一个商数和一个余数；再用 2 去除新得到的商数，又会得到一个商数和一个余数，反复进行直到商数为 0 时为止，然后把最后得到的余数作为二进制数的最高有效位，把最先得到的余数作为二进制数的最低有效位，依次排列即得到转换结果。

【例 1-1】 将十进制整数 173 转换为二进制数。

解：十进制整数的转换采用“除 2 取余，逆序排列”的方法。

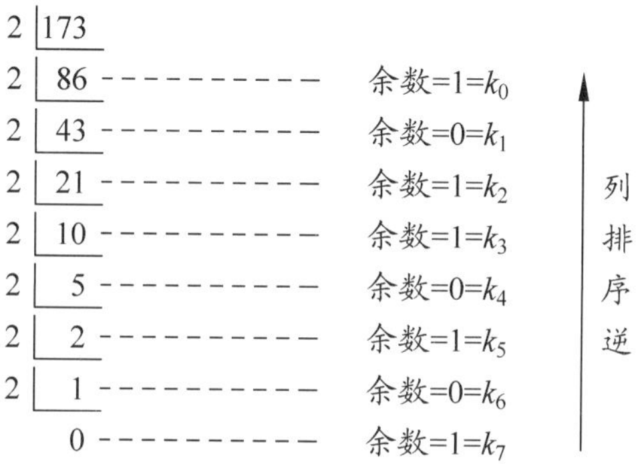

2 | 173
2 | 86 ----------- 余数=1=k_0
2 | 43 ----------- 余数=0=k_1
2 | 21 ----------- 余数=1=k_2
2 | 10 ----------- 余数=1=k_3
2 | 5 ----------- 余数=0=k_4
2 | 2 ----------- 余数=1=k_5
2 | 1 ----------- 余数=0=k_6
0 ----------- 余数=1=k_7

逆序排列 ↑

因此得$(173)_{10}=(10101101)_2$。

十进制小数转换为二进制时采用“乘 2 取整”的方法。具体做法是：用 2 乘以十进制小数，将得到乘积的整数部分取出；再用 2 乘以余下的小数，再将乘积的整数部分取出，依次反复进行直到乘积的小数部分为 0，或者满足精度要求为止。将得到的整数顺序排列即为转换结果。

【例 1-2】 将十进制小数 0.8125 转换为二进制数。

解：十进制小数的转换采用“乘 2 取整，顺序排列”的方法。

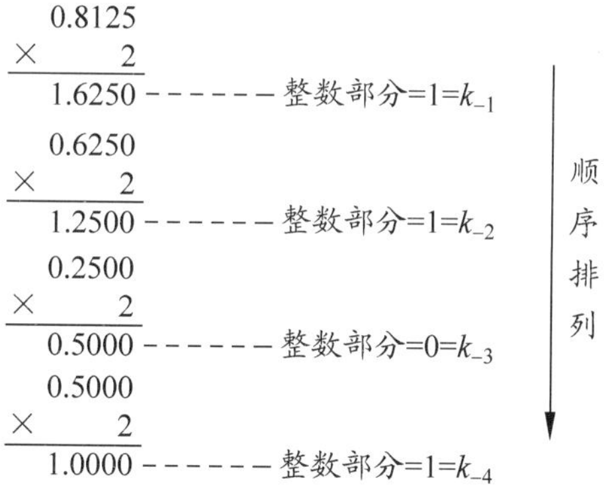

0.8125
× 2
1.6250 ------ 整数部分=1=k_{-1}
0.6250
× 2
1.2500 ------ 整数部分=1=k_{-2}
0.2500
× 2
0.5000 ------ 整数部分=0=k_{-3}
0.5000
× 2
1.0000 ------ 整数部分=1=k_{-4}

顺序排列 ↓

因此得$(0.8125)_{10}=(0.1101)_2$，所以$(173.8125)_{10}=(10101101.1101)_2$。

上述转换方法可以类推到将十进制数转换为十六进制数，即十进制整数部分“除16取余”、小数部分采用“乘16取整”的方法。

2. 二进制数转换成十进制数

二进制数转换成十进制数的基本方法是按照其位权展开式展开，然后进行十进制加法求和即可得到相对应的十进制数。例如

$$(1011.101)_2=(1\times 2^3+0\times 2^2+1\times 2^1+1\times 2^0+1\times 2^{-1}+0\times 2^{-2}+1\times 2^{-3})_{10}$$
$$=(11.625)_{10}$$

十六进制数转换成十进制的方法相同。例如

$$(\text{F5.6E})_{16}=(15\times 16^1+5\times 16^0+6\times 16^{-1}+14\times 16^{-2})_{10}=(245.4296875)_{10}$$

3. 二进制数和十六进制数的相互转换

二进制数和十六进制数的相互转换比较容易。将二进制数转换为十六进制数时，只需要从小数点开始，向左、向右每4位合并为一位十六进制数码对应排列就可以了。相反地，将十六进制数转换为二进制数时，只需要把每位十六进制数码重新展开为4位二进制数对应排列即可。例如

$$(1010\ 0110\ 0010.1011\ 1111\ 0011)_2=(\text{A62.BF3})_{16}$$
$$(\text{7E3.5B4})_{16}=(0111\ 1110\ 0011.0101\ 1011\ 0100)_2$$

综上所述，常用进制之间的转换方法如图1-1所示。

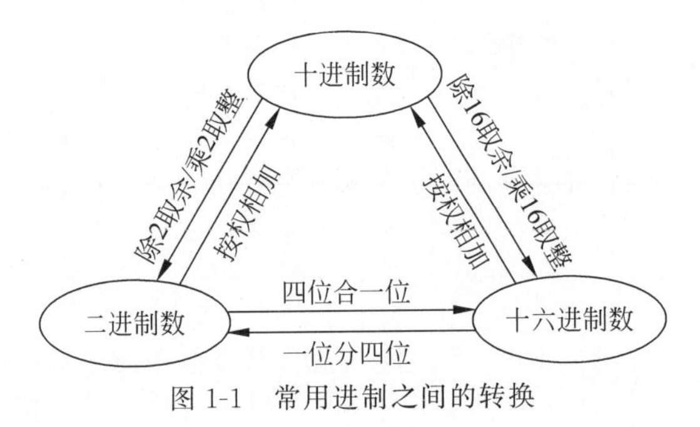

图1-1 常用进制之间的转换

1.2
微课视频

1.2 补码的应用

用十进制进行运算时，做加法容易，做减法则比较麻烦。做减法时，首先需要比较两个数的大小，然后用大数减去小数，运算结果取大数的符号。这种思维方法应用数字系统实现时，电路十分复杂。能不能将减法运算转换为加法运算，以方便数字系统实现呢？下面以手表为例进行分析。

假设现在是早上7点，手表昨天晚上11点停了，这时就需要将手表从11点调到7点，如图1-2所示。调表的方法有两种：第一种方法是将表针逆时针回拨4格——做减法，即11－4＝7；第二种方法是将表针顺时针向前拨8格——做加法，即11＋8＝(12)＋7，同样可以达到目的。

这个例子说明，对于手表来说，在忽略进位的情况下，做加法和做减法的效果是一样的。

也就是说，可以用加法运算来代替减法运算。关键问题是，怎么知道减 4 可以转换为加 8 呢？答案是 4+8=12，恰好为表盘的模（也称为进制、容量）。也就是说，对于模 12 来说，8 为 4 的补码。

这种思维方法可以类推到其他进制。例如，对于模 10 运算，要做 9－4 时可以用 9+6 代替，在忽略进位的情况下，运算结果是一样的，即 6 为 4 的补码。对于模 100 运算，要做 86－45 时可以用 86+55 代替，即 55 是 45 的补码。

同样的道理，对于图 1-3 所示的 4 位二进制（模 16）系统，若要做减法运算 1010－0111（对应十进制 10－7）时，首先应找到 0111 的补码。因为 7+9=16，所以 1010－0111 可以用加法运算 1010+1001（十进制 10+9）代替，即对于模 16 运算，1001 为 0111 的补码。

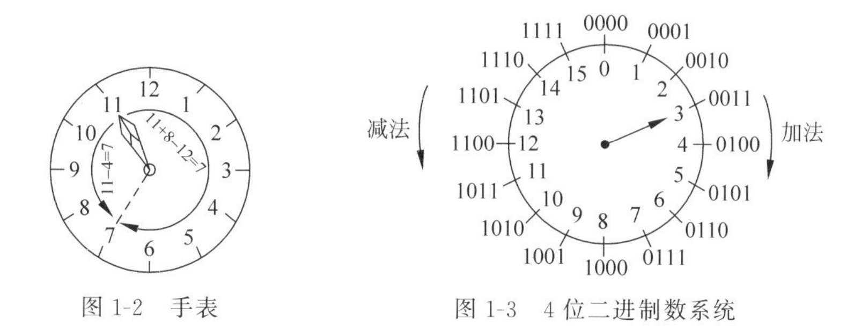

图 1-2　手表　　　图 1-3　4 位二进制数系统

一般地，对于 n 位二进制数（模 2^n），如何求数的补码呢？下面先介绍数的表示方法。

在数字系统中，数分为无符号数（unsigned numbers）和有符号数（signed numbers）两种类型。无符号数每位都是"数值位"（magnitude bits），每位都有固定的权值（weight）。前面介绍的数均默认为无符号数。有符号数采用"符号位＋数值位"的形式表示，符号位（sign bit）为"0"时表示正数，为"1"时表示负数。数值位表示数值的（绝对值）大小。

有符号数有原码、反码和补码三种表示方法。

对于"符号位$+n-1$ 位数值位"构成的 n 位有符号二进制数，其原码的格式为

$$S, b_{n-2}, \cdots, b_0$$

其中，S 为符号位；$b_{n-2}, \cdots, b_0$ 为 $n-1$ 位二进制数。

原码能够表示数的范围为$-(2^{n-1}-1) \sim +(2^{n-1}-1)$。8 位有符号二进制数能够表示数的范围为$-127 \sim +127$，其中数 0 的表示形式有两种：0,0000000（+0）和 1,0000000（−0）。

反码又称为对 1 的补码（1's complement）。用反码表示有符号数时，符号位保持不变，若将 $n-1$ 位二进制数 $b_{n-2}, \cdots, b_0$ 的数值大小用 N 表示，则反码的数值大小定义为

$$(N)_{反码} = \begin{cases} N & (正数时) \\ (2^n-1)-N & (负数时) \end{cases}$$

例如，原码 1,0101011（−43）的反码为 1,1010100（−43）。

8 位二进制数反码表示数的范围为$-127 \sim +127$，其中数"0"仍然有两种表示形式：0,0000000（+0）和 1,1111111（−0）。

补码又称为对 2 的补码（2's complement）。用补码表示有符号数时，符号位保持不变，其数值大小定义为

$$(N)_{补码}=\begin{cases}N & (正数时)\\ 2^n-N & (负数时)\end{cases}$$

例如,原码 1,0101011(−43)的补码为 1,1010101(−43)。

8 位二进制数补码表示数的范围为−128～+127,其中数“0”的表示形式只有一种——0,0000000,是唯一的。

表 1-2 给出了 8 位二进制数码表示的无符号数以及有符号数的原码、反码和补码数值大小的对照。

表 1-2 8 位二进制无符号数和有符号数三种表示方法的对照

8 位二进制数	无符号数	有符号数		
		原码	反码	补码
0000 0000	0	+0	+0	+0
0000 0001	1	+1	+1	+1
…	…	…	…	…
0111 1101	125	+125	+125	+125
0111 1110	126	+126	+126	+126
0111 1111	127	+127	+127	+127
1000 0000	128	−0	−127	−128
1000 0001	129	−1	−126	−127
1000 0010	130	−2	−125	−126
…	…	…	…	…
1111 1110	254	−126	−1	−2
1111 1111	255	−127	−0	−1

正数的原码、反码和补码形式相同。求负数的补码时,为了避免做减法运算,一般方法是先求出负数的反码,然后在数值位上加 1 得到补码,即

$$(N)_{补码}=(N)_{反码}+1 \quad (负数时)$$

有符号数用补码表示以后,使得加法器既能做加法,也能实现减法,从而大大简化了处理器硬件电路的结构。

【例 1-3】 用二进制补码计算 13+10、13−10、−13+10 和−13−10。

解:由于 13+10=23,故数值大小至少需要用 5 位二进制数表示。用补码运算时,需要再加上 1 位符号位,所以至少需要用 6 位补码进行运算。

$$\begin{array}{rr} +13 & 0\,01101\\ +10 & 0\,01010\\ \hline +23 & 0\,10111 \end{array} \qquad \begin{array}{rr} +13 & 0\,01101\\ -10 & 1\,10110\\ \hline +3 & (1)0\,00011 \end{array}$$

$$\begin{array}{rr} -13 & 1\,10011\\ +10 & 0\,01010\\ \hline -3 & 1\,11101 \end{array} \qquad \begin{array}{rr} -13 & 1\,10011\\ -10 & 1\,10110\\ \hline -23 & (1)1\,01001 \end{array}$$

在数字系统中,二进制加法是基本运算,应用补码可以将减法转换成加法,而乘法可以用加法实现,除法运算可以用减法实现,因此计算机 CPU 中的累加器既能进行加法运算,也可以实现减法、乘法和除法运算,而指数、三角函数等都可以分解为加、减、乘、除运算的组

合，因此累加器可以实现任意的数值运算。

思考与练习

1-1 用7位补码重新计算例1-3，比较计算结果。

1-2 用8位补码重新计算例1-3，比较计算结果。

1-3 分析例1-3和上述计算方法，会得到什么结论？

1-4 十进制运算为什么不应用补码将减法运算转换为加法运算？

1.3 编码

1.3 微课视频

数码不但可以表示数的大小，还可以用来表示不同的事物。用数码表示不同的事物称为编码(code)。编码的应用非常广泛，例如居民身份证号是国家对每个公民的编码，学号是学校对每位学生的编码。类似地，还有运动员的编号、货品的条形码和车牌号等。另外，编码还可用来表示事物不同的状态，如开关的断开或者闭合、灯的亮灭以及事件的真假等。

数字电路中使用二进制数码0和1对事物进行编码。下面介绍几种常用的编码。

1.3.1 十进制编码

虽然二进制适合于数字系统运算，但人们还是习惯于使用十进制，所以在计算机发展初期，发明了十进制编码，用二进制数码来表示十进制数。

n 位二进制数共有 2^n 个不同的取值，因此在表示十进制数码0、1、2、3、4、5、6、7、8、9时，需要用4位二进制数码。从理论上讲，十进制代码共有 A_{16}^{10} 种编码方案。虽然方案很多，但绝大部分编码没有特点，有应用价值的十进制代码并不多。表1-3为几种常用的十进制编码。

表1-3 常用的十进制编码

数值	编码			
	8421码	余3码	2421码	5421码
0	0000	0011	0000	0000
1	0001	0100	0001	0001
2	0010	0101	0010	0010
3	0011	0110	0011	0011
4	0100	0111	0100	0100
5	0101	1000	1011	1000
6	0110	1001	1100	1001
7	0111	1010	1101	1010
8	1000	1011	1110	1011
9	1001	1100	1111	1100
权值	8421	无权	2421	5421

8421码是用4位二进制数的前10组来分别代表十进制数0～9。由于4位二进制数从高到低的权值依次为8、4、2、1，因此这种编码称为8421码，或称为BCD(binary coded decimal)码。每个代码表示的十进制数，恰好等于数码中为1数码的权值之和。

将8421码的每个码加3(0011)就得到了余3码(excess-3 code)。余3码没有固定的权值,为无权码。2421和5421码的每位权值分别为2、4、2、1和5、4、2、1。

1.3.2 循环码

循环码又称为格雷码(Gray code),其特点是任意两个相邻码之间只有一位不同。对于4位循环码,其构成规律为最低位按照01、10循环变化,次低位按0011、1100循环变化,次高位按00001111、11110000循环变化,最高位按0000000011111111、1111111100000000循环变化。按上述规律类推,可以构成任意位的循环码。4位二进制码与循环码的比较如表1-4所示。

表1-4 4位二进制码与循环码的比较

十进制数	二进制码	循环码
0	0000	0000
1	0001	0001
2	0010	0011
3	0011	0010
4	0100	0110
5	0101	0111
6	0110	0101
7	0111	0100
8	1000	1100
9	1001	1101
10	1010	1111
11	1011	1110
12	1100	1010
13	1101	1011
14	1110	1001
15	1111	1000

循环码为可靠性编码。在时序电路中,二进制计数器如果按照循环码方式进行计数,由于任意两个相邻码之间只有一位不同,所以计数时没有竞争,自然不会产生竞争-冒险。另外,卡诺图也是利用循环码中两个相邻码只有一位不同的特点表示最小项的相邻关系,以方便逻辑函数化简。

1.3.3 ASCII码

ASCII码为美国信息交换标准代码,由7位二进制代码($b_7b_6b_5b_4b_3b_2b_1$)组成,分别编码128个字母、数字和控制码,如表1-5所示。

ASCII码在计算机中用单字节表示。由于字节的取值范围为0~255,但ASCII码并没有定义字节取值为128~255($1b_7b_6b_5b_4b_3b_2b_1$)时的编码字符,为了能够表示更多字符,许多厂商制定了自己的ASCII码扩展规范,统称为扩展ASCII码(Extended ASCII)。

为促进汉字在计算机系统中的应用,我国用扩展ASCII码编码汉字和图形字符。国家标准总局于1980年发布了《信息交换用汉字编码字符集》(GB 2312—1980),共收录了6763

个汉字(其中一级汉字 3755 个,二级汉字 3008 个)和 682 个图形字符,所收录的汉字覆盖了中国大陆地区 99.75%的使用频率,满足计算机汉字处理的需要。

表 1-5　ASCII 码

$b_4b_3b_2b_1$	$b_7b_6b_5$							
	000	**001**	**010**	**011**	**100**	**101**	**110**	**111**
0000	NUL	DLE	SP	0	@	P	`	p
0001	SOH	DC1	!	1	A	Q	a	q
0010	STX	DC2	“	2	B	R	b	r
0011	ETX	DC3	#	3	C	S	c	s
0100	EOT	DC4	$	4	D	T	d	t
0101	ENQ	NAK	%	5	E	U	e	u
0110	ACK	SYN	&	6	F	V	f	v
0111	BEL	ETB	‘	7	G	W	g	w
1000	BS	CAN	(	8	H	X	h	x
1001	HT	EM	)	9	I	Y	i	y
1010	LF	SUB	*	:	J	Z	j	z
1011	VT	ESC	+	;	K	[	k	{
1100	FF	FS	,	<	L	\	l	|
1101	CR	GS	—	=	M	]	m	}
1110	SO	RS	.	>	N	^	n	~
1111	SI	US	/	?	O	—	o	DEL

《信息交换用汉字编码字符集》(GB 2312—1980)将字符集分为 94 个区,每区有 94 个位,因此通常将这种编码称为区位码。每个汉字或图形字符的区位码用两个扩展 ASCII 码表示。第一个字节称为区字节(高位字节),使用扩展 ASCII 码 0xA1-0xF7(区号 01～87 加 0xA0);第二个字节称为位字节(低位字节),使用扩展 ASCII 码 0xA1-0xFE(位号 01～94 加 0xA0)。一级汉字从 16 区起始,汉字区字节的范围是 0xB0-0xF7,位字节的范围是 0xA1-0xFE,占用的码位数为 72×94=6768,其中 5 个空区位码是 D7FA～D7FE。例如,《信息交换用汉字编码字符集》(GB 2312—1980)中第一个汉字“啊”的区位码是 1601,内部编码为 0xB0A1。

思考与练习

1-5　在日常生活中,还有哪些编码的例子?请多举几个例子说明。

1-6　分析我国居民身份证的编码方式。

1-7　分析你所在学校学生学号的编码方式。

本章小结

数制是记数所采用的体制,有二进制、十进制和十六进制等多种记数体制。数字系统中应用二进制,这与数字电路的实现方法有关。将数值输入数字系统处理时,需要将我们熟悉的十进制数转成二进制，数字系统处理完成后，有时还需要将二进制数再还原为十进制输出。这些基础性的转换工作现在由计算机自动完成，我们只需要掌握其转换思路和方法。

当二进制的位数很多时，书写和识别都很麻烦，通常转换为十六进制表示。

数字系统中的数分为无符号数和有符号数两种类型。应用补码进行数值运算，可以将减法运算转换为加法，而乘法可通过移位累加实现，除法可通过减法实现。所以，应用加法电路就可以实现加、减、乘、除运算。

用数码表示特定的信息称为编码。编码已经应用于我们生活的各个方面，如身份证号、学号和手机号等。十进制代码是用二值数码表示的十进制数，有 8421 码、余 3 码、2421 码和 5421 码等多种编码方式，其中 8421 码最为常用，分别用四位二进制数的前 10 组数值编码十进制数 0～9。

大道至简，衍化至繁。数字系统应用最简单的二进制进行数值运算，应用 0 和 1 两个数码编码数字、字母、符号和汉字，从而能够表示世间万事万物。

习题

1.1 将下列二进制数转换为十进制数。

(1) $(11001011)_2$　(2) $(101010.101)_2$　(3) $(0.0011)_2$

1.2 将下列十进制数转换为二进制数，要求转换误差小于 2^{-6}。

(1) $(145)_{10}$　(2) $(27.25)_{10}$　(3) $(0.697)_{10}$

1.3 将下列二进制数转换为十六进制数。

(1) $(1101011.011)_2$　(2) $(111001.1101)_2$　(3) $(100001.001)_2$

1.4 将下列十六进制数转换为二进制数和十进制数。

(1) $(26E)_{16}$　(2) $(4FD.C3)_{16}$　(3) $(79B.5A)_{16}$

1.5 将下列十进制数转换为 8421 码和余 3 码。

(1) $(54)_{10}$　(2) $(87.15)_{10}$　(3) $(239.03)_{10}$

1.6 写出下列二进制数的原码、反码和补码。

(1) $(+1101)_2$　(2) $(+001101)_2$　(3) $(-1101)_2$　(4) $(-001101)_2$

1.7 写出下列有符号二进制数的反码和补码。

(1) $(0,11011)_2$　(2) $(0,01010)_2$　(3) $(1,11011)_2$　(4) $(1,01010)_2$

1.8 用 8 位二进制补码表示下列十进制数。

(1) +15　(2) +127　(3) −11　(4) −121

1.9 用补码计算下列各式。

(1) 25+13　(2) 25−13　(3) −25+13　(4) −25−13

第2章 逻辑代数基础

CHAPTER 2

事物因果之间所遵循的规律称为逻辑(logic)。日出而作，日落而息，是对古人的生活习性与自然运转规律之间因果关系的描述。

对于图2-1所示的电路，灯 Y 的状态由开关 X 控制。开关 X 闭合则灯亮，断开则灯灭，所以开关的状态是因，灯的亮灭是果，构成了最基本的逻辑关系。

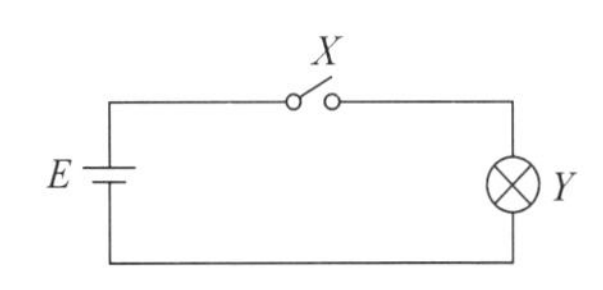

图2-1　最基本的逻辑关系

描述逻辑关系的数学称为逻辑代数(logic algebra)。逻辑代数是英国数学家乔治·布尔(George Boolean)于19世纪创立的(后经证实是由早布尔150年的数学家高斯原创)，所以逻辑代数也称为布尔代数(Boolean algebra)。20世纪初，美国人香农(Claude E. Shannon)在开关电路中找到了逻辑代数的用途，逻辑代数很快地成为分析和设计数字系统的理论工具。

2.1 逻辑运算

2.1
微课视频

在逻辑代数中，将事物之间基本的逻辑关系定义为与、或、非三种，其他逻辑关系都可以看作基本逻辑关系的组合。

2.1.1 与逻辑

假设决定某一个事件共有 $n(n\geqslant 2)$ 个条件，只有当所有条件都满足时，事件才会发生，这种因果关系称为与(AND)逻辑，或者称为与运算。

将图2-1中的开关 X 扩展为两个开关 A、B 串联，如图2-2(a)所示。根据电路的知识可知，只有当开关 A 和 B 同时闭合时才能构成回路，灯才会亮。所以，决定灯亮有两个条件：一是开关 A 闭合，二是开关 B 闭合，而且开关的状态与灯的亮灭之间的因果构成了与逻辑关系。

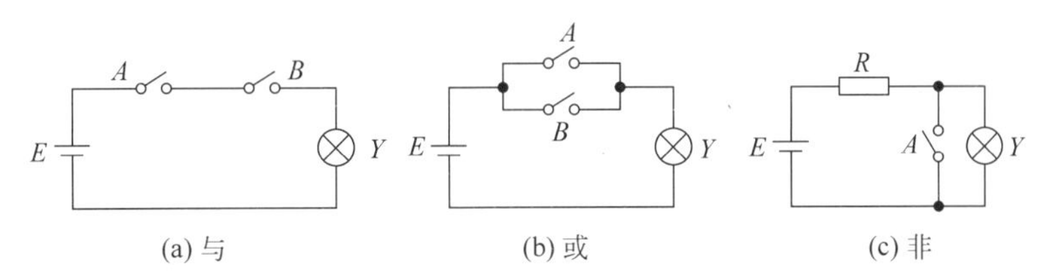

图2-2　基本逻辑关系电路示意图

假设用$A=0$表示开关A断开，用$A=1$表示开关A闭合；用$B=0$表示开关B断开，用$B=1$表示开关B闭合；用$Y=0$表示灯不亮，用$Y=1$表示灯亮。

在上述约定下，开关A、B的状态和灯Y亮灭之间的逻辑关系可以用表2-1所示的真值表(truth-table)表示。

表 2-1 与逻辑真值表

A B	Y
0 0	0
0 1	0
1 0	0
1 1	1

从真值表可以看出，与逻辑的运算规律和代数中的乘法运算规律相同。因此，与逻辑也称为逻辑乘法，其运算表达式记为

$$Y=A\cdot B$$

或者简写为

$$Y=AB$$

若将图2-1中的开关X扩展为三个开关A、B、C串联，则构成三变量与逻辑关系$Y=ABC$。同理，若将图2-1中的开关X扩展为四个开关A、B、C、D串联，则构成四变量与逻辑关系$Y=ABCD$。依此类推。

在现实生活中，与逻辑关系的例子很多。例如，飞机的机头和两翼下共有三组起落架，只有当三组起落架都正常放下时，飞机才具有安全着陆的基本条件。又如，许多居民小区配有单元门门禁系统，因此居民要自由出入家门，不但要有家门钥匙，而且还需要有门禁卡。

2.1.2 或逻辑

假定决定某一个事件共有$n(n\geqslant 2)$个条件，至少有一个条件满足时，事件就会发生，这种因果关系称为或(OR)逻辑，也称为或运算。

将图2-1中的开关X扩展为两个开关A、B并联，如图2-2(b)所示。根据电路的知识可知，当开关A和B至少有一个闭合时就可以构成回路，灯就会亮。所以，决定灯亮有两个条件：一是开关A闭合，二是开关B闭合，而且开关的状态与灯的亮灭之间构成了或逻辑关系。

在和"与逻辑"关系同样的约定下，反映开关状态和灯亮灭之间逻辑关系的真值表如表2-2所示。从真值表可以看出，或逻辑的运算规律和代数中加法的运算规律类似，因此或逻辑也称为逻辑加法，其运算表达式记为

$$Y=A+B$$

表 2-2 或逻辑真值表

A B	Y
0 0	0
0 1	1
1 0	1
1 1	1

在或逻辑关系中$1+1=1$，反映事物的因果关系。$1+1=1$说明决定某一个事件共有两个条件，两个条件都满足，结果发生了。这和代数运算不同！在代数运算中$1+1=2$，反映事物在数量上的关系。

若将图2-1中的开关X扩展为三个开关A、B、C并联，则构成三变量或逻辑关系$Y=A+B+C$。将图2-1中的开关X扩展为四个开关A、B、C、D并联，则构成四变量或逻辑关系$Y=A+B+C+D$。依此类推。

在现实生活中，或逻辑关系的例子同样很多。例如，当飞机的三组起落架中至少有一组不能正常放下，飞机就不具有安全着陆的基本条件。又如，教室有前、后两个门，至少有一个门开着，我们就能够出入教室。

2.1.3 非逻辑

决定某一事件只有一个条件，当条件满足时事件不发生，当条件不满足时事件则会发生，这种逻辑关系称为非(NOT)逻辑，或者称为逻辑反。

将图 2-1 中的开关 X 和灯 Y 由串联关系改为并联，如图 2-2(c)所示，则根据电路的知识可知，当开关 A 闭合时灯短路，因此灯不亮；当开关 A 断开时灯与电源构成了回路，因此灯亮。所以，决定灯亮只有一个条件：开关 A 闭合，并且开关的状态与灯的亮灭之间构成了非逻辑关系。

假设用 $A=0$ 表示开关 A 断开，$A=1$ 表示开关 A 闭合；用 $Y=0$ 表示灯不亮，$Y=1$ 表示灯亮。

在上述约定下，非逻辑关系的真值表如表 2-3 所示，其运算表达式记为

表 2-3 非逻辑真值表

A	Y
0	1
1	0

$$Y=A' \quad 或 \quad Y=\overline{A}$$

读为"Y 等于 A 非"或者"Y 等于 A 反"。

非逻辑代表一种非此即彼的关系，如古罗马的角斗士一样，一方的生存是以另一方的死亡为条件的。

图 2-3 是目前国际流行的三种基本逻辑符号，分别表示两变量与逻辑、两变量或逻辑和非逻辑关系。

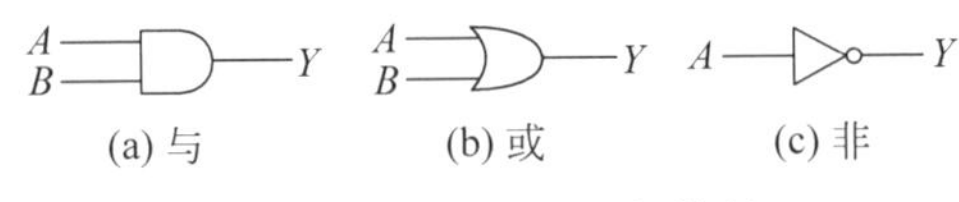

图 2-3 三种基本逻辑符号

2.1.4 两种复合逻辑

将与逻辑、或逻辑分别和非逻辑进行组合可以派生出两种复合逻辑：与非(NAND)和或非(NOR)。

与非逻辑表示先做与运算，再将运算结果取反，其表达式记为

$$Y=(AB)'$$

真值表如表 2-4 所示。

或非逻辑表示先做或运算，再将运算结果取反，其表达式记为

$$Y=(A+B)'$$

真值表如表 2-5 所示。

表 2-4 与非逻辑真值表

A	B	Y
0	0	1
0	1	1
1	0	1
1	1	0

表 2-5 或非逻辑真值表

A	B	Y
0	0	1
0	1	0
1	0	0
1	1	0

两变量与非和或非的逻辑符号分别如图 2-4(a)和图 2-4(b)所示,图中的“∘”表示“非”。

若将与逻辑和或非逻辑进行组合则可派生出与或非逻辑。与或非逻辑有多种形式,如 $Y=(A+BC)'$、$Y=(AB+C)'$和 $Y=(AB+CD)'$等。由于与或非为组合运算,因此没有定义专门的与或非逻辑符号,$Y=(AB+CD)'$按图 2-5 的组合所示方式实现。

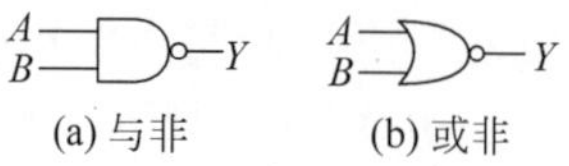

(a) 与非　(b) 或非

图 2-4 复合逻辑运算符号

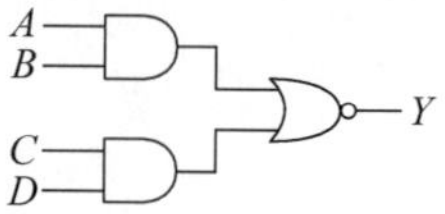

图 2-5 与或非逻辑图

2.1.5 两种特殊逻辑

除了三种基本逻辑和两种复合逻辑外,逻辑代数中还定义了两种特殊的逻辑运算:异或(XOR)和同或(XNOR)。

用两个开关控制一个灯的电路如图 2-6 所示,其中开关 A、B 均为单刀双掷开关。若定义开关拨上为 1,拨下为 0,灯亮为 1,灯灭为 0,则图 2-6(a)所示电路的真值表如表 2-6 所示。由真值表可以看出,变量 A、B 取值相同时 Y 为 0,不同时 Y 为 1,这种逻辑关系定义为异或逻辑,运算表达式记为 $Y=A\oplus B$,逻辑符号如图 2-7(a)所示。

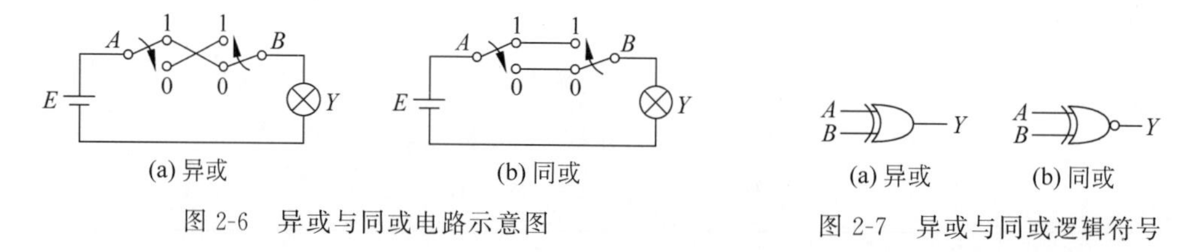

(a) 异或　(b) 同或

图 2-6 异或与同或电路示意图

(a) 异或　(b) 同或

图 2-7 异或与同或逻辑符号

在同样的约定下,图 2-6(b)所示电路的真值表如表 2-7 所示。从真值表可以看出,变量 A、B 取值相同时 Y 为 1,不同时 Y 为 0,这种逻辑关系定义为同或逻辑,运算表达式记为 $Y=A\odot B$,逻辑符号如图 2-7(b)所示。

表 2-6 异或逻辑真值表

A	B	Y
0	0	0
0	1	1
1	0	1
1	1	0

表 2-7 同或逻辑真值表

A	B	Y
0	0	1
0	1	0
1	0	0
1	1	1

从定义可知:同或与异或互为反运算,即

$$A\oplus B=(A\odot B)'$$

$$A\odot B=(A\oplus B)'$$

因此,同或也称为异或非运算。

异或逻辑和同或逻辑同为两变量逻辑函数。在现代家居设计中,有时用里、外两个开关接成异或或同或逻辑同时控制房间里的灯,这样就可以从房间里或房间外控制房间中灯的亮灭。

综上所述，逻辑代数共定义了七种逻辑运算：三种基本逻辑运算——与、或、非，两种复合逻辑运算——与非和或非，以及两种特殊逻辑运算——异或和同或。相应地，在数字电路中，用来实现这七种逻辑运算的单元电子线路分别称为与门、或门、非门、与非门、或非门、异或门和同或门。

在数字系统中，逻辑门有着许多典型的应用。例如，对于图2-8(a)所示的两输入与门应用电路，当输入 B 接周期变化的数字序列、A 接开关时，只有当 A 为1时数字序列才能通过与门输出，工作波形如图2-8(b)所示。因此，称与门有“控制”作用，当 A 为1时，与门打开，输出 $Y=B$；A 为0时，与门关闭，输出 $Y=0$。

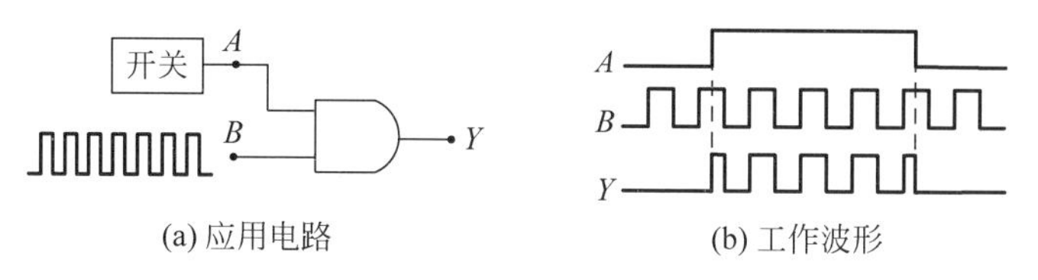

(a) 应用电路　　(b) 工作波形

图2-8　与门应用电路及工作波形

对于如图2-9所示的化学工艺流程监测电路，当温度传感器检测到的温度值 V_T 超过了预设的温度阈值 V_{TR}，或者压力传感器检测到的压力值 V_P 超过了预设的压力阈值 V_{PR} 时，两个比较器的输出 T_H 和 P_H 至少有一个为1，通过或门驱动报警电路报警，提醒工作人员设备状态异常。

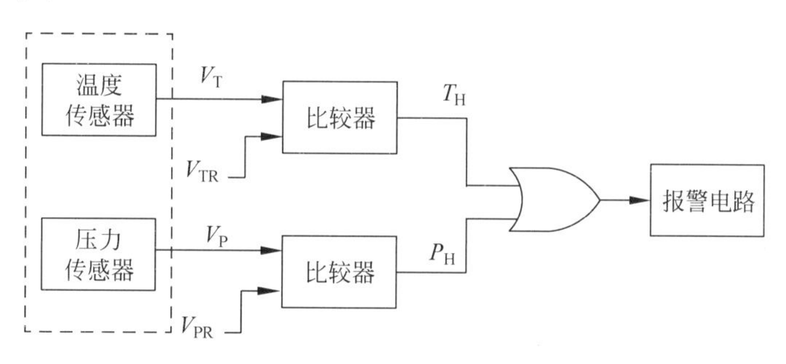

图2-9　或逻辑的应用

对于如图2-10所示的按键电路，当按键 S 未按下时，电源 V_{CC} 通过电阻 R_2 和 R_1 对电容 C 进行充电使得非门的输入为1，因此非门的输出为0；当按键 S 按下时，电容 C 通过 R_1 和按键 S 到地进行放电，使得非门的输入为0，因此非门的输出为1，所以非门的输出为0时表示“按键未按下”，而为1则表示按键处于“按下”状态。

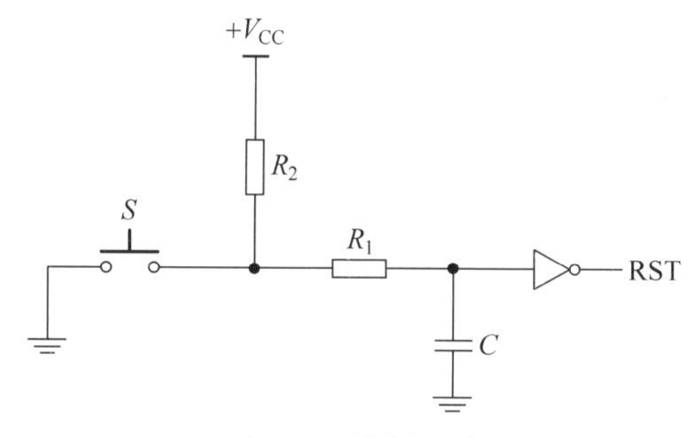

图2-10　按键电路

思考与练习

2-1 对如图 2-1 所示电路中的开关和灯的状态进行编码，写出其逻辑关系式。

2-2 若将图 2-8(a)中的与门换成或门，分析或门是否有控制作用？有什么不同点？

2-3 与非门和或非门有没有控制作用？试分析说明。

2-4 异或门和同异门有没有控制作用？试分析说明。

2.2 微课视频

2.2 逻辑代数中的公式

逻辑代数的公式分为基本公式和常用公式两大类。基本公式反映逻辑代数中存在的基本规律。常用公式是从基本公式推导出来的实用公式。

2.2.1 基本公式

基本公式反映了逻辑常量与常量、常量与变量，以及变量与变量之间的基本规律。下面进行分类说明。

1. 常量与常量的运算关系

$$0+0=0,\quad 0+1=1,\quad 0\cdot 0=0,\quad 0\cdot 1=0,\quad 0'=1$$

$$1+0=1,\quad 1+1=1,\quad 1\cdot 0=0,\quad 1\cdot 1=1,\quad 1'=0$$

反映了逻辑常量 0 和 1 之间的运算关系。

需要注意的是，逻辑代数中的 0 和 1 表示事物两种相互对立的逻辑状态，没有数值大小的区别。

2. 常量与变量的运算关系

0 律： $0+A=A,\quad 0\cdot A=0$

1 律： $1+A=1,\quad 1\cdot A=A$

0 律反映了逻辑常量 0 和逻辑变量之间的运算关系，1 律反映了逻辑常量 1 和逻辑变量之间的运算关系。

3. 变量与变量的运算关系

1）重叠律

$$A+A=A,\quad A\cdot A=A$$

反映了逻辑变量与自身之间的运算关系。

需要注意的是，$A\cdot A=A^2$、$A+A=2A$ 是代数运算，不要和逻辑运算混淆了。

2）互补律

$$A+A'=1,\quad A\cdot A'=0$$

反映了逻辑变量与其反变量之间的运算关系。

3）交换律

$$A+B=B+A,\quad A\cdot B=B\cdot A$$

和普通代数规律相同。

4）结合律

$$A+(B+C)=(A+B)+C,\quad A\cdot (B\cdot C)=(A\cdot B)\cdot C$$

和普通代数规律相同。

5）分配律

$$A(B+C)=AB+AC,\quad A+BC=(A+B)(A+C)$$

其中，$A(B+C)=AB+AC$ 称为乘对加的分配律，与普通代数规律相同；$A+BC=(A+B)(A+C)$称为加对乘的分配律，是逻辑代数中特有的。

【例 2-1】 证明分配律公式 $A+BC=(A+B)(A+C)$。

证明：变量 A、B、C 共有 8 种取值组合，列出逻辑式 $A+BC$ 和$(A+B)(A+C)$的真值表，如表 2-8 所示。由于在 ABC 的每一种取值下，逻辑式 $A+BC$ 和$(A+B)(A+C)$的值均相同，因此 $A+BC$ 和$(A+B)(A+C)$相等。

表 2-8　例 2-1 真值表

A	B	C	A+BC	(A+B)(A+C)
0	0	0	0	0
0	0	1	0	0
0	1	0	0	0
0	1	1	1	1
1	0	0	1	1
1	0	1	1	1
1	1	0	1	1
1	1	1	1	1

说明：当变量数比较多时，将真值表中逻辑变量的取值按二进制数的顺序书写是一种良好的习惯。

6）还原律

$$A''=A$$

说明将一个逻辑变量两次取反后还原为逻辑变量本身。

7）德·摩根定理

德·摩根(De Morgan)定理简称为摩根定理，反映了逻辑乘法(与)与逻辑加法(或)的内在联系和转换关系。

两变量德·摩根定理的公式为

$$(AB)'=A'+B',\quad (A+B)'=A'B'$$

【例 2-2】 证明两变量摩根定理。

证明：变量 A、B 共有四种取值组合：00、01、10、11，列出逻辑式$(AB)'$和 $A'+B'$的真值表，如表 2-9 所示。

表 2-9　例 2-2 真值表

A　B	(AB)′	A′+B′
0　0	1	1
0　1	1	1
1　0	1	1
1　1	0	0

由真值表可以看出,在 A、B 的每一种取值下,逻辑式 $(AB)'$ 和 $A'+B'$ 的值均相同,因此 $(AB)'$ 和 $A'+B'$ 相等。同理可证 $(A+B)'$ 和 $A'B'$ 相等。

2.2.2 常用公式

常用公式是从基本公式推导出来的,用于化简逻辑函数的实用公式,包括吸收公式、消因子公式、并项公式和消项公式等。

1. 吸收公式

$$A+AB=A$$

证明:$A+AB=A\cdot 1+AB=A(1+B)=A\cdot 1=A$

吸收公式说明两个乘积项相加的时候,如果某一个乘积项中的部分因子恰好是另外一个乘积项,那么该乘积项是多余的,直接被吸收掉了。

在逻辑代数中,乘积项即与项,乘积项的任何部分称为该乘积项的因子。单个变量可以理解为最简单的乘积项。

2. 消因子公式

$$A+A'B=A+B$$

证明:

$$A+A'B=(A+A')(A+B)=A+B$$

消因子公式说明两个乘积项相加的时候,如果某一个乘积项中的部分因子恰好是另外一个乘积项的非,那么该乘积项中的这部分因子是多余的,可以直接消掉。

3. 并项公式

$$AB+AB'=A$$

证明:

$$AB+AB'=A(B+B')=A$$

并项公式说明两个乘积项相加的时候,除了公有因子之外,如果剩余的因子恰好互补,那么两个乘积项可以合并成由公有因子所组成的乘积项。

4. 消项公式

$$AB+A'C+BC=AB+A'C$$

证明:

$$\begin{aligned}AB+A'C+BC&=AB+A'C+(A+A')BC\\&=AB+A'C+ABC+A'BC\\&=(AB+ABC)+(A'C+A'BC)\\&=AB+A'C\end{aligned}$$

消项公式说明三个乘积项相加的时候,如果两个乘积项中的部分因子恰好互补,剩余的因子都是第三项中的因子,那么第三项是多余的,可以直接消掉。

根据消项公式的证明过程可知,下面的扩展公式也是正确的:

$$AB+A'C+BCDEF\cdots=AB+A'C$$

化简逻辑函数的实用公式还有其他形式,如 $A(AB)'=AB'$、$A'(AB)'=A'$ 等。由于习惯上使用与或式,所以这些公式在此不再赘述。

2.2.3 异或逻辑的应用

从算术运算的角度讲,异或逻辑能够实现两个 1 位二进制数相加,所以异或逻辑也称为

"模 2 和"运算。

为了加深对异或运算的理解，下面介绍一些常用的异或运算公式和定理。

(1) 与常量的关系：$A\oplus 0=A$，$A\oplus 1=A'$；

(2) 交换律：$A\oplus B=B\oplus A$；

(3) 结合律：$A\oplus(B\oplus C)=(A\oplus B)\oplus C$；

(4) 分配律：$A(B\oplus C)=(AB)\oplus(AC)$；

(5) 定理：如果 $A\oplus B=C$，那么 $A\oplus C=B$，$B\oplus C=A$。

在数字电路中，用来实现异或逻辑关系的单元电路称为异或门。异或门在数字系统中有着许多特殊的应用。

(1) 应用异或门控制数据的极性。

应用异或逻辑中常量与变量之间的运算关系可以控制输出数据的极性。例如，应用异或门将五位二进制原码 S，$D_3D_2D_1D_0$ 转换为反码的逻辑电路如图 2-11 所示。当符号位 $S=0$ 时，$Y_3Y_2Y_1Y_0=D_3D_2D_1D_0$，当符号位 $S=1$ 时，$Y_3Y_2Y_1Y_0=D_3'D_2'D_1'D_0'$。

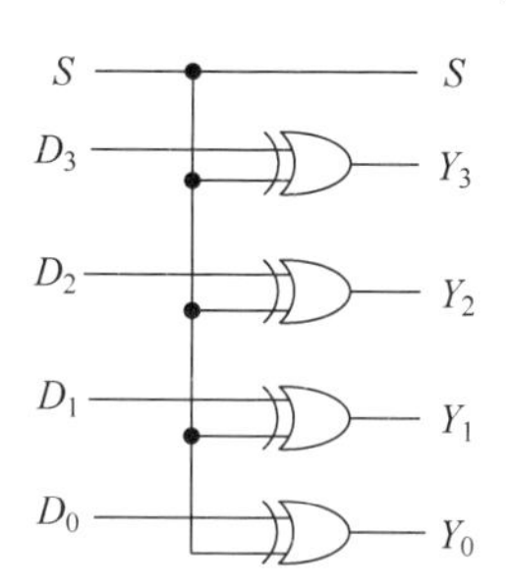

图 2-11 五位二进制原码转换为反码

(2) 应用异或门实现序列的相差检测。

在异或逻辑中，$0\oplus 0=0$、$1\oplus 1=0$，因此将两个同频同相的数字序列 A 和 B 加到异或门的输入端时，其输出 Y 恒为 0。但是，当两个数字序列同频而不同相时，则异或门将会输出周期性的序列信号，如图 2-12 所示。通过测量和计算输出信号 $Y=1$ 的持续时间与序列周期的比值，就可以计算出两个序列之间的相位差。

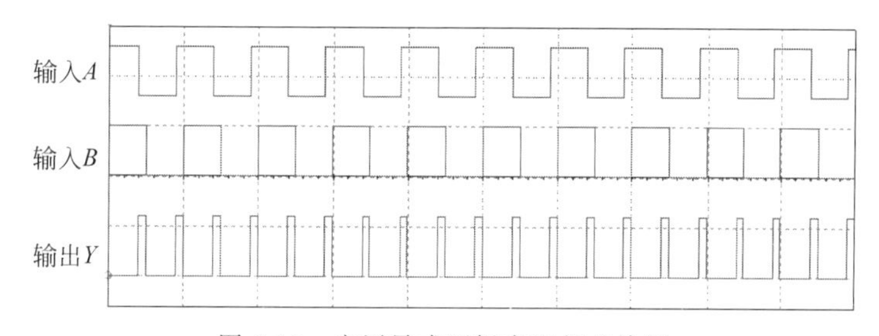

图 2-12 应用异或逻辑实现相差检测

思考与练习

2-5 能否由 $A+A'=1$ 推出 $A'=1-A$？试说明理由。

2-6 能否从消项公式 $AB+A'C+BC=AB+A'C$ 中约掉 AB 和 $A'C$ 推出 $BC=0$？试说明理由。

2-7 能否应用与非门分别实现与、或、非和或非逻辑关系？试画出相应的设计图。

2-8 能否应用或非门分别实现与、或、非和与非逻辑关系？试画出相应的设计图。

2.3 微课视频

2.3 三种规则

逻辑代数中有三种基本规则：代入规则、反演规则和对偶规则。它们与基本公式和常用公式一起构成了完整的逻辑代数系统，用于二值逻辑的描述与变换。

2.3.1 代入规则

代入规则是指对于任何一个包含变量 X 的逻辑等式，若将式中所有的 X 用另外一个逻辑式替换，那么等式仍然成立，即已知

$$F(X,B,C,\cdots)=G(X,B,C,\cdots)$$

若将 X 用 $H(A,B,C,D,\cdots)$ 替换，则

$$F(H(A,B,C,D,\cdots),B,C,\cdots)=G(H(A,B,C,D,\cdots),B,C,\cdots)$$

在逻辑代数中，由于变量和逻辑式的取值范围完全相同，所以代入规则对代入逻辑式的形式和复杂程度没有任何限制。

【例 2-3】 证明摩根定理适用于任意变量。

证明：逻辑代数的基本公式中只列出了二变量摩根定理

$$(AB)'=A'+B', \quad (A+B)'=A'B'$$

根据代入规则，将公式 $(AB)'=A'+B'$ 中 B 用 BC 替换，即

$$(ABC)'=A'+(BC)'$$

再应用摩根定理 $(BC)'=B'+C'$，代入整理得

$$(ABC)'=A'+B'+C'$$

同理，对于公式 $(A+B)'=A'B'$，将式中的 B 用 $B+C$ 替换得

$$(A+B+C)'=A'(B+C)'$$

再应用摩根定理 $(B+C)'=B'C'$，代入整理得

$$(A+B+C)'=A'B'C'$$

说明摩根定理适用于三变量。

同理，可证摩根定理适用于任意变量。

2.3.2 反演规则

求逻辑函数反函数的过程称为反演。

对于任意一个逻辑式 Y，若在式中做以下三类变换：

(1) 将式中所有的 · 换成 +，+ 换成 ·；

(2) 将所有的常量 0 换成 1，1 换成 0；

(3) 将原变量换成反变量，反变量换成原变量，即 $A \to A'$、$A' \to A$。

变换完成后将得到一个新的逻辑式，这个新逻辑式就是原逻辑式的非，这就是反演规则。反演规则为求一个逻辑函数的反函数提供了一条捷径。

在应用反演规则时，需要注意以下两点：

(1) 注意运算的优先顺序。和普通代数一样，先处理“括号”，再处理“乘”，最后再处理“加”，并且乘积项处理完成后应视为一个整体。

(2) 不属于单个变量上的非号保留不变。例如，逻辑式$(AB)'$上的非号既不单独属于变量A，也不单独属于变量B，而是属于AB整体，因此变换时应保留不变。

【例 2-4】 求逻辑函数$Y=(AB+C)D+E$的反函数。

解：根据反演规则，得

$$Y'=((A'+B')C'+D')E'$$

【例 2-5】 求逻辑函数$Y=((AB)'+C'D)'E+AB'CD'$的反函数。

解：根据反演规则，得

$$Y'=(((A'+B')'(C+D'))'+E')(A'+B+C'+D)$$

2.3.3 对偶规则

在解释对偶规则之前，首先定义对偶式。

对于任意逻辑式Y，若在式中做以下两类变换：

(1) 将所有的·换成+，+换成·；

(2) 将所有的常量“0”换成1，1换成0。

将得到一个新的逻辑式。这个新逻辑式定义为原来逻辑式的对偶式，记为Y^D。

对偶规则是指，对于两个逻辑式Y_1和Y_2，若$Y_1=Y_2$，则$Y_1^D=Y_2^D$。

逻辑代数为自对偶的代数系统。例如，对于0律：

$$0+A=A,\quad 0\cdot A=0$$

两边同时取对偶：

$$1\cdot A=A,\quad 1+A=1$$

即可得到1律。同理，由1律取对偶可得到0律。

再如，对于乘对加的分配律：

$$A(B+C)=AB+AC$$

两边同时取对偶：

$$A+BC=(A+B)(A+C)$$

即可得到加对乘的分配律。

2.4 逻辑函数的表示方法

2.4 微课视频

对于任意一个逻辑式Y，当逻辑变量的取值确定以后，运算结果便随之确定，因此运算结果与逻辑变量之间是一种函数关系，称为逻辑函数(logic function)。

在逻辑代数中，逻辑变量习惯于用单个大写英文字母$A,B,C,\cdots$表示，运算结果习惯于用Y或Z等字母表示，因此逻辑函数一般表示为

$$Y=F(A,B,C,\cdots)$$

其中F表示一种函数关系。

逻辑函数有多种表示形式，既可以用真值表和函数表达式表示，也可以用逻辑图、波形图或卡诺图表示。下面结合具体的例子进行说明。

【例 2-6】 三个人为了某一事件进行表决，约定多数人同意则事件通过，否则事件被否决。设计三人表决的逻辑电路。

分析：对于这个逻辑问题，三个人的意见决定事件的结果，因此三个人的意见是因，事件通过与否为果。若用变量 A、B、C 表示三个人的意见，用 Y 表示事件的结果，则该问题的逻辑函数式可记为

$$Y=F(A,B,C)$$

2.4.1 真值表

真值表能够详尽地反映逻辑结果与变量取值之间的关系，是逻辑函数常用的一种表示方法，同时真值表也与逻辑函数的标准形式之间存在对应的关系。

对于三人表决逻辑问题，若约定：

(1) $A=1$ 表示 A 同意，$A=0$ 表示 A 不同意；

(2) $B=1$ 表示 B 同意，$B=0$ 表示 B 不同意；

(3) $C=1$ 表示 C 同意，$C=0$ 表示 C 不同意；

(4) $Y=1$ 表示事件通过，$Y=0$ 表示事件被否决。

则该逻辑问题的真值表如表 2-10 所示。

表 2-10 三人表决问题真值表

A	B	C	Y
0	0	0	0
0	0	1	0
0	1	0	0
0	1	1	1
1	0	0	0
1	0	1	1
1	1	0	1
1	1	1	1

2.4.2 函数表达式

三人表决问题事件通过有以下三种情况：

(1) 当 A、B 同意时，不管 C 是否同意；

(2) 当 A、C 同意时，不管 B 是否同意；

(3) 当 B、C 同意时，不管 A 是否同意。

三种情况满足其中一种即可，由此可推出逻辑函数的表达式为

$$Y=AB+AC+BC$$

2.4.3　逻辑图

将逻辑表达式中的逻辑关系用逻辑符号表示，即可画出表示函数关系的逻辑图。

由于三人表决问题的表达式为 $Y=AB+AC+BC$，因此逻辑图如图 2-13 所示。

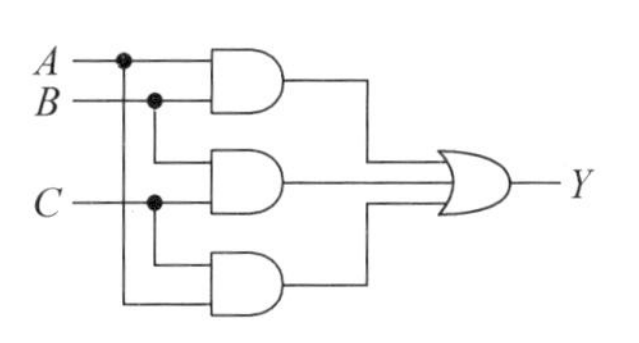

图 2-13　三人表决问题逻辑图

波形图将在时序电路中介绍，卡诺图将在本章后面介绍。

2.4.4　表示方法的相互转换

真值表、函数表达式和逻辑图是逻辑函数的不同表示形式，可以进行相互转换。

1. 根据函数表达式画出逻辑图

根据函数表达式画出其逻辑图相对比较简单，只需要将表达式中的逻辑关系用逻辑符号表示、连接即可画出逻辑图。

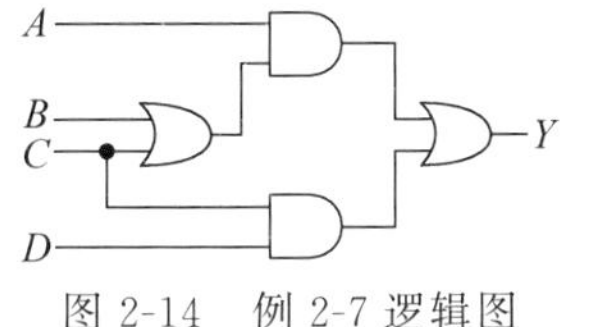

图 2-14　例 2-7 逻辑图

【例 2-7】　画出逻辑函数 $Y=A(B+C)+CD$ 的逻辑图。

解： 函数式中 B、C 为或逻辑关系，A 和 $(B+C)$ 为与逻辑关系，C、D 为与逻辑关系，$A(B+C)$ 和 CD 为或逻辑关系，按相应逻辑关系进行连接即可画出如图 2-14 所示的逻辑图。

2. 从逻辑图写出函数表达式

由逻辑图写出逻辑函数表达式时，从输入变量开始，将每个逻辑符号表示的逻辑式写出来，逐级向输出端推，即可得到逻辑函数的表达式。

【例 2-8】　写出图 2-15 所示逻辑图的函数表达式。

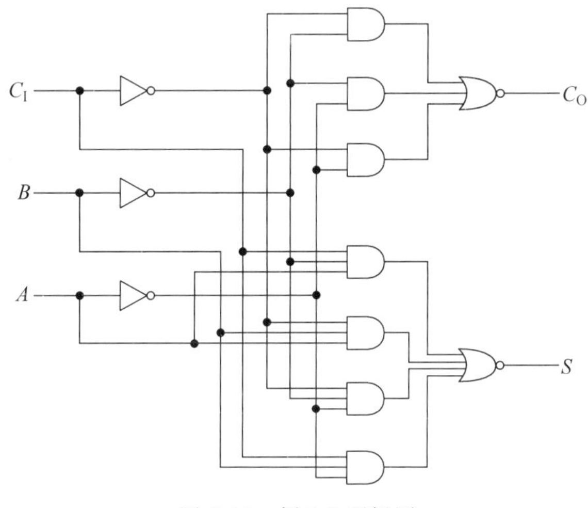

图 2-15　例 2-8 逻辑图

解：

$$
\begin{aligned}
C_O &= (A'B' + A'C_I' + B'C_I')' \\
&= (A+B)(A+C_I)(B+C_I)
\end{aligned}
$$

$$S=(A'B'C_I'+AB'C_I+A'BC_I+ABC_I')'$$
$$=(A+B+C_I)(A'+B+C_I')(A+B'+C_I')(A'+B'+C_I)$$

3. 从函数表达式列出真值表

将逻辑变量的所有取值组合逐一代入函数表达式计算相应的函数值,即可得到真值表。

【例 2-9】 写出逻辑函数 $Y=AB'+BC'+A'C$ 的真值表。

解:分别将 $ABC=000\sim111$ 八种取值代入函数表达式即可得表 2-11 所示的真值表。

表 2-11 例 2-9 真值表

A	B	C	Y
0	0	0	0
0	0	1	1
0	1	0	1
0	1	1	1
1	0	0	1
1	0	1	1
1	1	0	1
1	1	1	0

4. 从真值表写出函数表达式

从真值表写出函数表达式是转换的重点。下面从具体示例中抽象出从真值表写逻辑函数表达式的一般方法。

【例 2-10】 已知逻辑函数的真值表如表 2-12 所示,写出逻辑函数表达式。

表 2-12 例 2-10 真值表

A	B	C	Y
0	0	0	0
0	0	1	1
0	1	0	1
0	1	1	0
1	0	0	1
1	0	1	0
1	1	0	0
1	1	1	1

解:从真值表可以看出,当 ABC 取 001、010、100 或 111 任意一组时,Y 为 1,其余取值时 Y 均为 0。

乘积项 $A'B'C$ 恰好在 $ABC=001$ 时,值为 1,其他取值时,值均为 0,因此乘积项 $A'B'C$ 代表了 $ABC=001$ 时,$Y=1$ 的特征。同理,乘积项 $A'BC'$ 在 $ABC=010$ 时,值为 1,$AB'C'$ 在 $ABC=100$ 时,值为 1,ABC 在 $ABC=111$ 时,值为 1。由于 ABC 取 001、010、100 或 111 任意一组时,Y 为 1,因此这些乘积项为或逻辑关系,故逻辑函数表达式可记为

$$Y=A'B'C+A'BC'+AB'C'+ABC$$

根据上例可以总结出从真值表写出函数表达式的方法如下:

(1) 找出真值表中所有使 $Y=1$ 的输入变量的取值组合;

(2) 每个取值组合对应一个乘积项,其中取值为 1 的写为原变量,取值为 0 的写为反变量;

(3) 将这些乘积项相加,即可得到 Y 的逻辑函数式。

根据上述方法,根据表 2-10 所示真值表可写出三个人表决问题的函数表达式为

$$Y = A'BC + AB'C + ABC' + ABC$$

上式虽然与直接推理得到的函数表达式形式上有差异,但本质是一样的。通过常用公式对上式进行化简得

$$\begin{aligned} Y &= A'BC + AB'C + ABC' + ABC \\ &= A'BC + AB'C + ABC' + ABC + ABC + ABC \\ &= (A'BC + ABC) + (AB'C + ABC) + (ABC' + ABC) \\ &= BC + AC + AB \end{aligned}$$

思考与练习

2-9　根据表 2-1 与逻辑的真值表,写出与逻辑函数表达式。

2-10　根据表 2-2 或逻辑的真值表,写出或逻辑函数表达式。

2-11　根据表 2-4 与非逻辑的真值表,写出与非逻辑函数表达式。

2-12　根据表 2-5 或非逻辑的真值表,写出或非逻辑函数表达式。

根据真值表写出函数表达式的一般方法,由表 2-6 异或逻辑的真值表可以直接写出异或逻辑函数表达式。从中得出

$$A \oplus B = A'B + AB'$$

同理,由表 2-7 同或逻辑的真值表写出同或逻辑函数表达式。从中得出

$$A \odot B = A'B' + AB$$

2.5　逻辑函数的标准形式

2.5
微课视频

对于同一逻辑问题,逻辑函数表达式有多种不同的形式。例如:

$$Y = A + BC \quad (与或式)$$

由加对乘的分配率可知:$A+BC=(A+B)(A+C)$,所以逻辑函数也可以写成

$$Y = (A+B)(A+C) \quad (或与式)$$

对与或式进行两次取反(逻辑关系不变),整理得

$$Y = (A'(BC)')' \quad (与非-与非式)$$

对或与式进行两次取反(逻辑关系不变),整理得

$$Y = ((A+B)' + (A+C)')' \quad (或非-或非式)$$

另外,由其反函数变换而来的逻辑函数式还有四种形式:与或非式、与非与式、或与非式和或非或式。因此,同一个逻辑函数共有 8 种不同的表示形式。

根据实现器件的种类不同,有时需要在不同的形式之间进行转换。为方便讨论,首先为逻辑函数定义两种标准形式:最小项表达式和最大项表达式。

2.5.1　最小项表达式

在介绍最小项表达式之前,先定义最小项。

在 n 变量逻辑函数中，每一个变量都参加，并且只能以原变量或者反变量出现一次所组成的与项，称为最小项(mini-term)，用 m 表示。由于每个变量都参加，所以最小项取值为 1 的概率最小，故得名。

对于两变量逻辑函数 $Y=F(A,B)$，最小项的形式为 X_1X_2，其中 X_1 取 A 或 A'，X_2 取 B 或 B'，因此共有 4 个最小项：$A'B'$、$A'B$、AB' 和 AB。

对于三变量逻辑函数 $Y=F(A,B,C)$，最小项的形式为 $X_1X_2X_3$，其中 X_1 取 A 或 A'，X_2 取 B 或 B'，X_3 取 C 或 C'，因此共有 8 个最小项：$A'B'C'$、$A'B'C$、$A'BC'$、$A'BC$、$AB'C'$、$AB'C$、ABC' 和 ABC。

一般地，n 变量逻辑函数共有 2^n 个最小项。当逻辑函数的变量数越多时，书写和识别最小项越麻烦，因此有必要给最小项进行编号。

最小项编号的方法：在最小项中，原变量记为 1，反变量记为 0，将得到的数码看成二进制数，那么与该二进制数对应的十进制数就是该最小项的编号。例如三变量逻辑函数 $Y=F(A,B,C)$ 的最小项 $AB'C$ 的编号为 5，用 m_5 表示；四变量逻辑函数 $Y=F(A,B,C,D)$ 的最小项 m_{10} 的具体形式为 $AB'CD'$。

最小项具有以下重要性质：

(1) 对于输入变量的任意一组取值组合，必有一个最小项，而且仅有一个最小项的值为 1。

(2) 同一逻辑函数的所有最小项之和为 1。

(3) 任意两个最小项的乘积为 0。

(4) 只有一个变量不同的两个最小项称为相邻最小项。在逻辑函数式中，两个相邻最小项可以合并成一项，并消去一对因子。例如，三变量逻辑函数 $Y=AB'C+ABC$ 中最小项 $AB'C$ 和 ABC 相邻，所以 Y 可以合并成 AC，将因子 B 和 B' 消掉了。

最小项的性质(4)是用卡诺图化简逻辑函数的理论基础。

全部由最小项相加构成的与或式称为最小项表达式。

从例 2-10 可以看出，由真值表直接写出的函数表达式即为最小项表达式。

2.5.2 最大项表达式

在 n 变量逻辑函数中，每一个变量都参加，并且只能以原变量或者反变量出现一次所组成的或项，称为最大项(max-term)，用 M 表示。由于每个变量都参加，所以最大项取值为 1 的概率最大，故得名。

对于三变量逻辑函数 $Y=F(A,B,C)$，其最大项的形式为 $X_1+X_2+X_3$，其中 X_1 取 A 或 A'，X_2 取 B 或 B'，X_3 取 C 或 C'，故共有 8 个最大项：$A'+B'+C'$、$A'+B'+C$、$A'+B+C'$、$A'+B+C$、$A+B'+C'$、$A+B'+C$、$A+B+C'$ 和 $A+B+C$。

n 变量逻辑函数共有 2^n 个最大项。最大项的编号方法：在最大项中，原变量记为 0，反变量记为 1，将得到的数码看成二进制数，与该二进制数对应的十进制数就是该最大项的编号。例如三变量逻辑函数 $Y=F(A,B,C)$ 的最大项 $A+B'+C'$ 的编号为 3，用 M_3 表示；四变量逻辑函数 $Y=F(A,B,C,D)$ 的最大项 $A+B'+C+D'$ 的编号为 5，用 M_5 表示。

对于三变量逻辑函数 $Y=F(A,B,C)$，变量的取值组合对最小项与最大项的形式和编号之间的对应关系如表 2-13 所示。

表 2-13 三变量逻辑函数取值与最小项和最大项的对应关系

ABC 取值	最小项编号	最小项形式	最大项形式	最大项编号
0 0 0	m_0	$A'B'C'$	$A+B+C$	M_0
0 0 1	m_1	$A'B'C$	$A+B+C'$	M_1
0 1 0	m_2	$A'BC'$	$A+B'+C$	M_2
0 1 1	m_3	$A'BC$	$A+B'+C'$	M_3
1 0 0	m_4	$AB'C'$	$A'+B+C$	M_4
1 0 1	m_5	$AB'C$	$A'+B+C'$	M_5
1 1 0	m_6	ABC'	$A'+B'+C$	M_6
1 1 1	m_7	ABC	$A'+B'+C'$	M_7

最大项具有以下重要性质：

(1) 对于输入变量的任意一组取值组合，必有一个最大项，而且仅有一个最大项的值为 0。

(2) 同一逻辑函数的所有最大项之积为 0。

(3) 任意两个最大项之和为 1。

(4) 只有一个变量不同的两个最大项称为相邻最大项。在逻辑函数式中，两个相邻最大项之积等于各相同变量之和。例如，$Y=(A+B+C)(A+B'+C)=A+C$。

全部由最大项相乘构成的或与式称为最大项表达式。

既然由真值表可以直接写出逻辑函数的最小项表达式，那么能否从真值表直接写出逻辑函数的最大项表达式？下面以三人表决逻辑问题进行分析。

首先写出三人表决问题反函数的最小项表达式：

$$Y'=A'B'C'+AB'C'+A'BC'+A'B'C$$

两边同时取反得到三人表决问题逻辑函数的与或非式：

$$Y=(A'B'C'+AB'C'+A'BC'+A'B'C)'$$

再应用摩根定理变换得到最大项表达式：

$$Y=(A+B+C)(A'+B+C)(A+B'+C)(A+B+C')$$

将上式与真值表进行对比，可以总结出由真值表写出最大项表达式的一般方法：

(1) 找出真值表中所有使 $Y=0$ 的输入变量的取值组合。

(2) 每个取值组合对应一个最大项，其中值为 0 的写为原变量，值为 1 的写为反变量。

(3) 将这些最大项相乘，即得 Y 的最大项表达式。

2.6 逻辑函数的化简

2.6a
微课视频

逻辑函数有多种形式，繁简程度不同，实现的电路不同，成本和可靠性不同。相对来说，函数形式越简单，所需要的元器件数量越少，则实现的成本越低，电路的可靠性越高。因此，有必要对逻辑函数进行化简。

2.6b
微课视频

对于常用的与或式，化简的标准有两条：

(1) 函数式中包含乘积项的数量最少。

(2) 每个乘积项中包含的因子最少。

同时符合上述两个条件的与或式称为最简与或式。

逻辑函数的化简方法有三种：公式法、卡诺图法以及适合于计算机处理的 Q-M 化简法。

2.6.1 公式法

公式法化简就是应用逻辑代数中的基本公式、常用公式以及应用最小项的性质对逻辑函数进行化简。

【例 2-11】 用公式法化简下列逻辑函数。

$$Y_1 = AB' + ACD + A'B' + A'CD$$
$$Y_2 = AB + ABC' + ABD + AB(C' + D')$$
$$Y_3 = AC + AB' + (B + C)'$$
$$Y_4 = AB + A'C + B'C$$

解：

$$\begin{aligned}Y_1 &= AB' + ACD + A'B' + A'CD \\ &= (AB' + A'B') + (ACD + A'CD) \\ &= B' + CD \\ Y_2 &= AB + ABC' + ABD + AB(C' + D') \\ &= AB(1 + C' + D' + (C' + D')) \\ &= AB \\ Y_3 &= AC + AB' + (B + C)' \\ &= AC + AB' + B'C' \\ &= AC + B'C' \\ Y_4 &= AB + A'C + B'C \\ &= AB + (A' + B')C \\ &= AB + (AB)'C \\ &= AB + C\end{aligned}$$

由于 $A = A + A$，有时需要在逻辑函数式中重复写入某一项，以方便与其他项合并获得更简单的化简结果。

【例 2-12】 化简逻辑函数 $Y = A'BC' + A'BC + ABC$。

解：由于第二项 $A'BC$ 与第一项 $A'BC'$ 和第三项 ABC 都相邻，因此将第二项再重复写一次，一个和第一项合并，一个和第三项合并。

$$\begin{aligned}Y &= A'BC' + A'BC + ABC \\ &= (A'BC' + A'BC) + (A'BC + ABC) \\ &= A'B + BC\end{aligned}$$

另外，由于 $A + A' = 1$，有时在逻辑函数式中乘以 $(A + A')$，然后拆分进行整理以便获得更加简单的化简结果。

【例 2-13】 化简逻辑函数 $Y = AB' + A'B + BC' + B'C$。

解：表达式中前两项与 C 无关，后两项与 A 无关，故在前两项中找出一项扩充 C，后两项里找出一项扩充 A，然后展开合并化简。

$$Y = AB' + A'B + BC' + B'C$$

$$=AB'+A'B(C+C')+BC'+(A+A')B'C$$
$$=AB'+A'BC+A'BC'+BC'+AB'C+A'B'C$$
$$=(AB'+AB'C)+(A'BC'+BC')+(A'BC+A'B'C)$$
$$=AB'+BC'+A'C$$

用公式法能否化到最简取决于对基本公式和常用公式的熟练程度，灵活应用以达到化到最简的目的。

思考与练习

2-13　对于例 2-13，在第一项中扩充变量 C，在第三项中扩充变量 A，重新进行化简。

2-14　将得出的化简结果与例 2-13 中的结果进行对比。是否相同？有什么特点？

2.6.2　卡诺图法

当逻辑函数比较复杂时，用公式化简并不直观。例如，用公式法化简四变量逻辑函数

$$Y=A'B'C'D+A'BD'+ACD+AB'$$

时，常用的化简公式都无法直接应用。因此，只有将逻辑函数展开为最小项表达式，通过寻找相邻最小项合并的方法进行化简。

$$\begin{aligned}Y&=A'B'C'D+A'BD'+ACD+AB'\\&=A'B'CD'+A'B(C+C')D'+A(B+B')CD+AB'(C+C')(D+D')\\&=A'B'C'D+A'BCD'+A'BC'D'+ABCD+AB'CD+AB'CD'+\\&\quad AB'C'D+AB'C'D'\\&=m_1+m_4+m_6+m_8+m_9+m_{10}+m_{11}+m_{15}\end{aligned}$$

由上式可以看出，该逻辑函数共有 8 个最小项，其相邻关系并不直观，所以通过合并相邻最小项的方法也不方便化简。那么，如何能够直观地表示最小项之间的相邻关系呢？美国工程师莫里斯·卡诺发明了以图形方式表示最小项之间相邻关系的卡诺图(Karnaugh Map)，具有直观形象的优点。

两变量逻辑函数 $Y=F(A,B)$共有 4 个最小项，因此画 4 个格子的卡诺图，如图 2-16(a)所示，每个格子代表一个最小项，并将两个逻辑变量分为 A 和 B 两组。

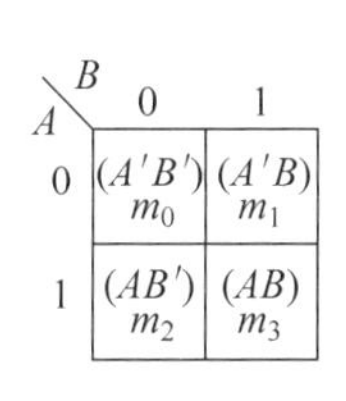

(a) 二变量卡诺图

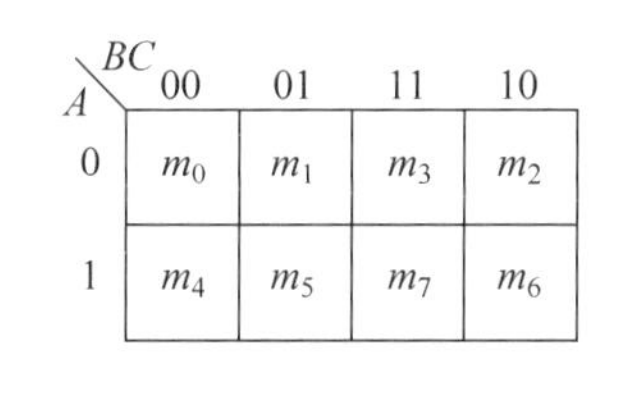

(b) 三变量卡诺图

AB \ CD	00	01	11	10
00	m_0	m_1	m_3	m_2
01	m_4	m_5	m_7	m_6
11	m_{12}	m_{13}	m_{15}	m_{14}
10	m_8	m_9	m_{11}	m_{10}

(c) 四变量卡诺图

图 2-16　二到四变量卡诺图

三变量逻辑函数 $Y=F(A,B,C)$共有 8 个最小项，因此画 8 个格子的卡诺图，如图 2-16(b)所示，每个格子代表一个最小项，并将三个逻辑变量分为 A 和 BC 两组。

四变量逻辑函数 $Y=F(A,B,C,D)$ 共有 16 个最小项，因此画 16 个格子的卡诺图，如图 2-16(c)所示，每个格子代表一个最小项，并将四个逻辑变量分为 AB 和 CD 两组。

为了使相邻的格子代表的最小项相邻，卡诺图中两组变量都需要按循环码取值。单变量循环码的取值依次为 0、1，两变量循环码的取值依次为 00、01、11、10，因此卡诺图每个格子所代表最小项的编号如图 2-16 所示。从图 2-16(b)三变量卡诺图中可以看出，最小项 m_7 与 m_3、m_5 和 m_6 相邻；从图 2-16(c)四变量卡诺图中可以看出，最小项 m_{15} 与 m_7、m_{13}、m_{14} 和 m_{11} 相邻。

根据循环码的取值特点，卡诺图中除了相挨着的格子代表的最小项相邻外，两头相对的格子代表的最小项也是相邻的。例如三变量卡诺图中的 m_0 与 m_2 相邻，四变量卡诺图中 m_0 与 m_2 和 m_8 相邻。

由于卡诺图中每个格子代表一个最小项，所以用卡诺图表示逻辑函数时，首先需要将逻辑函数化为最小项表达式。在逻辑函数中存在某个最小项，在卡诺图对应的格子里填 1，否则填 0，即逻辑函数是由卡诺图中填 1 的格子表示的最小项相加构成的。

【例 2-14】 用卡诺图表示逻辑函数 $Y=A'B'C'D+A'BD'+ACD+AB'$。

解：由于

$$Y=m_1+m_4+m_6+m_8+m_9+m_{10}+m_{11}+m_{15}$$

画出四变量卡诺图，在 1、4、6、8、9、10、11 和 15 号最小项对应的格子中填入 1，其余最小项对应位置填入 0，即可得到图 2-17 所示的卡诺图。

为清晰起见，卡诺图中的 0 可以不填。

用卡诺图化简逻辑函数的基本原理：两个相邻最小项之和可以合并成一项并消去一对因子。根据这个原理，结合公式法可推出用卡诺图化简逻辑函数的实用方法。

对于三变量逻辑函数 $Y_1=ABC'+ABC=m_6+m_7$，卡诺图如图 2-18(a)所示。用公式法化简 $Y_1=ABC'+ABC=AB$，说明 Y_1 中这两个相邻最小项可合并为一项。在卡诺图中，用圆圈将这两个最小项圈起来表示可以合并成一项，变化的变量被消掉了，没有变化的变量为公共因子，值为 1 的写为原变量，为 0 的写为反变量，得到的乘积项(AB)即为化简结果。

AB \ CD	00	01	11	10
00	0	1	0	0
01	1	0	0	1
11	0	0	1	0
10	1	1	1	1

图 2-17　例 2-14 的卡诺图

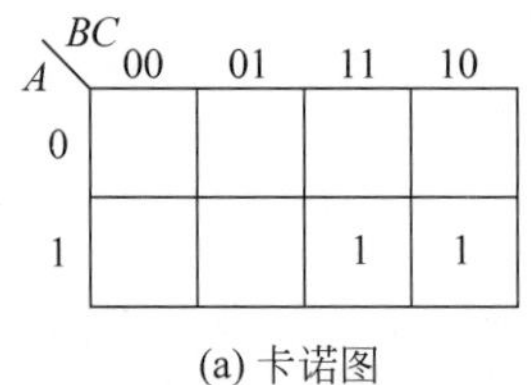

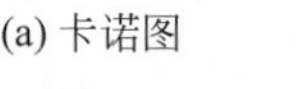
(a) 卡诺图

A \ BC	00	01	11	10
0				
1			1	1

(b) 化简方法

图 2-18　Y_1 的卡诺图及化简方法

三变量逻辑函数 $Y_2=m_4+m_5+m_6+m_7$ 的卡诺图如图 2-19(a)所示，将图中的 m_4 和 m_5 合并为 AB'，将 m_6 和 m_7 合并为 AB，如图 2-19(b)所示，故 $Y_2=AB'+AB$。由公式法可知 Y_2 可进一步化简为 A，说明在卡诺图中这 4 个最小项可以直接圈起来直接合并成一项，如图 2-19(c)所示。圈中变化的变量 B、C 被消掉了，只有变量 A 保持不变且值为 1，记为原变量，所以化简结果 $Y_2=A$。

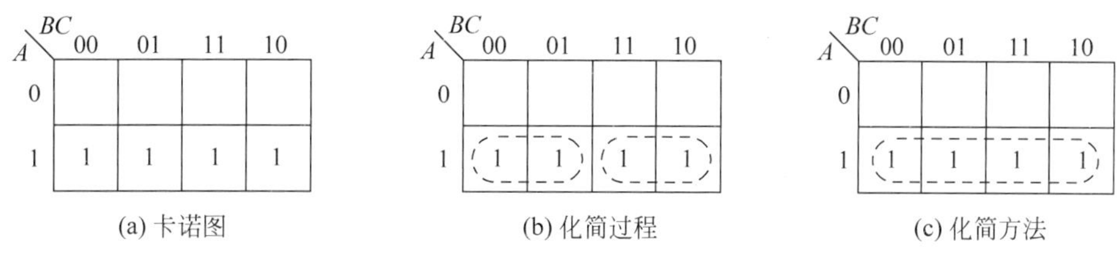

(a) 卡诺图　(b) 化简过程　(c) 化简方法

图 2-19　Y_2 的化简过程及化简方法

对于图 2-20 所示的三变量逻辑函数 $Y_3=m_2+m_3+m_6+m_7$，也可以将这 4 个最小项直接圈起来合并成一项，变量 A、C 被消掉了，变量 B 保持不变且值为 1 记为原变量，所以化简结果 $Y_3=B$。

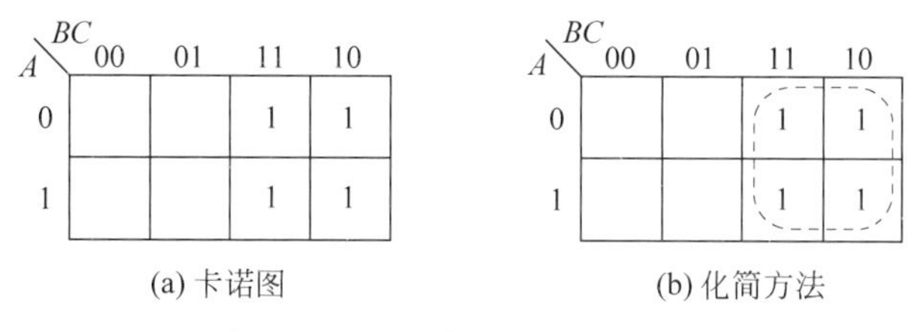

(a) 卡诺图　(b) 化简方法

图 2-20　Y_3 的卡诺图及化简方法

四变量逻辑函数 $Y_4=m_8+m_9+m_{10}+m_{11}+m_{12}+m_{13}+m_{14}+m_{15}$ 的卡诺图如图 2-21 所示，这 8 个最小项同样可以用一个圈圈起来，变量 C、D 和 B 被消掉了，变量 A 为 1 不变，所以化简结果为 $Y_4=A$。

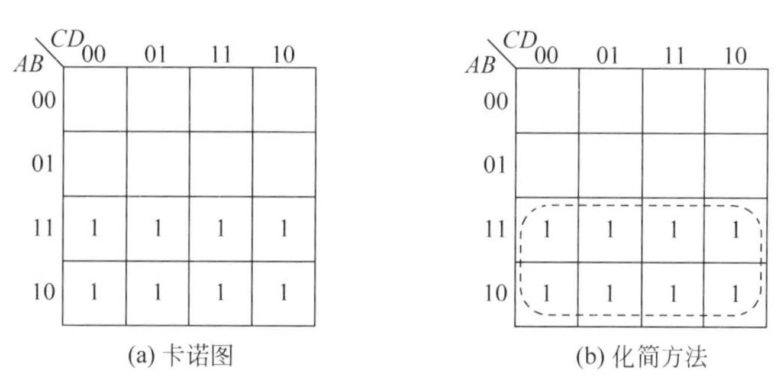

(a) 卡诺图　(b) 化简方法

图 2-21　Y_4 的卡诺图及化简方法

四变量逻辑函数 $Y_5=m_0+m_1+m_2+m_3+m_8+m_9+m_{10}+m_{11}$ 的卡诺图如图 2-22 所示，这 8 个最小项也可以用一个圈圈起来合并成一项，化简结果为 $Y_5=B'$。

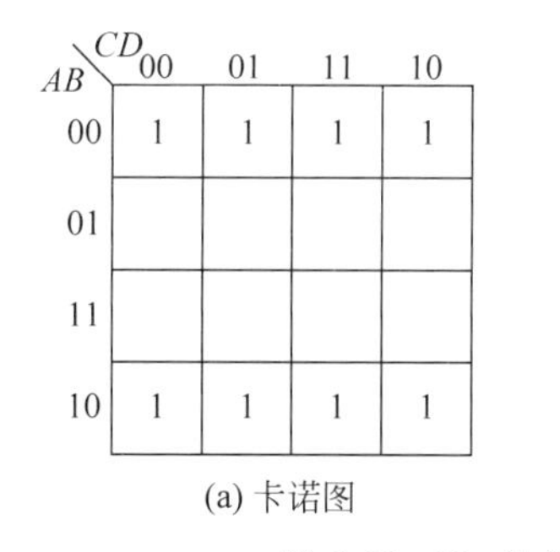

(a) 卡诺图

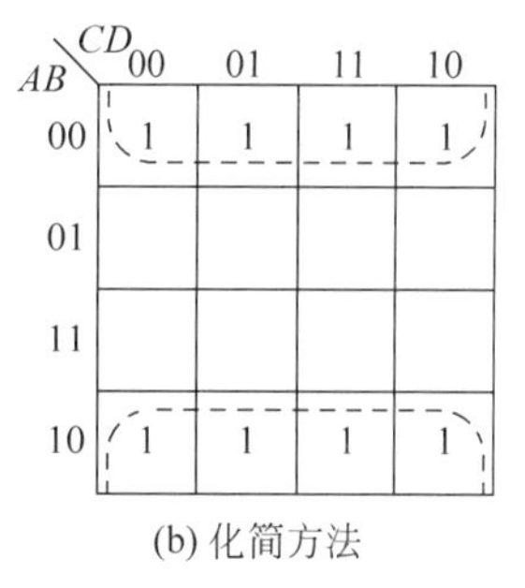

(b) 化简方法

图 2-22　Y_5 的卡诺图及化简方法

需要注意的是，对于四变量逻辑函数 $Y_6=m_0+m_2+m_8+m_{10}$，卡诺图如图 2-23 所示。图中 4 个最小项也是相邻关系，可以合并成一项，化简结果 $Y_6=B'D'$。

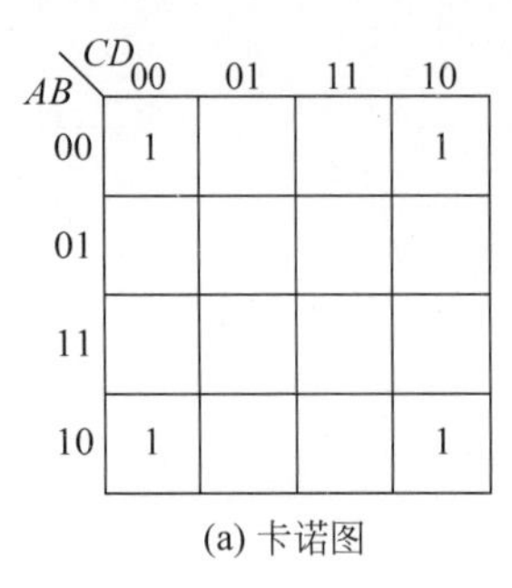

(a) 卡诺图

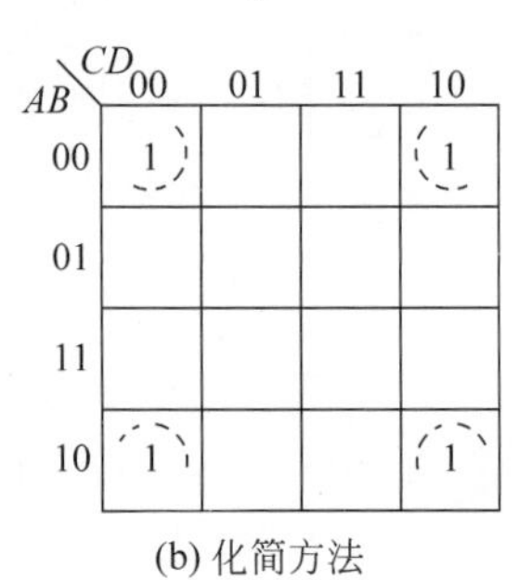

(b) 化简方法

图 2-23 Y_6 的卡诺图及化简方法

至此，可以总结出用卡诺图化简逻辑函数的实用方法：在卡诺图中，如果有 2^n（n 为正整数）个最小项相邻并排成一个矩形(长方形或正方形)，则它们可以合并成一项，并消去 n 对因子。

用卡诺图化简逻辑函数时，一般按以下步骤进行：

(1) 先将逻辑函数式展开为最小项表达式。

(2) 画出表示该逻辑函数的卡诺图。

(3) 观察可以合并的最小项，寻找最简化简方法。原则是圈数越少越好，圈越大越好。因为圈数少，表示化简后的乘积项少；圈越大，消的因子越多。

需要注意的是，卡诺图中的圈应覆盖图中所有的最小项。如果某个最小项与其他最小项都不相邻，也需要用一个圈圈起来表示化简为一项。

思考与练习

2-15 对于三变量逻辑函数 $Y_7=m_1+m_2+m_3+m_5+m_6+m_7$(卡诺图如图 2-24 所示)，最简表达式包含几个乘积项？写出最简表达式。

2-16 对于四变量逻辑函数 $Y_8=m_1+m_4+m_5+m_6+m_7+m_9+m_{12}+m_{13}$(卡诺图如图 2-25 所示)，最简表达式包含几个乘积项？写出最简表达式。

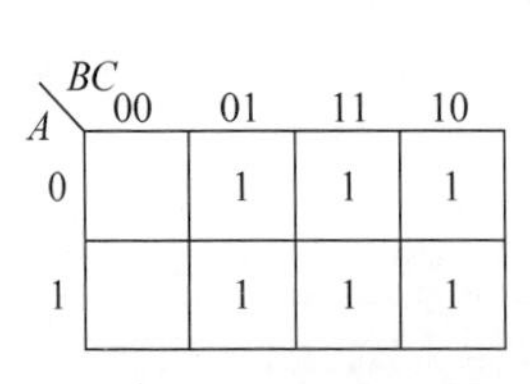

图 2-24 Y_7 的卡诺图

AB \ CD	00	01	11	10
00			1	
01	1	1	1	
11		1	1	1
10		1		

图 2-25 Y_8 的卡诺图

【例 2-15】 用卡诺图化简例 2-14 中的逻辑函数。

解：逻辑函数 Y 的卡诺图如图 2-17 所示。

逻辑函数的 8 个最小项可以用 4 个圈圈完，化简方法如图 2-26 所示，因此化简结果为

$$Y=AB'+B'C'D+A'BD'+ACD$$

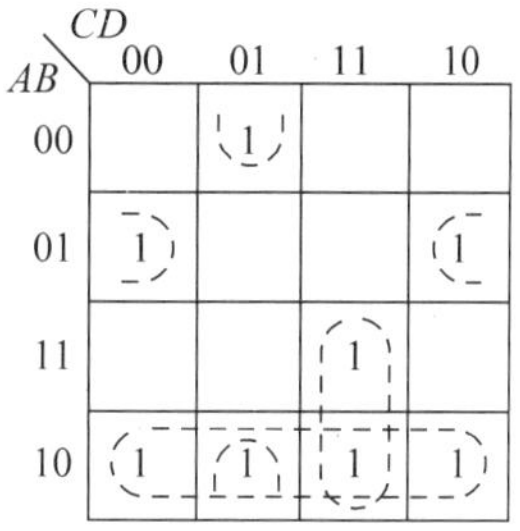

【例 2-16】 用卡诺图化简例 2-13 的逻辑函数。

解：首先将逻辑函数化为最小项表达式

$$Y = AB' + A'B + BC' + B'C$$
$$= AB'(C + C') + A'B(C + C') + (A + A')BC' + (A + A')B'C$$
$$= AB'C + AB'C' + A'BC + A'BC' + ABC' + A'B'C$$
$$= m_1 + m_2 + m_3 + m_4 + m_5 + m_6$$

图 2-26　例 2-15 化简方法

画出逻辑函数的卡诺图如图 2-27(a)所示。

按图 2-27(b)的化简法可得其最简与或式

$$Y = AB' + BC' + A'C$$

按图 2-27(c)的化简法可得出另一种最简与或式

$$Y = A'B + B'C + AC'$$

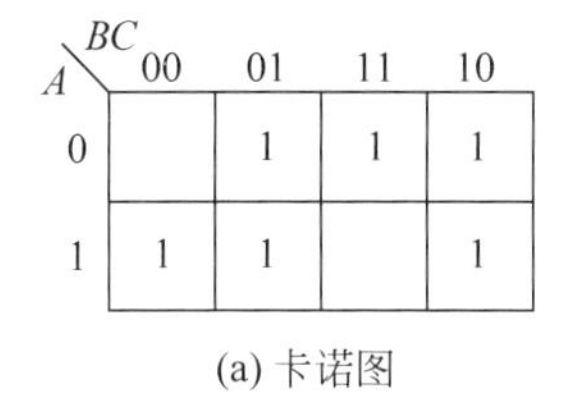
(a) 卡诺图

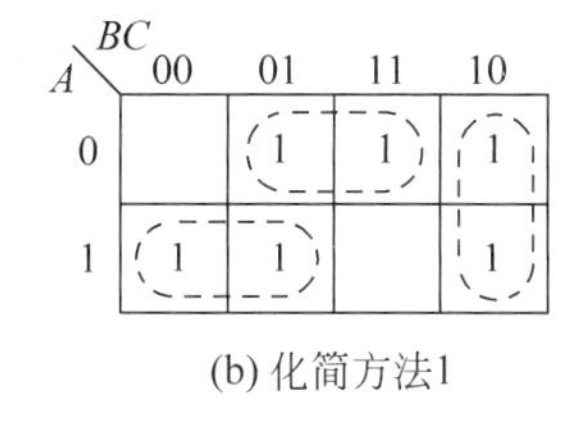
(b) 化简方法1

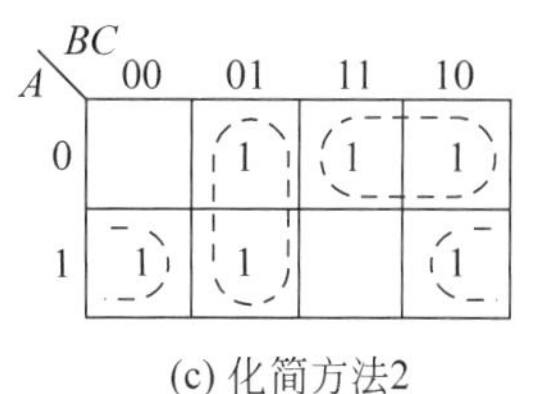
(c) 化简方法2

图 2-27　例 2-16 的卡诺图及化简方法

从例 2-16 的化简过程可以看出，卡诺图化简法具有非常直观的优点，是否已化到最简，清晰明了，而且逻辑函数的最简形式不一定是唯一的。

【例 2-17】 设计 4 位二进制码到循环码的转换电路，画出逻辑图。

设计过程：设 4 位二进制码分别用 $B_3B_2B_1B_0$ 表示，4 位循环码分别用 $G_3G_2G_1G_0$ 表示，则 4 位二进制码转换为循环码的真值表如表 2-14 所示。

表 2-14　4 位二进制码转换为循环码的真值表

二进制码	循环码	二进制码	循环码
$B_3B_2B_1B_0$	$G_3G_2G_1G_0$	$B_3B_2B_1B_0$	$G_3G_2G_1G_0$
0 0 0 0	0 0 0 0	1 0 0 0	1 1 0 0
0 0 0 1	0 0 0 1	1 0 0 1	1 1 0 1
0 0 1 0	0 0 1 1	1 0 1 0	1 1 1 1
0 0 1 1	0 0 1 0	1 0 1 1	1 1 1 0
0 1 0 0	0 1 1 0	1 1 0 0	1 0 1 0
0 1 0 1	0 1 1 1	1 1 0 1	1 0 1 1
0 1 1 0	0 1 0 1	1 1 1 0	1 0 0 1
0 1 1 1	0 1 0 0	1 1 1 1	1 0 0 0

根据表 2-14 所示的转换真值表，画出逻辑函数 G_3、G_2、G_1 和 G_0 的卡诺图，分别如图 2-28(a)～图 2-28(d)所示。

根据图中所示的化简方法，可得

$$G_3 = B_3$$

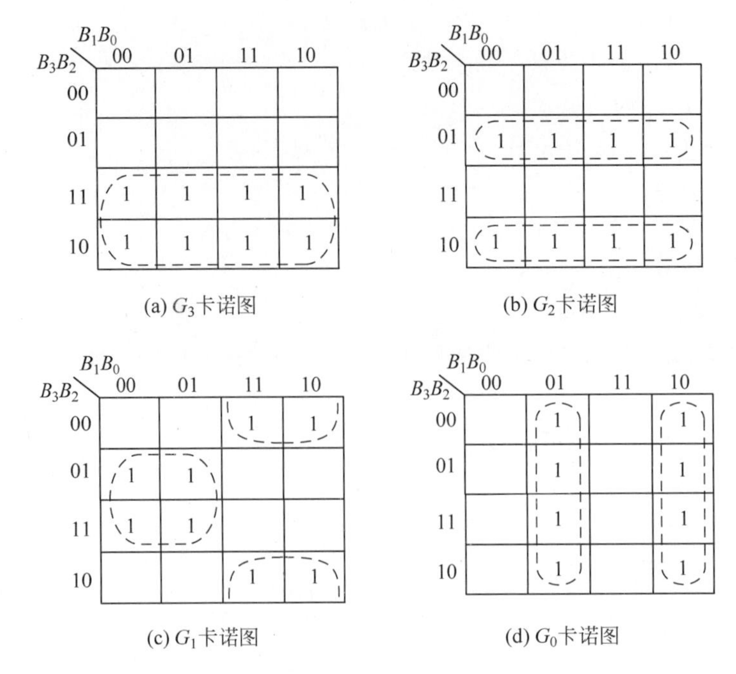

图 2-28　例 2-17 卡诺图

$$G_2 = B'_3 B_2 + B_3 B'_2 = B_3 \oplus B_2$$
$$G_1 = B_2 B'_1 + B'_2 B_1 = B_2 \oplus B_1$$
$$G_0 = B'_1 B_0 + B_1 B'_0 = B_1 \oplus B_0$$

因此，实现四位二进制码到循环码转换的逻辑电路如图 2-29 所示。

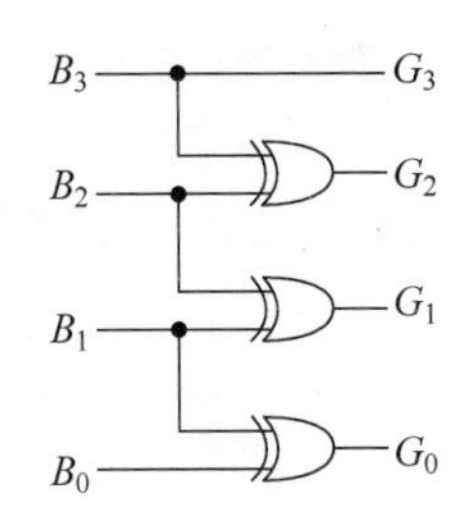

图 2-29　例 2-17 设计图

由于两变量逻辑函数只有 4 个最小项，用公式法化简很方便，所以不需要用卡诺图进行化简。五变量逻辑函数共有 32 个最小项，最小项之间相邻关系除了相邻、相对之外，还有相重，用卡诺图法化简也变得复杂，所以卡诺图最适合化简三变量和四变量逻辑函数。

卡诺图化简法具有直观形象的优点，但适合于化简三变量和四变量逻辑函数，因此在应用上有很大的局限性。公式法化简虽然对输入变量的数目没有限制，但化简过程没有固定的规律可循，能否化到最简，完全决定于对基本公式和常用公式的灵活应用。所以，这两种化简方法都不适合于应用计算机进行处理。

*2.6.3　Q-M 化简法

五变量及以上逻辑函数的化简通常应用基于列表的 Q-M 化简法（Quine-McCluskey method）进行化简。Q-M 化简法有固定的模式，特别适合于应用计算机编程实现。

在讲述 Q-M 化简法的基本原理和具体方法之前，首先定义三个概念。

(1) 蕴涵项。

逻辑函数与或表达式中的每个乘积项称为蕴涵项（implicant term）。根据蕴涵项的定义可知，用卡诺图化简逻辑函数时，每个圈对应一个蕴涵项。

(2) 质蕴涵项。

如果逻辑函数中的一个蕴涵项不是其他蕴涵项的子集，那么该蕴涵项称为质蕴涵项(prime implicant term)。用卡诺图化简逻辑函数时，如果一个圈不可能被更大的圈所覆盖，那么这个圈对应的乘积项为质蕴涵项。

(3) 本质蕴涵项。

如果逻辑函数的一个质蕴涵项至少包含的一个最小项没有被其他质蕴涵项所包含，那么该质蕴涵项称为本质蕴涵项(essential prime implicant term)。用卡诺图化简逻辑函数时，如果一个圈至少包含的一个1没有被其他圈所圈中，那么这个圈所对应的乘积项即为本质蕴涵项。

Q-M化简法的基本原理和卡诺图化简法的原理相同，仍然是基于最小项的性质(4)，通过不断地合并相邻最小项寻找本质蕴涵项，从而得到逻辑函数的最简与或式。

下面以例2-15中四变量逻辑函数 $Y=A'B'C'D+A'BD'+ACD+AB'$ 的化简为例，说明Q-M化简法的具体步骤。

(1) 将逻辑函数展开为最小项表达式，并将每个最小项用编号表示。

$$
\begin{aligned}
Y &= A'B'C'D + A'BD' + ACD + AB' \\
&= A'B'CD' + A'B(C+C')D' + A(B+B')CD + AB'(C+C')(D+D') \\
&= A'B'C'D + A'BCD' + A'BC'D' + ABCD + AB'CD + \\
&\quad AB'CD' + AB'C'D + AB'C'D' \\
&= \sum m(1,4,6,8,9,10,11,15)
\end{aligned}
$$

(2) 根据最小项编号中所含1的个数对最小项进行分组列表，最小项分组与编号表如表2-15所示。

表2-15　最小项分组与编号表

分组	最小项编号	二进制形式	对应最小项
1	1	0001	$A'B'C'D$
	4	0100	$A'BC'D'$
	8	1000	$AB'C'D'$
2	6	0110	$A'BCD'$
	9	1001	$AB'C'D$
	10	1010	$AB'CD'$
3	11	1011	$AB'CD$
4	15	1111	$ABCD$

(3) 合并乘积项，找出质蕴涵项。

因为相邻最小项中所包含1的个数相差1，因此需要将每组中最小项与相邻组中的最小项逐一进行比较，如果仅有一个因子不同，则合并成一项并消去一对因子。然后，在二进制编号中将消去的因子用"—"表示，并将编写结果填入下一列中，如表2-16所示，得到 $n-1$ 变量的乘积项。同时，在第一列中将已经合并的最小项打"√"进行标注。

按照同样的方法，合并第二列中所有可以合并的乘积项，将合并后的结果填入第三列中，得到 $n-2$ 变量的乘积项。依次类推进行合并，直到不能再合并为止。

列表中凡是没有打“√”的乘积项为该逻辑函数的质蕴涵项，分别用 $P_1 \sim P_5$ 表示。

表 2-16　列表合并蕴涵项

合并前（n 变量最小项）			第一次合并后（n－1 变量乘积项）			第二次合并后（n－2 变量乘积项）		
编号	形式 ABCD	标注	编号	形式 ABCD	标注	编号	形式 ABCD	标注
1	0001	√	(1,9)	-001	P_1	(8,9,10,11)	10--	P_5
4	0100	√	(4,6)	01-0	P_2			
8	1000	√	(8,9)	100-	P_3			
6	0110	√	(8,10)	10-0	√			
9	1001	√	(9,11)	10-1	√			
10	1010	√	(11,15)	1-11	P_4			
11	1011	√						
15	1111	√						

(4) 寻找本质蕴涵项，从而得到最简与或式。

将合并过程中不能再合并的质蕴涵项相加，得到逻辑函数的表达式

$$Y = P_1 + P_2 + P_3 + P_4 + P_5$$

但是，上述表达式并不一定是最简与或式。为了进一步进行化简，需要将质蕴涵项中所包含的最小项列成表 2-17 所示的形式，寻找本质蕴涵项。

表 2-17　寻找本质蕴涵项

P_i	1	4	6	8	9	10	11	15
P_1	1				1			
P_2		1	1					
P_3					1		1	
P_4							1	1
P_5				1	1	1	1	

从表中可以看出，乘积项 P_3 包含的两个最小项全部包含在 P_5 中，因此乘积项 P_1、P_2、P_4 和 P_5 已经覆盖了逻辑函数的所有最小项，为本质蕴涵项，所以逻辑函数的最简与或式表示为

$$\begin{aligned} Y &= P_1 + P_2 + P_4 + P_5 \\ &= B'C'D + A'BD' + ACD + AB' \end{aligned}$$

从上例的化简过程可以看出，Q-M 化简法的过程虽然比较烦琐，但是有固定的处理模式，适用于复杂逻辑函数的化简，为应用计算机化简逻辑函数提供了理论依据。

2.7
微课视频

2.7　无关项及其应用

n 变量逻辑函数共有 2^n 个取值，但对于一些具体的实际问题，有些取值组合并没有实际意义。例如，在图 2-30 所示的水箱中设置了 3 个水位检测元件 A、B、C，当水位高于检测

元件时，检测元件给出低电平，当水位低于检测元件时，检测元件给出高电平。根据物理知识可知，检测元件 A、B、C 共有 000、100、110 和 111 四种取值组合，其余 4 种取值 001、010、011、101 没有实际意义，因而不能取。在这种情况下，称变量 A、B、C 为一组具有约束的变量，不能取的这 4 种取值所对应的最小项称为该逻辑问题的约束项。

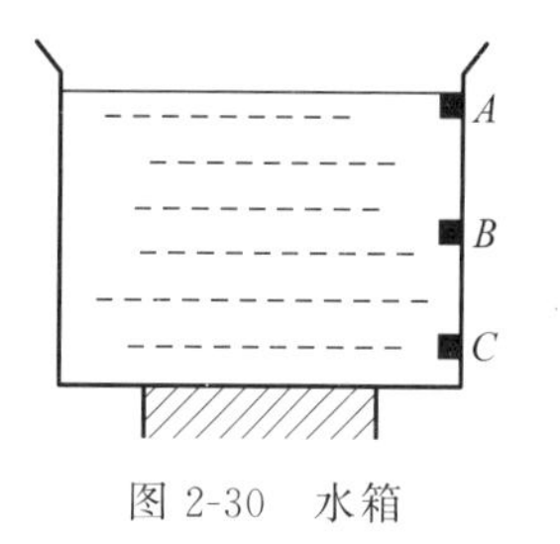

图 2-30　水箱

根据最小项的性质可知，在 ABC 正常取值(000、100、110 和 111)的情况下，约束项的值恒为 0，即

$$\begin{cases} A'B'C=0 \\ A'BC'=0 \\ A'BC=0 \\ AB'C=0 \end{cases}$$

故

$$A'B'C+A'BC'+A'BC+AB'C=0$$

上式称为该逻辑问题的约束条件(或约束方程)。

由于在正常取值的情况下，约束项的值恒为 0，所以将约束项写入函数表达式或者不写入，对逻辑函数并没有影响。但是，用卡诺图表示逻辑函数时则有差异，写入约束项时在对应的格子中应填 1，不写入时应填 0。也就是说，在卡诺图中约束项对应的格子中填入 1 或者 0 都可以，一般填入×表示既可以取 1 也可以取 0。

有时还会遇到另外一些实际问题，在变量的某些取值下定义函数值为“1”或者为“0”并不影响电路的逻辑功能，那么这些取值所对应的最小项称为该逻辑问题的任意项。

在逻辑代数中，将约束项和任意项统称为无关项(don't care term)，用 d 表示。关于无关项在逻辑设计中的作用，通过下面具体的设计示例进行说明。

【例 2-18】 设计 8421 码四舍五入电路，要求电路尽量简单。

设计过程：8421 码是用二进制数码表示的十进制数，共有 0000、0001、……、1000 和 1001 10 种取值，分别表示十进制数 0～9。若将 8421 码的 4 位数码分别用逻辑变量 A、B、C、D 表示，四舍五入的结果用 Y 表示，并且规定 $Y=1$ 表示入，$Y=0$ 时表示舍，则该逻辑问题的真值表如表 2-18 所示。

表 2-18　例 2-18 真值表

A	**B**	**C**	**D**	**Y**
0	0	0	0	0
0	0	0	1	0
0	0	1	0	0
0	0	1	1	0
0	1	0	0	0
0	1	0	1	1
0	1	1	0	1
0	1	1	1	1
1	0	0	0	1

续表

A	B	C	D	Y
1	0	0	1	1
1	0	1	0	×
1	0	1	1	×
1	1	0	0	×
1	1	0	1	×
1	1	1	0	×
1	1	1	1	×

由于8421码不会取1010、1011、……、1111六种取值，所以在这六种取值下，规定Y为1或0均可，并不影响电路的功能。因此，这六种取值对应的最小项称为该逻辑问题的任意项。

由真值表画出逻辑函数的卡诺图如图2-31(a)所示。图中的×表示该最小项既可以看作1，也可看作0，所以最简的化简方法如图2-31(b)所示。

因此，最简的逻辑函数表达式为

$$Y = A + BC + BD$$

按上述逻辑式即可画出实现8421码四舍五入功能的逻辑电路，如图2-32所示。

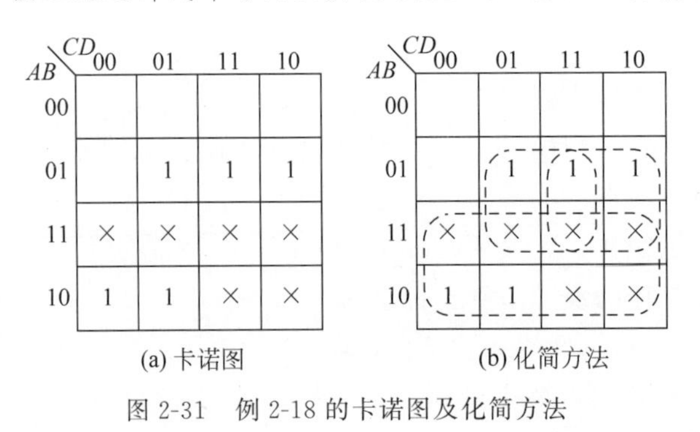

(a) 卡诺图　(b) 化简方法

图2-31　例2-18的卡诺图及化简方法

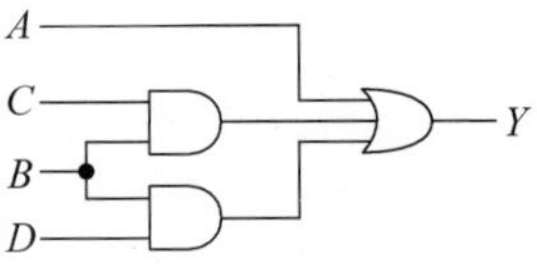

图2-32　例2-18逻辑图

本章小结

逻辑代数是处理事物因果关系的数学，定义了与、或、非、与非、或非以及异或和同或七种逻辑运算，其中异或逻辑和同或逻辑为两变量逻辑函数。

逻辑代数中的基本公式包括0律和1律，重叠律、互补律和还原律，交换律、结合律和分配律以及德·摩根定理，其中德·摩根定理反映了逻辑与和逻辑或之间的内在联系和转化关系，应用于逻辑函数形式的变换。

逻辑代数中的常用公式是指由基本公式推导出来的实用公式，包括吸收公式、并项公式、消因子公式和消项公式，主要用于逻辑函数的公式法化简。

逻辑代数有代入、反演和对偶三种基本规则。代入规则能够扩大逻辑等式的应用范围，反演规则用于求解逻辑函数的反函数，而对偶规则是逻辑代数内在特性的表现。

逻辑函数是表示事物逻辑关系的函数，有真值表、函数表达式、逻辑图、卡诺图和波形图五种表示方法,其中真值表、函数表达式和逻辑图是逻辑函数三种的基本表示方法。卡诺图既可以表示函数,还可方便化简逻辑函数,在三变量和四变量逻辑函数的化简中广泛应用。

逻辑函数有最小项表达式和最大项表达式两种标准形式。两种标准形式与逻辑函数的真值表存在对应关系,可以从真值表中直接推出。

逻辑函数的化简有公式法、卡诺图法和Q-M化简法三种方法。公式法是应用逻辑代数中的基本公式和常用公式化简逻辑函数。卡诺图法具有直观、形象的优点,适合于三变量和四变量逻辑函数的化简。Q-M法是基于列表的逻辑函数化简方法,具有固定的处理模式,适合于应用计算机进行化简,因而在计算机辅助分析和设计中应用广泛。

无关项是指实际问题中的约束项和任意项,合理使用无关项可以简化逻辑电路设计,能够降低电路成本,提高电路工作的可靠性。

逻辑代数基于二值逻辑,对立而统一,正如中华文化中的阴阳学说。国学中也有以三为基数处理事物之间关系的情形。老子曰:"道生一,一生二,二生三,三生万物"。孔子曰:"三人行,必有我师"。在三人表决电路中,每个人除了"同意"和"不同意"两种选择外,应该有"弃权"这种选项;判断某一事物除了"YES"和"NO"之外,还有暂时不做判断,等考虑清楚再做判断这种选项,而二值逻辑则无法表示这种关系。加拿大华裔数学家基于中华文化提出了"三支决策"理论,在决策分析、聚类、信息过滤、多标记分类、医学图像重建等领域有着十分广泛的应用前景。同时,能否发展和完善效率比二进制更高的三进制计算机系统呢?留给读者进一步思考。

习题

2.1 用真值表证明下列等式。

(1) $A+A'B=A+B$

(2) $AB+A'C+BC=AB+A'C$

(3) $A(B\oplus C)=(AB)\oplus(AC)$

(4) $A'\oplus B=A\oplus B'=(A\oplus B)'$

2.2 用公式化简下列各式。

(1) $AB(A+BC)$

(2) $A'BC(B+C')$

(3) $(AB+A'B'+A'B+AB')'$

(4) $(A+B+C')(A+B+C)$

(5) $AC+A'BC+B'C+ABC'$

(6) $ABD+AB'CD'+AC'DE+AD$

(7) $(A\oplus B)C+ABC+A'B'C$

(8) $A'(C\oplus D)+BC'D+ACD'+AB'C'D$

(9) $(A+A'C)(A+CD+D)$

2.3 对于下列逻辑式,变量ABC取哪些值时,Y的值为1?

(1) $Y=(A+B)C+AB$

(2) $Y=AB+A'C+B'C$

(3) $Y=(A'B+AB')C$

2.4 求下列逻辑函数的反函数。

(1) $Y=AB+C$

(2) $Y=(A+BC)C'D$

(3) $Y=(A+B')(A'+C)AC+BC$

(4) $Y=AD'+A'C'+B'C'D+C$

2.5 将下列各函数式化简成最小项表达式。

(1) $Y=A'BC+AC+B'C$

(2) $Y=AB'C'D+BCD+A'D$

(3) $Y=(A+B')(A'+C)AC+BC$

2.6 用卡诺图化简下列逻辑函数。

(1) $Y=AC'+A'C+BC'+B'C$

(2) $Y=ABC+ABD+C'D'+AB'C+A'CD'+AC'D$

(3) $Y=AC+A'BC+B'C+ABC'$

(4) $Y=AB'CD+D(B'C'D)+(A+C)CD'+A'(B'+C)'$

(5) $Y(A,B,C,D)=\sum m(3,4,5,6,9,10,12,13,14,15)$

(6) $Y(A,B,C,D)=\sum m(0,2,5,7,8,10,13,15)$

(7) $Y(A,B,C,D)=\sum m(1,4,6,9,13)+\sum d(0,3,5,7,11,15)$

(8) $Y(A,B,C,D)=\sum m(2,4,6,7,12,15)+\sum d(0,1,3,8,9,11)$

2.7 用与非逻辑实现下列逻辑函数，画出逻辑图。

(1) $Y=AB+BC$

(2) $Y=(B(A+C))'$

(3) $Y=(ABC'+AB'C+A'BC)'$

2.8 用真值表和卡诺图表示逻辑函数 $Y=A'B+B'C+AC'$，并将逻辑函数化为"与非-与非"式。

2.9 分析如图题 2-9 所示的逻辑电路，写出逻辑函数 Y 的表达式。

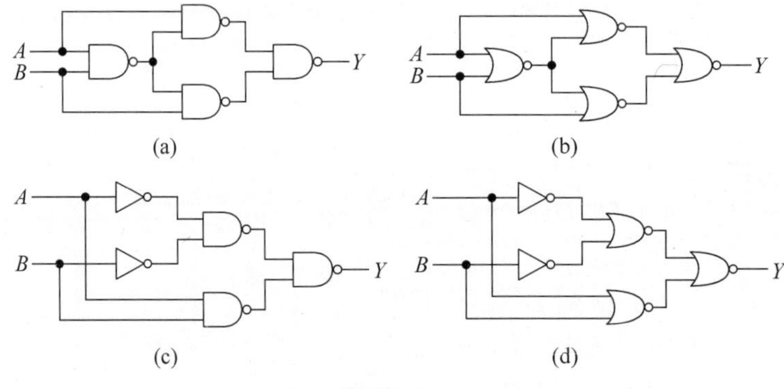

图题 2-9

2.10 分析图题 2-10 所示的逻辑电路，写出 Y_1 和 Y_2 的函数表达式，列出真值表。

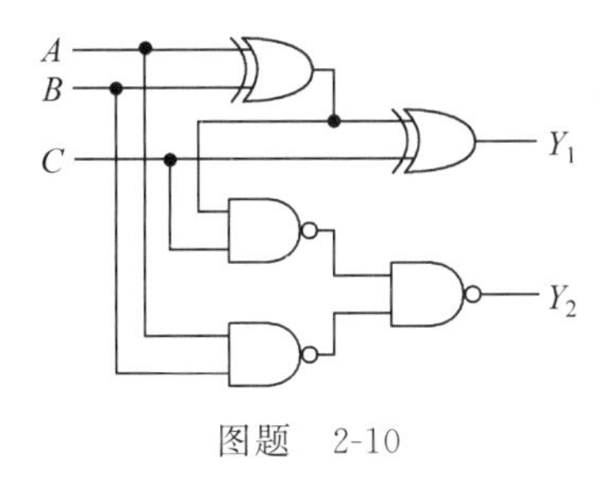

图题　2-10

2.11　用异或逻辑和与逻辑实现下列逻辑函数。

$$W = A \oplus B \oplus C$$
$$X = A'BC + AB'C$$
$$Y = ABC' + (A' + B')C$$
$$Z = ABC$$

2.12　用与非逻辑实现异或逻辑关系 $Y = A \oplus B$，画出设计图。

2.13　按下列要求实现逻辑关系 $Y(A,B,C,D) = \sum m(1,3,4,7,13,14,15)$，画出设计图。

(1) 用与非逻辑实现。

(2) 用或非逻辑实现。

(3) 用与或非逻辑实现。

2.14　电路如图题 2-14 所示。若规定开关闭合为 1，断开为 0；灯亮为 1，灯灭为 0。列出 Y 与 A、B、C 关系的真值表，并写出函数表达式。

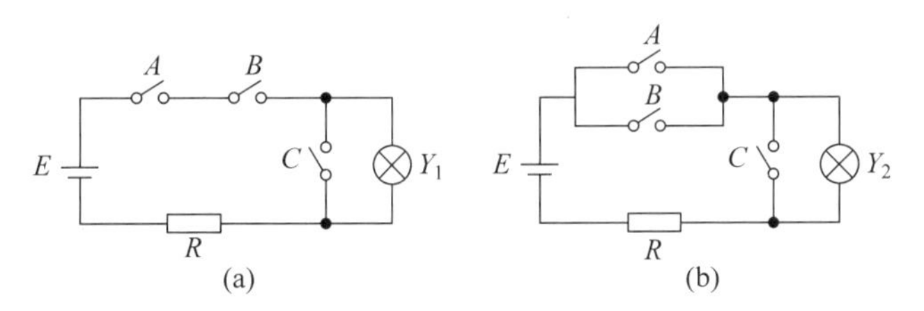

图题　2-14

2.15　旅客列车分为特快、直快和普快三种，车站发车的优先顺序是特快、直快和普快。在同一时间车站只能给出一班列车的发车信号。用与非逻辑设计满足上述要求的逻辑电路，为列车提供发车信号。

2.16　若一组变量中不可能有两个或两个以上同时为 1，则称这组变量相互排斥。在变量 A、B、C、D、E 相互排斥的情况下，证明 $AB'C'D'E' = A$、$A'BC'D'E' = B$、$A'B'CD'E' = C$、$A'B'C'DE' = D$ 和 $A'B'C'D'E = E$ 成立。

第二篇

ARTICLE 2

常用集成电路

电子器件经历了电子管、半导体分立器件到中小规模集成电路、大规模集成电路、超大规模集成电路到特大规模集成电路的发展历程。

集成电路是将电路中所需的晶体管和电阻等元器件以及连线集成于一块半导体芯片上而制成的电路或者系统，分为模拟集成电路、数字集成电路以及模数混合集成电路三大类。

数字集成电路是基于数字逻辑设计的、用于处理数字信号的集成电路。根据集成电路中包含门电路的数量，将数字集成电路分为以下 5 种类型：

(1) 小规模集成(SSI)电路，集成 10 个以下门电路；

(2) 中规模集成(MSI)电路，集成 10～99 个门电路；

(3) 大规模集成(LSI)电路，集成 100～9999 个门电路；

(4) 超大规模集成(VLSI)电路，集成 10 000～99 999 个门电路；

(5) 特大规模集成(ULSI)电路，集成 10 万个以上门电路。

随着半导体工艺技术的提高，集成电路的规模越来越大，新型数字集成电路—可编程逻辑器件普遍为特大规模集成电路，因此简单地以集成门电路的数量来划分数字集成电路的规模已经失去意义，但有时还会用到这些概念。

在电子系统设计中，除了数字集成电路外，经常还要用到定时器、A/D 和 D/A 转换器这类模数混合集成电路。这些集成电路和数字集成电路一起是构成电子系统的基石。

巧妇难为无米之炊。掌握常用集成电路的设计原理、功能与性能是分析和设计电子系统的基础。

本篇主要讲述数字以及数模混合系统设计中需要应用的基本门电路、常用组合逻辑器件、常用时序逻辑器件、存储器、定时器以及 A/D 和 D/A 转换器的原理、功能及典型应用。

第3章 基本门电路

CHAPTER 3

实现基本逻辑关系和复合逻辑关系的单元电子线路称为门电路(gates)。门电路是构建数字系统的基石,其名称源于它们能够控制数字信息的流动。

逻辑代数中定义了与、或、非、与非、或非、异或和同或共7种逻辑运算,相应地,实现上述逻辑关系的门电路分别称为与门、或门、非门、与非门、或非门、异或门和同或门。由于非门的输出与输入相反,所以习惯上称为反相器。

在门电路中,用高电平和低电平表示逻辑代数中的1和0。所谓电平,是指相对于电路中特定的参考点(一般为"地"),电路的输入、内部节点以及输出电位的高低。

门电路分为TTL门电路和CMOS门电路两种类型。TTL门电路的电源电压V_{CC}规定为5V,定义2.0～5.0V为高电平,0～0.8V为低电平,如图3-1(a)所示,而0.8～2.0V则为是高、低电平之间的不确定状态。CMOS门电路的电源电压为V_{DD}时,定义$0.7V_{DD}$～V_{DD}为高电平,0～$0.3V_{DD}$为低电平,如图3-1(b)所示,而$0.3V_{DD}$～$0.7V_{DD}$则为是高、低电平之间的不确定状态。

用高、低电平表示逻辑代数中的0和1有正逻辑和负逻辑两种赋值方法,如图3-2所示。用高电平表示逻辑1、低电平表示逻辑0,称为正逻辑赋值;相反地,用高电平表示逻辑0、低电平表示逻辑1,称为负逻辑赋值。两种赋值方法等价,为思维统一起见,本书默认采用正逻辑赋值,简称为正逻辑。

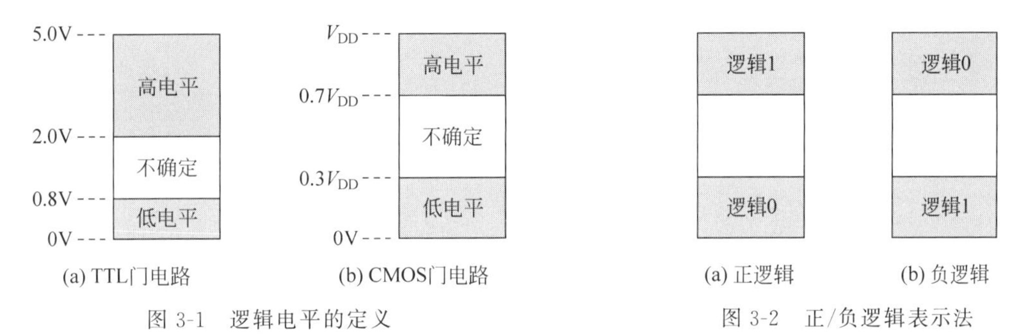

图3-1 逻辑电平的定义

图3-2 正/负逻辑表示法

门电路中的高、低电平通过如图3-3所示的开关电路产生。设$V_{CC}=5V$,对于图3-3(a)所示的单开关电路,当输入信号v_I控制开关S闭合时输出v_O为低电平,S断开时通过上拉电阻使$v_O=V_{CC}$,输出为高电平。

对于图3-3(b)所示的互补开关电路,输入信号v_I控制开关S_1闭合、S_2断开时,v_O输出为高电平；控制开关 S_1 断开、S_2 闭合时，v_O 输出为低电平。

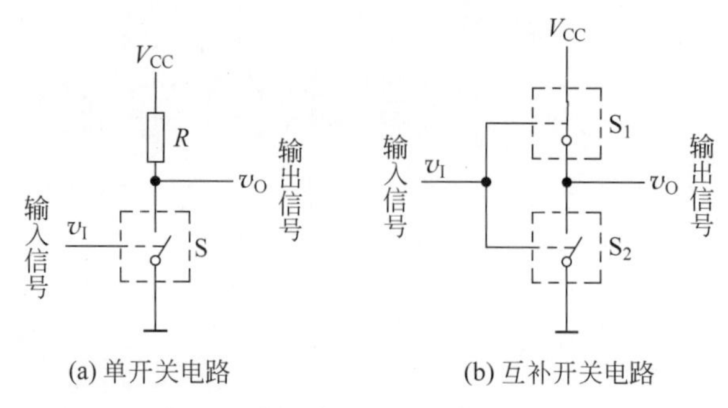

(a) 单开关电路　(b) 互补开关电路

图 3-3　获得高、低电平的开关电路

图 3-3 中的开关可以用二极管、三极管或场效应管实现。因为二极管在外加正向电压时导通，外加反向电压时截止，能够表示开关的闭合和断开。工作在饱和区和截止区的三极管同样能够表示开关的闭合和断开。场效应管作为开关的原理与三极管类似。

3.1　分立器件门电路

门电路可以基于二极管、三极管或者场效应管这些分立器件设计。二极管可以构成与门和或门，而非门则需要基于三极管或者场效应管设计。

二极管为非线性器件，常用硅二极管的伏安特性如图 3-4 所示。从伏安特性曲线可以看出，二极管在外加反向电压但还未达到击穿电压时只有非常小的漏电流流过(一般为 pA 级)，这个漏电流完全可以忽略不计，认为二极管截止；二极管在外加正向电压并且高于阈值电压时导通，有明显的电流流过。对于硅二极管来说，该阈值电压一般在 0.5V 左右。

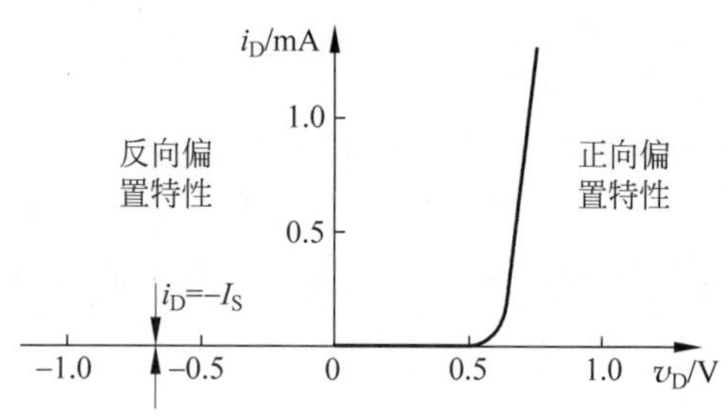

图 3-4　二极管的伏安特性曲线

二极管在近似分析中通常用模型代替，以简化电路分析。图 3-5 是二极管常用的 3 种近似模型，图中的虚线表示二极管实际的伏安特性曲线，实线则表示其模型的伏安特性。

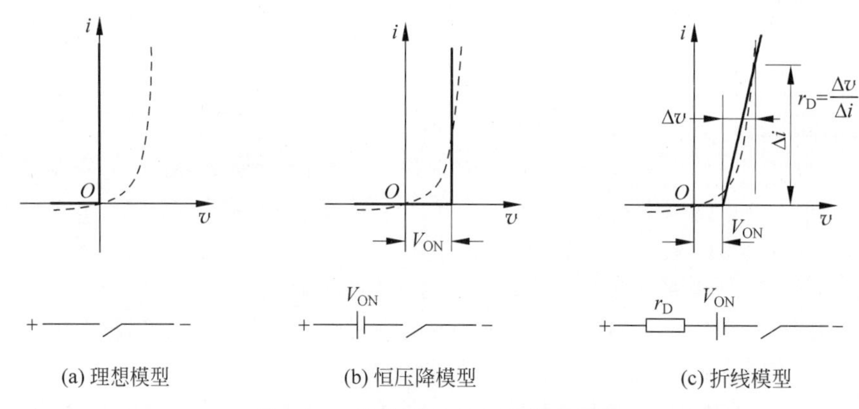

(a) 理想模型　(b) 恒压降模型　(c) 折线模型

图 3-5　二极管常用的 3 种近似模型

图 3-5(a)称为理想模型。理想模型将二极管视为理想开关，外加正向电压时导通，并且导通电阻 $r_{ON}=0$；外加反向电压时截止，并且截止电阻 $r_{OFF}=\infty$。

图 3-5(b)称为恒压降模型。恒压降模型认为二极管外加正向电压达到导通电压 V_{ON} 时才能导通，并且导通电阻 $r_{ON}=0$；外加电压小于 V_{ON} 时截止，截止电阻 $r_{OFF}=\infty$。对于硅二极管来说，V_{ON} 一般按 0.7V 进行估算。

图 3-5(c)称为折线模型。二极管导通时仍有一定的导通电阻，即 $r_{ON}\neq 0$，其两端电压 v 随着电流 i 的随大而增大。在折线模型中导通电阻定义为 $r_{ON}=\Delta v/\Delta i$。

由于逻辑电平定义为某一范围，而不是一个确定的数值，因此对于数字电路来说，无论采用哪种模型分析都不影响电路逻辑关系的正确性。为方便分析，同时考虑尽量接近二极管实际的伏安特性，下面采用恒压降模型进行分析。

3.1.1 二极管与门

两输入二极管与门电路如图 3-6 所示，图中 A、B 为输入，Y 为输出。

设电源 $V_{CC}=5\text{V}$，输入端 A 和 B 的高电平 V_{IH} 为 3V，低电平 V_{IL} 为 0V。两个输入端电平的组合共有 4 种可能性：0V/0V、0V/3V、3V/0V 和 3V/3V。当 A、B 中至少有一个为低电平时，二极管 D_1 和 D_2 至少有一个导通，由于二极管的导通压降约为 0.7V，所以输出电平被限制为 0.7V 左右；当 A、B 同时为高电平时，二极管 D_1 和 D_2 同时导通，输出电平才会升到 3.7V。根据上述分析可以得到表示输出与输入之间电平关系的电平表，如表 3-1 所示。

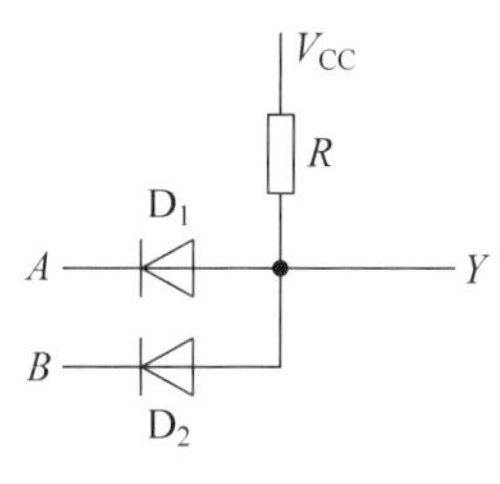

图 3-6　两输入二极管与门

表 3-1　图 3-6 电路电平表

V_A/V	V_B/V	V_Y/V
0	0	0.7
0	3	0.7
3	0	0.7
3	3	3.7

将表 3-1 所示的电平表按照正逻辑赋值，即用高电平表示逻辑 1，用低电平表示逻辑 0，可转化为表 3-2 所示的真值表。从真值表可以看出，电路在正逻辑下实现了与逻辑关系，故称为二极管与门。

表 3-2　图 3-6 电路真值表

A	B	Y
0	0	0
0	1	0
1	0	0
1	1	1

三变量及以上的二极管与门按图 3-6 扩展构成。

3.1.2 二极管或门

两输入二极管或门电路如图 3-7 所示，图中 A、B 为输入，Y 为输出。

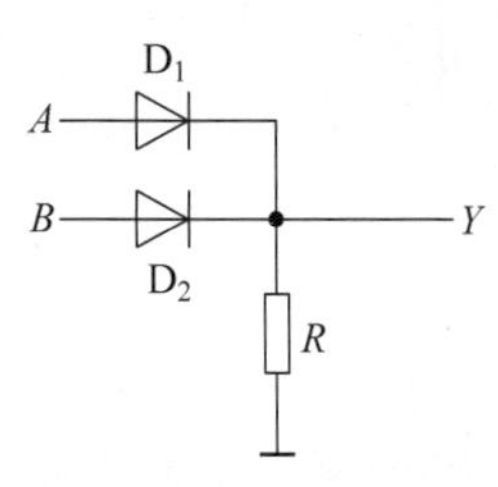

图 3-7 两输入二极管或门

设电源 $V_{CC}=5V$，输入端的高电平 V_{IH} 和低电平 V_{IL} 分别为 3V 和 0V。当 A、B 中至少有一个为高电平时，二极管 D_1 和 D_2 至少有一个导通，考虑到二极管的导通压降约为 0.7V，所以输出电平约为 2.3V；当 A、B 同时为低电平时，二极管 D_1 和 D_2 才会同时截止，由于电路中没有电流流过，所以输出电平为 0V。根据上述分析得到图 3-7 电路的电平表如表 3-3 所示。

表 3-3 图 3-7 电路电平表

V_A/V	V_B/V	V_Y/V
0	0	0
0	3	2.3
3	0	2.3
3	3	2.3

表 3-4 图 3-7 电路真值表

A	B	Y
0	0	0
0	1	1
1	0	1
1	1	1

将表 3-3 所示的电平表按照正逻辑赋值，可转化为表 3-4 所示的真值表。由真值表可以看出，电路在正逻辑下实现了或逻辑关系，故称为二极管或门。

三变量及以上的二极管或门可按图 3-7 扩展构成。

3.1.3 三极管反相器

三极管通常有三个工作区域：截止区、放大区和饱和区，其输入特性曲线和输出特性曲线如图 3-8 所示。

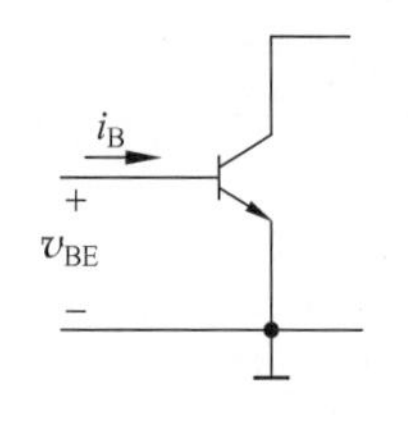

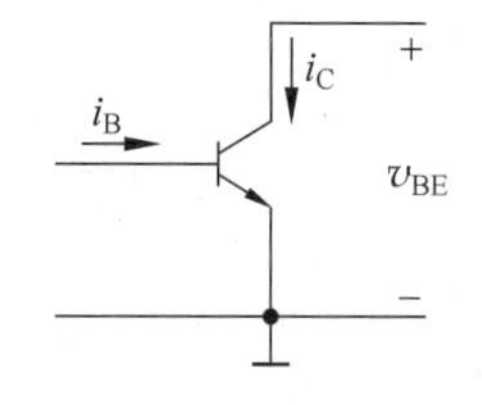

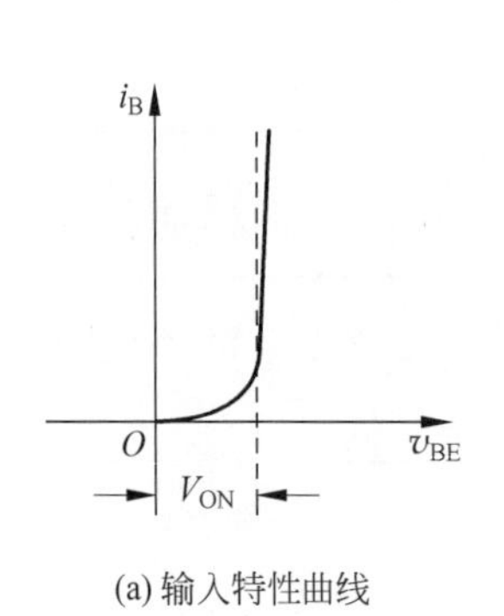

(a) 输入特性曲线

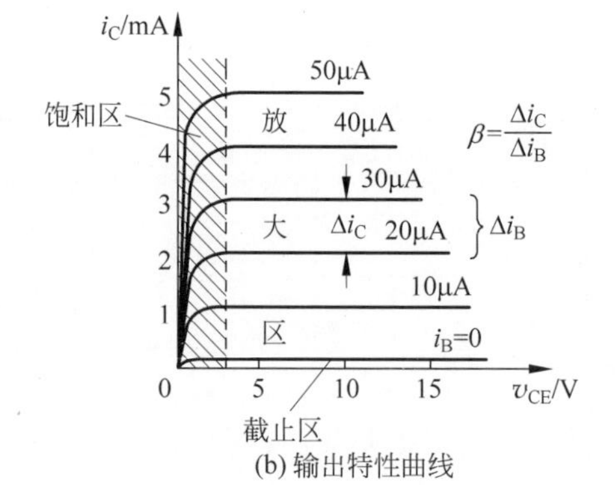

(b) 输出特性曲线

图 3-8 三极管的特性曲线

当三极管发射结外加反向电压或者外加正向电压但未达到其阈值电压时，三极管工作在截止区，此时即使 $v_{CE} \neq 0$，但 $i_C \equiv 0$，所以 $r_{CE} \to \infty$，抽象为开关断开。当三极管在发射结外加正向电压并且达到其导通电压，集电结同时处于正偏状态时，此时三极管工作在饱和区，$r_{CE} \to 0$，抽象为开关闭合。在数字电路中，三极管工作在截止区或者饱和区，称为开关状态，而放大区则被看作开关由闭合到断开或者由断开到闭合的过渡状态。

三极管构成的基本开关电路如图 3-9 所示，基于图 3-3(a)所示的单开关模型实现。

由于三极管工作在放大区时集电结反偏，工作在饱和区时集电结正偏，因此定义集电结零偏($V_{CB}=0$)为临界饱和状态，为区分放大区和饱和区的分界线。

若将三极管处于临界饱和状态时的集电极与发射极之间的管压降和基极驱动电流分别用 V_{CES} 和 I_{BS} 表示[S 英文全称为 saturation(饱和)]，则 $V_{CES} \approx 0.7\text{V}$，$I_{BS}=(V_{CC}-V_{CES})/(\beta \times R_C)$。

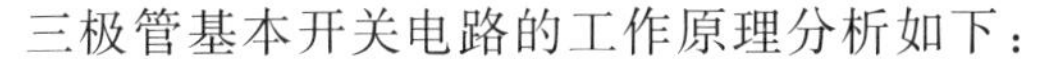

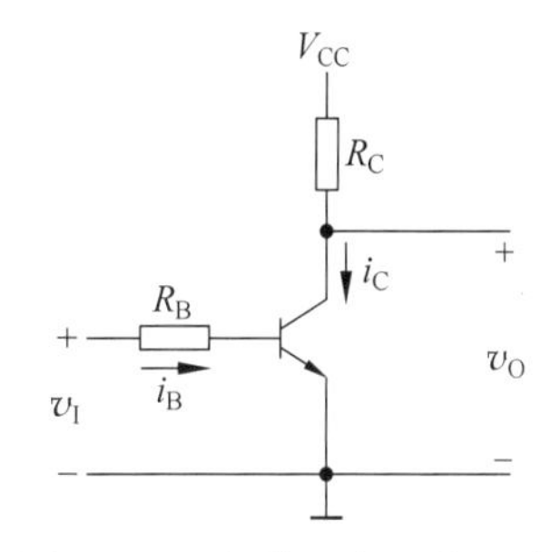

图 3-9　三极管基本开关电路

三极管基本开关电路的工作原理分析如下：

(1) 当输入 $v_I=0\text{V}$ 时，发射结零偏，三极管截止，这时 $i_C=0$，因此输出电压 $v_O=V_{CC}-R_C \times I_C=V_{CC}$ 为高电平。

(2) 当输入 v_I 为高电平(V_{IH})时，发射结导通，这时实际的基极驱动电流为 $I_B=(V_{IH}-V_{BE})/R_B$。当 $I_B>I_{BS}$ 时，I_C 大于 I_{CS}(不一定成比例关系)，导致电阻 R_C 两端的压降增大使 $V_{CE}<0.7\text{V}$，因此使三极管集电结正偏而工作在饱和状态输出 $v_O=V_{CES}$ 为低电平。三极管深度饱和($I_B \gg I_{BS}$)时，V_{CES} 为 0.1～0.2V。

由以上分析可知，三极管基本开关电路只有在参数满足 $I_B>I_{BS}$ 时才能实现非逻辑关系。

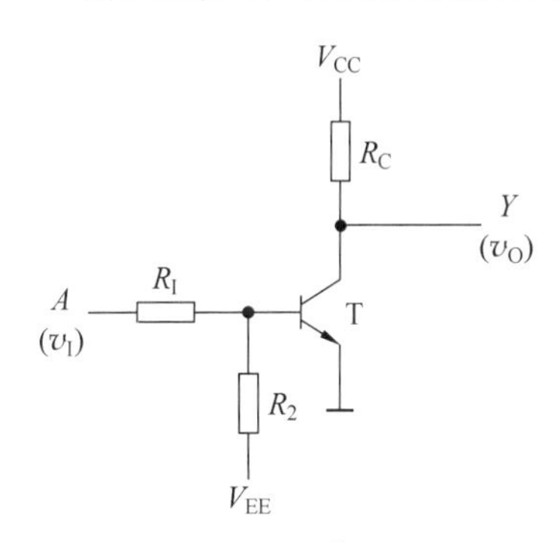

图 3-10　三极管反相器

对于三极管基本开关电路来说，当输入低电平达到 TTL 低电平上限 0.8V 时，三极管不能可靠地截止从而影响门电路的输出性能。为此，三极管反相器采用图 3-10 所示的改进电路，其中 V_{EE} 为负电源，目的是使输入低电平在 0～0.8V 的三极管都能够可靠地截止。

下面对三极管反相器的工作原理进行分析。

(1) 当输入电压 $v_I=V_{IL}$ 时，设三极管截止，则三极管的基极电位可表示为

$$V_B=\frac{R_2}{R_1+R_2}V_{IL}+\frac{R_1}{R_1+R_2}V_{EE}$$

若 $V_B<0$，则三极管截止成立，输出 $v_O=V_{CC}$，为高电平。

(2) 当输入电压 $v_I=V_{IH}$ 时，设三极管导通。设流过电阻 R_1 的电流为 I_1(从左向右)，流过电阻 R_2 的电流为 I_2(从上向下)，这时三极管的实际驱动电流

$$I_B=I_1-I_2=\frac{V_{IH}-V_{BE}}{R_1}-\frac{V_{BE}-V_{EE}}{R_2}$$

若 $I_B>I_{BS}$，则三极管饱和，输出电压 $v_O=V_{CES}$ 为低电平。

将二极管与门与三极管反相器级联即可得到与非门，将二极管或门与三极管反相器级联即可得到或非门。

分析分立器件门电路有助于理解门电路的设计原理。在设计数字系统时，直接应用集成门电路更为方便。

思考与练习

3-1 若将图3-6所示的电路按负逻辑进行赋值，是什么门电路？同样，若将图3-7所示的电路按负逻辑赋值时是什么门电路？由此能得出什么结论？

3-2 三极管基本开关电路与三极管共射极放大电路有什么本质区别？分析并进行说明。

3.2 集成门电路

集成门电路根据制造工艺进行划分，可分为TTL门电路和CMOS门电路两种类型，其中TTL门电路基于三极管工艺制造，CMOS门电路基于MOS场效应管工艺制造。

TTL门电路有54/74、54S/74S、54AS/74AS、54LS/74LS、54ALS/74ALS和74F多种产品系列，其中54系列为军工(M)产品，工作温度范围为−55～125℃，电源电压范围为5(1±10%)V；74系列为民用产品，电源电压范围为5(1±5%)V，分为工业级(I)和商业级(C)两个子系列，其中工业级产品温度范围为−40℃～85℃，商业级产品温度范围为0℃～70℃。

CMOS门电路有4000、54/74HC、54/74AHC、54/74HCT、54/74AHCT、54/74LVC以及54/74ALVC等多种产品系列。在事物发展的不同阶段，主次矛盾也在转化之中。早期的4000系列门电路的工作速度远低于同期的74系列TTL门电路，因此只能用在对速度要求不高的场合。随着MOS制造工艺的改进，其后生产的HC/AHC、HCT/AHCT和LVC/ALVC等系列门电路的工作速度赶上甚至超过了TTL门电路。CMOS门电路因其具有工作电源电压范围宽、静态功耗极低、抗干扰能力强、输入阻抗高和成本低等许多优点在大规模和超大规模数字器件设计中得到了广泛的应用，TTL门电路只有个别系列还在实践教学中使用。表3-5是TTL门电路和CMOS门电路的特性对照表。目前，数字集成电路逐渐向低电压的方向发展。器件的供电电压越低，既有利于降低器件的功耗，又有利于提高系统的工作速度。

表3-5 门电路特性对照表

特　　性	参　　数	TTL门电路	CMOS门电路
电源电压	V_{CC}/V_{DD}	54系列：$V_{CC}=5(1\pm10\%)$V 74系列：$V_{CC}=5(1\pm5\%)$V	4000系列：$V_{DD}=3\sim18$V 74HC系列：$V_{DD}=2\sim6$V 74LVC：$V_{DD}=1.65\sim3.6$V
输出电平	高电平V_{OH}	3.4～3.6V	$\approx V_{DD}$
	低电平V_{OL}	0.1～0.2V	≈ 0V
抗干扰能力	噪声容限V_N	小，0.4～0.8V	大，1V以上
带负载能力	扇出系数N	小，一般在10以下	大，至少大于50
功耗	P_o	大，74系列为10mW	极小，静态功耗为0
速度	传输延迟时间t_{PD}	74系列：10ns 74LS系列：9.5ns 74ALS系列：4ns	4000系列：80～120ns 74HC系列：8～20ns 74AHC系列：5～8ns

3.2.1　CMOS 反相器

3.2a
微课视频

CMOS 反相器基于图 3-3(b)所示的互补开关模型设计，内部原理电路如图 3-11 所示，由一个 P 沟道增强型 MOS 管和一个 N 沟道增强型 MOS 管串接构成。P 沟道 MOS 管源极接电源，N 沟道 MOS 管源极接地，两个栅极并联作为输入，两个漏极并联作为输出。

3.2b
微课视频

N 沟道增强型 MOS 管和 P 沟道增强型 MOS 管在电特性上互补：(1)N 沟道 MOS 管的开启电压 V_{TN} 为正值，而 P 沟道 MOS 管的开启电压 V_{TP} 为负值；(2)N 沟道 MOS 管的沟道电流 i_D 从漏极流向源极，而 P 沟道 MOS 管的沟道电流 i_D 则从源极流向漏极。

由于 N 沟道增强型 MOS 管和 P 沟道增强型 MOS 管在电特性上恰好为互补关系，因此由它们构成的门电路称为 CMOS（C 为单词 complementary(互补)的首字母）门电路。

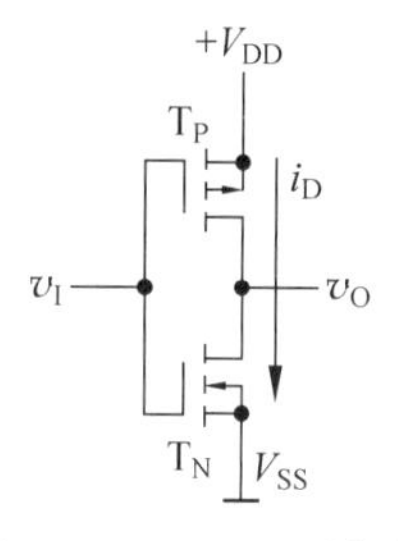

图 3-11　CMOS 反相器

3.2c
微课视频

CMOS 反相器的工作原理比较简单。当输入电压 v_I 为低电平(0V)时，T_P 导通而 T_N 截止，相当于图 3-3(b)中的开关 S_1 闭合而 S_2 断开，输出电压 v_O 为高电平；当输入电压 v_I 为高电平(V_{DD})时，T_P 截止而 T_N 导通，相当于图 3-3(b)中的开关 S_1 断开而 S_2 闭合，输出电压 v_O 为低电平。由于输出电压 v_O 与输入电压 v_I 状态相反，故为反相器，实现非逻辑关系。

在分析和设计数字系统时，不但要掌握门电路的功能，同时还必须熟悉门电路的性能，包括静态特性和动态特性。静态特性包括电压传输特性和电流传输特性、直流噪声容限，以及输入特性和输出特性。动态特性主要包括传输延迟时间、交流噪声容限以及动态功耗等。

下面对 CMOS 反相器的静态特性和动态特性进行分析。

1. 电压传输特性与电流传输特性

电压传输特性用来描述门电路输出电压随输入电压的变化关系，即 $v_O = f(v_I)$。电流传输特性用来描述门电路电源电流随输入电压的变化关系，即 $i_D = f(v_I)$。

CMOS 反相器的电压传输特性和电流传输特性可以通过图 3-12 所示的实验电路测量得到。记录输入电压 v_I 从 0 上升到 V_{DD} 过程中反相器输出电压 v_O 和电源电流 i_D 的数值，即可绘制出如图 3-13 所示的电压传输特性和电流传输特性曲线。

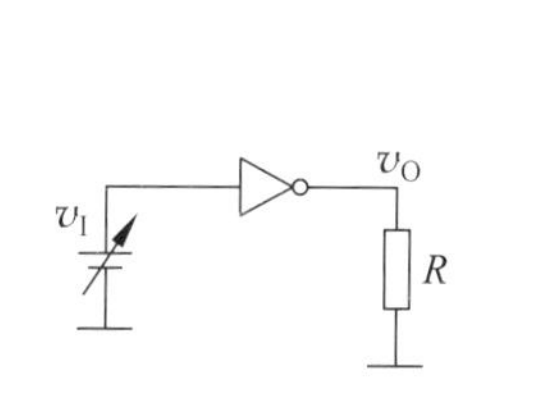

(a) 电压传输特性测量电路

V_{DD}
A
i_D
v_I
R

(b) 电流传输特性测量电路

图 3-12　CMOS 反相器传输特性测量电路

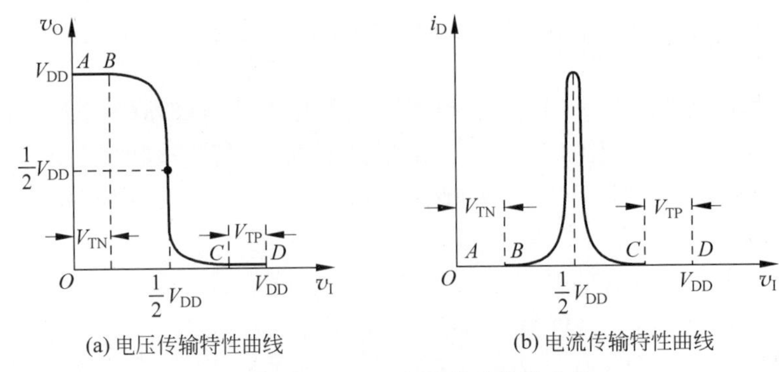

图 3-13 CMOS 反相器传输特性曲线

下面从原理上分析反相器的传输特性。当输入电压从 0 上升到 V_{DD} 的过程中，根据两个 MOS 管的开启电压 V_{TP} 和 V_{TN} 的具体数值，将输入电压的上升过程近似划分为 3 段：

(1) 当输入电压 $v_I<V_{TN}$ 时，由于 P 沟道 MOS 管的栅源电压值 $|v_{GSP}|=|v_I-V_{DD}|>|V_{TP}|$、N 沟道 MOS 管的栅源电压 $v_{GSN}=v_I<V_{TN}$，所以 T_P 导通而 T_N 截止，输出 $v_O\approx V_{DD}$ 为高电平，电源电流 $i_D\approx 0$，对应于传输特性曲线的 AB 段。

(2) 当输入电压 $V_{TN}<v_I<|V_{DD}-V_{TP}|$ 时，随着输入电压的升高，T_P 从原来的导通状态逐渐趋向于截止，内阻 r_P 越来越大。相应地，T_N 从截止状态逐渐转变为导通，内阻 r_N 越来越小。在这个工作阶段，输出电压 v_O 随着输入电压的升高从高电平逐渐下降到低电平，电源电流逐渐增大后逐渐减小，对应于传输性曲线的 BC 段，称为传输特性曲线的转折区。

(3) 当 $v_I>V_{DD}-|V_{TP}|$ 时，由于 $|v_{GSP}|=|v_I-V_{DD}|<|V_{TP}|$、$v_{GSN}=v_I>V_{TN}$，所以 T_P 截止而 T_N 导通，输出 $v_O\approx 0V$ 为低电平，电源电流 $i_D\approx 0$，对应于传输性曲线的 CD 段。

通常将电压传输特性曲线转折区的中点对应的输入电压定义为 CMOS 反相器的阈值电压(threshold voltage)，用 V_{TH} 表示。当 T_P 和 T_N 管的参数对称时，$V_{TH}=1/2V_{DD}$。在近似分析中，阈值电压表示输入端高、低电平的分界线。当输入电压低于 V_{TH} 时认为输入为低电平从而输出为高电平，当输入电压高于 V_{TH} 时认为输入为高电平从而使输出为低电平。

从传输特性的分析过程可以看出，反相器工作在 AB 段或 CD 段时，T_P 和 T_N 始终有一个处于截止状态。由于 MOS 管截止时内阻极高，因此流过 T_P 和 T_N 管的电流几乎为 0。只有当门电路状态转换经过转折区时，才有电流流通产生一定的功耗，如图 3-14 所示。为了限制 CMOS 反相器的动态功耗，希望输入电平跳变时间不能太长，以避免反相器工作在

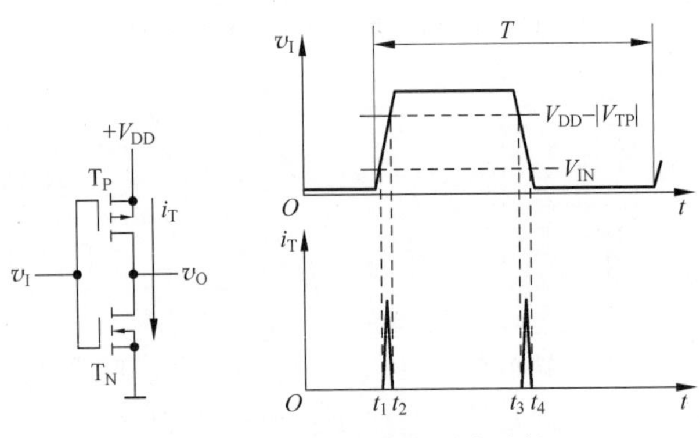

图 3-14 CMOS 反相器动态功耗

转折区时间长而导致功耗增加。但总体来说,CMOS门电路与TTL门电路相比功耗极小,这是CMOS门电路最突出的优点。

由于CMOS门电路功耗极低,而且制造工艺比TTL电路简单,占用硅片面积小,所以特别适合于制造大规模和超大规模集成电路。

2. 输入特性与输出特性

输入特性用来描述门电路输入电流与输入电压之间的关系,即 $i_I=f(v_I)$。

CMOS反相器的输入端为MOS管的栅极。由于栅极与源极和漏极绝缘,而且绝缘层极薄,所以CMOS器件的输入阻抗很高,同时很容易受到静电放电(electrostatic discharge)而损坏。当绝缘层两侧聚集大量相向电荷时,就会发生静电放电,虽然电流十分微小,但通常电压可达到几百伏到上千伏,足以将绝缘层击穿。因此在制造CMOS集成电路时,输入端都加有保护电路。

74HC系列门电路的输入端保护电路如图3-15所示。在正常应用时,输入电压仅在 $0\sim V_{DD}$ 变化,保护电路不起作用。当输入端受到静电等因素的影响使输入电压瞬时超过 $V_{DD}+0.7V$ 时,二极管 D_1 导通将输入电压限制在 $V_{DD}+0.7V$ 左右。若输入电压瞬时低于 $-0.7V$ 时,二极管 D_2 导通将输入电压限制在 $-0.7V$ 左右,从而有效控制门电路输入电压的范围,防止MOS管的绝缘层被击穿。综合上述分析,可得CMOS反相器的输入特性曲线如图3-16所示。

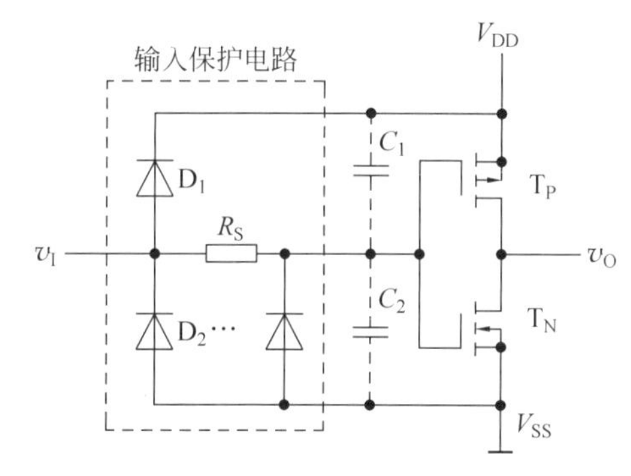

图3-15 74HC系列输入端保护电路

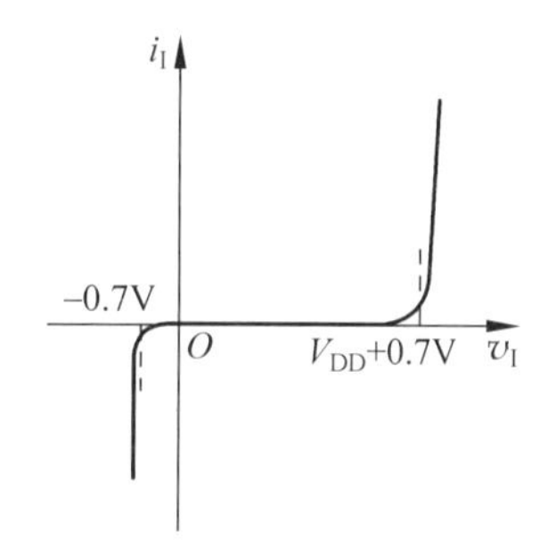

图3-16 CMOS反相器输入特性曲线

当输入电压在0与 V_{DD} 之间变化时,CMOS反相器的输入电流仅仅取决于输入端保护二极管的漏电流和两个MOS管栅极的漏电流。最大漏电流由门电路制造商规定:I_{IH}——输入高电平最大漏电流;I_{IL}——输入低电平最大漏电流。

74HC系列反相器的 I_{IH} 和 I_{IL} 的最大值仅为 $1\mu A$,几乎不消耗驱动电路的功率。

虽然CMOS门电路内部输入端设计有保护电路,但其作用有限,所以在实际使用过程中应注意以下几点:

(1) 防止静电击穿。在使用和存放CMOS器件时,应注意静电屏蔽;在焊接CMOS器件时,焊接工具应良好接地,而且焊接时间不宜过长,温度不能太高;在取用CMOS器件时先摸暖气片等金属物将身体上的静电放掉,同时注意不能通电拆卸或拔、插CMOS器件。

(2) 多余输入端的处理。CMOS门电路输入端悬空时会导致电路工作不正常。因为输入端悬空时,由于电路噪声或干扰造成输入端电压会随机波动,输入既不能作为逻辑1处理也不能作为逻辑 0 处理。由于输入端无法得到确定的电压,所以门电路输出是无法预测的。因此,对于 CMOS 集成电路来说,不用的输入端应根据逻辑关系接地或者接电源,或者与其他输入端并联使用。

(3) 注意布局布线工艺,增强抗干扰能力。对于高速数字系统设计,应避免引线过长,以防止信号之间的串扰和信号传输的延迟。另外,尽量减少电源线和地线的阻抗,以减少电源噪声干扰。需要注意的是,电容负载会降低 CMOS 集成电路的工作速度和增加功耗,所以设计 CMOS 系统时应尽量减少负载的电容性。

输出特性用来描述门电路输出电压与输出电流之间的关系,即 $v_O=f(i_O)$。门电路正常工作时输出为高电平或低电平,因此将输出特性相应地分为高电平输出特性和低电平输出特性进行讨论。

高电平输出特性是指门电路输出高电平时输出电压与输出电流之间的关系,即 $V_{OH}=f(I_{OH})$。用高电平驱动负载时,负载应接在输出与地之间,如图 3-17(a)所示。这种接法的负载称为"拉电流"负载(source current load)。

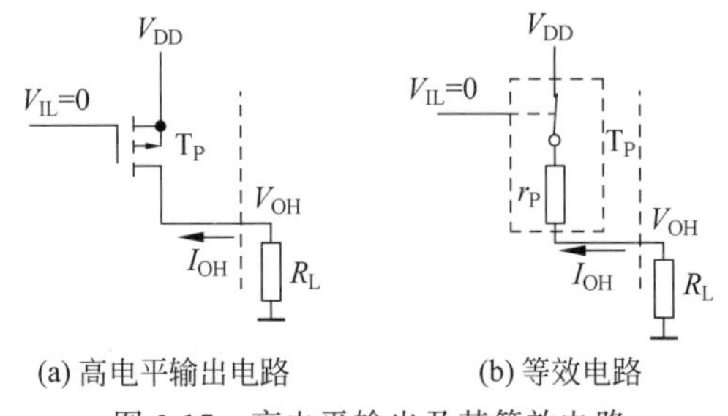

图 3-17　高电平输出及其等效电路

反相器输出高电平时,T_P 管导通相当于开关闭合,这时电流从电源 V_{DD} 通过 T_P 流经负载到地为负载 R_L 提供功率,等效电路如图 3-17(b)所示。由于 T_P 管不是理想开关,其导通内阻 $r_P\neq0$,因此随着负载电流的增大,输出高电平会逐渐降低。降低的速率与电源电压 V_{DD} 有关,V_{DD} 越大 r_P 越小,降低得越慢。在进行门电路分析时,习惯上规定电流流入门电路为正,故反相器的高电平输出特性曲线如图 3-18 所示。

低电平输出特性是指门电路输出低电平时输出电压与输出电流之间的关系,即 $V_{OL}=f(I_{OL})$。用低电平驱动负载时,负载应接在输出与电源之间,如图 3-19(a)所示,其等效电路如图 3-19(b)所示。这种接法的负载称为"灌电流"负载(sink current load)。

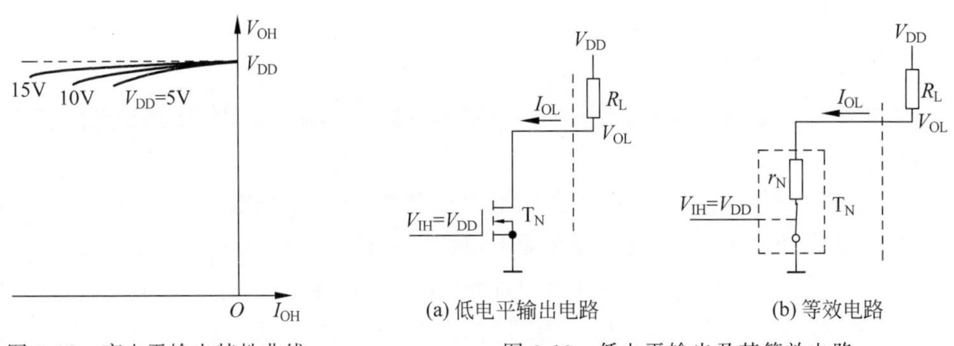

图 3-18　高电平输出特性曲线

图 3-19　低电平输出及其等效电路

反相器输出低电平时，T_N 管导通相当于开关闭合，这时电流从电源 V_{DD} 通过负载流经 T_N 管到地为负载 R_L 提供功率。由于 T_N 的导通内阻 $r_N \neq 0$，所以随着负载电流的增大而输出低电平会逐渐升高。升高的速率与电源电压 V_{DD} 有关。V_{DD} 越大，r_N 越小，升高得越慢。由于规定电流流入电路为正，故反相器的低电平输出特性曲线如图 3-20 所示。

3. 直流噪声容限

数字电路在正常工作时，允许在线路上叠加一定的噪声，只要噪声电压不超过一定的限度，就不会影响数字电路正常工作，这个限度就称为噪声容限(noise margin)。

为了能够可靠地区分高、低电平，集成电路制造商在器件应用手册中规定了以下 4 个输入、输出参数：

- $V_{OH(min)}$：输出高电平的最小值。
- $V_{OL(max)}$：输出低电平的最大值。
- $V_{IH(min)}$：输入高电平的最小值。
- $V_{IL(max)}$：输入低电平的最大值。

噪声容限的概念可以通过图 3-21 说明，其中 G_1 为驱动门，G_2 为负载门。根据以上 4 个参数，可以推出高、低电平的噪声容限。

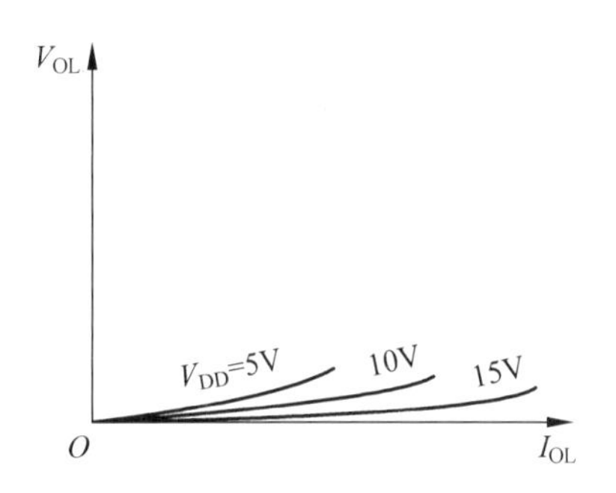

图 3-20 低电平输出特性曲线

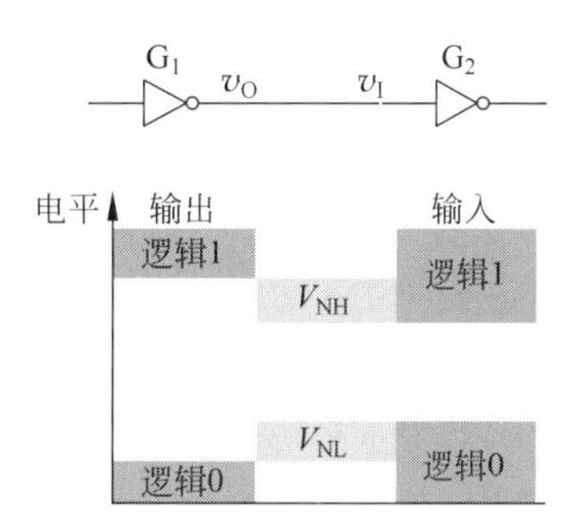

图 3-21 噪声容限定义图

(1) 当反相器 G_1 输出高电平时，高电平的最小值为 $V_{OH(min)}$。但对于 G_2 来说，只要输入高电平不低于 $V_{IH(min)}$ 就满足参数要求，由此可以推出电路的高电平噪声容限

$$V_{NH} = V_{OH(min)} - V_{IH(min)}$$

也就是说，当驱动门 G_1 输出高电平时，允许在输出线路上叠加一定的噪声，只要噪声电压不超过 V_{NH}，就不会影响负载门 G_2 正常工作。

(2) 当反相器 G_1 输出低电平时，低电平的最大值为 $V_{OL(max)}$。但对于 G_2 来说，只要输入低电平不高于 $V_{IL(max)}$ 就满足参数要求，由此可以推出电路的低电平噪声容限

$$V_{NL} = V_{IL(max)} - V_{OL(max)}$$

也就是说，当驱动门 G_1 输出低电平时，允许在输出线路上叠加一定的噪声，只要噪声电压不超过 V_{NL}，就不会影响负载门 G_2 正常工作。

从表 3-6 的数据表可以查出：74HC04 的 $V_{OH(min)} = 4.4V$，$V_{OL(max)} = 0.33V$，$V_{IH(min)} = 3.15V$，$V_{IL(max)} = 1.35V$。由此可以推出 74HC04 的高电平噪声容限为 1.25V，低电平噪声容限为 1.02V。相应地，74LS04 的高电平噪声容限为 0.7V，低电平噪声容限为 0.4V，比 74HC04 的噪声容限小。

根据门电路的静态特性可以估算门电路的驱动能力。门电路驱动同类门的个数称为扇出系数(fan-out ratio)。

【例 3-1】 反相器驱动电路如图 3-22 所示。根据反相器的输出特性与输入特性,计算反相器的扇出系数。

解: 图中 G_1 为驱动门,$G_2 \sim G_n$ 为负载门。

74x04 为六反相器器件(x 代表 LS、HC 等不同的系列),外部引脚如图 3-23 所示。CMOS 反相器 74HC04 和 TTL 反相器 74LS04 的数据表如表 3-6 所示。

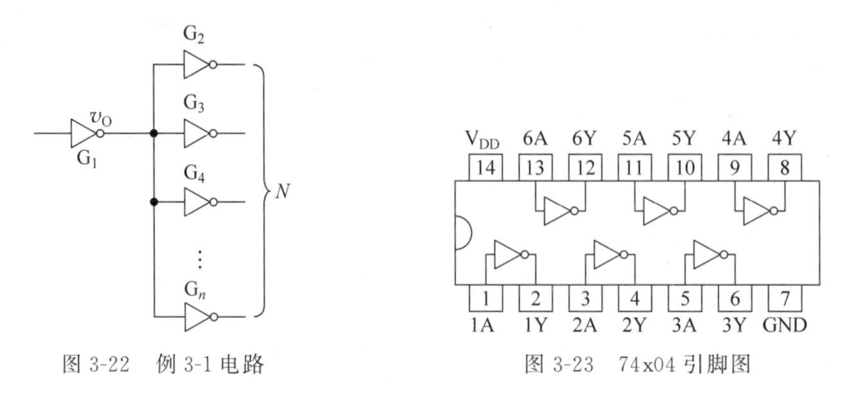

图 3-22 例 3-1 电路　　图 3-23 74x04 引脚图

表 3-6 74HC04/74LS04 数据表

参数	描　述	74HC04			74LS04			单位
		最小值	典型值	最大值	最小值	典型值	最大值	
V_{DD}/V_{CC}	电源电压	2		6	4.75	5	5.25	V
V_{IH}	输入高电平	3.15			2			V
V_{IL}	输入低电平			1.35			0.8	V
I_{IH}	高电平输入电流		0.1	1.0			40	μA
I_{IL}	低电平输入电流		0.1	1.0			1000	μA
V_{OH}	高电平输出电压	4.4			2.7	3.4		V
V_{OL}	低电平输出电压			0.33		0.25	0.4	V
I_{OH}	高电平输出电流		−4	−25			−0.4	mA
I_{OL}	低电平输出电流		4	25			8	mA
开关特性(V_{DD}、$V_{CC}=5$V,$T_A=25$℃,$C_L=15$pF,$t_r=t_f=6$ns)								
t_{PD}	传输延迟时间		8		3		10	ns

注:表中数据取自于美国 National Semiconductor 公司的器件资料。74HC04 工作条件:$V_{DD}=4.5$V,工作温度 $T_A=25$℃。74LS04 工作条件:$V_{CC}=5.0$V,工作温度 $T_A=25$℃

查阅 TTL 反相器 74LS04 的数据表可知:高电平输出电流的最大值 $I_{OH(max)}=-0.4$mA,低电平输出电流的最大值 $I_{OL(max)}=8$mA,而高电平输入电流的最大值 $I_{IH(max)}=20\mu$A,低电平输入电流的最大值 $I_{IL(max)}=-360\mu$A。因此,74LS04 输出高电平时的扇出系数为

$$N_H = I_{OH(max)}/I_{IH(max)} = 0.4/0.02 = 20$$

输出低电平时的扇出系数为

$$N_L = I_{OL(max)}/I_{IL(max)} = 8/0.36 \approx 22$$

故 74LS04 的扇出系数 $N=(N_H, N_L)_{min}=20$,即一个 74LS 系列 TTL 反相器能够驱动 20

个同系列的反相器。

查阅CMOS反相器74HC04的数据表可知：高电平输出电流的最大值 $I_{OH(max)}=-25mA$，低电平输出电流的最大值 $I_{OL(max)}=25mA$，而高、低电平输入电流的最大值 $I_{IH(max)}$ 和 $I_{IL(max)}$ 为 $\pm1\mu A$。因此，CMOS反相器输出高电平时的扇出系数为

$$N_H = I_{OH(max)}/I_{IH(max)} = 25000$$

输出低电平时的扇出系数为

$$N_L = I_{OL(max)}/I_{IL(max)} = 25000$$

所以，单从静态输出电平的驱动能力上考虑，CMOS反相器能够驱动同类门的个数非常多。但是，这种分析方法是片面的，因为没有考虑CMOS反相器的动态特性。

4. 传输延迟时间

在数字电路中，脉冲(pulse)是指电平跳变后迅速返回其初始电平的过程，如图3-24所示。从低电平向高电平跳变称为正(向)脉冲，从高电平向低电平跳变称为负(向)脉冲。

图3-24 脉冲

门电路在输入脉冲的作用下，输出波形总是滞后于输入波形。传输延迟时间(propagation delay time)表示门电路输出波形相对于输入波形的平均滞后时间，用 t_{PD} 表示。

门电路输出波形滞后于输入波形的主要原因有两方面因素：一是晶体管在导通和截止之间转换时，内部载流子的“聚集”和“消散”需要一定的时间；二是门电路在驱动容性负载时，还伴随着对负载的充电和放电过程，同样会导致输出滞后于输入。

定义CMOS反相器传输延迟时间的示意图如图3-25所示。将反相器的输入电压从低电平上升到 $50\%V_{OH}$ 的时刻到输出电压从高电平下降到 $50\%V_{OH}$ 的时刻之差定义为前沿滞后时间，用 t_{PHL} 表示；将输入电压从高电平下降到 $50\%V_{OH}$ 的时刻到输出电压从低电平上升到 $50\%V_{OH}$ 的时刻之差定义为后沿滞后时间，用 t_{PLH} 表示。传输延迟时间 t_{PD} 则定义为前沿滞后时间和后沿滞后时间的平均值，即

$$t_{PD} = \frac{t_{PHL} + t_{PLH}}{2}$$

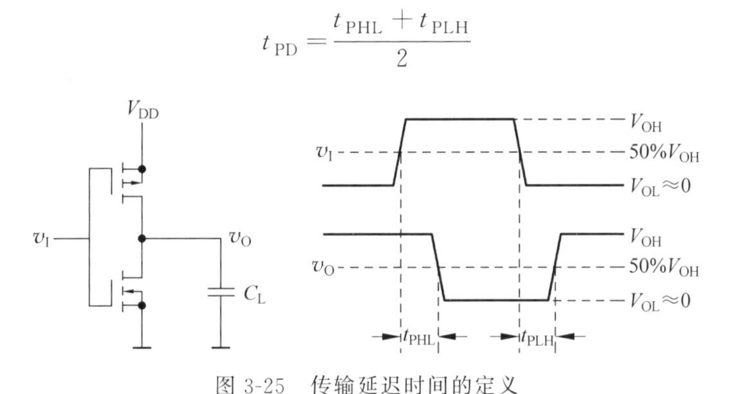

图3-25 传输延迟时间的定义

传输延迟时间是反映门电路工作速度的参数。t_{PD} 越小，说明门电路的工作速度越快。74HC系列CMOS门电路的 t_{PD} 为8～20ns。

对于例 3-1,查阅 74HC04 数据表可知,CMOS 反相器的前沿滞后时间 t_{PHL} 和后沿滞后时间 t_{PLH} 均为 9ns,由此推出 74HC04 的传输延迟时间 $t_{PD}=9$ns,即 CMOS 反相器驱动一个 CMOS 反相器时,驱动门的开关时间为 9ns。当 CMOS 反相器驱动两个反相器时,由于负载门的输入为并联关系,所以电容效应加倍,因而导致驱动门的开关时间也加倍,即驱动门的工作速度降低了 50%。所以对于 CMOS 门电路,扇出系数通常是由系统对门电路工作速度的需求决定的。

门电路存在传输延迟会导致在分析数字电路时,理论分析和实际性能之间存在着差异。例如,对于图 3-26 所示的电路,在忽略门电路传输延迟时间的情况下,A_1 和 A 波形相同,所以在图中 A、B 所示波形的作用下,输出 Y 始终为高电平。但若考虑到反相器存在传输延迟时间时,A_1 波形会滞后于 A 的波形 $2t_{PD}$,如图 3-27 所示。这时在图中 A_1、B 所示波形的作用下,输出 Y 的波形会出现两个不符合逻辑关系的负脉冲,这种现象称为竞争-冒险(race-hazard),可能会导致后续电路产生错误,因此应用时应特别注意。

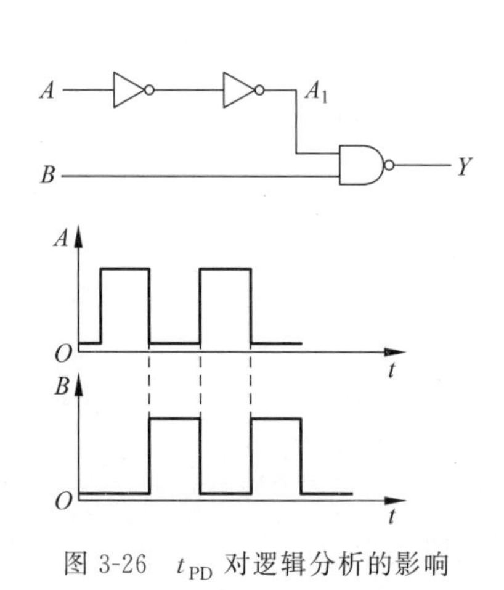

图 3-26　t_{PD} 对逻辑分析的影响

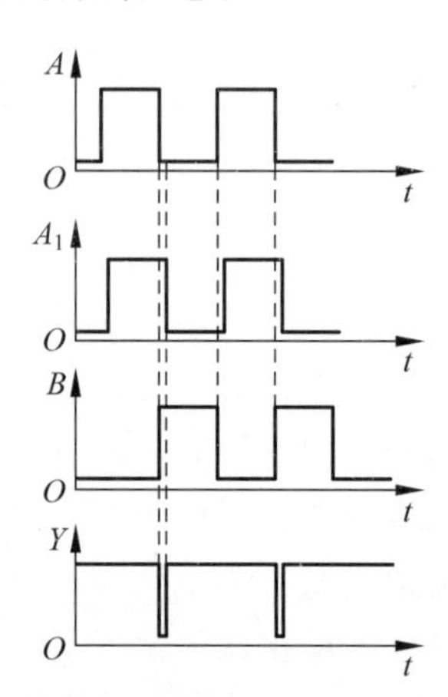

图 3-27　考虑 t_{PD} 时的波形图

对于数字系统来说,其工作速度不但与门电路的传输延迟时间有关,而且与电路板的布局布线所引起的传播延迟时间有关,因此在系统设计时需要同时考虑传输延迟和传播延迟两方面的因素。

3.2.2 其他 CMOS 逻辑门

反相器是构成门电路的基础。将 CMOS 反相器的电路结构进行扩展,就可以得到其他逻辑功能的门电路。

将反相器的 P 沟道 MOS 管扩展为两个并联、N 沟道 MOS 管扩展为两个串联就构成了 CMOS 与非门,如图 3-28(a)所示,其开关模型如图 3-28(b)所示。

对于图 3-28 所示电路,当 A、B 中至少有一个为低电平时,T_{P1} 和 T_{P2} 至少有一个导通,T_{N1} 和 T_{N2} 至少有一个截止,因此输出 Y 为高电平。只有当 A、B 同时为高电平时,T_{P1} 和 T_{P2} 同时截止,T_{N1} 和 T_{N2} 同时导通,输出 Y 为低电平,故实现了与非逻辑关系 $Y=(AB)'$。

将反相器的 P 沟道 MOS 管扩展为两个串联,将 N 沟道 MOS 管扩展为两个并联,如图 3-29(a)所示,就构成了 CMOS 或非门,其开关模型如图 3-29(b)所示。

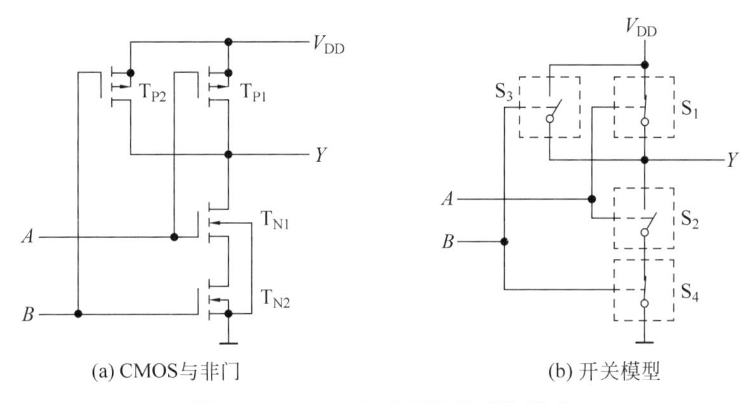

(a) CMOS与非门　　(b) 开关模型

图 3-28　CMOS 与非门及其开关模型

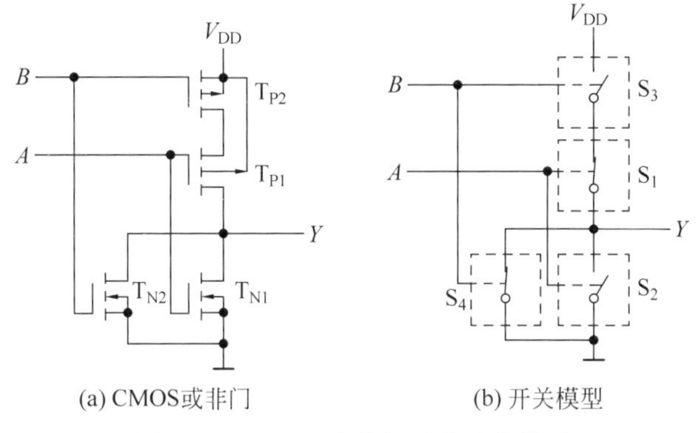

(a) CMOS或非门　　(b) 开关模型

图 3-29　CMOS 或非门及其开关模型

对于图 3-29 所示电路，当 A、B 中至少有一个为高电平时，T_{P1} 和 T_{P2} 至少有一个截止，T_{N1} 和 T_{N2} 至少有一个导通，输出 Y 为低电平。只有当 A、B 同时为低电平时，T_{P1} 和 T_{P2} 同时导通，T_{N1} 和 T_{N2} 同时截止，输出 Y 为高电平，所以实现了或非逻辑关系 $Y=(A+B)'$。

74HC00 为 4 二输入与非门，74HC02 为 4 二输入或非门，其内部结构框图和引脚排列如图 3-30 所示。

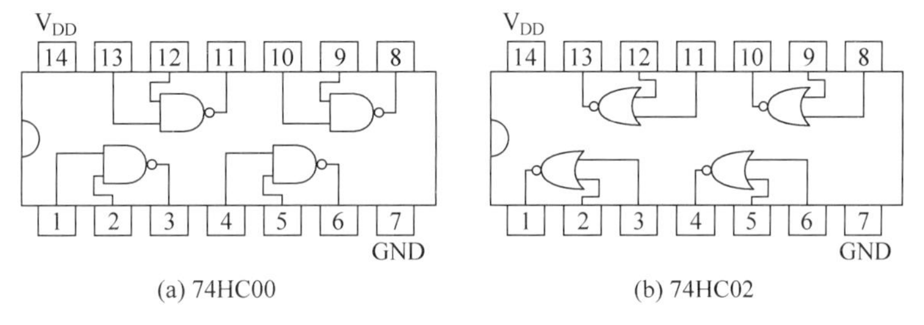

(a) 74HC00　　(b) 74HC02

图 3-30　CMOS 与非门和或非门

与或非逻辑关系可由与非门电路扩展而成，如图 3-31 所示。先将 A 和 B 与非、C 和 D 与非，再将 $(AB)'$ 和 $(CD)'$ 与非，最后再取一次非即可得到与或非逻辑关系，即

$$\begin{aligned} Y &= ((AB)'(CD)')'' \\ &= (AB)'(CD)' \\ &= (AB+CD)' \end{aligned}$$

【例 3-2】 飞机着陆时,要求机头和两翼下的3个起落架均处于"放下"状态。当驾驶员打开"放下起落架"开关后,如果3个起落架均已放下,则绿色灯亮,表示起落架状态正常;若3个起落中任何一个未放下,则红灯亮,提示驾驶员起落架有故障。设计监测起落架状态的逻辑电路,能够实现上述功能要求。

设计过程:设机翼下面两个起落架传感器分别用 A、B 表示,机头下面的传感器用 C 表示,绿灯和红灯分别用 Y_G 和 Y_R 表示,并且规定 A、B、C 为1,表示起落架已经放下,为0时表示未正常放下,绿灯 Y_G 和红灯 Y_R 亮为1,不亮为0。根据功能分析,可推出 Y_G 和 Y_R 的表达式分别为

$$Y_G = ABC$$

$$Y_R = A' + B' + C' = (ABC)'$$

若将 Y_G 设计成低电平有效,即

$$Y'_G = (ABC)'$$

则逻辑函数 Y'_G 和 Y_R 均可以用与非门实现。

74HC10 为三输入 CMOS 与非门,最大输出电流 I_{OL} 和 I_{OH} 为 $\pm 25\text{mA}$。若以发光二极管作为指示灯,则输出电流满足 $\phi 5$ 发光二极管驱动电流(10mA)要求。由于 Y'_G 为低电平有效,所以需要将绿灯设计成灌电流负载形式;Y_R 为高电平有效,所以需要将红灯设计成拉电流负载形式,具体实现电路如图 3-32 所示。

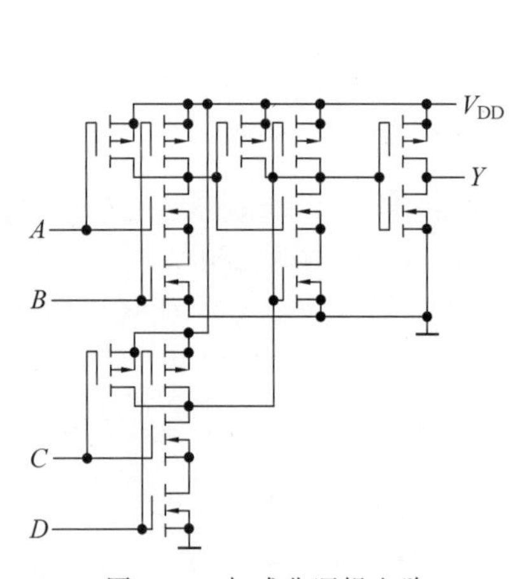

图 3-31 与或非逻辑电路

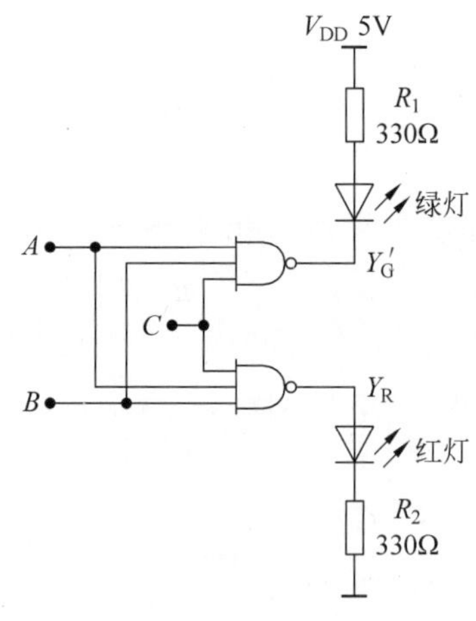

图 3-32 例 3-2 设计图

思考与练习

3-3 与非门和或非门能否作为反相器使用?如果可以,画出电路图。

3-4 在数字系统设计中,门电路多余的输入端应如何处理?

3.3 微课视频

3.3 两种特殊门电路

通常将互补结构的、只能输出高电平和低电平两种状态的门电路称为普通门电路。在数字系统设计中,除了普通门电路外,还会用到两种特殊的门电路:OD/OC 门和三态门。

1. OD/OC 门

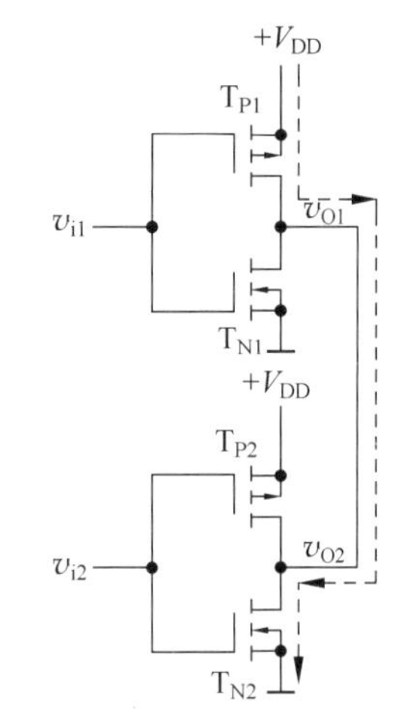

图 3-33 两个普通反相器输出并联电路

普通门电路在应用上有一定局限性。一是输出端一般不能相互连接,因为当输出电平不一致时就会短路。例如,对于图 3-33 所示的两个普通反相器输出并联电路,当 v_{O1} 输出高电平时 MOS 管 T_{P1} 导通,v_{O2} 输出低电平时 MOS 管 T_{N2} 导通,这时从电源 V_{DD} 通过 T_{P1} 至 T_{N2} 到地 V_{SS} 存在低电阻通路,电流过大会烧坏器件。

普通门电路的另一个局限性是其输出的高电平受电源电压限制。因为输出高电平的最大值为 V_{DD},所以无法驱动电压高于 V_{DD} 的负载。

为了克服上述局限性,需要对普通门电路进行改造,一种方法是使门电路的输出端开路,这样输出不受电源电压的影响,而且还可以相互连接。

输出端开路的 CMOS 门电路称为 OD(open drain)门。相应地,输出端开路的 TTL 门电路称为 OC(open collector)门。

图 3-34 是 CMOS OD 与非门的电路结构及逻辑符号。当 MOS 管 T_N 导通时输出为低电平,当 T_N 截止时其输出电阻趋向于无穷大,称为高阻状态,用 Z(或 z)表示。

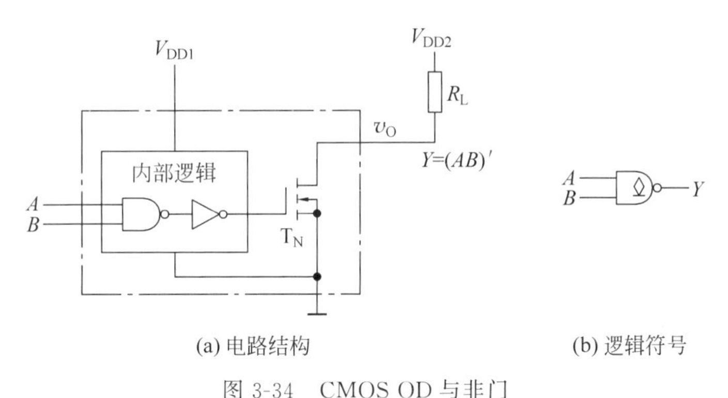

(a) 电路结构 (b) 逻辑符号

图 3-34 CMOS OD 与非门

由于 OD 门只能输出低电平和高阻两种状态,所以作为逻辑门使用时,需要通过上拉电阻接到电源上,如图 3-34 所示。这样当 T_N 截止时由外接电源 V_{DD2} 通过上拉电阻 R_L 提供高电平。由于 V_{DD2} 与 V_{DD1} 无关,可以高于 V_{DD1},因而 OD 门能够驱动电压高于 V_{DD1} 的负载。

OD 门的另一个典型应用就是将其输出端直接相连,实现与逻辑关系。这种通过连线而实现与逻辑关系称为线与(wired-AND)。合理应用线与逻辑关系可以简化电路设计。例如,对于图 3-35(a)所示的电路,当 Y_1 和 Y_2 至少有一个为低电平时 Y 为低电平,只有当 Y_1 和 Y_2 同时为高阻时 V_{DD} 通过上拉电阻 R_L 才使 Y 为高电平。因此 $Y=Y_1 \cdot Y_2$,即

$$Y=(AB)'(CD)'=(AB+CD)'$$

从而实现了与或非逻辑关系。线与符号如图 3-35(b)所示。

在数字集成电路中,采用 OD/OC 输出结构的器件很多,使用时应注意它们和普通门电路的区别。74HC05 是开路输出的 CMOS 反相器,引脚排列和内部逻辑如图 3-36 所示。

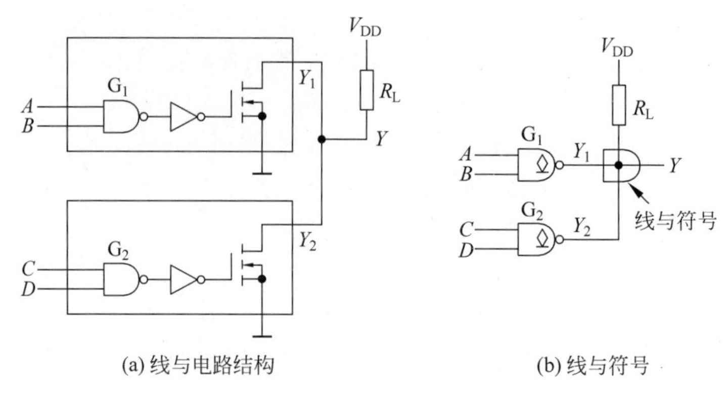

图 3-35　用 OD 门实现线与逻辑

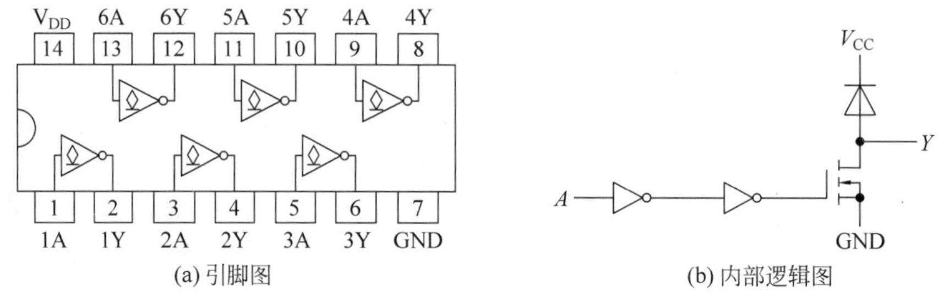

图 3-36　74HC05 器件

2. 三态门

计算机系统中通常有多个设备共享数据总线。假设用普通门电路作为总线接口电路，如图 3-37 所示。当 1 号设备通过接口电路 G_1 向总线上发送数据时，其他接口电路 $G_2 \sim G_n$ 无论输出高电平还是低电平都不能使总线正常工作：

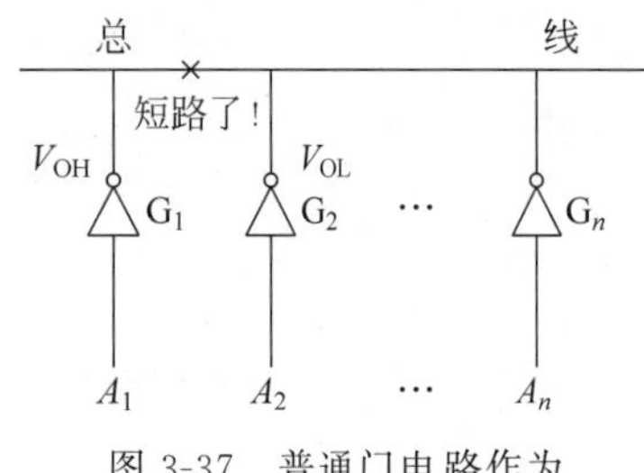

图 3-37　普通门电路作为总线接口电路

(1) 若 $G_2 \sim G_n$ 输出为低电平，当 G_1 发送数据 1 时，则会通过总线短路；

(2) 若 $G_2 \sim G_n$ 输出为高电平，当 G_1 发送数据 0 时，同样会通过总线短路。

因此，普通门电路不能作为总线接口电路使用。

作为总线接口的门电路，除了能够输出高电平和低电平外，还应该具有第 3 种输出状态：高阻状态。当门电路输出为高阻状态时，无论总线为高电平还是低电平均不取电流，所以对总线没有影响。

能够输出高电平、低电平和高阻 3 种状态的门电路称为三态门(tri-state gate)。三态门可以通过对普通门电路进行改造获得。图 3-38(a)为 CMOS 三态反相器的内部电路原理示意图，逻辑符号如图 3-38(b)所示，其中 EN′为三态控制信号。

图 3-38(a)所示的三态反相器的工作原理：

(1) 当 EN′为低电平时，反相器 G_1 输出为高电平而 G_3 输出为低电平，这时与非门 G_4 和或非门 G_5 的输出均为 A，所以 MOS 管 T_P 和 T_N 同时受输入 A 控制，和普通反相器的工作情况一样，所以实现非逻辑关系 $Y=A'$。

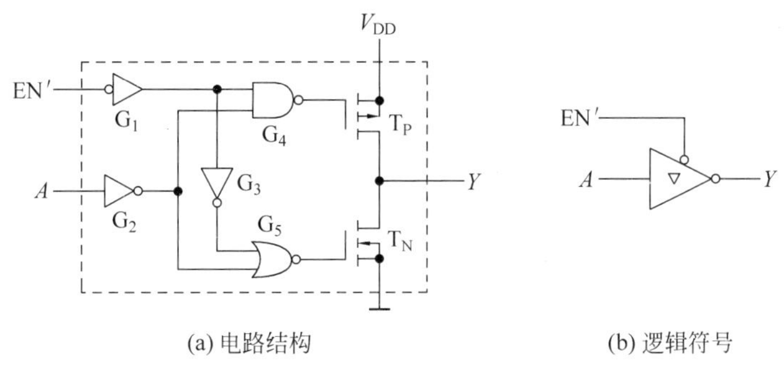

(a) 电路结构　　(b) 逻辑符号

图 3-38　低电平有效的 CMOS 三态反相器

(2) 当 EN′为高电平时，反相器 G_1 输出为低电平而 G_3 输出为高电平。由于 G_1 输出为低电平使与非门 G_4 输出为高电平，所以 T_P 截止，同时由于 G_3 输出为高电平使或非门 G_5 输出为低电平，所以 T_N 截止，因此输出端和电源、地均断开，故 Y 悬空而呈现高阻状态，即 Y＝“z”。

图 3-38(a)所示的三态门在控制信号 EN′为低电平时正常工作，故称三态控制端低电平有效。若将图 3-38(a)中的反相器 G_1 去掉(或者在 G_1 后再加一个反相器)，则构成了三态控制端高电平有效的三态反相器，其内部电路原理示意图与逻辑符号如图 3-39 所示。

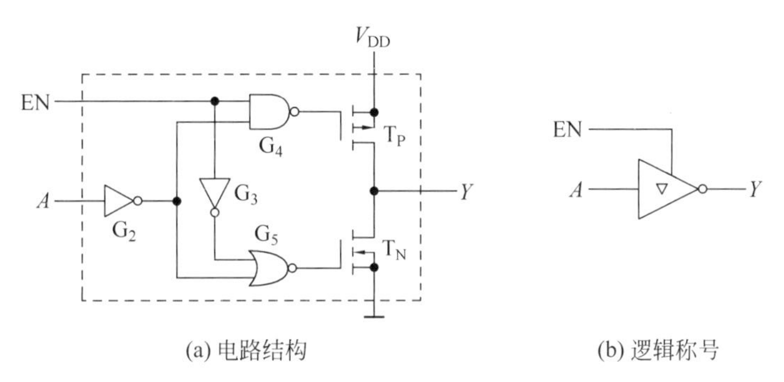

(a) 电路结构　　(b) 逻辑称号

图 3-39　高电平有效的 CMOS 三态反相器

74HC125/74HC126 为 CMOS 三态驱动器，输出与输入同相，内部逻辑框图和引脚排列如图 3-40 所示。其中 74HC125 三态控制端为低电平有效，74HC126 三态控制端为高电平有效。

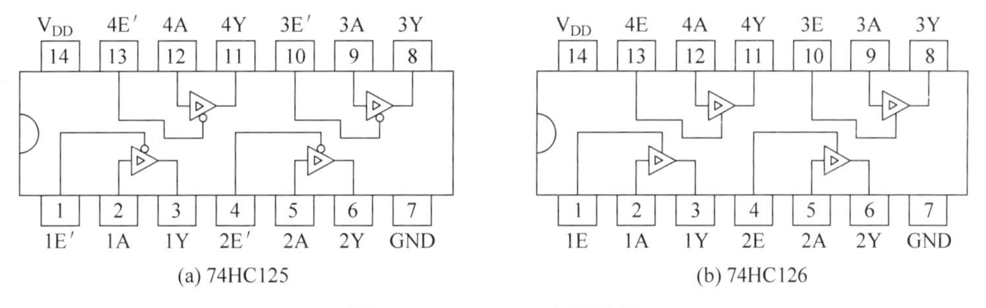

(a) 74HC125　　(b) 74HC126

图 3-40　CMOS 三态驱动器

三态门的典型应用之一就是作为总线接口电路，如图 3-41(a)所示，其中 $G_1 \sim G_n$ 均为三态驱动器，控制端 $EN_1 \sim EN_n$ 均为高电平有效。总线接口电路在正常工作时，要求三态

控制信号 EN_1～EN_n 是互斥的。例如，当 1 号设备需要向总线发送数据时，使 EN_1 有效、EN_2～EN_n 无效。这时由于 2～n 号设备接口电路的输出为高阻状态，所以对总线上传送的数据没有影响。当 2 号设备需要向总线发送数据时，使 EN_2 有效，其他三态控制端均无效，其他设备同样不会影响总线的工作情况。若有两个或者两个以上的三态控制端同时有效，同样会出短路现象。

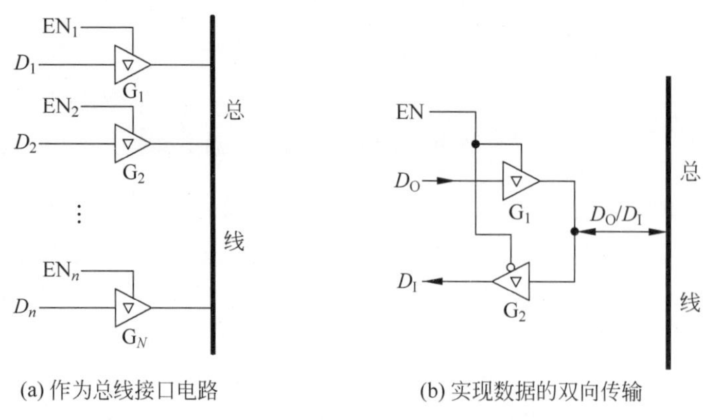

图 3-41　三态门的典型应用

三态门的另一个典型应用是实现数据的双向传输，如图 3-41(b)所示。G_1 和 G_2 是两个三态驱动器，其中 G_1 的三态控制端高电平有效，G_2 的三态控制端低电平有效。当 EN 为高电平时 G_1 工作，将数据 D_O 从设备发送到总线上；当 EN 为低电平时 G_2 工作，从总线上接收数据 D_I 送入设备中。

74HC240/244 是双四路 CMOS 三态缓冲器，其中 74HC240 为三态反相器(输出与输入反相)，而 74HC244 为三态驱动器(输出与输入同相)，内部结构框图和引脚排列如图 3-42 所示。当三态控制端 OE′为低电平时，74HC240/244 正常工作，否则输出强制为高阻状态。

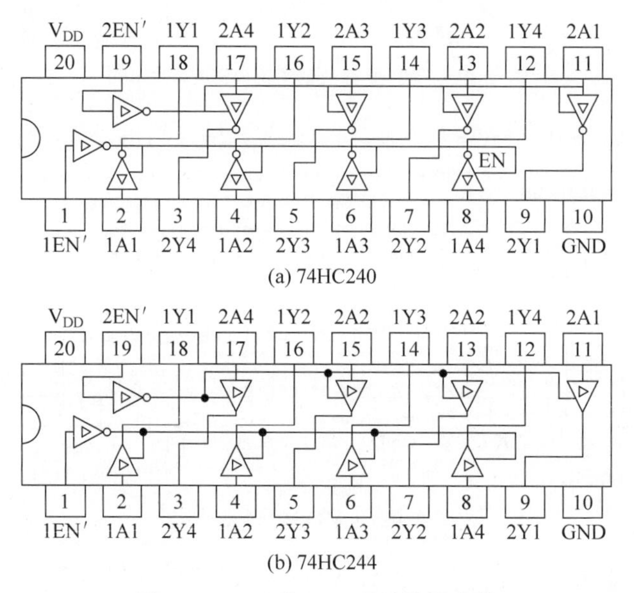

图 3-42　双四路 CMOS 总线缓冲器

74HC245是八路双向CMOS总线收发器(bus transceiver),内部逻辑如图3-43所示。当三态控制端OE′为低电平时,74HC245正常工作,这时若方向控制端DIR为低电平,则B口为输入,A口为输出,数据从B口传向A口;若方向控制端DIR为高电平,则A口为输入,B口为输出,数据从A口传向B口。当三态控制端OE′为高电平时,A口和B口均为高阻状态。

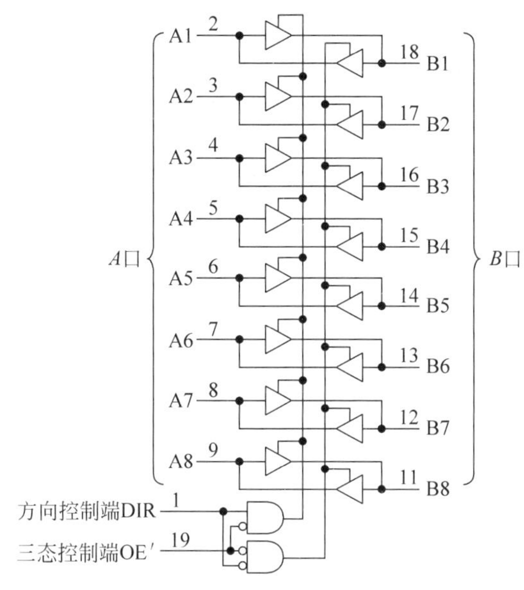

图3-43 74HC245内部逻辑图

3.4 CMOS传输门

3.4
微课视频

将P沟道增强型MOS管和N沟道增强型MOS管串接可以构成CMOS反相器。若将P沟道增强型MOS管和N沟道增强型MOS管并联则可以构成另一种CMOS器件——传输门。

CMOS传输门的电路结构如图3-44(a)所示,其中C和C'为控制端,T_1管的衬底接地,T_2管的衬底接电源,图3-44(b)为其图形符号。

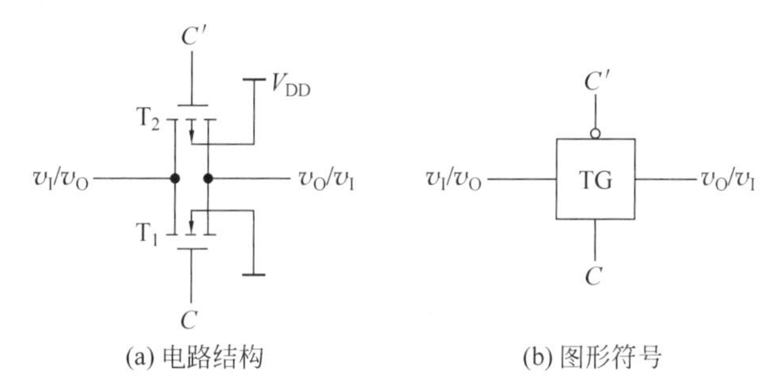

图3-44 传输门电路结构及其图形符号

下面对CMOS传输门的工作原理进行分析。

(1) 当C端接高电平V_{DD},C'端接低电平0V时。

若输入 v_I 为低电平(0V)，则 $V_{GSP}=0$，$V_{GSN}=V_{DD}$，因此 T_P 截止而 T_N 导通，如图 3-45(a)所示。若输入 v_I 为高电平(V_{DD})，则 $V_{GSP}=-V_{DD}$，$V_{GSN}=0$，因此 T_P 导通而 T_N 截止，如图 3-45(b)所示。若输入 v_I 从低电平逐渐向高电平变化，则在 $V_{TN}<v_I<V_{DD}-|V_{TP}|$ 时 T_N 和 T_P 同时导通，其原理分析类似于 CMOS 反相器。所以，当 C 和 C' 均有效时，无论输入 v_I 为低电平、高电平还是连续变化的模拟信号，传输门均处于导通状态，这时 $v_O=v_I$。

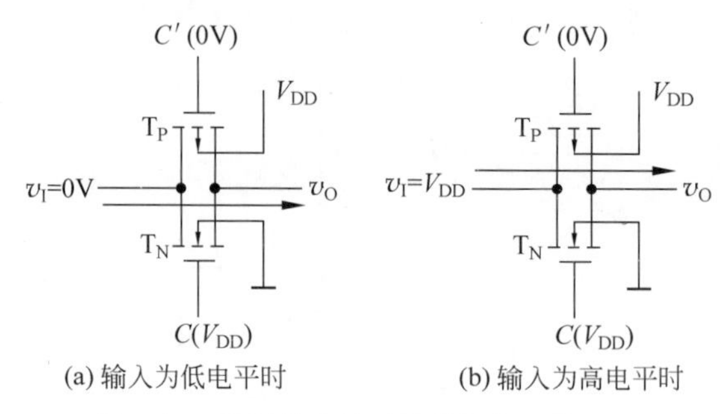

(a) 输入为低电平时　　(b) 输入为高电平时

图 3-45　控制端有效时传输门的工作过程

(2) 当 C 端接低电平 0V，C'端接高电平 V_{CC} 时。

若输入 v_I 为低电平(0V)，T_P 管的栅源电压为 0，因此截止，T_N 管因所加的栅源电压极性与开启电压相反，同样处于截止状态；若输入 v_I 为高电平(V_{DD})，T_N 管的栅源电压为 0，因此截止，T_P 管因加的栅源电压极性与开启电压相反，同样处于截止状态。所以，当 C 和 C'均无效时，无论输入 v_I 为低电平还是高电平，T_P 和 T_N 均截止，传输门断开，故输出 v_O 为高阻状态。

综上分析，CMOS 传输门可以抽象为一个受控的开关：当控制端均有效时开关闭合，控制端均无效时开关断开。由于 CMOS 传输门内部 MOS 管的衬底独立，没有与源极相连，因此传输门源极与漏极结构对称，既可以将源极作为输入，也可以将漏极作为输入，所以 CMOS 传输门为双向模拟开关，既可以传输数字信号，也可以传输模拟信号。

CMOS 反相器和传输门是构成 CMOS 集成电路的基本单元。图 3-46 是用反相器和传输门构成异或门的原理图。当 A 为低电平时，传输门 TG_1 导通而 TG_2 截止，这时 $Y=B$；当 A 为高电平时，传输门 TG_2 导通而 TG_1 截止，这时 $Y=B'$。因此可以得到表 2-6 所示的异或门真值表。

74HC86 是四路 CMOS 异或门，内部逻辑框图和引脚排列如图 3-47 所示。

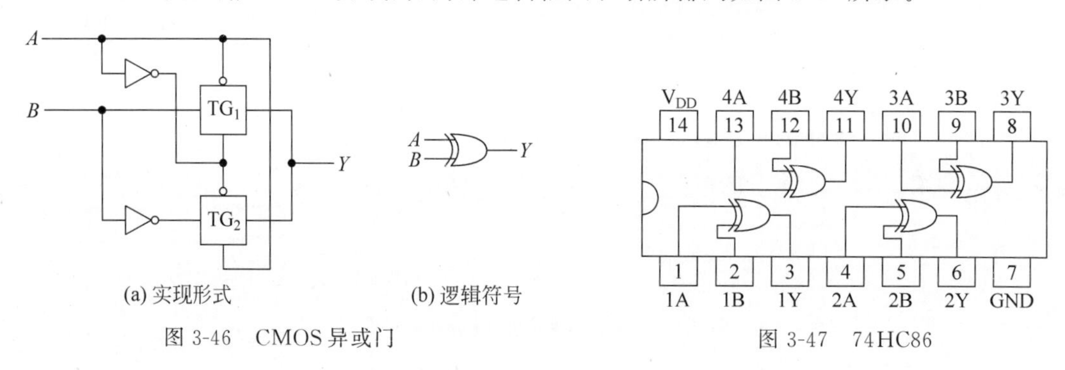

(a) 实现形式　　(b) 逻辑符号

图 3-46　CMOS 异或门

图 3-47　74HC86

CMOS 传输门的两个控制端通常用一个信号控制，如图 3-48(a)所示，这时习惯上称其为电子开关，并采用图 3-48(b)所示的图形符号表示。

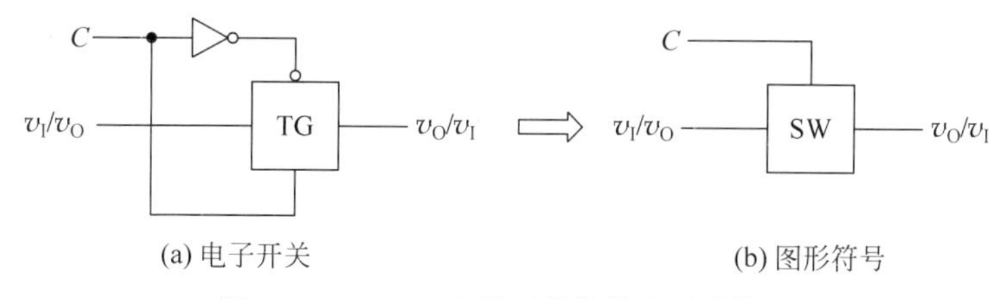

图 3-48　CMOS 电子开关结构和图形符号

CD4066 是 CMOS 双向模拟开关，内部由 4 个独立的电子开关组成，其引脚排列如图 3-49 所示。当控制端为高电平时，开关导通，为低电平时，开关截止。

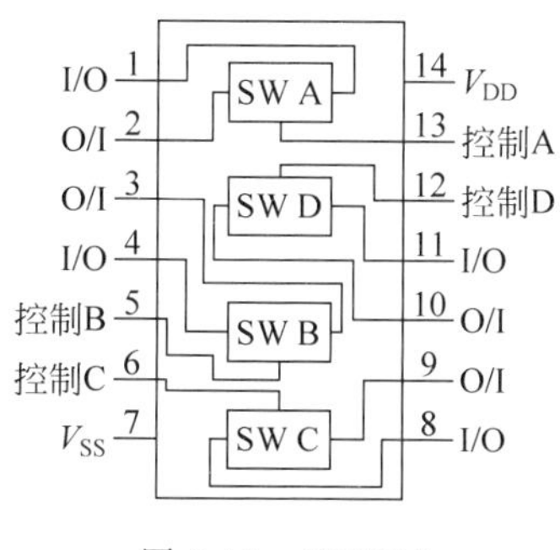

图 3-49　CD4066

CD4051/CD4052/CD4053 是多路双向模拟开关，其中 CD4051 为八路模拟开关，CD4052 为双四路模拟开关，CD4053 内部有三个两路模拟开关。CD4051/CD4052/CD4053 的具体功能如表 3-7 所示。

表 3-7　CD4051/CD4052/CD4053 功能表

输　入				选通的通道		
INH	***C***	***B***	***A***	**CD4051**	**CD4052**	**CD4053**
0	0	0	0	0	0x,0y	cx,bx,ax
0	0	0	1	1	1x,1y	cx,bx,ay
0	0	1	0	2	2x,2y	cx,by,ax
0	0	1	1	3	3x,3y	cx,by,ay
0	1	0	0	4		cy,bx,ax
0	1	0	1	5		cy,bx,ay
0	1	1	0	6		cy,by,ax
0	1	1	1	7		cy,by,ay
1	*	*	*	不选通	不选通	不选通

CD4052 的内部逻辑如图 3-50 所示。取 $V_{DD}=5V$、$V_{EE}=-5V$ 和 $V_{SS}=0$ 时，可实现 $-5V\sim5V$ 双四路模拟信号的选择或者分配。音响电路中通常使用多路模拟开关切换功放的音源，从收音机、CD 或者 AUX(辅助输入)等音源中选择其中一路送入功放进行放大。

由于模拟开关的信号通路是双向的，所以多路模拟开关既可以实现信号选择，又可以实现信号分配。

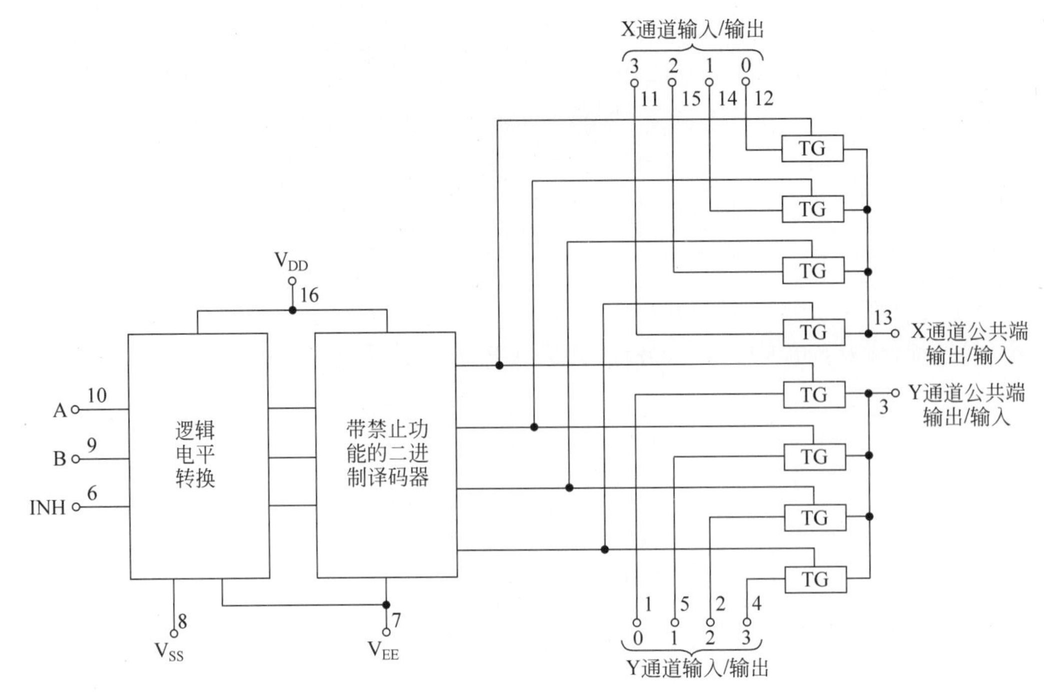

图 3-50　CD4052 逻辑图

思考与练习

3-5　OD/OC 门和普通门电路有什么区别？有什么特殊用途？

3-6　三态门有哪 3 种输出状态？有什么特殊用途？

3-7　OD/OC 门和三态门能否作为普通逻辑门使用？如果可以，说明其用法。

3-8　如何用 MOS 反相器和传输门实现同或逻辑关系？画出逻辑图。

3-9　异或门和同或门能否作反相器使用？如果可以，说明其用法。

3.5
微课视频

3.5　设计实践

发光二极管和数码管是数字系统中常用的显示器件，用来指示电路的状态和参数。发光二极管有多种规格，如图 3-51 所示。

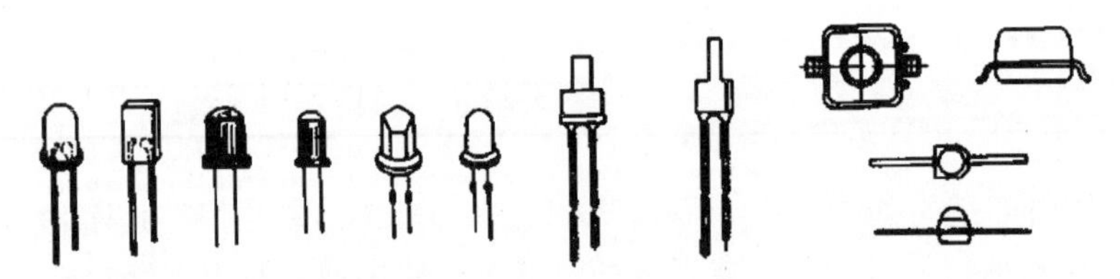

图 3-51　发光二极管

数字电路实验中常用的发光二极管有 $\phi 3$ 和 $\phi 5$ 两种。$\phi 3$ 发光二极管的直径为 3mm，正常发光时所需要的驱动电流约为 3mA。$\phi 5$ 发光二极管的直径为 5mm，正常发光时所需要的驱动电流约为 10mA。

发光二极管既可以接成灌电流负载，用低电平驱动，如图 3-52(a)所示，也可以接成拉电流负载，用高电平驱动，如图 3-52(b)所示。具体根据驱动电路的驱动能力而定。

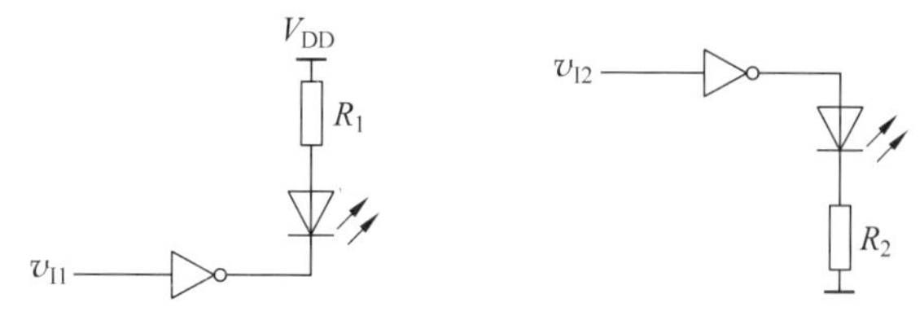

(a) 灌电流负载，低电平驱动　　(b) 拉电流负载，高电平驱动

图 3-52　发光二极管驱动电路

发光二极管能不能正常发光，不但要考虑驱动电路的输出电平，还要考虑驱动电路的输出电流是否满足发光二极管的电流要求。不同系列的门电路驱动能力不同，应用时需要特别注意。

表 3-8 是常用反相器输出特性数据表。可以看出，早期的 4000 系列 CMOS 反相器 CD4049 输出高电平时只有 1.6mA 拉电流，输出低电平时允许有 5.0mA 灌电流，因此对于 CD4049 CMOS 反相器，应用图 3-52(a)所示电路只能驱动 $\phi3$ 系列发光二极管，图 3-52(b)所示电路则不满足驱动电流要求。

表 3-8　常用反相器输出特性数据表

参　数	器　件			
	TTL(V_{CC}=5V, T=25℃)		CMOS(V_{DD}=5V, T=25℃)	
	7404	74LS04	CD4049	74HC04
$V_{OH(min)}$/V	2.4	2.7	4.6	4.4
$I_{OH(max)}$/mA	−0.4	−0.4	−1.6(典型值)	−25
$V_{OL(max)}$/V	0.4	0.4	0.05	0.33
$I_{OL(max)}$/mA	16	8	5.0(典型值)	25

对于 74HC 系列反相器，其高、低电平的最大输出电流为±25mA，因此图 3-52 两种形式的电路均能驱动 $\phi3$ 和 $\phi5$ 系列发光二极管，而且需要加适当的限流电阻，如图 3-52 所示，以防止电流过大而烧坏发光二极管。

常用发光二极管的正向导通压降值如表 3-9 所示。

表 3-9　发光二极管导通压降值

测试条件	$\phi3$: I_D=3mA, $\phi5$: I_D=10mA				
发光颜色	红	黄	绿	蓝	白
压降值/V	1.9～2.1	1.8～2.0	1.9～2.0	2.6～3.1	2.8～3.0

以驱动 $\phi5$ 发光二极管计算，由于发光二极管导通时会产生 1.8～3.0V 的压降，若以 i_D=10mA、导通压降为 2V 进行计算，限流电阻 R_1 应取

$$R_1=(V_{DD}-V_D-V_{OL})/I_D\approx(5-2-0)/(10\times10^{-3})\Omega=300\Omega$$

限流电阻 R_2 应取

$$R_2=(V_{OH}-V_D)/I_D\approx(5-2)/(10\times10^{-3})\Omega=300\Omega$$

对于 74/74LS 系列 TTL 反相器，由于其高电平输出电流太小而低电平输出电流很大，因此应用图 3-52(a)所示电路可以驱动 $\phi 3$ 和 $\phi 5$ 系列发光二极管，而 3-52(b)所示电路则不能正常工作。

由于 TTL 门电路发展比较早，故许多器件设计为输出低电平有效，用低电平驱动灌电流负载。

需要说明的是，当门电路驱动电流不足时，可以将多个门电路并联以增加驱动能力。图 3-53 中 3 个反相器并联时，其输出电流为单个反相器驱动电流的 3 倍。

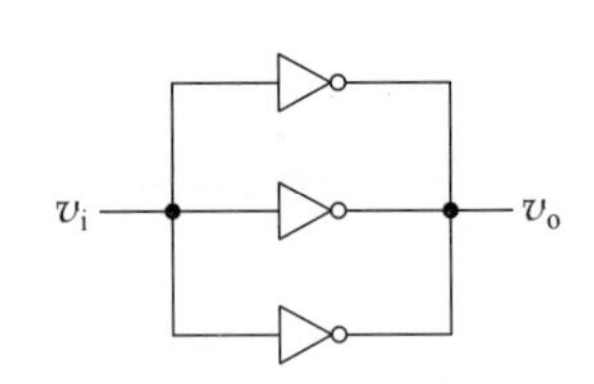

图 3-53 反相器并联增加驱动能力

本章小结

门电路是构成数字器件的基本单元。掌握门电路的功能与性能，是数字系统设计的基础。

门电路可以基于二极管、三极管或者场效应管这些分立器件设计。二极管可以构成与门和或门，三极管和场效应管则可以构成反相器。讲述分立器件门电路在于帮助我们理解门电路的基本实现方法，在进行数字系统设计时，主要应用集成器件。

集成门电路分为 CMOS 门电路和 TTL 门电路两大类。CMOS 门电路基于场效应管工艺制造，有 4000、74HC/AHC、74HCT/AHCT，以及 74LVC/ALVC 等多种系列。目前，CMOS 门电路应用广泛，TTL 门电路逐渐被淘汰。

74HC00 为 4 二输入与非门，74HC02 为 4 二输入或非门，74HC04 为 6 反相器，74HC86 为 4 异或门。

在数字系统设计中，除了普通门电路之外，还需要用到两种特殊的门电路：OD 门和三态门。OD 门具有低电平和高阻两种输出状态，通常用作驱动器，或者应用 OD 门的线与逻辑以简化电路设计。三态门具有高电平、低电平和高阻 3 种输出状态，用于总线接口，或者实现数据的双向传输。

74HC125/126 为三态缓冲器，其中 74HC125 三态控制端低电平有效，而 74HC126 三态控制端高电平有效。74HC240/244 为双 4 路三态缓冲器，其中 74HC240 为反相输出，而 74HC244 为同相输出。74HC245 为 8 路双向总线收发器。

CMOS 传输门不但可以传输数字信号，而且还可以传输模拟信号，具有模拟开关特性，通常用于数据和信号通路的切换。CD4066 为 CMOS 四双向模拟开关，CD4051/52/53 分别为八路、双四路和三两路模拟开关。

大道至简，衍化至繁。P 沟道增强型 MOS 管和 N 沟道增强型 MOS 管串接可以构成 CMOS 反相器，并联则可以构成 CMOS 传输门，而传输门和反相器是构建 CMOS 集成电路的基石。

习题

3.1 分析图题3-1所示电路的逻辑关系，写出函数表达式。设电路参数满足三极管饱和导通条件。

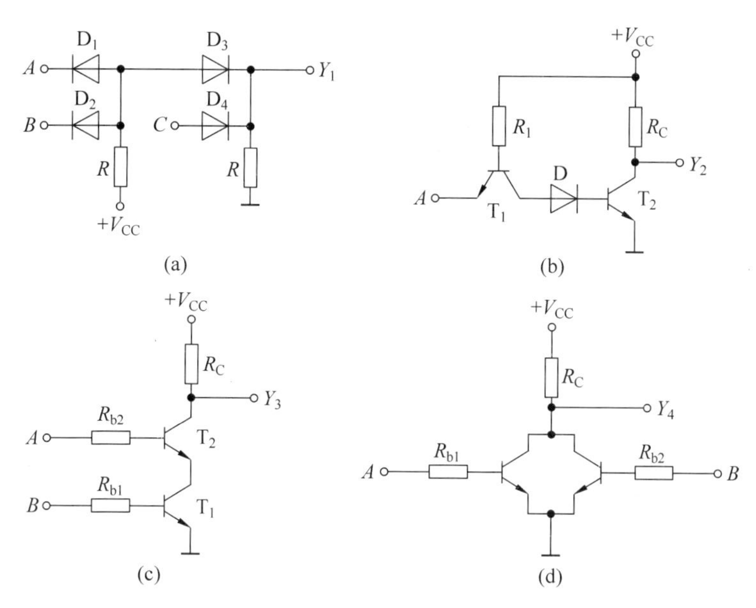

图题 3-1

3.2 分析图题3-2所示电路中三极管的工作状态，计算输出电压 v_O 的值。设所有三极管均为硅三极管，V_{BE} 按0.7V计算。

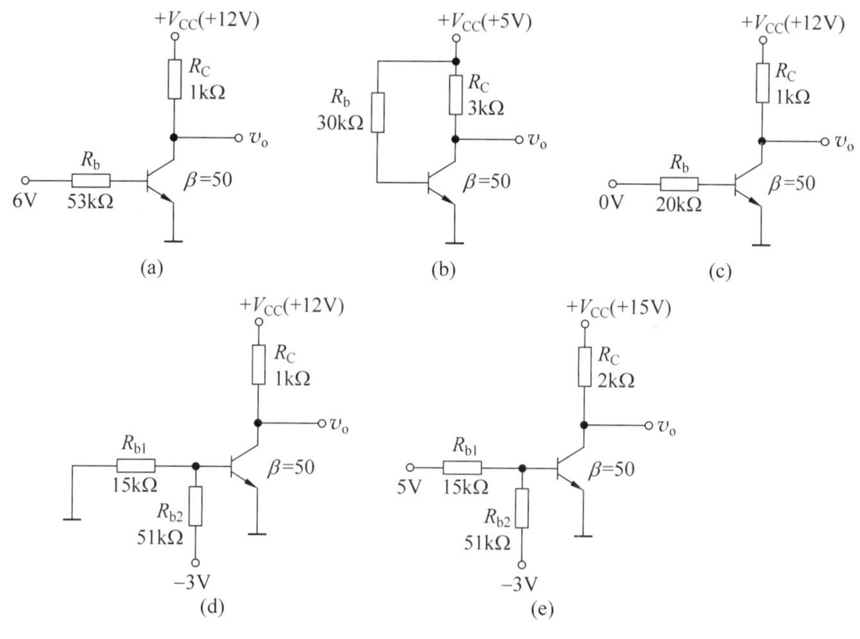

图题 3-2

3.3 分析图题 3-3 所示 CMOS 电路,写出逻辑函数表达式。

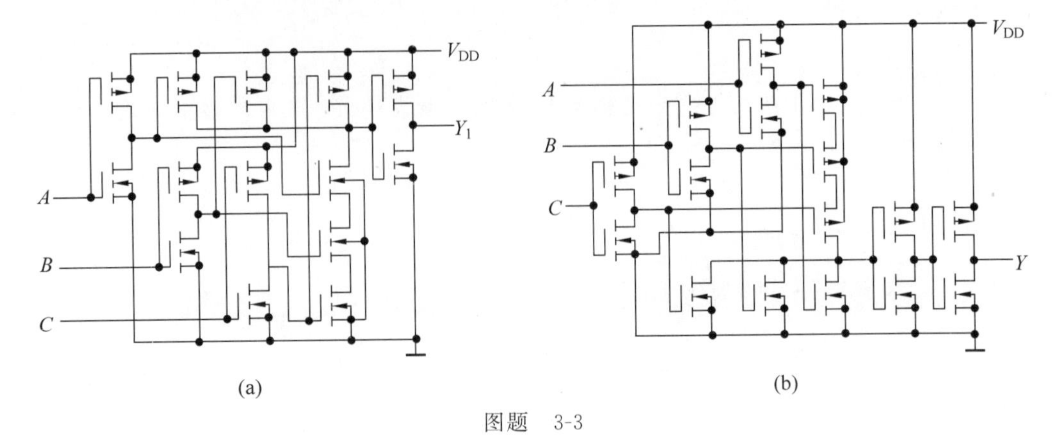

图题 3-3

3.4 分析图题 3-4 所示电路,写出各逻辑函数表达式,并列出当 $ABCD=1001$ 时各函数的输出值。

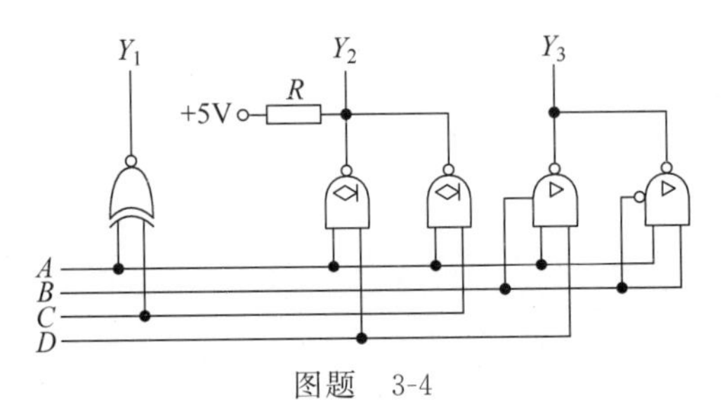

图题 3-4

3.5 分析图题 3-5 所示电路,分析在 S_1、S_0 四种取值下输出 Y 的值,填入右侧表中。

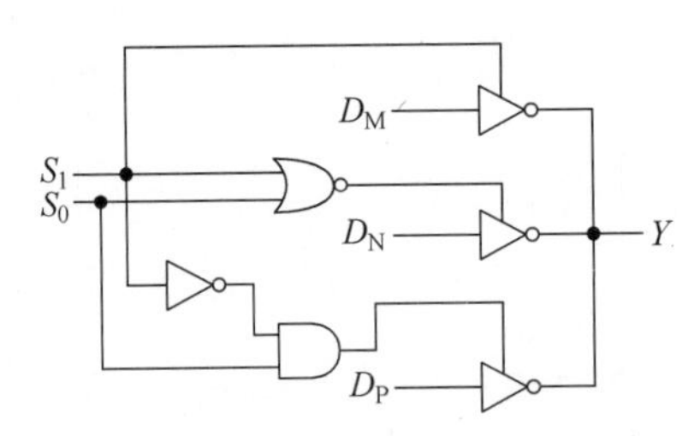

输入		输出
S_1	S_0	Y
0	0	
0	1	
1	0	
1	1	

图题 3-5

3.6 对于图 3-50 所示的发光二极管驱动电路。设发光二极管导通发光时导通压降为 2V,需要 8~10mA 驱动电流。反相器输出高电平为 5V,电流为 400μA,输出低电平为 0.2V,电流为 20mA。说明哪个电路能够正常工作,并计算限流电阻的阻值。

3.7* 应用电路如图题 3-7 所示。已知 CMOS 与非门的输出电压 $V_{OH}\approx4.7V$,$V_{OL}\approx0.1V$;TTL 与非门的 $V_{IH(min)}=2.0V$,$V_{IL(max)}=0.8V$,$I_{IH(max)}=20\mu A$,$I_{IL(max)}=-0.36mA$。计算接口电路的输出电平 v_O,并说明接口参数选择是否合理。

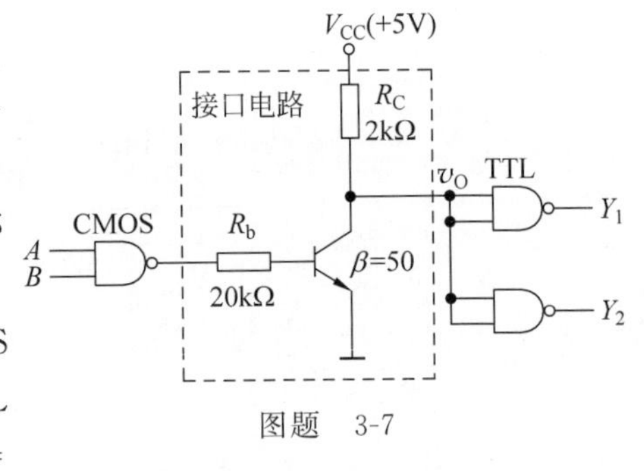

图题 3-7

第 4 章 组合逻辑器件

CHAPTER 4

数字电路若根据逻辑功能的不同特点进行划分，可分为组合逻辑电路和时序逻辑电路两大类。

组合逻辑电路是构成数字系统的基础。本章先讲述组合逻辑电路的基本概念及其分析与设计方法，然后讲解常用组合逻辑器件的功能、设计原理与应用。

4.1 组合逻辑电路概述

4.1 微课视频

如果数字电路任意时刻的输出仅仅取决于当时的输入信号，那么这种电路称为组合逻辑电路(combinational logic circuit)，简称组合电路。组合逻辑电路的特点是不包含任何存储电路，也没有从输出到输入的反馈连接。

由于门电路的输出只与输入有关，所以门电路是最简单的组合逻辑电路，只是习惯于将门电路看作组合逻辑电路的基本构成单元。

一般地，组合逻辑电路的结构框图如图 4-1 所示，其中 $a_1,a_2,\cdots,a_n$ 为输入变量，$y_1,y_2,\cdots,y_n$ 为输出。由于组合电路的输出只与输入有关，所以输出只是输入的函数，即

$$\begin{cases} y_1=f_1(a_1,a_2,\cdots,a_n) \\ y_2=f_2(a_1,a_2,\cdots,a_n) \\ \quad\vdots \\ y_n=f_n(a_1,a_2,\cdots,a_n) \end{cases}$$

图 4-1 组合逻辑电路的结构框图

若定义 $A=\{a_1,a_2,\cdots,a_n\}$，$Y=\{y_1,y_2,\cdots,y_n\}$，则上式可以简单地表示为

$$Y=F(A)$$

其中 $F=\{f_1,f_2,\cdots,f_n\}$，表示一组函数关系。

既然组合逻辑电路的输出是函数，所以逻辑函数的表示方法(真值表、函数表达式、逻辑图和卡诺图)都可以用来描述组合电路的逻辑功能。

4.2 组合逻辑电路的分析与设计

4.2 微课视频

逻辑代数是组合逻辑电路分析与设计的基础。本节主要讲述组合逻辑电路的设计方法，然后简要介绍其分析方法，以便后述章节能够以设计的思路讲解组合器件的功能和原理。

4.2.1 组合逻辑电路设计

所谓组合逻辑电路设计，就是对于给定的实际逻辑问题，画出能够实现功能要求的组合逻辑电路图。

【例 4-1】 设计用 3 个开关控制一个灯的逻辑电路，要求改变任何一个开关的状态都能控制灯由亮变灭或者由灭变亮。

设计过程：由于开关控制着灯的亮灭，所以开关的状态是因，灯的亮灭是果。若用 A、B、C 分别表示 3 个开关的状态，Y 表示灯的状态，并且约定：$A=1$ 表示开关 A 闭合，$A=0$ 表示开关 A 断开；$B=1$ 表示开关 B 闭合，$B=0$ 表示开关 B 断开；$C=1$ 表示开关 C 闭合，$C=0$ 表示开关 C 断开；$Y=1$ 表示灯亮，$Y=0$ 表示灯灭。

在上述约定下，设 $ABC=000$ 时 $Y=0$，经推理可得 Y 的真值表如表 4-1 所示。

表 4-1 例 4-1 真值表

A	B	C	Y
0	0	0	0
0	0	1	1
0	1	0	1
0	1	1	0
1	0	0	1
1	0	1	0
1	1	0	0
1	1	1	1

由真值表画出该逻辑问题的卡诺图，如图 4-2 所示。

从卡诺图中可以看出，该逻辑函数中每个最小项均不相邻，没有可以合并的最小项，因此由真值表写出的最小项表达式即为该逻辑函数的最简与或式。

$$Y=A'B'C+A'BC'+AB'C'+ABC$$

实际上，该逻辑函数可以从另一个角度进行化简：

$$\begin{aligned}Y&=A'B'C+A'BC'+AB'C'+ABC\\&=(A'B'C+AB'C')+(A'BC'+ABC)\\&=B'(A'C+AC')+B(A'C'+AC)\\&=B'(A\oplus C)+B(A\odot C)\\&=A\oplus B\oplus C\end{aligned}$$

故实现该问题的逻辑图如图 4-3 所示。

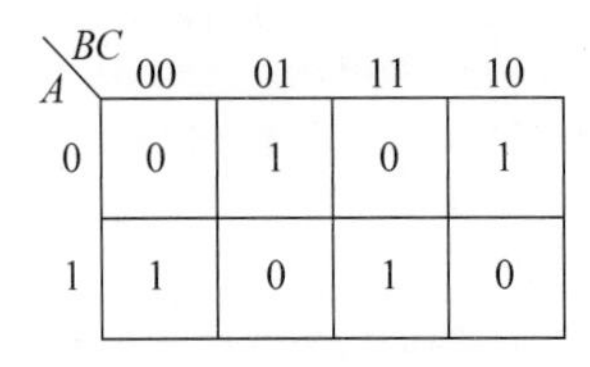

图 4-2 例 4-1 卡诺图

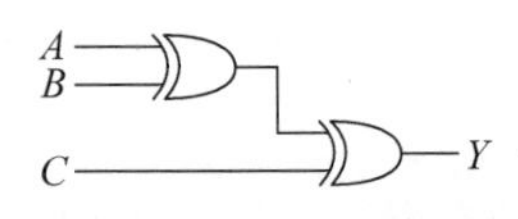

图 4-3 例 4-1 逻辑图

从例 4-1 的化简过程可以看出：卡诺图中两个最小项虽然不相邻，但是却存在着异或或者同或关系，合理应用这种关系也可以用来化简逻辑函数。

【例 4-2】 设计四位循环码到二进制码的转换电路，画出逻辑图。

设计过程：设四位循环码分别用 $G_3G_2G_1G_0$ 表示，四位二进制码分别用 $B_3B_2B_1B_0$ 表示，则四位循环码转换为二进制码的真值表如表 4-2 所示。

表 4-2　四位循环码-二进制码真值表

循环码	二进制码	循环码	二进制码
$G_3G_2G_1G_0$	$B_3B_2B_1B_0$	$G_3G_2G_1G_0$	$B_3B_2B_1B_0$
0 0 0 0	0 0 0 0	1 1 0 0	1 0 0 0
0 0 0 1	0 0 0 1	1 1 0 1	1 0 0 1
0 0 1 1	0 0 1 0	1 1 1 1	1 0 1 0
0 0 1 0	0 0 1 1	1 1 1 0	1 0 1 1
0 1 1 0	0 1 0 0	1 0 1 0	1 1 0 0
0 1 1 1	0 1 0 1	1 0 1 1	1 1 0 1
0 1 0 1	0 1 1 0	1 0 0 1	1 1 1 0
0 1 0 0	0 1 1 1	1 0 0 0	1 1 1 1

根据转换真值表，分别画出逻辑函数 B_3、B_2、B_1 和 B_0 的卡诺图，如图 4-4(a)～图 4-4(d)所示。

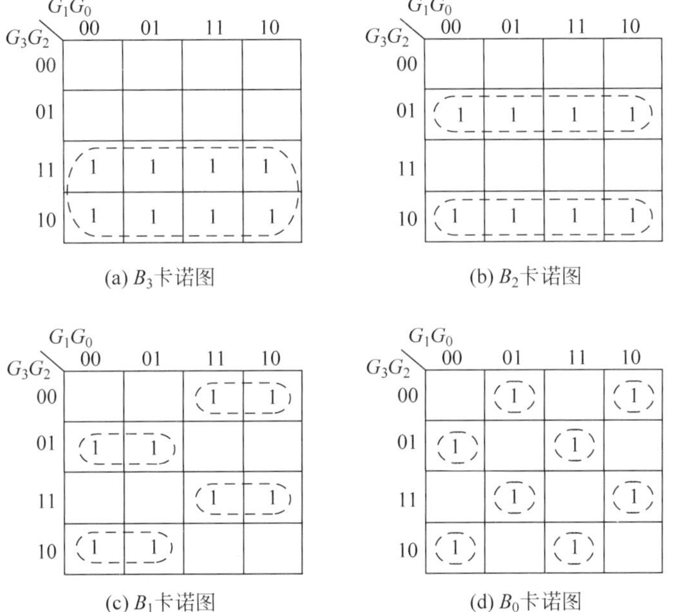

(a) B_3卡诺图　(b) B_2卡诺图　(c) B_1卡诺图　(d) B_0卡诺图

图 4-4　例 4-2 卡诺图

根据图中所示的化简方法，结合异或逻辑卡诺图的规律，可得

$$B_3 = G_3$$

$$B_2 = G_3 \oplus G_2$$

$$B_1 = G_3 \oplus G_2 \oplus G_1$$

$$B_0 = G_3 \oplus G_2 \oplus G_1 \oplus G_0$$

因此，实现四位二进码到循环码的转换电路如图 4-5 所示。

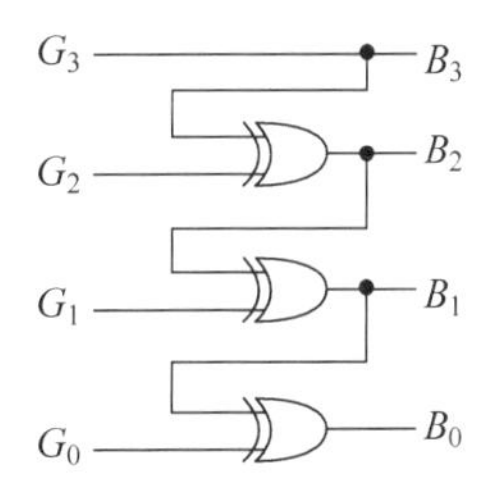

图 4-5　例 4-2 逻辑电路图

思考与练习

4-1 设计用两个开关控制一个灯的逻辑电路，改变任何一个开关的状态，都能控制灯由亮变灭或者由灭变亮。写出逻辑函数表达式，并画出逻辑图。

4-2 设计用4个开关控制一个灯的逻辑电路，改变任何一个开关的状态，都能控制灯由亮变灭或者由灭变亮。写出逻辑函数表达式，并画出逻辑图。

4-3 设计用5个开关控制一个灯的逻辑电路，改变任何一个开关的状态，都能控制灯由亮变灭或者由灭变亮。写出逻辑函数表达式，并画出逻辑图。

4-4 从上述设计中能够总结出什么规律？这类电路能够应用在什么地方？

【例4-3】 有一水箱由大小两台水泵 M_L 和 M_S 供水，如图4-6所示。水箱中设置了3个水位检测元件 C、B、A。水面低于检测元件时，检测元件给出高电平；水面高于检测元件时，检测元件给出低电平。现要求当水位超过 C 点时水泵停止工作，水位低于 C 点而高于 B 点时小水泵单独工作，水位低于 B 点而高于 A 时大水泵单独工作，水位低于 A 点时大、小水泵同时工作。设计一个控制两台水泵的逻辑电路，要求电路尽量简单。

设计过程：水位检测元件 C、B、A 的状态决定大、小水泵 M_L 和 M_S 的工作状态，因此

$$\begin{cases} M_L = F_1(C,B,A) \\ M_S = F_2(C,B,A) \end{cases}$$

若用 $M_L=1$ 表示大水泵工作，$M_L=0$ 表示大水泵停止；同理用 $M_S=1$ 表示小泵工作，$M_L=0$ 表示小水泵停止，则 M_L 和 M_S 的真值表如表4-3所示。

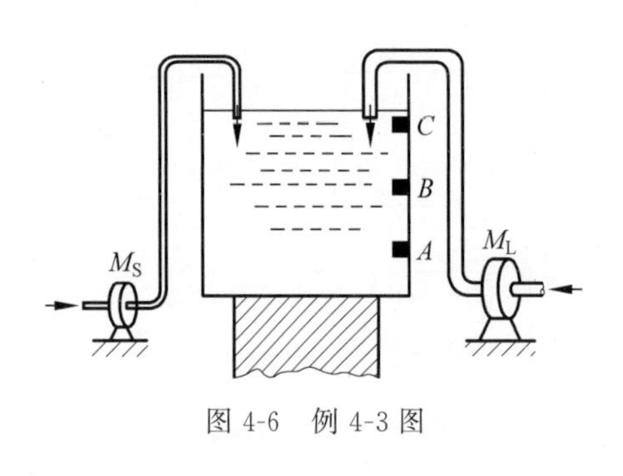

图4-6 例4-3图

表4-3 例4-3真值表

C	B	A	M_L	M_S
0	0	0	0	0
1	0	0	0	1
1	1	0	1	0
1	1	1	1	1
0	0	1	×	×
0	1	0	×	×
0	1	1	×	×
1	0	1	×	×

画出 M_L 和 M_S 的卡诺图，如图4-7所示，并进行化简得

$$\begin{cases} M_L = B \\ M_S = A + B'C \end{cases}$$

根据上述逻辑函数表达式即可设计出水泵控制电路，逻辑图如图4-8所示。

从以上两个设计实例可以总结出组合逻辑电路设计的一般步骤：

(1) 逻辑抽象。

组合逻辑电路的设计问题一般是由文字描述的。分析其因果关系，从中确定输入(因)和输出(果)，并且定义每个输入/输出变量取值的具体含义，然后写出能够表示其逻辑功能的真值表。

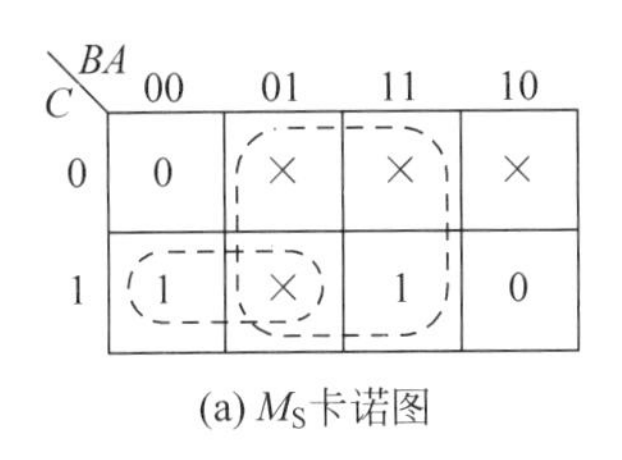

BA
C
00
01
11
10
0
1
0
×
×
×
1
×
1
0

(a) M_S卡诺图

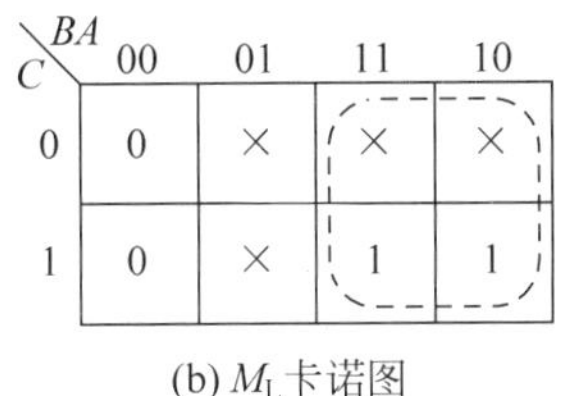

BA
C
00
01
11
10
0
1
0
×
×
×
0
×
1
1

(b) M_L卡诺图

图 4-7　例 4-3 卡诺图

(2) 选定器件，写出逻辑函数表达式。

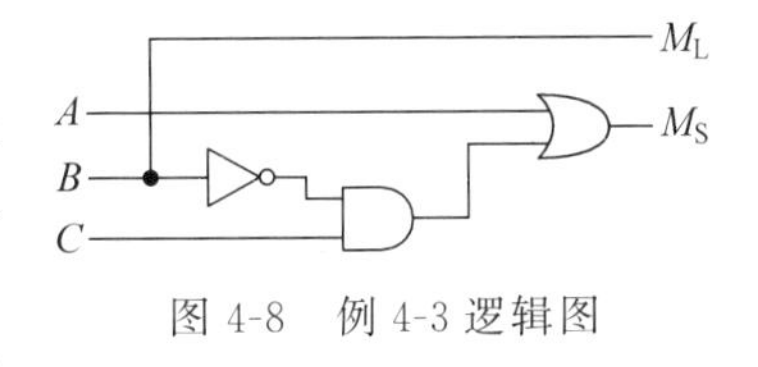

图 4-8　例 4-3 逻辑图

组合逻辑电路既可以应用门电路设计，也可以应用本节后面将讲述的译码器、数据选择器等中规模集成电路(MSI)设计，还可以基于第 7 章中的 ROM 设计。

若应用门电路设计，则需要对逻辑函数进行化简，并根据具体实现器件的类型变换为相应的形式。

若应用译码器或数据选择器设计，则需要对逻辑函数式进行变换，以便确定译码器输出或数据选择器输入数据与逻辑函数的关系。

若基于 ROM 设计，则需要确定 ROM 的容量。

(3) 根据化简或变换后的函数式，画出相应的逻辑图。

应用门电路设计时，当逻辑函数式确定以后，根据函数式画出相应的逻辑图；应用译码器或数据选择器设计时，根据其输入和输出与逻辑函数的关系，画出设计图，可以附加必要的门电路；基于 ROM 设计时，将真值表写入 ROM 中。

综上所述，组合逻辑电路的设计流程如图 4-9 所示。

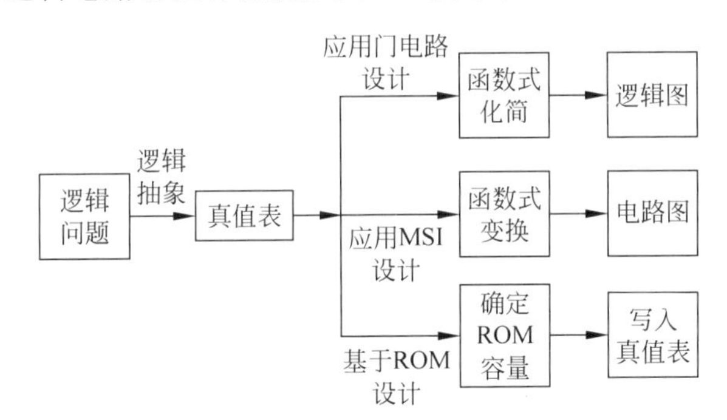

图 4-9　组合逻辑电路的设计流程

4.2.2 组合逻辑电路分析

所谓组合逻辑电路分析就是对于给定的组合逻辑电路，确定电路的逻辑功能。一般来说，组合逻辑电路分析按以下步骤进行：

(1) 写出逻辑函数表达式。

从组合逻辑电路的输入级逐级向后推，推导出其输出逻辑函数的表达式，并进行化简或变换，使表达式简单明了。

(2) 列出真值表。

根据逻辑函数表达式写出真值表。真值表能直观详尽地描述电路输出与输入的关系，便于分析。

(3) 分析电路的逻辑功能。

根据真值表,推断电路的逻辑功能。

综上所述,组合逻辑电路的分析过程如图 4-10 所示。

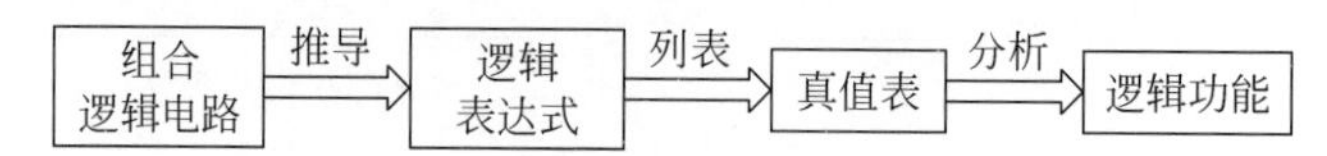

图 4-10 组合逻辑电路的分析过程

【例 4-4】 分析图 4-11 所示组合电路的逻辑功能。

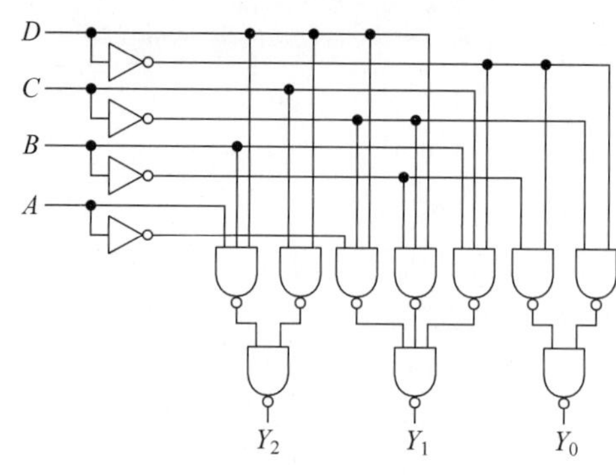

图 4-11 例 4-4 逻辑图

分析:根据给定的逻辑图可以推出逻辑函数 Y_2、Y_1 和 Y_0 的表达式。

$$\begin{cases} Y_2 = ((DC)'(DBA)')' = DC + DBA \\ Y_1 = ((D'CB)'(DC'B)'(DC'A')')' = D'CB + DC'B + DC'A' \\ Y_0 = ((D'C')'(D'B')')' = D'C' + D'B' \end{cases}$$

从逻辑函数表达式很难确定电路的逻辑功能,需要进一步将表达式转换为表 4-4 所示的真值表。

表 4-4 例 4-4 真值表

D	**C**	**B**	**A**	Y_2	Y_1	Y_0
0	0	0	0	0	0	1
0	0	0	1	0	0	1
0	0	1	0	0	0	1
0	0	1	1	0	0	1
0	1	0	0	0	0	1
0	1	0	1	0	0	1
0	1	1	0	0	1	0
0	1	1	1	0	1	0
1	0	0	0	0	1	0
1	0	0	1	0	1	0
1	0	1	0	0	1	0
1	0	1	1	1	0	0
1	1	0	0	1	0	0
1	1	0	1	1	0	0
1	1	1	0	1	0	0
1	1	1	1	1	0	0

从真值表可以看出，当输入 $DCBA$ 表示的二进制数在 0～5 时，$Y_0=1$，在 6～10 时，$Y_1=1$，在 11～15 时，$Y_2=1$，所以这个电路具有根据输出状态判断输入数大小范围的功能。

对于同一个逻辑电路，不同的人可能有不同的认识，从而抽象出不同的逻辑功能。一般来说，需要从整体的角度考查其功能，不能只见树木，不见森林。

4.3　常用组合逻辑器件

掌握了组合逻辑电路的分析与设计方法后，本节的主要任务是认识常用的组合逻辑器件，掌握其功能、设计方法与应用，包括编码器、译码器、数据选择器、加法器、数据比较器和奇偶校验器 6 种类型。

4.3.1　编码器

4.3.1
微课视频

为了区别一系列不同的事物或状态，将其中每一个事物或状态用一组二值代码表示，这就是编码。相应地，能够实现编码功能的电路称为编码器(encoder)。例如，图 4-12 所示的计算机键盘就是将键盘上的字母、数字、符号和控制符编成键盘码(分为通码和断码两种类型)的编码器。

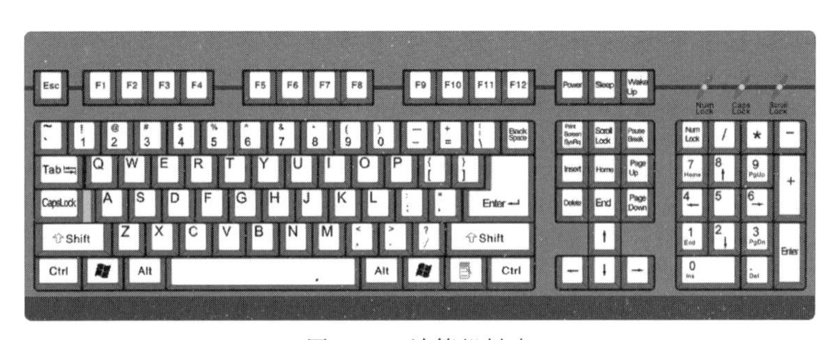

图 4-12　计算机键盘

数字电路中常用的编码器为二进制编码器，用于将 2^n 个高/低电平信号编成 n 位二进制码，因此命名为“2^n 线-n 线”编码器。二进制编码器的框图如图 4-13 所示，其中 $I_0 \sim I_{2^n-1}$ 为 2^n 个输入端，$Y_0 \sim Y_{n-1}$ 为 n 位二进制数输出端。

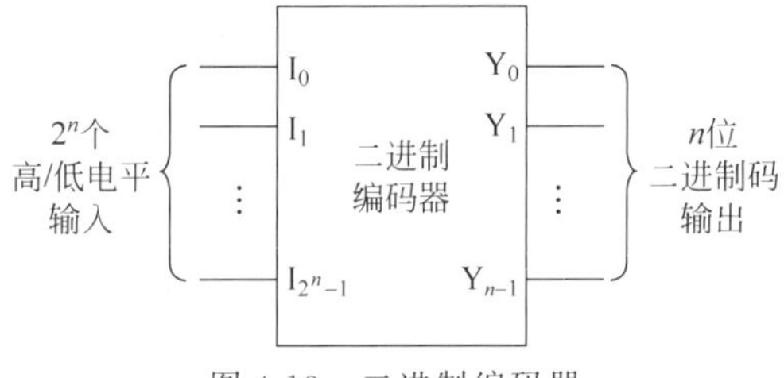

图 4-13　二进制编码器

下面以具体的应用实例讲述编码器的设计方法。

【例 4-5】　设某个小医院共有 8 间病房，编号分别为 0～7 号。在每个病房都安装有一个呼叫按钮，分别用 $I_0 \sim I_7$ 表示。当病房的病人需要服务时，按下按钮发出请求。相应地，在护士值班室里对应有 3 个指示灯，分别用 $Y_2Y_1Y_0$ 表示。当 7 号病房的病人按下按钮时

$Y_2Y_1Y_0=111$(指示灯全亮),提醒护士到7号病房服务;当6号病房的病人按下按钮时$Y_2Y_1Y_0=110$,提醒护士到6号病房服务;以此类推。设计能够实现该逻辑功能的组合电路。

分析:对于这个问题,$Y_2Y_1Y_0=111$表示7号病房的病人按下按钮这一事件,$Y_2Y_1Y_0=110$表示6号病房的病人按下按钮这一事件,以此类推,所以该例题是一个8线-3线编码器的设计问题。

设计过程:设$I_0\sim I_7$未按时为低电平,按下时跳变为高电平,即输入高电平有效(active high)。为了简化电路设计,先假设任何时刻不会有两个及两个以上病房的病人同时按呼叫按钮,即输入信号是相互排斥的,$I_0\sim I_7$不会有两个或两个以上同时为1。在这种约束下设计出的编码器称为普通编码器,其真值表如表4-5所示。

表4-5 8线-3线普通编码器真值表

I_0	I_1	I_2	I_3	I_4	I_5	I_6	I_7	Y_2	Y_1	Y_0
1	0	0	0	0	0	0	0	0	0	0
0	1	0	0	0	0	0	0	0	0	1
0	0	1	0	0	0	0	0	0	1	0
0	0	0	1	0	0	0	0	0	1	1
0	0	0	0	1	0	0	0	1	0	0
0	0	0	0	0	1	0	0	1	0	1
0	0	0	0	0	0	1	0	1	1	0
0	0	0	0	0	0	0	1	1	1	1

由真值表写出相应的函数表达式

$$\begin{cases}Y_2=I'_0I'_1I'_2I'_3I_4I'_5I'_6I'_7+I'_0I'_1I'_2I'_3I'_4I_5I'_6I'_7+I'_0I'_1I'_2I'_3I'_4I'_5I_6I'_7\\ \quad+I'_0I'_1I'_2I'_3I'_4I'_5I'_6I_7\\ Y_1=I'_0I'_1I_2I'_3I'_4I'_5I'_6I'_7+I'_0I'_1I'_2I_3I'_4I'_5I'_6I'_7+I'_0I'_1I'_2I'_3I'_4I'_5I_6I'_7\\ \quad+I'_0I'_1I'_2I'_3I'_4I'_5I'_6I_7\\ Y_0=I'_0I_1I'_2I'_3I'_4I'_5I'_6I'_7+I'_0I'_1I'_2I_3I'_4I'_5I'_6I'_7+I'_0I'_1I'_2I'_3I'_4I_5I'_6I'_7\\ \quad+I'_0I'_1I'_2I'_3I'_4I'_5I'_6I_7\end{cases}$$

在输入变量相互排斥的情况下,逻辑函数可以简化为

$$\begin{cases}Y_2=I_4+I_5+I_6+I_7\\ Y_1=I_2+I_3+I_6+I_7\\ Y_0=I_1+I_3+I_5+I_7\end{cases}$$

故普通编码器的设计电路如图4-14所示。

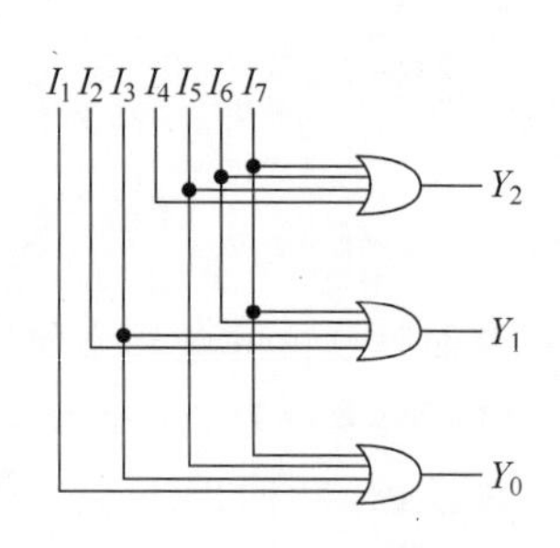

图4-14 普通编码器电路图

普通编码器是在假设输入信号相互排斥的前提下设计的。若实际情况不满足这个约束条件,则电路会发生错误。例如,当3号和4号病房的病人同时按下呼叫按钮(I_3和I_4同时为1)时,$Y_2Y_1Y_0=111$,而编码111的含义是7号病房的病人请求服务,因此护士会到7号病房而不是3号和4

号。由于普通编码器在不满足约束的情况下会发生逻辑错误，因此需要对普通编码器进行改进，引入优先编码的概念。

所谓优先编码就是预先给不同的输入规定不同的优先级，当多个输入信号同时有效时，只对当时优先级最高的输入信号进行编码。

对于例 4-4 的逻辑问题，若规定 7 号病房的病人优先级最高，其次是 6 号，以此类推，0 号病房的病人优先级最低。在上述规定下重新设计，可得到表 4-6 所示的优先编码器的真值表。

表 4-6　8 线-3 线优先编码器真值表

I_0	I_1	I_2	I_3	I_4	I_5	I_6	I_7	Y_2	Y_1	Y_0
1	0	0	0	0	0	0	0	0	0	0
×	1	0	0	0	0	0	0	0	0	1
×	×	1	0	0	0	0	0	0	1	0
×	×	×	1	0	0	0	0	0	1	1
×	×	×	×	1	0	0	0	1	0	0
×	×	×	×	×	1	0	0	1	0	1
×	×	×	×	×	×	1	0	1	1	0
×	×	×	×	×	×	×	1	1	1	1

由功能表写出优先编码器的逻辑函数式

$$\begin{cases} Y_2 = I_4 I_5' I_6' I_7' + I_5 I_6' I_7' + I_6 I_7' + I_7 \\ Y_1 = I_2 I_3' I_4' I_5' I_6' I_7' + I_3 I_4' I_5' I_6' I_7' + I_6 I_7' + I_7 \\ Y_0 = I_1 I_2' I_3' I_4' I_5' I_6' I_7' + I_3 I_4' I_5' I_6' I_7' + I_5 I_6' I_7' + I_7 \end{cases}$$

进一步化简为

$$\begin{cases} Y_2 = I_4 + I_5 + I_6 + I_7 \\ Y_1 = I_2 I_4' I_5' + I_3 I_4' I_5' + I_6 + I_7 \\ Y_0 = I_1 I_2' I_4' I_6' + I_3 I_4' I_6' + I_5 I_6' + I_7 \end{cases}$$

按上述逻辑函数表达式即可设计出优先编码器（设计图略）。

优先编码器既解决了输入信号之间竞争的问题，又能作为普通编码器使用，所以实际器件均设计为优先编码器。

74HC148 为 8 线-3 线优先编码器，内部逻辑电路如图 4-15 所示。与例 4-5 不同的是，74HC148 的输入设计为低电平有效（未按时，I 为高电平，按下时，I 为低电平），输出端为二进制反码输出。

为了便于功能扩展，74HC148 还提供了 3 个功能端口：一个控制端 S' 和两个输出端 Y'_S 和 Y'_{EX}，其功能表如表 4-7 所示。从功能表可以看出，74HC148 只有在 $S'=0$ 时，才能正常工作，而在 $S'=1$ 时，输出均被锁定为高电平。在 74HC148 正常工作的情况下，$Y'_S=0$ 时，表示编码器无编码信号输入，而 $Y'_{EX}=0$ 时，表示有编码信号输入。

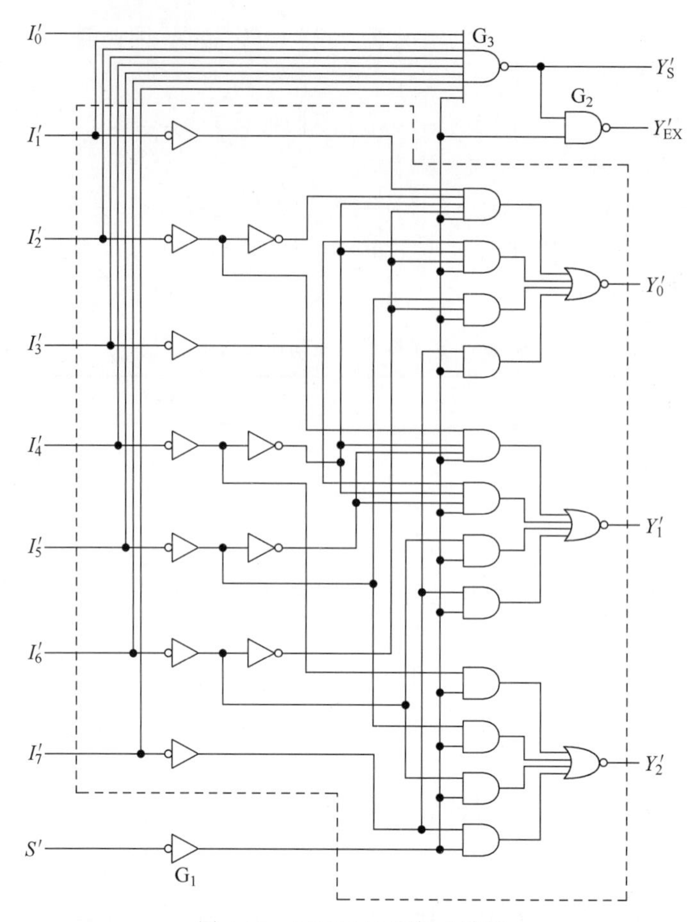

图 4-15 74HC148 逻辑电路图

表 4-7 74HC148 功能表

输入									输出				
S'	I'_0	I'_1	I'_2	I'_3	I'_4	I'_5	I'_6	I'_7	Y'_2	Y'_1	Y'_0	Y'_S	Y'_{EX}
1	×	×	×	×	×	×	×	×	1	1	1	1	1
0	1	1	1	1	1	1	1	1	1	1	1	0	1
0	×	×	×	×	×	×	×	0	0	0	0	1	0
0	×	×	×	×	×	×	0	1	0	0	1	1	0
0	×	×	×	×	×	0	1	1	0	1	0	1	0
0	×	×	×	×	0	1	1	1	0	1	1	1	0
0	×	×	×	0	1	1	1	1	1	0	0	1	0
0	×	×	0	1	1	1	1	1	1	0	1	1	0
0	×	0	1	1	1	1	1	1	1	1	0	1	0
0	0	1	1	1	1	1	1	1	1	1	1	1	0

74HC147 为 10 线-4 线优先编码器，用于将 10 个高、低电平信号编为 4 位 BCD 码。用 74HC147 设计键盘编码电路如图 4-16 所示，10 个按键分别对应十进制数 0～9，编码器的输出为 8421 反码。其中按键 9 的优先级别最高，当按键 1～9 均未按下时，默认对按键 0(图中未画出)进行编码。

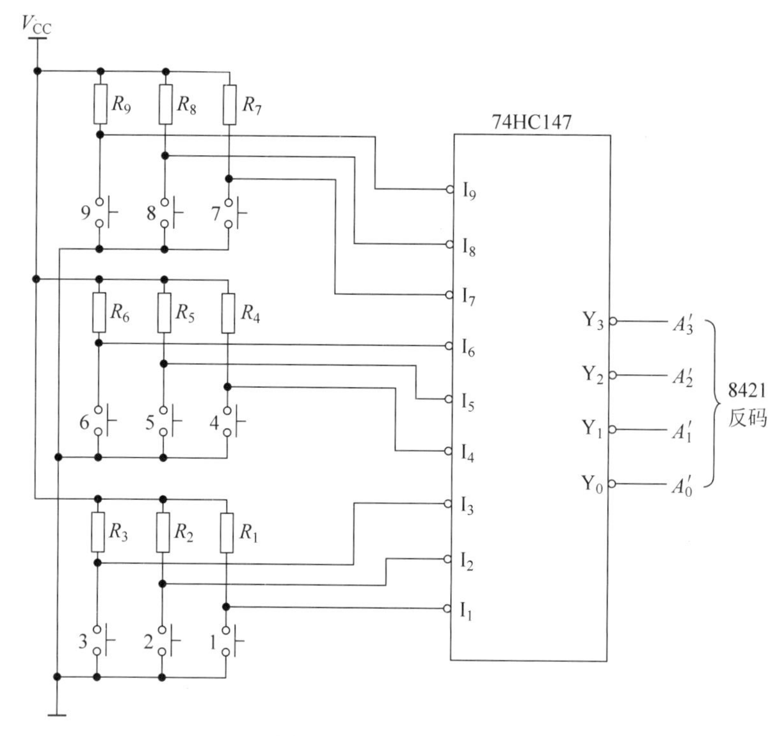

图 4-16　按键编码电路

思考与练习

4-5　74HC148 能否作为 4 线-2 线编码器用？如果可以，说明其具体用法。

4.3.2　译码器

4.3.2
微课视频

译码器的功能与编码器相反，用于将输入的二进制码重新翻译成高、低电平信号。与二进制编码器相对应，二进制译码器命名为"n 线-2^n 线"译码器，如 2 线-4 线译码器、3 线-8 线译码器和 4 线-16 线译码器等。二进制译码器的框图如图 4-17 所示，其中 $A_0 \sim A_{n-1}$ 为 n 位二进制数输入端，$Y_0 \sim Y_{2^n-1}$ 为 2^n 个输出高、低电平输出端。

设 3 线-8 线译码器输入的 3 位二进制码分别用 A_2、A_1、A_0 表示，输出的高、低电平信号分别用 $Y_0 \sim Y_7$ 表示（如图 4-18 所示），高电平有效，则根据译码器的功能要求可直接写出译码器的真值表，如表 4-8 所示。

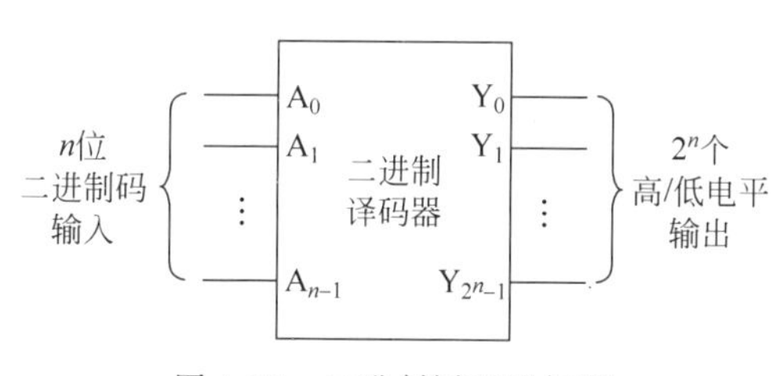

图 4-17　二进制译码器框图

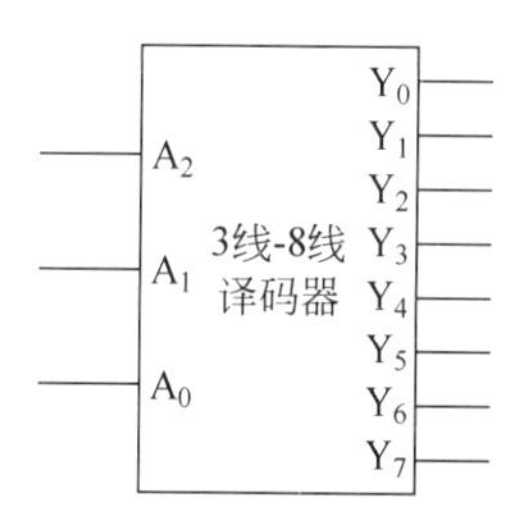

图 4-18　3 线-8 线译码器

表 4-8　3 线-8 线译码器真值表

A_2	A_1	A_0	Y_7	Y_6	Y_5	Y_4	Y_3	Y_2	Y_1	Y_0
0	0	0	0	0	0	0	0	0	0	1
0	0	1	0	0	0	0	0	0	1	0
0	1	0	0	0	0	0	0	1	0	0
0	1	1	0	0	0	0	1	0	0	0
1	0	0	0	0	0	1	0	0	0	0
1	0	1	0	0	1	0	0	0	0	0
1	1	0	0	1	0	0	0	0	0	0
1	1	1	1	0	0	0	0	0	0	0

由真值表写出逻辑函数表达式

$$\begin{cases} Y_0 = A'_2A'_1A'_0 \\ Y_1 = A'_2A'_1A_0 \\ Y_2 = A'_2A_1A'_0 \\ Y_3 = A'_2A_1A_0 \\ Y_4 = A_2A'_1A'_0 \\ Y_5 = A_2A'_1A_0 \\ Y_6 = A_2A_1A'_0 \\ Y_7 = A_2A_1A_0 \end{cases}$$

按上述逻辑函数式设计即可得到 3 线-8 线译码器。

74HC138 为 3 线-8 线译码器，内部逻辑电路如图 4-19 所示，输出 $Y'_0 \sim Y'_7$ 为低电平有效。为了便于功能扩展和应用，74HC138 还提供了 3 个控制端 S_1、S'_2 和 S'_3。只有在 S_1、S'_2 和 S'_3 同时有效的情况下，内部门电路 G_S 的输出 $S=((S_1)')'(S'_2)'(S'_3)'$ 为高电平，译码器才能正常工作，否则输出全部被强制为高电平。74HC138 的功能表如表 4-9 所示。

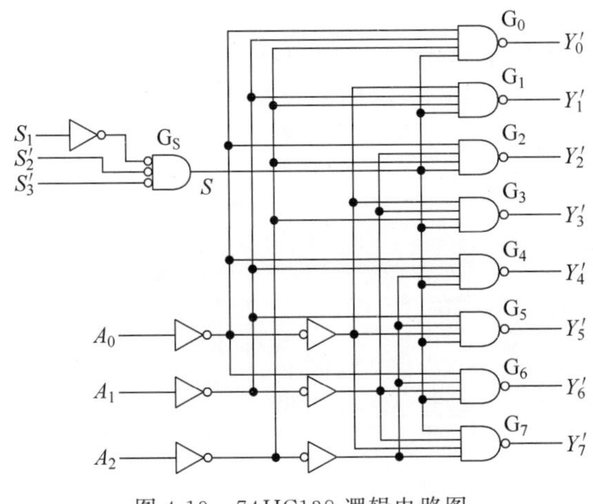

图 4-19　74HC138 逻辑电路图

表 4-9　74HC138 功能表

输入						输出							
S_1	S'_2	S'_3	A_2	A_1	A_0	Y'_0	Y'_1	Y'_2	Y'_3	Y'_4	Y'_5	Y'_6	Y'_7
0	×	×	×	×	×	1	1	1	1	1	1	1	1
×	1	×	×	×	×	1	1	1	1	1	1	1	1
×	×	1	×	×	×	1	1	1	1	1	1	1	1
1	0	0	0	0	0	0	1	1	1	1	1	1	1
1	0	0	0	0	1	1	0	1	1	1	1	1	1
1	0	0	0	1	0	1	1	0	1	1	1	1	1
1	0	0	0	1	1	1	1	1	0	1	1	1	1
1	0	0	1	0	0	1	1	1	1	0	1	1	1
1	0	0	1	0	1	1	1	1	1	1	0	1	1
1	0	0	1	1	0	1	1	1	1	1	1	0	1
1	0	0	1	1	1	1	1	1	1	1	1	1	0

思考与练习

4-6　74HC138 能否作为 2 线-4 线译码器用？如果可以，说明其具体用法。

【例 4-6】 用两片 74HC138 扩展为 4 线-16 线译码器，画出电路图。

扩展方法：4 线-16 线译码器用于将 4 位二进制码翻译成 16 个高、低电平信号。设输入的二进制数用 $D_3D_2D_1D_0$ 表示，输出的 16 个高低电平信号用 $Z'_0 \sim Z'_{15}$ 表示。由于单片 74HC138 只能对 3 位(及以下)二进制数进行译码，要对 4 位二进制数进行译码，其扩展思路：用 4 位二进制数的最高位 D_3 控制译码器的 S_1、S'_2 或 S'_3，当 $D_3=0$ 时，让第一片 74HC138 工作，$D_3=1$ 时，让第二片 74HC138 工作。再将低三位 $D_2D_1D_0$ 分别接到每一片的 $A_2A_1A_0$ 上，使当前工作片的具体输出再由低三位 $D_2D_1D_0$ 确定，这样组合起来可对 4 位二进制数进行译码，具体扩展电路如图 4-20 所示。

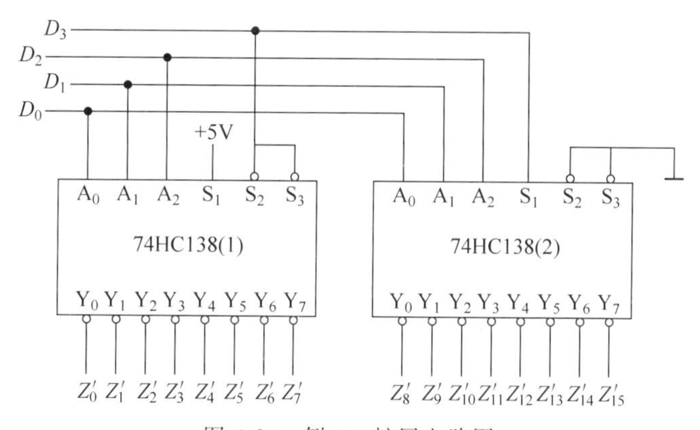

图 4-20　例 4-6 扩展电路图

思考与练习

4-7　能否用 4 片译码器 74HC138 扩展成 5 线-32 线译码器？画出设计图。

4-8　能否用5片译码器74HC138扩展成5线-32线译码器？画出设计图。

4-9　比较以上两种设计方案，你认为哪种方案更合理？试说明理由。

若将3线-8线译码器中 $A_2A_1A_0$ 看作3个逻辑变量时，则74HC138的8个输出分别对应三变量逻辑函数的8个最小项，即

$$\begin{cases} Y'_0=(A'_2A'_1A'_0)'=m'_0 \\ Y'_1=(A'_2A'_1A_0)'=m'_1 \\ Y'_2=(A'_2A_1A'_0)'=m'_2 \\ Y'_3=(A'_2A_1A_0)'=m'_3 \\ Y'_4=(A_2A'_1A'_0)'=m'_4 \\ Y'_5=(A_2A'_1A_0)'=m'_5 \\ Y'_6=(A_2A_1A'_0)'=m'_6 \\ Y'_7=(A_2A_1A_0)'=m'_7 \end{cases}$$

因此用附加的门电路将这些最小项组合起来可以设计任意三变量逻辑函数。

【例4-7】 利用3线-8线译码器74HC138设计例4-3的水泵控制电路。

设计过程：根据表4-3所示的水泵控制电路的真值表可以写出 M_L 和 M_S 的最小项表达式

$$\begin{cases} M_L=CBA'+CBA=m_6+m_7 \\ M_S=CB'A'+CBA=m_4+m_7 \end{cases}$$

由于74HC138的输出为低电平有效，所以需要对逻辑函数式进行变换

$$\begin{cases} M_L=(m_6+m_7)''=(m'_6m'_7)' \\ M_S=(m_4+m_7)''=(m'_4m'_7)' \end{cases}$$

因此需要附加与非门实现，具体设计电路如图4-21所示。

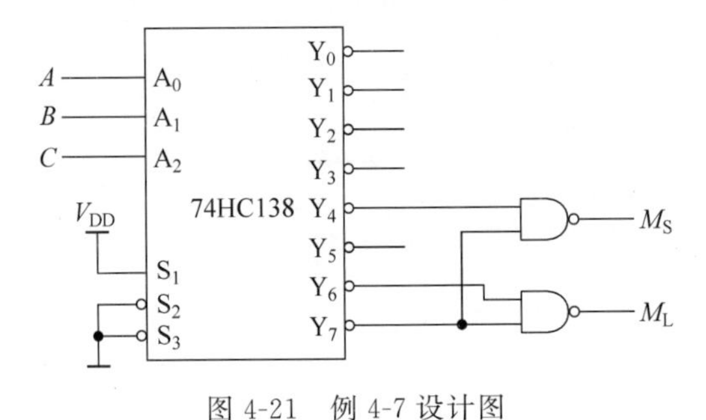

图4-21　例4-7设计图

一般地，n 位二进制译码器可以设计 n 变量及以下变量的逻辑函数。

除二进制译码器外，还有一类特殊的译码器，称为显示译码器，用于将BCD码译成7个高、低电平信号，驱动半导体数码管(图4-22(a)所示)或液晶字符显示器(图4-22(b)所示)显示不同的数字或字符。

半导体数码管内部由8个发光二极管段a、b、c、d、e、f、g、DP构成(图4-23(a)所示)，其中DP表示小数点(data point)，COM为公共端(common)。发光二极管导通发光时则相应段亮，发光二极管截止时则不亮。不同发光段的组合可显示不同的数字或字符。

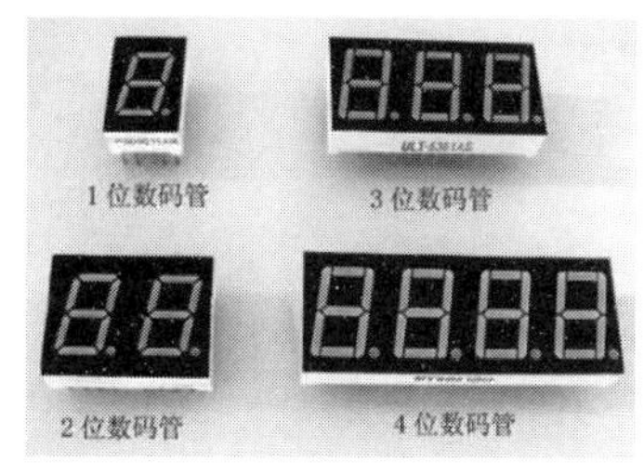

(a) 半导体数码管

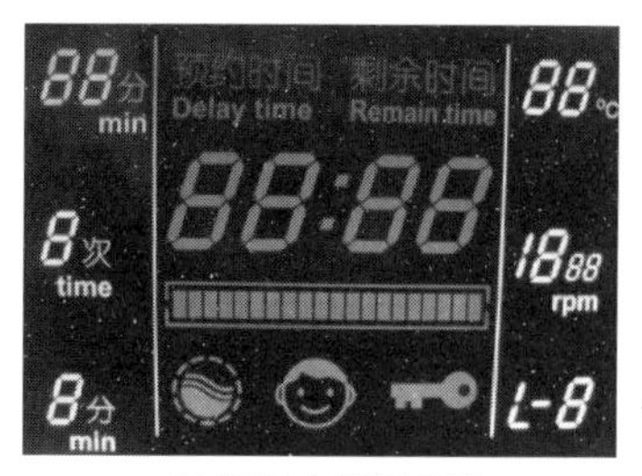

(b) 液晶字符显示器

图 4-22 常用显示器件

根据内部发光二极管连接方式的不同，将数码管分为共阳极（图 4-23（b）所示）和共阴极（图 4-23（c）所示）两种类型。应用时，共阳极数码管的 COM 端接电源 V_{DD}，要求显示译码器输出低电平有效信号驱动；共阴极数码管的 COM 端接地，要求显示译码器输出高电平有效信号驱动。

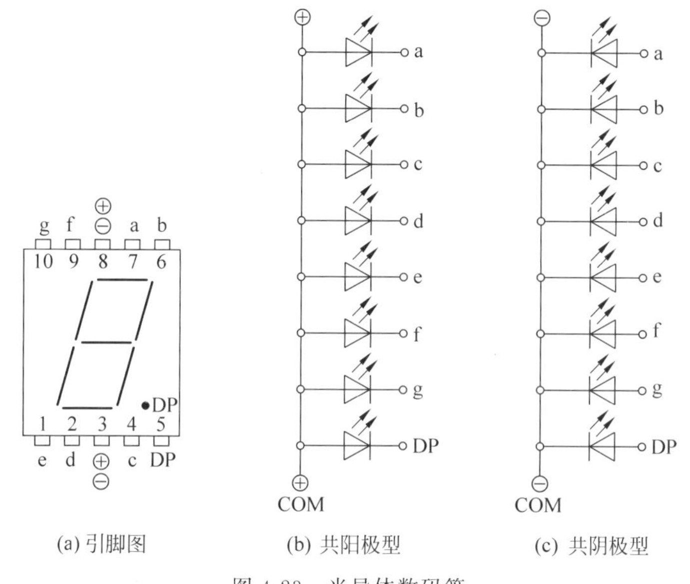

(a) 引脚图 (b) 共阳极型 (c) 共阴极型

图 4-23 半导体数码管

设显示译码器输入的 BCD 码用 $A_3A_2A_1A_0$ 表示，各段的输出分别用 Y_a、Y_b、Y_c、Y_d、Y_e、Y_f 和 Y_g 表示，高电平有效。根据数码管的组成结构以及显示数字的笔画，如图 4-24 所示，可列出显示译码器的真值表如表 4-10 所示。根据真值表化简后写出逻辑函数表达式，画出逻辑图即可设计出基本的 BCD 显示译码器。

0 1 2 3 4 5 6 7 8 9

图 4-24 BCD 显示段码图

表 4-10 BCD 显示译码器功能表

A_3	A_2	A_1	A_0	Y_a	Y_b	Y_c	Y_d	Y_e	Y_f	Y_g	显示数字
0	0	0	0	1	1	1	1	1	1	0	0
0	0	0	1	0	1	1	0	0	0	0	1

续表

A_3	A_2	A_1	A_0	Y_a	Y_b	Y_c	Y_d	Y_e	Y_f	Y_g	显示数字
0	0	1	0	1	1	0	1	1	0	1	2
0	0	1	1	1	1	1	1	0	0	1	3
0	1	0	0	0	1	1	0	0	1	1	4
0	1	0	1	1	0	1	1	0	1	1	5
0	1	1	0	0	0	1	1	1	1	1	6
0	1	1	1	1	1	1	0	0	0	0	7
1	0	0	0	1	1	1	1	1	1	1	8
1	0	0	1	1	1	1	0	0	1	1	9

CD4511 是 BCD 显示译码器，输出高电平有效，用于驱动共阴极型数码管。除了具有基本的显示译码功能外，CD4511 还提供了灯测试(lamp test，LT)、灭灯(blanking，BI)和锁存允许(latch enable，LE)3 种附加功能，其功能表如表 4-11 所示。

表 4-11　CD4511 功能表

输入							输出							显示数字
LE	BI′	LT′	D	C	B	A	Y_a	Y_b	Y_c	Y_d	Y_e	Y_f	Y_g	
×	×	0	×	×	×	×	1	1	1	1	1	1	1	8
×	0	1	×	×	×	×	0	0	0	0	0	0	0	不显示
0	1	1	0	0	0	0	1	1	1	1	1	1	0	0
0	1	1	0	0	0	1	0	1	1	0	0	0	0	1
0	1	1	0	0	1	0	1	1	0	1	1	0	1	2
0	1	1	0	0	1	1	1	1	1	1	0	0	1	3
0	1	1	0	1	0	0	0	1	1	0	0	1	1	4
0	1	1	0	1	0	1	1	0	1	1	0	1	1	5
0	1	1	0	1	1	0	0	0	1	1	1	1	1	6
0	1	1	0	1	1	1	1	1	1	0	0	0	0	7
0	1	1	1	0	0	0	1	1	1	1	1	1	1	8
0	1	1	1	0	0	1	1	1	1	0	0	1	1	9
0	1	1	1	0	1	0	0	0	0	0	0	0	0	不显示
0	1	1	1	0	1	1	0	0	0	0	0	0	0	不显示
0	1	1	1	1	0	0	0	0	0	0	0	0	0	不显示
0	1	1	1	1	0	1	0	0	0	0	0	0	0	不显示
0	1	1	1	1	1	0	0	0	0	0	0	0	0	不显示
0	1	1	1	1	1	1	0	0	0	0	0	0	0	不显示
1	1	1	×	×	×	×	*							*

注："*"表示保持上次的输出不变。

CD4511 驱动共阴极型数码管的应用电路如图 4-25 所示。由于 CD4511 驱动电流大，使用时各段均应串接限流电阻，以防止烧坏数码管。限流电阻 R 的大小根据数码管的规格和亮度要求确定，具体参看 3.5 节中限流电阻的计算方法。

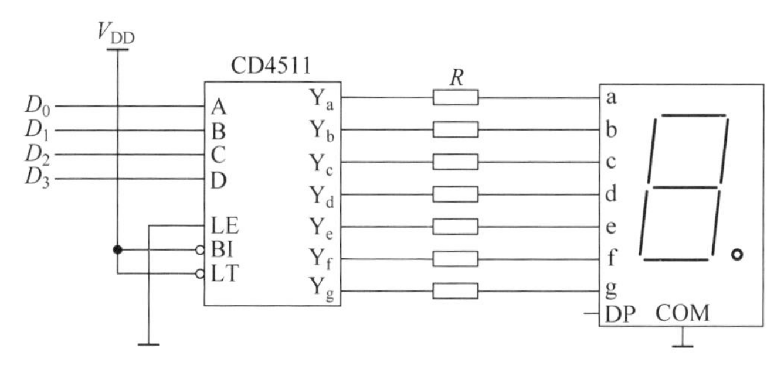

图 4-25 CD4511 驱动数码管电路图

4.3.3 数据选择器与数据分配器

4.3.3
微课视频

数据选择器用于从多路输入数据中根据地址码的不同选择其中一路输出的组合逻辑电路。数据分配器的功能与数据选择器正好相反,把输入数据根据地址码的不同分配到不同单元中去。数据选择器和数据分配器的功能示意如图 4-26 所示。

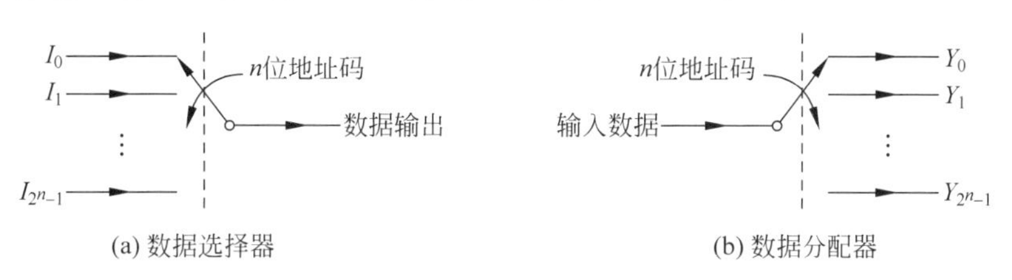

图 4-26 数据选择器和数据分配器功能示意图

数据选择器一般是从 2^n 路数据中根据 n 位地址码的不同选择 1 路输出,故命名为"2^n 选 1"数据选择器,如 2 选 1、4 选 1、8 选 1 和 16 选 1 等。

设 2 选 1 数据选择器的两路数据分别用 D_0 和 D_1 表示,一位地址码用 A_0 表示,输出用 Y 表示,则

$$Y=F(D_0,D_1,A_0)$$

根据 2 选 1 功能要求,可列出 2 选 1 数据选择器的真值表,如表 4-12 所示。

画出 2 选 1 数据选择器的卡诺图并化简得 $Y=D_0A_0'+D_1A_0$,故实现 2 选 1 数据选择器的逻辑图如图 4-27 所示。

表 4-12 2 选 1 数据选择器真值表

A_0	D_0	D_1	Y
0	0	0	0
0	0	1	0
0	1	0	1
0	1	1	1
1	0	0	0
1	0	1	1
1	1	0	0
1	1	1	1

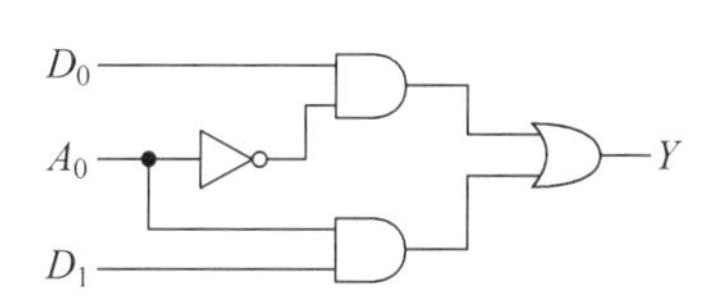

图 4-27 2 选 1 数据选择器逻辑电路图

类似地，设 4 选 1 数据选择器的 4 路数据分别用 D_0、D_1、D_2 和 D_3 表示，两位地址码分别用 A_1、A_0 表示，输出用 Y 表示，则

$$Y=F(D_0,D_1,D_2,D_3,A_1,A_0)$$

由于 4 选 1 数据选择器的输出 Y 为六变量逻辑函数，输入变量共有 64 种取值组合，若按传统方法列写真值表既烦琐也不利于逻辑函数的化简，所以习惯于将 4 选 1 数据选择器的真值表列写成表 4-13 所示的简化形式，这样既概念清晰同时又方便写出逻辑函数的表达式。

表 4-13　4 选 1 数据选择器简化真值表

A_1	A_0	Y
0	0	D_0
0	1	D_1
1	0	D_2
1	1	D_3

对于简化的真值表，需要把从真值表写出逻辑函数表式的方法进行扩展。当 $D_0=1$ 时，函数表达表中存在最小项 $A_1'A_0'$；当 $D_0=0$ 时，函数表达表中不存在 $A_1'A_0'$。因此，真值表中第一行对应的函数式可用 $D_0(A_1'A_0')$表示，其余同理。故 4 选 1 数据选择器的函数式可以表示为

$$Y=D_0(A_1'A_0')+D_1(A_1'A_0)+D_2(A_1A_0')+D_3(A_1A_0)$$

按上述逻辑函数式设计即可实现 4 选 1 数据选择器(逻辑电路图略)。

按同样的方法，8 选 1 数据选择器的真值表可表示为表 4-14 所示的简化形式，其逻辑函数表达式为

$$Y=D_0(A_2'A_1'A_0')+D_1(A_2'A_1'A_0)+D_2(A_2'A_1A_0')+D_3(A_2'A_1A_0)+ \\ D_4(A_2A_1'A_0')+D_5(A_2A_1'A_0)+D_6(A_2A_1A_0')+D_7(A_2A_1A_0)$$

表 4-14　8 选 1 数据选择器简化真值表

A_2	A_1	A_0	Y
0	0	0	D_0
0	0	1	D_1
0	1	0	D_2
0	1	1	D_3
1	0	0	D_4
1	0	1	D_5
1	1	0	D_6
1	1	1	D_7

74HC153 是双 4 选 1 数据选择器，内部逻辑电路如图 4-28 所示。$D_{10}D_{11}D_{12}D_{13}$ 为第一个数据选择器的 4 路输入数据端，Y_1 为输出端，$D_{20}D_{21}D_{22}D_{23}$ 为第二个数据选择器的 4 路输入数据端，Y_2 为输出端。两个数据选择器共用 A_1A_0 两位地址。S_1' 和 S_2' 分别为两个

4 选 1 数据选择器的控制端，低电平有效。当控制端有效时，数据选择器正常工作；控制端无效时，数据选择器输出为 0。

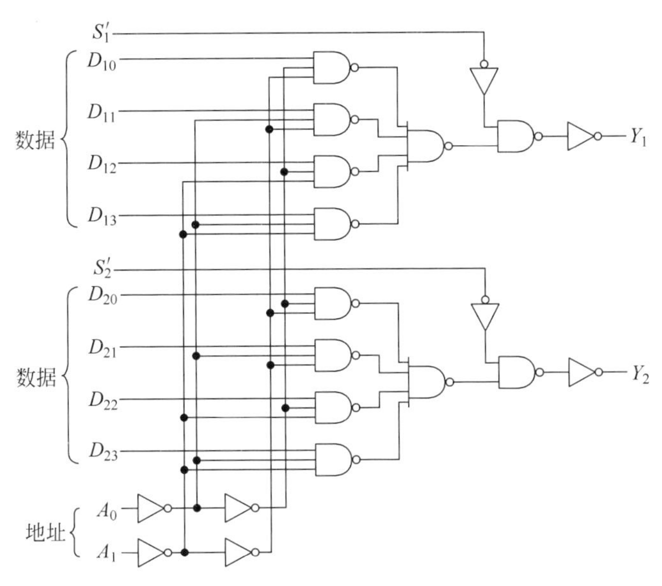

图 4-28　74HC153 逻辑电路图

74HC151 是 8 选 1 数据选择器，内部逻辑电路如图 4-29 所示，其中 S' 为控制端，Y 和 W 为两个互补输出端（$W=Y'$）。S' 为低电平时，数据选择器正常工作，根据地址码 $A_2A_1A_0$ 从 $D_0 \sim D_7$ 这 8 路数据中选择其中一路输出；S' 为高电平时，数据选择器不工作，输出 $Y=0,W=1$。

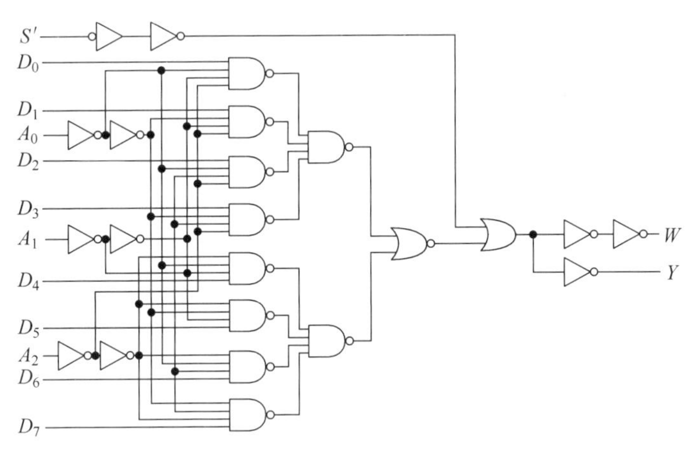

图 4-29　74HC151 逻辑电路图

【例 4-8】　将双 4 选 1 数据选择器 74HC153 扩展为 8 选 1 数据选择器，画出设计图。

扩展方法：从 8 路数据中选择 1 路输出需要有 3 位地址码，分别用 A_2、A_1 和 A_0 表示，而 4 选 1 数据选择器只有两位地址码 A_1 和 A_0。

将两个 4 选 1 数据选择器扩展成一个 8 选 1 数据选择器的思路：用 8 选 1 数据选择器的最高位地址 A_2 控制两个 4 选 1 数据选择器中的一个工作，再用低两位地址 A_1A_0 在片内进行进一步选择。例如，当 $A_2=0$ 时，使 $S_1'=0$，控制第一个4选1数据选择器工作；当 $A_2=1$ 时，使 $S_2'=0$，控制第二个4选1数据选择器工作。由于第一个4选1数据选择器工作时数据从 Y_1 输出，第二个4选1数据选择器工作时数据从 Y_2 输出，所以需要用或门将两个4选1数据选择器的输出相加，使8选1数据选择器的输出 $Y=Y_1+Y_2$。具体扩展电路如图4-30所示。

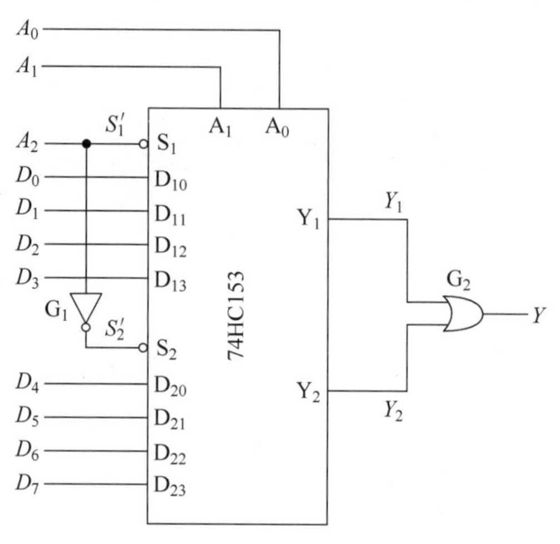

图 4-30　例 4-8 扩展电路图

思考与练习

4-10　能否将两片74HC151扩展为16选1的数据选择器？画出设计图。

4-11　能否将两片74HC153扩展为16选1的数据选择器？画出设计图。

若将8选1数据选择器的地址看作逻辑变量，则其逻辑函数表达式可进一步表示为

$$Y=m_0D_0+m_1D_1+m_2D_2+m_3D_3+m_4D_4+m_5D_5+m_6D_6+m_7D_7$$

其中，$m_0,m_1,\cdots,m_7$ 为三变量逻辑函数的8个最小项，故8选1数据选择器可以实现任意三变量逻辑函数。

【例 4-9】 用8选1数据选择器实现三人表决电路。

设计过程：三人表决电路的逻辑函数表达式为

$$Y=A'BC+AB'C+ABC'+ABC$$
$$=m_3+m_5+m_6+m_7$$

将上式与8选1数据选择器的表达式进行对比，可得

$$D_3=D_5=D_6=D_7=1$$

而

$$D_0=D_1=D_2=D_4=0$$

故用8选1数据选择器实现三人表决电路的原理如图4-31所示。

三变量逻辑函数还可以用4选1数据选择器实现。将三变量逻辑函数表达式与4选1数据选择器的函数表达式进行对比可知，实现时将逻辑函数式中两个变量视为地址，另外一

个变量视为数据。

【例 4-10】 用双 4 选 1 数据选择器 74HC153 实现例 4-3 的水泵控制电路，画出设计图。

设计过程： 水泵控制电路的逻辑函数表达式为

$$\begin{cases} M_L = CBA' + CBA \\ M_S = CB'A' + CBA \end{cases}$$

将表达式中 B、A 视为地址，分别对应于 4 选 1 的 A_1 和 A_0，C 视为数据，整理得

$$\begin{cases} M_L = CBA' + CBA = C \cdot m_2 + C \cdot m_3 \\ M_S = CB'A' + CBA = C \cdot m_0 + C \cdot m_3 \end{cases}$$

所以用 74HC153 实现时，取

$$\begin{cases} D_{10} = D_{11} = 0, \quad D_{12} = D_{13} = C \\ D_{20} = C, \quad D_{21} = D_{22} = 0, \quad D_{23} = C \end{cases}$$

故实现电路如图 4-32 所示。

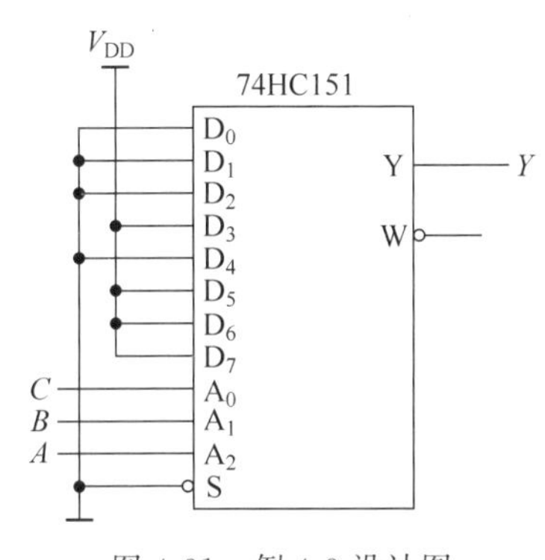

图 4-31　例 4-9 设计图

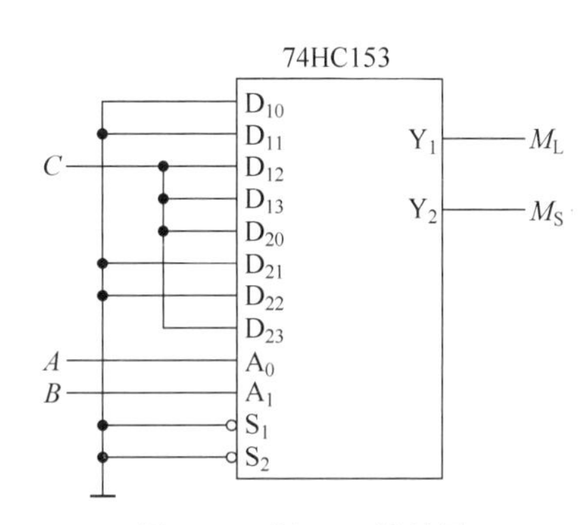

图 4-32　例 4-10 设计图

从应用角度来说，2^n 选 1 的数据选择器可以实现 $n+1$ 变量及以下的逻辑函数，即 4 选 1 数据选择器可以实现三变量及以下的逻辑函数，8 选 1 的数据选择器可以实现四变量及以下的逻辑函数。

译码器和数据选择都可以用来实现逻辑函数。两者不同的是，一个译码器可以同时实现多个逻辑函数，但一般需要附加门电路。一个数据选择器只能实现一个逻辑函数，用 2^n 选 1 的数据选择器实现 n 变量逻辑函数时不需要附加门电路，因而电路非常简洁。

思考与练习

4-12　能否用 8 选 1 数据选择器实现 4 个开关控制一个灯的逻辑电路？画出设计图。

4-13　能否用 4 选 1 数据选择器实现 4 个开关控制一个灯的逻辑电路？画出设计图。

在数字电路中，带有控制端的译码器本身就是数据分配器。译码器的基本功能是将输入的二进制码翻译成高、低的电平信号输出，但如果换种用法，就可以实现数据分配。用待分配的数据 D 控制译码器的控制端，根据二进制码的不同即可将数据 D 分配到不同的输出口。

3线-8线译码器74HC138用作数据分配器时，有两种实现方案。

第一种方案是用数据 D 控制74HC138低电平有效的控制端 S_2' 或 S_3'，如图4-33所示，则在 $D=0$ 时，译码器工作，$D=1$ 时，译码器不工作。译码器工作时根据 $A_2A_1A_0$ 进行译码，在相应的端口输出低电平，不工作时所有输出端均强制为高电平。

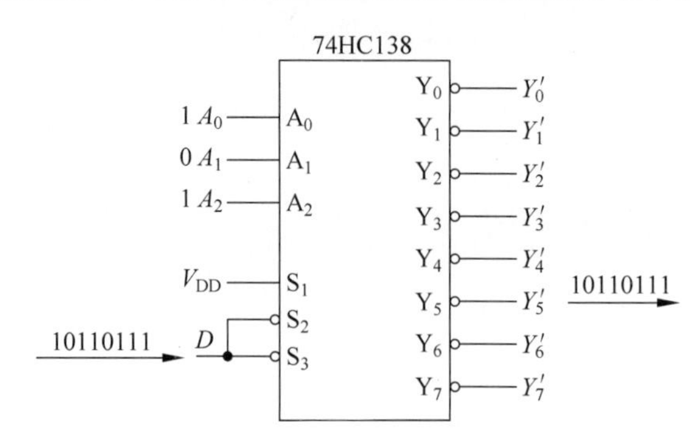

图4-33 数据分配器(同相输出)

假设 D 为待分配的8位二进制序列10110111，$A_2A_1A_0=101$。当 D 变化时在 Y_5' 输出的序列恰好为10110111。若要将 D 分配到其他输出口，只需要将地址码 $A_2A_1A_0$ 设置为相应的二进制数即可。由于这种接法输出序列与输入序列完全相同，所以 D 接译码器低电平有效的控制端时，输出与输入"同相"。

第二种方案是用数据 D 控制74HC138高电平有效的控制端 S_1，如图4-34所示，则在 $D=0$ 时，译码器不工作，$D=1$ 时，译码器工作。设 $A_2A_1A_0=101$，D 仍为待分配的8位二进制序列10110111。当 D 变化时，在 Y_5' 端输出的序列为01001000。若要将 D 分配到其他输出口，只需要将地址码 $A_2A_1A_0$ 设置相应的二进制数即可。由于这种接法输出序列与输入序列恰好相反，所以 D 接译码器高电平有效的控制端时，输出与输入"反相"。

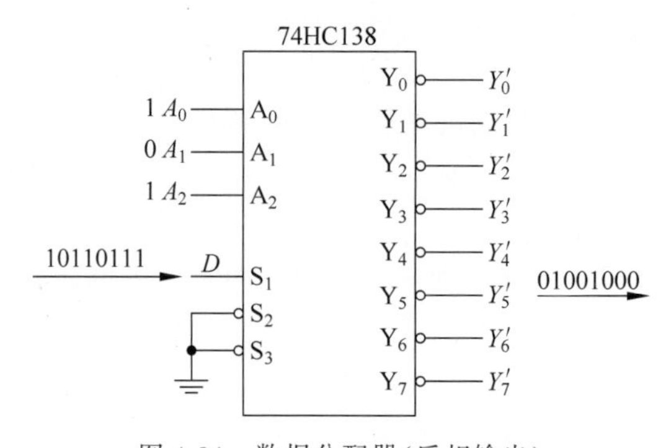

图4-34 数据分配器(反相输出)

4.3.4 加法器

4.3.4
微课视频

加法器是实现算术加法运算的逻辑电路。由于数字电路基于二值逻辑，故本节只讨论二进制加法器的设计。

先考虑最简单的情况。设有两个一位二进制数 A 和 B 相加，其加法结果用 S(summary 的首字母)表示，可能产生的进位信号用 CO(carry output 的缩写)表示。由于这种加法器不考虑来自低位的进位信号，因此称为半加器(half adder)，其真值表如表 4-15 所示。

表 4-15　半加器真值表

A	B	S	CO
0	0	0	0
0	1	1	0
1	0	1	0
1	1	0	1

由真值表写出半加器的逻辑函数 S 和 CO 的表达式

$$\begin{cases} S = A'B + AB' = A \oplus B \\ CO = AB \end{cases}$$

按上述表达式用一个异或门和一个与门即可实现半加，如图 4-35(a)所示。半加器的图形符号如图 4-35(b)所示。

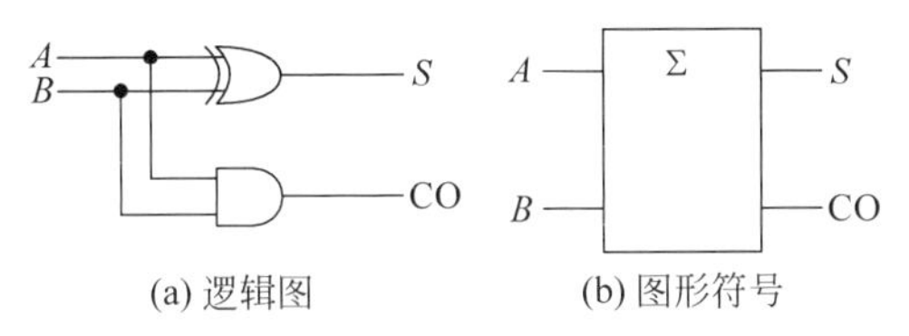

图 4-35　半加器的逻辑图和图形符号

由于半加器没有考虑来自低位的进位信号，所以无法用半加器扩展出多位加法器。两个一位二进制数 A 和 B 相加时，如果同时考虑来自低位的进位信号 CI(carry input 的缩写)，即实现 A、B 和 CI 这 3 个一位数相加，这样的加法器称为全加器(full adder)。根据二进制运算规则，列出全加器的真值表如表 4-16 所示。

表 4-16　全加器真值表

A	B	CI	S	CO
0	0	0	0	0
0	0	1	1	0
0	1	0	1	0
0	1	1	0	1
1	0	0	1	0
1	0	1	0	1
1	1	0	0	1
1	1	1	1	1

由真值表写出 S 和 CO 的函数表达式

$$\begin{cases} S = A'B'\mathrm{CI} + A'B\mathrm{CI}' + AB'\mathrm{CI}' + AB\mathrm{CI} \\ \mathrm{CO} = A'B\mathrm{CI} + AB'\mathrm{CI} + AB\mathrm{CI}' + AB\mathrm{CI} \end{cases}$$

进一步整理和化简得

$$\begin{cases} S = A \oplus B \oplus CI \\ CO = AB + (A+B)CI \end{cases}$$

按上述逻辑函数设计即可实现全加器，如图 4-36(a)所示，全加器的图形符号如图 4-36(b)所示。

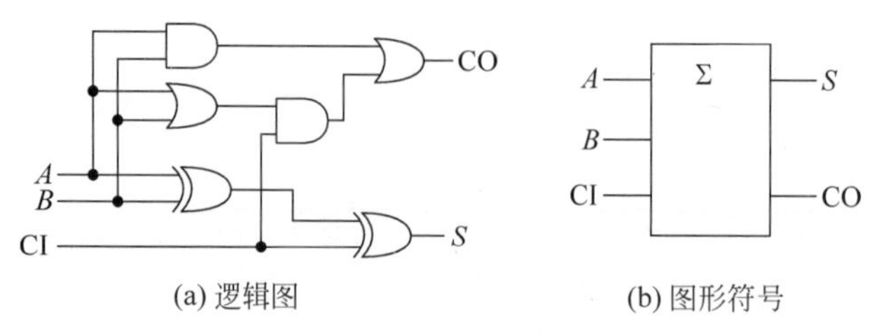

(a) 逻辑图　　(b) 图形符号

图 4-36　全加器逻辑图和图形符号

74LS183 为双全加器器件，内部逻辑电路按第 2 章例 2-8 所示逻辑图设计。多位二进制数相加时，可以应用多片 74LS183 按串行进位(ripple carry)方式级联实现。

4 位串行进位加法器的原理电路如图 4-37 所示，其中 $A_3A_2A_1A_0$ 和 $B_3B_2B_1B_0$ 为两个 4 位二进制数，$S_3S_2S_1S_0$ 为加法和，CO 为向更高位的进位信号。

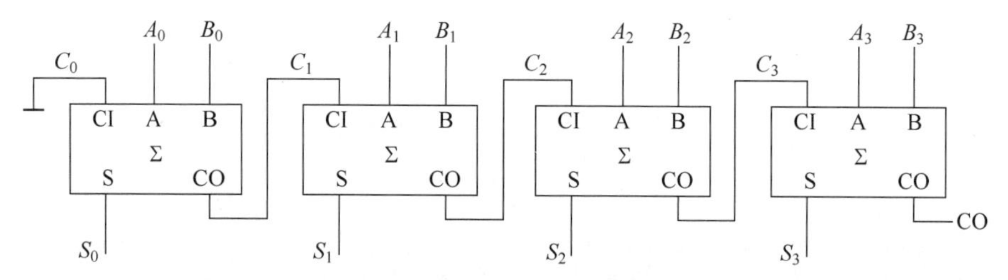

图 4-37　串行进位加法器

串行进位加法器的进位信号是从低位向高位逐级传递的，高位相加时必须确保来自低位的进位信号有效才能得到正确的加法结果。对于图 4-37 所示的 4 位串行进位加法器，需要经过 4 个全加器的延迟时间才能得到正确的加法结果。所以，加法的位数越多，串行进位加法的速度越慢。为了提高运算速度，就需要减小进位传递所消耗的时间。

超前进位(carry look-ahead)加法器是预先将每级加法所需要的进位信号算出来，然后各位可以同时相加的加法器。

根据一位全加器的进位输出表达式，可推出 4 位超前进位加法器进位信号的递推公式

$$\begin{cases} C_1 = A_0B_0 + (A_0+B_0)C_0 = A_0B_0 \\ C_2 = A_1B_1 + (A_1+B_1)C_1 = A_1B_1 + (A_1+B_1)A_0B_0 \\ C_3 = A_2B_2 + (A_2+B_2)C_2 \\ \quad = A_2B_2 + (A_2+B_2)[A_1B_1 + (A_1+B_1)A_0B_0] \\ CO = A_3B_3 + (A_3+B_3)C_3 \\ \quad = A_3B_3 + (A_3+B_3)\{A_2B_2 + (A_2+B_2)[A_1B_1 + (A_1+B_1)A_0B_0]\} \end{cases}$$

当 4 位二进制数 $A_3A_2A_1A_0$ 和 $B_3B_2B_1B_0$ 给定时，按上述公式通过组合逻辑电路直接算出各级所需要的进位信号 C_1、C_2、C_3 及 CO。由于进位信号不需要逐级传递，4 个全加

器并行运算，所以加法速度比串行进位方式快。

74HC283是四位超前进位加法器，内部逻辑电路如图4-38所示。为便于功能扩展，74HC283还提供了进位输入端CI，用于连接来自更低位的进位信号。所以，74HC283实现的加法关系为

$$\{\mathrm{CO}, S_3S_2S_1S_0\} = A_3A_2A_1A_0 + B_3B_2B_1B_0 + \mathrm{CI}$$

其中$\{\mathrm{CO}, \mathrm{S_3S_2S_1S_0}\}$表示将进位信号和4位加法和合并为5位二进制数。

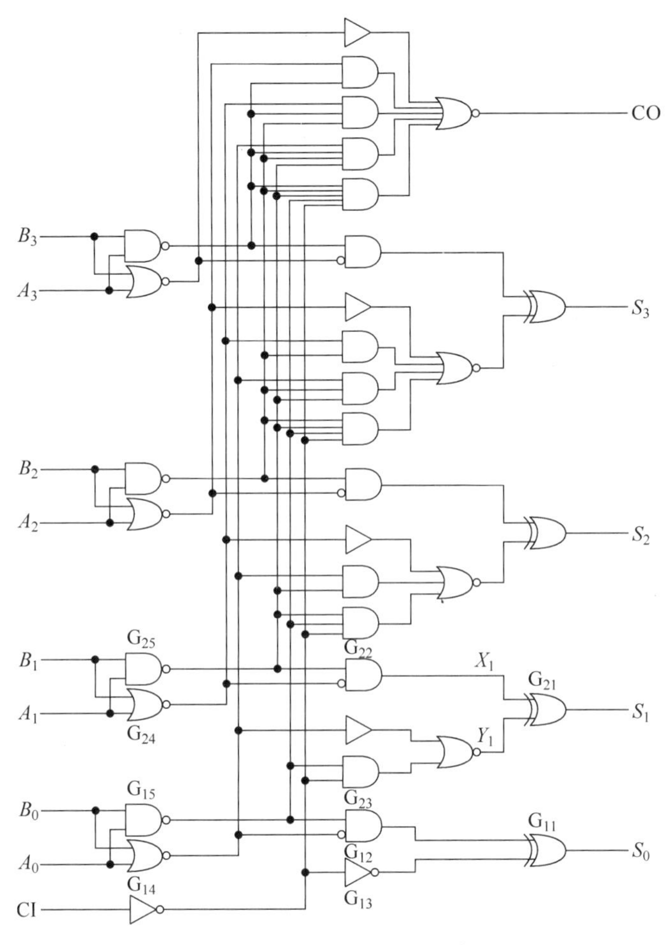

图4-38 74HC283逻辑电路图

【例4-11】 用两片74HC283扩展为8位加法器，画出设计图。

扩展方法： 设A、B为两个8位二进制数，分别用$A_7A_6A_5A_4A_3A_2A_1A_0$和$B_7B_6B_5B_4B_3B_2B_1B_0$表示。由于74HC283只能实现4位二进制数相加，故需要将两个8位二进制数A和B拆分成高4位（$A_7A_6A_5A_4$、$B_7B_6B_5B_4$）和低4位（$A_3A_2A_1A_0$、$B_3B_2B_1B_0$）。用一片74HC283实现低4位相加，另一片实现高4位相加，同时将低4位的进位输出信号CO作为高4位的进位输入CI，如图4-39所示。由于低4位相加时没有来自更低位的进位信号，所以低位片的CI接低电平。

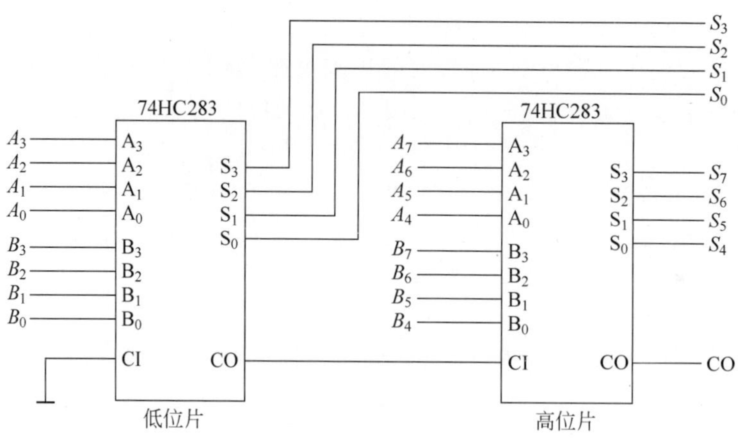

图 4-39 例 4-11 扩展电路图

思考与练习

4-14 能否用 3 片 74HC283 扩展为 12 位加法器？画出电路设计图。

4-15 能否用 4 片 74HC283 扩展为 16 位加法器？画出电路设计图。

4-16 4 位加法器能否作为 3 位加法器使用？与 3 位二进制数如何连接？共有多少种方案？

加法器除了能够实现二进制加法外，还可以实现一些特殊的代码转换。

【例 4-12】 用 74HC283 将 8421 码转换成余 3 码，画出电路设计图。

设计过程：由第 1 章表 1-3 可知，8421 码和余 3 码之间的关系为

$$余3码=8421码+0011$$

所以可以用加法器实现。

用 $DCBA$ 表示 8421 码，用 $Y_3Y_2Y_1Y_0$ 表示余 3 码，则实现 8421 码转换成余 3 码的电路如图 4-40 所示。由于没有来自更低位的进位信号，所以 CI 接低电平。

【例 4-13】 用 74HC283 将余 3 码转换成 8421 码，画出电路设计图。

设计过程：余 3 码和 8421 码的关系为

$$8421码=余3码-0011$$

利用补码，在忽略进位的情况下，减 3 和加上 3 的补码等效，即

$$8421码=余3码+1101$$

用 $DCBA$ 表示余 3 码，用 $Y_3Y_2Y_1Y_0$ 表示 8421 码，则实现余 3 码转换成 8421 码的电路设计图如图 4-41 所示。

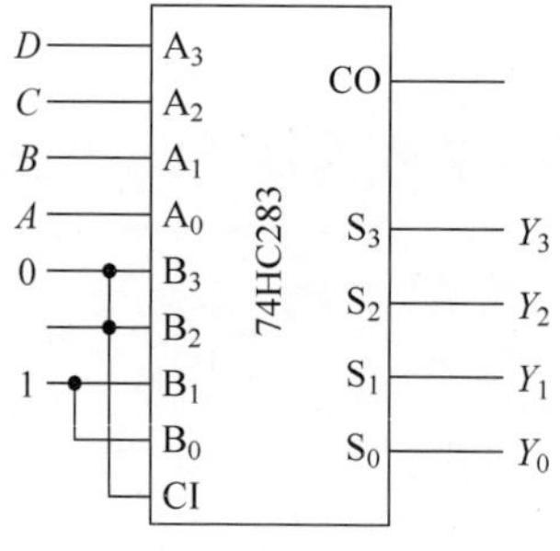

图 4-40 例 4-12 电路设计图

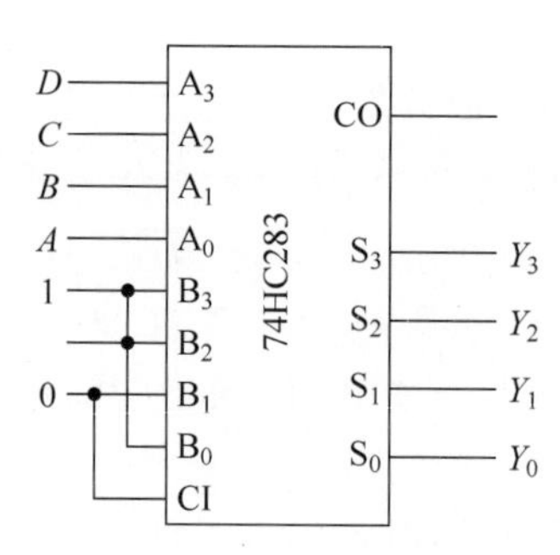

图 4-41 例 4-13 电路设计图

思考与练习

4-17 能否用一片 74HC283 实现 4 位二进制数加/减运算？设 $M=0$ 时实现加法，$M=1$ 时实现减法。画出电路设计图。

4.3.5 数值比较器

4.3.5
微课视频

数值比较器用于比较二进制数的大小。1 位数值比较是多位数值比较的基础，因此先设计 1 位数值比较器，再类推设计出多位数值比较器。

1. 1 位数值比较器

两个二进制数 A 和 B 的比较结果有 3 种可能性：$A>B$，$A=B$ 或者 $A<B$，分别用 $Y_{(A>B)}$，$Y_{(A=B)}$ 和 $Y_{(A<B)}$ 表示。

当 A、B 为 1 位二进制数时，其取值只有 00、01、10 和 11 四种组合，所以 1 位数值比较器的真值表如表 4-17 所示。

表 4-17 1 位数值比较器的真值表

A	B	$Y_{(A>B)}$	$Y_{(A=B)}$	$Y_{(A<B)}$
0	0	0	1	0
0	1	0	0	1
1	0	1	0	0
1	1	0	1	0

由真值表写出逻辑函数表达式

$$\begin{cases} Y_{(A>B)}=AB' \\ Y_{(A=B)}=A'B'+AB \\ Y_{(A<B)}=A'B \end{cases}$$

根据上述逻辑函数表达式即可设计出 1 位数值比较器，如图 4-42 所示。

2. 多位数值比较器

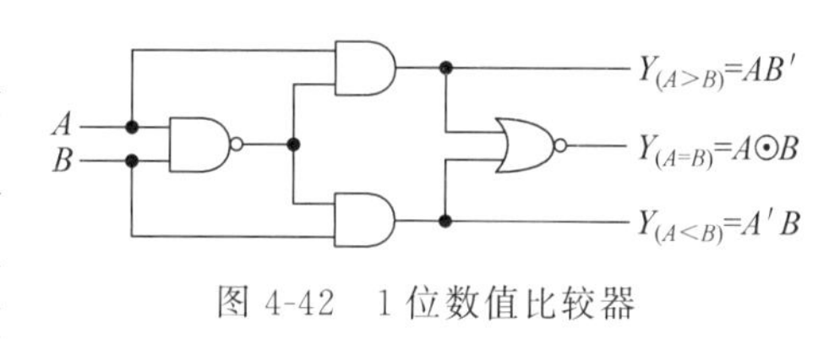

图 4-42 1 位数值比较器

多位二进制数处于不同数位的数码权值不同，并且高位数码的权值大于低位数的权值之和，因此在进行数值比较时，必须按高位到低位的顺序进行比较。只有高位相等时，才需要比较低位数值。

设 A、B 为两个 4 位二进制数，从高到低分别用 $A_3A_2A_1A_0$ 和 $B_3B_2B_1B_0$ 表示。由于 A_3 和 B_3 的权值最高，所以先比较 A_3 和 B_3。当 $A_3>B_3$ 时，即可确认 $A>B$；当 $A_3=B_3$ 时，就需要比较 A_2 和 B_2，若 $A_2>B_2$ 时，也可以确认 $A>B$。以此类推，所以 $A>B$ 共有以下 4 种情况：

(1) $A_3>B_3$ 时；

(2) $A_3=B_3$，$A_2>B_2$ 时；

(3) $A_3=B_3$，$A_2=B_2$，$A_1>B_1$ 时；

(4) $A_3=B_3, A_2=B_2, A_1=B_1, A_0>B_0$ 时。

根据上述分析，参考1位数值比较器的设计结果，即可写出4位数值比较器 $Y_{(A>B)}$ 的逻辑表达式为

$$Y_{(A>B)}=A_3B'_3+(A_3\odot B_3)A_2B'_2+(A_3\odot B_3)(A_2\odot B_2)A_1B'_1+(A_3\odot B_3)(A_2\odot B_2)(A_1\odot B_1)A_0B'_0$$

同理，可推出 $Y_{(A<B)}$ 的逻辑表达式为

$$Y_{(A<B)}=A'_3B_3+(A_3\odot B_3)A'_2B_2+(A_3\odot B_3)(A_2\odot B_2)A'_1B_1+(A_3\odot B_3)(A_2\odot B_2)(A_1\odot B_1)A'_0B_0$$

只有当 $A_3=B_3$、$A_2=B_2$、$A_1=B_1$ 且 $A_0=B_0$ 时，A 和 B 才相等，故 $Y_{(A=B)}$ 的函数表达式为

$$Y_{(A=B)}=(A_3\odot B_3)(A_2\odot B_2)(A_1\odot B_1)(A_0\odot B_0)$$

按照上述逻辑函数表达式即可设计出4位数据比较器。

74HC85是4位数值比较器，内部逻辑电路如图4-43所示。考虑到功能扩展的需要，74HC85除两个4位二进制数输入端口 $A_3A_2A_1A_0$ 和 $B_3B_2B_1B_0$ 外，又提供了3个输入端：$I_{(A>B)}$，$I_{(A=B)}$ 和 $I_{(A<B)}$，分别表示来自更低位的 $A>B$，$A=B$ 和 $A<B$ 的比较结果。

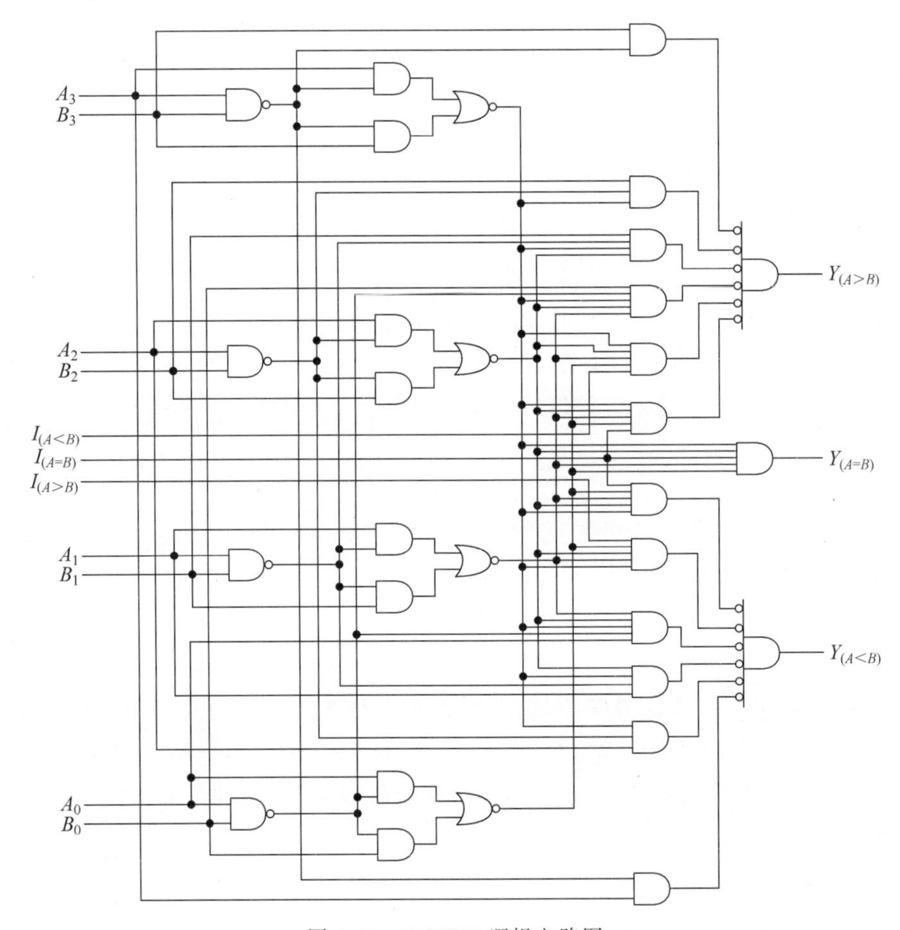

图4-43 74HC85逻辑电路图

在考虑来自更低位比较结果 $I_{(A>B)}$，$I_{(A=B)}$ 和 $I_{(A<B)}$ 的情况下，$A>B$ 除上述 4 种情况外又多了一种情况：当 A 和 B 相等并且 $I_{(A>B)}=1$ 时。因此，74HC85 中 $Y_{(A>B)}$ 的逻辑表达式为

$$\begin{aligned}Y_{(A>B)}=&A_3B_3'+(A_3\odot B_3)A_2B_2'+(A_3\odot B_3)(A_2\odot B_2)A_1B_1'+\\&(A_3\odot B_3)(A_2\odot B_2)(A_1\odot B_1)A_0B_0'+\\&(A_3\odot B_3)(A_2\odot B_2)(A_1\odot B_1)(A_0\odot B_0)I_{(A>B)}\end{aligned}$$

同理，$A<B$ 也多了一种情况：当 $A=B$ 并且 $I_{(A<B)}=1$ 时，所以 $Y_{(A<B)}$ 的逻辑表达式为

$$\begin{aligned}Y_{(A<B)}=&A_3'B_3+(A_3\odot B_3)A_2'B_2+(A_3\odot B_3)(A_2\odot B_2)A_1'B_1+\\&(A_3\odot B_3)(A_2\odot B_2)(A_1\odot B_1)A_0'B_0+\\&(A_3\odot B_3)(A_2\odot B_2)(A_1\odot B_1)(A_0\odot B_0)I_{(A<B)}\end{aligned}$$

只有当 A 和 B 相等并且 $I_{(A=B)}=1$ 时，A 和 B 才完全相等，故 $Y_{(A=B)}$ 的逻辑表达式为

$$Y_{(A=B)}=(A_3\odot B_3)(A_2\odot B_2)(A_1\odot B_1)(A_0\odot B_0)I_{(A=B)}$$

74HC85 内部逻辑电路是按照上述表达式设计的。

【例 4-14】 用两片 74HC85 扩展为一个 8 位数值比较器，画出电路设计图。

扩展方法：设有 $C(C_7C_6C_5C_4C_3C_2C_1C_0)$ 和 $D(D_7D_6D_5D_4D_3D_2D_1D_0)$ 两个 8 位二进制数。

由于 74HC85 只能进行 4 位数值比较，故需要将两个 8 位二进制数拆分成高 4 位（$C_7C_6C_5C_4$、$D_7D_6D_5D_4$）和低 4 位（$C_3C_2C_1C_0$、$D_3D_2D_1D_0$）。一片用于高 4 位比较，一片用于低 4 位比较。当高 4 位全都相等时，比较结果取决于低 4 位，因此需要将低位片的输出 $Y_{(A>B)}$，$Y_{(A=B)}$ 和 $Y_{(A<B)}$ 分别连接到高位片的 $I_{(A>B)}$、$I_{(A=B)}$ 和 $I_{(A<B)}$ 上。

由于低位片只进行 4 位数值比较，没有来自更低位的比较结果，对比 4 位比较器的逻辑关系式，应取 $I_{(A>B)}=0$，$I_{(A=B)}=1$ 和 $I_{(A<B)}=0$，因此整体扩展电路如图 4-44 所示。

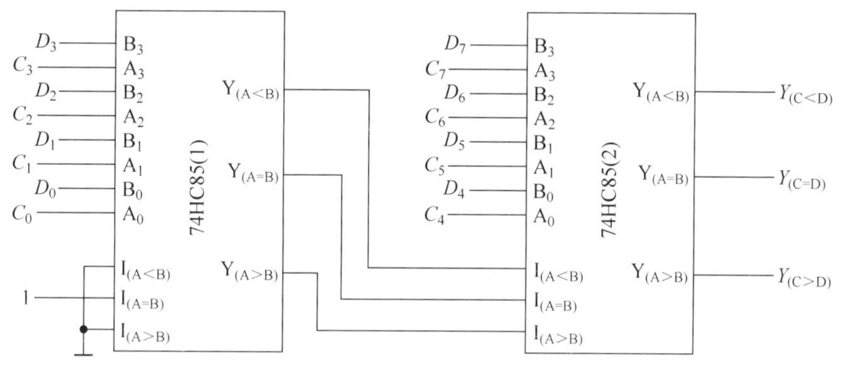

图 4-44　例 4-14 扩展电路图

思考与练习

4-18　能否用三片 74HC85 扩展为 12 位数值比较器？画出设计图。

4-19　12 位数值比较器能否做 10 位数值比较器使用？共有多少种接法？

在集成数据比较器中，内部逻辑电路也有应用其他逻辑关系设计的。例如，4 位数值比

较器 CC14585 中，内部 $Y_{(A>B)}$ 按以下逻辑关系设计：

$$Y_{(A>B)} = (Y_{(A<B)} + Y_{(A=B)} + I_{(A>B)}{}')'$$

由于内部电路形式不同，CC14585 和 74HC85 的用法也不同，使用时应特别注意。具体用法请参阅 CC14585 器件资料。

4.3.6 微课视频

4.3.6 奇偶校验器

在数字通信中，由于干扰和电路内部噪声的影响，信息在传输过程中可能会发生错误。为了检测错误，就需要对接收到的信息进行校检。最基本的方法是在发送端根据"n 位数据"产生"1 位校验码"，使发送的"n 位数据 $+1$ 位校验码"中 1 的个数为奇/偶数，然后在接收端检查每个接收到的"$n+1$ 位"数据中 1 的个数是否仍是奇/偶数，从而判断信息在传输过程中是否发生了错误。这种方法称为奇偶校验，其中"$n+1$ 位"数据中 1 的个数为奇数的称为奇校验，为偶数的称为偶校验。相应地，产生奇偶校验码或进行奇偶检测的器件称为奇偶校验器。

3 位偶校验器的真值表如表 4-1 所示，逻辑电路如图 4-3 所示，根据 3 位数据 A、B、C 产生 1 位偶校验码 Y。而 1～4 位偶校验器的卡诺图如图 4-4 所示，逻辑电路如图 4-5 所示。

一般地，n 位奇/偶校验器的逻辑函数表达式分别为

$$Y_{\mathrm{ODD}} = (D_{n-1} \oplus D_{n-2} \oplus \cdots \oplus D_1 \oplus D_0)'$$

$$Y_{\mathrm{EVEN}} = D_{n-1} \oplus D_{n-2} \oplus \cdots \oplus D_1 \oplus D_0$$

其中，$D_{n-1}D_{n-2}\cdots D_1 D_0$ 为 n 位数据，Y_{ODD} 和 Y_{EVEN} 分别为奇/偶校验码。

奇偶校验不仅用于数字通信中的误码检测，也可以用于计算机存储器中存储数据的校验。需注意的是，奇偶校验只能发现奇数个数码出现错误，而不能发现偶数个数码发生错误。因此，奇偶校验是一种简单的检测方法，而且没有纠错的能力。由于多位同时发生错误的概率很小，所以奇偶校验方法仍被广泛应用。

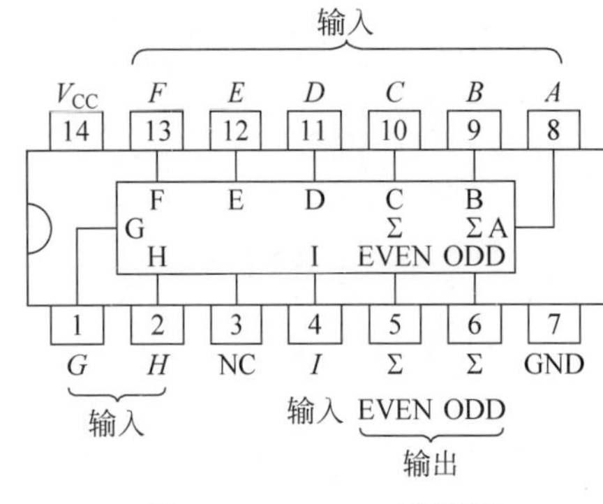

图 4-45 74LS280 引脚图

74LS280 是 9 位奇偶校验发生/校验器，能够根据输入的 9 位数据 $ABCDEFGHI$ 产生一位偶校验码 ($\sum$ODD) 和奇校验码 ($\sum$EVEN)，满足一个字节的应用需求，引脚排列如图 4-45 所示，功能表如表 4-18 所示。

表 4-18 74LS280 功能表

9 位输入中 1 的个数	输出	
	偶校验码	奇校验码
0,2,4,6,8	0	1
1,3,5,7,9	1	0

应用两片 74LS280 实现 8 位数据传输系统校验电路原理图如图 4-46 所示。在发送端，用一片 74LS280 根据 8 位数据产生偶校验码。在接收端，用一片 74LS280 对接收到的 9 位数据进行偶校验，偶校验码为 0 时表示数据传输正确，为 1 时表示数据传输过程中发生了错误。

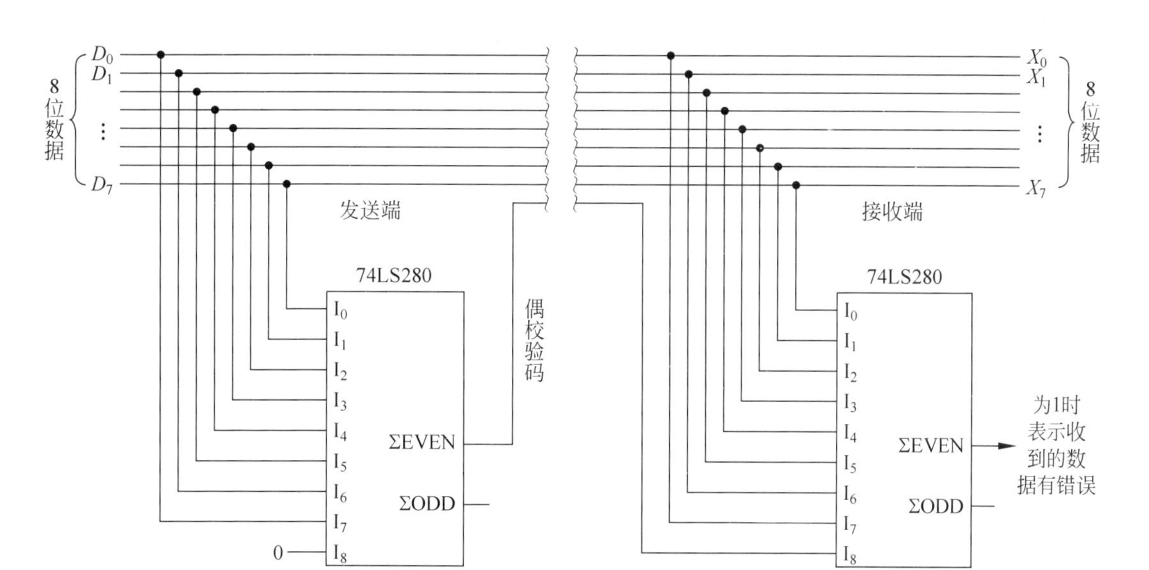

图 4-46　数据传输系统偶校验电路原理图

4.4　组合逻辑电路中的竞争-冒险

组合逻辑电路的分析与设计都是以真值表为基础的，但真值表只反映了组合逻辑电路输入稳定的情况下，电路的输出与输入之间的关系。在输入信号变化的瞬间，组合电路的实际输出是否与真值表反映的理想化特性完全一样呢？例如，对于二输入与门，在输入变量 $AB=01$ 和 10 时，其理论输出 $Y=0$。但是，当 AB 从 01 向 10 跳变时，实际电路的输出能否保持低电平不变呢？

下面详细分析组合逻辑电路中的竞争-冒险现象，然后讲述竞争-冒险的检查和消除方法。首先考查基本门电路的特性，然后再推广到系统。

4.4.1　竞争-冒险的概念

我们把门电路两个输入信号同时向相反的方向进行跳变的现象称为竞争(race)。相应地，由于竞争，在电路的输出端有可能产生不符合逻辑关系的尖峰脉冲的现象称为竞争-冒险(race-hazard)。

对于与门电路，当 A、B 发生竞争时，例如输入变量 AB 从 01 跳变到 10，如果 A、B 跳变的时刻有时差，或者说虽然数字系统的输入信号同时发生了变化，但因信号传输路径的延迟时间不同，达到与门电路的输入端时两个信号产生了时差，这时可以分为以下两种情况进行分析。

1. A 的跳变超前于 B 时

由于 A 从低电平向高电平跳变，B 从高电平向低电平跳变，因此当 A 的跳变超前于 B 时，则会在 B 跳变前的瞬间使 AB 同时为 1。对于实际电路来说，当 A、B 跳变的时差达到与门电路传输延迟时间数量级时，就会在输出端产生不符合逻辑关系的尖峰脉冲，如图 4-47 所示。这种预期输出为低电平时却产生了正向尖峰脉冲的现象称为 0 型冒险。

2. A 的跳变滞后于 B 时

当 A 的跳变滞后于 B 时，在 AB 跳变的瞬间两个信号同时为低电平，此时与门电路输出符合逻辑关系。

同样，对于二输入或门电路，在输入变量 $AB=01$ 和 10 时，其稳态输出 $Y=1$。当 AB 从 01 向 10 跳变期间，若 A 的跳变超前于 B，则或门电路输出符合逻辑关系。若 A 的跳变滞后于 B，则在 A 跳变前的瞬间 AB 同时为低电平，当 A、B 跳变的时差达到或门电路传输延迟时间数量级时，同样会在或门电路的输出端产生不符合逻辑关系的尖峰脉冲，如图 4-48 所示。这种预期输出为高电平时却产生了负向尖峰脉冲的现象称为 1 型冒险。

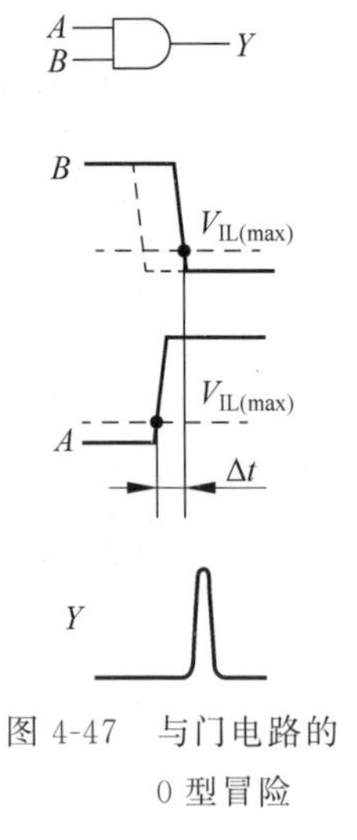

图 4-47 与门电路的 0 型冒险

综上分析，与门电路和或门电路都存在竞争-冒险现象。同理，与非门和或非门也存在竞争-冒险，只是竞争-冒险所产生的尖峰脉冲跳变方向相反而已。

竞争-冒险的概念可以由单个门电路推广到整个系统。例如，对于图 4-49 所示的 2 线-4 线译码器，当 A、B 竞争时，会在输出 Y_3 和 Y_0 端产生竞争-冒险，当 A、B 向同一方向跳变时会在输出 Y_2 和 Y_1 端产生竞争-冒险。

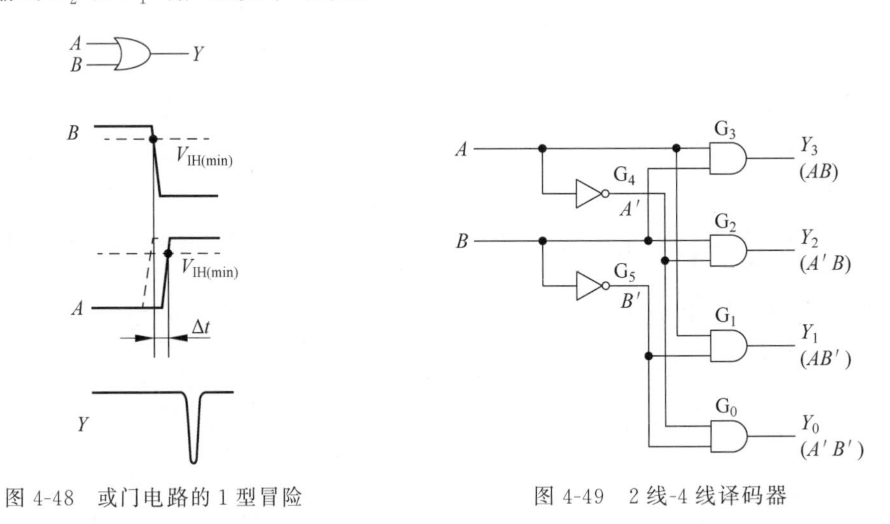

图 4-48 或门电路的 1 型冒险

图 4-49 2 线-4 线译码器

由于竞争-冒险发生在输入变量变化的瞬间，而且产生的尖峰脉冲持续时间很短，包含的能量很小，所以大多数竞争-冒险并不会对电路造成危害。但是，如果门电路的负载是对尖峰脉冲敏感的时序电路时，竞争-冒险现象就有可能使时序电路发生误动作，因此设计数字系统时应尽量避免竞争-冒险现象的发生。

4.4.2 竞争-冒险现象的检查方法

竞争-冒险对电路是有危害的，就像吸烟有害于健康一样。如何检查组合逻辑电路是否存在竞争-冒险现象呢?

单变量的竞争-冒险现象比较容易检查。如果在函数表达式同时存在有 A 和 A'，那么称 A 为具有竞争能力的变量。对于具有竞争能力的变量，如果将其余变量任意取值时，函数表达式能够转换成 $Y=A'A$（与逻辑）或者 $Y=A'+A$（或逻辑）两者形式之一的，则说明变量 A 不但具有竞争能力，而且存在竞争-冒险。

例如，对于逻辑函数 $Y_1=AB+A'C$，A 是具有竞争能力的变量，在 B 和 C 同时取 1 时，逻辑函数转换为 $Y_1=A'+A$，因此用逻辑函数式 $Y_1=AB+A'C$ 设计出的组合逻辑电路会因为 A 的竞争产生 1 型冒险。而对于逻辑函数 $Y_2=AB+A'C+BC$，虽然 A 为具有竞争能力的变量，但是在 B 和 C 任意取值时，函数表达式都不会转换成 $Y=A'A$ 或者 $Y=A'+A$ 两者形式之一，所以用逻辑函数式 $Y_2=AB+A'C+BC$ 设计出的组合逻辑电路不会产生竞争-冒险，而 Y_1 和 Y_2 实现的逻辑关系相同。

单变量的竞争-冒险也可以通过卡诺图进行检测。对比图 4-50(a)所示的 $Y_1=AB+A'C$ 卡诺图和图 4-50(b)所示的 $Y_2=AB+A'C+BC$ 卡诺图可以发现：两个相邻的最小项 m_3 和 m_7 没有被同一个虚线框圈中的设计方案存在 1 型冒险；相应地，增加一个虚线框将两个相邻的最小项 m_3 和 m_7 圈起来，产生一个额外乘积项 BC 的设计方案不存在竞争-冒险。

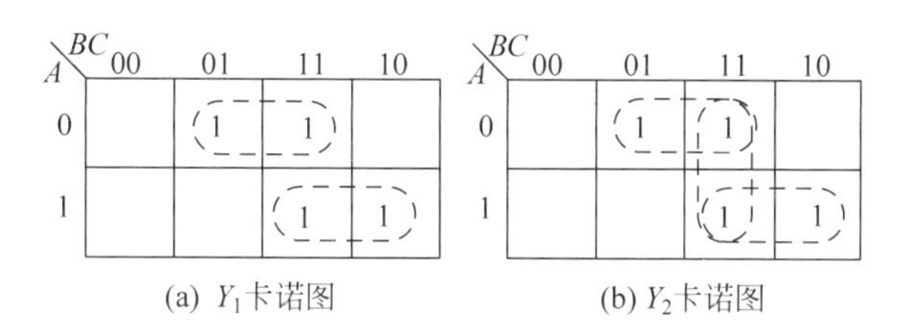

(a) Y_1卡诺图　　(b) Y_2卡诺图

图 4-50　用卡诺图检测竞争-冒险现象

上述检查方法虽然简单，但局限性很大，因为对于复杂的数字系统，门电路的输入往往是在两个或两个以上的变量之间产生竞争，这时就很难从函数表达式或卡诺图发现所有的竞争-冒险了。

在现代数字系统设计中，广泛应用计算机仿真的方法来排查竞争-冒险现象。用计算机模拟产生所有可能的输入变量的取值组合，运行仿真软件，分析输出以排查电路潜在的竞争-冒险现象。

4.4.3 竞争-冒险现象的消除方法

消除组合逻辑电路的竞争-冒险现象有以下三类方法。

1. 修改逻辑设计

根据逻辑代数的常用公式可知

$$AB+A'C=AB+A'C+BC$$

因此，在 $Y=AB+A'C$ 的实现电路增加乘积项 BC，如图 4-51 所示，就可以消除由变量 A 所产生的竞争-冒险。

对最简与或式来说，乘积项 BC 是多余的，所以这种方法也称为增加冗余项的方法。

增加冗余项的方法只能消除单变量产生的竞争-冒险，因而适用范围非常有限。例如，对于图 4-51 所示的逻辑电路，当 $C=0$ 时，函数式转换为 $Y=AB$，所以 A 和 B 竞争时，经过与门 G_1 和或门 G_4 到输出同样会产生 0 型冒险。

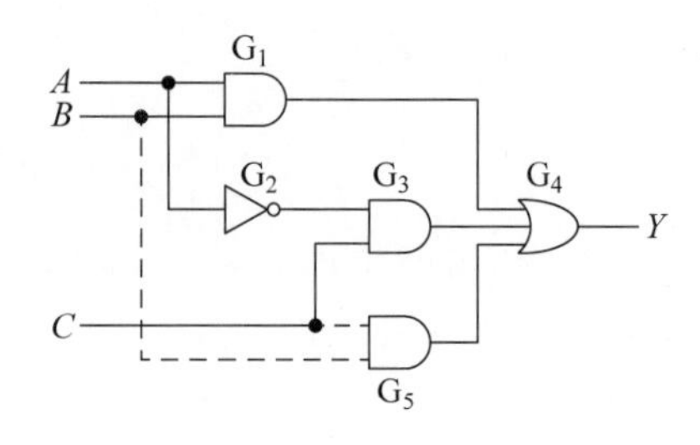

图 4-51 增加冗余项消除竞争-冒险现象

2. 引入选通脉冲

由于竞争-冒险现象发生在输入变量变化的瞬间，所以引入选通脉冲 p，如图 4-52 所示，在 AB 变化期间使 $p=0$，将与门电路封锁，待稳定后使 $p=1$，与门才能正常输出，从而能够消除竞争-冒险现象。

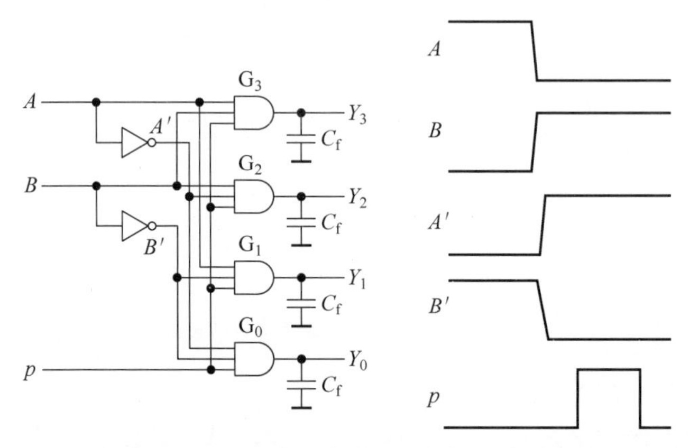

图 4-52 引入选通脉冲消除竞争-冒险现象

引入选通脉冲的方法比较简单，但需要找到一个与输入信号变化严格同步的选通脉冲。随着数字系统工作频率的提高，选通脉冲的起始时刻及脉冲宽度都很难精准把握。

3. 接入滤波电容

由于尖峰脉冲持续的时间很短，包含的能量很小，所以在输出端接入滤波电容以吸收尖峰脉冲的能量，将尖峰脉冲的幅度削弱至门电路的阈值电压之内，使其不影响数字电路的正常工作。

接入滤波电容的方法优点是简单可行，但缺点是会拉长正常输出信号的跳变时间，从而降低了数字电路的工作速度，所以只能用在对电路工作速度要求不高的场合。

对于数字系统，消除组合逻辑电路竞争-冒险现象的最好方法是采用不易产生竞争-冒险的同步时序逻辑电路。因为在设计良好的同步时序逻辑电路中，组合逻辑电路的所有输入在特定时刻同时变化，其输出只有达到稳态才会被“看到”，因此多数同步时序逻辑电路并不需要做组合逻辑电路的竞争-冒险分析了。

思考与练习

4-20 异或门和同或门是否存在竞争-冒险现象？试分析说明。

4-21 组合逻辑电路产生竞争-冒险现象的本质原因是什么？试分析说明。

4.5 设计实践

数字电路的基本实验之一就是门电路功能实验，以测试门电路的逻辑功能。能否设计一个数字系统，实现与门、或门、非门、与非门、或非门、异或门和同异门电路的逻辑功能，从而能够完成所有门电路的功能实验呢？

由于一个译码器可以实现多个逻辑函数，数据选择器可以实现函数选择，因此本设计基于译码器和数据选择器搭建门电路功能实验电路。

设要实现的逻辑函数为

$$\begin{cases} Z_1 = AB \\ Z_2 = A + B \\ Z_3 = A' \\ Z_4 = (AB)' \\ Z_5 = (A + B)' \\ Z_6 = (AB + C)' \\ Z_7 = AB' + A'B \\ Z_8 = A'B' + AB \end{cases}$$

由于 $Z_1 \sim Z_8$ 最多为三变量逻辑函数，因此选择 3 线-8 线译码器 74HC138 附加必要的门电路实现即可。因 74HC138 的输出为低电平有效，所以需要对上述逻辑函数进行变换，即

$$\begin{cases} Z_1 = AB(C' + C) = m_6 + m_7 = (m_6' m_7')' \\ Z_2 = A + B = Z_5' \\ Z_3 = A' = m_0 + m_1 + m_2 + m_3 = (m_0' m_1' m_2' m_3')' \\ Z_4 = (AB)' = Z_1' \\ Z_5 = (A + B)' = m_0 + m_1 = (m_0' m_1')' \\ Z_6 = AB + C = m_1 + m_3 + m_5 + m_6 + m_7 = (m_0 + m_2 + m_4)' = m_0' m_2' m_4' \\ Z_7 = AB' + A'B = m_2 + m_3 + m_4 + m_5 = (m_2' m_3' m_4' m_5')' \\ Z_8 = A'B' + AB = Z_7' \end{cases}$$

对于上述 8 个逻辑函数，在任何时候只测试其中一个，因此需要选择一个输出。74HC151 为 8 选 1 数据选择器，刚好用来实现函数选择。将逻辑函数 $Z_1 \sim Z_8$ 作为数据选择器的 8 个输入 $D_0 \sim D_7$，然后用地址码 $A_2 \sim A_0$ 进行选择。当地址码 $A_2A_1A_0 = 000$ 时，选择实现 Z_1，$A_2A_1A_0 = 001$ 时，选择实现 Z_2，…，$A_2A_1A_0 = 111$ 时，选择实现 Z_8。因此，总体设计电路如图 4-53 所示。

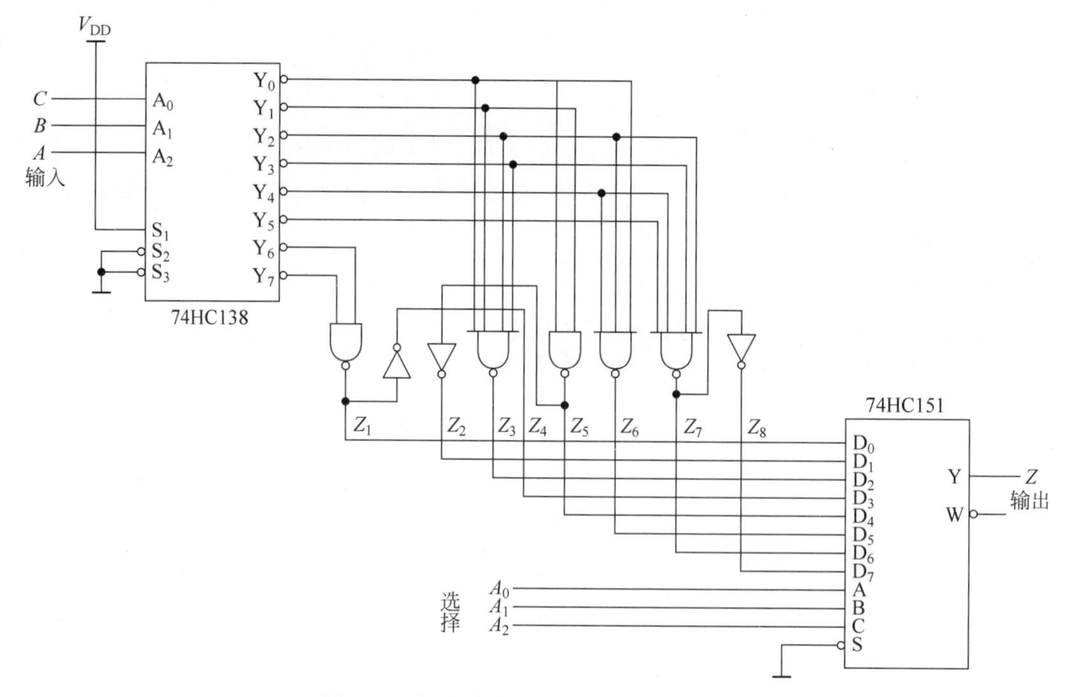

图 4-53 门电路功能实验电路参考设计图

本章小结

组合逻辑电路的输出只取决于输入信号,其特点是不包含任何存储电路,也没有从输出到输入的反馈连接。

组合逻辑电路分析就是对于给定的组合逻辑电路,确定电路的逻辑功能。组合逻辑电路设计就是对于文字性描述的逻辑问题,确定其因果关系,画出能够实现其功能要求的组合逻辑电路图。

组合逻辑器件有编码器、译码器、数据选择器、加法器、数值比较器和奇偶校验器六种类型。

编码器用于将高、低电平信号编为二进制码,常用的有 8 线-3 线优先编码器 74HC148。

译码器的功能与编码器相反,用于将代码重新翻译为高、低电平信号。译码器有通用二进制译码器和显示译码器两种类型。74HC138 为 3 线-8 线译码器,用于将 3 位二进制码译为 8 个高、低电平信号。CD4511 为 BCD 显示译码器,用于将 8421 码译为七个高、低电平信号,以驱动数码管显示相应的十进制数。

数据选择器用于从多路数据选择其中一路输出,一般命名为 2^n 选 1 数据选择器。常用的有双 4 选 1 数据选择器 74HC153 和 8 选 1 数据选择器 74HC151。数据分配器的功能与数据选择器相反,根据地址码的不同,将数据分配到不同的单元。带有控制端的译码器本身就是数据分配器。

译码器和数据选择器除了用于译码和数据选择之外,还可以用来实现逻辑函数。$n\sim 2^n$ 线译码器能够实现任意 n 变量(及以下)逻辑函数,而 2^n 选 1 数据选择器可以实现 $n+1$ 变量(及以下)逻辑函数。一个译码器能够实现多个逻辑函数,而一个数据选择器只能实现一个逻辑函数。

加法器用于实现加法运算,有串行进位和超前进位两种类型。74HC283是采用超前进位逻辑的集成4位加法器,除了能够实现4位二进制数加法之外,还能够实现一些特殊的代码转换,如8421码和余3码的相互转换。

数值比较器用于比较数值的大小。74HC85是常用的4位数值比较器。

奇偶校验器既可以用于数据通信系统中的误码检测,也可以用于计算机系统中存储数据的校验,有奇校验和偶校验两种类型。74LS280为9位奇偶校验产生/校验器,满足单字节的校验要求。

组合逻辑电路的竞争-冒险是指由于多个输入信号达到门电路的时间不同,有可能会在输出端产生不符合逻辑关系的尖峰脉冲的现象。竞争-冒险现象对电路是有危害的,消除竞争-冒险现象常用的方法有修改逻辑设计、引入选通脉冲和接入滤波电路三种方法。但这些方法在应用上均有一定的局限性。

组合逻辑电路的输出只与输入有关,相对简单,需要与有记忆功能的时序逻辑电路相配合,才能实现复杂的数字系统。在现实生活中,人与人、组与组、团队与团队、公司与公司也需要团结协作,才能完成复杂的系统工程。

习题

4.1 设计一个组合逻辑电路,对于输入的4位二进制数 $DCBA$,仅当 $4<DCBA\leqslant 9$ 时,输出 Y 为1,其余时输出为0。画出设计图。

4.2 设计一个组合逻辑电路,对于输入的8421码 $DCBA$,仅当 $4<DCBA\leqslant 9$ 时,输出 Y 为1,其余时输出为0。画出设计图。

4.3 用门电路设计4位校验器,仅当4位数据 $ABCD$ 中有奇数个1时输出为1,否则输出为0。画出设计图,要求电路尽量简单。

4.4 设计一个四输入、四输出的逻辑电路。当控制信号 $X=0$ 时输出与输入相同,当 $X=1$ 时输出与输入相反。画出设计图,要求设计电路尽量简单。

4.5 某电话机房需要对4种电话进行编码控制,优先级最高的是火警电话,其次是急救电话,然后是工作电话,最后是生活电话。设计该控制电路,要求电路尽量简单。

4.6 用译码器设计一个监视电路,用两个发光二极管指示3台设备工作情况。当一台设备有故障时黄灯亮;当两台设备同时有故障时红灯亮;当3台设备同时有故障时黄、红两灯都亮。设计该逻辑电路,可以附加必要的门电路。

4.7 设计表题4-7所示的译码器,输入为 $Q_3Q_2Q_1$,输出为 $W_0\sim W_4$。画出设计图,要求电路尽量简单。

4.8 设计一个译码器,能译出 $ABCD$ 分别为0011、0111、1111状态的3个信号,其余13个状态均为无效状态。

4.9 图题4-9是用三态门接成的总线电路。设计一个最简单的译码器,要求译码器的输出 Y_1、Y_2、Y_3 依次输出高电平控制三态门将3组数据 D_1、D_2、D_3 反相后送到总线上。

4.10 为了使74HC138译码器的 Y_5 端输出低电平,请标出各输入端和控制端的高低电平。

表题 4-7 功能表

输入			输出				
Q_3	Q_2	Q_1	W_0	W_1	W_2	W_3	W_4
0	0	0	1	0	0	0	0
0	0	1	0	1	0	0	0
0	1	0	0	0	1	0	0
0	1	1	0	0	0	1	0
1	0	0	0	0	0	0	1

4.11 由译码器和门电路组成的组合电路如图题 4-11 所示，写出 Y_1、Y_2 的最简表达式。

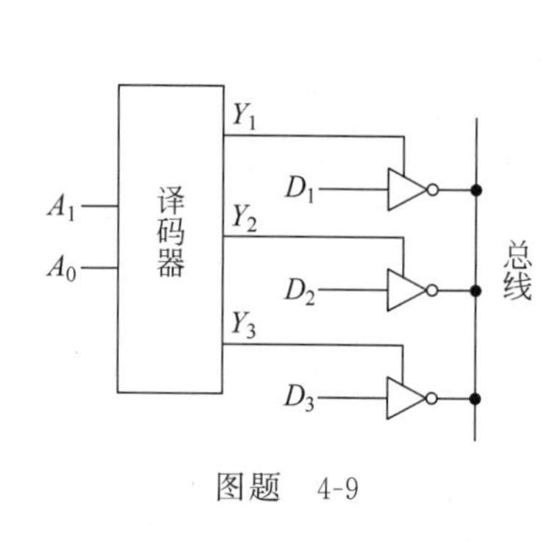

图题 4-9

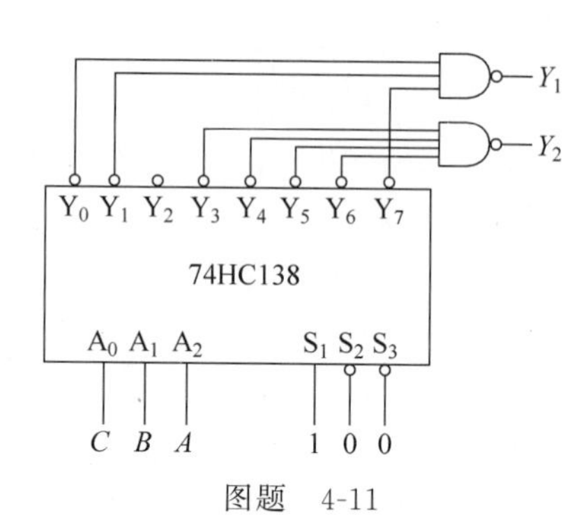

图题 4-11

4.12 用译码器和门电路实现逻辑函数 $Y=A'B'C'+A'BC'+ABC'+ABC$。

4.13 用译码器和门电路实现下面多输出逻辑函数：

(1) $Y_1=AB$；

(2) $Y_2=ABC+A'B'$；

(3) $Y_3=B+C$。

4.14 用译码器和门电路实现下面多输出逻辑函数：

(1) $Y_1=\sum m(1,2,4,7)$；

(2) $Y_2=\sum m(3,5,6,7)$。

4.15 用 5 片译码器 74HC138 扩展为一个 5 线-32 线的译码系统。

4.16 用 4 选 1 数据选择器实现下列逻辑函数：

(1) $Y_1=F(A,B)=\sum m(0,1,3)$；

(2) $Y_2=F(A,B,C)=\sum m(0,1,5,7)$；

(3) $Y_3=AB+BC$；

(4) $Y_4=ABC+A(B+C)$。

4.17 用 8 选 1 数据选择器 74HC151 实现下列逻辑函数：

(1) $Y_1=F(A,B,C)=\sum m(0,1,4,5,7)$；

(2) $Y_2=F(A,B,C,D)=\sum m(0,3,5,8,13,15)$。

4.18　用8选1数据选择器74HC151设计4位奇偶校验器。要求当输入的4位二进制码中有奇数个1时，输出为1，否则为0。画出设计图，可以附加必要的门电路。

4.19　设计一个4位二进制数加/减运算电路，当控制信号 $M=0$ 时，实现加法运算，$M=1$ 时，实现减法运算。

4.20　已知 X 为3位二进制数($x_3x_2x_1$)。用一片74HC283设计 $Y=3X+1$ 的运算电路。画出设计图。

4.21　设计一个8位全等比较器。仅当两个8位二进制数 C、D 相等时，输出 $Y=1$，否则 $Y=0$。

4.22　画出用3片4位数值比较器74HC85组成10位数值比较器的设计图。

4.23　分别用下列方法设计全加器：

(1) 用基本逻辑门；

(2) 用半加器和或门；

(3) 用译码器74HC138，可以附加必要的门电路；

(4) 用双4选1数据选择器74HC153，可以附加必要的门电路。

4.24　设计一个火灾报警系统。当烟雾传感器、温度传感器和红外传感器有2个或2个以上发出火灾探测信号时，系统才发出火灾报警信号。具体要求如下：

(1) 写出真值表；

(2) 用门电路实现，要求电路尽量简单；

(3) 基于74HC138译码器实现，可以附加必要的门电路；

(4) 基于8选1数据选择器74HC151实现。

4.25　设计一个用4个开关控制一个灯的逻辑电路。当控制开关 S 闭合时，改变 A、B、C 任何一个开关的状态都能控制灯由亮变灭或者由灭变亮；当控制开关 S 断开时，灯始终处于熄灭状态。

(1) 写出真值表；

(2) 用门电路实现，要求电路尽量简单；

(3) 基于74HC138译码器实现，可以附加必要的门电路；

(4) 基于8选1数据选择器74HC151实现，可以附加必要的门电路。

第 5 章 锁存器与触发器

CHAPTER 5

锁存器和触发器是数字电路中基本的存储器件，两者共同的特点是能够存储 1 位二值信息。

按照逻辑功能进行划分，锁存器/触发器可分为 SR 锁存器/触发器、D 锁存器/触发器和 JK 触发器。根据动作特点进行划分，锁存器/触发器可分为门控锁存器、脉冲触发器和边沿触发器 3 种类型。

锁存器是构成触发器的基础，而触发器是构成时序逻辑电路的基石。本章主要讲述锁存器和触发器的电路结构、逻辑功能、动作特点以及典型应用。

5.1 微课视频

5.1 基本锁存器及其描述方法

逻辑代数中变量和函数只有 0 和 1 两种取值，相应地，存储电路应该具有两个稳定的物理状态，一个状态表示 0，另一个状态表示 1。

数字电路中最基本的存储电路为双稳(bi-stable)电路，如图 5-1(a)所示，由两个非门交叉耦合构成。所谓交叉耦合是指第一个门电路的输出作为第二个门电路的输入(正向连接)，第二个门电路的输出又作为第一个门电路的输入(反馈连接)。

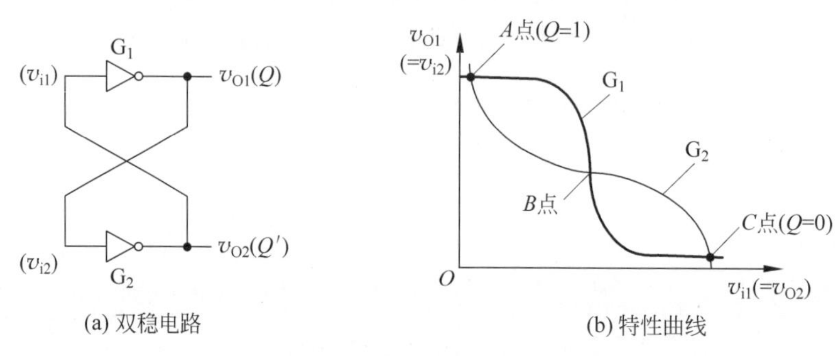

图 5-1 双稳电路及其特性曲线

双稳电路的特性曲线如图 5-1(b)所示，由两个反相器的电压传输特性曲线交叉构成。由图中可以看出，双稳电路有两个稳态点 $A(v_{O1}=1, v_{O2}=0)$和 $C(v_{O1}=0, v_{O2}=1)$和一个介稳态点 B。对于 CMOS 反相器构成的双稳电路，处于 B 点时 $v_{O1}=v_{O2}\approx(1/2)V_{DD}$。由于非门的输出与输入为反相关系，并且交叉耦合为正反馈连接，因此当双稳电路处于 B 点时不能保持，由于电路内部噪声和外部干扰的影响，必然会转换到 A 点或 C 点。所以，介稳态点不是稳定的工作点。

若将反相器 G_1 的输出 v_{O1} 命名为 Q，则 G_2 的输出 v_{O2} 为 Q'，并且定义 $Q=0,Q'=1$ 时表示存储的数据为 0，定义 $Q=1,Q'=0$ 时表示存储的数据为 1。因此，特性曲线中 A 点表示存储的数据为 1，也称为 1 状态；C 点表示存储的数据为 0，也称为 0 状态。

双稳电路的状态由链路构成的瞬间门电路的状态决定，并且能够永久地保持下去。因为没有输入端，所以在链路打开之前，无法改变双稳电路的存储数据。

若将双稳电路中的反相器扩展为二输入与非门或者二输入或非门，就可以构成两种基本 SR 锁存器(basic latch)，如图 5-2 所示。二输入与非门(或者或非门)的一个输入端用于交叉耦合连接，另一个则作为输入端。通过两个输入信号的共同作用就可以设置或者保持锁存器的状态。

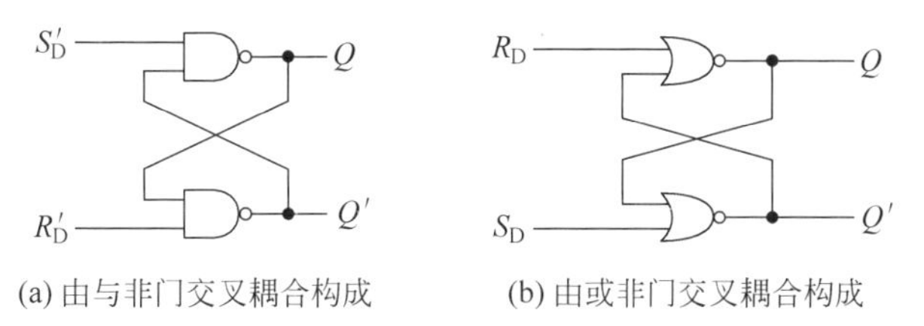

(a) 由与非门交叉耦合构成　(b) 由或非门交叉耦合构成

图 5-2　两种基本锁存器

为了便于分析与设计，将两个与非门交叉耦合构成的锁存器与输出 Q 相对应的输入端命名为 S'_D，与 Q' 对应的输入端命名为 R'_D，如图 5-2(a)所示，其中非号表示输入端低电平有效。将两个或非门交叉耦合构成的锁存器与输出 Q 相对应的输入端命名为 R_D，与 Q' 对应的输入端命名为 S_D，如图 5-2(b)所示，两个输入端高电平有效。下标 D 表示锁存器的输入信号不受其他信号的控制，是直接(directly)作用的。

为了便于用数学方法描述锁存器在输入信号作用下状态的变化关系，将输入信号作用前锁存器所处的状态称为现态(current state)，用 Q 表示，将输入信号作用后锁存器所处的状态称为次态(next state)，用 Q^* 表示。

下面对两个与非门构成的锁存器进行分析。

(1) 当 $S'_D=1$、$R'_D=1$ 时，锁存器相当于双稳电路，维持原来的状态不变。

(2) 当 $S'_D=0$、$R'_D=1$ 时，$Q^*=1$，即在 $S'_DR'_D=01$ 的作用下，锁存器的次态被置为 1。

(3) 当 $S'_D=1$、$R'_D=0$ 时，$Q^*=0$，即在 S'_D $R'_D=10$ 的作用下，锁存器的次态被置为 0。

由于 S'_D 有效时，将锁存器置 1(set)，R'_D 有效时，将锁存器置 0(reset)，所以称 S'_D 为置 1 输入端，R'_D 为置 0 输入端。相应地，将这种锁存器称为 SR 锁存器(set-reset latch)。

(4) 当 $S'_D=0$、$R'_D=0$ 时，通过分析可知这时 Q^* 和 $Q^{*\prime}$ 同时为 1。这个状态既不是定义的 0 状态也不是定义的 1 状态，而是一种错误的状态。因此，对于由与非门构成的基本 SR 锁存器，在正常应用的情况下，不允许 S'_D 和 R'_D 同时有效。

同理，对两个或非门构成的锁存器进行分析。

(1) 当 $S_D=0$、$R_D=0$ 时，锁存器相当于双稳电路，$Q^*=Q$(保持功能)。

(2) 当 $S_D=1$、$R_D=0$ 时，$Q^*=1$，即将锁存器的次态设置为 1(置 1 功能)。

(3) 当 $S_D=0$、$R_D=1$ 时，$Q^*=0$，即将锁存器的次态设置为 0(置 0 功能)。

(4) 当 $S_D=1$、$R_D=1$ 时，Q^* 和 $Q^{*\prime}$ 同时为 0，这个状态同样是错误的，所以对于由或

非门构成的基本 SR 锁存器，在正常应用的情况下，不允许 S_D 和 R_D 同时有效。

两种基本 SR 锁存器的图形符号如图 5-3 所示，图中端口框外的“∘”表示该端口为低电平有效。

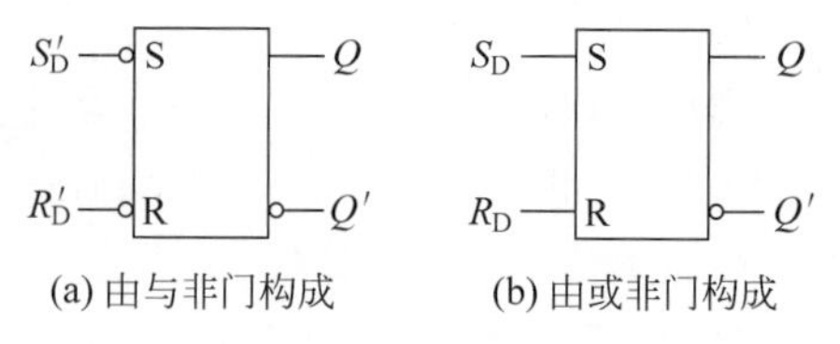

图 5-3 基本 SR 锁存器图形符号

从两种基本 SR 锁存器的分析过程可以看出，锁存器的次态既和输入信号有关，也和现态有关，所以锁存器的次态是输入信号和现态的逻辑函数，即

$$Q^* = F(S'_D, R'_D, Q) \quad \text{（对于与非门构成的锁存器）}$$

或

$$Q^* = F(S_D, R_D, Q) \quad \text{（对于或非门构成的锁存器）}$$

既然锁存器的次态是逻辑函数，就可以用逻辑函数的表示方法——真值表(特性表)、函数表达式(特性方程)、卡诺图和波形图表示。又因为锁存器具有 0 和 1 两种状态，输入信号的变化可能会引起状态的变化，所以其功能还可以用状态转换图或者激励表表示。

(1) 特性表。特性表即真值表，是以表格的形式描述存储单元的次态与输入信号和现态之间的关系。基本锁存器的特性表如表 5-1 所示。由于在正常应用的情况下，不允许两个输入信号同时有效，所以同时有效的输入取值组合作为无关项处理。

表 5-1 基本 SR 锁存器特性表

与非门构成的锁存器				或非门构成的锁存器			
S'_D	R'_D	Q	Q^*	S_D	R_D	Q	Q^*
1	1	0	0	0	0	0	0
1	1	1	1	0	0	1	1
0	1	0	1	1	0	0	1
0	1	1	1	1	0	1	1
1	0	0	0	0	1	0	0
1	0	1	0	0	1	1	0
0	0	0	×	1	1	0	×
0	0	1	×	1	1	1	×

(2) 特性方程。由特性表画出锁存器的卡诺图，再进行化简即可得到锁存器的函数表达式，习惯称为特性方程。

由与非门构成的锁存器的卡诺图如图 5-4(a)所示，化简可得

$$Q^* = (S'_D)' + R'_D \cdot Q = S_D + R'_D \cdot Q$$

其中两个输入信号 S'_D 和 R'_D 应满足 $S'_D + R'_D = 1$ 的约束条件。

同理，由或非门构成的锁存器的卡诺图如图 5-4(b)所示，化简可得

$$Q^* = S_D + R'_D \cdot Q$$

其中两个输入信号 S_D 和 R_D 应满足 $S_D R_D = 0$ 的约束条件。

从上面两个函数式可以看出，虽然由与非门构成的锁存器和由或非门构成的锁存器电路形式不同，但两者具有相同的特性方程，而且约束条件也是等价的。因此，以后不用再区分锁存器具体的电路形式，可以直接应用特性方程进行分析和设计。

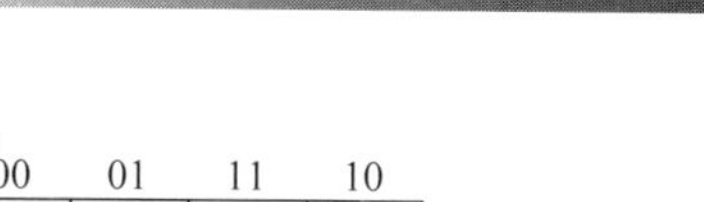

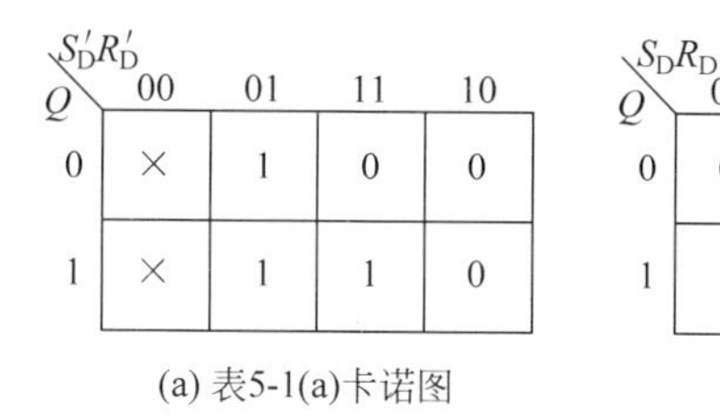

Q \ $S'_DR'_D$	00	01	11	10
0	×	1	0	0
1	×	1	1	0

(a) 表5-1(a)卡诺图

Q \ S_DR_D	00	01	11	10
0	0	0	×	1
1	1	0	×	1

(b) 表5-1(b)卡诺图

图 5-4　基本 SR 锁存器卡诺图

（3）状态转换图与激励表。将存储单元两个状态之间的转换关系及所需要的输入条件用图形的方式表示称为状态转换图（简称为状态图），用表格的形式表示则称为激励表。

锁存器有 0 和 1 两个状态，根据输入信号的不同进行组合，既能设置也可以保持。图 5-5 为基本 SR 锁存器的状态图，表 5-2 为其激励表。

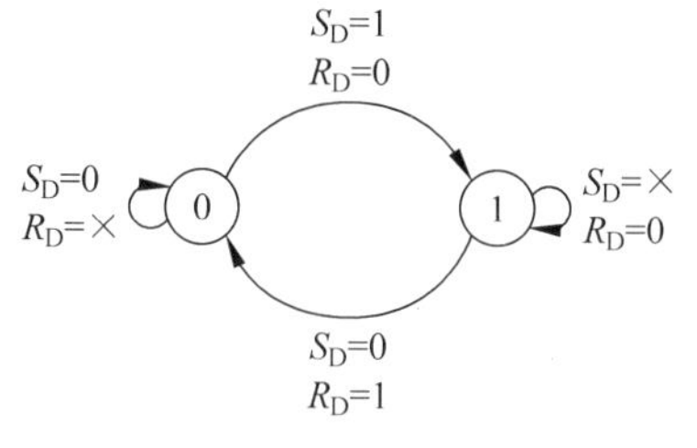

图 5-5　基本 SR 锁存器状态转换图

表 5-2　基本 SR 锁存器激励表

Q	Q^*	S_D	R_D
0	0	0	×
0	1	1	0
1	0	0	1
1	1	×	0

思考与练习

5-1　基本 SR 锁存器有哪几种功能？分别说明其输入条件。

5-2　若应用基本 SR 锁存器时不遵守 $S_DR_D=0$ 的约束条件，会出现什么问题？

74LS279 为集成 SR 锁存器，其内部逻辑及引脚如图 5-6 所示。其中有两个锁存器提供了两个置 1 端 S'_1 和 S'_2。由于 S'_1 和 S'_2 同为与非门的输入端，故置 1 信号 $S'=S'_1S'_2$。

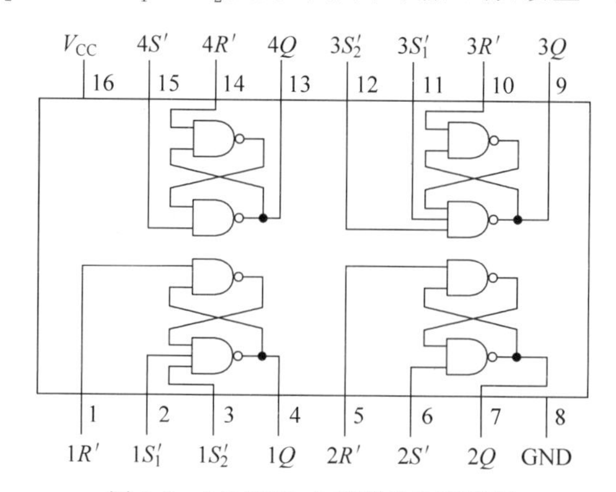

图 5-6　74LS279 内部逻辑和引脚图

除了具有数据存储功能外，应用基本 SR 锁存器的保持功能可以实现开关消抖。基本开关电路如图 5-7(a)所示，开关切换时在触点接触瞬间由于簧片震颤会产生若干个不规则的脉冲。假若这些脉冲作用于时序电路，可能会引发逻辑错误。

应用基本 SR 锁存器可以消除多余的脉冲，具体电路如图 5-7(b)所示。工作原理分析如下：

(1) 当开关由位置 1 切换到 2 时，由于上拉电阻的作用使 $R'=1$，簧片震颤使 S' 随机变化。当 $S'=0$ 时将锁存器置 1，当 $S'=1$ 时锁存器保持，因此状态 Q 能够保持为 1 不变。

(2) 当开关由位置 2 切换回 1 时，由于上拉电阻的作用使 $S'=1$，簧片震颤使 R' 随机变化。当 $R'=0$ 将锁存器置 0，当 $R'=1$ 时锁存器保持，因此状态 Q 能够保持为 0 不变。

综上分析，应用锁存器能够消除开关触点接触瞬间由于簧片震颤产生的多余脉冲，从而提高了开关电路工作的可靠性。

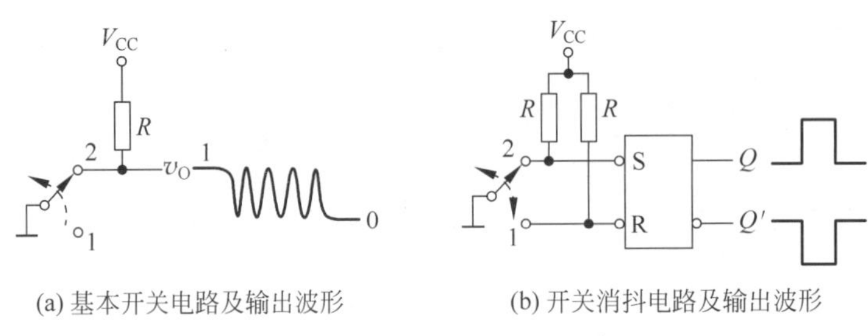

图 5-7 开关电路及消抖原理图

5.2
微课视频

5.2 门控锁存器

基本锁存器的输入信号不受其他信号的控制，输入信号的任何变化都可能引起锁存器状态的变化。当数字系统中有多个存储单元时，我们希望能够协调这些存储单元的动作，使它们能够同步工作，就像阅兵一样(见图 5-8)，这就需要给存储单元引入控制信号。

图 5-8 阅兵

协调存储单元工作的控制信号称为时钟(clock)或者时钟脉冲(clock pulse)，用 CLK 或者 CP 表示。为方便讨论，将时钟脉冲划分为低电平、上升沿、高电平和下降沿 4 个阶段，如图 5-9 所示。

引入了时钟的锁存器称为门控锁存器(gated latch)。图 5-10 是门控 SR 锁存器，在基本 SR 锁存器的基础上引入了 G_3 和 G_4 组成的门控电路。由于输入信号 S 和 R 受时钟 CLK 的控制，不再直接起作用，所以没有下标 D。

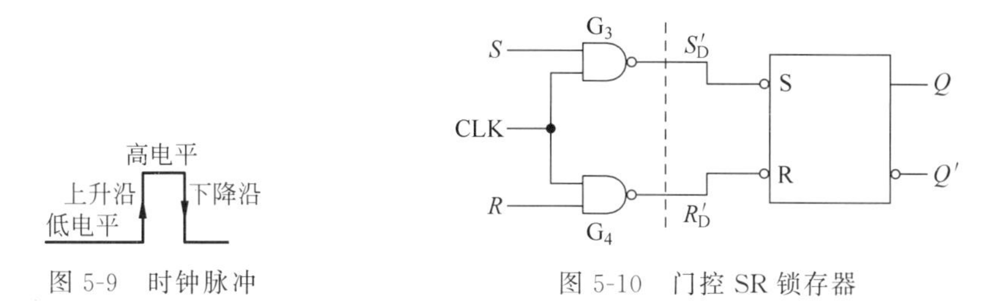

图 5-9　时钟脉冲　　图 5-10　门控 SR 锁存器

下面对门控 SR 锁存器的工作过程进行分析。

(1) CLK 为低电平时。

由于 $S'_D=(S\cdot \text{CLK})'=1, R'_D=(R\cdot \text{CLK})'=1$，所以锁存器不受输入信号 S、R 的控制，处于保持状态(可理解为不工作)。

(2) CLK 为高电平时。

由于 $S'_D=(S\cdot \text{CLK})'=S', R'_D=(R\cdot \text{CLK})'=R'$，因此输入信号 S 和 R 的变化决定了 S'_D 和 R'_D 的变化，因此门控锁存器将根据输入信号 S 和 R 实现其相应的功能。

门控 SR 锁存器的特性方程可从基本锁存器的特性方程推出。因为 $S'_D=(S\cdot \text{CLK})'$，$R'_D=(R\cdot \text{CLK})'$，所以当时钟 CLK 为高电平时，$S'_D=S', R'_D=R'$，代入基本锁存器的特性方程即可得到门控锁存器的特性方程为

$$Q^*=S+R'\cdot Q$$

上式在 CLK=1 时成立。

门控锁存器的状态转换图和图形符号如图 5-11 所示，其中 C1 为时钟输入端。

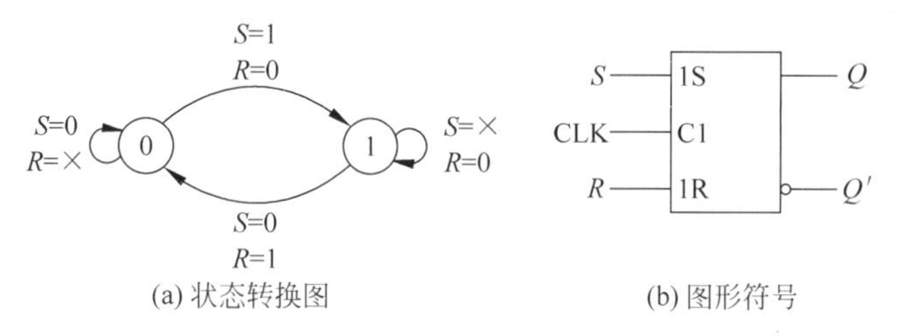

图 5-11　门控 SR 锁存器状态转换图及图形符号

门控 SR 锁存器和基本锁存器一样，具有置 0、置 1 和保持 3 种功能。由于门控 SR 锁存器在两个输入信号同时有效时仍然会导致锁存器的状态发生错误。因此，门控 SR 锁存器同样需要遵守 $SR=0$ 的约束条件。

为了消除约束，第一种改进思路是让 R 和 S 相反，如图 5-12 所示，这样使门控 SR 锁存器的输入信号始终满足 $SR=0$ 的约束条件。但是，这种改进方法虽然消除了

约束,却改变了锁存器的逻辑功能,因此这种锁存器不再是 SR 锁存器,而称为 D 锁存器。

由于 $S=D$,$R=D'$,代入 SR 锁存器的特性方程即可得到门控 D 锁存器的特性方程

$$Q^* = S + R'Q = D + (D')' \cdot Q$$
$$= D + D \cdot Q = D$$

上式在 CLK=1 时成立。

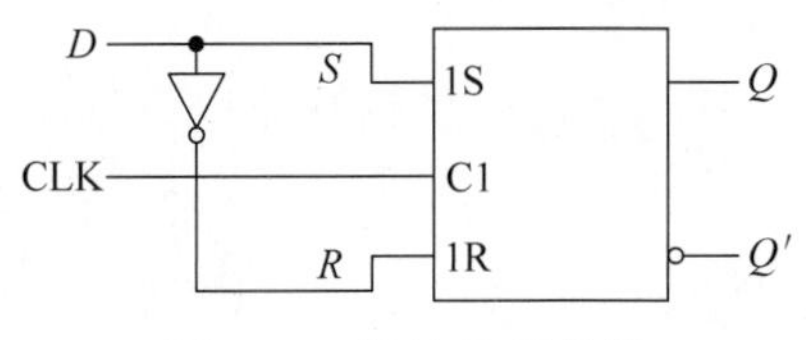

图 5-12 门控 D 锁存器

由 D 锁存器的特性方程可以推出：当 CLK 为高电平时,若 $D=0$ 则 $Q^*=0$；若 $D=1$ 则 $Q^*=1$,因此门控 D 锁存器只具有置 0 和置 1 两种功能,其状态转换图和图形符号如图 5-13 所示。

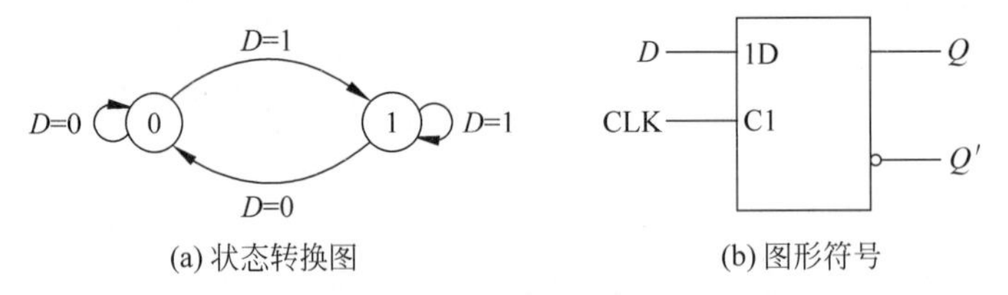

(a) 状态转换图　　(b) 图形符号

图 5-13 D 锁存器状态转换图及图形符号

由于门控 D 锁存器在时钟有效电平期间输出始终跟随输入信号发生变化,因此称为"透明的"锁存器。

【例 5-1】 对于图 5-12 所示的门控 D 锁存器,时钟 CLK 和输入信号 D 的波形如图 5-14 所示。画出在 CLK 和 D 作用下锁存器输出 Q 和 Q' 的波形。假设锁存器的初始状态为 0。

分析：门控 D 锁存器在 CLK 为高电平期间工作,输出是透明的,而在时钟为低电平期间不工作而处于保持状态,所以门控 D 锁存器的输出 Q 和 Q' 的波形如图 5-15 所示。

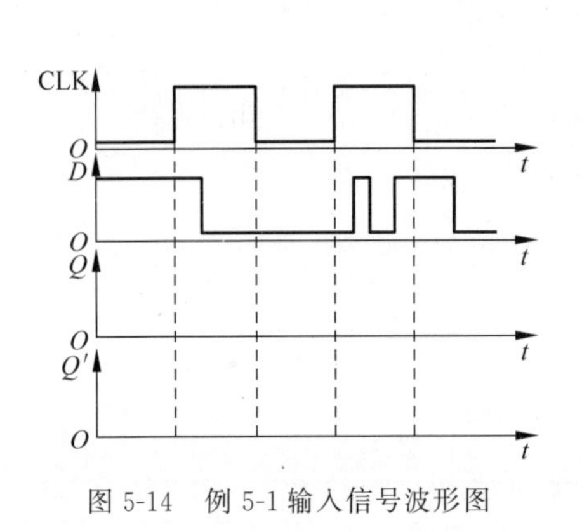

图 5-14 例 5-1 输入信号波形图

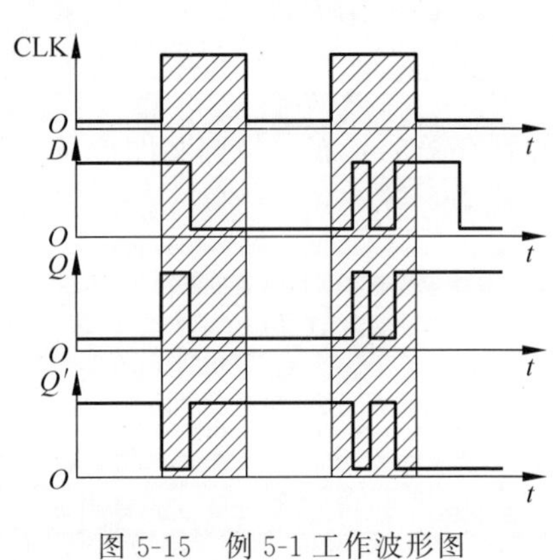

图 5-15 例 5-1 工作波形图

思考与练习

5-3 门控锁存器有哪几种类型？各具有什么功能？

5.3　脉冲触发器

5.3 微课视频

门控锁存器在时钟有效电平期间始终处于工作状态，输入信号的变化随时能引起输出信号的变化，因此受干扰产生误动作的概率大。另外，由于门控D锁存器的输出是透明的，无法构成移位寄存器和计数器这两类时序逻辑器件，所以门控锁存器在应用上有很大的局限性。

为了提高抗干扰能力，希望存储电路只在时钟的边沿瞬间进行状态更新，其余时间均处于保持状态，从而能够避免门控锁存器那样因干扰可能产生误动作的情况。

只在时钟边沿瞬间更新状态的存储电路称为触发器(flip-flop)。相应地，将在时钟有效电平期间工作的存储电路称为锁存器。

SR触发器的实现方法之一是采用主从式结构，如图5-16所示。具体做法是将两级门控SR锁存器级联，第一级称为主(master)锁存器，时钟 $CLK_1=CLK$；第二级称为从(slave)锁存器，时钟 $CLK_2=CLK'$。

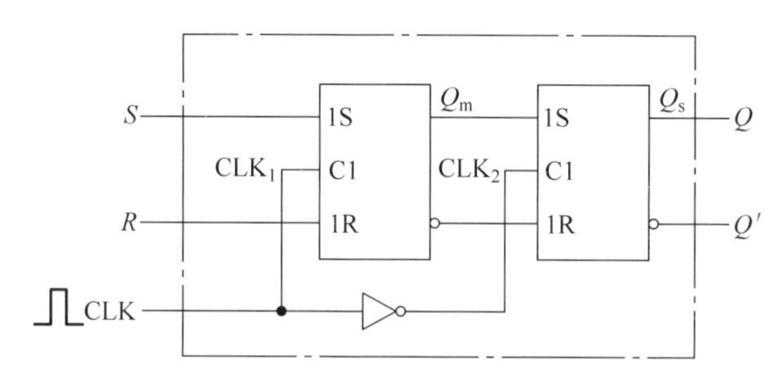

图5-16　主从式SR触发器

下面对主从式SR触发器的工作过程进行分析。

(1) 时钟脉冲在低电平期间。

由于CLK=0，所以 $CLK_1=0$，$CLK_2=1$，因此主锁存器保持，从锁存器处于工作状态。

当主锁存器的状态 $Q_m=1$ 时，分析可知从锁存器的状态 $Q_S=1$，当 $Q_m=0$ 时，$Q_S=0$，即在CLK=0期间，触发器的状态与主锁存器状态相同，即 $Q=Q_s=Q_m$。

(2) 时钟脉冲上升沿到来时。

当CLK上升沿到来时，主锁存器开始工作，接收输入信号 S 和 R，根据逻辑功能更新 Q_m 的状态。从锁存器从工作转为保持，所以触发器保持CLK为低电平期间的状态不变。

(3) 时钟脉冲在高电平期间。

由于CLK=1，所以 $CLK_1=1$，$CLK_2=0$，主锁存器处于工作状态，从锁存器依然保持，所以触发器的状态保持不变。

(4) 时钟脉冲下降沿到来时。

当CLK下降沿到来时，主锁存器将由工作转为保持，锁定了时钟脉冲CLK下降沿到来瞬间 Q_m 的状态。从锁存器开始工作，将主锁存器的状态 Q_m 传递给 Q_S，因此触发器的状态是在时钟下降沿到来瞬间进行更新，其状态 Q 是由时钟为高电平期间输入信号 S 和 R 决定的。

经过上述分析可知，当时钟脉冲CLK上升沿到来时，触发器已经开始工作，但必须等到脉冲下降沿到来时才能进行状态更新，所以触发器完成一次状态更新需要经过一个完整的时钟脉冲，所以主从式触发器也称为脉冲触发器。同时，将这种上升沿开始工作、下降沿才能输出的动作特点称为延迟输出，用“¬”表示。图5-17是脉冲SR触发器的图形符号。

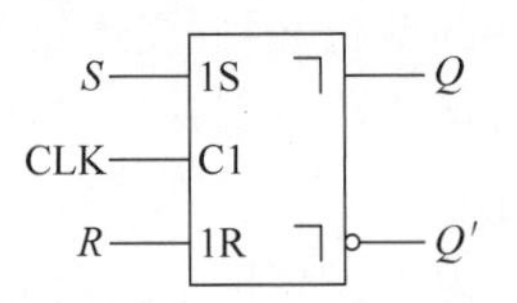

图5-17 脉冲SR触发器图形符号

由于脉冲SR触发器中的主锁存器在时钟脉冲为高电平期间始终处于工作状态，所以触发器的抗干扰能力还没有得到有效的改善。

另外，脉冲SR触发器对输入信号S和R仍有约束。为了消除约束，第二种改进思路是利用触发器的输出Q和Q'互为相反的特点来满足约束条件。具体做法是将脉冲SR触发器的输出Q反馈到R端与K信号相与，将Q'反馈到S端与J信号相与，如图5-18所示。这种改进方法同样改变了触发器的逻辑功能，所以这种触发器不再是SR触发器，而称为JK触发器。

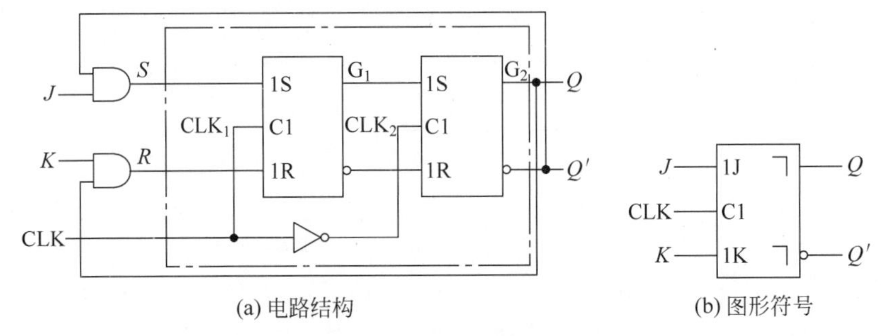

图5-18 脉冲JK触发器电路结构及图形符号

对于图5-18所示的JK触发器，由于$S=J\cdot Q'$、$R=K\cdot Q$，因此$S\cdot R=J\cdot Q'\cdot K\cdot Q=0$，所以JK触发器对输入信号$J$、$K$没有限制。

将S和R的表达式代入SR触发器的特性方程即可推出JK触发器的特性方程：

$$\begin{aligned} Q^* &= S+R'\cdot Q \\ &= J\cdot Q'+(K\cdot Q)'\cdot Q \\ &= J\cdot Q'+(K'+Q')\cdot Q \\ &= J\cdot Q'+K'\cdot Q \end{aligned}$$

将J、K的4种取值组合代入上述特性方程中即可得到如表5-3所示JK触发器的特性表。

表5-3 JK触发器的特性表

J	K	Q^*	功能说明
0	0	Q	保持
0	1	0	置0
1	0	1	置1
1	1	Q'	翻转

从特性表可以看出，JK 触发器除了具有置 0、置 1 和保持 3 种功能外，还增加了一种新功能——翻转(toggle)功能，即当时钟脉冲下降沿到来时，触发器的次态与现态相反。因此，JK 触发器的状态转换图如图 5-19 所示。

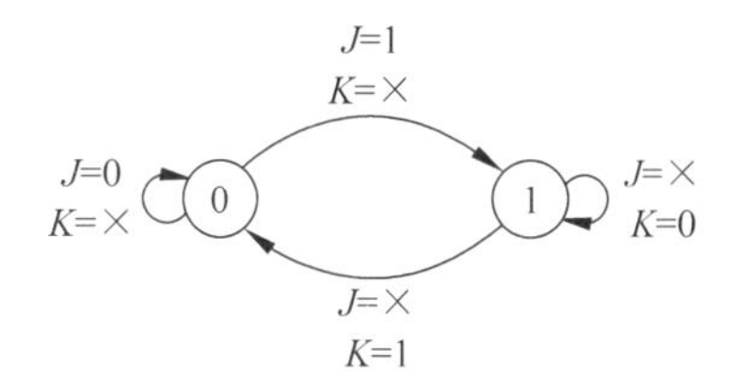

图 5-19　JK 触发器状态转换图

由于脉冲 JK 触发器将 Q 反馈到 K 端，将 Q' 反馈到 J 端，所以当 $Q=0$ 时，输入信号 K 不能正常发挥作用(相当于 $K=0$)，在 J 信号的作用下只能将触发器置成 1 或者保持，所以触发器一旦被置 1 后不可能再返回到 0 状态。同理，当 $Q=1$ 时，J 信号不能正常发挥作用(相当于 $J=0$)，在 K 信号的作用下只能将触发器置成 0 或者保持，所以触发器被置 0 后也不可能再返回到 1 状态。因此，脉冲 JK 触发器存在一次翻转现象，即触发器在每个脉冲周期内只能翻转一次，当触发器受到干扰发生误翻转后就不可能返回原来的状态。

【例 5-2】 对于图 5-18 所示的脉冲 JK 触发器，已知时钟脉冲 CLK、输入信号 J 和 K 的波形如图 5-20 所示。分析触发器的工作过程，画出输出 Q 和 Q' 的波形。假设触发器的初始状态为 0。

分析：

(1) 在第 1 个时钟高电平期间，$JK=10$，所以内部主锁存器被置为 1，在 CLK 的下降沿到来时触发器的状态更新为 1。

(2) 在第 2 个时钟脉冲高电平期间，K 信号因干扰而变化。起初 $JK=00$，主锁存器保持 1 状态，后 K 信号因干扰而跳变为 1，瞬间使 $JK=01$，所以主锁存器因干扰被置为 0。由于 JK 触发器存在一次翻转现象，因此主锁存器不可能再返回 1 状态，因此当时钟脉冲下降沿到来时，触发器状态更新为 0。

(3) 在第 3 个时钟高电平期间，J 信号有一次变化。起初 $JK=11$，主锁存器翻转为 1。由于存在一次翻转现象，所以主锁存器的状态在高电平期间不可能再次发生翻转，因此当时钟脉冲下降沿到来时，触发器状态更新为 1。

(4) 在第 4 个时钟高电平期间，因 $JK=00$，所以触发器内部主锁存器的状态保持不变，因此时钟脉冲下降沿到来时，触发器状态保持为 1。

由上述分析可画出输出 Q 和 Q' 的波形，如图 5-21 所示。

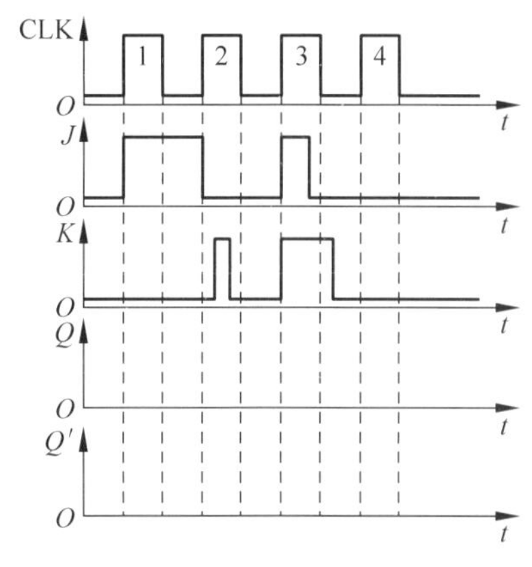

图 5-20　例 5-2 输入信号波形图

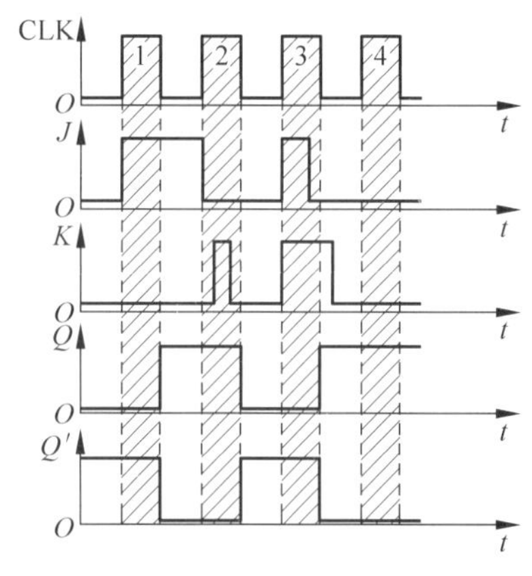

图 5-21　例 5-2 工作波形图

思考与练习

5-4　脉冲 SR 触发器是否存在一次翻转现象？试分析说明。

5-5　为什么脉冲 JK 触发器存在一次翻转现象？试分析说明。

5.4
微课视频

5.4　边沿触发器

边沿触发器只在时钟脉冲瞬间的边沿工作，其余时间均处于保持状态。由于工作时间极短，所以受到干扰的概率很小，因此边沿触发器具有很强的抗干扰能力。

边沿 D 触发器由两级门控 D 锁存器级联构成，如图 5-22 所示，其中第一级锁存器的时钟 $\mathrm{CLK}_1=\mathrm{CLK}$；第二级锁存器的 $\mathrm{CLK}_2=\mathrm{CLK}$。

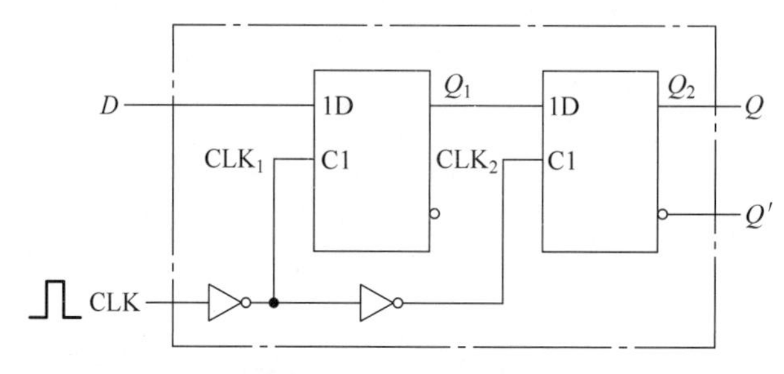

图 5-22　边沿 D 触发器

下面对边沿 D 触发器的工作过程进行分析。

(1) 时钟脉冲在低电平期间。

由于 CLK=0，因此 $\mathrm{CLK}_1=1$，$\mathrm{CLK}_2=0$，所以第一级锁存器工作，其输出 Q_1 随输入信号 D 变化($Q_1=D$)，第二级锁存器保持原来的状态(上次时钟作用后的状态)不变。

(2) 时钟脉冲上升沿到来时。

由于 CLK_1 由高电平跳变为低电平，所以第一级锁存器由工作转为保持，Q_1 锁定了上升沿到来瞬间输入 D 的值。与此同时，CLK_2 由低电平跳变为高电平，第二级锁存器开始工作，其输出 Q 跟随 Q_1 变化，这时 $Q=Q_1=D$(D 为时钟 CLK 上升沿到来瞬间的值)。

(3) 时钟脉冲在高电平期间。

由于 CLK=1，因此 $\mathrm{CLK}_1=0$，$\mathrm{CLK}_2=1$，所以第一级锁存器保持，第二级锁存器跟随，因此 $Q=Q_1=D$ 保持不变。

(4) 时钟脉冲下降沿到来时。

由于 CLK_1 由低电平跳变为高电平，第一级锁存器开始工作，接收下一个周期输入 D 的数据。CLK_2 由高电平跳变为低电平，第二级锁存器由工作转为保持，保持时钟脉冲上升沿到来时输入 D 的值不变。

由上述分析可知，图 5-22 所示 D 触发器的次态仅仅取决于时钟脉冲上升沿到达时刻输入信号 D 的值，其余时间均保持不变，即上升沿之前和之后输入信号 D 的变化对触发器的状态都没有影响。边沿触发器这一特点有效地增强了触发器的抗干扰能力，提高了触发器工作的可靠性。

图 5-22 所示的边沿 D 触发器的图形符号如图 5-23 所示，时钟 C1 前框内的“>”表示边沿触发方式，框外无“∘”时表示上升沿触发，有“∘”时表示下降沿触发。

图 5-22 所示的边沿 D 触发器的特性表如表 5-4 所示。在特性表的时钟脉冲栏，通常用“↑”表示上升沿触发，用“↓”表示下降沿触发。

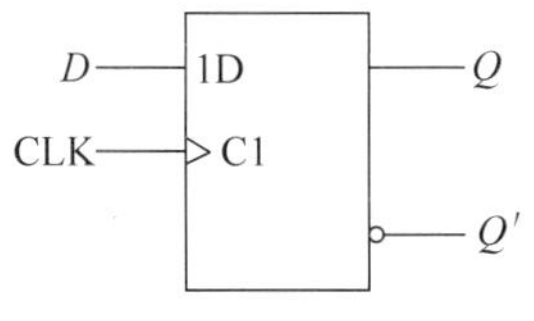

图 5-23　边沿 D 触发器图形符号

表 5-4　边沿 D 触发器特性表

CLK	D	Q^*
↑	0	0
↑	1	1
其他	×	Q

【例 5-3】 对于图 5-22 所示的边沿触发器，若输入 D 和时钟 CLK 的波形如图 5-24 所示，画出输出 Q 的波形。假设触发器的初始状态为 0。

分析：由于边沿触发器只在时钟脉冲的边沿工作，所以对于图 5-22 所示的 D 触发器，其次态仅仅取决于时钟上升沿到来时刻输入 D 的值：$D=0$ 则 $Q^*=0$，$D=1$ 则 $Q^*=1$。因此，输出 Q 的波形如图 5-25 所示。

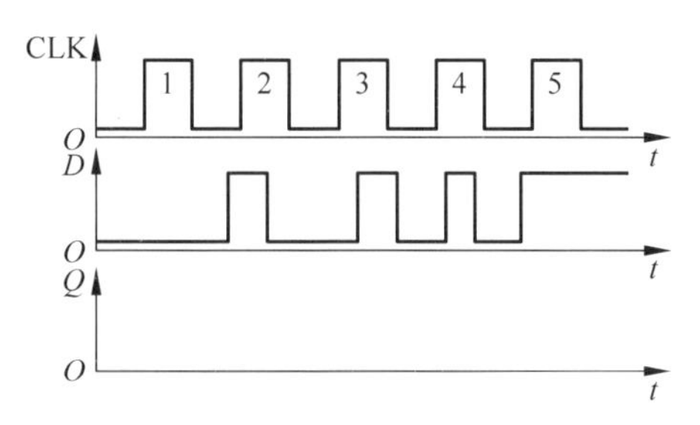

图 5-24　例 5-2 输入信号波形图

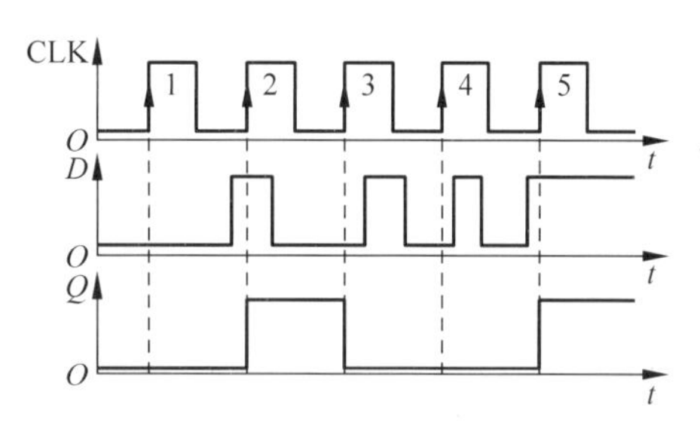

图 5-25　例 5-2 工作波形图

目前 CMOS 边沿触发器普遍采用图 5-26 所示的电路结构，由两级 CMOS 传输门和反相器组成的 D 锁存器级联构成。

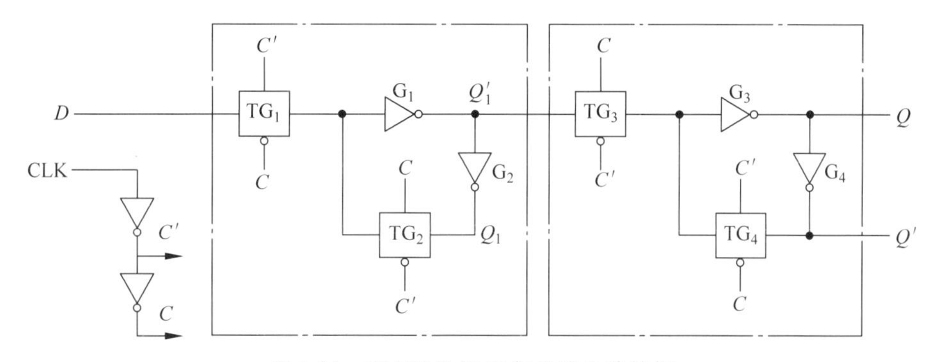

图 5-26　CMOS 边沿 D 触发器电路结构

上述 CMOS 边沿 D 触发器的工作过程是：

(1) 当 CLK 为低电平时，$C'=1$、$C=0$，传输门 TG_1 导通，TG_2 截止。第一级 D 锁存器

打开，Q_1'随着输入信号 D 的变化而变化。与此同时，第二级的传输门 TG_3 截止，TG_4 导通，反相器 G_3 和 G_4 构成锁存器，锁定前一次的状态。

(2) 当 CLK 的上升沿到来时，$C'=0$、$C=1$，传输门 TG_1 截止，TG_2 导通。第一级 D 锁存器锁定了上升沿到来瞬间输入信号 D 的数据，即 $Q_1'=D'$。与此同时，传输门 TG_3 导通，TG_4 截止，第二级锁存器链路打开，触发器的输出 $Q=Q_1$，而 $Q_1=D$。

(3) 在 CLK 为高电平期间，由于传输门 TG_1 截止，所以触发器的状态 Q 保持不变。

(4) 当 CLK 的下降沿到来时，传输门 TG_1 导通，TG_2 截止。第一级锁存器重新打开，为捕获下一次上升沿到来时 D 的数据做准备；传输门 TG_3 截止，TG_4 导通，第二级锁存器锁定刚才上升沿到来时输入数据 D。

综上分析，图 5-26 所示的 CMOS 边沿 D 触发器在时钟脉冲的上升沿工作。

为了使用灵活方便，在设计集成 CMOS 边沿 D 触发器时将图 5-26 中反相器扩展为或非门以引入直接置 1 端 S_D 和清零端 R_D，具体电路如图 5-27 所示。由于 S_D 和 R_D 不受时钟脉冲的控制，因此也称为异步置 1 端和异步清零端。相应地，由于输入 D 受时钟脉冲控制，只有当时钟脉冲的上升沿到达时才能使触发器置 0 或置 1，因此称为同步输入端。

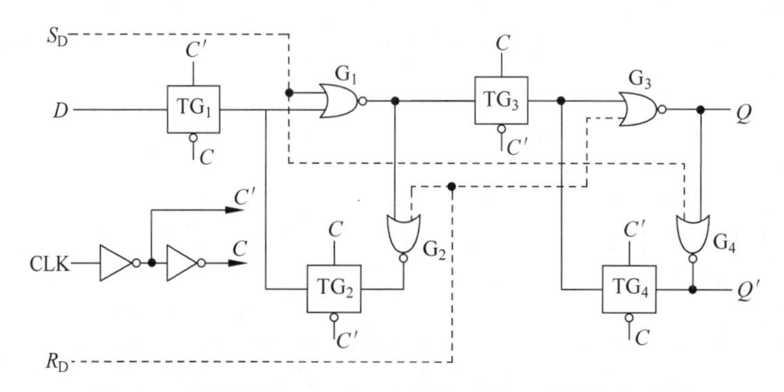

图 5-27 具有异步置 1 和置 0 端的 CMOS 边沿 D 触发器

在边沿 D 触发器的基础上，很容易构造出边沿 JK 触发器。将 D 触发器的特性方程 $Q^*=D$ 和需要实现的 JK 触发器的特性方程 $Q^*=J\cdot Q'+K'\cdot Q$ 进行对比可知，取 D 触发器的输入信号 $D=J\cdot Q'+K'\cdot Q$ 时，即可得到 JK 触发器，故实现电路如图 5-28 所示。

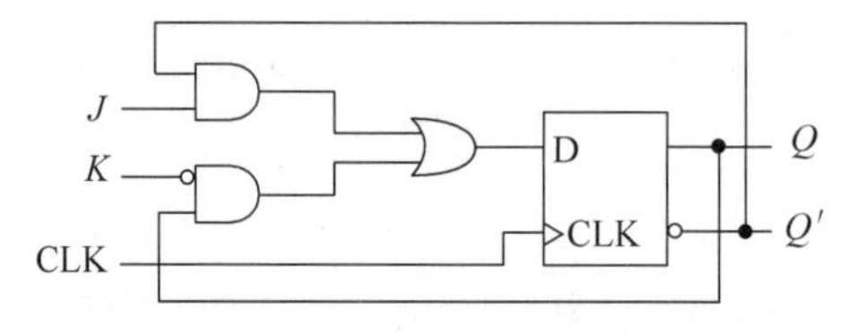

图 5-28 边沿 JK 触发器实现原理图

74HC74 是在时钟脉冲上升沿工作的双 D 触发器。除了时钟脉冲 CLK、输入 D 和输出 Q 和 Q'端口外，74HC74 还附加有异步清零端 R'和异步置 1 端 S'，其内部结构示意和引脚图如图 5-29(a)所示，功能表如表 5-5 所示。

74HC112 是在时钟脉冲下降沿工作的双 JK 触发器。74HC112 同样附加有异步清零端 R'和异步置 1 端 S'，其内部结构示意和引脚图如图 5-29(b)所示，功能表如表 5-5 所示。

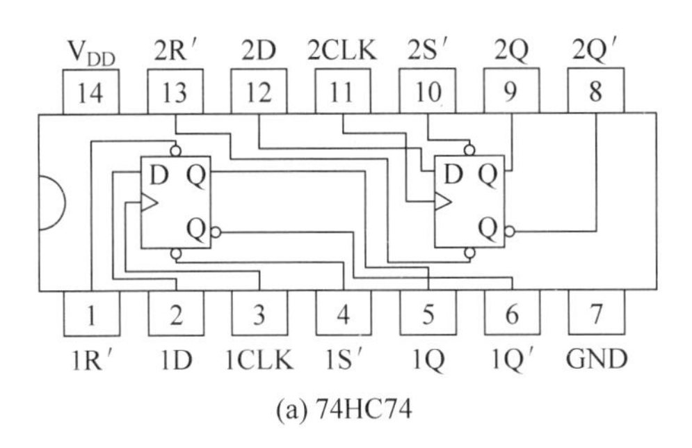

(a) 74HC74

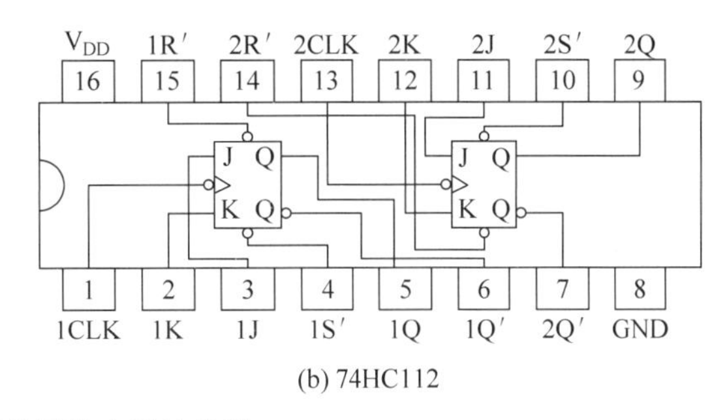

(b) 74HC112

图 5-29　两种常用的边沿触发器

表 5-5　两种常用边沿触发器功能表

74HC74：

输入				输出		功能说明
S'	R'	CLK	D	Q	Q'	
0	1	×	×	1	0	异步置 1
1	0	×	×	0	1	异步清 0
0	0	×	×	1^*	1^*	错误状态
1	1	↑	0	0	1	置 0
1	1	↑	1	1	0	置 1
1	1	0	×	Q_0	Q'_0	保持

74HC112：

输入					输出		功能说明
S'	R'	CLK	J	K	Q	Q'	
0	1	×	×	×	1	0	异步置 1
1	0	×	×	×	0	1	异步清 0
0	0	×	×	×	0^*	0^*	错误状态
1	1	↓	0	0	Q_0	Q'_0	保持
1	1	↓	0	1	0	1	置 0
1	1	↓	1	0	1	0	置 1
1	1	↓	1	1	Q'_0	Q_0	翻转
1	1	0	×	×	Q_0	Q'_0	保持

注：* 表示不稳定状态，是错误的；Q_0 表示原来的状态。

边沿触发器除了具有数据存储功能之外，利用其边沿触发特性，在信号同步、相位检测等方面有着许多典型的应用。例如，对于图 2-8(a)所示的门控电路，开关 A 控制着数字序列 B 能否通过与门输出。但存在的问题是，由于开关 A 闭合和断开的时刻是随机的，如果开关 A 在序列信号为高电平期间闭合或者断开，就会在与门的输出端得到不完整的脉冲，如图 2-8(b)所示。

应用边沿触发器能够实现门控信号与数字序列同步，原理电路和工作波形如图 5-30 所示。当门控开关 S 跳变为高电平后，只有在序列 B 的上升沿到来时门控信号 A 才跳变为 1，数字序列 B 才能通过与门输出；当门控开关 S 跳变为低电平时，同样只有在序列 B 的上升沿时门控信号 A 才跳变为 0，与门关闭，输出 Y 为 0。这样保证了门控信号 A 的跳变时刻与序列 B 严格同步，从而在与门的输出端 Y 得到完整的序列脉冲。

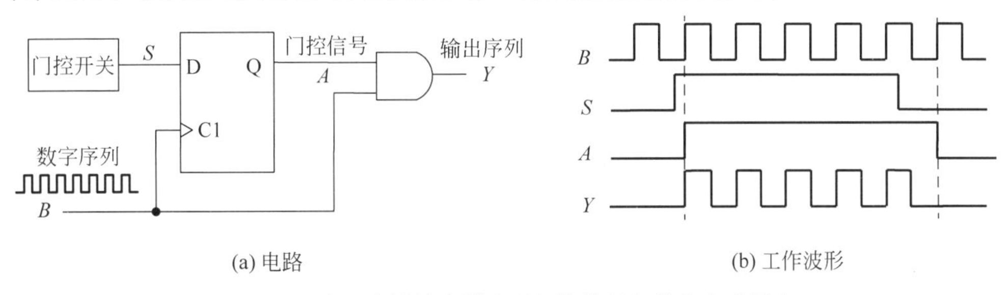

(a) 电路　　(b) 工作波形

图 5-30　应用边沿触发器实现门控信号与数字序列同步

另外,应用边沿触发器还可以实现序列的相差检测,原理电路如图 5-31 所示,其中 u_I 和 u_R 为两路同频的正弦信号。设 $u_I=\sin(2\pi\omega t)$、$u_R=\sin(2\pi\omega t-\Phi)$,即两路正弦信号的相差为 Φ。应用双比较器 LM393 构成同相过零比较器将正弦信号转换成数字序列 D_I 和 D_R,分别作为边沿 D 触发器 FF_1 和 FF_2 的时钟信号。

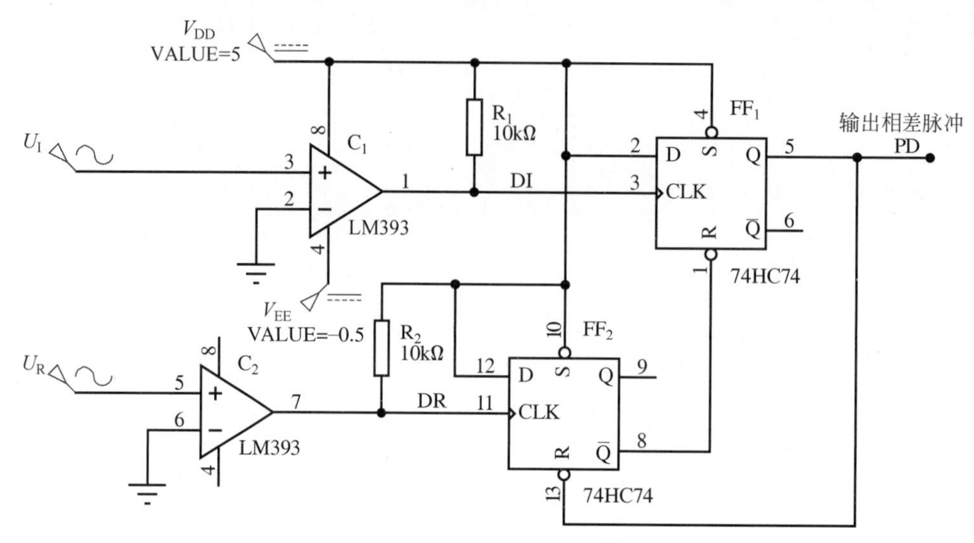

图 5-31　相差检测电路

应用边沿触发器实现相差检测的原理是:在序列 D_I 的上升沿到来时将触发器 FF_1 输出的相差脉冲 PD 置为高电平后,使得触发器 FF_2 的复位信号无效,因此在序列 D_R 的上升沿到来时能够将触发器 FF_2 置 1。FF_2 置 1 后由于 $Q_2'=0$,因此又将 FF_1 输出的相差脉冲 PD 复位为低电平,同时相差脉冲 PD 又将 FF_2 复位,所以相差脉冲的宽度 PD 与相差 Φ 相关。Φ 越大,PD 的宽度越宽。通过测量和计算相差脉冲宽度与序列周期的比值即可实现相差检测。相差检测电路输出的相差脉冲 PD 与数字序列 D_I 和 D_R 的波形关系如图 5-32 所示。

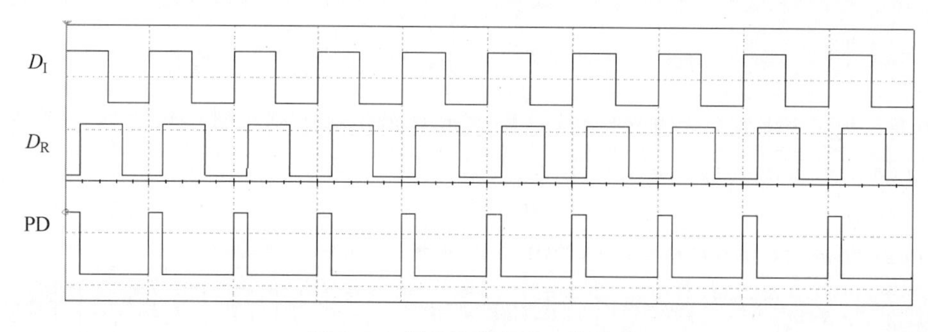

图 5-32　相差检测电路工作波形

思考与练习

5-6　边沿触发器与脉冲触发器相比,有什么主要优点?

5-7　设 D_I 和 D_R 为两路波形相同、相位不同的数字序列。如何检测 D_I 的相位是超

前于 D_R 还是落后于 D_R？画出电路图，并说明其检测原理。

5-8　分析图 2-12 所示的应用异或门实现的相差检测电路和图 5-31 所示的应用边沿触发器实现的相差检测电路输出的相差脉冲有什么差异？并说明相差测量和计算方法是否相同。

5.5　锁存器与触发器的逻辑功能和动作特点

5.5
微课视频

本章讲述了基本锁存器、门控锁存器、脉冲触发器和边沿触发器的电路结构和工作原理。

根据逻辑功能的不同特点进行划分，锁存器与触发器分为 SR 锁存器/触发器、D 锁存器/触发器和 JK 触发器 3 种。SR 锁存器/触发器具有置 0、置 1 和保持 3 种功能，D 锁存器/触发器具有置 0 和置 1 两种功能，JK 触发器具有置 0、置 1、保持和翻转 4 种功能。

从动作特点进行划分，锁存器与触发器又可以分为门控锁存器、脉冲触发器和边沿触发器 3 种类型。门控锁存器在时钟脉冲的有效电平期间工作，脉冲触发器在时钟脉冲的上升沿开始工作，但到下降沿才能进行状态更新，而边沿触发器只在时钟脉冲的边沿工作。

逻辑功能和动作特点是从两个不同的角度考查锁存器/触发器。从理论上讲，SR、D、JK 触发器都可以采用边沿触发电路形式实现，而同种功能的触发器也可以用脉冲、边沿等不同的电路形式实现，从而具有不同的动作特点。

如果将 JK 触发器的两个输入端 J、K 相连，则当 $J=K=0$ 时保持，$J=K=1$ 翻转。这种只具有保持和翻转功能的触发器称为 T 触发器。将 $J=K=T$ 代入 JK 触发器的特性方程即可得到 T 触发器的特性方程

$$\begin{aligned} Q^* &= J \cdot Q' + K' \cdot Q \\ &= T \cdot Q' + T' \cdot Q \\ &= T \oplus Q \end{aligned}$$

T 触发器的状态转换图如图 5-33(a)所示，下降沿工作的边沿 T 触发器的图形符号如图 5-33(b)所示。

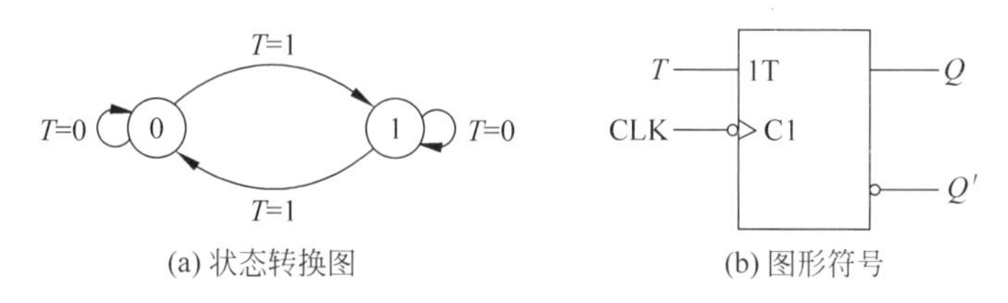

(a) 状态转换图　　(b) 图形符号

图 5-33　T 触发器状态转换图及图形符号

若将 JK 触发器的输入信号 J、K 都接高电平，则构成只具有翻转功能的 T′触发器，其特性方程为

$$Q^* = J \cdot Q' + K' \cdot Q = 1 \cdot Q' + 1' \cdot Q = Q'$$

T 触发器和 T′触发器为 JK 触发器两种不同的应用方式。另外，将 D 触发器的 Q' 反馈到 D 端，也可以构成 T′触发器。

D 触发器和 JK 触发器是两种常用的触发器。D 触发器虽然只具有置 0 和置 1 两种功能，但应用很方便。JK 触发器功能强大，合理应用可以简化电路设计，同时还可以作为 SR

触发器、T 触发器和 T′触发器使用。

思考与练习

5-9 SR、D、JK、T 和 T′触发器各有什么功能？写出其各自的特性方程。

5-10 门控锁存器、脉冲触发器和边沿触发器各有什么动作特点？

5.6 微课视频

5.6 锁存器与触发器的动态特性

为了保证锁存器/触发器能够可靠地工作，锁存器/触发器的输入信号、时钟/时钟脉冲之间在时序上还应该满足一定的关系。

本节以常用的门控锁存器和边沿触发器为例，分析锁存器和触发器的动态特性。

5.6.1 门控锁存器的动态特性

由与非门构成的门控锁存器如图 5-34(a)所示，其中基本 SR 锁存器由与非门 G_1 和 G_2 交叉耦合构成。假设所有与非门的传输延迟时间均为 t_{pd}。

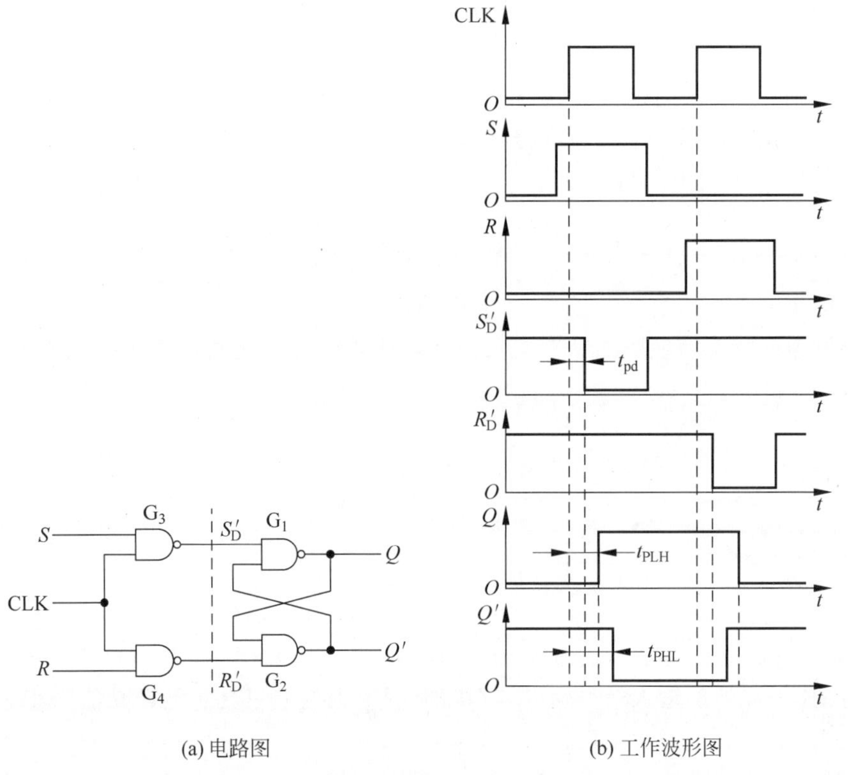

图 5-34 门控锁存器电路图及工作波形

1. 输入信号宽度

对于基本 SR 锁存器，当 $S'_D=0$、$R'_D=1$ 时，在 S'_D的作用下，经过与非门 G_1 使 $Q=1$。再在 Q 和 R'_D的共同作用下，经过与非门 G_2 使 $Q'=0$；当 $S'_D=1$、$R'_D=0$ 时，在 R'_D的作用

下，经过与非门 G_2 使 $Q'=1$。再在 Q' 和 R'_D 的共同作用下，经过与非门 G_1 使 $Q=0$。因此，为了确保基本 SR 锁存器可靠地工作，输入信号 S'_D 和 R'_D 的作用时间应该满足

$$t_{W(S'_D)} \geqslant 2t_{pd},\quad t_{W(R'_D)} \geqslant 2t_{pd}$$

其中，t_W 表示输入信号的保持时间，也称为宽度。

对于如图 5-34(a)所示的门控锁存器，为了满足基本 SR 锁存器输入信号宽度的要求，要求输入信号 S 和 R 与时钟 CLK 同时为高电平的保持时间应满足

$$t_{W(S\cdot CLK)} \geqslant 2t_{pd},\quad t_{W(R\cdot CLK)} \geqslant 2t_{pd}$$

门控锁存器的工作波形如图 5-34(b)所示。

2. 传输延迟时间

由于基本 SR 锁存器从输入信号 S'_D 和 R'_D 变到输出状态 Q 和 Q' 更新完成的延迟时间为 $2t_{pd}$，再考虑门控与非门的传输延迟时间，所以门控锁存器从时钟和输入信号同时为高电平开始算起，到输出状态 Q 和 Q' 更新完成的传输延迟时间为 $3t_{pd}$。

5.6.2 边沿触发器的动态特性

为了保证触发器在时钟脉冲的边沿能够可靠地采集输入数据，触发器的输入信号与时钟脉冲之间应满足一定的时序要求。

下面以边沿 D 触发器为例，介绍触发器的动态参数。

触发器的动态参数主要包括建立时间、保持时间、传输延迟时间三个重要的时序参数。上升沿工作的边沿 D 触发器三种时序参数的定义如图 5-35 所示。

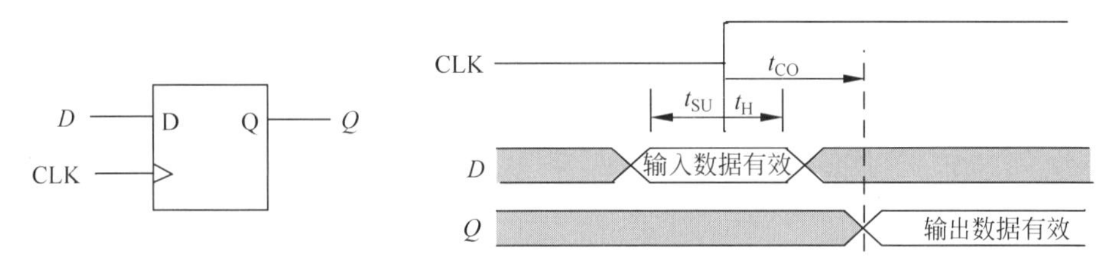

图 5-35　D 触发器三种时序参数的定义

1. 建立时间

建立时间(setup time)是指时钟脉冲的有效沿到来之前，触发器的输入信号必须提前到达并且稳定的最短时间，用 t_{SU} 表示。也就是说，为了确保触发器在时钟脉冲的有效沿能够稳定地采集输入数据，输入信号至少应先于时钟脉冲的有效沿到达触发器的输入端，这个提前的时间 t_{SU} 就是建立时间。如果建立时间不够，输入数据将不能可靠地存入触发器。

对于图 5-26 所示的 CMOS 边沿 D 触发器，在时钟 CLK 为低电平期间，传输门 TG_1 和 TG_4 导通、TG_2 和 TG_3 截止，此时输入信号 D 经由传输门 TG_1、反相器 G_1 和 G_2 到达 Q_1，使得 $Q_1=D$。设传输门和反相器的传输延迟时间均为 t_d，则输入信号 D 的变化传输到 Q_1 的延迟时间为 $3t_d$。因此，当时钟 CLK 的上升沿到来时，经过一级时钟反相器的传输延迟时间 t_d 后传输门的控制信号 C' 开始变化，因此要求输入信号 D 必须先于时钟 CLK 的上升沿到达并且保持稳定的最短时间为 $2t_d$，即 $t_{SU}=2t_d$。

2. 保持时间

保持时间(hold time)是指时钟脉冲的有效沿作用后，触发器的输入信号还必须维持不

变的最短时间，用 t_{HOLD} 表示。如果保持时间不够，输入数据同样不能可靠地存入触发器。

对于图 5-26 所示的 CMOS 边沿 D 触发器，当时钟 CLK 的上升沿到来时，经过两级时钟反相器的传输延迟时间 $2t_d$ 后传输门控制信号 C 和 C' 才会使传输门 TG_1 截止、TG_2 导通将 Q_1 锁存，而输入信号 D 在传输门 TG_1 截止之前应该保持不变。因此，触发器的保持时间为 $2t_d$，即 $t_H = 2t_d$。

3. 时钟到输出时间

时钟到输出时间(clock-to-output time)是从时钟的有效沿开始算起，到触发器进行状态更新的延迟时间，用 t_{CO} 表示。

对于图 5-26 所示的 CMOS 边沿 D 触发器，需要经过两级时钟反相器的传输延迟、传输门 TG_3 和反相器 G_3 的传输延迟后触发器的输出 Q 才能进行状态更新，而 Q' 还需要经过反相器 G_4 后才能完成状态更新，因此 $t_{CO} = 5t_d$。

触发器的建立时间、保持时间和时钟到输出时间与具体器件系列和实现电路有关。电源电压 $V_{DD} = 4.5V$ 时，对于 CMOS 双 D 触发器 74HC74，$t_{SU} = 20ns$，$t_H = 0$，t_{CO} 的典型值为 10ns；对于 CMOS 双 JK 触发器 74HC112，$t_{SU} = 25ns$，$t_H = 0$，t_{CO} 的典型值为 25ns。

明确建立时间 t_{SU}、保持时间 t_{HOLD} 和时钟到输出时间 t_{CO} 的含义后，就可以通过触发器的时序参数推算时序电路稳定工作时应满足的条件。这部分内容将在 6.7 节作进一步分析。

5.7
微课视频

5.7 设计实践

抢答器通常用于专项知识竞赛，以测试选手对知识掌握的熟练程度和反应速度。

抢答的基本原理：主持人掌握着一个复位按钮，用来复位抢答器。抢答开始后，若有选手按下抢答按钮，立即锁存并驱动指示电路显示选手的状态或编号，同时封锁时钟禁止抢答器工作，并将第一个抢中选手的状态或编号一直保持到主持人将抢答器复位为止。

抢答器的主要功能有两个：一是分辨出选手抢答的先后顺序，锁定首先抢中选手的状态；二是封锁时钟，对其他选手的抢答不响应。这两个功能均可以通过锁存器或触发器来实现。

四人抢答器的原理电路如图 5-36 所示，其中 74HC175 内部有 4 个 D 触发器，MR′为复位端，低电平有效。主持人掌握按钮 S_0，4 位选手分别掌握着按钮 S_1、S_2、S_3 和 S_4，D_1、D_2、D_3 和 D_4 分别为其状态指示灯。

抢答器的工作原理是：当主持人按下 S_0 后将 4 个 D 触发器清 0，这时 $Q_0' \sim Q_3'$ 为高电平，因此 4 个发光二极管 $D_1 \sim D_4$ 均不亮，同时与门 U2:B 输出为高电平，因此时钟脉冲 DCLK 可以通过与门 U2:A 为 74HC175 提供时钟。

当有选手按下抢答按钮，例如 1 号选手按下按钮 S_1 时，在时钟脉冲作用下将 Q_0 置 1，这时 Q_0' 为低电平驱动发光二极管 D_1 亮，同时与门 U2:B 输出为低电平使与门 U2:A 输出为低电平，从而将 74HC175 的时钟脉冲封锁。由于 74HC175 没有时钟脉冲而停止工作，所以对此后其他选手的抢答没有响应。直到主持人将抢答器复位，$Q_0' \sim Q_3'$ 恢复高电平，与门 U2:B 输出为高电平，74HC175 的时钟恢复，才能进行下一轮抢答。

取时钟脉冲 DCLK 为 100kHz 时，可识别选手抢答的最小时差为 10μs。图 5-36 中限流电阻 $R_1 \sim R_4$ 的阻值按驱动 $\phi 5$ 发光二极管参数设计。

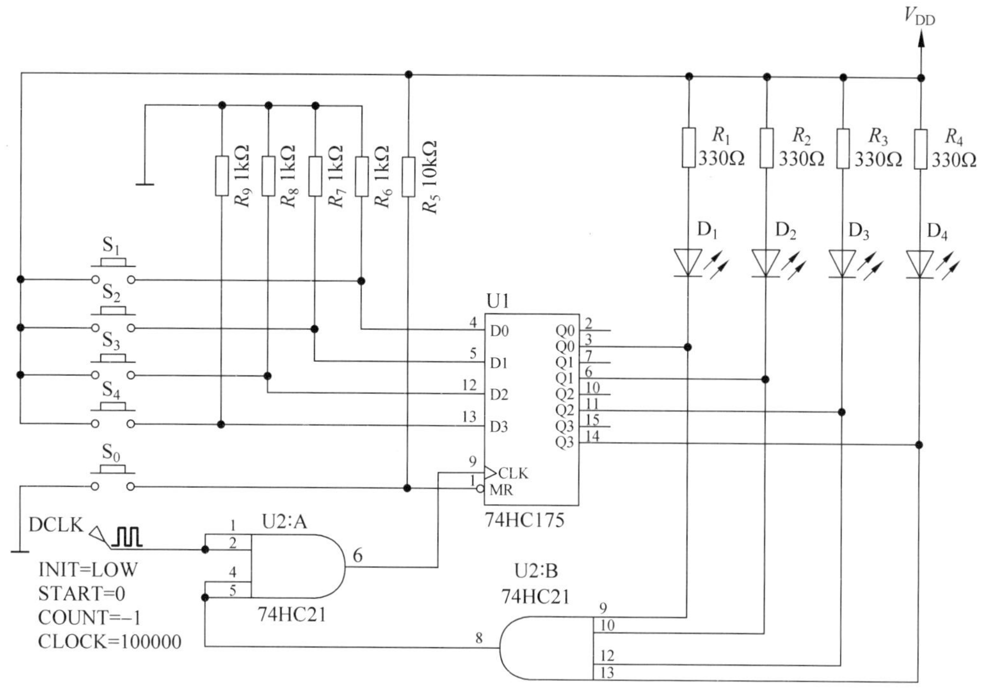

图 5-36 四人抢答器参考设计图

本章小结

锁存器和触发器是数字电路中两种基本的存储器件，一个锁存器/触发器能够存储一位二值信息。

锁存器有 SR 锁存器和 D 锁存器两种类型，其中 SR 锁存器具有置 0、置 1 和保持三种功能，而 D 锁存器只具有置 0 和置 1 两种功能。

触发器有 SR 触发器、D 触发器和 JK 触发器三种类型，其中 SR 触发器具有置 0、置 1 和保持三种功能，D 触发器只具有置 0 和置 1 两种功能，而 JK 触发器具有置 0、置 1、保持和翻转四种功能。

将 JK 触发器的 J 端和 K 端连接到一起，就构成了只有保持和翻转功能的 T 触发器。将 JK 触发器的 J 端和 K 端接高电平，就构成了只有翻转功能的 T′触发器。另外，将 D 触发器的输出 Q' 连接到 D 端，也可以构成 T′触发器。

按照动作特点，可以将锁存器/触发器分为门控锁存器、脉冲触发器和边沿触发器三种类型，其中门控锁存器在时钟的有效电平期间工作，脉冲触发器在时钟脉冲的上升沿已经开始工作，但延迟到时钟脉冲的下降沿才能输出，而边沿触发器只在时钟脉冲的边沿工作。

74HC74 是上升沿工作的双 D 触发器，而 74HC112 是下降沿工作的双 JK 触发器。

为了保证触发器能够可靠地工作，触发器的输入信号应满足建立时间和保持时间的要求，其中建立时间是指输入信号先于时钟脉冲到达并且稳定的最短时间，而保持时间是指在时钟脉冲作用后，输入信号还应该保持不变的最短时间。

锁存器/触发器是构成时序逻辑电路的核心。

习题

5.1 基本SR锁存器的输入信号 S 和 R 的波形如图题5-1所示，画出锁存器状态 Q 和 Q' 的波形。

5.2 门控SR锁存器的时钟脉冲CLK和输入信号 S 和 R 的波形如图题5-2所示，画出锁存器状态 Q 和 Q' 的波形(设 Q 的初始状态为0)。

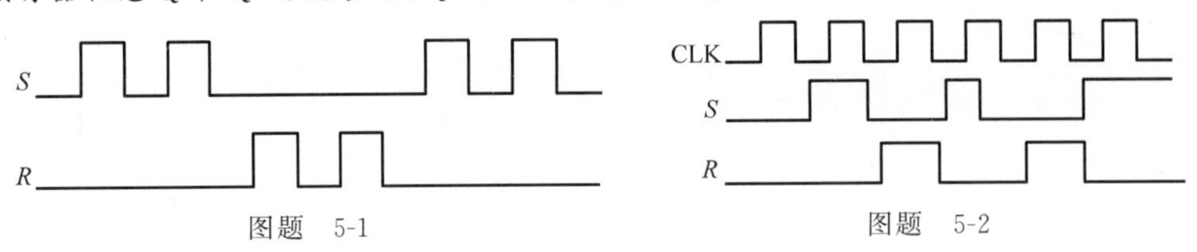

图题 5-1　　　　图题 5-2

5.3 脉冲SR触发器的时钟CLK以及输入信号 A、B 的波形如图题5-3所示，分别画出触发器状态 Q_1 和 Q_2 的波形。设触发器的初始状态为0。

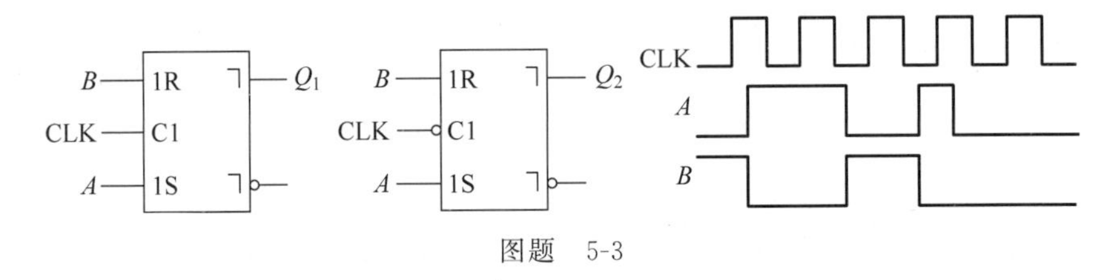

图题 5-3

5.4 设脉冲JK触发器的初始状态为0。时钟CLK以及输入 J、K 的波形如图题5-4所示，画出触发器状态 Q 的波形。

5.5 设边沿D触发器在时钟脉冲的上升沿工作，时钟CLK以及输入 D 的波形如图题5-5所示，画出触发器状态 Q 的波形。设触发器的初始状态为0。

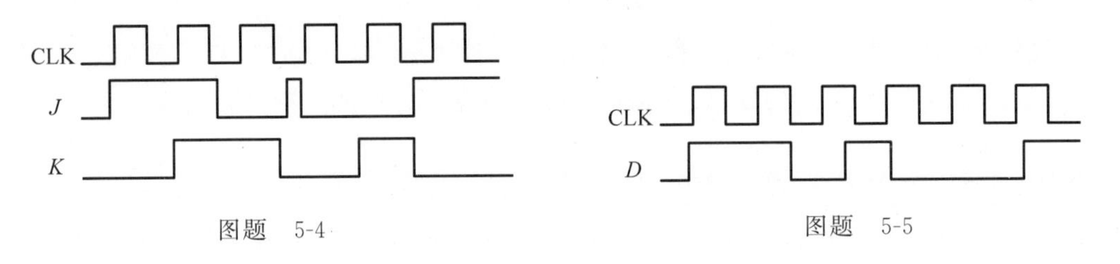

图题 5-4　　　　图题 5-5

5.6 设边沿D触发器在时钟脉冲的下降沿工作，初始状态为0，时钟CLK以及输入 D 的波形如图题5-5所示，画出触发器状态 Q 的波形。

5.7 触发器应用电路如图题5-7所示。设触发器的初态为0。画出在时钟序列CLK的作用下各触发器状态 Q 的波形。

5.8 分析图题5-8所示的时序电路。画出在时钟序列CLK和输入 A、B 的作用下 Q_1 和 Q_2 的波形。设触发器的初始状态为0。

5.9 两相时钟源电路如图题5-9所示。画出在时钟序列CLK的作用下触发器的状态 Q、Q' 以及输出 v_{O1}、v_{O2} 的波形。设触发器的初始状态为0。

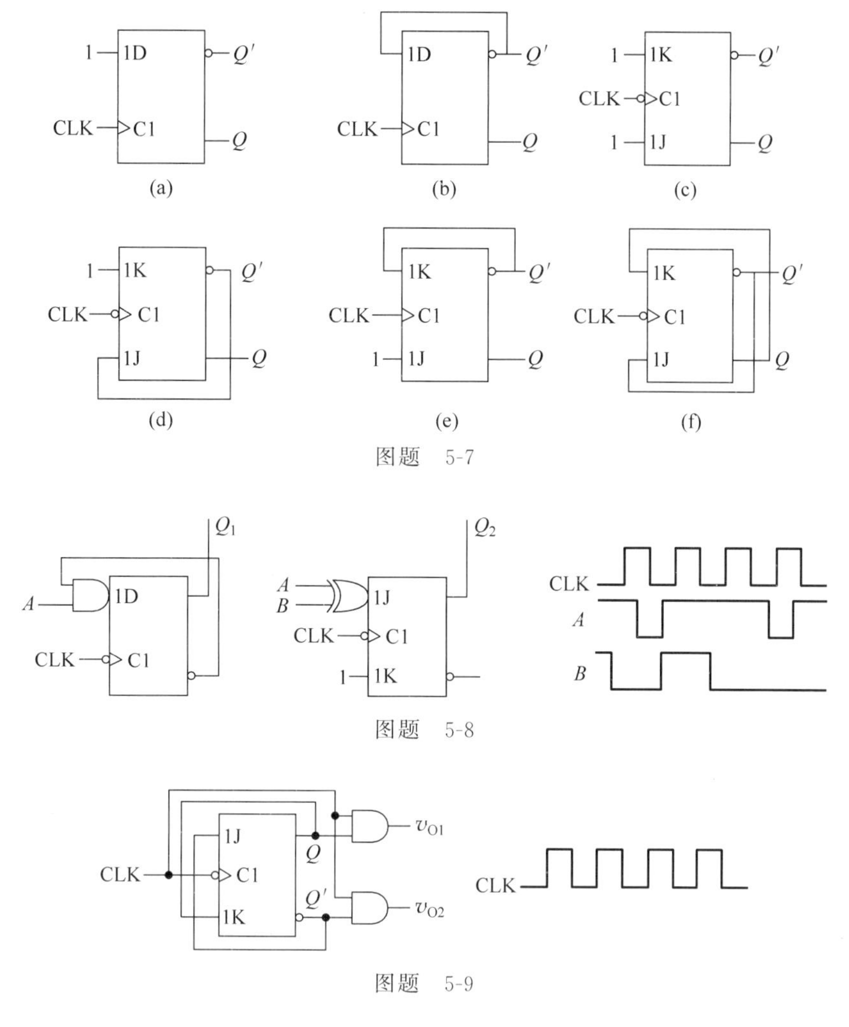

图题 5-7

图题 5-8

图题 5-9

5.10 分析图题5-10所示的时序电路。已知CLK和D的波形，画出D触发器状态Q_0和T触发器状态Q_1的波形。设触发器的初始状态均为0。

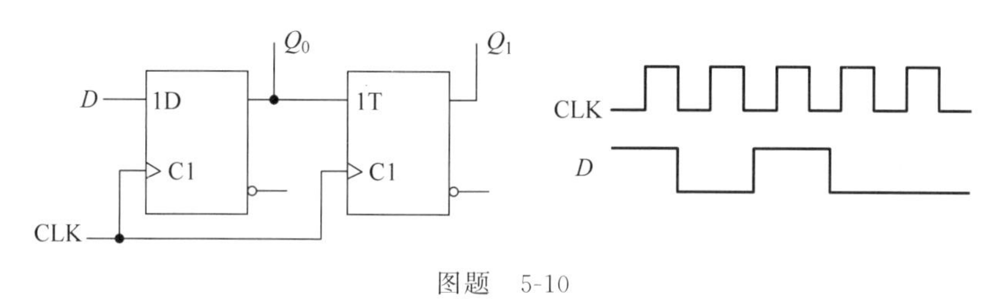

图题 5-10

5.11 两相脉冲产生电路如图题5-11所示。画出在脉冲序列CLK的作用下φ_1、φ_2的输出波形，并说明φ_1、φ_2的相位差。设触发器的初始状态为0。

5.12 分析图题5-12所示的时序电路。已知CLK和R'_D的波形，画出触发器状态Q_0、Q_1的波形。设触发器的初始状态为0。

5.13 若定义一种新触发器的逻辑功能为$Q^* = X \oplus Y \oplus Q$，分别用JK触发器、D触发器和门电路实现这种触发器。

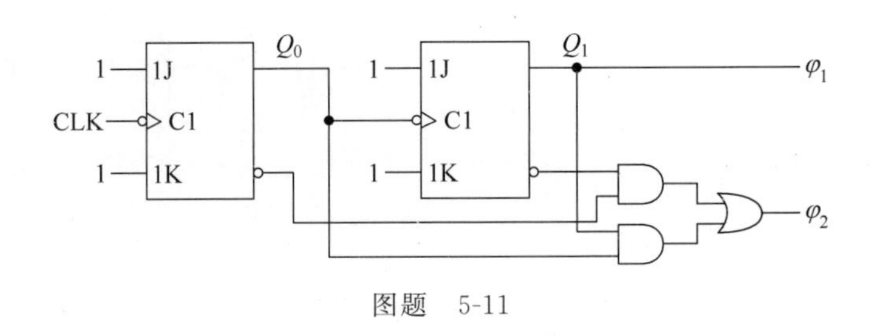

图题 5-11

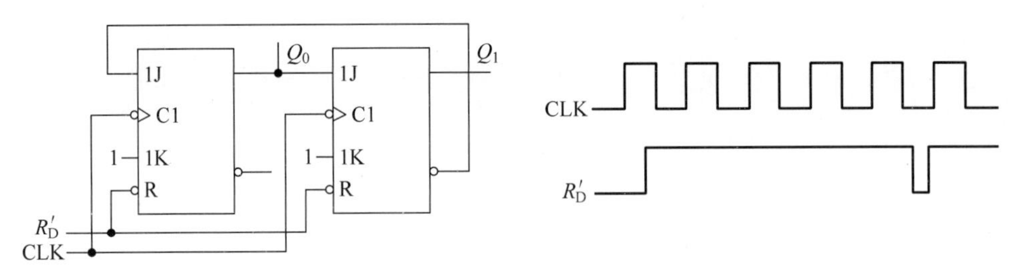

图题 5-12

5.14 分析图题 5-14 所示的时序电路。已知 CLK 和 D 的波形，画出触发器状态 Q_0、Q_1 及输出 v_O 的波形。设触发器的初始状态均为 0。

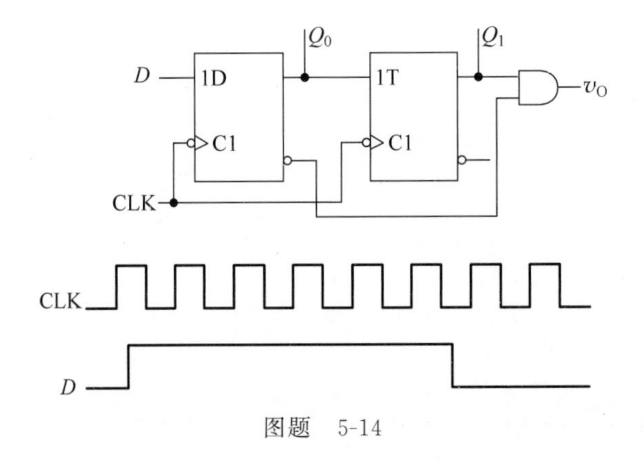

图题 5-14

5.15 分析图题 5-15(a)的所示电路，画出在图 5.15(b)所示的时钟脉冲 CLK 和输入信号 D 作用下 D 触发器状态 Q_1 和 D 锁存器状态 Q_2 的波形。设 Q_1 和 Q_2 的初始状态均为 0。

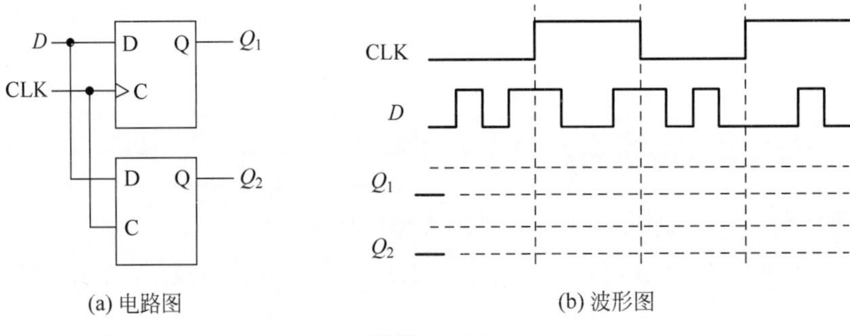

(a) 电路图　　(b) 波形图

图题 5-15

第6章 时序逻辑器件

CHAPTER 6

数字电路分为组合逻辑电路和时序逻辑电路两大类。组合逻辑电路是构成数字系统的基础，时序逻辑电路是构成数字系统的核心。离开了时序逻辑电路，难以有效地构成数字系统。

本章首先讲述时序逻辑电路的基本概念以及分析与设计方法，然后以分析的角度讲解寄存器与移位寄存器，以设计的角度讲解计数器，最后讲述两种典型的时序单元电路——顺序脉冲发生器和序列信号产生器的结构及应用。

6.1 时序逻辑电路概述

6.1
微课视频

如果数字电路任一时刻的输出不但与该时刻的输入信号有关，而且还与电路的状态有关系，那么这种电路称为时序逻辑电路(sequential logic circuits)，简称时序电路。

时序电路的应用非常广泛。例如，银行工作人员用点钞机清点钞票的张数，十字路口交通信号装置以倒计时方式显示状态的剩余时间等。在点钞机和交通信号灯装置中，都有一类时序逻辑器件——计数器，以加/减方式统计钞票的张数和当前状态的剩余时间。

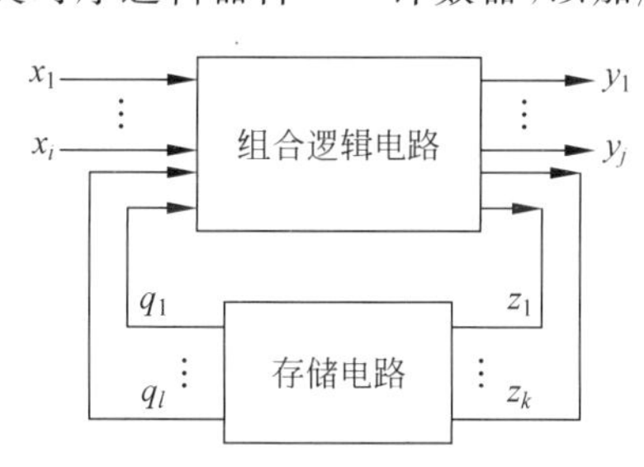

图6-1 时序逻辑电路结构框图

时序逻辑电路既然与电路的状态有关，那么在时序电路中存在能够记忆电路状态信息的存储器件，而基本的存储器件就是锁存器/触发器。

一般地，时序逻辑电路由组合逻辑电路和存储电路两部分构成，如图6-1所示。而且，存储电路的输出必须反馈到组合逻辑电路的输入端，与组合逻辑电路输入一起决定时序逻辑电路的输出。

为了便于用数学方法描述时序电路的逻辑功能，在此定义4种信号：

$$\begin{cases} x_1, x_2, \cdots, x_i \text{ 表示时序电路外部输入信号} \\ y_1, y_2, \cdots, y_j \text{ 表示外部输出信号} \\ q_1, q_2, \cdots, q_l \text{ 表示时序电路内部输入信号} \\ z_1, z_2, \cdots, z_k \text{ 表示内部输出信号} \end{cases}$$

其中 i、j、k、l 均为非负整数。

这4种信号之间的关系可以用三组方程描述。

1. 输出方程组

输出方程组用于描述时序电路外部输出信号与外部输入信号和状态之间的关系。从组合逻辑电路的角度看,外部输出信号 $y_1,y_2,\cdots,y_j$ 不但与外部输入信号 $x_1,x_2\cdots,x_i$ 有关,而且与存储电路的状态 $q_1,q_2,\cdots,q_l$ 有关系,因此外部输出信号是外部输入信号和状态的函数,即

$$\begin{cases} y_1=f_1(x_1,x_2,\cdots,x_i,q_1,q_2,\cdots,q_l) \\ y_2=f_2(x_1,x_2,\cdots,x_i,q_1,q_2,\cdots,q_l) \\ \quad\vdots \\ y_j=f_j(x_1,x_2,\cdots,x_i,q_1,q_2,\cdots,q_l) \end{cases}$$

上式称为时序电路的输出方程组。

2. 驱动方程组

驱动方程组用于描述时序电路内部输出信号(存储电路的驱动信号)与输入信号和状态之间的关系。从组合逻辑电路角度看,内部输出信号 $z_1,z_2,\cdots,z_k$ 同样是外部输入信号 $x_1,x_2,\cdots,x_i$ 和存储电路状态 $q_1,q_2,\cdots,q_l$ 的函数,即

$$\begin{cases} z_1=g_1(x_1,x_2,\cdots,x_i,q_1,q_2,\cdots,q_l) \\ z_2=g_2(x_1,x_2,\cdots,x_i,q_1,q_2,\cdots,q_l) \\ \quad\vdots \\ z_k=g_k(x_1,x_2,\cdots,x_i,q_1,q_2,\cdots,q_l) \end{cases}$$

上式称为时序电路的驱动方程组。

3. 状态方程组

状态方程组用于描述时序电路中存储电路的次态与输入及现态之间的关系。存储电路的输出为时序逻辑电路内部输入信号 $q_1,q_2,\cdots,q_l$,存储电路的输入为时序逻辑电路内部的输出信号 $z_1,z_2,\cdots,z_k$。根据锁存器/触发器的原理可知,存储电路的次态 $q_1^*,q_2^*,\cdots,q_l^*$ 是其输入信号 $z_1,z_2,\cdots,z_k$ 和现态的函数,即

$$\begin{cases} q_1^*=h_1(z_1,z_2,\cdots,z_k,q_1,q_2,\cdots,q_l) \\ q_2^*=h_2(z_1,z_2,\cdots,z_k,q_1,q_2,\cdots,q_l) \\ \quad\vdots \\ q_l^*=h_l(z_1,z_2,\cdots,z_k,q_1,q_2,\cdots,q_l) \end{cases}$$

上式称为时序电路的状态方程组。

为了方便起见,上述三组方程通常表示成向量形式:

$$\boldsymbol{Y}=F[\boldsymbol{X},\boldsymbol{Q}]$$
$$\boldsymbol{Z}=G[\boldsymbol{X},\boldsymbol{Q}]$$
$$\boldsymbol{Q}^*=H[\boldsymbol{Z},\boldsymbol{Q}]$$

其中,$\boldsymbol{X}=(x_1,x_2,\cdots,x_i)$,$\boldsymbol{Y}=(y_1,y_2,\cdots,y_j)$,$\boldsymbol{Z}=(z_1,z_2,\cdots,z_k)$,$\boldsymbol{Q}=(q_1,q_2,\cdots,q_l)$。

根据时序电路内部存储单元状态更新的不同特点,将时序逻辑电路分为同步(synchronous)时序逻辑电路和异步(asynchronous)时序逻辑电路两大类。在同步时序逻辑电路中,所有存储单元受同一时钟的控制,状态更新是同时进行的。异步时序逻辑电路中的存储单元不完全受同一时钟的控制,因而状态更新不是同时进行的。

另外,根据时序电路输出信号的不同特点,将时序电路分为 Mealy 和 Moore 两种类型。

Mealy 型电路的输出 $\boldsymbol{Y}=F[\boldsymbol{X},\boldsymbol{Q}]$，而 Moore 型电路的输出 $\boldsymbol{Y}=F[\boldsymbol{Q}]$。

Moore 型电路可分为两种情况：一是时序电路本身没有外部输入信号，因此输出只与状态有关，这种情况可以看作是 Mealy 型电路的特例；二是时序电路有外部输入信号，但外部输入信号不直接决定其输出，也就是说，外部输入信号的变化先引起状态的变化，而状态的变化再决定输出。

6.2 时序逻辑电路的功能描述

6.2 微课视频

时序逻辑电路与组合逻辑电路不同，电路的状态与时间有关系，有现态和次态的概念，因此时序逻辑电路与组合逻辑电路的功能描述方法不同。

虽然输出方程组、驱动方程组和状态方程组系统地描述了时序逻辑电路的功能，但是应用数学方法描述不直观，所以还需要借助直观的图、表描述时序电路的逻辑功能。常用的有状态转换表、状态转换图和时序图。

6.2.1 状态转换表

状态转换表简称状态表，是以表格的形式描述时序电路的次态 Q^*、外部输出信号 Y 与外部输入信号 X 以及现态 Q 之间的关系。

状态转换表有一维状态表和二维状态表两类，其中一维状态表又有表 6-1 和表 6-2 所示的两种常用的形式。一维状态表分为 3 栏，状态转换表 1 左栏为现态，中间栏为次态，右侧栏为输出；状态转换表 2 左栏为时钟序号，中间栏为状态，右侧栏为输出。两种状态表等价，相比来说，状态转换表 2 更能清晰地反映在时钟脉冲作用下状态的变化关系。

表 6-1　状态转换表 1

现态 $Q_2Q_1Q_0$			次态 $Q_2^*Q_1^*Q_0^*$						输出 Y	
			$X=0$ 时			$X=1$ 时			$X=0$ 时	$X=1$ 时
0	0	0	0	0	1	1	1	1	0	1
0	0	1	0	1	0	0	0	0	0	0
0	1	0	0	1	1	0	0	1	0	0
0	1	1	1	0	0	0	1	0	0	0
1	0	0	1	0	1	0	1	1	0	0
1	0	1	1	1	0	1	0	0	0	0
1	1	0	1	1	1	1	0	1	0	0
1	1	1	0	0	0	1	1	0	1	0

表 6-2　状态转换表 2

时钟 CLK	状态 $Q_2Q_1Q_0$						输出 Y	
	$X=0$ 时			$X=1$ 时			$X=0$ 时	$X=1$ 时
0	0	0	0	0	0	0	0	1
1	0	0	1	1	1	1	0	0
2	0	1	0	1	1	0	0	0
3	0	1	1	1	0	1	0	0
4	1	0	0	1	0	0	0	0
5	1	0	1	0	1	1	0	0
6	1	1	0	0	1	0	0	0
7	1	1	1	0	0	1	1	0
8	0	0	0	0	0	0	0	1

6.2.2 状态转换图

状态转换图简称状态图,是以图形的方式描述时序电路的逻辑功能。

表 6-1 和表 6-2 所示的状态转换表对应的状态转换图如图 6-2 所示。每个状态用一个圆圈表示,圈内的数字表示状态编码,圈外的箭头线表示状态的转换方向,并在线旁标明状态转换的条件和输出结果。通常将转换条件写在斜线的上方,将输出结果写在斜线的下方。

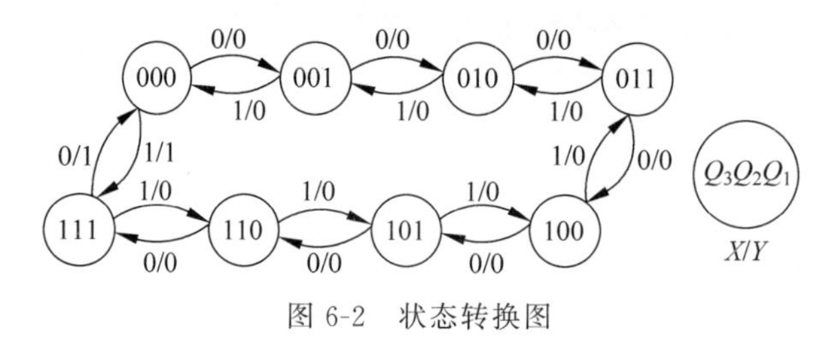

图 6-2 状态转换图

6.2.3 时序图

时序图又称为波形图,是用随时间变化的波形来描述时钟脉冲、输入、输出以及电路状态的对应关系。

在数字系统仿真或者数字电路实验中,经常利用波形图来验证或检查时序电路的逻辑功能。图 6-2 所示的时序电路在 $X=0$ 时的波形如图 6-3 所示。

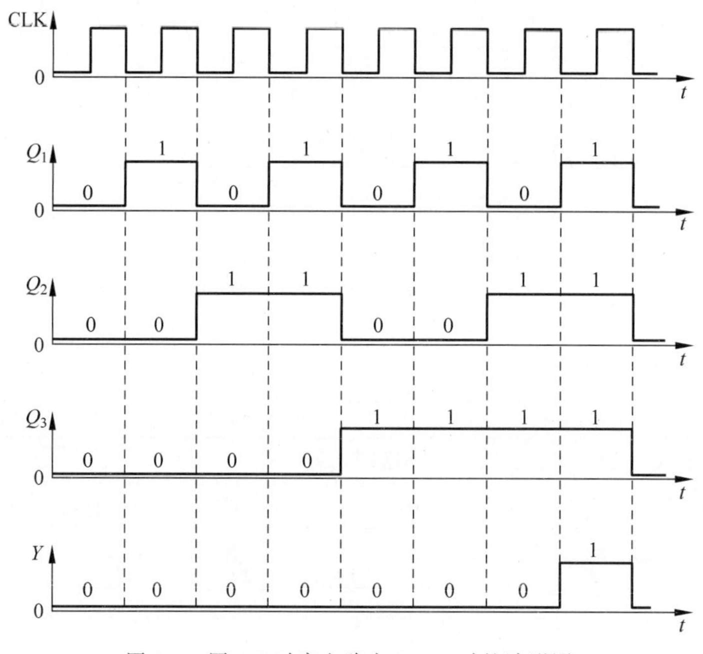

图 6-3 图 6-2 时序电路在 $X=0$ 时的波形图

6.3　时序逻辑电路的分析与设计

三组方程是时序逻辑电路分析与设计的理论基础。

同步时序逻辑电路内部存储单元状态的更新是同时进行的，因而工作速度快，但电路结构比异步时序电路要复杂一些。异步时序逻辑电路不要求内部存储单元的状态同时更新，因此可以根据需要来选择每个存储单元的时钟，设计比较灵活，因而电路结构比同步时序电路简单，但工作速度慢，而且容易产生竞争-冒险，所以异步时序逻辑电路的可靠性没有同步时序电路高。

由于同步时序逻辑电路具有更高的可靠性和更快的工作速度，因此在设计数字系统时，应尽量设计成同步时序逻辑电路。本节主要讲述同步时序逻辑电路的分析与设计方法，对于异步时序逻辑电路，只在用到时进行简单分析。

6.3.1　时序逻辑电路分析

6.3.1
微课视频

所谓时序逻辑电路分析，就是对于给定的时序电路，确定其逻辑功能和工作特点。具体的方法是，分析在一系列时钟脉冲的作用下，电路状态的转换规律和输出信号的变化规律，根据状态转换表、状态转换图或者波形图，推断时序电路的逻辑功能。

同步时序逻辑电路分析的一般步骤是：

(1) 写出输出方程组和驱动方程组。

明确时序电路所用触发器的逻辑功能和动作特点，写出各触发器的驱动方程，以及外部输出信号的表达式。

(2) 求出状态方程组。

将驱动方程代入触发器的特性方程中，得到各触发器次态的逻辑表达式——状态方程。需要注意的是，状态方程组只有在时钟信号到来时才成立。

(3) 列出状态表，画出状态图(或时序图)。

设定时序电路的初始状态，根据给定的输入条件和现态，分析在一系列时钟脉冲的作用下，时序电路的次态和相应的输出，列出状态转换表或画出状态转换图。注意在分析过程中不能漏掉任何可能出现的现态和输入的取值组合，并且把相应的次态和输出计算出来。

(4) 确定逻辑功能。

根据状态转换表、状态转换图(或波形图)，推断时序电路的逻辑功能和工作特点。

【例 6-1】　写出如图 6-4 所示时序电路的驱动方程、状态方程和输出方程，并分析电路的逻辑功能。

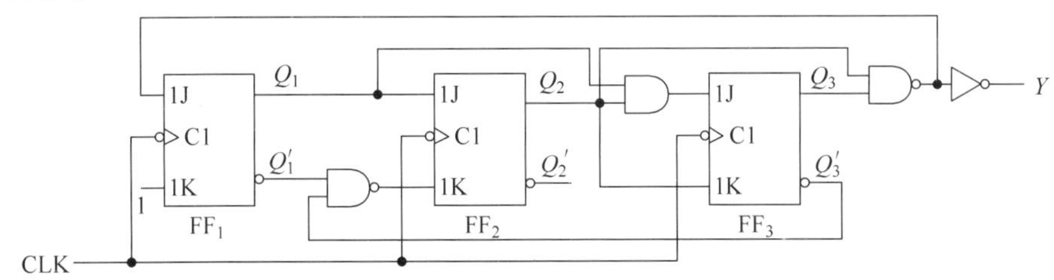

图 6-4　例 6-1 时序电路图

分析：

该电路内部有3个JK触发器，受同一时钟脉冲CLK的控制，所以为同步时序逻辑电路。另外，该电路没有外部输入信号，因此其输出Y只与状态$Q_1Q_2Q_3$有关，因此为Moore型电路。

(1) 写出输出方程和驱动方程组。

电路只有一个输出Y，其函数表达式为

$$Y=Q_2Q_3$$

电路内部有3个JK触发器，所以有6个驱动方程，即

$$\begin{cases}J_1=(Q_2Q_3)' \\ K_1=1\end{cases} \quad \begin{cases}J_2=Q_1 \\ K_2=(Q_1'Q_3')'\end{cases} \quad \begin{cases}J_3=Q_1Q_2 \\ K_3=Q_2\end{cases}$$

(2) 求出状态方程组。

将驱动方程组代入JK触发器的特性方程$Q^*=JQ'+K'Q$中，得到电路的状态方程组为

$$\begin{cases}Q_1^*=J_1Q_1'+K_1'Q_1=(Q_2Q_3)'Q_1' \\ Q_2^*=J_2Q_2'+K_2'Q_2=Q_1Q_2'+Q_1'Q_3'Q_2 \\ Q_3^*=J_3Q_3'+K_3'Q_3=Q_1Q_2Q_3'+Q_2'Q_3\end{cases}$$

(3) 列出状态转换表，画出状态转换图(或时序图)。

状态方程组和输出方程通过表达式确定了时序电路的逻辑功能，但不直观，因此需要分析在一系列时钟脉冲的作用下，电路状态的具体转换规律和输出的变化规律，画出状态转换图或列出状态转换表。

设电路的初始状态$Q_3Q_2Q_1=000$。将$Q_3Q_2Q_1=000$代入状态方程组和输出方程中，得到在第一个时钟脉冲作用下电路的次态和输出，再将这组状态作为现态，分析在第二个时钟脉冲作用下电路的次态和输出，以此类推，得到表6-3所示的状态转换表。

表6-3　例6-1电路的状态转换表

CLK	Q_3	Q_2	Q_1	Y
0	0	0	0	0
1↓	0	0	1	0
2↓	0	1	0	0
3↓	0	1	1	0
4↓	1	0	0	0
5↓	1	0	1	0
6↓	1	1	0	1
7↓	0	0	0	0

由于3个触发器共有8种状态，而表6-3所示的状态转换表只用了其中7个状态，不包含状态“111”。将$Q_3Q_2Q_1=111$为初始状态，代入状态方程中，求得次态$Q_3^*Q_2^*Q_1^*=000$，说明状态“111”经过一个时钟脉冲就可以回到表6-3所示的状态循环中，所以完整的状态转换图如图6-5所示。

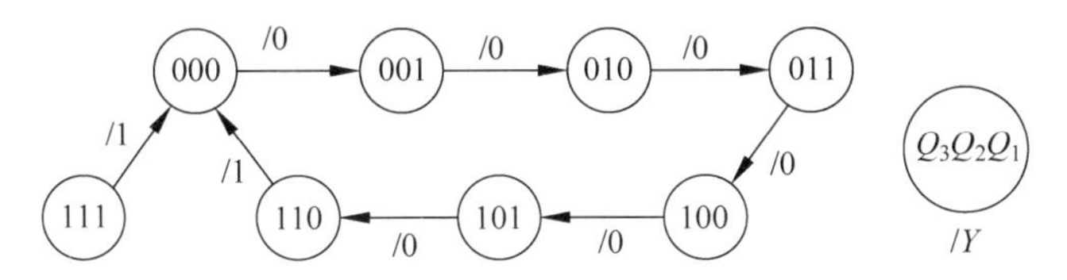

图 6-5 例 6-1 电路状态转换图

(4) 确定电路的逻辑功能。

从图 6-5 可以看出,若电路的初始状态为"000",当状态到达"110"时,下一个时钟到来后回到了初始状态,因此在时钟序列的作用下,电路的状态和输出必然按图 6-5 所示的转换关系反复循环。每次到达状态"110"时,输出 $Y=1$,因此,推断该电路是一个同步七进制计数器,Y 为计数器的进位信号。

该七进制计数器只用了"000～110"六个状态,其中状态"111"没有用到,称为无效状态。从图 6-5 可以看出,无效状态经过有限个时钟脉冲能够回到有效循环状态中,因此称该电路具有"自启动"功能。

【例 6-2】 分析图 6-6 所示时序电路的逻辑功能。

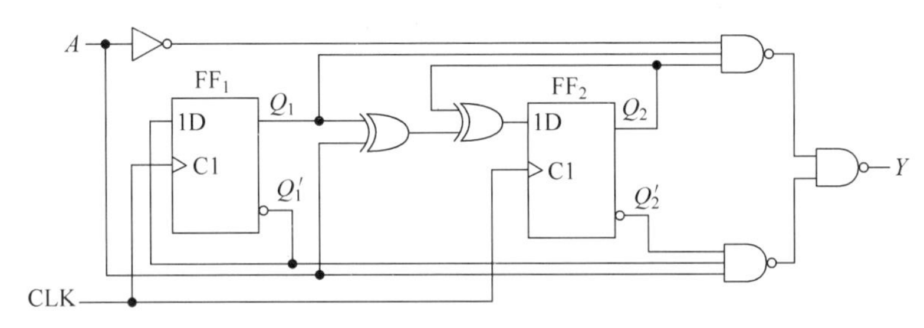

图 6-6 例 6-2 时序电路图

分析:该电路内部有两个 D 触发器,同时受外部时钟 CLK 的控制,所以为同步时序逻辑电路。由于输出 Y 与输入 A 有关,故为 Mealy 型电路。

(1) 写出输出方程和驱动方程组。

该时序电路只有一个输出信号,表达式为

$$Y=((A'Q_1Q_2)'(AQ_1'Q_2'))'=A'Q_1Q_2+AQ_1'Q_2'$$

该电路内部有两个 D 触发器,故驱动方程组为

$$\begin{cases}D_1=Q_1'\\D_2=A\oplus Q_1\oplus Q_2\end{cases}$$

(2) 求出状态方程组。

将驱动方程组代入 D 触发器的特性方程,得到状态方程组

$$\begin{cases}Q_1^*=Q_1'\\Q_2^*=A\oplus Q_1\oplus Q_2\end{cases}$$

(3) 列出状态表,画出状态图。

设电路的初始状态 $Q_2Q_1=00$。外部输入信号 $A=0$ 和 $A=1$ 时,状态转换表如表 6-4 所示。

表 6-4 例 6-2 电路状态转换表

CLK	A=0			A=1		
	Q_2	Q_1	Y	Q_2	Q_1	Y
0	0	0	0	0	0	1
1↑	0	1	0	1	1	0
2↑	1	0	0	1	0	0
3↑	1	1	1	0	1	0
4↑	0	0	0	0	0	1

由上述状态表可画出图 6-7 所示的状态图。图中每个圆圈代表电路的一个状态，转移线上标注 A/Y 表示状态转换的输入和输出。

(4) 确定逻辑功能。

当外部输入信号 $A=0$ 时，电路状态转移按照 00→01→10→11→00→…规律循环，并且在状态 11 时输出 $Y=1$；当外部输入信号 $A=1$ 时，电路状态转移按 00→11→10→01→00→…的规律循环，并且在状态 00 时输出 $Y=1$。所以该电路为同步四进制加/减计数器：当 $A=0$ 时为四进制加法计数器，Y 为进位信号；$A=1$ 时为四进制减法计数器，Y 为借位信号。

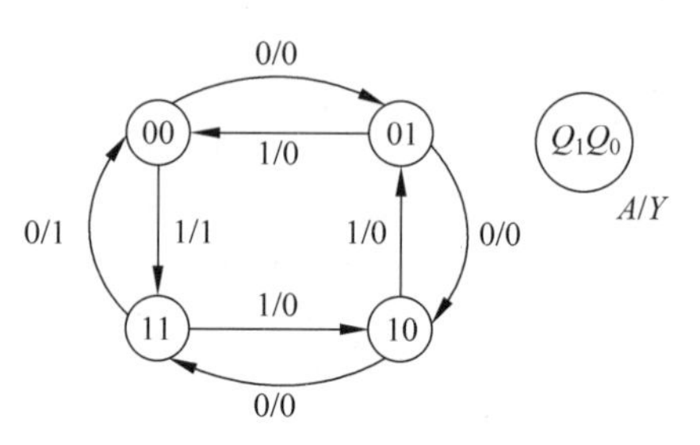

图 6-7 例 6-2 电路状态转换图

由于两个触发器的 4 种状态均为有效状态，所以该电路具有自启动功能。

6.3.2 时序逻辑电路设计

6.3.2
微课视频

所谓时序逻辑电路设计，就是对于给定的时序逻辑问题，根据逻辑功能的要求画出能够实现该功能的电路图。

从时序逻辑电路的分析过程可以看出，只要有驱动方程组和输出方程组，根据所选用的触发器，就能画出电路图，所以时序电路设计的关键是求出驱动方程组和输出方程组。

对于同步时序逻辑电路，由于内部存储单元的时钟相同，而且时钟只起同步控制作用，所以设计方法相对简单一些，具体步骤如图 6-8 所示。

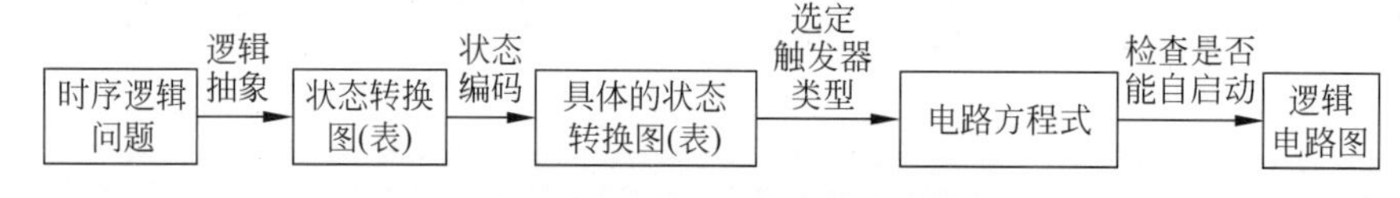

图 6-8 时序逻辑电路设计步骤框图

1. 逻辑抽象，画出原始的状态转换图或列出状态转换表

逻辑抽象就是对具体问题进行全面分析，确定输入变量、输出变量和电路的状态数，并且定义每个输入变量、输出变量和状态的确切含义，画出能够表述电路逻辑功能的状态转换图或列出状态转换表。

2. 状态编码，得到具体的状态转换图或状态转换表

为每个状态指定不同取值的过程称为状态编码，或称为状态分配。

状态编码应该遵循一定的规律，既要考虑到时序电路工作的可靠性，又要易于识别，方便记忆。目前，常用的编码方式有顺序编码、循环编码和一位热码 3 种方式。

顺序编码即按二进制数或者 BCD 码的自然顺序进行编码。顺序编码的优点是简单，容易记忆，但状态转换时可能会出现多位同时发生变化的情况。例如，从 011 变化到 100，三位同时发生变化。因此，顺序编码不利于提高电路工作的可靠性。

循环编码的特点是任意两个相邻状态只有一位不同，所以用于编码二进制计数器这种简单的、单循环时序电路时不会产生竞争-冒险，因而可靠性高。但循环编码用于复杂时序电路设计时，效果与顺序编码方式相同。

采用顺序编码或循环编码时，所用触发器的个数 M 根据化简后的状态数 n 确定：

$$2^{n-1} < M \leqslant 2^n$$

一位热码(one-hot)是指任意编码中只有一位为 1，其余均为 0。采用一位热码编码方式时，一个状态就需要用一个触发器，即 $M=n$。由于一位热码在任意状态间转换时只有两位发生变化，因而可靠性比顺序编码方式高，而且状态译码电路简单。

状态编码直接关系到设计出的电路的经济性和可靠性，因此需要根据具体要求选用。

状态编码完成后，经过逻辑抽象得到的抽象的状态转换图或转换表就具体化了，反映出在时钟脉冲作用下，时序电路内部存储单元的状态变化以及输出与输入的关系。

3. 求出状态方程、驱动方程和输出方程

用卡诺图表示每个存储单元的次态、外部输出信号与现态以及输入变量之间的关系，从中推出状态方程组和输出方程组，再结合所选触发器的特性方程，求出相应的驱动方程组。

电路设计所用的触发器类型可以根据需要进行选择。一般来说，选用功能强大的 JK 触发器设计过程复杂而电路简单，选用功能简单的 D 触发器则设计过程简单而电路复杂。

4. 检查电路能否自启动

若状态编码时存在无效状态，就需要检查电路是否具有自启动功能。

当时序电路处于无效状态时，只要经过有限个时钟脉冲能够回到有效状态中去，则称该时序电路具有自启动功能，表示电路在上电过程或因干扰脱离正常状态时，能够自动返回到有效循环中。

当电路不具有自启动功能时，可合理指定状态编码或修改化简过程，使无效状态能够回到有效循环中，从而使电路具有自启动功能。

5. 画出电路图

电路设计完成后，根据选用触发器的类型以及求出的驱动方程和输出方程，画出电路图。

【例 6-3】 设计一个带有进位输出的同步七进制计数器。

设计过程：

(1) 逻辑抽象，画出原始的状态转换图或列出状态转换表。

七进制计数器应该有 7 个状态，分别用 S_0、S_1、S_2、S_3、S_4、S_5 和 S_6 表示，用 C 表示进位进号，则在时钟脉冲作用下，七进制计数器的状态转换图如图 6-9 所示。

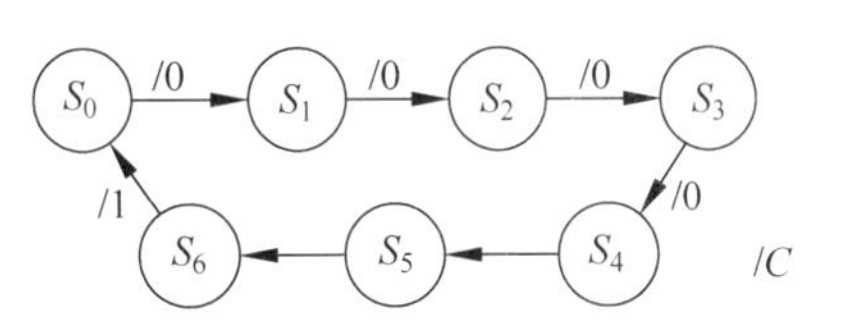

图 6-9　七进制计数器状态转换图

(2) 状态编码，得到具体的状态转换图或状态转换表。

采用顺序编码或循环编码时，七进制计数器需要用 3 个触发器实现，输出依次用 $Q_3Q_2Q_1$ 表示。

由于三个触发器共有 8 种取值组合，可以从 8 种取值中任选一个来代表 S_0，从剩余的 7 种取值中任选一个来代表 S_1，以此类推，从剩余的 2 种状态中任选一个代表 S_6，共有 8!(=40320)种编码方案，但绝大部分编码方案没有特点因而没有实用价值。

本例采用常用的顺序编码方式，即将 S_0 编码为 000，S_1 编码为 001，…，S_6 编码为 110。

状态编码完成后，图 6-9 所示的抽象状态转换图转换成图 6-10 所示的具体状态转换图。从图中可以看出，在时钟脉冲作用下，时序电路内部各触发器的状态转换关系。

(3) 求状态方程、驱动方程和输出方程。

由于触发器的次态 $Q_3^*Q_2^*Q_1^*$ 和进位信号 C 都是现态 $Q_3Q_2Q_1$ 的逻辑函数，用卡诺图表示这组函数关系，如图 6-11 所示，以方便逻辑函数化简。

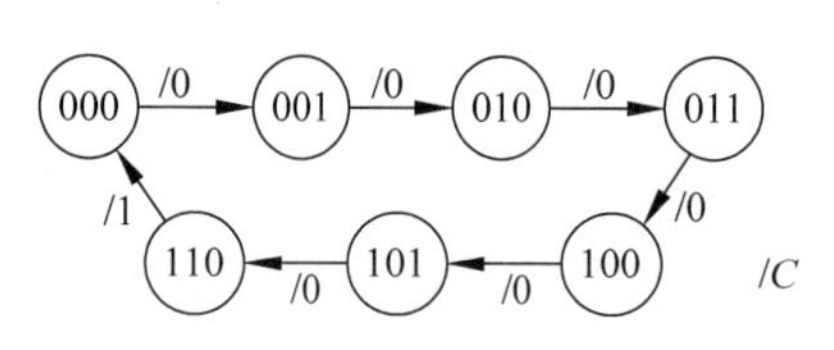

图 6-10 编码后的状态转换图

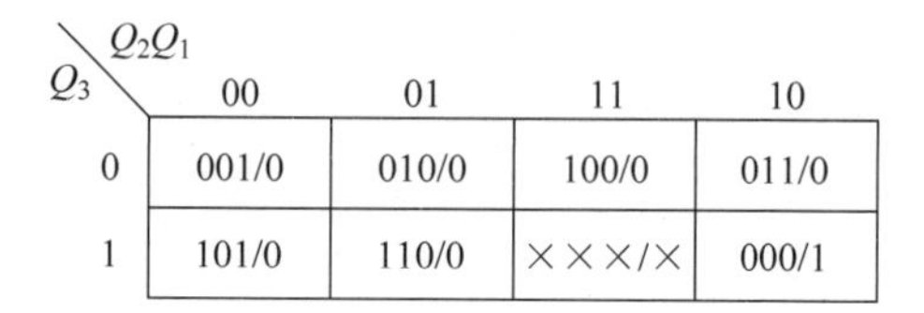

Q_3 \ Q_2Q_1	00	01	11	10
0	001/0	010/0	100/0	011/0
1	101/0	110/0	×××/×	000/1

图 6-11 $Q_3^*Q_2^*Q_1^*/C$ 的卡诺图

将图 6-11 中的卡诺图拆分成 4 张卡诺图，分别表示逻辑函数 Q_3^*、Q_2^*、Q_1^* 和 C 与状态变量 $Q_3Q_2Q_1$ 的关系，如图 6-12 所示。

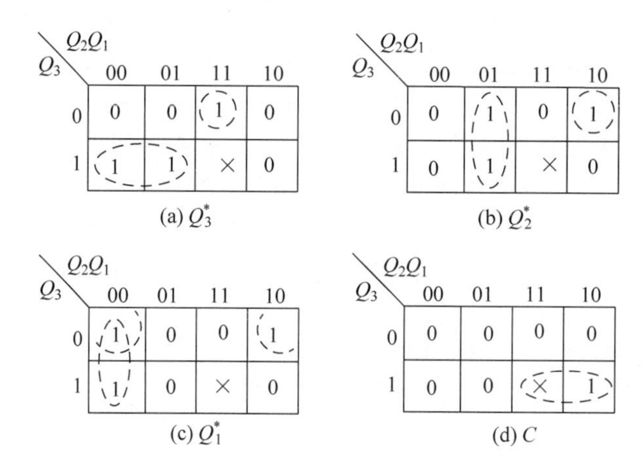

图 6-12 图 6-11 卡诺图的分解

从上述卡诺图可以求出时序电路的状态方程组

$$\begin{cases} Q_3^* = Q_1Q_2Q_3' + Q_2'Q_3 \\ Q_2^* = Q_1Q_2' + Q_1'Q_3'Q_2 \\ Q_1^* = (Q_2Q_3)'Q_1' \end{cases}$$

和输出方程

$$Y=Q_2Q_3$$

选用 JK 触发器设计时，将状态方程组与触发器的特性方程 $Q^*=JQ'+K'Q$ 进行对比，确定其驱动方程组

$$\begin{cases}J_3=Q_1Q_2\\K_3=Q_2\end{cases}\quad\begin{cases}J_2=Q_1\\K_2=(Q'_1Q'_3)'\end{cases}\quad\begin{cases}J_1=(Q_2Q_3)'\\K_1=1\end{cases}$$

(4) 检查电路能否自启动。

状态"111"属于无效状态。从逻辑函数化简过程中可以看出，现态为"111"时其次态在设计过程中已经无形中规定为"000"，即经过一个时钟脉冲即可从无效状态进入有效循环状态，因此电路具有自启动功能。

(5) 画出电路图。

根据得到的驱动方程组和输出方程即可画出与图 6-4 完全相同的电路图。

【例 6-4】 设计一个串行数据检测器，要求连续输入 4 个或 4 个以上的 1 时输出为 1，否则输出为 0。

设计过程：

(1) 逻辑抽象，画出原始的状态转换图或列出状态转换表。

首先确定电路的输入和输出。串行数据检测器应该具有一个串行数据输入口和具有一个检测结果输出端，分别用 X 和 Z 表示时，串行数据检测器的框图如图 6-13 所示。

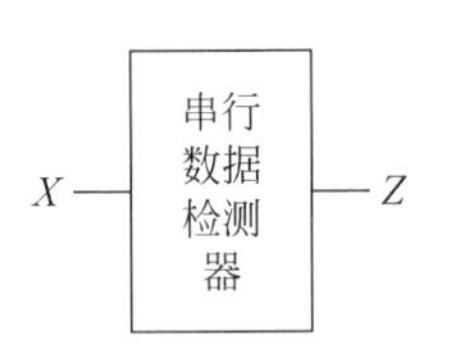

图 6-13　串行数据检测器框图

再确定电路的状态数。由于检测器用于检测"1111"序列，所以电路需要识别和记忆连续输入 1 的个数，因此预设电路内部有 S_0、S_1、S_2、S_3 和 S_4 共 5 个状态，其中 S_0 表示还没有接收到一个 1，S_1 表示已经接收到一个 1，S_2 表示已经接收到两个 1，S_3 表示已经接收到 3 个 1，S_4 表示已经接收到 4 个 1。

根据设计要求，检测器在输入串行序列为"010110111011110111101"时，其输出 Z 和内部状态 S 的关系如表 6-5 所示。

表 6-5　例 6-4 的输入、输出与状态转换表

输入 *X*	0	1	0	1	1	0	1	1	1	0	1	1	1	1	0	1	1	1	1	0	1
输出 *Z*	0	0	0	0	0	0	0	0	0	0	0	0	0	1	0	0	0	0	1	1	0	0
内部状态 *S*	S_0	S_1	S_0	S_1	S_2	S_0	S_1	S_2	S_3	S_0	S_1	S_2	S_3	S_4	S_0	S_1	S_2	S_3	S_4	S_4	S_0	S_1

根据表 6-5 所示的关系即可画出图 6-14 所示的状态转换图。

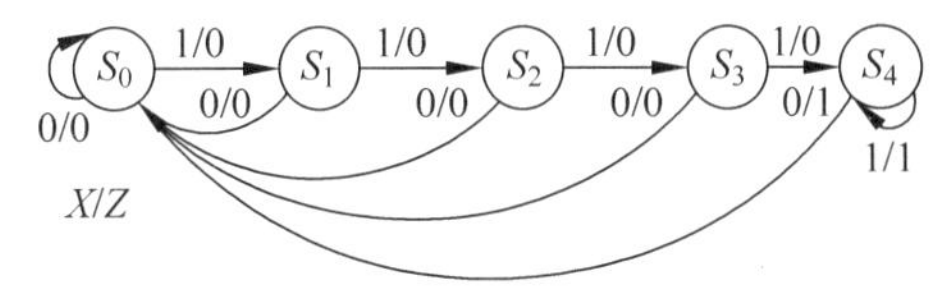

图 6-14　例 6-4 状态转换图

(2) 状态编码，得到具体的状态转换图或状态转换表。

串行数据检测器对状态编码没有特殊要求，因此选用常用的顺序编码方式。由于检测

器有 5 个状态,所以需要用 3 个触发器设计。设触发器状态分别用 $Q_2Q_1Q_0$ 表示,并且将 S_0、S_1、S_2、S_3 和 S_4 分别编码为 000、001、010、011 和 100。

(3) 求状态方程、驱动方程和输出方程。

根据图 6-14 所示的状态转换图可画出检测器内部触发器的次态 $Q_2^*Q_1^*Q_0^*$ 和输出 Z 的综合卡诺图,如图 6-15 所示。

XQ_2 \ Q_1Q_0	00	01	11	10
00	000/0	000/0	000/0	000/0
01	000/1	×××/×	×××/×	×××/×
11	100/1	×××/×	×××/×	×××/×
10	001/0	010/0	100/0	011/0

图 6-15　$Q_2^*Q_1^*Q_0^*/Z$ 卡诺图

将上述综合卡诺图分解为如图 6-16 所示的四个卡诺图,分别表示触发器的次态 Q_2^*、Q_1^*、Q_0^* 和检测器的输出 Z 四个逻辑函数。

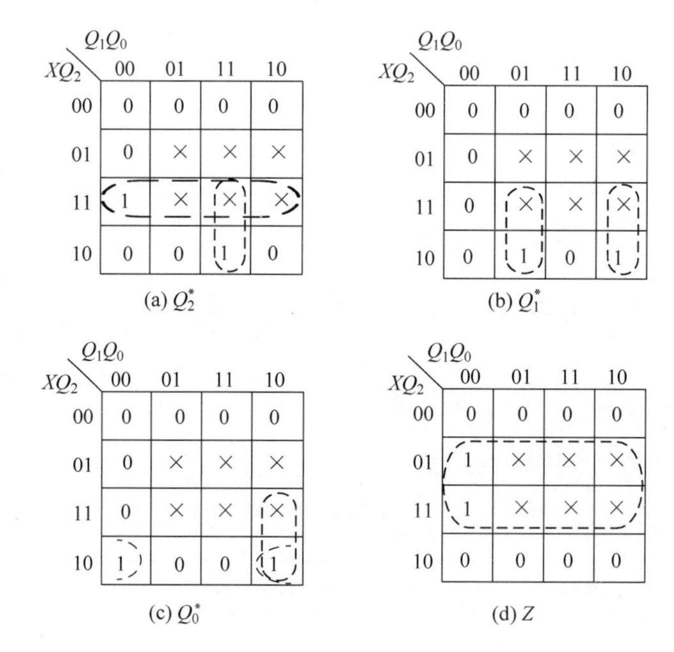

图 6-16　综合卡诺图的分解

化简卡诺图,得到检测器的状态方程组

$$\begin{cases} Q_2^* = XQ_2 + XQ_1Q_0 \\ Q_1^* = XQ'_1Q_0 + XQ_1Q'_0 = X(Q_1 \oplus Q_0) \\ Q_0^* = XQ_1Q'_0 + XQ'_2Q'_0 \end{cases}$$

和输出方程

$$Z = Q_2$$

选用 D 触发器设计时,将得到的状态方程与 D 触发器的特性方程 $Q^* = D$ 进行对比,

求出驱动方程组

$$\begin{cases} D_2^* = XQ_2 + XQ_1Q_0 \\ D_1^* = XQ'_1Q_0 + XQ_1Q'_0 = X(Q_1 \oplus Q_0) \\ D_0^* = XQ_1Q'_0 + XQ'_2Q'_0 \end{cases}$$

(4) 检查能否自启动。

3 个触发器共 8 有个状态。由状态编码可知,101、110 和 111 为无效状态。根据上述化简过程可以看出,无效状态 101 的次态为 110,无效状态 110 的次态为 111,而无效状态 111 的次态为 100,因此电路能够自启动。

(5) 画出逻辑电路图。

根据得到的驱动方程和输出方程,画出串行数据检测器的设计电路如图 6-17 所示。

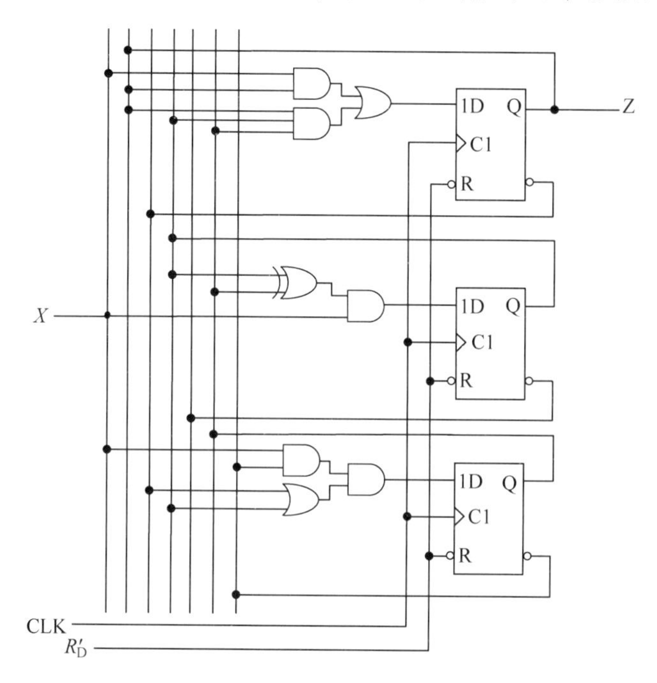

图 6-17 串行数据检测器设计图

在串行数字通信系统中,承载消息的数字信号通常是按帧(frame)发送的,即用一定数目的码元组成一个码字,由若干个码字组成一帧。为了识别帧的起始位置,在发送端信号每帧的帧头加上特殊形式的同步码(synchronous code),然后在接收端,根据同步码识别帧的起始位置,然后接收帧数据。串行数据检测器可用来实现同步码检测。

【例 6-5】 设计一个自动售饮料机的逻辑电路。它的投币口每次只能投入一枚五角或一元的硬币。累计投入一元五角硬币后机器自动给一杯饮料;投入二元硬币后,在给饮料的同时退回一枚五角的硬币。

设计过程:

(1) 逻辑抽象。

首先确定输入变量和输出变量。投币是输入,给饮料和退硬币是输出。

是否投入一元或五角的硬币是两种不同的输入事件,分别用两个逻辑变量 A 和 B 表示。设用 $A=1$ 表示投入一枚一元硬币，则 $A=0$ 表示没有投入一元硬币；设用 $B=1$ 表示投入一枚五角硬币，则 $B=0$ 表示没有投入五角硬币。

给饮料和退硬币是两种不同的输出事件，分别用 Y 和 Z 表示。设用 $Y=1$ 表示给一杯饮料，则 $Y=0$ 表示不给饮料；设用 $Z=1$ 表示退回五角钱，则 $Z=0$ 表示不退钱。

再确定电路的状态数。投够一元五角时应立即给饮料，所以自动售货机内部只需要设 3 个状态 S_0、S_1 和 S_2。S_0 表示售货机里没钱，S_1 表示已经有五角钱，S_2 表示已经有一元钱。

由于投币口一次只能投入一枚硬币，所以 AB 只能取 00、01 和 10 三种值，$AB=11$ 作为无关项处理。根据逻辑关系，画出图 6-18 所示的状态转换图。

(2) 状态编码。

由于电路只有 3 个状态，所以采用顺序编码时需要用 2 个触发器，状态分别用 Q_1Q_0 表示，并且取 $S_0=00$，$S_1=01$ 和 $S_2=10$。

(3) 求状态方程、驱动方程和输出方程。

列出电路的次态 $Q_1^*Q_0^*$ 和输出 Y、Z 的卡诺图如图 6-19 所示。由于正常工作时，$Q_1Q_0=11$ 不会出现，所以按无关项处理。

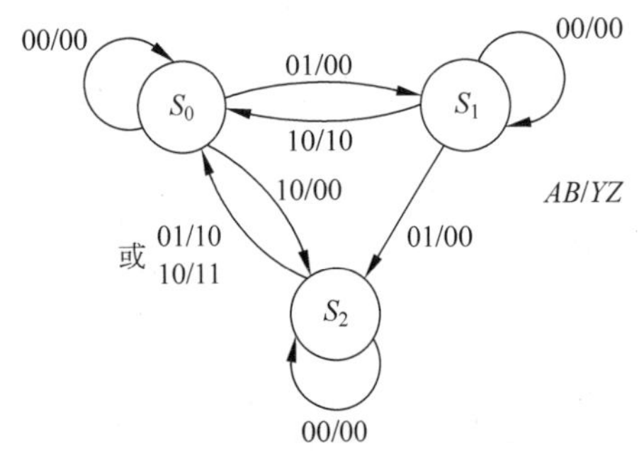

图 6-18 例 6-5 状态转换图

Q_1Q_0 \ AB	00	01	11	10
00	00/00	01/00	××/××	10/0
01	01/00	10/00	××/××	00/10
11	××/××	××/××	××/××	××/××
10	10/00	00/10	××/××	00/11

图 6-19 次态 $Q_1^*Q_0^*$ 和输出 Y、Z 的卡诺图

将图 6-19 所示的综合卡诺图进行分解，分别画出次态 Q_1^*、Q_0^* 和输出 Y、Z 的卡诺图，如图 6-20 所示。

根据图 6-20 所示的卡诺图求出电路的状态方程组

$$\begin{cases} Q_1^* = Q_1A'B' + Q_1'Q_0'A + Q_0B \\ Q_0^* = Q_1'Q_0'B + Q_0A'B' \end{cases}$$

和输出方程组

$$\begin{cases} Y = Q_1B + Q_1A + Q_0A \\ Z = Q_1A \end{cases}$$

选用 D 触发器设计时，将状态方程与 D 触发器的特性方程 $Q^*=D$ 进行对比，得出驱动方程组

$$\begin{cases} D_1 = Q_1A'B' + Q_1'Q_0'A + Q_0B \\ D_0 = Q_1'Q_0'B + Q_0A'B' \end{cases}$$

(4) 画出逻辑电路图。

根据得到的驱动方程和输出方程即可画出图 6-21 所示的设计图。当电路进入无效状

态“11”后，在 $AB=00$（无输入信号）时，次态仍为“11”，在 $AB=01$ 或 10 的情况下虽然能够返回到有效循环状态，但收费结果是错误的，所以要求电路开始工作时，首先用触发器的复位功能将电路的初始状态设置为 00。

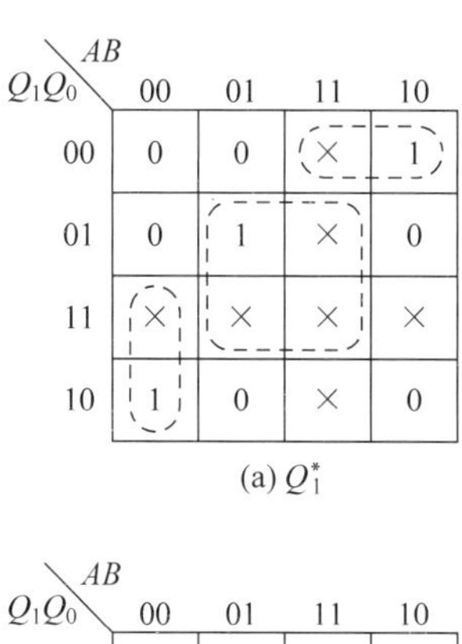

Q_1Q_0 \ AB	00	01	11	10
00	0	0	×	1
01	0	1	×	0
11	×	×	×	×
10	1	0	×	0

(a) Q_1^*

Q_1Q_0 \ AB	00	01	11	10
00	0	1	×	0
01	1	0	×	0
11	×	×	×	×
10	0	0	×	0

(b) Q_0^*

Q_1Q_0 \ AB	00	01	11	10
00	0	0	×	0
01	0	0	×	1
11	×	×	×	×
10	0	1	×	1

(c) Y

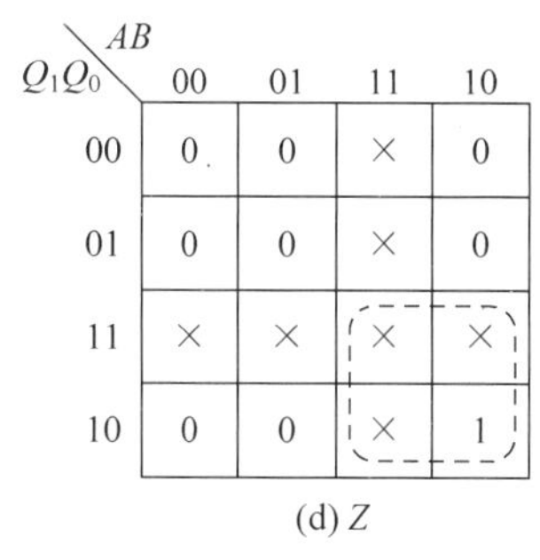

Q_1Q_0 \ AB	00	01	11	10
00	0	0	×	0
01	0	0	×	0
11	×	×	×	×
10	0	0	×	1

(d) Z

图 6-20　图 6-19 卡诺图的分解

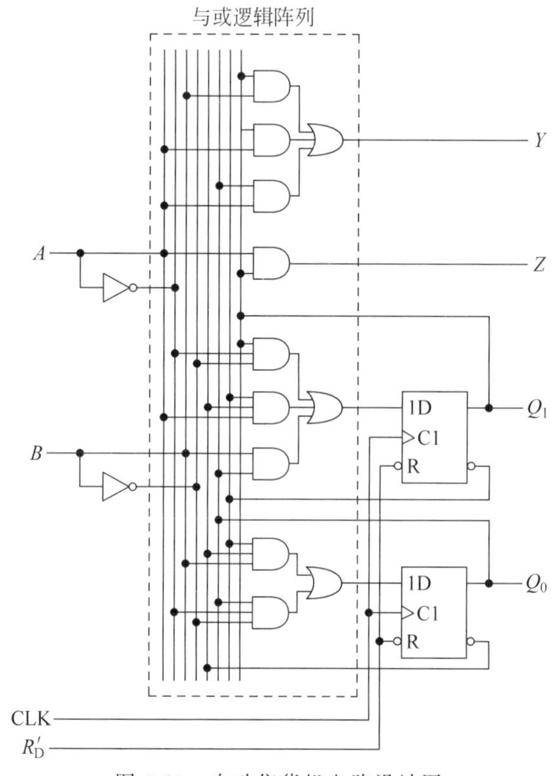

图 6-21　自动售货机电路设计图

思考与练习

6-1　设计一个“111”序列检测器，要求连续输入 3 个或 3 个以上的 1 时输出为 1，否则输出为 0。按例 6-4 的过程进行设计，画出设计图。

6-2　设计一个自动售车票的逻辑电路。它的投币口每次只能投入一枚 5 角或一元的硬币。投入两元硬币后机器自动打印出一张车票；若投入二元五角硬币，在给车票的同时退出一枚五角的硬币。按例 6-5 的过程进行设计，画出设计图。

6.4
微课视频

6.4　寄存器与移位寄存器

寄存器是数字系统中基本的存储器件，移位寄存器除具有存储功能之外，还具有多种附加功能，增加了应用的灵活性。

6.4.1　寄存器

寄存器(register)用于存储一组二值信息。由于一个锁存器/触发器只能存储 1 位数据，所以要存储 n 位信息则需要 n 个锁存器/触发器。寄存器应设计为同步时序逻辑电路，在时钟脉冲的作用下，数据的更新是同时进行的。

D 锁存器/触发器、SR 锁存器/触发器和 JK 触发器都可以构成寄存器，其中应用 D 锁存器/触发器最为方便。

图 6-22 是应用 D 锁存器构成的 4 位寄存器的逻辑图。时钟脉冲 CLK 为高电平期间，寄存器的输出 $Q_0Q_1Q_2Q_3$ 随输入 $D_0D_1D_2D_3$ 发生变化；时钟脉冲 CLK 为低电平期间，$Q_0Q_1Q_2Q_3$ 状态锁定并保持不变。

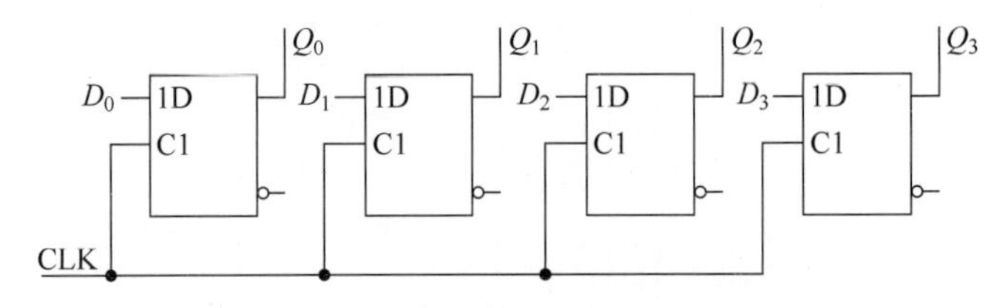

图 6-22　D 锁存器构成的 4 位寄存器

图 6-23 是应用边沿 D 触发器构成的 4 位寄存器的逻辑图。当时钟脉冲 CLK 的上升沿到来时，将 4 位数据 $D_0D_1D_2D_3$ 分别存入 $Q_0Q_1Q_2Q_3$ 中，其余时间保持不变。

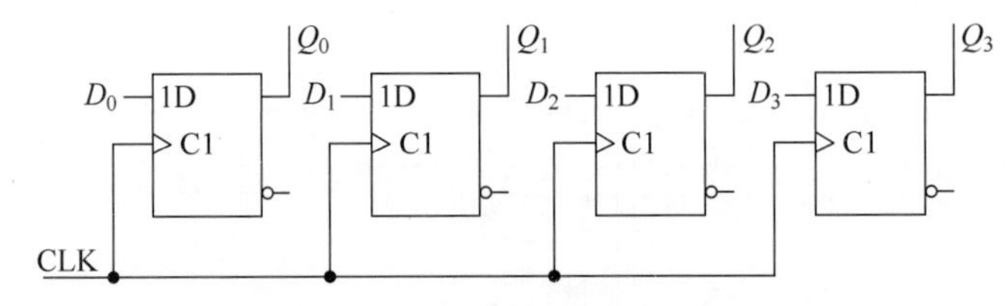

图 6-23　边沿 D 触发器构成的 4 位寄存器

按图 6-22 或者图 6-23 所示的原理可以扩展出任意位寄存器。

74HC373/573 是 8 位三态寄存器，内部逻辑电路如图 6-24 所示，由门控 D 锁存器组成。锁存允许端 LE(latch enable)为高电平时，74HC373/573 中存储的数据随输入数据

$D_0 \sim D_7$ 变化而变化，是"透明"的；LE 为低电平时寄存器所存储的数据被锁定而保持不变。输出输出允许端 OE′(output enable)为低电平时允许数据输出，否则输出 $Q_0 \sim Q_7$ 为高阻状态。74HC373/573 的功能如表 6-6 所示。

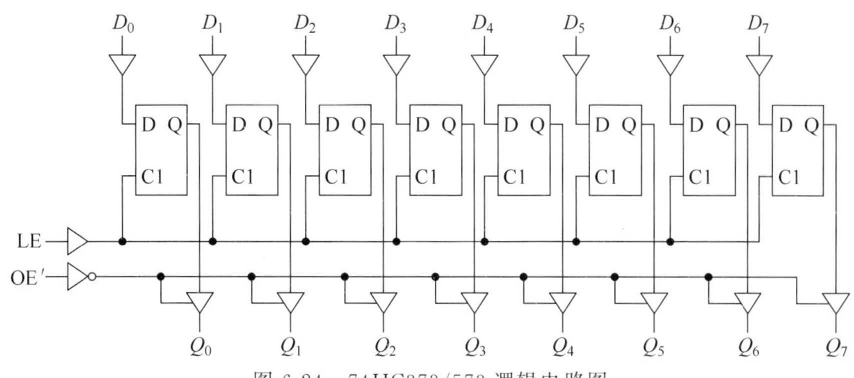

图 6-24 74HC373/573 逻辑电路图

表 6-6 74HC373/573 功能表

OE′	LE	数据 D	输 出
L	H	H	H
L	H	L	L
L	L	×	Q_0
H	×	×	高阻

74HC374/574 是 8 位三态寄存器，内部逻辑电路如图 6-25 所示，由边沿 D 触发器组成。当时钟脉冲 CLK 上升沿到来时，将 8 位数据 $D_0 \sim D_7$ 存入寄存器中，其余时间保持不变。输出允许端 OE′为低电平时允许数据输出，否则输出 $Q_0 \sim Q_7$ 为高阻状态。74HC374/574 的功能如表 6-7 所示。

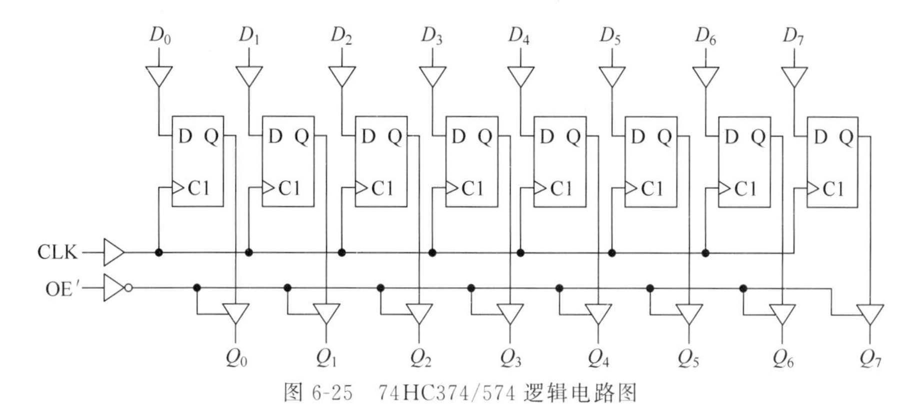

图 6-25 74HC374/574 逻辑电路图

表 6-7 74HC374/74HC574 功能表

OE′	CLK	数据 D	输 出
L	↑	H	H
L	↑	L	L
L	L	×	Q_0
H	×	×	高阻

6.4.2 移位寄存器

移位寄存器(shift register)是在寄存器的基础上改进而来的,不但具有数据存储功能,而且还可以在时钟脉冲的作用下实现数据的移动。图 6-26 是由边沿 D 触发器组成的 4 位移位寄存器。

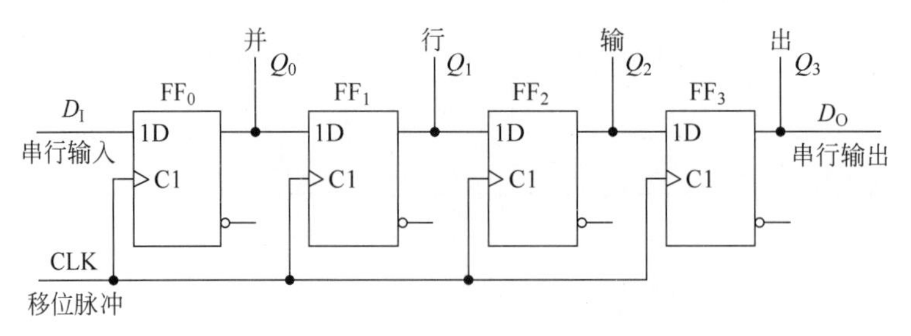

图 6-26 边沿 D 触发器组成的 4 位移位寄存器

4 位移位寄存器的驱动方程组为

$$\begin{cases} D_0 = D_I \\ D_1 = Q_0 \\ D_2 = Q_1 \\ D_3 = Q_2 \end{cases}$$

将驱动方程代入 D 触发器的特性方程,得到移位寄存器的状态方程组

$$\begin{cases} Q_0^* = D_I \\ Q_1^* = Q_0 \\ Q_2^* = Q_1 \\ Q_3^* = Q_2 \end{cases}$$

设移位寄存器的初始状态 $Q_0Q_1Q_2Q_3 = x_0x_1x_2x_3$($x$ 表示未知),D_I 输入数据依次为 D_3、D_2、D_1 和 D_0,则在时钟脉冲作用下,移位寄存器的状态转换表如表 6-8 所示,即经过 4 个时钟脉冲,才能将数据 $D_0D_1D_2D_3$ 依次存入寄存器 $Q_0Q_1Q_2Q_3$ 中,实现数据存储功能。

表 6-8 移位寄存器状态转换表

CLK	D_I	Q_0	Q_1	Q_2	Q_3
0	D_3	x_0	x_1	x_2	x_3
1↑	D_2	D_3	x_0	x_1	x_2
2↑	D_1	D_2	D_3	x_0	x_1
3↑	D_0	D_1	D_2	D_3	x_0
4↑	x	D_0	D_1	D_2	D_3

除具有存储功能之外,移位寄存器还增加以下 3 个附加功能:

(1) 作为 FIFO(first-in first-out)缓存器。数据从 D_I 输入,延时了 4 个时钟周期后从 D_O 输出。

(2) 实现串行数据到并行数据的转换。数据 $D_0D_1D_3D_3$ 经过 4 个时钟脉冲存入寄存器后，从 $Q_0Q_1Q_2Q_3$ 同时取出即可实现串行数据到并行数据的转换。

(3) 若定义 Q_0 为低位、Q_3 为高位，则在没有发生溢出的情况下，每向右移动一位，数据将扩大一倍(默认移入的数据为 0)。例如，当 $Q_0Q_1Q_2Q_3=1100$，向右移一位变为 0110。

图 6-27 是用 JK 触发器组成的 4 位移位寄存器，在时钟脉冲下降沿工作。从图 6-27 中可以看出，JK 触发器在构成移位寄存器时已经改接为 D 触发器来使用了。

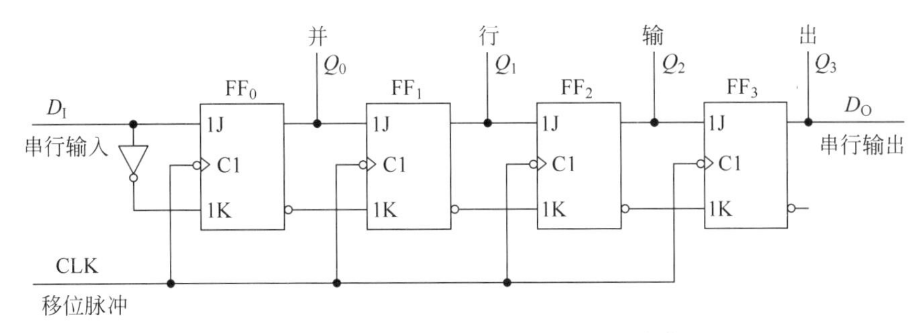

图 6-27 用 JK 触发器构成的 4 位移位寄存器

74HC164 是 8 位串入/并出移位寄存器，具有异步清零和右移功能，满足单字节转换需要。内部逻辑图和功能表请查阅器件手册。

思考与练习

6-3 能否用门控 D 锁存器代替图 6-26 中的边沿 D 触发器构成移位寄存器？能否用脉冲 D 触发器代替？试分析原因。

74HC194 是 4 位双向移位寄存器，在时钟脉冲作用下能够实现数据的并行输入、左移、右移和保持 4 种功能，内部逻辑电路如图 6-28 所示。其中 D_{IR} 为右移串行数据输入端，D_{IL}

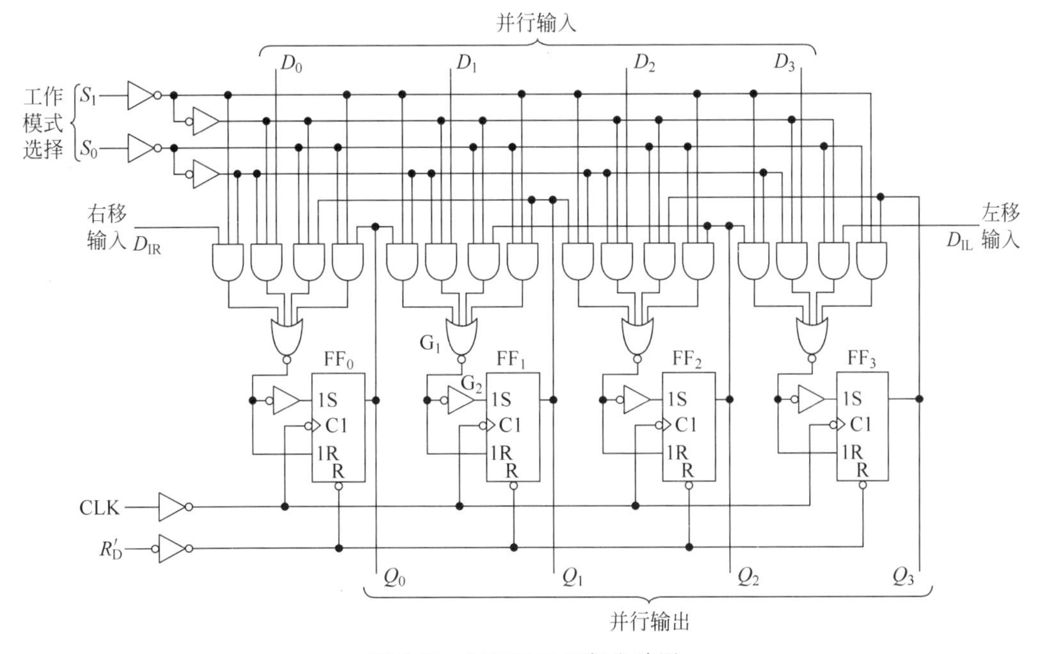

图 6-28 74HC194 逻辑电路图

为左移串行数据输入端，$D_0D_1D_2D_3$ 为并行数据输入端，$Q_0Q_1Q_2Q_3$ 为状态输出端，R'_D为异步复位端，S_1 和 S_0 用于控制移位寄存器的工作状态，CLK 为时钟脉冲输入端。

74HC194 内部由 4 个 SR 触发器(实际上已经改接为 D 触发器了)和控制逻辑电路组成，各触发器的驱动电路形式类似。下面以触发器 FF_1 为例，分析 74HC194 的逻辑功能。

由图 6-28 可以推出 FF_1 的状态方程为

$$Q_1^* = Q_0 S'_1 S_0 + D_1 S_1 S_{0+} Q_2 S_1 S'_0 + Q_1 S'_1 S'_0$$

(1) 当 $S_1S_0 = 00$ 时，$Q_1^* = Q_1$。同理推导出 $Q_0^* = Q_0$，$Q_2^* = Q_2$，$Q_3^* = Q_3$，因此 74HC194 工作在保持状态。

(2) 当 $S_1S_0 = 01$ 时，$Q_1^* = Q_0$。同理推导出 $Q_0^* = D_{IR}$，$Q_2^* = Q_1$，$Q_3^* = Q_2$，因此 74HC194 处于右移(从低位向高位移)工作状态。

(3) 当 $S_1S_0 = 10$ 时，$Q_1^* = Q_2$。同理推导出 $Q_0^* = Q_1$，$Q_2^* = Q_3$，$Q_3^* = D_{IL}$，因此 74HC194 处于左移(从高位向低位移)工作状态。

(4) 当 $S_1S_0 = 11$ 时，$Q_1^* = D_1$。同理可以推导出 $Q_0^* = D_0$，$Q_2^* = D_2$，$Q_3^* = D_3$，因此 74HC194 工作在并行输入状态，即在时钟脉冲到来时，将 $D_0D_1D_2D_3$ 存入 $Q_0Q_1Q_2Q_3$ 中。

此外，由于 74HC194 的 R'_D接内部触发器的异步复位端，所以当 R'_D有效时，$Q_0Q_1Q_2Q_3 =$ 0000。综上分析，可得 74HC194 的功能表如表 6-9 所示。

表 6-9 74HC194 功能表

输入				功能	
CLK	R'_D	S_1	S_0	说明	解释
×	0	×	×	复位	$Q_0Q_1Q_2Q_3 = 0000$
↑	1	0	0	保持	$Q_0^*Q_1^*Q_2^*Q_3^* = Q_0Q_1Q_2Q_3$
↑	1	0	1	右移	$Q_0^*Q_1^*Q_2^*Q_3^* = D_{IR}Q_0Q_1Q_2$
↑	1	1	0	左移	$Q_0^*Q_1^*Q_2^*Q_3^* = Q_1Q_2Q_3D_{IL}$
↑	1	1	1	并行输入	$Q_0^*Q_1^*Q_2^*Q_3^* = D_0D_1D_2D_3$

思考与练习

6-4 74HC194 能否作为 3 位移位寄存器使用？如果可以，说明其具体用法。

【例 6-6】 试用两片 74HC194 扩展成一个 8 位双向移位寄存器，画出设计图。

设计过程： 将两片 74HC194 扩展成 8 位双向移位寄存器时，需要完成以下工作：

(1) 将两片 74HC194 的时钟 CLK、功能端 R'_D、S_1、S_0 对应相接，确保两片同步工作；

(2) 将第一片的 Q_3 接到第二片的 D_{IR} 上，使之具有 8 位右移功能；

(3) 将第二片的 Q_0 接到第一片的 D_{IL} 上，使之具有 8 位左移功能。

扩展得到的 8 位双向移位寄存器如图 6-29 所示。

74HC595 是 8 位串行输入，可并行和串行输出的移位缓冲器，内部由 8 位移位寄存器、8 位寄存器以及 8 路三态驱动器三部分组成，在嵌入式系统中常用于 I/O 口的扩展，以驱动数码管和 LED 点阵等多 I/O 口器件。74HC595 的具体功能及应用请查阅器件手册。

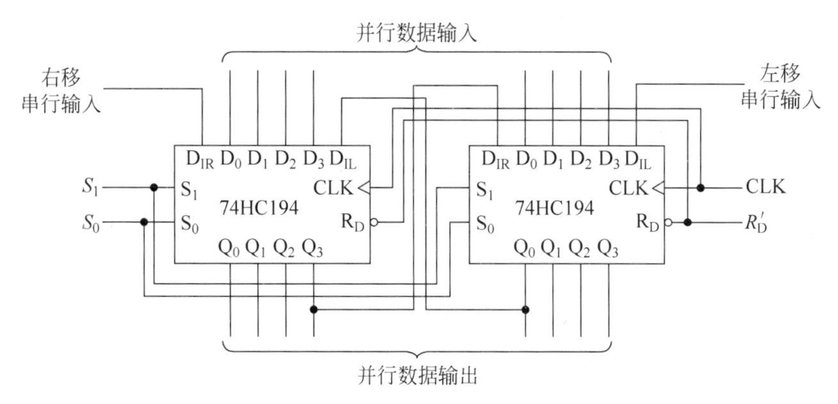

图 6-29 用 74HC194 扩展为 8 位双向移位寄存器

思考与练习

6-5 能否用 3 片 74HC194 扩展成一个 12 位双向移位寄存器？试画出设计图。

6-6 能否用 4 片 74HC194 扩展成一个 16 位双向移位寄存器？试画出设计图。

【例 6-7】 分析如图 6-30 所示时序电路的功能。

分析：因 $R_D'=1$，$S_1S_0=01$，所以 74HC194 工作在右移状态。

设 74HC194 的初始状态 $Q_0Q_1Q_2Q_3=0000$，在时钟脉冲作用下，分析可得电路的状态转换表如表 6-10 所示。从状态表可以看出，该电路由 8 个状态形成一个循环关系，故电路构成为八进制计数器。

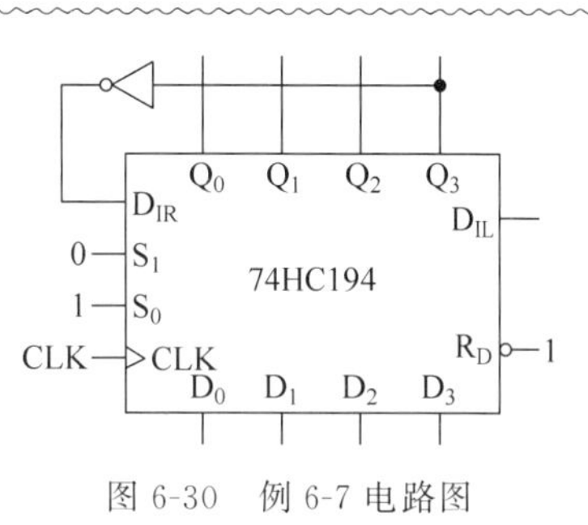

图 6-30 例 6-7 电路图

表 6-10 例 6-7 电路的状态转换表

CLK	Q_0	Q_1	Q_2	Q_3
0	0	0	0	0
1↑	1	0	0	0
2↑	1	1	0	0
3↑	1	1	1	0
4↑	1	1	1	1
5↑	0	1	1	1
6↑	0	0	1	1
7↑	0	0	0	1
8↑	0	0	0	0

【例 6-8】 基于 74HC194 设计“1111”序列检测器，画出设计图。

设计过程：应用 74HC194 的左移或右移功能，串行数据从 D_{IL} 或 D_{IR} 输入，当状态 $Q_0Q_1Q_2Q_3$ 同时为 1 时，输出检测结果为 1。

取 $S_1S_0=01$ 时，74HC194 处于右移工作状态。串行数据序列 X 从 D_{IR} 输入，Z 为检测输出，设计电路如图 6-31 所示。

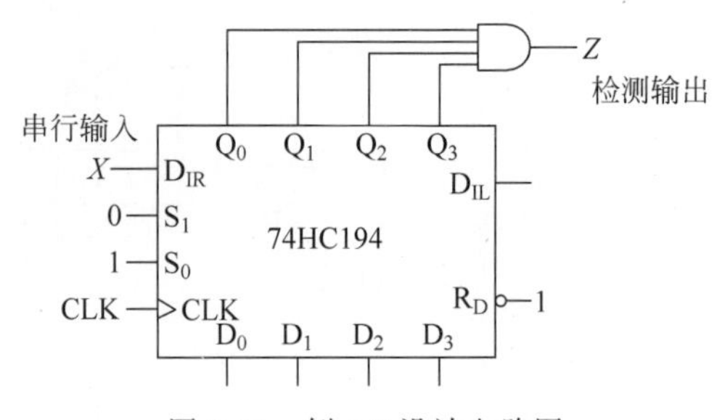

图 6-31　例 6-8 设计电路图

对于图 6-31 所示的应用电路，取 $Z=Q_0Q_1'$（或者 Q_1Q_2'、Q_2Q_3'）时，能够实现脉冲上升沿检测；取 $Z=Q_0'Q_1$（或者 $Q_1'Q_2$、$Q_2'Q_3$）时，能够实现脉冲下降沿检测。具体的检测原理读者可以自行分析。

思考与练习

6-7　对于例 6-7，分析电路的初始状态 $Q_0Q_1Q_2Q_3=0100$ 时，在时钟脉冲的作用下 74HC194 的状态循环关系，并说明电路的逻辑功能。

6-8　参考例 6-8，设计"1011"和"1101"序列检测器，分别画出设计图。

6-9　基于 74HC194 能否设计出"101"序列检测器？如果可以，画出设计图。

6-10　设串行通信系统中数字序列的帧同步码为"1010 1010"，设计同步码检测电路，画出设计图。

6.5　计数器

计数器(counter)用于统计时钟脉冲的个数。

根据计数器内部触发器状态更新的不同特点，将计数器分为同步计数器和异步计数器两大类。在时钟脉冲作用下，同步计数器内部触发器状态的更新是同时进行的，而异步计数器由于其内部触发器的时钟不完全相同，所以状态更新不是同时进行的。

由于同步计数器内部触发器的状态同时进行，所以工作速度快。异步计数器由于时钟不需要完全相同，所以时钟的选取比较灵活，因而电路结构比同步计数器简单。

若根据计数容量（也称为进制、模）进行划分，计数器可分为二进制(binary)计数器、十进制(decade)计数器和任意(arbitrary)进制计数器 3 类。二进制计数器的计数容量为 2^n，十进制计数器的计数容量为 10，除二进制和十进制之外的计数器统称为任意进制计数器。

若根据计数方式进行划分，计数器可分为加法(up)计数器、减法(down)计数器和加/减(up-down)计数器 3 种。加法计数器输出状态的编码递增，减法计数器输出状态的编码递减。加/减计数器又称为可逆计数器，既可以做加法计数，又可以做减法计数。

6.5.1a
微课视频

6.5.1　同步计数器设计

集成同步计数器主要有二进制计数器和十进制计数器两种类型。

本节首先讲述同步二进制计数器（包括加法、减法和加/减法）的设计原理，然后再讲述十进制计数器的设计，同时介绍常用的同步集成计数器。

6.5.1b
微课视频

1. 同步二进制计数器

二进制计数器的状态转换非常具有规律性。4 位二进制加法计数器的状态转换如图 6-32 所示。

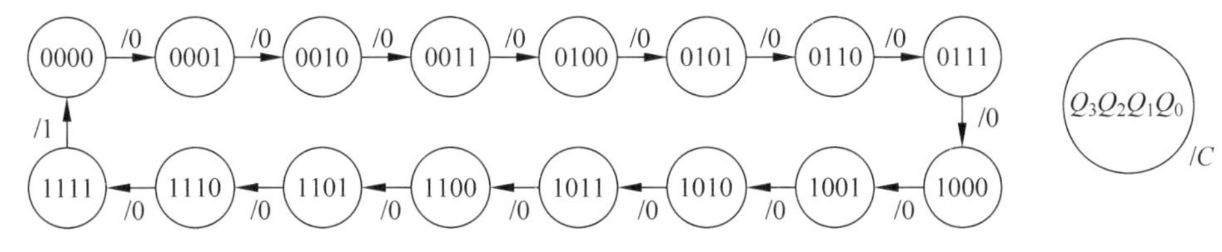

图 6-32 4 位二进制加法计数器状态转换图

计数器传统的设计方法是按例 6-3 所示的一般时序逻辑电路的设计过程进行的。若基于 T 触发器设计，则根据内部触发器状态转换的规律可以直接推出其驱动方程。

从二进制计数器的状态转换图可以看出：

(1) 计数器的最低位 Q_0 每来一个时钟翻转一次。

(2) 次低位 Q_1 在现态 0001、0011、0101、0111、1001、1011、1101、1111 时翻转。这 8 个状态有一个共同的特点——最低位为 1。

(3) 次高位 Q_2 在现态 0011、0111、1011、1111 时翻转。这 4 个状态有一个共同的特点——最低两位同时为 1。

(4) 最高位 Q_3 在现态 0111、1111 时翻转。这两个状态有一个共同的特点——低三位同时为 1。

T 触发器只具有保持和翻转功能，考虑到引入计数允许信号 EN 时，4 位二进制加法计数器的驱动方程分别为

$$\begin{cases} T_0 = 1 \cdot \mathrm{EN} \\ T_1 = Q_0 \cdot \mathrm{EN} \\ T_2 = Q_1 Q_0 \cdot \mathrm{EN} \\ T_3 = Q_2 Q_1 Q_0 \cdot \mathrm{EN} \end{cases}$$

4 位二进制加法计数器在循环的最后一个状态“1111”输出进位信号，故输出方程为

$$C = Q_3 Q_2 Q_1 Q_0$$

按上述驱动方程和输出方程设计出的同步 4 位二进制加法计数器如图 6-33 所示。

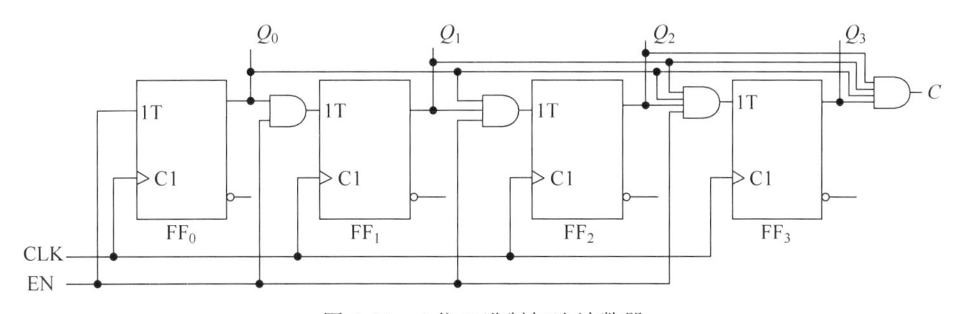

图 6-33 4 位二进制加法计数器

4 位二进制减法计数器的状态转换图如图 6-34 所示。

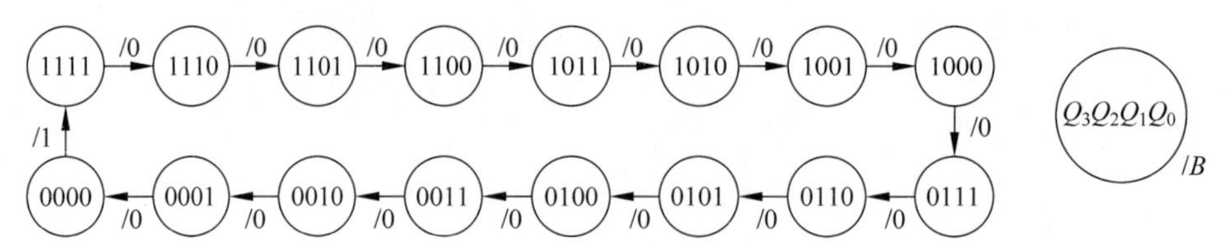

图 6-34 4 位二进制减法计数器状态转换图

基于 T 触发器设计时，根据 4 位二进制减法计数器状态 $Q_3Q_2Q_1Q_0$ 的状态转换规律也可以直接推出其驱动方程为

$$\begin{cases} T_0 = 1 \cdot \mathrm{EN} \\ T_1 = Q_0' \cdot \mathrm{EN} \\ T_2 = Q_1'Q_0' \cdot \mathrm{EN} \\ T_3 = Q_2'Q_1'Q_0' \cdot \mathrm{EN} \end{cases}$$

4 位二进制减法计数器应该在状态“0000”输出借位信号，故输出方程为

$$B = Q_3'Q_2'Q_1'Q_0'$$

根据上述驱动方程和输出方程设计出的同步 4 位二进制减法计数器如图 6-35 所示。

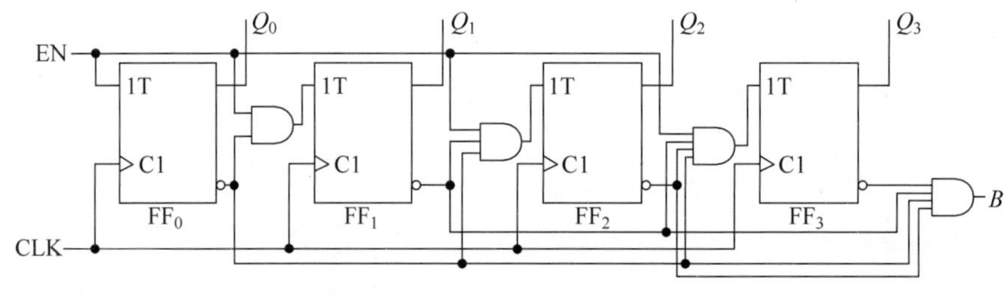

图 6-35 4 位二进制减法计数器

加/减计数器在时钟脉冲的作用下既可以实现加法计数，也可以实现减法计数，分为单时钟加/减计数器和双时钟加/减计数器两种类型。

单时钟加/减计数器无论做加法计数还是减法计数都使用同一个时钟，而用 U'/D 控制计数方式：当 $U'/D=0$ 时，实现加法计数，$U'/D=1$ 时，实现减法计数。将加法计数器的设计结果和减法计数器的设计结果进行综合，可以推出单时钟加/减计数器的驱动方程

$$\begin{cases} T_0 = 1 \\ T_1 = (U'/D)' \cdot Q_0 + (U'/D) \cdot Q_0' \\ T_2 = (U'/D)' \cdot Q_0Q_1 + (U'/D) \cdot Q_0'Q_1' \\ T_3 = (U'/D)' \cdot Q_0Q_1Q_2 + (U'/D) \cdot Q_0'Q_1'Q_2' \end{cases}$$

和输出方程

$$Y = (U'/D)' \cdot Q_0Q_1Q_2Q_3 + (U'/D) \cdot Q_0'Q_1'Q_2'Q_3'$$

按上述驱动方程和输出方程即可设计出单时钟同步二进制加/减计数器。

二进制计数器也可以基于 T′触发器设计。由于 T′触发器每来一个时钟翻转一次，因此基于 T′触发器设计时，由控制 T 触发器的输入 T 改为控制 T′触发器的时钟即可实现。

设 4 位二进制加法计数器的时钟用 CLK_U 表示，参考基于 T 触发器的结果，T′触发器的时钟方程为

$$\begin{cases} CLK_0 = CLK_U \\ CLK_1 = Q_0 \cdot CLK_U \\ CLK_2 = Q_1 Q_0 \cdot CLK_U \\ CLK_3 = Q_2 Q_1 Q_0 \cdot CLK_U \end{cases}$$

其中，CLK_0、CLK_1、CLK_2 和 CLK_3 分别为 4 个 T′触发器的时钟脉冲。设计电路如图 6-36 所示。

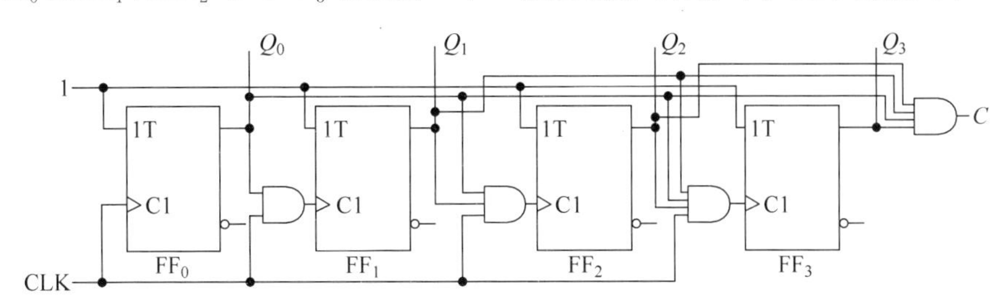

图 6-36　4 位二进制加法计数器逻辑图

按照类似的思路，同样可以设计出基于 T′触发器的二进制减法计数器。设减法计数器的时钟为 CLK_D，则 4 位二进制减法计数器中 T′触发器的时钟方程为

$$\begin{cases} CLK_0 = CLK_D \\ CLK_1 = Q'_0 \cdot CLK_D \\ CLK_2 = Q'_1 Q'_0 \cdot CLK_D \\ CLK_3 = Q'_2 Q'_1 Q'_0 \cdot CLK_D \end{cases}$$

其中，CLK_0、CLK_1、CLK_2 和 CLK_3 分别为 4 个触发器的时钟脉冲。

双时钟加/减计数器采用不同时钟源控制加/减计数：做加法计数时，时钟脉冲从 CLK_U 加入，$CLK_D=0$；做减法计数时，时钟脉冲从 CLK_D 加入，$CLK_U=0$。综合加法计数器和减法计数器的设计结果，可以推出双时钟 4 位加/减计数器的时钟方程为

$$\begin{cases} CLK_0 = 1 \\ CLK_1 = Q_0 \cdot CLK_U + Q'_0 \cdot CLK_D \\ CLK_2 = Q_1 Q_0 \cdot CLK_U + Q'_1 Q'_0 \cdot CLK_D \\ CLK_3 = Q_2 Q_1 Q_0 \cdot CLK_U + Q'_2 Q'_1 Q'_0 \cdot CLK_D \end{cases}$$

输出方程为

$$Y = Q_3 Q_2 Q_1 Q_0 \cdot CLK_U + Q'_3 Q'_2 Q'_1 Q'_0 \cdot CLK_D$$

思考与练习

6-11　基于 T 触发器，设计 3 位二进制计数器。写出其驱动方程和输出方程。

6-12　基于 T 触发器，设计 5 位二进制计数器。写出其驱动方程和输出方程。

6-13　总结基于 T 触发器设计 n 位二进制同步计数器的规律。

74HC161 是集成同步 4 位二进制计数器，具有异步复位、同步置数、保持和计数功能，其内部逻辑电路如图 6-37 所示。其中 CLK 是时钟脉冲输入端，计数器在时钟脉冲的上升

沿工作。R_D'为异步复位端，当R_D'有效时将计数器的状态清零。LD′为同步置数控制端，当$R_D'=1$，LD′=0时，在时钟脉冲上升沿到来时将$D_3D_2D_1D_0$置入$Q_3Q_2Q_1Q_0$中。EP为计数允许控制端；ET为进位连接端，在计数器容量扩展时用于进位连接。当$R_D'=1$，LD′=1时，若EP·ET=1，则74HC161处于计数状态，若EP·ET=0，则处于保持状态。74HC161的逻辑功能如表6-11所示。

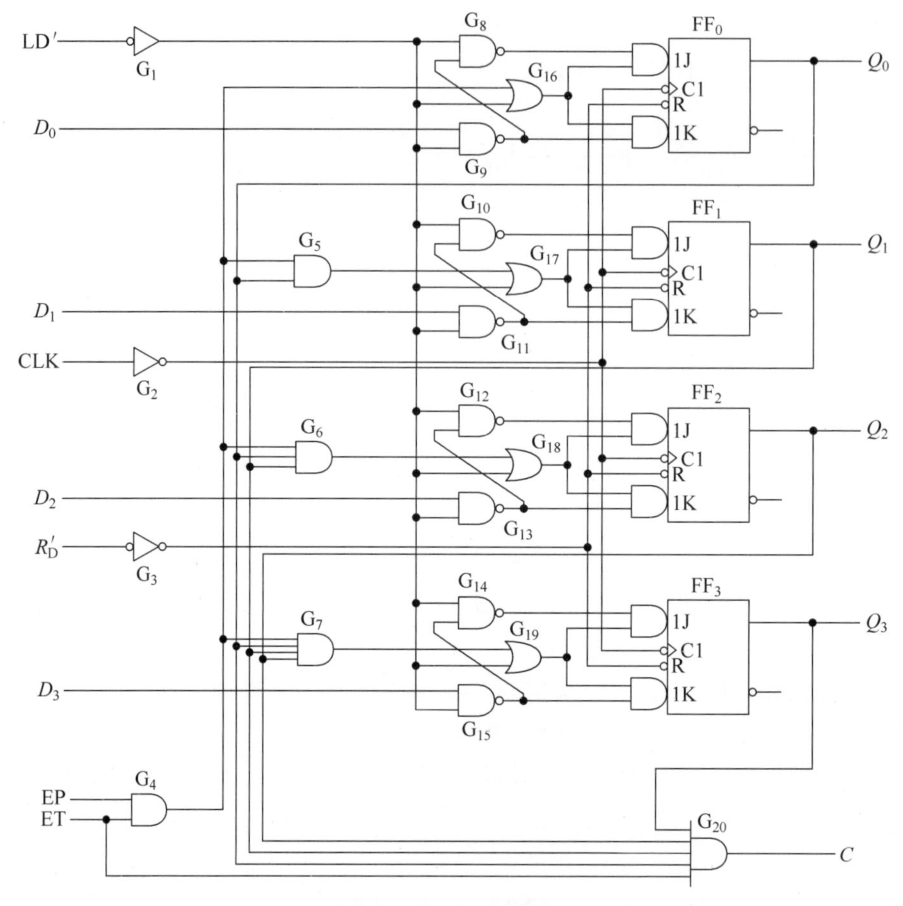

图6-37　74HC161逻辑电路图

表6-11　74HC161逻辑功能表

输　入					功　能		
CLK	R_D'	**LD′**	**EP**	**ET**	说明	解　释	
×	0	×	×	×	异步复位	$Q_3Q_2Q_1Q_0=0000$	
↑	1	0	×	×	同步置数	$Q_3^*Q_2^*Q_1^*Q_0^*=D_3D_2D_1D_0$	
×	1	1	0	1	保持	$Q^*=Q$	C保持
×	1	1	×	0	保持	$Q^*=Q$	$C=0$
↑	1	1	1	1	计数	$Q^*=Q+1$	

74HC163是集成同步4位二进制计数器，具有同步复位、同步置数、保持和计数功能，其逻辑功能如表6-12所示。和74HC161不同的是，74HC163的复位功能是同步的，即当复位信号有效时，需要等到下次时钟脉冲上升沿到来才能将计数器清0。

表 6-12　74HC163 逻辑功能表

<table>
<tr><th colspan="5">输　入</th><th colspan="3">功　能</th></tr>
<tr><th>CLK</th><th>CLR′</th><th>LD′</th><th>EP</th><th>ET</th><th>说明</th><th colspan="2">解　释</th></tr>
<tr><td>↑</td><td>0</td><td>×</td><td>×</td><td>×</td><td>同步复位</td><td colspan="2">$Q_3^* Q_2^* Q_1^* Q_0^* = 0000$</td></tr>
<tr><td>↑</td><td>1</td><td>0</td><td>×</td><td>×</td><td>同步置数</td><td colspan="2">$Q_3^* Q_2^* Q_1^* Q_0^* = D_3 D_2 D_1 D_0$</td></tr>
<tr><td>×</td><td>1</td><td>1</td><td>0</td><td>1</td><td rowspan="2">保持</td><td rowspan="2">$Q^* = Q$</td><td>C 保持</td></tr>
<tr><td>×</td><td>1</td><td>1</td><td>×</td><td>0</td><td>$C=0$</td></tr>
<tr><td>↑</td><td>1</td><td>1</td><td>1</td><td>1</td><td>计数</td><td colspan="2">$Q^* = Q+1$</td></tr>
</table>

74HC191 是单时钟十六进制加/减计数器，具有异步预置数和计数控制功能，其内部逻辑电路如图 6-38 所示，功能如表 6-13 所示。图 6-38 中 $\mathrm{CLK_I}$ 是时钟脉冲输入端，LD′为异步置数端，S'为计数允许控制端，U'/D 是计数方式控制端。当 LD′=0 时，$Q_3Q_2Q_1Q_0 = D_3D_2D_1D_0$。当 LD′=1，$S'=0$ 时 74HC191 处于计数状态，若 $U'/D=0$，则实现加法计数，$U'/D=1$，则实现减法计数。

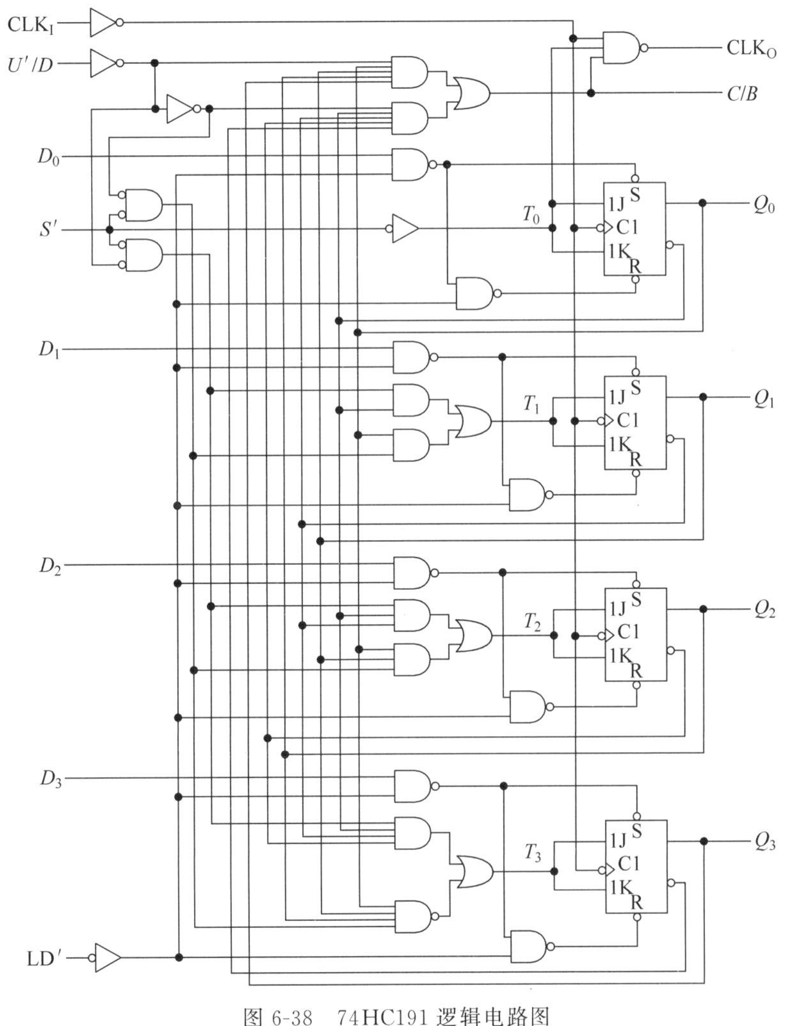

图 6-38　74HC191 逻辑电路图

表 6-13 74HC191 逻辑功能表

输　　入				功　　能	
CLK_I	S'	LD'	U'/D	说明	解　　释
×	×	0	×	异步置数	$Q_3Q_2Q_1Q_0=D_3D_2D_1D_0$
×	1	1	×	保持	$Q^*=Q$
↑	0	1	0	加法计数	$Q^*=Q+1$
↑	0	1	1	减法计数	$Q^*=Q-1$

74HC193 是双时钟十六进制加/减计数器，内部逻辑电路如图 6-39 所示，其中 CLK_U 是加法计数时钟脉冲输入端，CLK_D 为减法计数时钟脉冲输入端。C'为进位信号输出端，B'为借位信号输出端。实现加法计数时，CLK_U 外接时钟脉冲，CLK_D 接高电平；实现减法计数时，CLK_D 外接时钟脉冲，CLK_U 接高电平。

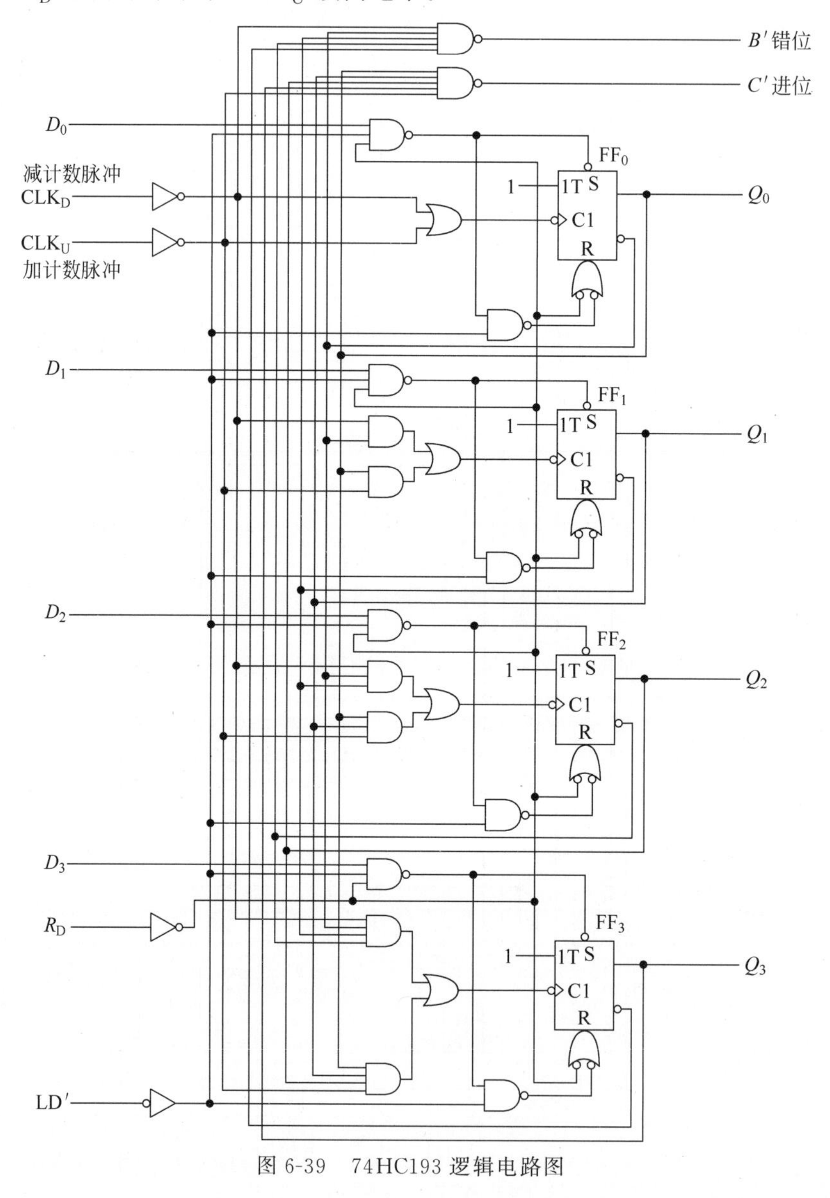

图 6-39 74HC193 逻辑电路图

74HC193 具有异步复位和异步预置数功能,其逻辑功能如表 6-14 所示。当 $R_D=1$ 时,将计数器状态清 0。当 $R_D=0$,LD$'=0$ 时,将 $D_3D_2D_1D_0$ 置入 $Q_3Q_2Q_1Q_0$ 中。

表 6-14　74HC193 逻辑功能表

输入				功能	
CLK_U	CLK_D	R_D	LD$'$	说明	解释
×	×	1	×	异步复位	$Q_3Q_2Q_1Q_0=0000$
×	×	0	0	异步置数	$Q_3Q_2Q_1Q_0=D_3D_2D_1D_0$
↑	1	0	1	加法计数	$Q^*=Q+1$
1	↑	0	1	减法计数	$Q^*=Q-1$

除上述常用二进制计数器外,还有许多二进制计数器器件,其功能和使用方法参考相关器件手册。

思考与练习

6-14　74HC161 能否作为八进制计器使用?如果可以,具体如何应用?

6-15　74HC161 能否作为四进制计器使用?如果可以,具体如何应用?

2. 同步十进制计数器

同步十进制计数器既可以按一般时序逻辑电路的设计方法进行设计,同样也可以应用 T 触发器设计,根据计数器内部触发器状态的转换规律直接推出其驱动方程。

十进制加法计数器的状态转换图如图 6-40 所示。从图中可以看出:

(1) 最低位 Q_0 每来一个时钟时翻转一次;

(2) 次低位 Q_1 在现态 0001、0011、0101、0111 时翻转;

(3) 次高位 Q_2 在现态 0011、0111 时翻转;

(4) 最高位 Q_3 在现态 0111、1001 时翻转。

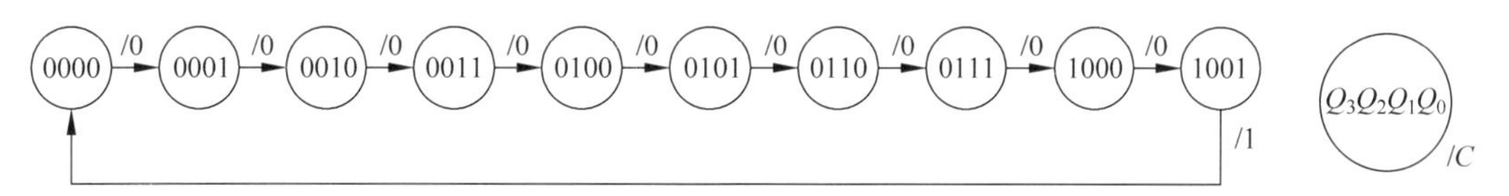

图 6-40　十进制加法计数器状态转换图

应用 T 触发器设计,并引入计数允许信号 EN 时,则根据计数器状态 $Q_3Q_2Q_1Q_0$ 的转换规律可以直接推出驱动方程

$$\begin{cases} T_0=1\cdot \mathrm{EN} \\ T_1=Q_3'Q_0\cdot \mathrm{EN} \\ T_2=Q_1Q_0\cdot \mathrm{EN} \\ T_3=(Q_2Q_1Q_0+Q_3Q_0)\cdot \mathrm{EN} \end{cases}$$

十进制加法计数器应在最后一个状态“1001”时输出进位信号,故输出方程为

$$C=Q_3Q_0$$

按上述驱动方程和输出方程设计出的同步十进制加法计数器如图 6-41 所示。

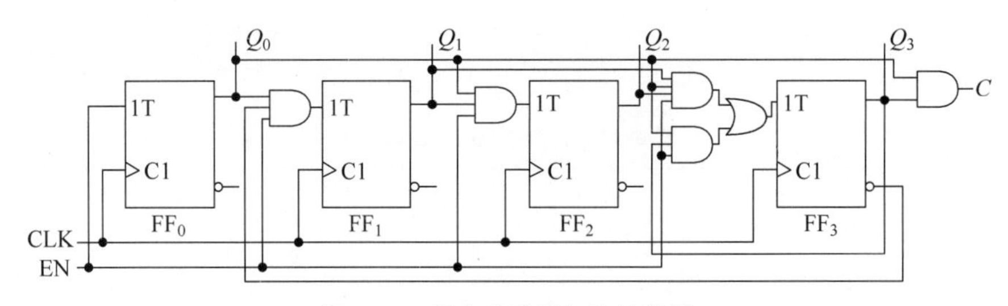

图 6-41　同步十进制加法计数器

应用 T 触发器设计十进制减法计数器时，同样可以根据状态转换规律推出其驱动方程为

$$
\begin{cases}
T_0 = 1 \cdot \mathrm{EN} \\
T_1 = Q'_0 (Q'_3 Q'_2 Q'_1)' \cdot \mathrm{EN} \\
T_2 = Q'_1 Q'_0 (Q'_3 Q'_2 Q'_1)' \cdot \mathrm{EN} \\
T_3 = Q'_2 Q'_1 Q'_0 \cdot \mathrm{EN}
\end{cases}
$$

其中，EN 为计数允许信号。

减法计数器在状态"0000"时输出借位信号，故输出方程为

$$B = Q'_3 Q'_2 Q'_1 Q'_0$$

按照上述驱动方程和输出方程设计出的同步十进制减法计数器如图 6-42 所示。

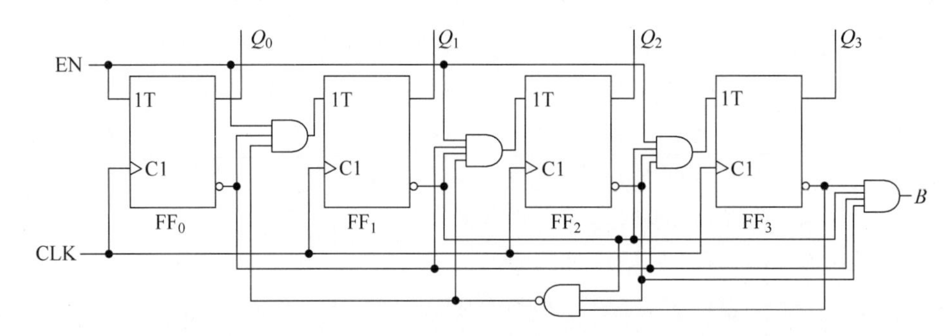

图 6-42　同步十进制减法计数器

单时钟十进制加/减计数器仍然应用同一时钟，由控制端 U'/D 控制加/减计数。综合十进制加法计数器和减法计数器的设计结果，可以推出单时钟十进制加/减计数器的驱动方程为

$$
\begin{cases}
T_0 = 1 \\
T_1 = (U'/D)' \cdot Q'_3 Q_0 + (U'/D) \cdot Q'_0 (Q'_3 Q'_2 Q'_1)' \\
T_2 = (U'/D)' \cdot Q_1 Q_0 + (U'/D) \cdot Q'_1 Q'_0 (Q'_3 Q'_2 Q'_1)' \\
T_3 = (U'/D)' \cdot (Q_2 Q_1 Q_0 + Q_3 Q_0) + (U'/D) \cdot Q'_2 Q'_1 Q'_0
\end{cases}
$$

和输出方程

$$Y = (U'/D)' Q_3 Q_0 + (U'/D) Q'_3 Q'_2 Q'_1 Q'_0$$

按照上述驱动方程组和输出方程即可设计出单时钟同步十进制加/减计数器。

74HC160 是集成同步十进制计数器，具有异步清零、同步置数、保持和计数功能，内部逻辑电路如图 6-43 所示。74HC160 的引脚排列和使用方法与 74HC161 完全相同，不同的是 74HC160 内部为十进制计数逻辑，而 74HC161 为十六进制计数逻辑。

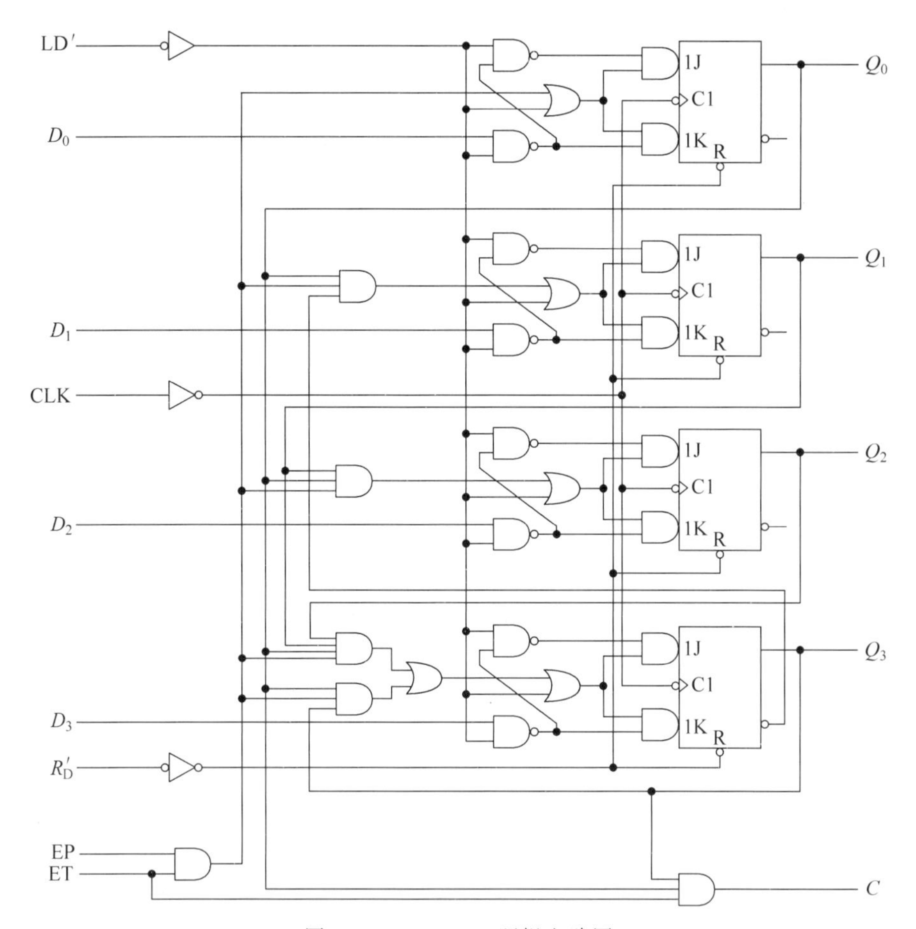

图 6-43　74HC160 逻辑电路图

74HC162 是集成同步十进制计数器，具有同步清 0、同步置数、保持和计数功能。74HC162 的引脚排列和使用方法与 74HC163 完全相同，不同的是 74HC162 内部为十进制计数逻辑，而 74HC163 为十六进制计数逻辑。

74HC190 是单时钟同步十进制加/减计数器，具有异步清 0 和异步置数功能，内部逻辑电路如图 6-44 所示。其中，CLK 是计数时钟脉冲输入端，U'/D 是计数方式控制端。74HC190 的引脚排列和使用方法与 74HC191 完全相同，不同的是 74HC190 内部为十进制加/减计数逻辑，而 74HC191 为十六进制加/减计数逻辑。

74HC192 是双时钟十进制加/减计数器，具有异步清零和异步预置数功能。74HC192 的引脚排列和使用方法与 74HC193 完全相同，不同的是 74HC192 为十进制计数逻辑，而 74HC193 为十六进制计数逻辑。

思考与练习

6-16　74HC161 和 74HC163 有什么共同点和不同点？74HC160 和 74HC162 有什么共同点和不同点？

6-17　74HC191 和 74HC193 有什么共同点和不同点？74HC190 和 74HC192 有什么共同点和不同点？

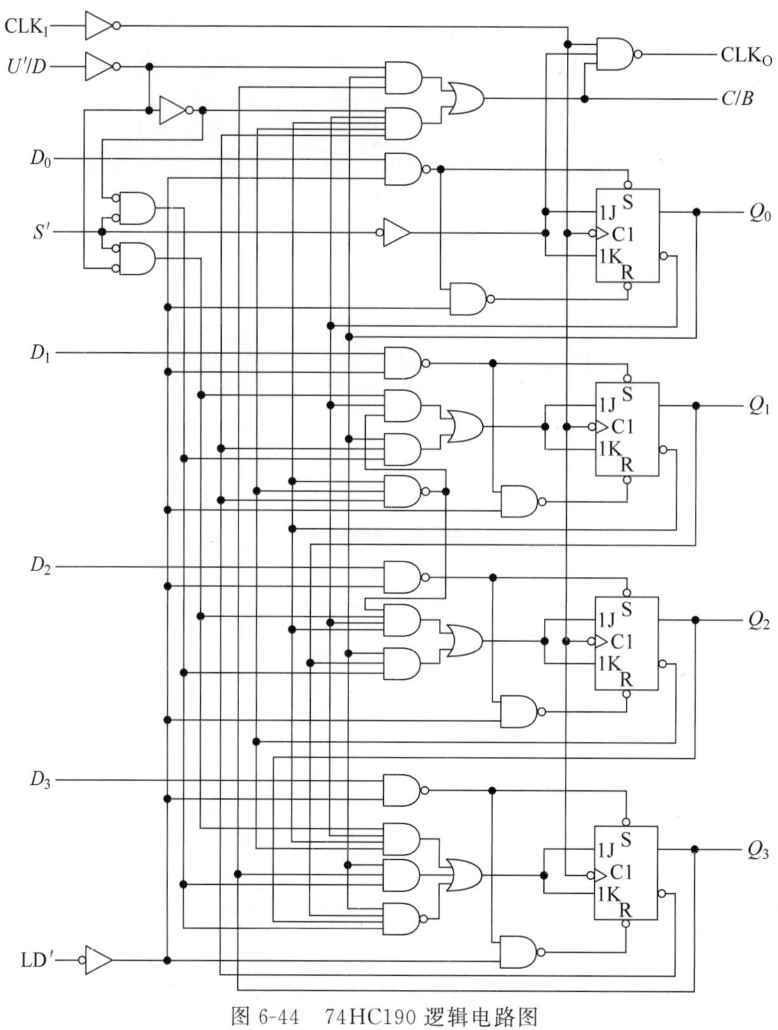

图 6-44 74HC190 逻辑电路图

6.5.2
微课视频

6.5.2 异步计数器分析

异步计数器结构简单,但由于内部触发器的状态更新不是同步进行的,因此工作速度慢,而且容易产生竞争-冒险。

异步二进制计数器的电路结构非常具有规律性,计数时内部触发器的状态翻转从低位到高位逐位进行。

3 位二进制异步加法计数器如图 6-45 所示,外部时钟从 CLK_0 接入,然后从左向右用低位触发器的状态 Q 依次作为高位触发器的时钟。

设计数器的初始状态 $Q_2Q_1Q_0=000$。由于每个 JK 触发器都改接成了 T′触发器,下降沿翻转,所以在外部时钟 CLK_0 的作用下,计数器状态变化的波形图如图 6-46 所示。

从波形图可以看出,每个触发器的状态更新要比时钟脉冲的下降沿滞后一个触发器的传输延迟时间 t_{pd},所以计数器从状态“111”返回到状态“000”的过程中,其状态变化是按“111→(110)→(100)→000”的路线进行的,中间短暂经过了状态“110”和“100”,经历了 $3t_{pd}$ 才稳定到状态“000”。

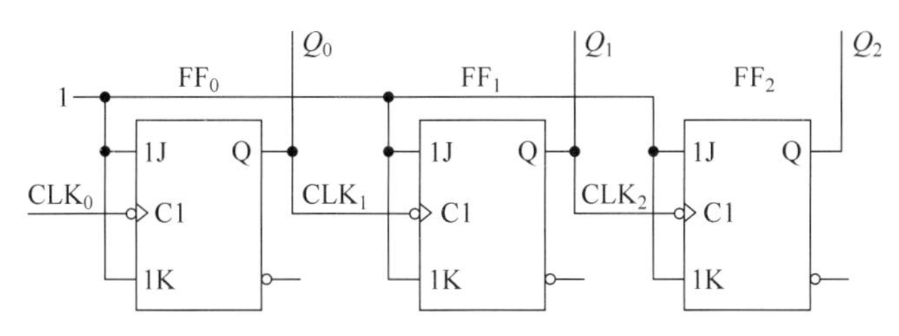

图 6-45 下降沿工作的异步二进制加法计数器

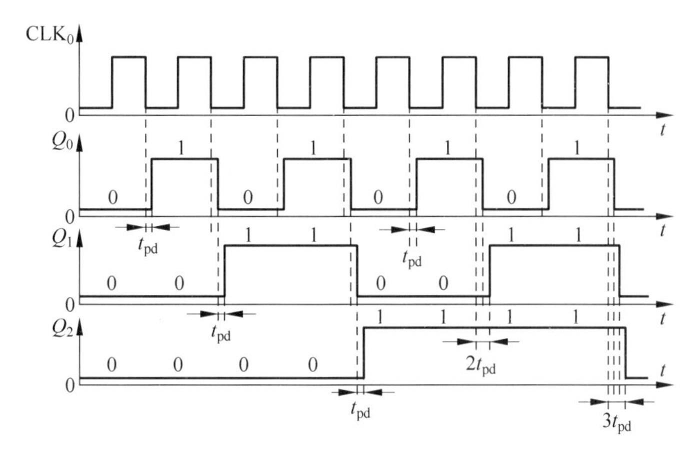

图 6-46 异步二进制加法计数器波形图

若将图 6-45 中低位触发器的状态 Q' 依次作为高位触发器的时钟，即可构成异步二进制减法计数器。

异步二进制计数器也可以由上升沿工作的触发器构成。图 6-47 是用 D 触发器构成的 3 位二进制异步加法计数器，其状态更新是在时钟脉冲的上升沿进行的。

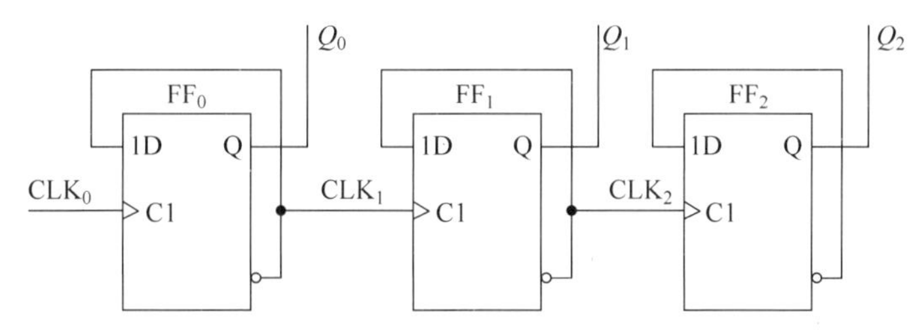

图 6-47 上升沿工作的异步二进制加法计数器

若将图 6-47 中低位触发器的状态 Q 依次作为高位触发器的时钟，即可构成异步二进制减法计数器。

在数字电路中，异步二进制计数器通常用作分频器，用于降低信号的频率。设时钟脉冲的频率为 f_0，由图 6-46 的波形图可以看出，3 位二进制计数器状态 Q_0、Q_1 和 Q_2 的频率依次为 $(1/2)f_0$、$(1/4)f_0$ 和 $(1/8)f_0$。

CD4060 为 14 位异步二进制计数器，内部集成的 CMOS 门电路可与外接的 R、C 或者石英晶体构成多谐振荡器，振荡器的输出信号送至 14 级异步二进制计数器进行分频，可以输出多种频率信号。CD4060 的典型应用电路如图 6-48 所示，外接 32768Hz 晶振时，可输出

2048Hz、1024Hz、512Hz、256Hz、128Hz、64Hz、32Hz、8Hz、4Hz 和 2Hz 共 10 种方波信号。

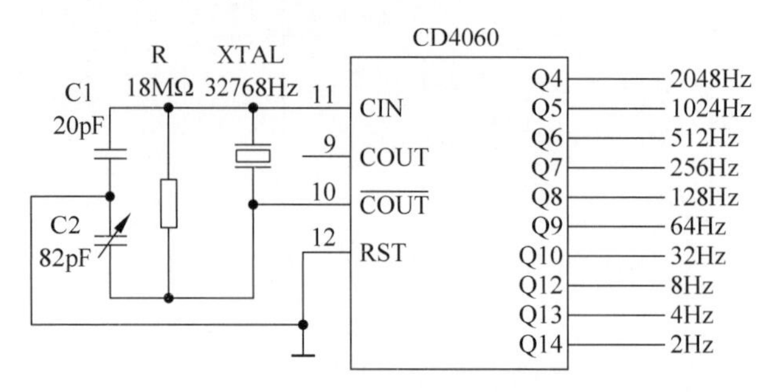

图 6-48 CD4060 应用电路

思考与练习

6-18 异步二进制计数器内部用什么功能的触发器构成？结构上有什么规律？

6-19 试用两片双 D 触发器 74HC74 设计异步十六进制计数器。画出设计图。

6-20 试用两片双 JK 触发器 74HC112 设计异步十六进制计数器。画出设计图。

74HC290 是集成异步二-五-十进制计数器，内部结构框图如图 6-49 所示，由两个独立的计数器构成：一是 1 位二进制计数器，时钟脉冲为 CLK_0，状态输出为 Q_0；二是异步五进制计数器，时钟脉冲为 CLK_1，状态输出为 $Q_3Q_2Q_1$。

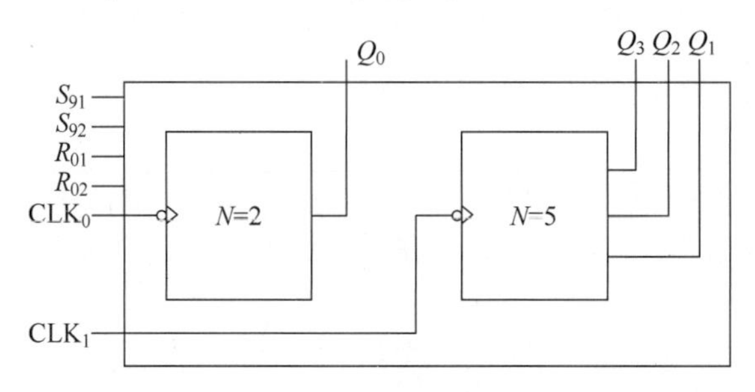

图 6-49 74HC290 结构框图

74HC290 提供了两组功能控制端：S_{91} 和 S_{92}、R_{01} 和 R_{02}。其中 S_{91} 和 S_{92} 为异步置 9 端，R_{01} 和 R_{02} 为异步复位端。当 $S_{91}S_{92}=1$，$R_{01}R_{02}=0$ 时，可以将 74HC290 的状态置 9($Q_3Q_2Q_1Q_0=1001$)。当 $S_{91}S_{92}=0$，$R_{01}R_{02}=1$ 时，可以将 74HC290 的状态置零($Q_3Q_2Q_1Q_0=0000$)。当 $S_{91}S_{92}=0$ 并且 $R_{01}R_{02}=0$ 时，74HC290 处于计数状态。当时钟从 CLK_0 输入，Q_0 端输出 2 分频信号，实现一位二进制计数。当时钟脉冲从 CLK_1 输入，从 $Q_3Q_2Q_1$ 输出时实现五进制计数。

将 74HC290 内部的二进制计数器和五进制计数器级联即可扩展为十进制计数器，有两种扩展方案。第一种方案是外部时钟从 CLK_0 加入，CLK_1 接 Q_0，如图 6-50(a)所示，即先进行二进制计数，再进行五进制计数，由 $Q_3Q_2Q_1Q_0$ 输出 8421 码；第二种方案是外部时钟从 CLK_1 加入，CLK_0 接 Q_3，如图 6-50(b)所示，即先进行五进制计数，再进行二进制计数，由 $Q_0Q_3Q_2Q_1$ 输出 5421 码。两种扩展方案的状态转换表如表 6-15 所示。

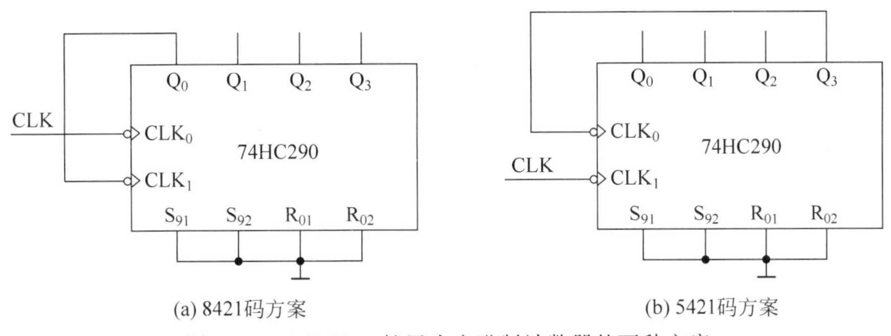

(a) 8421码方案　　(b) 5421码方案

图 6-50　74HC290 扩展为十进制计数器的两种方案

表 6-15　两种扩展方案与状态转换表

CLK	扩展方案 1		扩展方案 2	
	连接方法	状态输出 $Q_3Q_2Q_1Q_0$	连接方法	状态输出 $Q_0Q_3Q_2Q_1$
0		0000		0000
1↓		0001		0001
2↓		0010		0010
3↓		0011		0011
4↓	$CLK_0=CLK$	0100	$CLK_0=Q_3$	0100
5↓	$CLK_1=Q_0$	0101	$CLK_1=CLK$	1000
6↓		0110		1001
7↓		0111		1010
8↓		1000		1011
9↓		1001		1100
状态说明	8421 码		5421 码	

6.5.3 任意进制计数器

6.5.3
微课视频

二进制计数器和十进制计数器应用广泛，有商品化的器件出售。若需要其他进制计数器，一般需要应用二进制或者十进制计数器改接得到。

本节首先讲述计数器容量的扩展方法，然后重点讲述任意进制计数器的改接方法。

1. 计数器容量的扩展方法

当单片计数器的容量不能满足设计要求时，就需要将多片计数器级联以扩展计数容量。例如，两片十进制计数器级联可以扩展为 100(10×10)进制计数器，两片十六进制计数器级联可以扩展成 256(16×16)进制计数器。一般地，N 进制计数器和 M 进制计数器级联可以扩展为 $N\times M$ 进制计数器。

计数器容量的扩展有并行进位和串行进位两种方式。

应用并行进位方式，将两片十进制计数器扩展为一百进制计数器的连接方法如图 6-51 所示，用第一片计数器的进位信号 C_1 控制第二片计数器的进位连接信号 ET。两片计数器的时钟相同，整体为同步时序电路。

下面对并行进位方式的扩展原理进行分析。

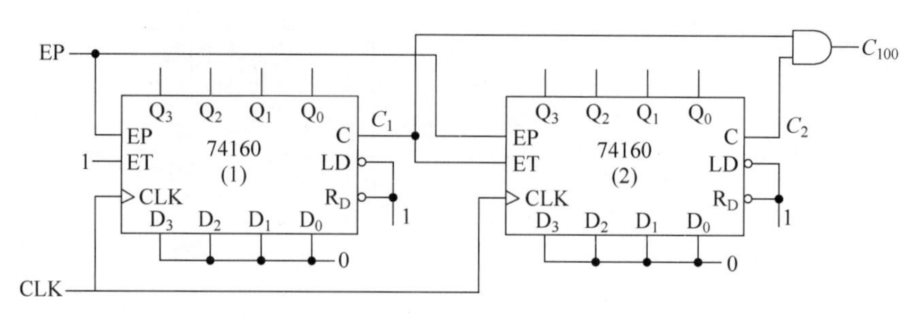

图 6-51 一百进制计数器(并行进位方式)

设 EP=1,两片计数器的初始状态为 00。在时钟脉冲 CLK 作用下,第一片计数器从 0 到 9 循环计数。每当第一片计数器的状态为 9 时进位信号 $C_1=1$,使得第二片计数器的 ET=1,所以在下一次时钟脉冲的上升沿到来时,第一片计数器从 9 计到 0 的同时,第二片计数器才能计数一次,故整体计数状态从 00 计到 99,为一百进制。当计数器的状态到达 99 时,一百进制计数器应输出进位信号,因此 $C_{100}=C_1C_2$。

应用串行进位方式,将两片十进制数器扩展为一百进制计数器的连接方法,如图 6-52 所示。将第一片计数器的进位信号 C_1 取反后作为第二片计数器的时钟,两片计数器的进位连接端 ET 均接高电平。由于两片计数器时钟不同,因此整体为异步时序电路。

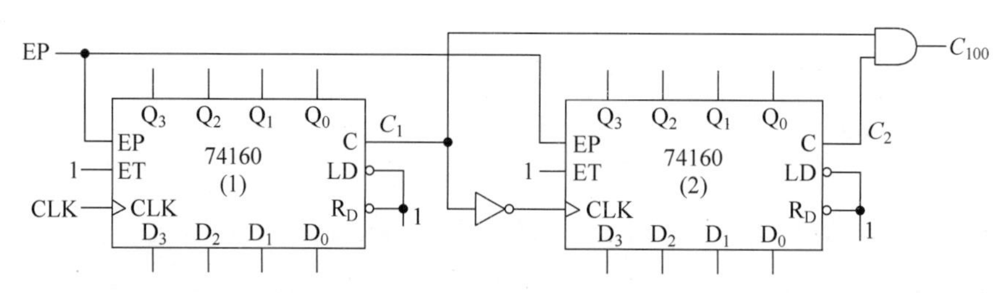

图 6-52 一百进制计数器(串行进位方式)

下面对串行进位方式的扩展原理进行分析。

设 EP=1,两片计数器的初始状态为 00。每当第一片计数器从 0 计到 9 后,进位信号 C_1 由低电平跳变为高电平。这时对第二片计数器来说,反相后为时钟脉冲的下降沿,所以第二片计数器还不计数。当第一片计数器的状态从 9 返回 0 后,进位信号 C_1 返回低电平,反相后第二片计数器的时钟脉冲才出现了上升沿,所以第二片计数器才能计数一次。因此,整体计数状态从 00 计到 99,为一百进制。串行进位方式进位信号的接法与并行进位方式相同。

思考与练习

6-21 并行进位和串行进位两种扩展方式,你推荐使用哪一种?为什么?

6-22 在串行进位方式中,若将 C_1 直接作为第二片计数器的时钟,会出现什么情况?是否还是一百进制?试分析说明。

6-23 用三片十进制计数器扩展成一千进制计数器。画出设计图。

2. 任意进制计数器的改接方法

假设已经有 N 进制计数器,需要 M 进制计数器时,分两种情况讨论。

1）$N>M$ 时

在 N 进制的计数循环中，设法跳过多余的 $N-M$ 个状态而得到 M 进制计数器。例如，需要七进制计数器时，若用十进制计数器改接，需要跳过 3 个多余的状态；若用十六进制计数器改接，则需要跳过 9 个多余的状态。

集成计数器通常都附加有复位和置数功能，因此跳过 $N-M$ 个状态有两种方法：复位法和置数法。复位法是利用计数器的复位功能，当计数器达到某个状态时强制清零而跳过多余的状态。置数法是利用计数器的置数功能，当计数器达到某个状态时强制置为另一个状态以跳过多余的状态。

（1）复位法。

设 N 进制计数器的 N 个状态分别用 $S_0, S_1, \cdots, S_{N-1}$ 表示。复位法的思路是：从全 0 状态 S_0 开始计数，计满 M 个状态后，利用复位功能使计数器返回到 S_0 而实现 M 进制，如图 6-53 所示。

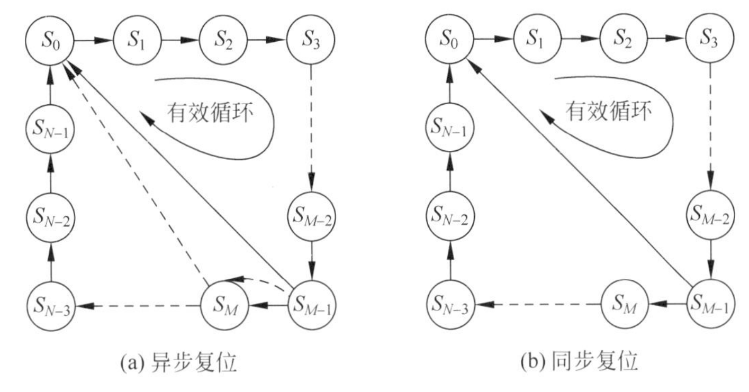

图 6-53　利用复位法改接计数器

复位法有异步复位和同步复位两种方法，异步复位与时钟无关，同步复位受时钟控制。

对于具有异步复位功能的计数器（如 74HC160 和 74HC161），当计数器从全 0 状态 S_0 开始计数到 S_{M-1} 后，下次时钟到来计数器进入状态 S_M 时立即产生复位信号使计数器复位到 S_0。由于计数器在进入 S_M 后被立即复位到 S_0，在状态 S_M 维持的时间极短，因此 S_M 不属于有效状态，而称为“过渡状态”。

对于具有同步复位功能的计数器（如 74HC162 和 74HC163），当计数器从全 0 状态 S_0 开始计数到 S_{M-1} 后，在状态 S_{M-1} 产生复位信号，在下次时钟脉冲到来时实现复位。

（2）置数法。

置数法是通过计数器的置数功能进行改接，有置 0、置最小值和置最大值 3 种方法。

置 0 方法改接的原理与复位法类似。计数器从全 0 状态 S_0 开始计数，计满 M 个状态后：对于具有异步置数功能的计数器（如 74HC190/191），在状态到达 S_M 时，使置数功能有效，将预先设置好的数据“全 0”立即置入计数器，使状态返回 S_0；对于具有同步置数功能的计数器（如 74HC160/161/162/163），在状态到达 S_{M-1} 时，使置数功能有效，当下次时钟脉冲有效沿到来时，将预先设置好的数据“全 0”置入计数器，使状态返回 S_0。

通过置数法进行改接时，也可以从任一状态 S_i 开始，计满 M 个状态后触发置数功能有效，使状态返回 S_i，然后循环上述过程。

置最小值方法的思路：选取 M 个有效状态 $S_{N-M} \sim S_{N-1}$，当计数器达到最后一个状态 S_{N-1} 时，触发同步置数功能有效，在下次时钟脉冲到来时，将状态置为 S_{N-M}。

置最大值方法的思路：选取 M 个循环状态 $S_0 \sim S_{M-2}$ 和 S_{N-1}，当计数器状态达到 S_{M-2} 时，触发同步置数功能有效，在下次时钟脉冲到来时，将状态置为 S_{N-1}。

【例 6-9】 将十进制计数器 74HC160 改接成六进制计数器，画出改接图。

改接方法：74HC160 具有异步复位和同步置数功能。

用复位法改接时，选取有效循环为“0000～0101”。由于 74HC160 为异步复位，因此过渡状态应选为“0110”状态，改接电路如图 6-54(a)所示。每当计数器的状态到达“0110”时，立即复位返回状态“0000”。由于异步复位信号随着计数器复位而立即消失，所以复位信号持续时间短，因而可靠性不高。

74HC160 具有同步置数功能，若选取有效循环为“0000～0101”，用置 0 法改接时，应在状态“0101”使置数功能 LD′有效，并预先将 $D_3D_2D_1D_0$ 设置为“0000”，当下次时钟脉冲的上升沿到来时返回状态“0000”。改接电路如图 6-54(b)所示。

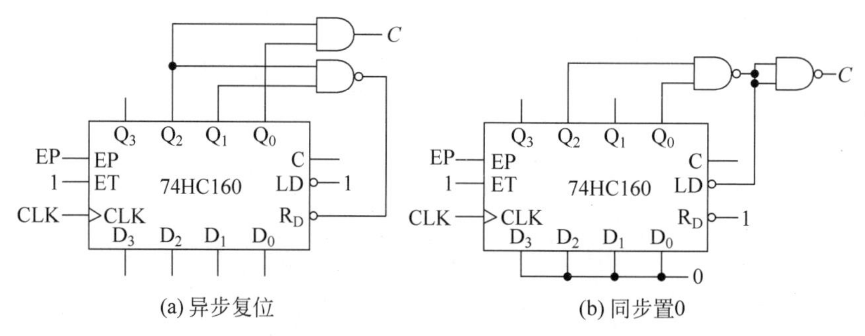

图 6-54 将十进制计数器改接成六进制计数器

上述两种改接方法选取的有效循环状态均为“0000～0101”。由于新计数器的状态循环都不经过原来计数器的最后一个状态“1001”，所以原计数器的进位输出 C 恒为 0。若新计数器需要有进位信号，则应在新循环的最后一个状态“0101”时产生，如图 6-54 所示。

用置最小值法改接时，有效状态选为“0100～1001”。每当计数器的状态达到“1001”时，使置数功能 LD′有效，并预先设置 $D_3D_2D_1D_0=0100$，在下次时钟脉冲上升沿到来时，将状态置为“0100”，改接电路如图 6-55(a)所示。

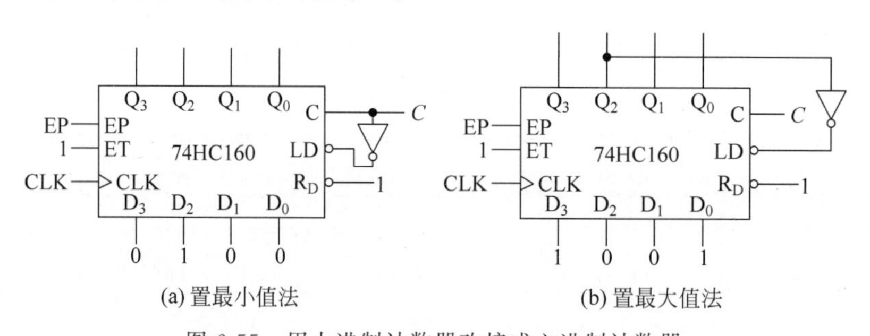

图 6-55 用十进制计数器改接成六进制计数器

用置最大值法改接时，有效状态选为“0000～0100”和“1001”。每当计数器的状态达到“0100”时，使置数功能 LD′有效，并预先设置 $D_3D_2D_1D_0=1001$，在下一次时钟脉冲的上升沿到来时将状态置为“1001”,改接电路如图 6-55(b)所示。

无论是置最大值法还是置最小值法,新计数器的状态循环都经过了原计数循环的最后一个状态“1001”,所以原计数器的进位信号可以直接作为新计数器的进位信号,不需要专门改接。

思考与练习

6-24 若将十进制计数器 74HC162 改接成六进制计数器,例 6-9 中的 4 种改接电路哪种需要调整?画出调整后的改接图。

6-25 若将十六进制计数器 74HC161 改接成六进制计数器,例 6-9 中的 4 种改接电路哪种需要调整?画出调整后的改接图。

6-26 若已有十六进制计数器 74HC161/74HC163 而需要八进制或四进制计数器时,是否需要按例 6-9 所示的方法进行改接?试总结规律。

2) $N<M$ 时

先将计数器的容量进行扩展,然后再改接成 M 进制。通常是先将 i 片 N 进制计数器级联扩展为 N^i 进制计数器,使 $N^{i-1}<M<N^i$,然后再在 N^i 进制计数器的计数循环中,跳过 N^i-M 个多余的状态改接成 M 进制,这种方法称为整体置数法。例如需要 365 进制计数器时,先用 3 片十进制计数器扩展成 1000 进制计数器,然后再将 1000 进制改接为 365 进制。

另外,还可以采用分解方法:将 M 分解成为若干个小于或等于 N 的因数的乘积,即 $M=N_1 \cdot N_2 \cdot \cdots \cdot N_j$($j$ 为正整数),然后分别设计出 $N_1, N_2, \cdots, N_j$ 进制计数器,最后通过串行进位或者并行进位方式级联实现 M 进制计数器。例如需要一个二十四进制计数器时,既可以用四进制计数器和六进制计数器级联实现,也可以用三进制和八进制计数器级联实现,还可以用二进制和十二进制计数器级联实现。

【例 6-10】 用两片 74HC160 计数器接成六十进制计数器,画出设计图。

设计过程:用两片 74HC160 计数器接成六十进制计数器时,既可以采用整体置数法,也可以采用分解方法实现。

采用整体置数法时,先将两片 74HC160 扩展为一百进制计数器,然后再将一百进制改接成六十进制。若选取一百进制计数器的状态循环为“00～59”,具体的实现方法是:每当状态到达“59”时,触发置数功能 LD′有效,在下次时钟到来时,将状态置为“00”,改接电路如图 6-56 所示。

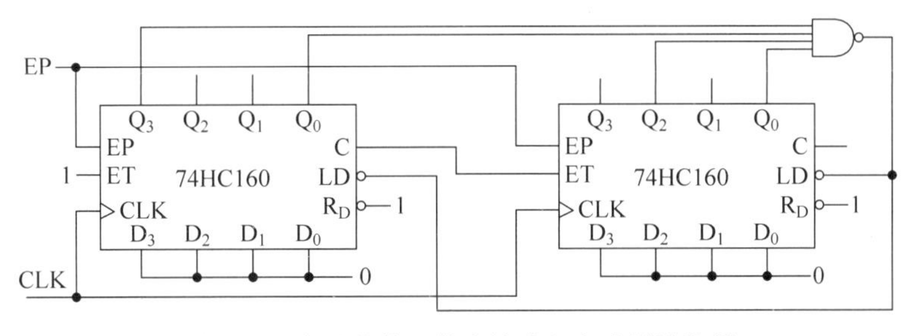

图 6-56 应用整体置数法接成六十进制计数器

由于 60 可分解成 10×6,所以六十进制计数器也可以用一个十进制计数器和六进制计数器级联构成。图 6-57 是按照这种分解思路用并行进位法接成的六十进制计数器,图 6-58 是用串行进位法接成的六十进制计数器。

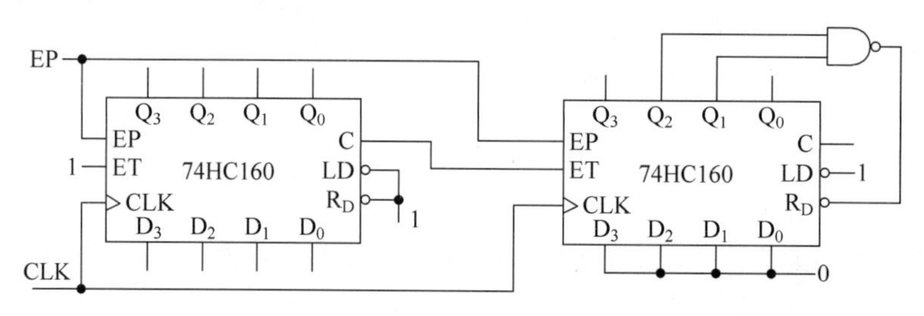

图 6-57 应用并行进位法接成六十进制计数器

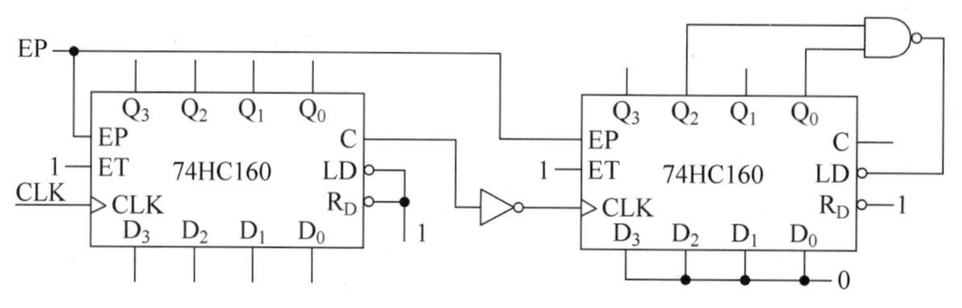

图 6-58 应用串行进位法接成六十进制计数器

思考与练习

6-27 采用分解方法接成六十进制计数器时,低位片用六进制、高位片用十进制和低位片用十进制、高位片用六进制的状态循环是否相同?分别写出两种方案的状态编码并进行比较。

6-28 用两片 74HC160 接成三十六进制计数器,共有多少种改接方案?画出设计图,并说明相应的状态循环规律。

6-29 用两片 74HC161 接成三十六进制计数器,共有多少种改接方案?画出设计图,并说明相应的状态循环规律。

【例 6-11】 设计一个可控进制的计数器,当控制变量 $M=0$ 时为五进制,$M=1$ 时为十五进制。

设计过程:由于最大为十五进制,所以需要用十六进制计数器进行改接。

若采用置最小值法,五进制计数的状态循环选为"1011~1111",十五进制计数器的状态循环选为"0001~1111",则应在状态"1111"时触发置数功能 LD′有效,实现五进制时将数 $D_3D_2D_1D_0$ 置为"1011",实现十五进制时数置为"0001"。根据上述分析,应取 $D_3D_2D_1D_0=M'0M'1$。设计电路如图 6-59 所示。

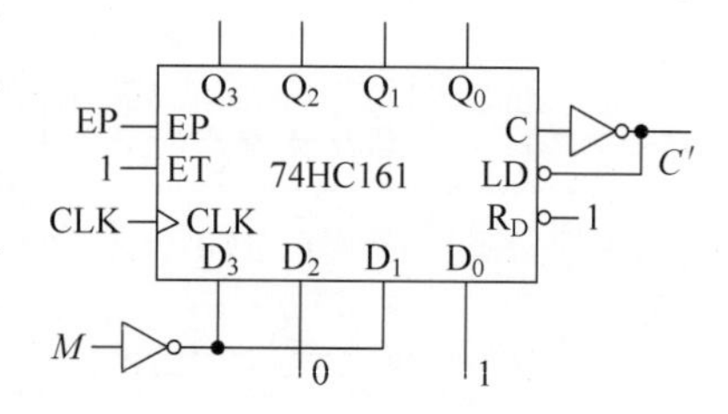

图 6-59 例 6-11 电路设计图

本例也可以用置 0 法或者复位法来实现。选取五进制计数器的状态循环为"0000~0100",十五进制计数器的状态循环为"0000~1110"。采用 74HC161 改接时，应分别在状态 0100 和 1110 时触发其置数功能，因此取 $LD'=M'Q_2+MQ_3Q_2Q_1$，并取 $D_3D_2D_1D_0=0000$ 即可实现。

思考与练习

6-30　能否用一片 74HC160 设计出 4 种进制计数器。当 $S_1S_0=00$ 时为十进制，$S_1S_0=01$ 时为五进制，$S_1S_0=10$ 时为八进制，$S_1S_0=11$ 时为六进制？说明设计思想，并画出设计图。

6-31　能否用一片 74HC160 设计出 8 种进制计数器。当 $A_2A_1A_0=000\sim111$ 时，分别实现二进制到九进制？说明设计思想，并画出设计图。

6.5.4　两种特殊计数器

6.5.4
微课视频

移位寄存器不但可以存储数据，实现数据的移动，还可以构成两种特殊的计数器：环形计数器和扭环形计数器。

1. 环形计数器

将图 6-26 所示的 4 位移位寄存器首尾相接，即令 $D_0=Q_3$，即可构成 4 位环形计数器(ring counter)，如图 6-60 所示。

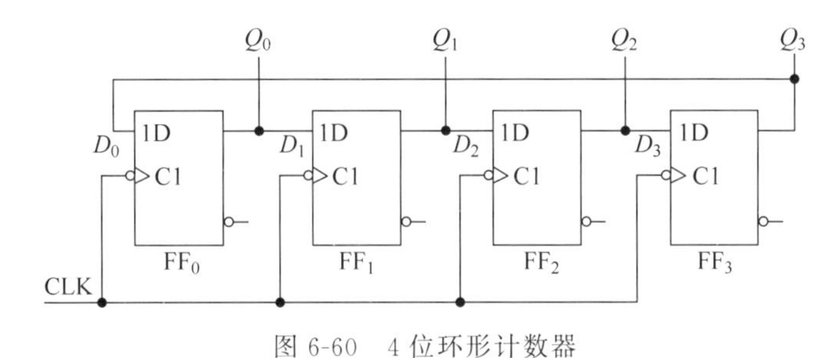

图 6-60　4 位环形计数器

根据移位寄存器的工作过程，分析 16 种状态的循环关系，即可画出图 6-61 所示的环形计数器的状态转换图。由于存在多个循环关系，若选取“0001→0010→0100→1000→0001”为有效循环，则其他均为无效循环。环形计数器一旦落入无效循环中，就不能自动返回到有效循环状态中去，所以图 6-60 所示的环形计数器不具有自启动功能。

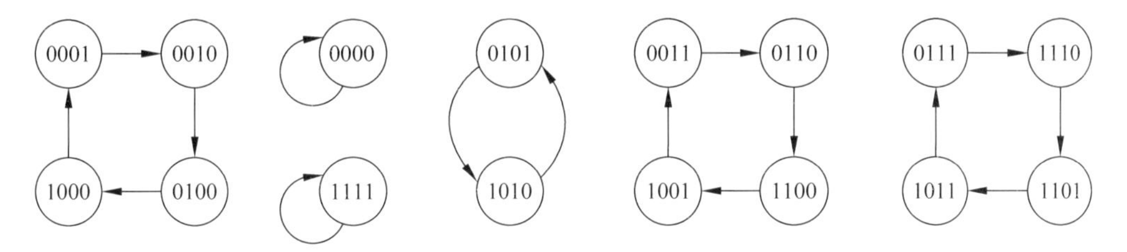

图 6-61　4 位环形计数器状态转换图

为了环形计数器具有自启动功能，就需要修改逻辑设计。同时，为了保持移位寄存器型计数器的结构特点，在 4 个驱动方程中只修改驱动方程 $D_0=Q_3$。重设 $D_0=F(Q_3,Q_2,Q_1,Q_0)$，则 $Q_0^*=F(Q_3,Q_2,Q_1,Q_0)$，然后根据自启动的需要重新定义 Q_0^*。修改后能够自启动的 4 位环形计数器的状态转换图如图 6-62 所示。

根据图 6-62 重新定义的状态循环关系，画出图 6-63 所示的逻辑函数 $Q_0^* = F(Q_3, Q_2, Q_1, Q_0)$的卡诺图。

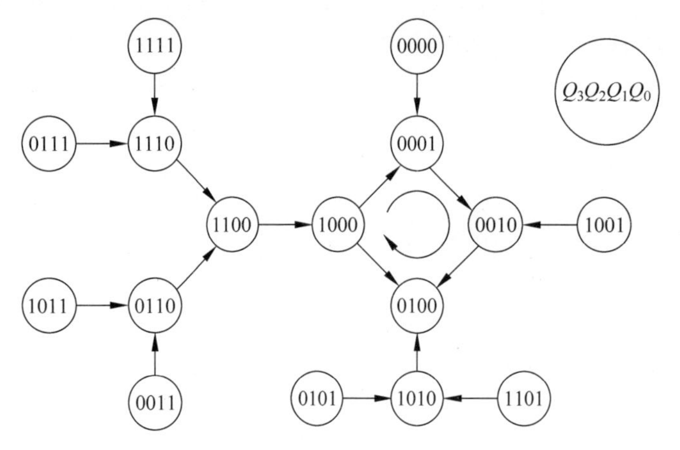

图 6-62　能够自启动的 4 位环形计数器状态转换图

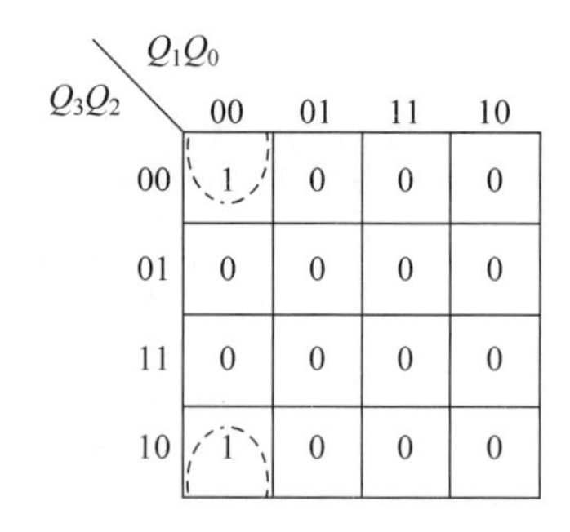

Q_3Q_2 \ Q_1Q_0	00	01	11	10
00	1	0	0	0
01	0	0	0	0
11	0	0	0	0
10	1	0	0	0

图 6-63　Q_0^* 卡诺图

化简得

$$Q_0^* = Q_2' Q_1' Q_0'$$

故得到驱动方程

$$D_0 = Q_2' Q_1' Q_0'$$

按上式驱动方程设计得到图 6-64 所示的能够自启动的环形计数器。

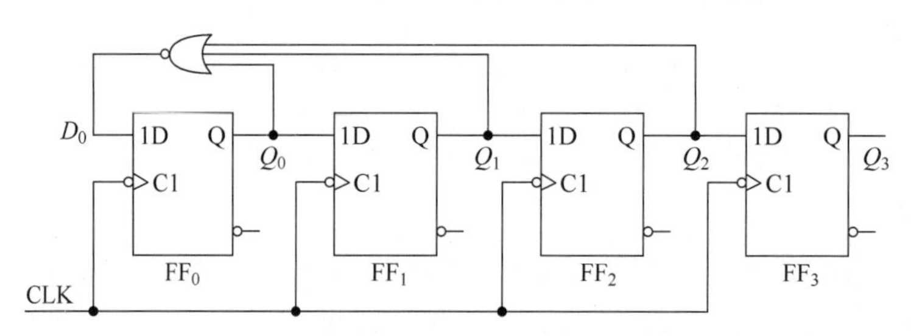

图 6-64　能够自启动的 4 位环形计数器

环形计数器的优点是结构简单，状态编码为一位热码编码方式。这种编码方式虽然使用了较多的触发器，但大大简化了状态译码电路的设计，而且能够提高系统的工作速度，增强计数器工作的可靠性，所以在现代数字系统设计中被广泛应用。

环形计数器的缺点是状态利用率低。由 n 位移位寄存器构成的环形计数器只有 n 个有效状态，还有 $2^n - n$ 个状态没有用到。

2. 扭环形计数器

将 4 位移位寄存器的输出 Q_3'作为触发器 FF_0 的输入，即 $D_0 = Q_3'$，可构成扭环形计数器(twisted-ring counter)，如图 6-65 所示。

扭环形计数器的状态转换图如图 6-66 所示，仍然存在两组状态循环关系，所以图 6-65 所示的扭环形计数器也不具有自启动功能。

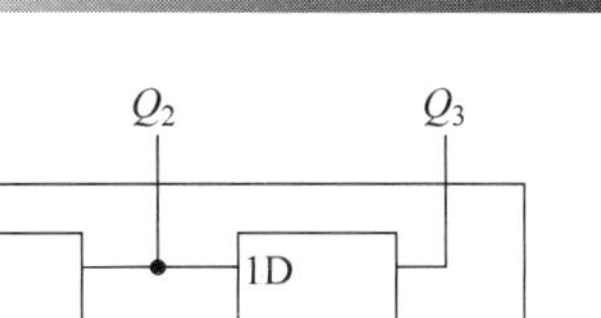
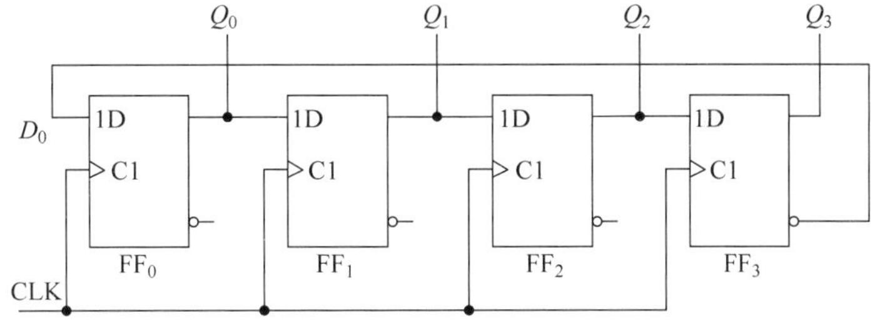

图 6-65 4 位扭环形计数器

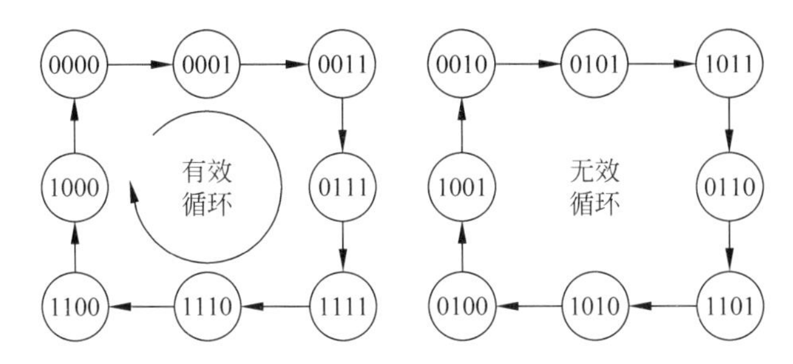

图 6-66 4 位扭环形计数器状态转换图

和环形计数器一样，可以通过修改逻辑设计的方法使扭环形计数器具有自启动功能。重设 $D_0=F(Q_3,Q_2,Q_1,Q_0)$，则 $Q_0^*=F(Q_3,Q_2,Q_1,Q_0)$，然后根据自启动的需要重新定义 Q_0^*。图 6-67 是修改后能够自启动的 4 位扭环形计数器的状态转换图。

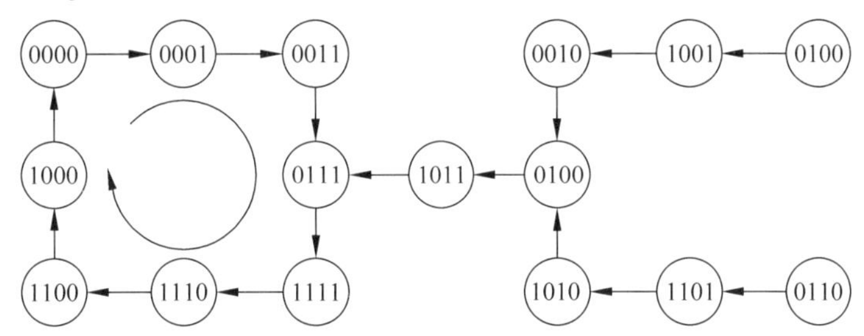

图 6-67 能够自启动的 4 位扭环形计数器状态转换图

由修改后的状态转换关系，可得

$$Q_0^*=Q_1Q_2'+Q_3'$$

故驱动方程

$$D_0=Q_1Q_2'+Q_3'$$

按上式驱动方程重新设计即可得到图 6-68 所示的能够自启动的 4 位扭环形计数器。

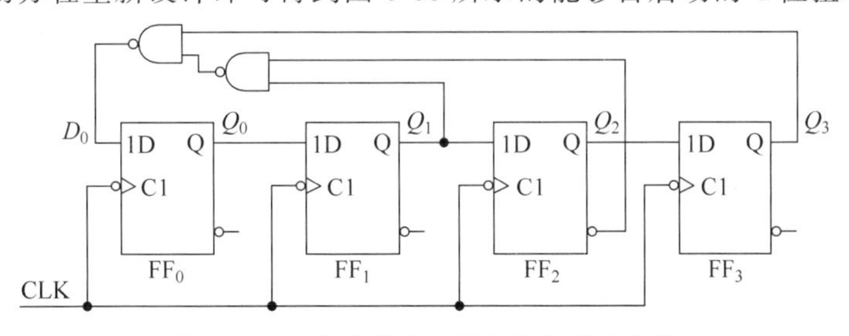

图 6-68 具有自启动功能的扭环形计数器

扭环形计数器的特点是状态转换时只有一位发生变化，所以不会产生竞争-冒险，因而可靠性很高。另外，与环形计数器相比，扭环形计数器共有 $2n$ 个有效状态，状态利用率有所提高，但仍有 2^n-2n 个状态没有用到。

在实际应用中，环形计数器和扭环形计数器基于集成移位寄存器设计更方便，如例 6-6 所示。

6.6 微课视频

6.6 两种时序单元电路

顺序脉冲发生器和序列信号产生器是两种典型的时序单元电路。顺序脉冲发生器用于产生顺序脉冲，通常用作小型数字系统的控制核心；序列信号产生器用于产生通信系统测试所需要的串行序列信号。

6.6.1 顺序脉冲发生器

在数字系统设计中，经常需要用到一组在时间上有一定先后顺序的脉冲信号，然后用这些脉冲来合成所需要的控制信号。顺序脉冲发生器就是能够产生顺序脉冲的时序逻辑电路。

环形计数器本身就是顺序脉冲发生器。对于图 6-64 所示的 4 位环形计数器，其状态中的高电平脉冲随着时钟依次在输出 Q_0、Q_1、Q_2 和 Q_3 中循环出现。若某一数字系统有四项工作任务需要完成，当 $Q_0=1$ 时执行任务 1，$Q_1=1$ 时执行任务 2，$Q_2=1$ 时执行任务 3，$Q_3=1$ 时执行任务 4，那么这四项任务在时钟脉冲的作用下依次循环执行。

顺序脉冲发生器的典型结构是由计数器和译码器构成的。计数器在时钟脉冲的作用下循环计数，译码器则对计数器的状态进行译码而产生顺序脉冲。应用十六进制计数器和 3 线-8 线译码器可构成 8 节拍顺序脉冲发生器，如图 6-69 所示。在时钟脉冲的作用下，译码输出的低电平信号顺序地在 Y_0' 到 Y_7' 输出端循环出现，如图 6-70 所示。

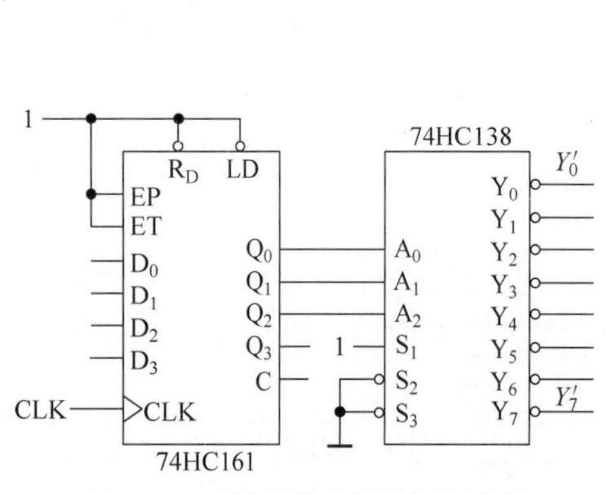

图 6-69 用计数器和译码器构成的顺序脉冲发生器

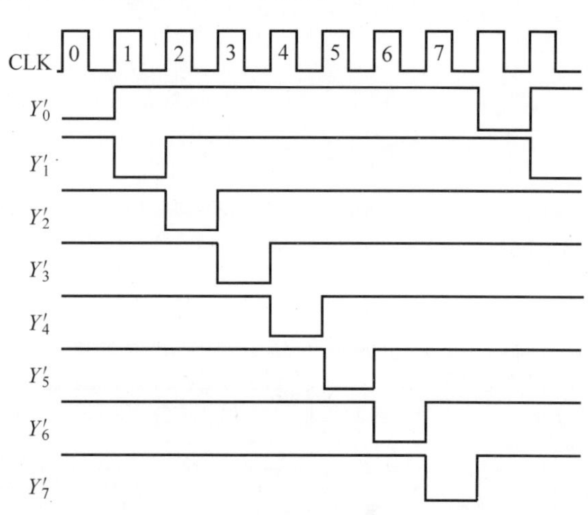

图 6-70 8 节拍顺序脉冲发生器波形图

一般地，若要产生 n 节拍的顺序脉冲，需要用 n 进制计数器和能够输出 n 个高、低电平信号的译码器构成。

思考与练习

6-32　若将图 6-69 中译码器的控制端 S_2' 和 S_3' 由接地改接为时钟 CLK，则输出脉冲会有什么变化？试分析其差异，并说明两种电路的优缺点。

6.6.2　序列信号产生器

序列信号产生器是用来产生串行序列信号的时序逻辑电路。通常有 3 种实现形式：

（1）由计数器和数据选择器构成；

（2）利用顺序脉冲合成；

（3）反馈移位型。

序列信号产生器的典型电路是由计数器和数据选择器构成的。计数器在时钟脉冲的作用下循环计数，然后用计数器的状态作为数据选择器的地址，从多路数据选择器中依次选择其中一路输出产生序列信号。

8 位序列信号产生器电路如图 6-71 所示。在时钟脉冲的作用下，八进制计数器的状态 $Q_2Q_1Q_0$ 按 000～111 循环变化，数据选择器在地址信号“000～111”的作用下从输入 D_0～D_7 不断选择数据并从 Y 端输出，如表 6-16 所示。若要产生“01011011”8 位序列信号，只要定义 8 选 1 数据选择器的输入数据 $D_0D_1D_2D_3D_4D_5D_6D_7=01011011$ 即可。

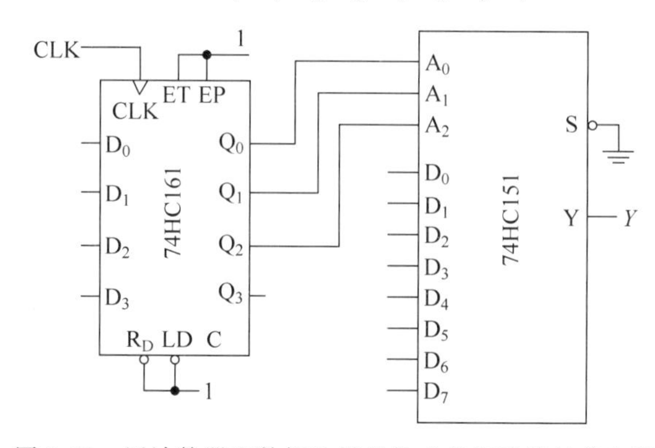

图 6-71　用计数器和数据选择器构成的序列信号产生器

表 6-16　图 6-71 序列信号产生器的真值表

CLK	$Q_2(A_2)$	$Q_1(A_1)$	$Q_0(A_0)$	Y
0	0	0	0	D_0
1	0	0	1	D_1
2	0	1	0	D_2
3	0	1	1	D_3
4	1	0	0	D_4
5	1	0	1	D_5
6	1	1	0	D_6
7	1	1	1	D_7

一般地，n 位序列信号产生器由 n 进制计数器和 n 选 1 数据选择器构成。有时为了简化电路设计，也可以应用小于 n 选 1 的数据选择器。

【例 6-12】 设计能够产生"1101000101"序列信号的电路，画出设计图。

设计过程：

(1) 因序列信号长度 $M=10$，所以选择十进制计数器。

(2) 计数器的输出状态与序列信号 Y 之间的关系如表 6-17 所示。

表 6-17　序列信号 Y 的真值表

Q_3	Q_2	Q_1	Q_0	Y
0	0	0	0	1
0	0	0	1	1
0	0	1	0	0
0	0	1	1	1
0	1	0	0	0
0	1	0	1	0
0	1	1	0	0
0	1	1	1	1
1	0	0	0	0
1	0	0	1	1

(3) 由真值表可得 Y 的函数表达式为

$$Y=Q'_3Q'_2Q'_1Q'_0+Q'_3Q'_2Q'_1Q_0+Q'_3Q'_2Q_1Q_0+Q'_3Q_2Q_1Q_0+Q_3Q'_2Q'_1Q_0$$

(4) 若用 8 选 1 数据选择器产生序列信号，取数据选择器地址 $A_2A_1A_0=Q_2Q_1Q_0$ 时，将函数表达式变换为

$$\begin{aligned}Y&=Q'_3m_0+Q'_3m_1+Q'_3m_3+Q'_3m_7+Q_3m_1\\&=Q'_3m_0+m_1+Q'_3m_3+Q'_3m_7\end{aligned}$$

因此，8 路数据分别取 $D_0=D_3=D_7=Q'_3$，$D_1=1$ 和 $D_2=D_4=D_5=D_6=0$，故设计电路如图 6-72 所示。

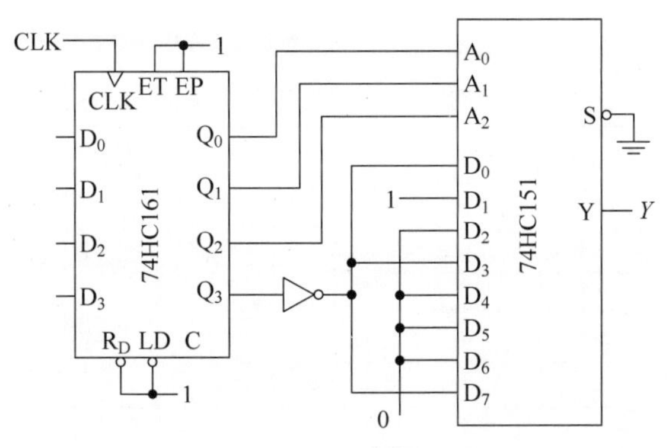

图 6-72　例 6-12 电路设计图

【例6-13】 用顺序脉冲发生器设计产生"11010001"序列信号的电路,画出设计图。

设计过程:因序列信号长度 $M=8$,所以选用74HC161(作八进制用)和74HC138产生8节拍的顺序负脉冲 $P'_0 \sim P'_7$。

根据要求序列信号11010001,得出 Y 的表达式为

$$Y = P_0 + P_1 + P_3 + P_7 = (P'_0 P'_1 P'_3 P'_7)'$$

故设计电路如图6-73所示。

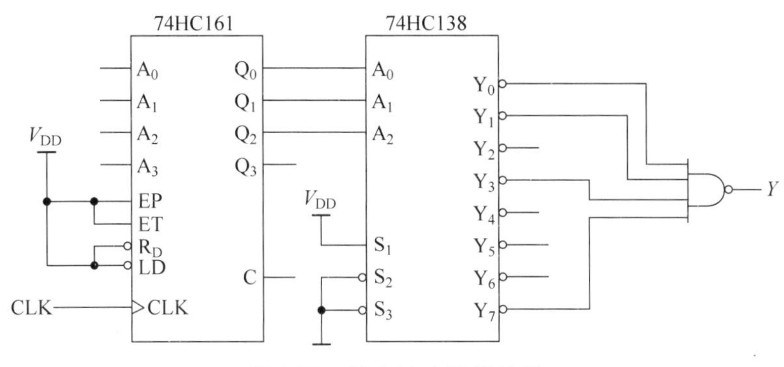

图6-73　例6-13电路设计图

反馈移位型序列信号产生器由移位寄存器和组合反馈网络构成,从移位寄存器的某一输出端得到周期性的序列信号。

反馈移位型序列信号产生器设计的一般步骤:

(1) 根据给定序列信号的长度 M,预取移位寄存器位数 n,应满足 $2^{n-1} < M < 2^n$。

(2) 确定移位寄存器的位数和状态。将要产生的序列信号按移位规律每 n 位一组,划分为 M 个状态。若 M 个状态中有重复编码,则增加移位寄存器的位数,直到划分的 M 个状态编码独立为止。

(3) 根据 M 个独立状态列出移位寄存器的状态表和反馈逻辑函数,求出反馈函数的表达式。

(4) 检查电路是否具有自启动功能。若没有,修改逻辑设计,使电路能够自启动。

(5) 画出设计图。

【例6-14】 设计能够产生"100111"序列信号的反馈移位型信号发生器,画出设计图。

设计过程:

(1) 因序列长度 $2^2 < M = 6 < 2^3$,故预取移位寄存器的位数 $n=3$。

(2) 确定移位寄存器的位数和状态。将序列信号"100111"按照移位规律每3位一组划分为6个状态:100、001、011、111、111和110。由于"111"为重复状态,因此改取 $n=4$,重新划分6个状态:1001、0011、0111、1111、1110和1100。因为没有重复状态,故确定 $n=4$。

用4位双向移位寄存器74HC194(输出分别用 $Q_0Q_1Q_2Q_3$ 表示)实现时,选择左移操作,从 Q_0 输出"100111"序列信号 Y。

(3) 求状态表和反馈逻辑函数表达式。列出移位寄存器的状态表,然后根据每个状态所需要的移位输入信号即反馈信号,列出真值表如表6-18所示。

表 6-18 反馈信号真值表

Q_0	Q_1	Q_2	Q_3	D_{IL}
1	0	0	1	1
0	0	1	1	1
0	1	1	1	1
1	1	1	1	0
1	1	1	0	0
1	1	0	0	1

由真值表画出 D_{IL} 的卡诺图，如图 6-74 所示。

化简可得

$$D_{IL}=Q'_0+Q'_2=(Q_0Q_2)'$$

根据以上设计结果，在设定初始值下进行分析，可得其状态转换图如图 6-75 所示。

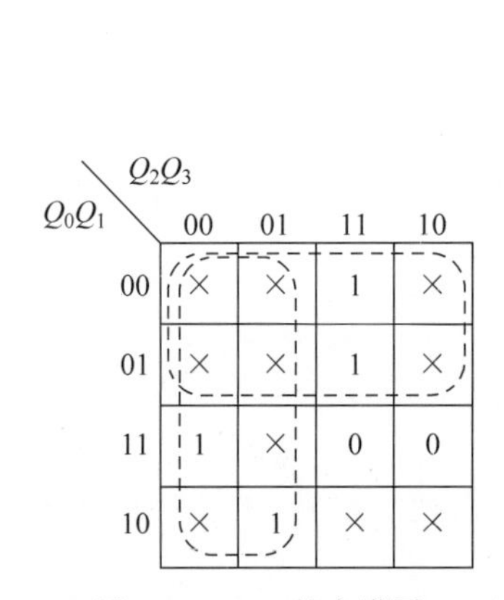

图 6-74 D_{IL} 的卡诺图

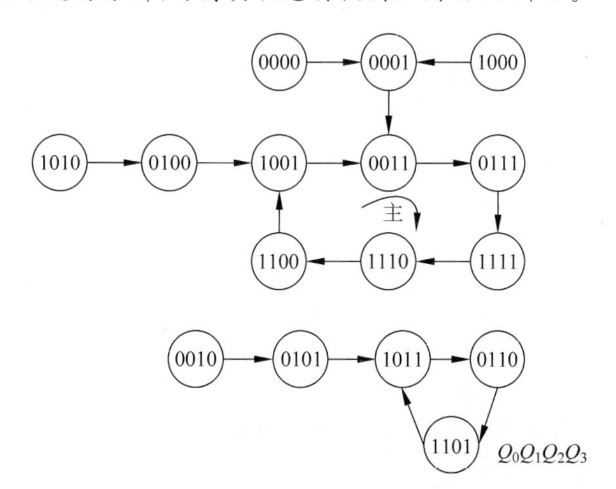

图 6-75 例 6-14 原始状态转换图

由于状态转换图中存在无效循环，因此需要修改逻辑设计，使电路具有自启动功能。为了消除无效循环，改变图 6-74 卡诺图的圈法，使“0110→1100”“0010→0100”，如图 6-76 所示。

因此求得 $D_{IL}=Q'_2+Q'_0Q_3=(Q_2(Q'_0Q_3)')'$，重新画出新的状态图如图 6-77 所示。

(4) 画出设计图。移位寄存器用 74HC194，反馈逻辑电路采用门电路实现，如图 6-78 所示。

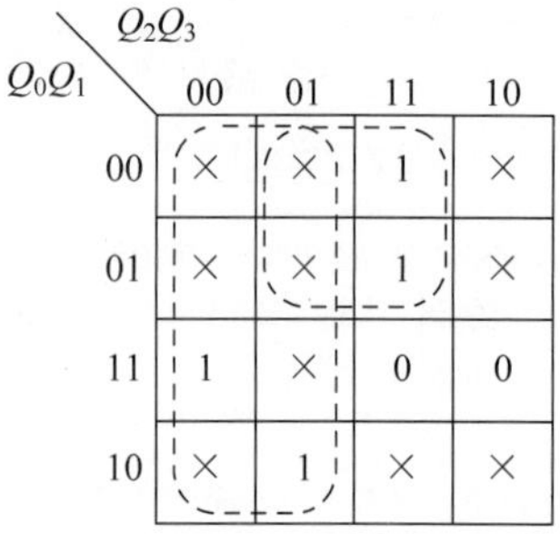

Q_0Q_1 \ Q_2Q_3	00	01	11	10
00	×	×	1	×
01	×	×	1	×
11	1	×	0	0
10	×	1	×	×

图 6-76 D_{IL} 修改后的卡诺图

思考与练习

6-33 设计序列信号产生器，在时钟脉冲的作用下，能够循环输出“10101010”序列。画出设计图。

6-34 上题中的序列信号产生器共有几种设计方案？分别说明其设计思路。

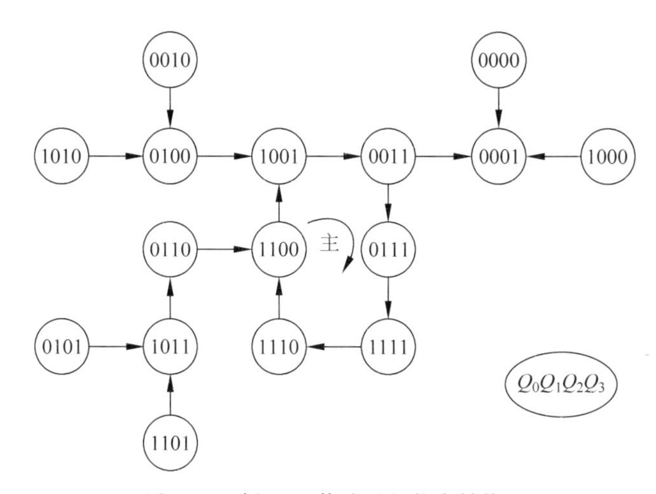

图 6-77 例 6-14 修改后的状态转换图

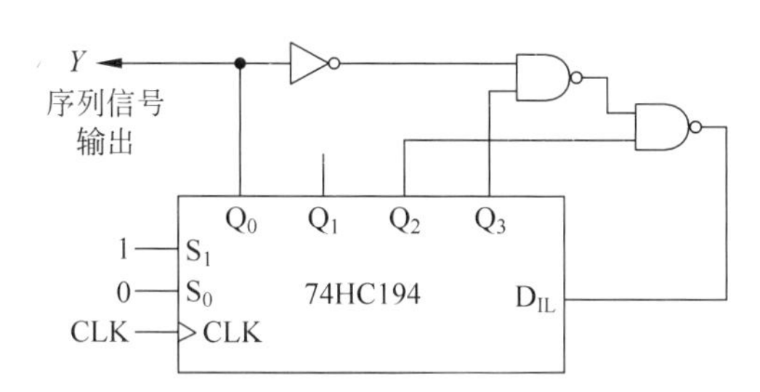

图 6-78 移位寄存器型序列信号产生器

6.7 时序逻辑电路中的竞争-冒险

6.7
微课视频

时序逻辑电路是由组合电路和存储电路两部分构成的,因此,时序逻辑电路中的竞争-冒险来源于两个方面:一是组合电路的竞争-冒险;二是存储电路的竞争-冒险。

组合电路的竞争-冒险产生的原因以及消除方法已经在第 4 章做过简要的分析,在此不再赘述。况且,对于同步时序逻辑电路,组合电路的输入在时钟脉冲的作用下同时发生变化,其输出达到稳态后在下一次时钟脉冲的有效沿到来时才会被看到,因此,设计良好的同步时序逻辑电路不需要考虑来自组合电路的竞争-冒险,而需要考虑来自存储电路的竞争-冒险。

存储电路的竞争-冒险源于触发器的输入信号和时钟脉冲之间的竞争。当输入信号和时钟脉冲经过不同的路径到达同一触发器时,输入和时钟之间便会发生竞争。由于竞争有可能导致存储电路产生错误状态的现象,称为存储电路的竞争-冒险。

下面结合边沿 D 触发器进行具体分析。

存储电路的竞争-冒险可以用图 6-79 来说明。设 D 触发器的时钟脉冲 CLK 和输入信号 D 是两个相同的数字序列,触发器的初始状态为 0。当时钟脉冲 CLK 和输入信号 D 经过不同的路径传输到时触发器时,若 CLK 超前于 D,如图 6-79(a)所示,则触发器的输出状态保持为低电平;若 CLK 滞后于 D,如图 6-79(b)所示,则触发器的输出状态跳变为高电平后不变。上述分析只是理想化分析,对于实际应用电路,为了确保存储电路能够在时钟脉冲的有效沿可靠地更新状态，触发器的输入信号还必须满足建立时间和保持时间的要求。

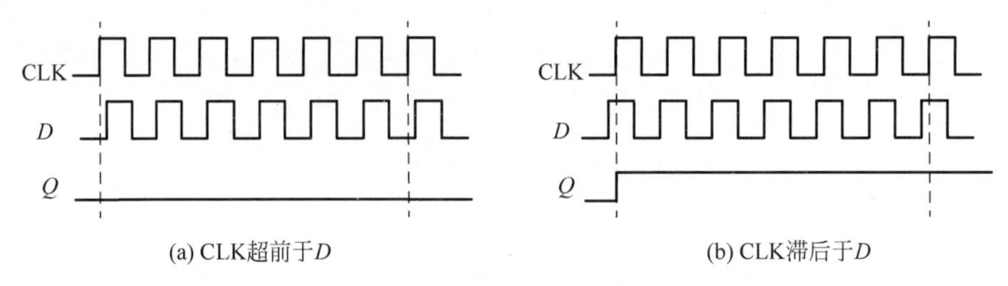

(a) CLK超前于D　　(b) CLK滞后于D

图 6-79　D触发器时钟与输入之间的竞争

为了避免存储电路产生竞争-冒险，本节先介绍时钟脉冲的特性，然后简要分析同步时序逻辑电路可靠工作应满足的条件。

6.7.1 时钟脉冲的特性

时钟脉冲是时序逻辑电路的脉搏，时钟信号的质量直接影响时序逻辑电路的工作稳定性。在数字系统中，时钟脉冲受到传输路径、电路负载和温度等因素的影响，会出现时钟扭曲和时钟抖动现象。

时钟扭曲(clock skew)是指同源时钟到达两个触发器时钟端的时间差异，分为正扭曲和负扭曲两种。正扭曲是指时钟脉冲 CLK_1 超前于 CLK_2，即 $t_{SKEW}>0$，如图 6-80 所示。负扭曲是指时钟脉冲 CLK_1 滞后于 CLK_2，即 $t_{SKEW}<0$。

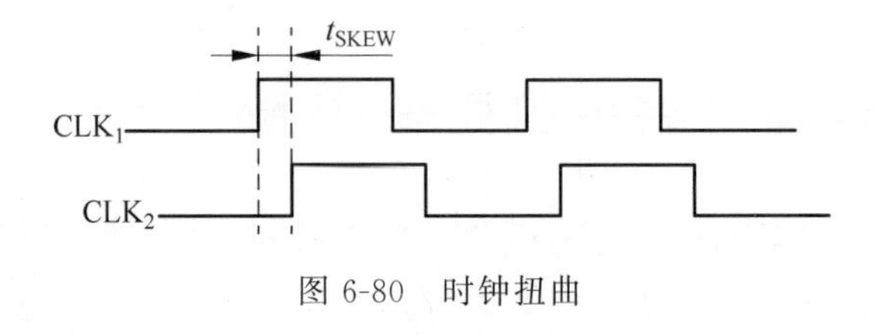

图 6-80　时钟扭曲

时钟扭曲产生的主要原因是时钟的静态传输路径不匹配或时钟电路负载的不平衡，具体表现为时钟相位的偏移。时钟扭曲一般不会造成时钟周期的变化。

时钟抖动(clock jitter)是指时序电路中某些触发器时钟的周期暂时发生了变化，分为周期抖动和周期间抖动两种。周期抖动的范围大，比较容易确定，通常由干扰、电源波动或噪声等引起的。周期间抖动主要由环境因素造成的，一般呈高斯分布，比较难以跟踪。

避免时钟抖动的主要方法有两种：①采用全局时钟源；②采用抗干扰布局布线，增强时钟的抗干扰能力。

6.7.2 时序逻辑电路可靠工作的条件

为了避免存储电路的竞争-冒险，本节结合同步电路的基本模型来分析时序电路可靠工作时应满足的条件。

同步时序逻辑电路的基本模型如图 6-81 所示，由两个 D 触发器和一个组合逻辑模块构成。图中 t_{CO} 表示触发器的时钟到输出的延迟时间，t_{LOGIC} 表示组合逻辑模块的传输延迟时间，t_{SU} 表示触发器的建立时间。

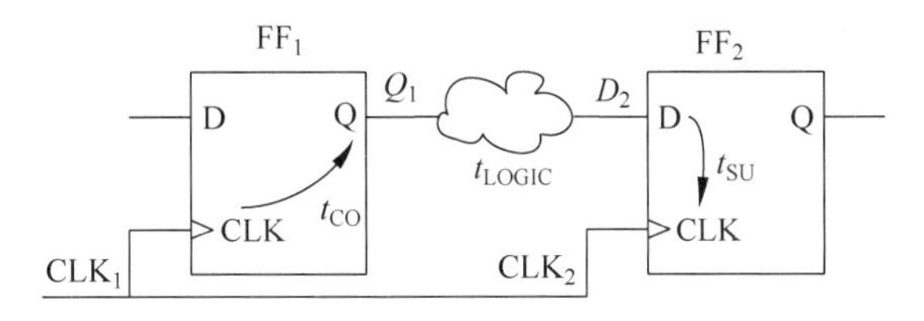

图 6-81　同步时序电路的基本模型

为了确保同步时序逻辑电路能够可靠工作，触发器的输入信号与时钟脉冲之间必须满足建立时间和保持时间的要求。

1. 建立时间裕量分析

建立时间是指在时钟脉冲的有效沿到来之前，触发器的输入信号到达并且稳定的最短时间。设同步电路所加时钟脉冲的周期用 t_{CYCLE} 表示。如果不考虑时钟扭曲，那么对于触发器 FF_2 而言，输入信号 D_2 相对于时钟脉冲上升沿之前 $t_{CYCLE}-(t_{CO}+t_{LOGIC})$ 时间到达并且稳定，如图 6-82 所示。

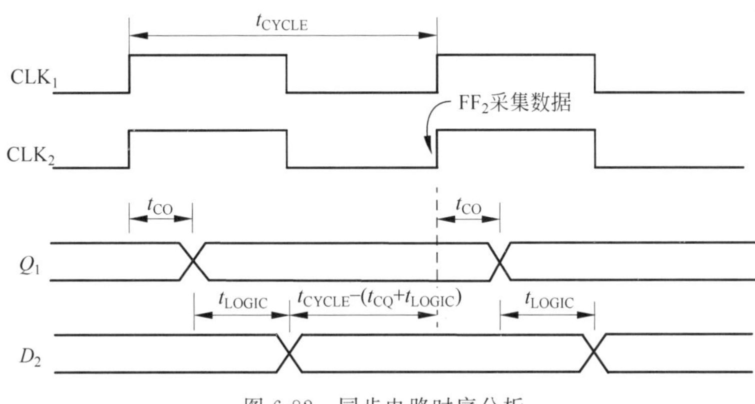

图 6-82　同步电路时序分析

要求触发器的建立时间为 t_{SU} 时，如果用 t_{SU_SLACK} 表示触发器的建立时间裕量，则 t_{SU_SLACK} 可以表示为

$$t_{SU\_SLACK}=t_{CYCLE}-(t_{CO}+t_{LOGIC})-t_{SU}$$

当 $t_{SU\_SLACK}\geqslant 0$ 时，说明输入信号 D_2 相对于时钟有效沿到达触发器并且稳定的时间满足触发器建立时间的要求。

如果考虑 CLK_2 与 CLK_1 之间存在扭曲，如图 6-83 所示，则建立时间裕量 t_{SU_SLACK} 表示为

$$t_{SU\_SLACK}=t_{CYCLE}-(t_{CO}+t_{LOGIC})-t_{SU}+t_{SKEW}$$

当 $t_{SKEW}>0$ 时，t_{SU_SLACK} 增加，说明正扭曲对建立时间是有益的。

2. 保持时间裕量分析

如果不考虑时钟扭曲，则时钟脉冲的上升沿作用后，触发器 FF_2 输入信号 D_2 的保持时间为 $t_{CO}+t_{LOGIC}$，如图 6-82 所示。

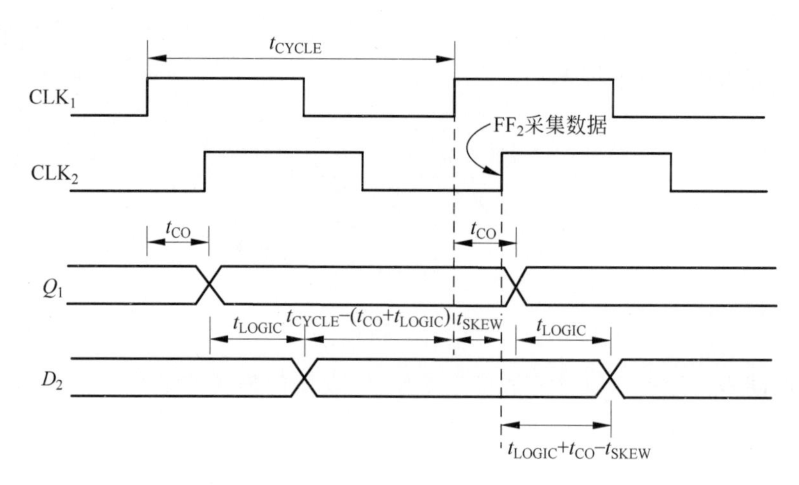

图 6-83　带有时钟扭曲的同步电路时序分析

要求触发器的保持时间为 t_{HOLD} 时，如果用 t_{HOLD_SLACK} 表示触发器的保持时间裕量，则 t_{HOLD_SLACK} 可以表示为

$$t_{HOLD\_SLACK}=t_{CO}+t_{LOGIC}-t_{HOLD}$$

当 $t_{HOLD\_SLACK}\geqslant 0$ 时，说明在时钟脉冲的有效沿作用后，输入信号 D_2 还维持了足够长的时间，满足触发器保持时间的要求，不会因新数据的到来而过早改变。

如果考虑 CLK_2 与 CLK_1 之间存在扭曲，如图 6-83 所示，则保持时间裕量 t_{HOLD_SLACK} 表示为

$$t_{HOLD\_SLACK}=t_{CO}+t_{LOGIC}-t_{HOLD}-t_{SKEW}$$

当 $t_{SKEW}>0$ 时，t_{HOLD_SLACK} 减小，说明正扭曲对保持时间是有害的。

由上述分析可以看出：时钟脉冲产生正扭曲时对建立时间有益，但对保持时间有害；产生负扭曲时对保持时间有益，但对建立时间有害。因此，对于同步时序电路，最好是时钟脉冲无扭曲，即 $t_{SKEW}=0$，这样对建立时间和保持时间都没有影响，这就要求同步时序电路中所有存储电路的时钟不但来源于同一时钟源，并且时钟网络具有良好的特性。

3. 最高工作频率分析

对于图 6-81 所示的同步时序逻辑电路，由于触发器时钟到输出的延迟时间为 t_{CO}，组合逻辑电路的传输延迟时间为 t_{LOGIC}，并且要求触发器的建立时间不小于 t_{SU}，因此可以推出该同步时序电路可靠工作时，时钟脉冲的最小周期为

$$T_{min}=t_{CO}+t_{LOGIC}+t_{SU}$$

因此最高工作频率为

$$F_{max}=T_{min}=1/(t_{CO}+t_{LOGIC}+t_{SU})$$

6.8　设计实践

时序逻辑电路通常作为数字系统的核心，用于实现定时、计时和控制等多种功能。

6.8.1 交通灯控制器设计 1

6.8.1
微课视频

在一条主干道和一条支干道汇成的十字路口，在主干道和支干道车辆入口分别设有红、黄、绿三色信号灯，以引导车辆和行人的通行。

设计任务：设计一个交通灯控制电路，用红、黄、绿三色发光二极管作为信号灯，具体要求如下：主干道和支干道交替通行；主干道每次通行 45s，支干道每次通行 25s；每次由绿灯变为红灯时，要求黄灯先亮 5s。

设计过程：交通灯控制器应由主控电路和计时电路两部分构成。主控电路用于控制主、支干道红灯、黄灯和绿灯的状态，计时电路用于控制通行时间。

1. 主控电路设计

主干道和支干道的红、黄、绿信号灯正常工作时共有 4 种组合，分别用 4 个状态变量 S_0、S_1、S_2 和 S_3 表示，含义如表 6-19 所示。

表 6-19 主控制器状态定义

状态变量	状态含义	主干道状态	支干道状态	计时时间
S_0	主干道通行	绿灯亮	红灯亮	45s
S_1	主干道停车	黄灯亮	红灯亮	5s
S_2	支干道通行	红灯亮	绿灯亮	25s
S_3	支干道停车	红灯亮	黄灯亮	5s

设主干道的红灯、黄灯、绿灯分别用 R、Y、G 表示；支干道的红灯、黄灯、绿灯分别用 r、y、g 表示，并规定灯亮为 1，灯灭为 0，则状态译码电路的真值表如表 6-20 所示。

表 6-20 状态译码电路真值表

状态变量	主干道状态			支干道状态		
	R	Y	G	r	y	g
S_0	0	0	1	1	0	0
S_1	0	1	0	1	0	0
S_2	1	0	0	0	0	1
S_3	1	0	0	0	1	0

从真值表可以推出信号灯驱动电路的逻辑表达式为

$$R = S_2 + S_3$$

$$Y = S_1$$

$$G = S_0$$

$$r = S_0 + S_1$$

$$y = S_3$$

$$g = S_2$$

具体实现方法是，将 74HC161 用作四进制计数器，经 2 线-4 线译码器(½)74HC139 产生 4 个顺序脉冲，然后合成所需要的驱动信号。由于 74HC139 输出为低电平有效，故应将信号灯接成灌电流负载。因此，需要对表达式进行变换：

$$R'=(S_2+S_3)'=S_2'S_3'$$
$$Y'=S_1'$$
$$G'=S_0'$$
$$r'=(S_0+S_1)'=S_0'S_1'$$
$$y'=S_3'$$
$$g'=S_2'$$

故按上述表达式设计主、支干道红灯、黄灯和绿灯驱动电路。

2. 计时电路设计

若取计时电路的时钟周期为5s，则45s定时、5s定时和25s定时分别用九、一和五个脉冲实现，所以完成一次循环显示需要9+1+5+1=16个时钟脉冲。

用74HC161和74HC138构成顺序脉冲发生器，产生16个顺序脉冲，分别在第9、10、15和16个脉冲时使主控电路的控制信号EPT为高电平，如表6-21所示，下次时钟到来时控制主控电路进行状态切换。因此，控制信号

$$\mathrm{EPT}=P_8+P_9+P_{14}+P_{15}=(P_8'P_9'P_{14}'P_{15}')'$$

故用四输入与非门实现。

表6-21 计时电路真值表

CLK	Q_3	Q_2	Q_1	Q_0	状态	EPT
1	0	0	0	0	P_0	0
2	0	0	0	1	P_1	0
3	0	0	1	0	P_2	0
4	0	0	1	1	P_3	0
5	0	1	0	0	P_4	0
6	0	1	0	1	P_5	0
7	0	1	1	0	P_6	0
8	0	1	1	1	P_7	0
9	1	0	0	0	P_8	1
10	1	0	0	1	P_9	1
11	1	0	1	0	P_{10}	0
12	1	0	1	1	P_{11}	0
13	1	1	0	0	P_{12}	0
14	1	1	0	1	P_{13}	0
15	1	1	1	0	P_{14}	1
16	1	1	1	1	P_{15}	1

交通灯控制器的总体设计电路如图6-84所示，其中复位键RST用于控制计时电路与主控电路同步。

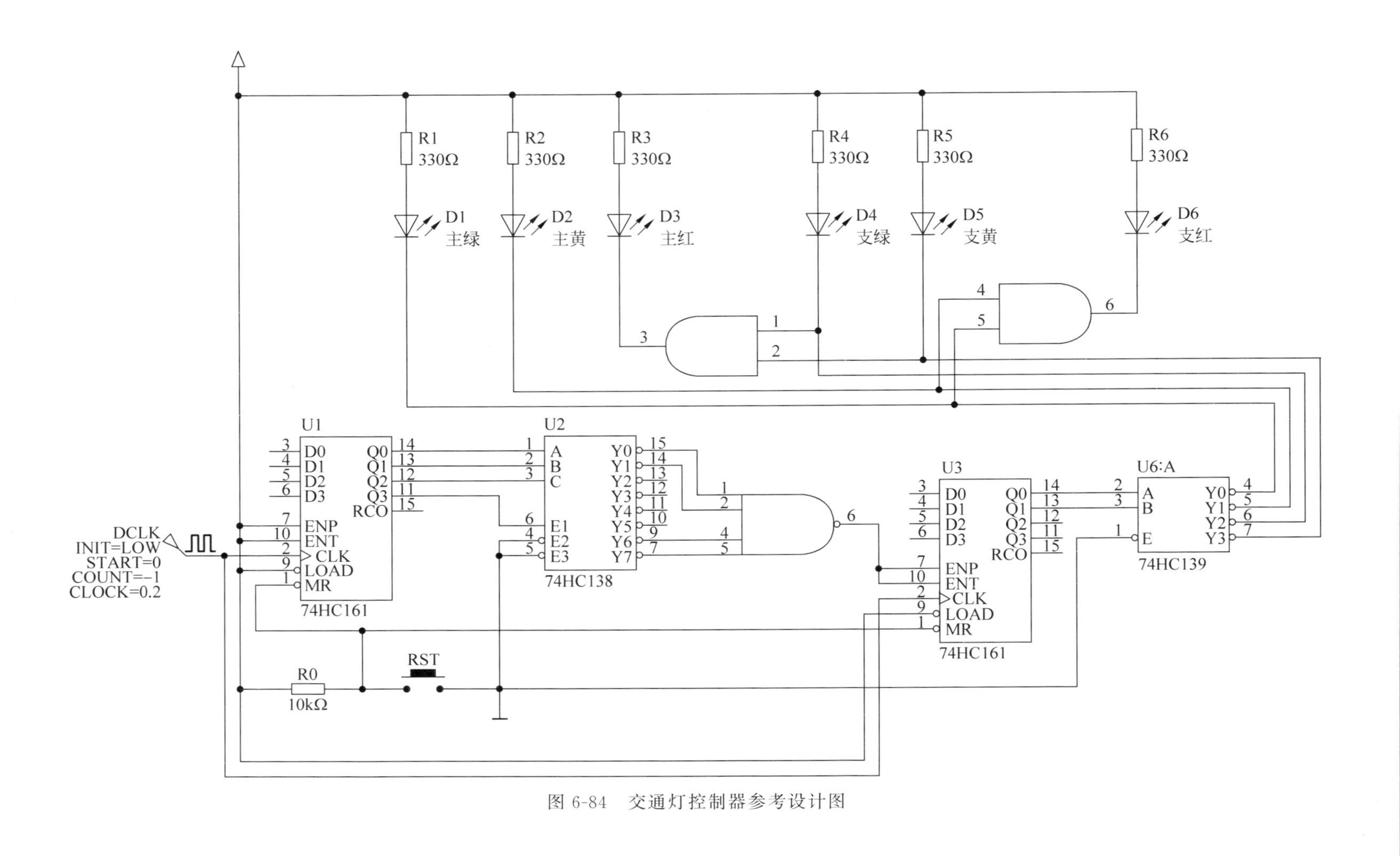

图 6-84 交通灯控制器参考设计图

6.8.2
微课视频

6.8.2 数字频率计设计 1

频率计用于测量周期信号的频率。数字频率测量有直接法、周期法和等精度法 3 种测频方法。

直接法的原理电路如图 2-8(a)所示，其中与门的输入 A 为闸门信号，输入 B 接被测频率信号，并将与门的输出 Y 作为后接计数器的时钟脉冲 CLK。用闸门信号控制计数器在固定的时间范围内统计被测信号的脉冲数，如图 2-8(b)所示，脉冲数与闸门信号的作用时间之比即为被测信号的频率。取闸门信号的作用时间为 1s 时，计数器统计的计数值即为被测信号的频率值。

能够自动测量的直接法频率计总体设计方案如图 6-85 所示，其中 f_X 为被测信号。首先对被测信号 f_X 进行放大和整形，作为计数器的时钟 CLK，然后主控电路在时钟脉冲的作用下依次产生清零、闸门和显示信号。清零信号 CLR′是用于将测频计数器清零，闸门信号 CNTEN 用于控制计数器在单位时间内对 CLK 进行计数。显示信号 DISPEN′用于控制锁存与显示译码电路刷新测量结果。

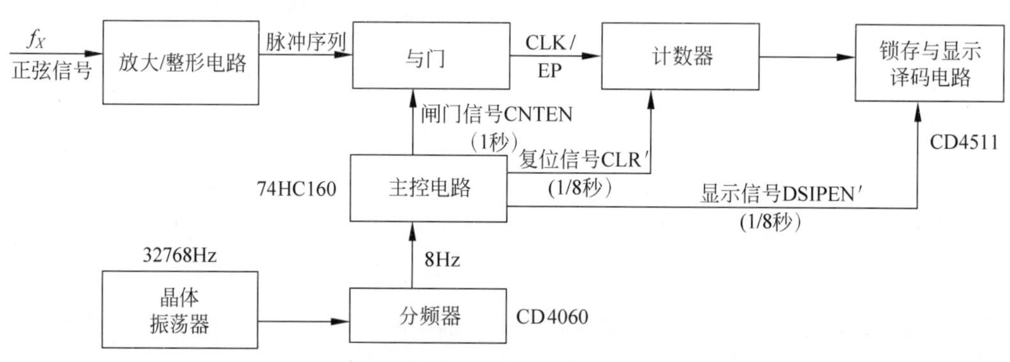

图 6-85 直接法频率计总体设计方案

为设计方便，同时尽量减小测频周期，用十进制计数器 74HC160 作为主控电路，取时钟脉冲为 8Hz，输出用 $Q_3Q_2Q_1Q_0$ 表示。设测频计数器的清零信号 CLR′低电平有效，闸门信号 CNTEN 高电平有效，显示信号 DISPEN′低电平有效，设计主控电路的真值表如表 6-22 所示，其中闸门信号的作用时间为 1s，测频周期为 1.25s。

表 6-22 主控电路真值表

CLK	Q_3	Q_2	Q_1	Q_0	状态	CLR′	CNTEN	DISPEN′
1	0	0	0	0	P_0	0	0	1
2	0	0	0	1	P_1	1	1	1
3	0	0	1	0	P_2	1	1	1
4	0	0	1	1	P_3	1	1	1
5	0	1	0	0	P_4	1	1	1
6	0	1	0	1	P_5	1	1	1
7	0	1	1	0	P_6	1	1	1
8	0	1	1	1	P_7	1	1	1
9	1	0	0	0	P_8	1	1	1
10	1	0	0	1	P_9	1	0	0

由真值表写出 3 个控制信号的逻辑函数表达式：

$$\begin{cases}\mathrm{CLR}'=P_0'=(Q_3'Q_2'Q_1'Q_0')'=Q_3+Q_2+Q_1+Q_0\\ \mathrm{CNTEN}=(P_0+P_9)'=\mathrm{CLR}'\cdot\mathrm{DISPEN}'\\ \mathrm{DISPEN}'=P_9'=C'\end{cases}$$

其中 C 为 74HC160 的进位信号。由上述逻辑式得出主控电路的设计图如图 6-86 所示。

在闸门信号的作用时间设计为 1s 的情况下，若要求能够测量不高于 10kHz 信号的频率，则需要用 4 个十进制计数器 74HC160 级联扩展为 10^4 进制计数器进行计数，并应用 4 个 CD4511 进行显示译码驱动数码管显示频率值，如图 6-88 所示，其中 8Hz 时钟脉冲 DCLK 应用图 6-48 所示电路产生。计数器的复位端 R_D' 由主控电路的清零信号 CLR′控制，计数允许控制端 EP 由主控电路的闸门信号 CNTEN 控制，CD4511 的锁存允许端 LE 由主控电路的显示信号 DISPEN′控制。闸门信号的作用时间设计为 1s 时，如果要求能够测量不高于 10MHz 信号的频率，则需要用 7 个十进制计数器 74HC160 级联扩展为 10^7 进制计数器进行计数，并应用 7 个 CD4511 进行显示译码驱动数码管显示频率值。

由于闸门信号的作用时间不一定与被测信号同步，如图 6-87 所示，所以统计时可能存在 ±1 个脉冲的计数误差，所以被测信号的频率越低，测频的相对误差越大。因此，直接测频法不适用于测量低频信号的频率。

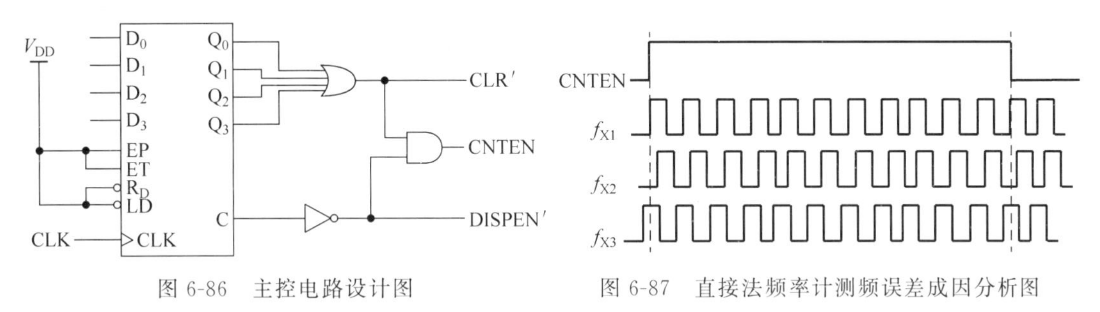

图 6-86　主控电路设计图　　图 6-87　直接法频率计测频误差成因分析图

6.8.3　数码序列控制电路设计

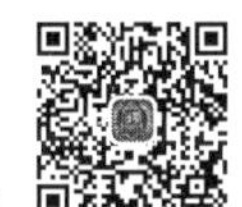

6.8.3
微课视频

数码管是数字系统常用的显示器件，用于显示 BCD 码、二进制码或者一些特殊的字符信息。

设计任务：设计一个数码序列控制电路，能够在单个数码管上能依次显示自然数序列(0～9)、奇数序列(1、3、5、7、9)、音乐符号序列(0～7)和偶数序列(0、2、4、6、8)，然后再次循环显示。每个数码的显示时间均为 1 秒。

分析：自然数序列共有 10 个数码，用十进制计数器实现。奇数序列和偶数序列各有 5 个数码，用五进制计数器实现，而音乐符号序列则用八进制计数器实现。

设计过程：用一片 74HC151 和门电路配合 74HC160 依次实现十进制、五进制、八进制和五进制，然后在主控四进制计数器的作用下实现进制切换：状态为 00 时实现十进制，为 01 时实现五进制，为 10 时实现八进制，为 11 时实现五进制。

设计五进制计数器的输出状态为 000～100，在末位后加一位 x 配成 4 位二进制数 $000x$～$100x$。取 $x=1$ 时为奇数序列，取 $x=0$ 时为偶数序列。

数码序列控制电路的总体设计电路如图 6-89 所示，其中 4 种进制计数器的高位、次高位、次低位和最低位分别用两片 74HC153 进行选择后接显示译码器驱动数码管输出。

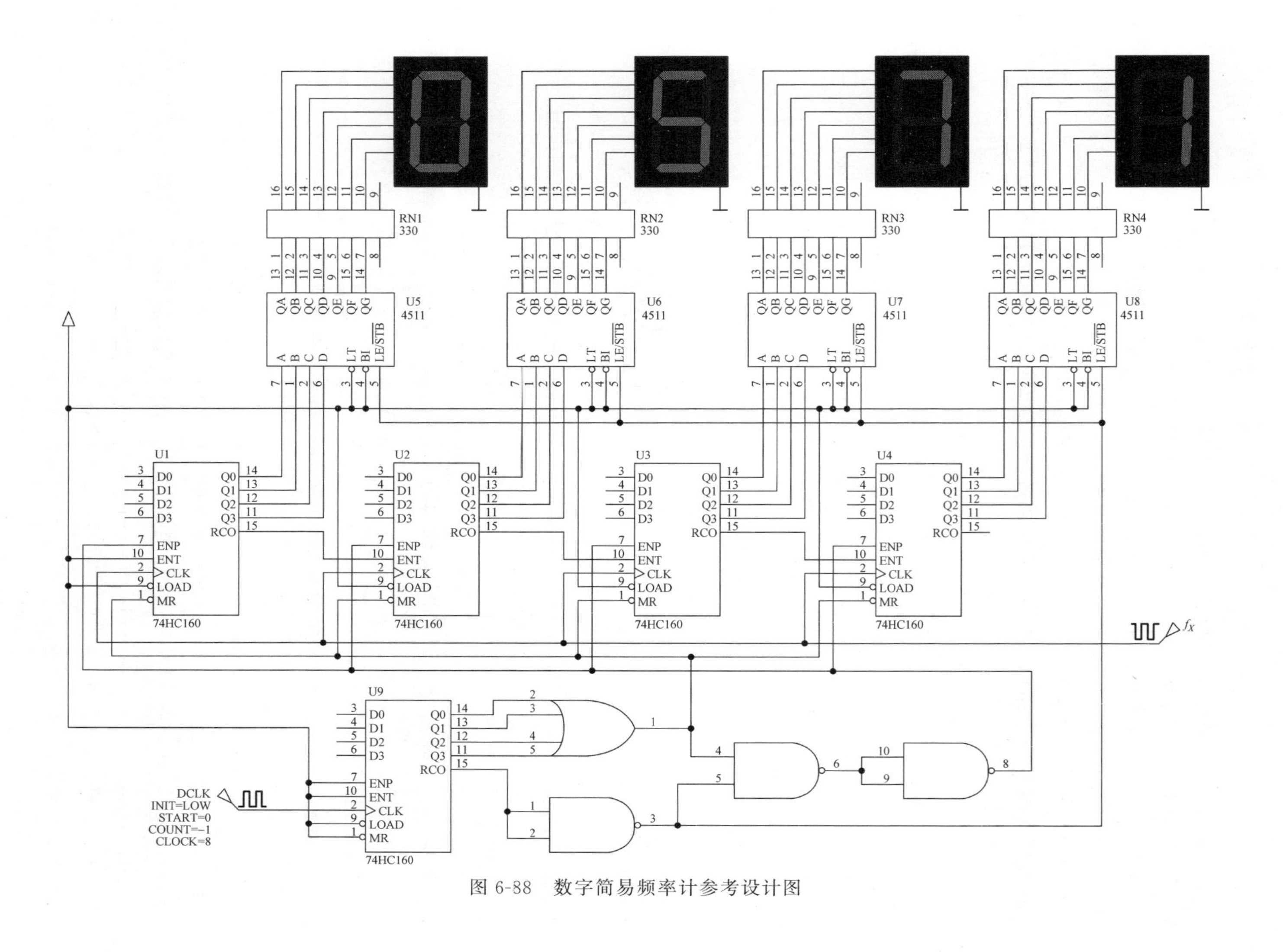

图 6-88 数字简易频率计参考设计图

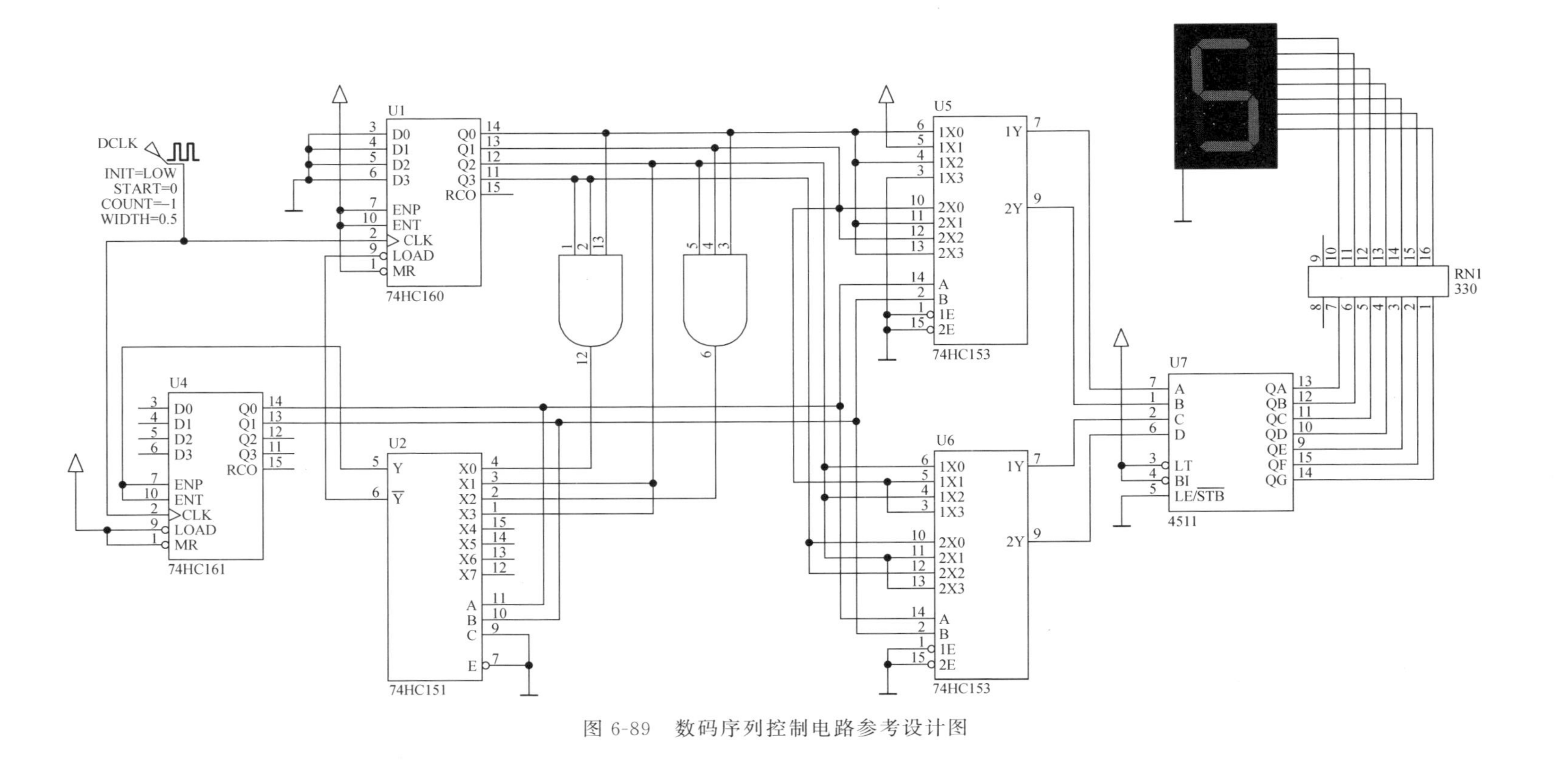

图 6-89 数码序列控制电路参考设计图

本章小结

时序逻辑电路的输出不但与输入有关,而且与电路的状态有关,分为同步时序逻辑电路和异步时序逻辑电路两大类。同步时序逻辑电路内部存储电路的状态更新是同时进行的,而异步时序逻辑电路内部存储电路的状态更新是不完全同时进行的。

时序逻辑电路的逻辑功能用状态转换表、状态转换图和波形图进行描述。输出方程组、驱动方程组和状态方程组是分析和设计时序逻辑电路的理论基础。

时序逻辑电路分析就是对于给定的时序电路,确定电路的逻辑功能。时序逻辑电路设计就是对于文字性描述的逻辑问题,分析其因果关系,确定电路的状态,画出能够实现其功能要求的时序电路图。

寄存器是时序逻辑电路中的存储部件。移位寄存器扩展了寄存器的功能,不但具有数据存储功能,而且能够在时钟脉冲的作用下,实现数据的移动。74HC194 是 4 位双向移位寄存器,可作为 FIFO、实现串-并转换和简单乘/除法三种附加功能。

计数器用于统计输入脉冲的个数,分为同步计数器和异步计数器两类。根据计数容量进行划分,计数器可分为二进制计数器、十进制计数器和任意进制计数器;根据计数方式进行划分,计数器可分为加法计数器、减法计数器和加/减计数器。

74HC161/163 是同步 4 位二进制加法计数器,两者不同的是,74HC161 具有异步清零功能,而且 74HC163 具有同步清零功能。74HC191/193 为同步 4 位二进制加/减计数器,其中 74HC191 单时钟计数器,通过 U'/D 控制计数方式,而 74HC193 为双时钟计数器,通过不同的时钟输入控制计数方式。

74HC160/162 是同步十进制加法计数器,74HC190/192 为同步十进制加/减计数器,引脚排列和应用方法分别与 74HC161/163 和 74HC191/193 相同。

顺序脉冲发生器和序列信号产生器是两种典型的时序单元电路。顺序脉冲发生器用于产生在时间上有先后顺序的脉冲,用于合成系统所需要的控制信号,可作为数字系统的控制核心。序列信号产生器用于产生序列信号,可用于通信系统的测试。

时序逻辑电路的竞争-冒险主要源于存储电路的输入信号与时钟之间的竞争。同步时序电路可靠工作时应满足的建立时间和保持时间条件,不但要求所有存储电路的时钟来源于同一时钟源,并且时钟网络具有良好的特性。

习题

6.1 分析图题 6-1 所示的时序逻辑电路。写出输出方程、驱动方程和状态方程,列出状态转换表或画出状态转换图,并说明电路的逻辑功能。

6.2 分析图题 6-2 所示时序逻辑电路。写出输出方程、驱动方程和状态方程,列出状态转换表或画出状态转换图,并说明电路的逻辑功能。

6.3 分析图题 6-3 所示的时序逻辑电路。写出驱动方程和状态方程,列出状态转换表或画出状态转换图,说明电路的逻辑功能并检查是否能够自启动。

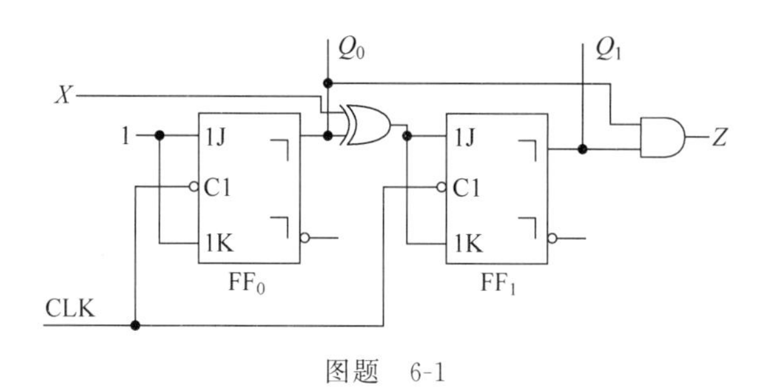

图题 6-1

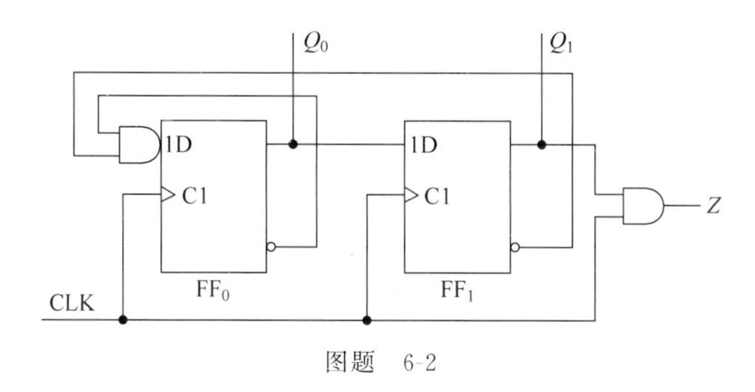

图题 6-2

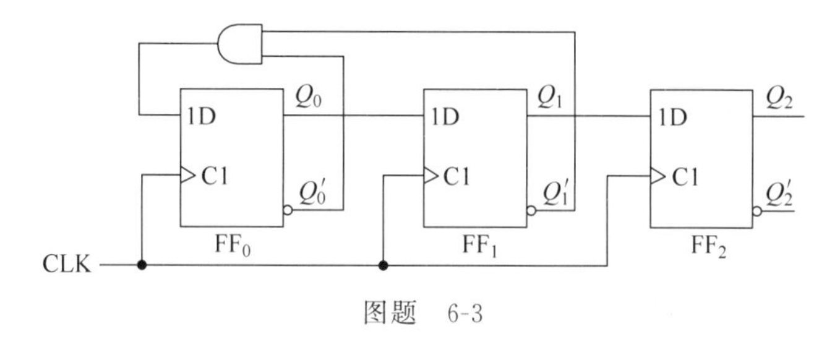

图题 6-3

6.4 设 3 位计数器的状态 $Q_0Q_1Q_2$ 的波形如图题 6-4 所示，分析该计数器的进制。

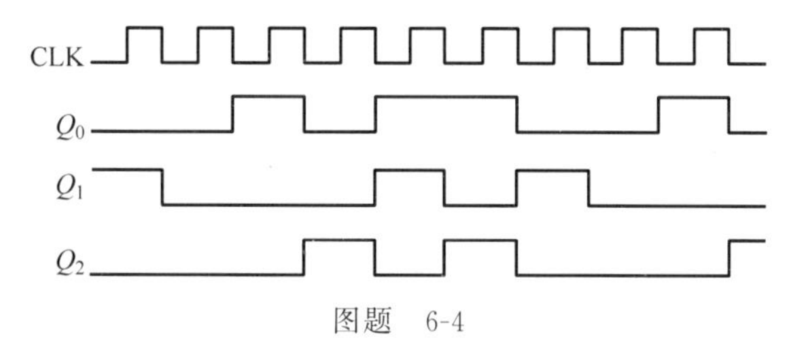

图题 6-4

6.5 用 D 触发器及门电路设计同步 3 位二进制加法计数器，画出设计图，并检查能否自启动。

6.6 用 JK 触发器和门电路设计同步十二进制计数器，并检查能否自启动。

6.7 分析图题 6-7 所示的时序电路。写出驱动方程和状态方程，列出状态转换表或画出状态转换图，说明计数器的进制。

6.8 分析图题 6-8 所示的时序电路。画出状态转换图，并说明计数器的进制。

6.9 分析图题 6-9 所示的时序电路。画出状态转换图，并说明计数器的进制。

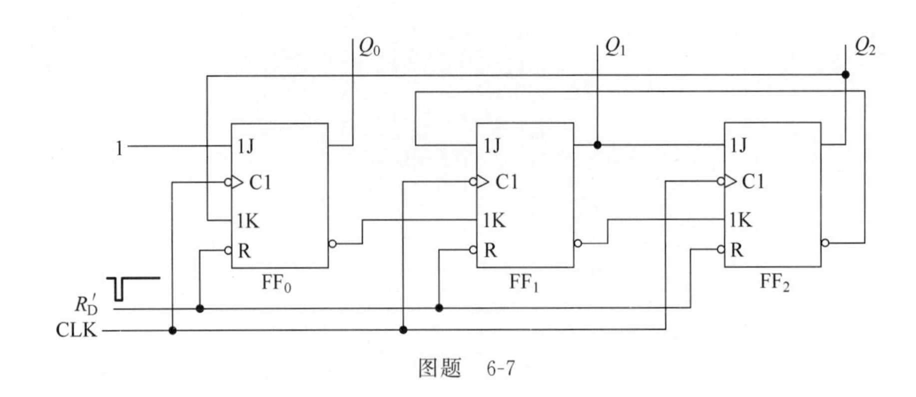

图题 6-7

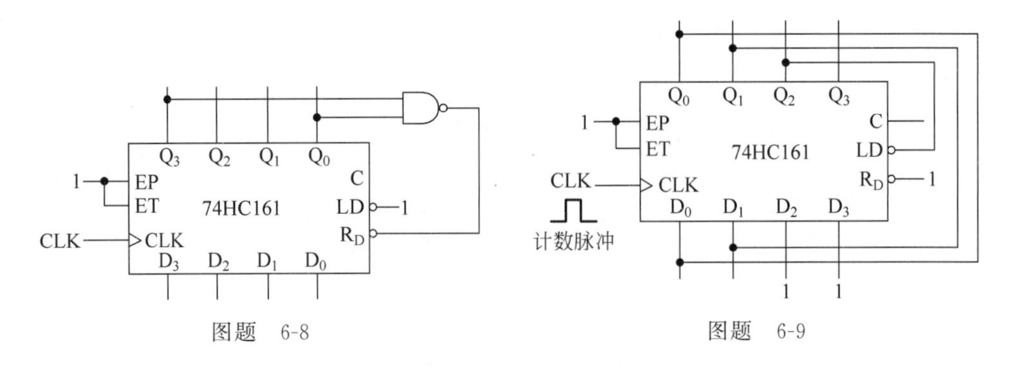

图题 6-8　　　　图题 6-9

6.10　分析图题 6-10 所示计数器的进制。

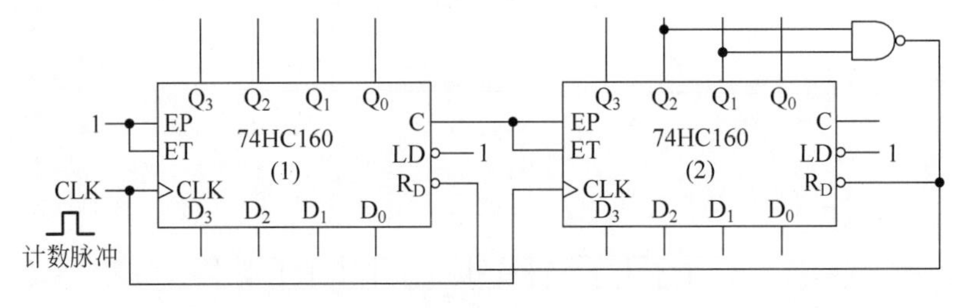

图题 6-10

6.11　用复位法将 74HC160 改接为以下进制计数器。

(1) 七进制；　　　　(2) 二十四进制。

6.12　用置数法将 74HC161 改接为以下进制计数器。

(1) 七进制；　　　　(2) 二十四进制。

6.13　用复位法将 74HC162 改接为以下进制计数器。

(1) 七进制；　　　　(2) 二十四进制。

6.14　用置数法将 74HC163 改接为以下进制计数器。

(1) 七进制；　　　　(2) 二十四进制。

6.15　用 74HC194 设计下列计数器。

(1) 4 位环形计数器；　(2) 4 位扭环形计数器。

6.16　设计一个能够产生"0010110111"序列信号的序列信号发生器。具体要求如下：

(1) 基于计数器和 8 选 1 数据选择器设计；

(2) 基于顺序脉冲发生器设计。

6.17　分析图题6-17所示的时序逻辑电路。画出在时钟脉冲CLK作用下，输出Y的波形图，并指出Y的序列长度。

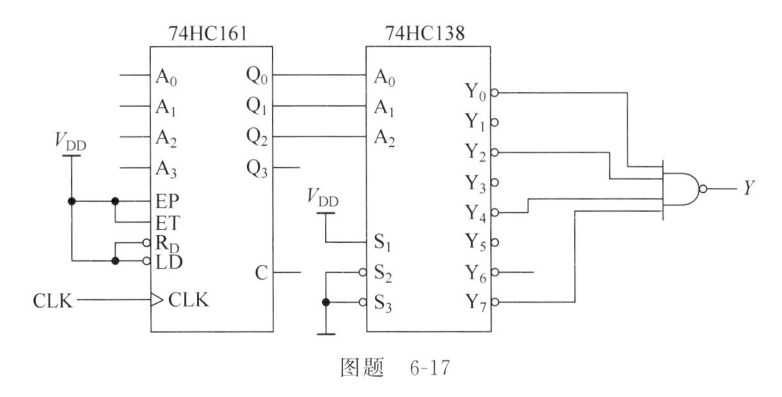

图题　6-17

6.18　设计序列信号产生电路，在时钟脉冲CLK的作用下，能够周期性输出图题6-18所示Y的波形。方法不限，画出设计图。

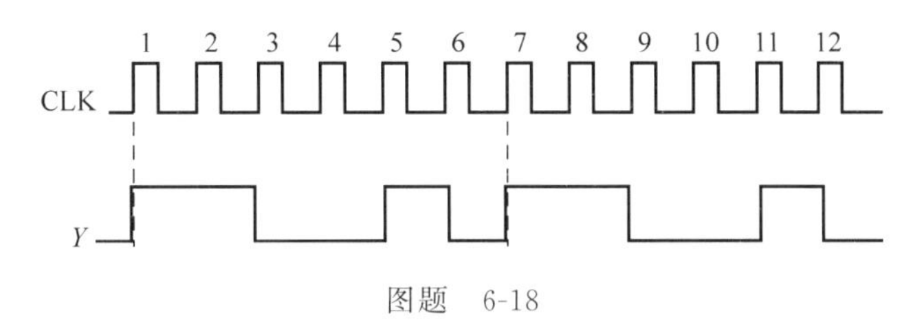

图题　6-18

6.19　某元件加工需要经过三道工序，要求这三道工序依次自动完成。第一道工序加工时间为10s，第二道工序加工时间为15s，第三道工序加工时间为20s。试用顺序脉冲发生器设计该控制电路，输出三个信号顺序控制三道工序的加工时间。

6.20　应用计数器、触发器和门电路实现图题6-20(a)所示的时序逻辑电路，其中f_0为160Hz的脉冲信号。现要求f_1和f_2分别为40Hz和10Hz的脉冲信号，并且输入信号EN和输出信号EN_1、EN_2和EN_3满足图题6-20(b)所示的时序关系。画出设计图，并简要说明设计原理。

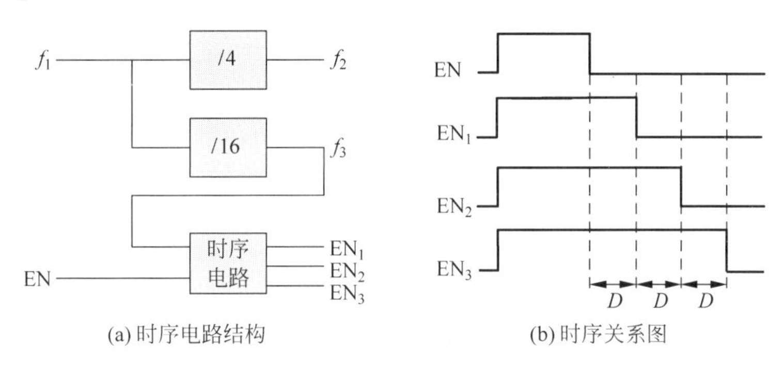

(a) 时序电路结构　　(b) 时序关系图

图题　6-20

第7章 半导体存储器

CHAPTER 7

随着社会的发展，人们总是在寻找更为有效的信息存储方法。存储信息的载体从最初的绳结、壁画、竹笺发展到纸张、书籍、磁带和磁盘，以及现在广泛使用的硬盘、U盘和SSD(Solid State Disk，固态硬盘)，大大增强了信息的存储能力。

由于锁存器和触发器能够存储1位二值信息，所以从理论上讲，任何时序电路都具有存储能力。但是，本章所讲的存储器(memory)专指以结构化方式存储大量二值信息的半导体器件。

半导体存储器按功能进行划分，分为只读存储器(read only memory，ROM)和随机存取存储器(random access memory，RAM)两大类。只读存储器一般用作程序存储器，用于存储固定的数表和程序。随机存取存储器中的数据能够随时读出或者写入，一般用作数据存储器。

存储器的容量用"字数×位数"表示，其中字数表示存储单元的个数，位数表示每个存储单元能够存储二值数据的个数。例如，具有20位地址、每个单元存一字节(byte)数据的存储器容量表示为$2^{20}\times 8$位。

本章首先介绍ROM和RAM的基本结构和数据存储原理，然后讲述存储器容量的扩展方法和ROM的应用。

7.1
微课视频

7.1 ROM

只读存储器本质上是组合逻辑电路，不是真正意义上的存储器，只是习惯上认为信息被"存储"在ROM中，故称为存储器。由于组合逻辑电路断电后"存储"的数据不会丢失，因而称ROM为非易失性存储器(non-volatile memory)。

ROM的结构框图如图7-1所示，由地址译码器、存储矩阵和输出缓冲器3部分组成。地址译码器对输入的n位地址进行译码，产生2^n个字线信号，用于选通2^n个存储单元。每个单元存储b位数据。

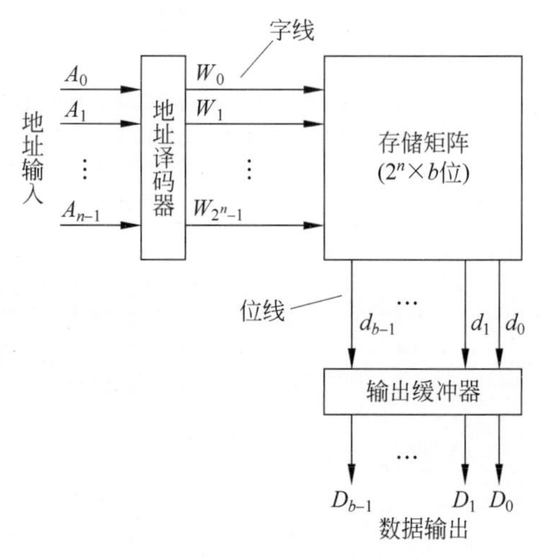

图7-1 ROM的结构框图

ROM"存储"信息的机理随着半导体工艺技术的发展而有所不同，分为掩膜式ROM、

PROM、EPROM、E^2PROM 和目前广泛使用的 Flash 存储器。

8×4 位 ROM 的结构如图 7-2 所示，其中 74HC138 为地址译码器，用于将 ROM 的 3 位地址译成 8 个高、低电平信号，分别对应于 ROM 的 8 个字(存储单元)，所以称译码器的输出为字线(word line)。图中的竖线为位线(bit line)，分别对应于每个存储单元的一位数据。字线与位线的交叉点为存储节点(storage cell)。

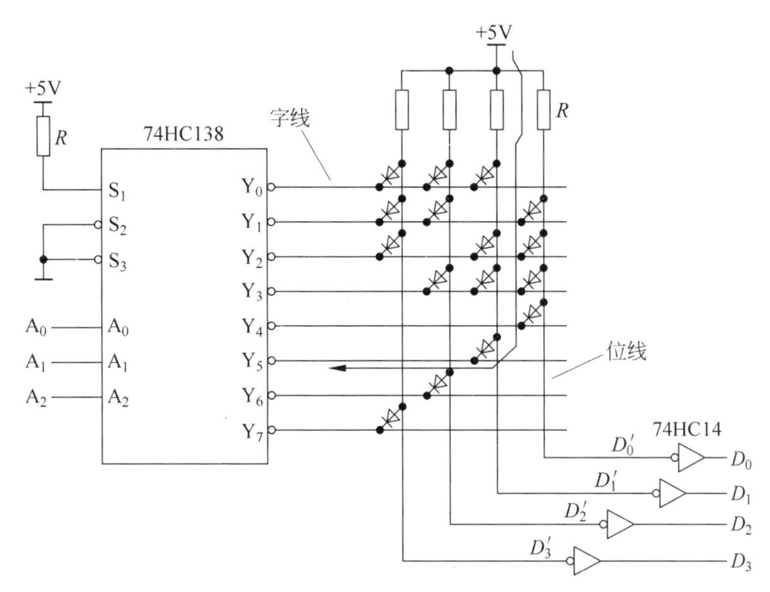

图 7-2　8×4 位 ROM 的结构

掩膜式 ROM 在制造时以存储节点上有无晶体管表示不同的存储数据。对于图 7-2 所示的二极管 ROM，存储节点接有二极管代表存储数据为 1，没接二极管代表存储数据为 0。例如，5 号存储单元从左向右节点上二极管的状态依次为“无无有无”，所以代表的存储数据为“0010”。这是因为，当地址码 $A_2A_1A_0=101$ 时，74HC138 的 Y_5' 输出为低电平，这时与字线 Y_5' 相连的二极管导通，使相应的位线为低电平，经缓冲器 74HC14 反相后输出为 1，没有接二极管的存储单元与 Y_5' 无关，因上拉电阻的作用使相应的位线为高电平，经 74HC14 反相后输出 0，所以地址码 $A_2A_1A_0=101$ 时，$D_3D_2D_1D_0=0010$，即 5 号单元存储的数据为 0010。根据上述分析，图 7-2 所示 ROM 中存储的数据如表 7-1 所示。

表 7-1　8×4 位 ROM 数据

输　入			输　出			
A_2	A_1	A_0	D_3	D_2	D_1	D_0
0	0	0	1	1	1	0
0	0	1	1	1	0	1
0	1	0	1	0	1	1
0	1	1	0	1	1	1
1	0	0	0	0	0	1
1	0	1	0	0	1	0
1	1	0	0	1	0	0
1	1	1	1	0	0	0

ROM 的存储节点也可以由三极管或者场效应管构成。图 7-3 是由 MOS 场效应管作为存储节点的 ROM 结构图,其中译码器的输出为高电平有效。当某个字线为高电平时,与字线相连的 MOS 管导通,将相应的位线下拉为低电平;没有 MOS 管与该字线相连的位线因上拉电阻的作用使相应的位线为高电平。因此,存储节点有 MOS 管时存储数据为 0,没有 MOS 管时存储数据为 1。

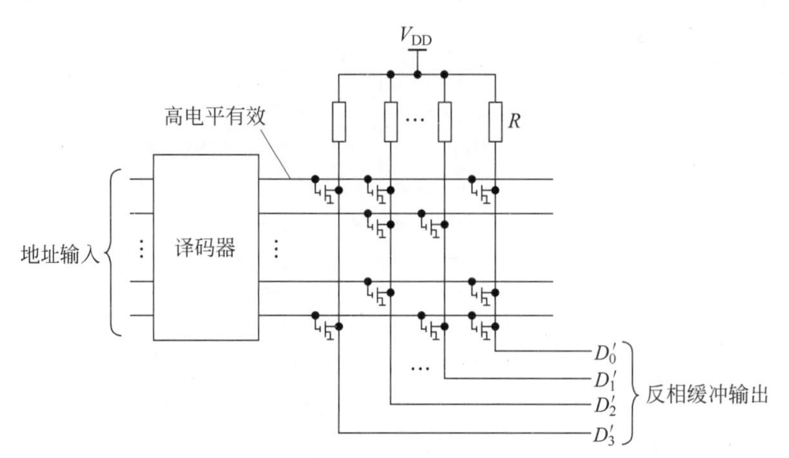

图 7-3 8×4 位 MOS 管阵列 ROM

PROM(programmable ROM,可编程 ROM)的结构与掩膜式 ROM 类似,只是在制造 PROM 时,每个存储节点上的晶体管是通过熔丝(fuse)接通的,如图 7-4 所示,相当于每个节点存入的数据全部为 1。

当用户需要将某些存储节点的数据改为 0 时,先通过 PROM 的字线和位线选中存储节点,再用编程器输出高压大电流将熔丝熔断,使存储节点的晶体管功能失效进而更改了存储数据。由于熔丝熔断后无法再接通,所以 PROM 为一次性可编程(one-time programmable,OTP)器件。

EPROM(erasable PROM,可擦除 PROM)和 PROM 一样可以编程,但 EPROM 的存储单元采用"浮栅 MOS 管",需要通过特定波长的紫外线照射将存储的数据擦掉,以实现多次编程。

浮栅 MOS 管的结构如图 7-5 所示,有两个栅极:浮栅 G_f 和控制栅 G_c,其中浮栅 G_f 四周被 SiO_2 绝缘层包围。对 EPROM 编程时,给需要写入数据 0 的存储单元的控制栅上加上高压,使得浮栅 G_f 周围的绝缘层暂时被击穿而将负电荷存储到浮栅中。去除高压后,浮栅中的负电荷由于没有放电通路所以能够长期保存下来。这样,在以后的读操作中,浮栅中有负

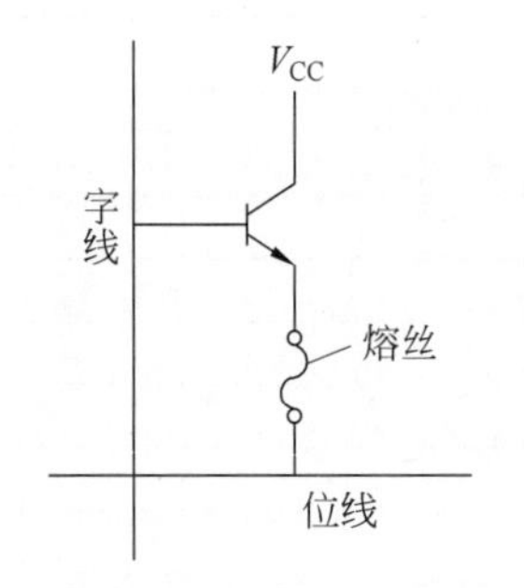

图 7-4 PROM 存储单元的结构

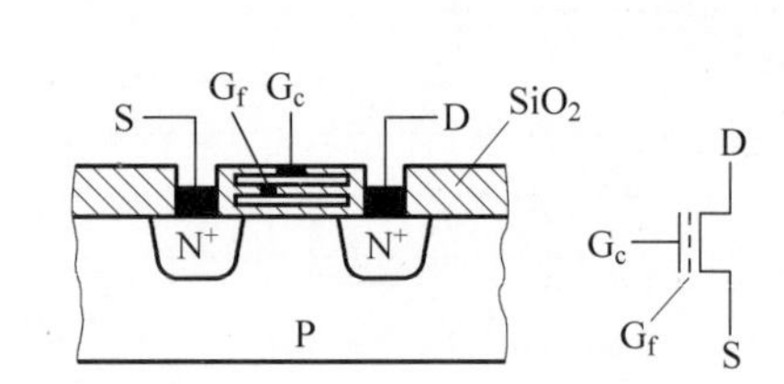

图 7-5 浮栅 MOS 管结构与符号

电荷的存储单元阻止了 MOS 管导通，相应的位线为高电平，而浮栅中没有负电荷的存储单元中的 MOS 管能够正常导通，相应的位线为低电平，从而代表了两种不同的存储数据。

EPROM 需要用紫外线擦除信息，所以在 EPROM 管芯上方有透明的石英盖板，如图 7-6 所示。用紫外线通过石英窗口照射管芯进行擦除，擦除完成后需要将石英盖板密封起来，以防止意外的紫外线照射导致数据丢失。

E^2PROM(electrically EPROM，可电擦除 EPROM)与 EPROM 结构类似，只是 E^2PROM 的存储节点采用 Flotox MOS 管(见图 7-7)，用电擦除，应用上比 EPROM 方便得多。Flotox MOS 管浮栅周围的绝缘层更薄，在浮栅的下方还有隧道区，可以通过给控制栅上加反极性电压进行擦除。

图 7-6　EPROM 实物

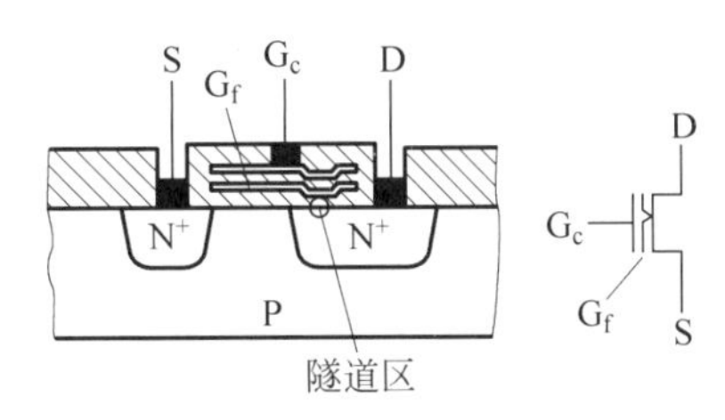

图 7-7　Flotox MOS 管结构与符号

Flash 存储器(快闪存储器)简称为闪存，是从 EPROM 和 E^2PROM 发展而来的只读存储器，具有工作速度快、集成度高、可靠性好等优点。

Flash 存储器的存储节点采用叠栅 MOS 管。叠栅 MOS 管的结构、符号以及存储节点的结构分别如图 7-8 所示。叠栅 MOS 管的结构与浮栅 MOS 管相似，但浮栅四周的绝缘层更薄，而且浮栅与源区重叠区域的面积极小，因此浮栅-源区间的电容要比浮栅-控制栅间的电容小得多。当控制栅和源极间加电压时，大部分压降将降在浮栅与源极之间的电容上，因而对读写电压要求不高，编程方便。

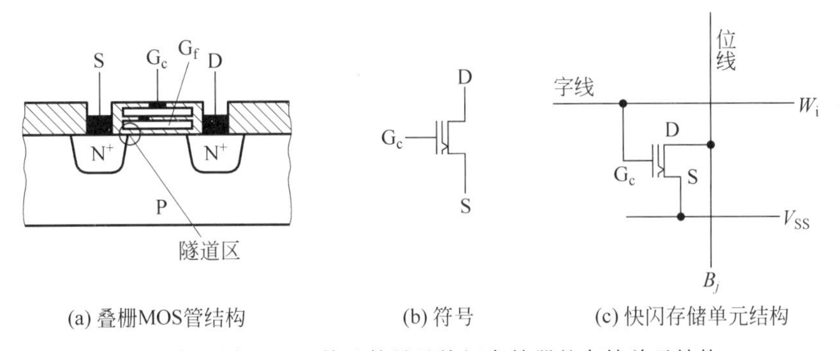

图 7-8　叠栅 MOS 管及符号及快闪存储器的存储单元结构

Flash 存储器自 20 世纪 80 年代问世以来，以其高密度、低成本、读写方便等优点，成为 U 盘、SD 卡和嵌入式存储器的主流产品。表 7-2 是 Atmel 公司生产的部分 E^2PROM 和 Flash 存储器的型号和参数，供设计时选用参考。

表 7-2 Atmel 公司部分 E^2PROM 和 Flash 存储器的型号和参数

E^2PROM 存储器	Flash 存储器		存储容量/bit
	5V 供电	3V 供电	
AT28C16			2K×8
AT28C64			8K×8
AT28C256	AT29C256	AT29LV256	32K×8
AT28C512	AT29C512	AT29LV512	64K×16
AT28C010	AT29C010	AT29LV010	256K×8
AT28C020	AT29C020	AT29LV020	512K×8

7.2
微课视频

7.2 RAM

RAM 中存储的数据根据需要可以随时读出或者写入,而且存取的速度与存储单元的位置无关。由于 RAM 中的数据可存可取,所以通常用作数据存储器。

RAM 的结构框图如图 7-9 所示,具有地址输入、数据输入/输出、控制三类端口,其中 $A_{n-1} \sim A_0$ 为地址输入端,$I/O_{b-1} \sim I/O_0$ 为数据输入/输出端。控制端口中 CS′为片选端,OE′为输出控制端,WE′为读写控制端,均为低电平有效。当 CS′有效时,允许对 RAM 进行操作;当 OE′有效时,允许数据输出,否则输出为高阻状态;当 WE′=0 时,允许写操作,当 WE′=1 时,进行读操作。

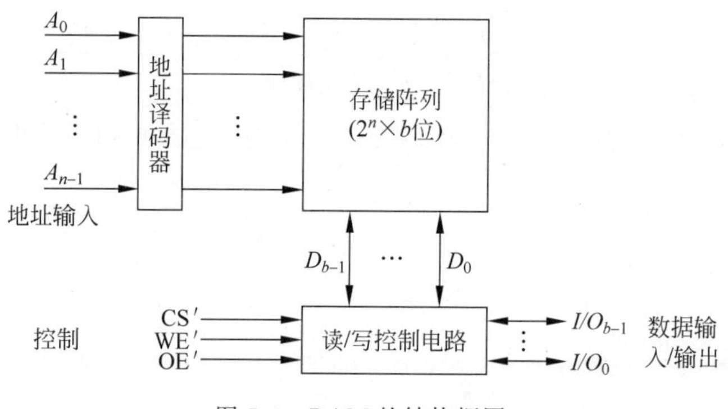

图 7-9 RAM 的结构框图

按照存储数据原理的不同,RAM 分为静态 RAM(static RAM,SRAM)和动态 RAM(dynamic RAM,DRAM)两大类。

7.2.1 静态 RAM

静态 RAM 应用锁存器存储数据,存储节点的结构和符号如图 7-10 所示。当 SEL′和 WR′均有效时,门控锁存器的时钟 C1 为高电平,这时锁存器打开而处于"透明"状态;当 SEL′和 WR′任意一个无效时,锁存器关闭而数据保持,所以静态 RAM 存储单元存储的数据是锁存器关闭瞬间的输入数据。

(a) 存储单元结构　　　　(b) 符号

图 7-10　静态 RAM 的存储单元结构及符号

图 7-11 是一个 8×4 位 SRAM 阵列，像 ROM 一样，地址译码器选择 SRAM 的某一特定字线进行读/写操作。

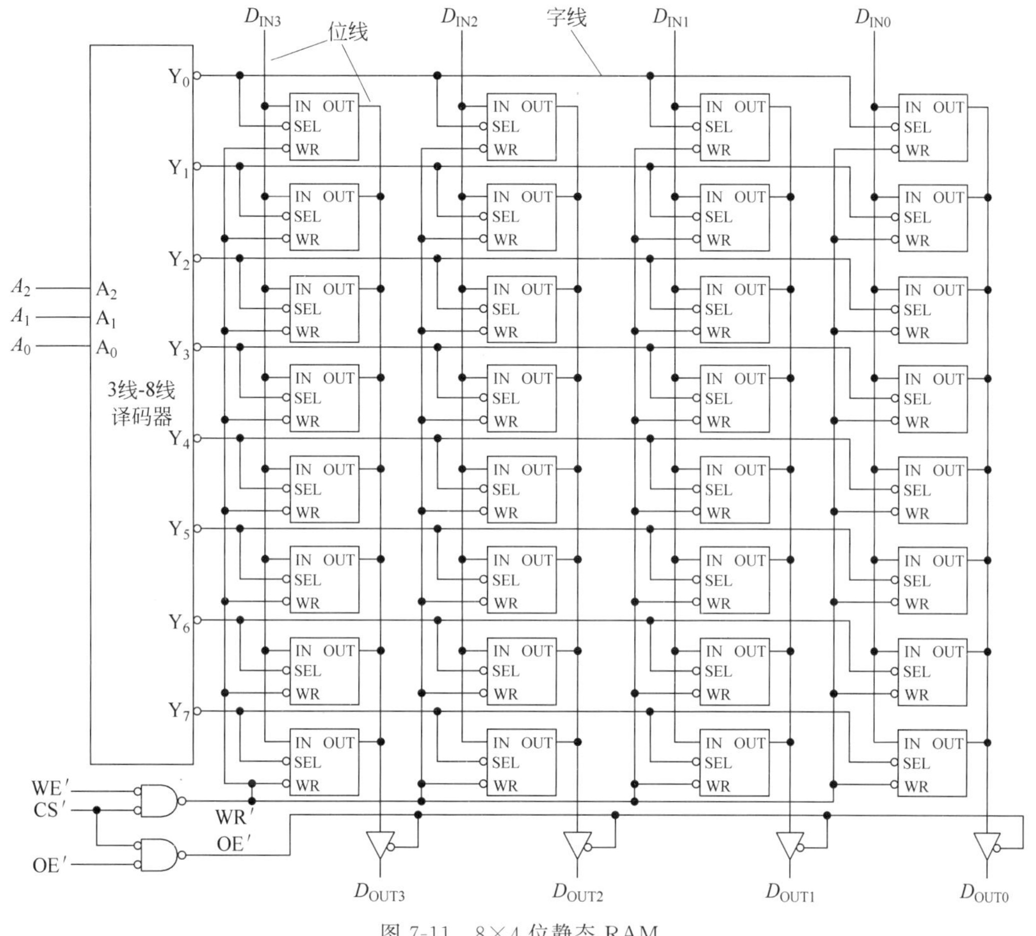

图 7-11　8×4 位静态 RAM

静态 RAM 具有以下两种操作：

(1) 读。当 CS′和 OE′均有效时，给定存储单元地址后，所选中存储单元中的数据从 D_{OUT} 端输出。

(2) 写。给定存储单元地址后，将需要存储的数据输入 D_{IN} 线上，然后控制 CS′和 WE′有效，使所选中存储单元的锁存器工作，存储输入的数据。

7.2.2　动态 RAM

动态 RAM 是应用 MOS 管栅极电容可以存储电荷的原理而实现数据的存储。单管

DRAM 存储节点的结构如图 7-12 所示，由 MOS 管和栅极电容 C_S 组成。在进行写操作时，字线 X 上给出高电平，MOS 管 T 导通，位线 B 上的数据经过 MOS 管 T 被存入电容 C_S 中。在进行读操作时，字线 X 同样给出高电平使 MOS 管 T 导通，这时电容 C_S 经过 T 向位线上输出电荷，使位线 B 上得到相应的信号电平，再经过读写放大器输出给外部电路。

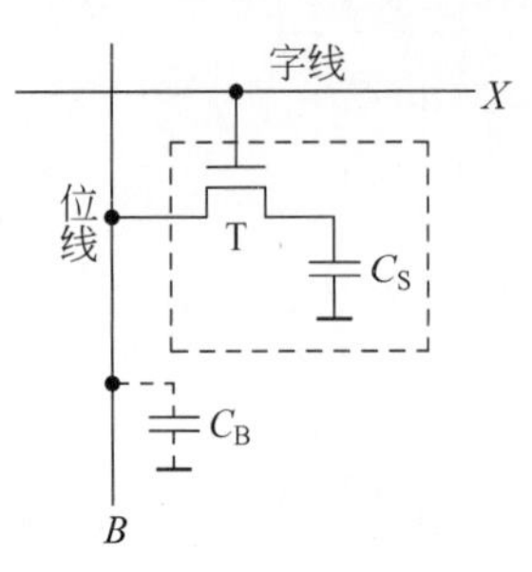

图 7-12 动态 RAM 存储单元结构

动态 RAM 存储节点的结构非常简单，因此单片 DRAM 的容量很大，主要用于需要大量存储数据的场合。但由于 MOS 管的栅极电容极小而且有漏电流存在，电荷不能长期保存，所以在使用 DRAM 时需要定时刷新(refresh)补充电荷以避免数据丢失。

无论是用锁存器存储数据的静态 RAM 还是用栅极电容存储数据的动态 RAM，在断电后都不能保存数据，所以 RAM 称为易失性存储器(volatile memory)。

7.3
微课视频

7.3 存储容量的扩展

当单片存储器的容量不能满足设计需求时，就需要应用多片存储器扩展存储容量。扩展存储单元的数量称为字扩展，扩展存储单元的位数称为位扩展。当存储单元数和位数都不满足要求时，一般先进行位扩展，再进行字扩展。

图 7-13 是用 8 片 1024×1 位的 RAM 扩展为 1024×8 位 RAM 的原理图。具体的扩展方法是：将 8 片存储器的地址 $A_9 \sim A_0$ 分别对应相连，CS′和 R/W′对应相连。因此当 CS′有效时，8 片"同时"处于工作状态，每片读/写一位数据，从而形成 8 位数据。

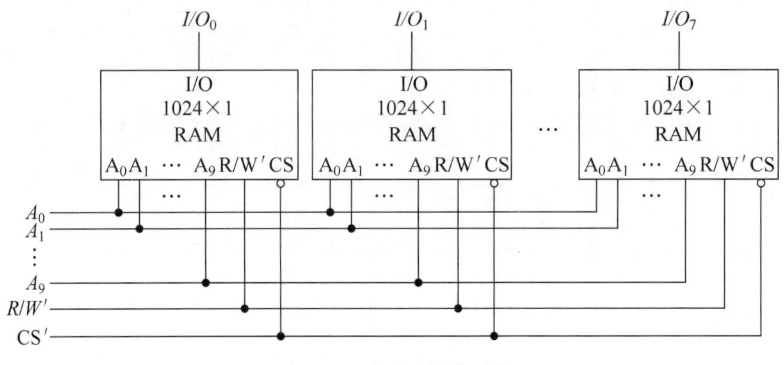

图 7-13 位扩展原理图

图 7-14 是用 4 片 256×8 位的 RAM 扩展为 1024×8 位 RAM 的原理图。256×8 位的存储器具有 8 位地址线 $A_7 \sim A_0$，访问 1024 个单元则需要使用 10 位地址线，分别用 $A_9 \sim A_0$ 表示。具体的扩展方法是：将 10 位地址中的低 8 位分别与每片 256×8 位存储器的地址 $A_7 \sim A_0$ 对应相连，读写控制端 R/W' 对应相连，8 位数据线 $I/O_7 \sim I/O_0$ 对应相连，然后用 10 位地址中的最高两位地址 A_9A_8 经过 2 线-4 线译码器(74HC139)译出 4 个低电平有效的信号分别控制 4 片存储器的片选端 CS′，让 4 片"分时"工作：

(1) 当 $A_9A_8=00$ 时，使第一片存储器的 CS′有效，因此第一片存储器处于工作状态，数据从第一片 I/O 端输入/输出。存储单元对应地址为 0～255。

(2) 当 $A_9A_8=01$ 时，使第二片存储器的 CS′有效，因此第二片存储器处于工作状态，数据从第二片 I/O 端输入/输出。存储单元对应地址为 256～511。

(3) 当 $A_9A_8=10$ 时，使第三片存储器的 CS′有效，因此第三片存储器处于工作状态，数据从第三片 I/O 端输入/输出。存储单元对应地址为 512～767。

(4) 当 $A_9A_8=11$ 时，使第四片存储器的 CS′有效，因此第四片存储器处于工作状态，数据从第四片 I/O 端输入/输出。存储单元对应地址为 768～1023。

这样组合起来即构成 1024×8 位存储器。

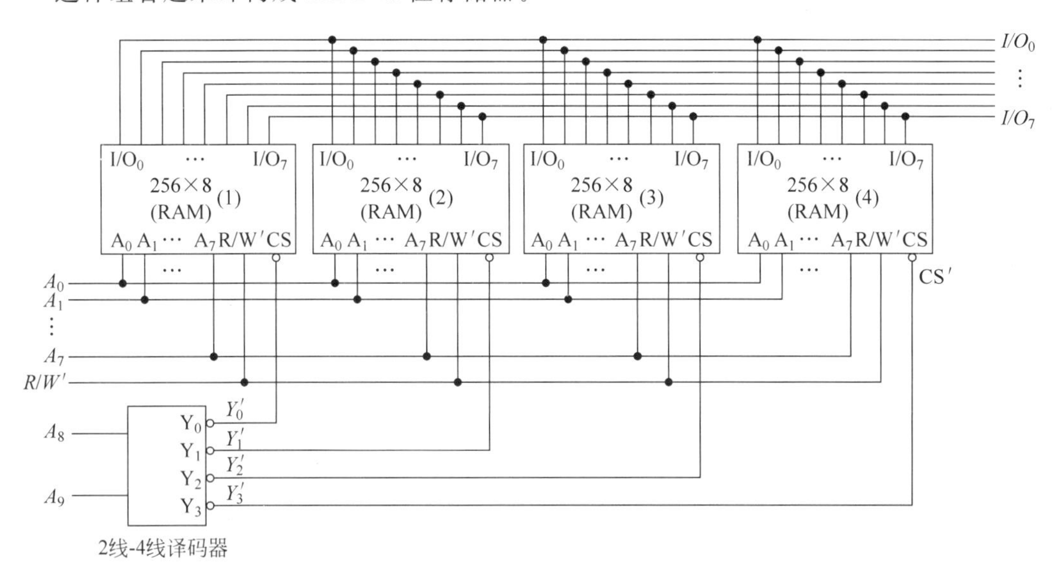

图 7-14　字扩展原理图

上述扩展方法是以 RAM 为例说明的。对于 ROM，扩展的原理相同。

7.4　ROM 的应用

ROM 用于存储固定的数表或者程序。在数字系统中，除了作为程序存储器外，ROM 还可以用来实现组合逻辑函数，实现代码转换和构成函数发生器。

7.4.1　实现组合逻辑函数

ROM 具有多位地址输入和多位数据输出，所以可以很方便地实现复杂的组合逻辑函数。

用 ROM 设计组合逻辑电路时，需要将输入变量作为 ROM 的地址，将逻辑函数作为 ROM 的数据输出，将真值表存入 ROM 中，通过"查表"方式实现逻辑函数。

应用 256×8 位的 ROM 实现 4 位无符号二进制乘法器的逻辑电路如图 7-15 所示，其中两个 4 位二进制被乘数与乘数分别用 $X_3 \sim X_0$ 和 $Y_3 \sim Y_0$ 表示，乘法结果用 $P_7 \sim P_0$ 表示。

由于 4 位被乘数 X、乘数 Y 的取值范围均为 0～F，所以 4 位无符号二进制乘法器的真值表如表 7-3 所示。

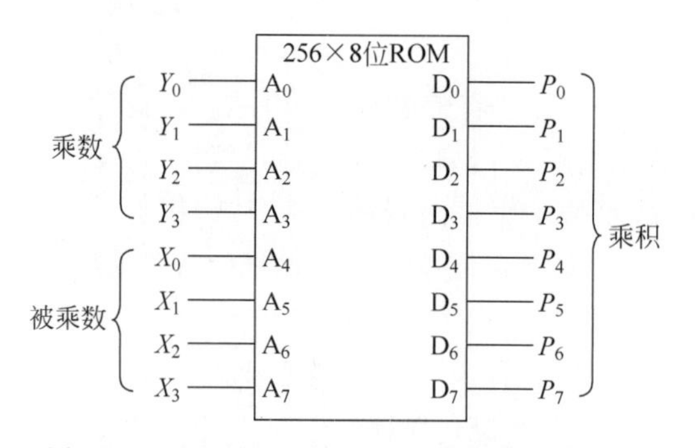

图 7-15　用 ROM 实现 4 位乘法器的逻辑电路

表 7-3　4 位乘法器的真值表($X \cdot Y$)

X	**Y**															
	0	**1**	**2**	**3**	**4**	**5**	**6**	**7**	**8**	**9**	**A**	**B**	**C**	**D**	**E**	**F**
0	00	00	00	00	00	00	00	00	00	00	00	00	00	00	00	00
1	00	01	02	03	04	05	06	07	08	09	0A	0B	0C	0D	OE	0F
2	00	02	04	06	08	0A	0C	0E	10	12	14	16	18	1A	1C	1E
3	00	03	06	09	0C	0F	12	15	18	1B	1E	21	24	27	2A	2D
4	00	04	08	0C	10	14	18	1C	20	24	28	2C	30	34	38	2C
5	00	05	0A	0F	14	19	1E	23	28	2D	32	37	3C	41	46	4B
6	00	06	0C	12	18	1E	24	2A	30	36	3C	42	48	4E	54	5A
7	00	07	0E	15	1C	23	2A	31	38	3F	46	4D	54	5B	62	69
8	00	08	10	18	20	28	30	38	40	48	50	58	60	68	70	78
9	00	09	12	1B	24	2D	36	3F	48	51	5A	63	6C	75	7E	87
A	00	0A	14	1E	28	32	3C	46	50	5A	64	6E	78	82	8C	96
B	00	0B	16	21	2C	37	42	4D	58	63	6E	79	84	8F	9A	A5
C	00	0C	18	24	30	3C	48	54	60	6C	78	84	90	9C	A8	B4
D	00	0D	1A	27	34	41	4E	5B	68	75	82	8F	9C	A9	B6	C3
E	00	0E	1C	2A	38	46	54	62	70	7E	8C	9A	A8	B6	C4	D2
F	00	0F	1E	2D	3C	4B	5A	69	78	87	96	A5	B4	C3	D2	E1

将被乘数 $X_3 \sim X_0$、乘数 $Y_3 \sim Y_0$ 作为 ROM 的 8 位地址 $A_7 \sim A_0$，将乘法表中的 256 个数据按从左向右、自上向下的顺序存入 256×8 位的 ROM 中，在给定被乘数和乘数以后，ROM 输出的 8 位数据 $D_7 \sim D_0$ 即为乘法器结果 $P_7 \sim P_0$。

7.4.2　实现代码转换

代码转换是将一种形式的代码转换成另外一种形式输出。例如，计算机内部以二进制数进行运算，但在数据输出时，通常需要将二进制运算结果转换成 BCD 码以方便识别。

代码转换电路本质上为组合逻辑电路，可以按组合逻辑函数的一般方法进行设计，但最简单的方法就是基于 ROM 设计，通过“查表”的方式实现代码转换。将待转换的代码作为 ROM 的地址，将真值表写入 ROM 中，那么 ROM 的输出即为转换结果。

从理论上讲，任何组合逻辑函数都可以用 ROM 来实现，以逻辑变量作为输入，将真值表写入 ROM 中，通过“查表”输出相应的函数值。

74185 是集成代码转换器，能够将 6 位二进制数转换成两位 BCD 码输出。例如，输入二进制数"101101"(对应十进制的45)时,74185输出数据为01000101,是BCD码表示的十进制数45。

7.4.3 构成函数发生器

函数发生器是用来产生正弦波、三角波、锯齿波或其他任意波形的电路系统。

函数发生器的一般结构形式如图7-16所示,由计数器、ROM和DAC构成。以n位二进制计数器的输出作为ROM的地址,当计数器完成一个循环时,向ROM输入2^n个地址,通过"查询"ROM预先存储的$2^n \times b$位波形数据表,再应用b位DAC将数字量转换成时间上连续、幅值上离散的信号,最后经过低通滤波后输出平滑的模拟信号。

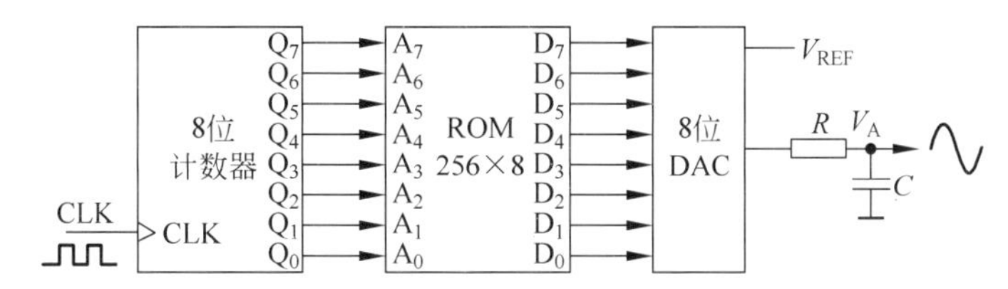

图7-16　由ROM和DAC构成函数发生器

7.5 设计实践

存储器是构成数字系统的基础单元,用于存储数据或程序,在波形产生、代码转换和系统配置等方面有着广泛的应用。

7.5.1 DDS信号源设计1

7.5.1
微课视频

DDS(Direct Digital Freqency Synthesis,直接数字频率合成器)采用数字技术实现信号源,具有低成本、高分辨率和响应速度快等优点,广泛应用于仪器仪表领域。

设计任务:设计一个DDS正弦波信号源。信号源有UP和DOWN两个键,按UP键时频率步进增加,按DOWN键时频率步进减小。要求输出信号的频率范围为100～1500Hz,步进为100Hz。

分析:DDS的系统框图如图7-17所示,由相位累加器、波形存储器、数/模转换器、低通滤波器和参考时钟5部分组成。

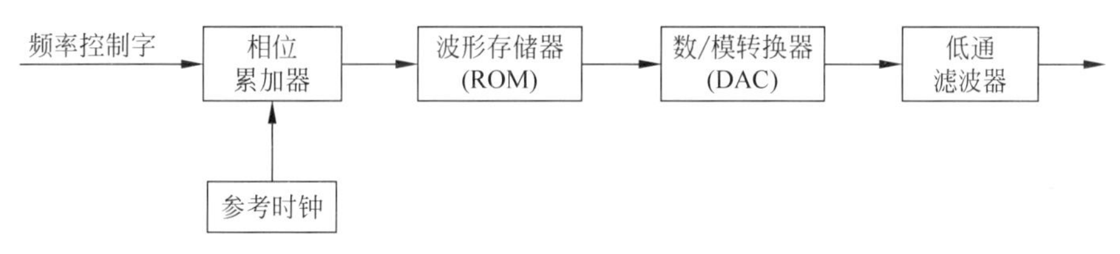

图7-17　DDS系统框图

满足设计任务要求的DDS信号源的总体设计方案如图7-18所示。首先利用多谐振荡器产生25.6kHz的时钟信号,根据设定的4位频率控制字通过8位加法器和8位寄存器实现相位累加,将得到的数值相位值作为256×8位ROM的地址,查询预先存入ROM中的256个正弦波数据表输出数字化正弦波幅度值,再经过8位DAC和低通滤波器输出正弦模拟信号。

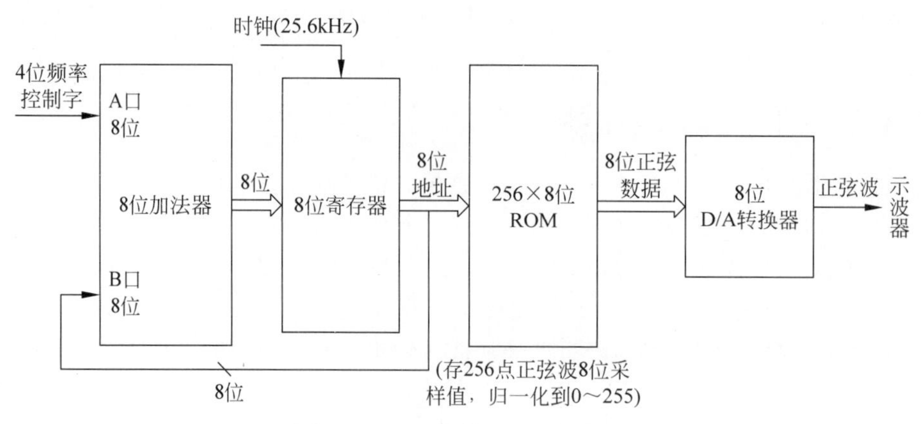

图 7-18 正弦波信号源设计方案

DDS 输出信号的频率 f_{out} 与控制字 N 和时钟脉冲频率 f_{clk} 之间的关系为

$$f_{out}=\frac{f_{clk}}{2^8}\times N$$

其中，f_{clk} 取 25.6kHz，控制字 N 取 4 位时，能够输出 0～1500Hz，步进为 100Hz 的模拟信号。

设计过程：将两片 4 位加法器 74HC283 扩展为 8 位加法器，然后与 8 位寄存器 74HC574 构成 8 位相位累加器。相位累加的步长受计数器 74HC193 的状态输出 $Q_3Q_2Q_1Q_0$ 控制，而 UP 和 DOWN 分别作为加法计数和减法计数的时钟。用 74HC574 输出的相位作为 ROM 的地址，从 ROM 中取出数字化正弦波的幅度值，再由 8 位 D/A 转换器 DAC0832 转换成时间上连续、幅值上离散的信号，最后通过低通滤波器滤波后输出正弦波。DDS 信号源的总体设计电路如图 7-19 所示。

256 点正弦采样值可应用 C 程序生成，归一化为 8 位数字量(0～255)后存入数据文件 sin256x8.bin 中，然后加载到 ROM 中。

```
#include <math.h>
#include <stdio.h>
#define PI 3.1415926
int main (void)
 {
   float x;
   unsigned char sin8b;
   unsigned int i;
   FILE *fp;
   fp = fopen("sin256x8.bin","wb");
     for (i = 0;i < 256;i++)
     {
      x = sin(2 * PI/256 * i);
      sin8b = ((x + 1)/2 * 255);
      fputc(sin8b,fp);
      }
   fclose(fp);
  }
```

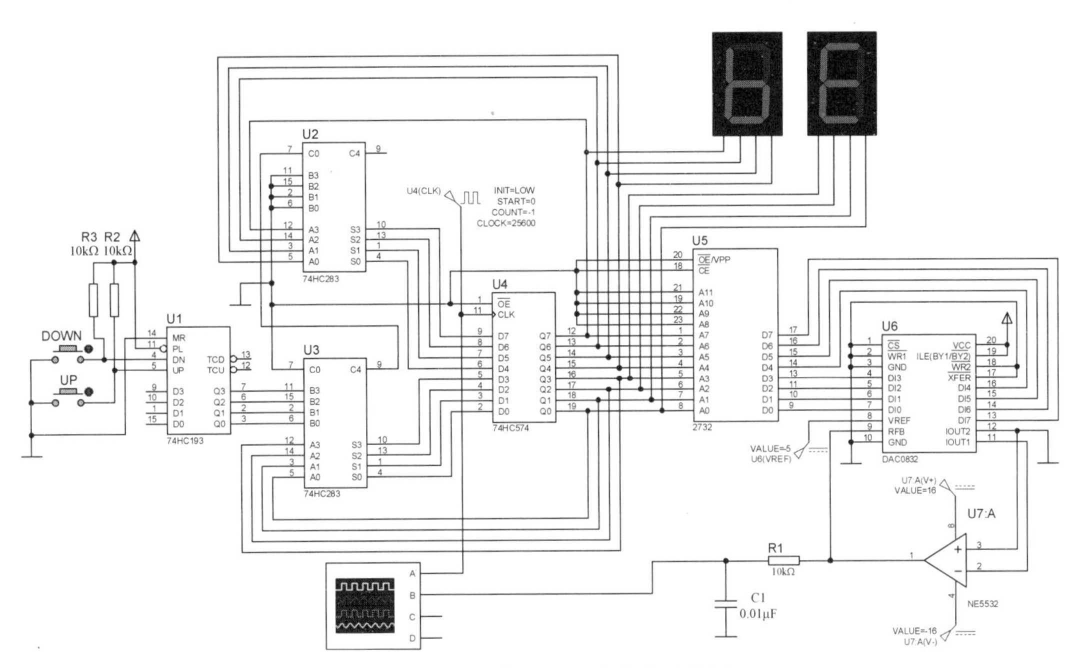

图 7-19　DDS 信号源电路参考设计图

需要说明的是，参考设计图中使用的是 EPROM(4K×8 位的 2732，实际只用了 256×8 位)，实际制作时建议用 E^2PROM 或者 Flash 存储器。

7.5.2　LED 点阵驱动电路设计

7.5.2
微课视频

LED 点阵显示通常用于远距离信息的显示，如火车站车次信息、大型户外广告牌等。8×8 共阴极 LED 点阵的内部结构如图 7-20 所示。

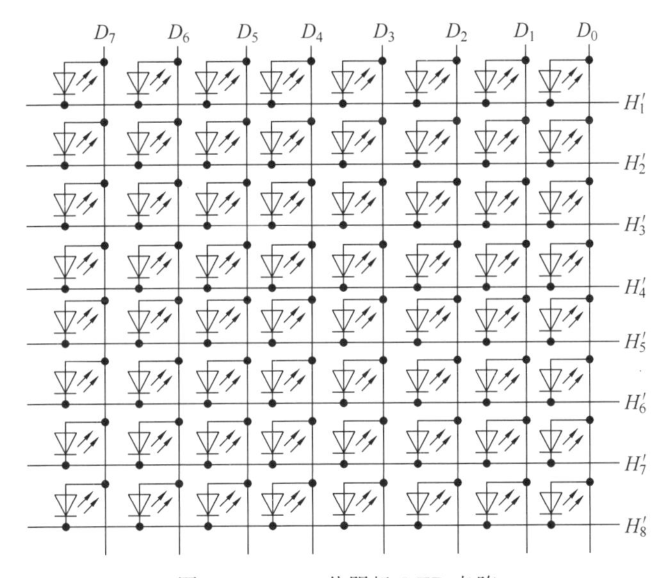

图 7-20　8×8 共阴极 LED 点阵

设计任务：设计 8×8 LED 点阵驱动电路，要求能够显示数字 0～9、字符 A～Z 或 a～z 等，显示字符数不少于 8 个，并且能够自动循环显示。

分析：LED 点阵需要应用动态扫描方式显示字符或者图案。8×8 点阵按行动态扫描的原理如图 7-21 所示。将需要显示的数据点阵按行存入 ROM 中，控制 ROM 输出第一行数据时，同时使第一行选通信号 H_1' 有效，将信息显示在第一行上；控制 ROM 输出第二行数据时，同时使第二行选通信号 H_2' 有效，将信息显示在第二行上；以此类推。由于人眼的视觉暂留现象，每秒刷新 25 帧以上时，则点阵显示不闪烁，可以看到清晰的图像。

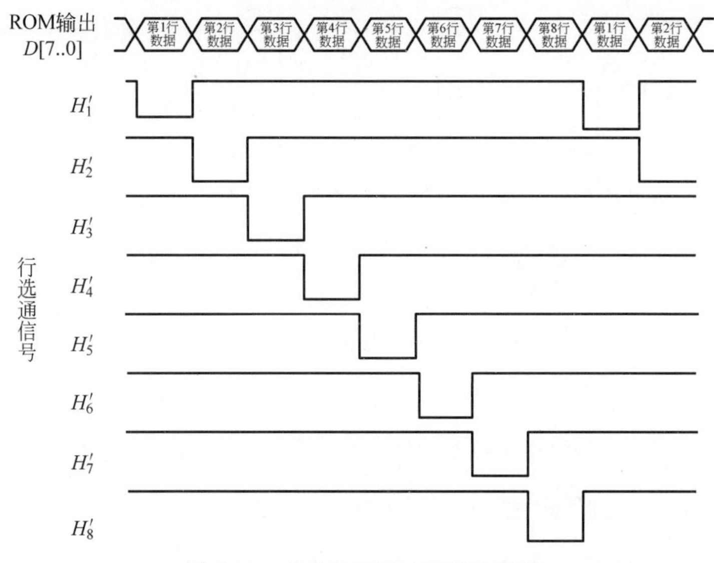

图 7-21 动态扫描显示原理示意图

设计过程：8×8 点阵驱动电路的总体设计方案如图 7-22 所示，其中 LED 数据 ROM 用于存储点阵信息。行刷新计数器用于驱动行译码驱动器选通当前显示行，并作为 ROM 的低位地址控制行 ROM 输出相应行的数据。点阵信息切换计数器用于控制行 ROM 的高地址切换点阵显示的信息。

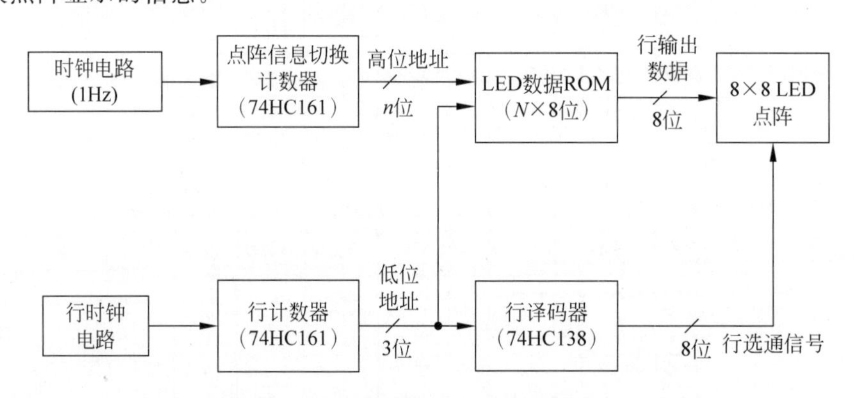

图 7-22 点阵驱动电路总体设计方案

由于每屏点阵有 8 行，以每秒刷新 30 帧计算，则要求行计数器(U1)的时钟频率为 (30×8)Hz＝240Hz。行计数器为八进制，主要有两个作用：输出作为 LED 数据 ROM

的低 3 位地址，经“查表”从 ROM 中取出 8 行数据；与行译码器(U2)构成顺序脉冲发生器，用于选通当前显示行。这样在行时钟作用下，每次刷新一行，刷新 8 行即完成一次整屏显示。点阵信息切换计数器(U3)的时钟取为 1Hz，用计数器的输出 $Q_3Q_2Q_1Q_0$ 作为 ROM 的高位地址来实现 16 个字符/数字的循环显示。

8×8 LED 点阵驱动电路设计如图 7-23 所示。

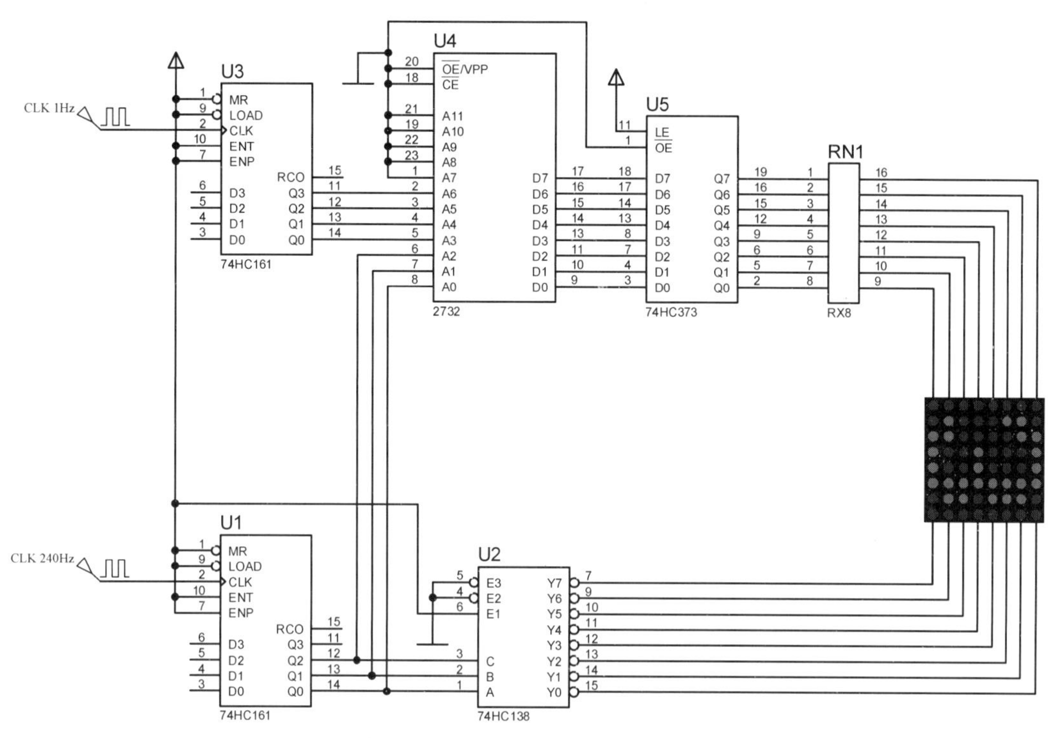

图 7-23 LED 点阵驱动电路设计图

ROM 中存储需要显示的字符或者数字信息，数据以行为单位，8 行为一屏信息。点阵信息文件可用 C 编程生成或者用编辑软件定制，然后加载到 ROM 中。

生成图 7-23 中数字 3 的数据文件的 C 程序如下：

```
#include <stdio.h>
int main (void)
 {
  unsigned char LedDots[8] = {0x3c,0x66,0x46,0x06,0x1c,0x06,0x66,0x3c};   //数字 3
  unsigned char i,j;
  FILE *fp;
  fp = fopen("LedDots8x8.bin","wb");
  for (i = 0;i < 16;i++)
    for (j = 0;j < 8;j++)
      fputc(LedDots[j],fp);
  fclose(fp);
  }
```

本章小结

半导体存储器用于存储大量二值信息，分为ROM和RAM两种类型。ROM为只读存储器，通常用作程序存储器，用于存储代码和数表等固定不变的信息。RAM为随机存取存储器，通常用作数据存储器，所存储的数据可以随时读取或更新。

当单片存储器不能满足系统需求时，就需要应用多片存储器扩展存储器容量。存储容量的扩展分为字扩展和位扩展两种方式。字扩展用于扩展存储单元数，位扩展用于扩展每个存储单元的存储位数。

ROM不但能够存储数据，而且还可以用于实现多输入-多输出逻辑函数，只需要将逻辑函数的真值表写入ROM中查表输出即可实现。

习题

7.1 某计算机的内存具有32条地址线和16条双向数据线，计算该计算机的最大存储容量。

7.2 分析下列存储系统的各有多少个存储单元，多少条地址线和数据线。

(1) 64k×1 (2) 256k×4 (3) 1M×1 (4) 128k×8

7.3 设存储器的起始地址为0，指出下列存储系统的最高地址为多少？

(1) 2k×1 (2) 16k×4 (3) 256k×32

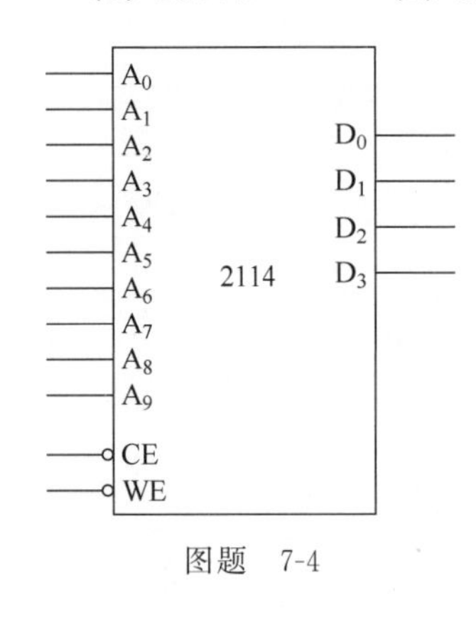

图题 7-4

7.4 用1024×4位SRAM芯片2114扩展4096×8位的存储器系统，共需要多少片2114？画出接线图。已知2114的外部引脚如图题7-4所示，其中$A_9 \sim A_0$为10位地址输入端，$D_3 \sim D_0$为4位数据输入/输出端，CE′为片选端，WE′为读写控制信号。

7.5 用16×4位ROM实现下列逻辑函数，画出存储矩阵的连线图。

(1) $Y_1 = ABCD + A'(B+C)$

(2) $Y_2 = A'B + AB'$

(3) $Y_3 = ((A+B)(A'+C'))'$

(4) $Y_4 = ABCD + (ABCD)'$

7.6 利用ROM构成的任意波形发生器如图题7-6所示，改变ROM的内容即可改变输出波形。当ROM的数据如表题7-6所示时，画出输出端电压随时钟脉冲CLK变化的波形。

表题 7-6 ROM数据表

CLK	A_3	A_2	A_1	A_0	D_3	D_2	D_1	D_0
0	0	0	0	0	0	1	0	0
1	0	0	0	1	0	1	0	1
2	0	0	1	0	0	1	1	0

续表

CLK	A_3	A_2	A_1	A_0	D_3	D_2	D_1	D_0
3	0	0	1	1	0	1	1	1
4	0	1	0	0	1	0	0	0
5	0	1	0	1	0	1	1	1
6	0	1	1	0	0	1	1	0
7	0	1	1	1	0	1	0	1
8	1	0	0	0	0	1	0	0
9	1	0	0	1	0	0	1	1
10	1	0	1	0	0	0	1	0
11	1	0	1	1	0	0	0	1
12	1	1	0	0	0	0	0	0
13	1	1	0	1	0	0	0	1
14	1	1	1	0	0	0	1	0
15	1	1	1	1	0	0	1	1

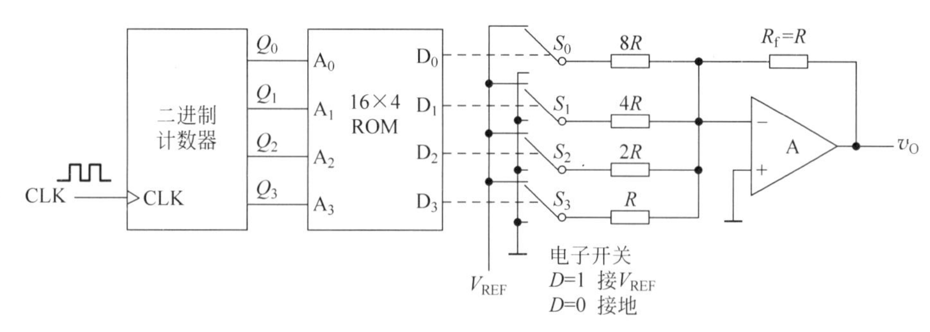

图题 7-6

7.7 用图题7-7所示的4片64×4位RAM和双2线-4线译码器74HC139设计256×4位的存储系统。

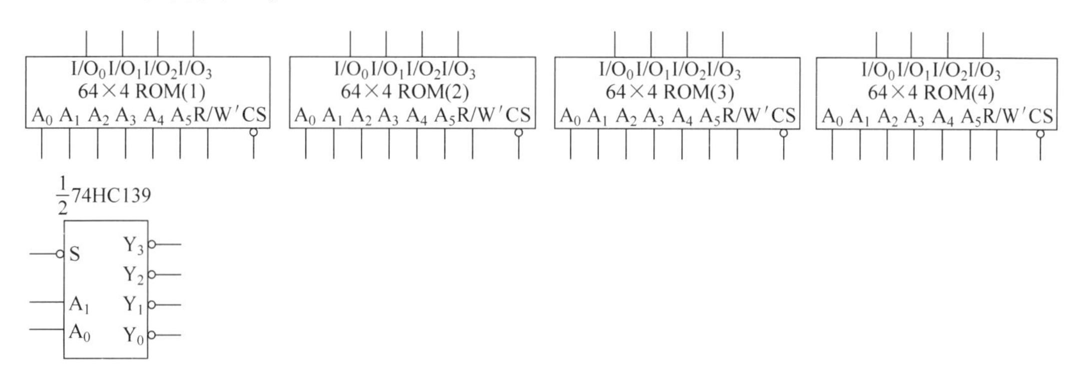

图题 7-7

*7.8 基于ROM设计数码管控制电路。在单个数码管上自动依次显示自然数序列(0～9)、奇数序列(1、3、5、7和9)、音乐符号序列(0～7)和偶数序列(0、2、4、6和8)，然后依

次循环显示。要求加电时先显示自然数序列,每个数码的显示时间均为1s。画出电路设计图,并说明其工作原理。

*7.9 分析图7-19所示DDS信号源的工作原理,设计能够输出25~1575Hz、步进为25Hz的正弦波信号的DDS信号源。

*7.10 分析图7-23所示LED点阵驱动电路的工作原理,扩展数据文件,能够在8×8点阵上循环显示0~9、A、b、C、d、E、F共16个数字/字符。

第8章 CHAPTER 8 脉冲电路

时序逻辑电路在时钟脉冲的作用下完成其逻辑功能。脉冲根据其产生方式的不同,可分为单次脉冲和脉冲序列,如图8-1所示。在分析锁存器/触发器的逻辑功能与动作特点时,只需要分析一个时钟周期内锁存器/触发器的工作情况,因此应用单次脉冲进行分析。而在分析计数器或者移位寄存器的功能时,则需要考查在脉冲序列作用下电路的状态变化和输出情况。那么,脉冲是如何获取的呢?

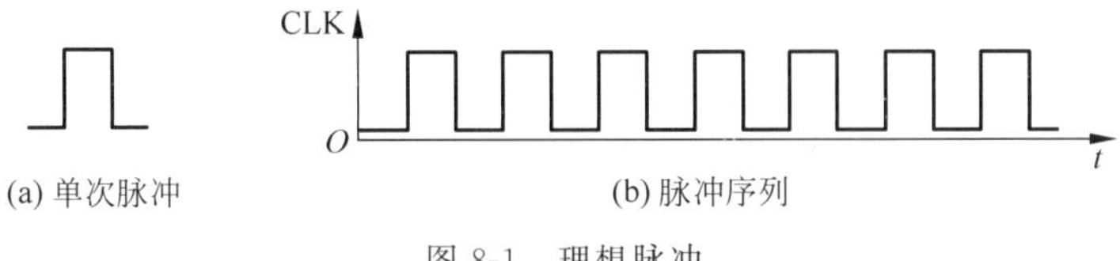

图8-1 理想脉冲

脉冲序列的获取有两种方法:

(1) 整形(shaping)。如果已经有正弦波、三角波或者锯齿波等其他周期性波形,就可以通过整形的方式将它们整成脉冲序列。

(2) 产生(generation)。直接设计振荡器,加电后自行起振输出脉冲序列。

单次脉冲通常由按键电路产生,经过整形后输出。

施密特电路和单稳态电路是脉冲整形电路,多谐振荡器为脉冲产生电路。555定时器通过不同的外接方式既可以构成施密特电路,也可以构成单稳态电路和多谐振荡器。

本章首先介绍描述脉冲特性的主要参数,然后重点讲述施密特电路、单稳态电路和多谐振荡器的功能、电路原理及应用。

8.1 描述脉冲的主要参数

8.1 微课视频

图8-1所示的脉冲为理想脉冲,而由实际电路产生或者整形出的脉冲并不理想,从低电平跳变为高电平或者从高电平返回低电平总是要经历一段过渡时间,如图8-2所示。为了考查脉冲产生和整形的效果,需要定义描述脉冲特性的参数。对于图8-2所示的矩形脉冲,可定义7个特性参数,其名称和含义如表8-1所示。

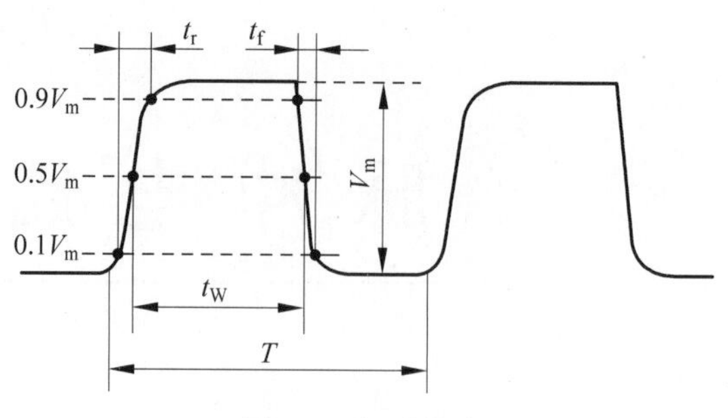

图 8-2 矩形脉冲

表 8-1 脉冲特性参数

参数名	符号	定 义	说 明
脉冲周期	T	周期性脉冲序列中,两个相邻脉冲之间的时间间隔	以相邻脉冲两个相同位置点之间的间隔进行计算
脉冲频率	f	单位时间内脉冲的重复次数	脉冲频率 f 和脉冲周期 T 互为倒数,即 $f=1/T$
脉冲幅度	V_m	脉冲高电平与低电平之间的电压差值	$V_m=V_{OH}-V_{OL}$
脉冲宽度	t_W	脉冲作用的时间。从脉冲前沿达到 $50\%V_m$ 算起,到后沿降到 $50\%V_m$ 时的时间间隔	描述脉冲高电平的持续时间
上升时间	t_r	脉冲前沿从 $10\%V_m$ 上升到 $90\%V_m$ 的时间间隔	描述脉冲上升过程所花的时间
下降时间	t_f	脉冲后沿从 $90\%V_m$ 下降到 $10\%V_m$ 的时间间隔	描述脉冲下降过程所花的时间
占空比	q	脉冲宽度与脉冲周期的比值,即 $q=T_w/T$	用来描述在脉冲周期中高电平所占的百分比

对于理想的矩形脉冲,$t_r=0$,$t_f=0$。占空比为 50%的矩形波称为方波。

8.2 555 定时器及应用

555 定时器(timer)是数模混合器件,只需要外接电阻和电容,就可以很方便地构成施密特电路、单稳态电路和多谐振荡器,广泛应用于仪器仪表、家用电器、电子测量以及自动控制等领域。

555 定时器的内部电路如图 8-3 所示,由两个电压比较器(C1 和 C2)、3 个精密 5kΩ 电阻(555 定时器由此得名)、一个基本 SR 锁存器、一个放电管 (T_D)以及输出驱动电路(G_1)组成。

555 定时器的引脚功能说明如下:

1 脚:接地端,外接电源地;

2 脚:触发电压(TR′)输入端 v_{i1};

3 脚:输出端 v_O;

4 脚:复位端(R'_D),低电平有效。当 R'_D接低电平时,输出被强制为低电平,因此不用时 R'_D应接高电平;

5 脚:控制电压(V_{CO})输入端。当 5 脚外接控制电压 V_{CO} 时,两个比较器的基准电压分别为 $V_{R1}=V_{CO}$,$V_{R2}=(1/2)V_{CO}$。当 5 脚不加控制电压时,通常到地串接一个 0.01μF 滤波电容,这时定时器内部 3 个 5kΩ 电阻经过分压为两个比较器提供比较基准电压:$V_{R1}=$

$(2/3)V_{CC}$，$V_{R2}=(1/3)V_{CC}$；

6 脚：阈值电压(TH)输入端 v_{i2}；

7 脚：放电端(DISC)，用于对外接电容进行放电；

8 脚：电源端，外接正电源 V_{CC}。

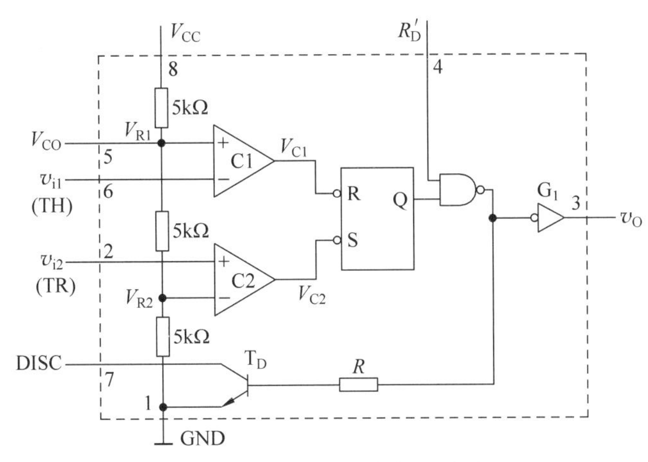

图 8-3　555 定时器内部电路图

555 定时器内部基本 SR 锁存器的状态取决于比较器 C1 和 C2 的输出 V_{C1} 和 V_{C2}，而与非门的输出决定放电管 T_D 的状态。在外接电源 V_{CC} 和地后，当 5 脚不加控制电压，同时复位端 R'_D 无效时，分以下 3 种情况讨论：

(1) 当 $v_{i1}<(2/3)V_{CC}$，$v_{i2}<(1/3)V_{CC}$ 时，$V_{C1}=1$，$V_{C2}=0$，因此 $Q=1$，输出 v_O 为高电平；

(2) 当 $v_{i1}>(2/3)V_{CC}$，$v_{i2}>(1/3)V_{CC}$ 时，$V_{C1}=0$，$V_{C2}=1$，因此 $Q=0$，输出 v_O 为低电平；

(3) 当 $v_{i1}<(2/3)V_{CC}$，$v_{i2}>(1/3)V_{CC}$ 时，$V_{C1}=1$，$V_{C2}=1$，因此 Q 保持，输出 v_O 保持不变。

由上述分析得到 555 定时器的功能如表 8-2 所示。

表 8-2　555 定时器功能表

输　入			内部参数和状态				输　出
R'_D	v_{i1}	v_{i2}	V_{C1}	V_{C2}	Q	放电管 T	
0	×	×	×	×	×	导通	0
1	$<(2/3)V_{CC}$	$>(1/3)V_{CC}$	1	1	Q_0	保持	Q_0
1	$>(2/3)V_{CC}$	$<(1/3)V_{CC}$	0	0	1^*	截止	1
1	$<(2/3)V_{CC}$	$<(1/3)V_{CC}$	1	0	1	截止	1
1	$>(2/3)V_{CC}$	$>(1/3)V_{CC}$	0	1	0	导通	0

注：Q_0 表示原状态；1^* 表示不是定义的 1 状态。

8.2.1　施密特电路

8.2.1a
微课视频

施密特电路(schmitt trigger)为脉冲整形电路。与普通门电路相比，施密特电路具有两个明显的特点：

(1) 输入电压在上升过程中的转换电平(用 V_{T+} 表示)和下降过程中的转换电平(用 V_{T-}

8.2.1b
微课视频

表示)不同，即 $V_{T+}\neq V_{T-}$。而普通门电路上升过程和下降过程的转换电平均为阈值电压 V_{TH}。

若定义回差电压 $\Delta V_T=V_{T+}-V_{T-}$，则施密特电路的 $\Delta V_T\neq 0$，而普通门电路没有回差。

(2) 在进行状态转换时，施密特电路内部伴随有正反馈的过程，所以转换速度很快(t_r 和 t_f 很小)，能够将任何周期性的波形转换成矩形波。

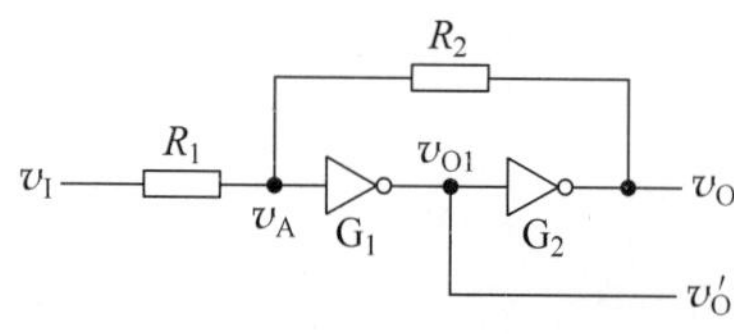

图 8-4 由门电路构成的施密特电路

施密特电路可以由基本门电路构成，如图 8-4 所示。将两级 CMOS 反相器级联起来，输入电压 v_I 经过电阻 R_1 接入，同时将输出电压 v_O 经过电阻 R_2 反馈到输入端，就构成了施密特电路。为了保证电路正常工作，要求电阻 $R_1<R_2$。

下面对施密特电路的工作原理和特性参数进行分析。由于 CMOS 反相器正常工作时输入电流为 0，所以根据电压叠加原理，v_A 的电位可表示为

$$v_A=\frac{R_2}{R_1+R_2}v_I+\frac{R_1}{R_1+R_2}v_O$$

由于 CMOS 反相器的阈值电压 $V_{TH}=(1/2)V_{CC}$，所以无论输入电压是上升过程还是下降过程，每当 v_A 点的电位达到 V_{TH} 时，由于内部正反馈会导致施密特电路立即开始转换，这时正好对应于输入转换电压，由此可推导出 V_{T+} 和 V_{T-}。

(1) 当输入电压 v_I 从 0 上升到 V_{CC} 的过程中，根据定义，施密特电路应该在 $v_I=V_{T+}$ 时开始转换，这时对应 $v_A=V_{TH}$。

由于 $R_1<R_2$，由反证法可推出：当 $v_I=0$ 时，$v_O=0$，故

$$\begin{cases}v_A=\dfrac{R_2}{R_1+R_2}v_I+\dfrac{R_1}{R_1+R_2}v_O\\ v_I=V_{T+}\\ v_A=V_{TH}\\ v_O=0\end{cases}$$

由上述公式可以推出

$$V_{T+}=\left(1+\frac{R_1}{R_2}\right)V_{TH}$$

(2) 当输入电压 v_I 从 V_{CC} 下降到 0 的过程中，根据定义，施密特电路应该在 $v_I=V_{T-}$ 时开始转换，这时对应 $v_A=V_{TH}$。

由(1)可知，当 $v_I=V_{CC}$ 时，$v_O=V_{CC}$，故

$$\begin{cases}v_A=\dfrac{R_2}{R_1+R_2}v_I+\dfrac{R_1}{R_1+R_2}v_O\\ v_I=V_{T-}\\ v_A=V_{TH}\\ v_O=V_{CC}=2V_{TH}\end{cases}$$

由上式可以推出

$$V_{T-}=\left(1-\frac{R_1}{R_2}\right)V_{TH}$$

因此回差电压

$$\Delta V_{\mathrm{T}} = V_{\mathrm{T+}} - V_{\mathrm{T-}} = 2\frac{R_1}{R_2}V_{\mathrm{TH}} = \frac{R_1}{R_2}V_{\mathrm{CC}}$$

从 $V_{\mathrm{T+}}$ 和 $V_{\mathrm{T-}}$ 的公式可以看出，施密特电路上升过程的转换电压 $V_{\mathrm{T+}}$ 和下降过程的转换电压 $V_{\mathrm{T-}}$ 与 R_1 和 R_2 的比值有关，同时还与电源电压 V_{CC} 有关。因此，在电源电压不变的情况下，合理地改变 R_1 和 R_2 的比值就可以调整 $V_{\mathrm{T+}}$、$V_{\mathrm{T-}}$ 和回差电压 ΔV_{T} 的大小。

施密特电路的电压传输特性曲线如图 8-5(a)所示。由于 $v_{\mathrm{I}}=0$ 时 $v_{\mathrm{O}}=0$，故称输出 v_{O} 与 v_{I} 同相。若从 v'_{O} 输出，则其电压传输特性曲线如图 8-5(b)所示。由于 $v_{\mathrm{I}}=0$ 时 $v_{\mathrm{O}}=V_{\mathrm{CC}}$，故称输出 v'_{O} 与 v_{I} 反相。施密特电路的图形符号如图 8-5(c)所示。

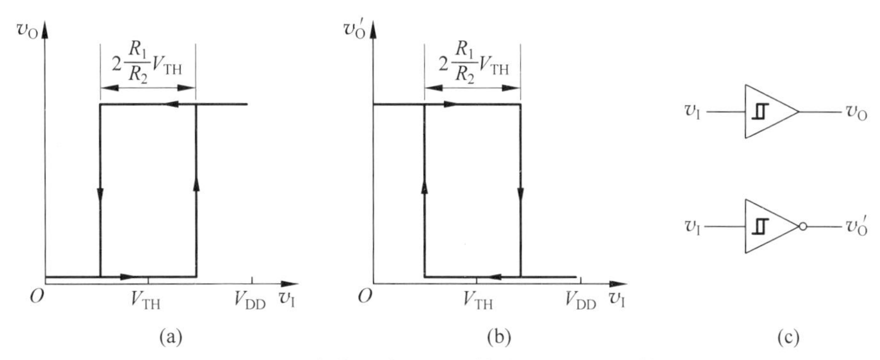

图 8-5 施密特电路的电压传输特性与图形符号

74HC14 为六施密特反相器，内部集成有 6 个反相输出的施密特电路，器件结构框图与引脚排列如图 8-6 所示。当 V_{DD} 取 4.5V 时，$V_{\mathrm{T+}} \approx 2.7\mathrm{V}$，$V_{\mathrm{T-}} \approx 1.8\mathrm{V}$。

施密特电路可以实现波形变换、脉冲整形和脉冲鉴幅等多种功能，如图 8-7 所示。其中，图 8-7(a)是用施密特反相器将正弦波变换成矩形波，图 8-7(b)是用施密特反相器将带有振铃的脉冲序列整形成规整的矩形波，图 8-7(c)用施密特反相器从一系列高、低不等的脉冲序列中将幅度大于 $V_{\mathrm{T+}}$ 的脉冲识别出来，可用于消除系统噪声。

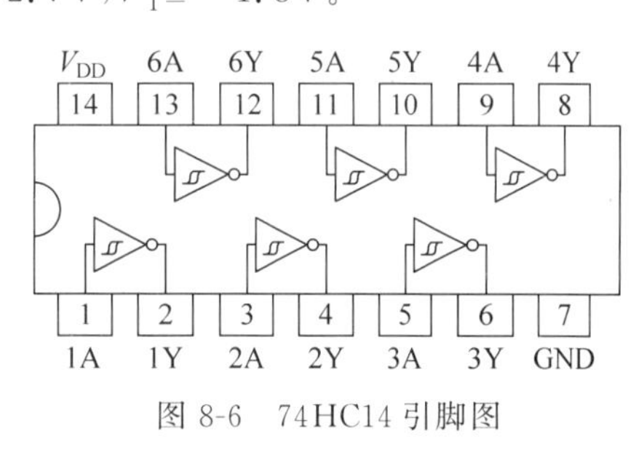

图 8-6 74HC14 引脚图

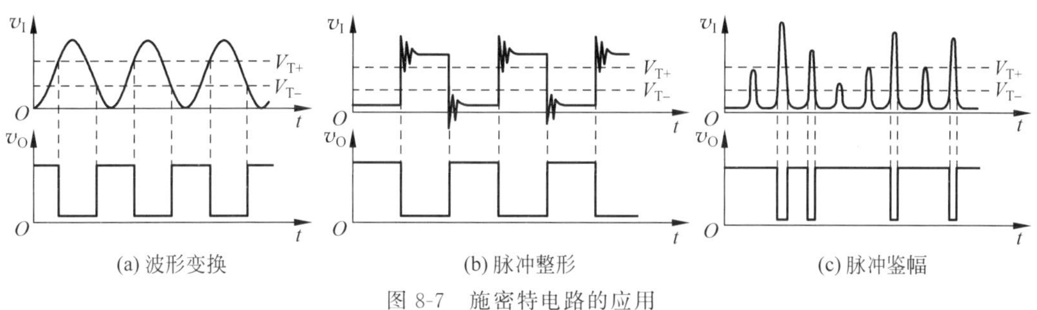

图 8-7 施密特电路的应用

555 定时器很容易外接成施密特电路，如图 8-8 所示。在 8 脚接电源、1 脚接地、4 脚复位端接 V_{CC}、5 脚通过 $0.01\mu\mathrm{F}$ 滤波电容接地的情况下，只要将 2 脚和 6 脚接到一起，以 2、6 端作为输入，以 3 端作为输出，就构成了施密特电路。

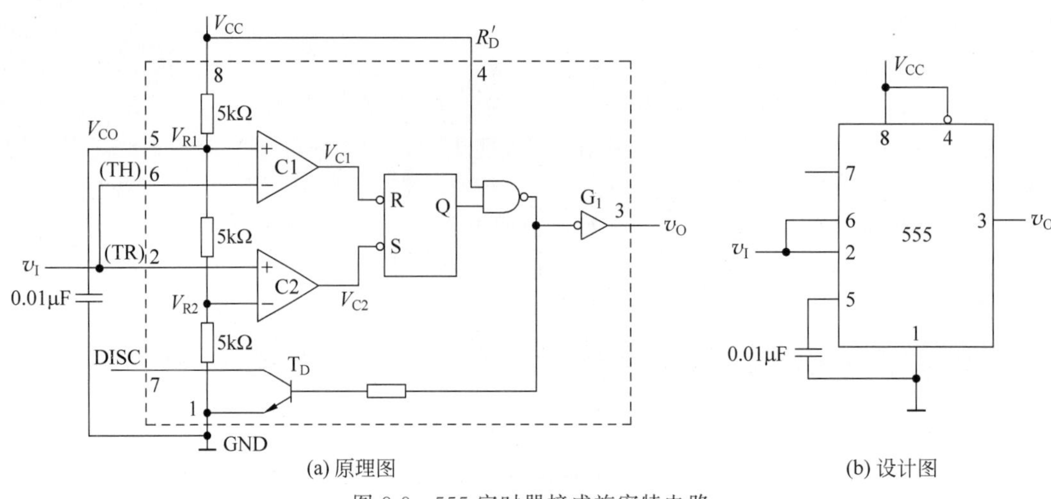

(a) 原理图　　(b) 设计图

图 8-8　555 定时器接成施密特电路

555 定时器接成施密特电路的工作原理分析如下：当输入电压 v_I 从 0 上升到 V_{CC} 的过程中，由于比较器 C1 和 C2 的基准电压 V_{C1} 和 V_{C2} 分别为 $(2/3)V_{CC}$ 和 $(1/3)V_{CC}$，所以将输入电压 v_I 的上升过程划分为 3 段进行分析：

(1) 当 v_I 小于 $(1/3)V_{CC}$ 时，$V_{C1}=1$，$V_{C2}=0$，因此锁存器 $Q=1$，输出电压 v_O 为高电平；

(2) 当 v_I 上升至 $(1/3)V_{CC} \sim (2/3)V_{CC}$ 时，$V_{C1}=1$，$V_{C2}=1$，这时锁存器处于保持状态，输出电压继续保持高电平不变；

(3) 当 v_I 上升到 $(2/3)V_{CC}$ 及以上时，$V_{C1}=0$，$V_{C2}=1$，因此锁存器 $Q=0$，输出电压跳变为低高电平。

经过上述分析可知，当输入电压 v_I 达到 $(2/3)V_{CC}$ 时，555 的输出电压由高电平跳为低电平，因此 $V_{T+}=(2/3)V_{CC}$。

同理，输入电压 v_I 从 V_{CC} 下降到 0 的过程也划分为 3 段分析：

(1) 当 v_I 高于 $(2/3)V_{CC}$ 时，输出电压为低电平；

(2) 当 v_I 下降至 $(1/3)V_{CC} \sim (2/3)V_{CC}$ 时，输出电压保持低电平不变；

(3) 当 v_I 下降到 $(1/3)V_{CC}$ 及以下时，输出电压跳变为高电平。

因此 $V_{T-}=(1/3)V_{CC}$，回差电压 $\Delta V_T=(1/3)V_{CC}$，而且输出电压与输入电压反相。

施密特电路除了能够实现波形变换、脉冲整形和脉冲鉴幅外，还能够作为电子开关使用。应用光敏电阻和施密特电路设计的光控路灯电路如图 8-9 所示。当光线充足时，光敏电阻 R_L 的阻值很小(kΩ 数量级)，此时 $v_I>(2/3)V_{CC}$，555 定时器输出低电平，继电器断开，路灯不亮；当光线变暗后，光敏电阻的阻值增大(MΩ 数量级)，因此 v_I 降低。当 $v_I<(1/3)V_{CC}$ 时，555 定时器输出高电平，继电器吸合，路灯亮。调节电位器 R_P 的阻值可以改变光控阈值的大小。

思考与练习

8-1　应用反相器 74HC04 能否实现波形变换？如果可以，与应用 74HC14 的方案比较，分析两者输出波形的特点。

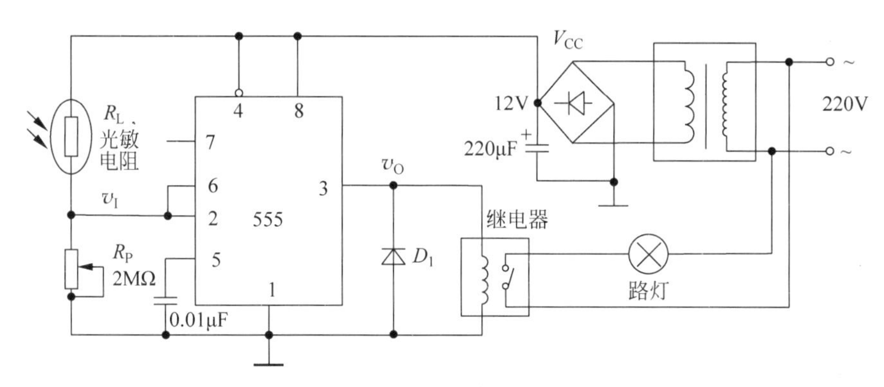

图 8-9 光控路灯电路

8.2.2 单稳态电路

8.2.2a
微课视频

8.2.2b
微课视频

单稳态电路(monostable multivibrator)是只有一个稳定状态的脉冲整形电路,具有3个特点:

(1) 在没有外部触发脉冲作用时,电路处于稳态;

(2) 在外部触发脉冲的作用下,电路从稳态跳变到暂稳态,经过一段时间后会自动返回到稳态;

(3) 在暂稳态维持的时间仅仅取决于电路的结构和参数,与触发脉冲无关。

单稳态电路有多种实现形式。由门电路构成的微分型单稳态电路如图 8-10 所示,其中 G_1 和 G_2 为 CMOS 门电路,R_d 和 C_d 构成输入微分电路,用于鉴别触发脉冲,R 和 C 构成微分定时电路,决定在暂稳态的维持时间。

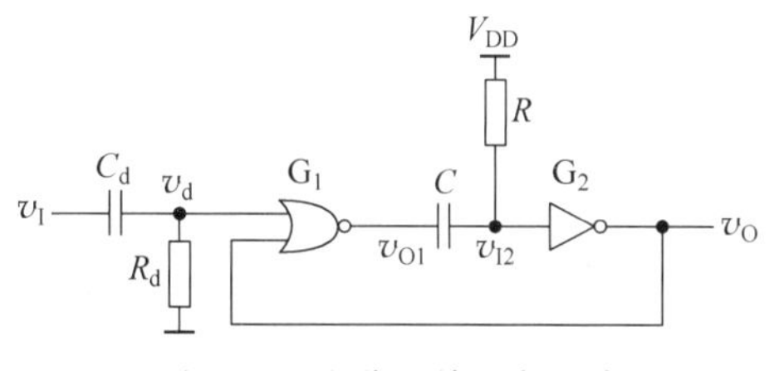

图 8-10 微分型单稳态电路

下面对微分型单稳态电路的工作原理进行分析。

单稳态电路的工作过程可分为以下 4 个阶段:

(1) 稳态阶段。

在没有触发脉冲时,电路处于稳态。由于电容有隔直作用,所以稳态时,$v_d=0$,$v_{I2}=1$,因此门电路的输出 $v_{O1}=1$,$v_O=0$。这时电容 C_d 和 C 上的电压 $v_{Cd}=0$,$v_C=0$。

(2) 触发阶段。

当 v_I 从低电平跳变到 V_{DD} 时,由于电容 C_d 上的电压不能突变,所以在 v_I 上升过程中将 v_d 点的电位由 0 拉升至电源电压 V_{DD},因此或非门 G_1 的输出 $v_{O1}=0$。同样,由于电容 C 上的电压不能突变,所以在 v_{O1} 跳变至低电平瞬间将 v_{I2} 点的电位拉低至 0,这时单稳态电路的输出 v_O 跳变至高电平,电路进入暂稳态。

(3) 暂稳态阶段。

电路进入暂稳态后,电源 V_{DD} 经过电阻 R 开始对电容 C 进行充电。伴随着充电过程的进行,电容 C 两端的电压差逐渐增大,使得 v_{I2} 点的电位逐渐上升。当 v_{I2} 上升到反相器 G_2 的阈值电压 V_{TH} 时,输出 v_O 跳变至低电平,电路返回稳态。

(4) 恢复阶段。

单稳态电路由暂稳态返回稳态瞬间，电容 C 上的电压为 $(1/2)V_{DD}$，因此还需要恢复到初始稳态值。

恢复时间 t_{re} 为 v_{O1} 跳变为高电平后 v_{I2} 的电位由 $V_{DD}+0.7\text{V}$(受 CMOS 反相器 G_2 输入端保护电路的限制，如图 3-15 所示)放电到 V_{DD} 所经历的时间。一般估算为

$$t_{re}=(3\sim 5)(R+r_O)C$$

其中，r_O 为或非门 G_1 输出高电平时的内阻。

单稳态电路的工作波形如图 8-11 所示，其中在暂稳态的维持时间又称为脉冲宽度，用 t_W 表示。

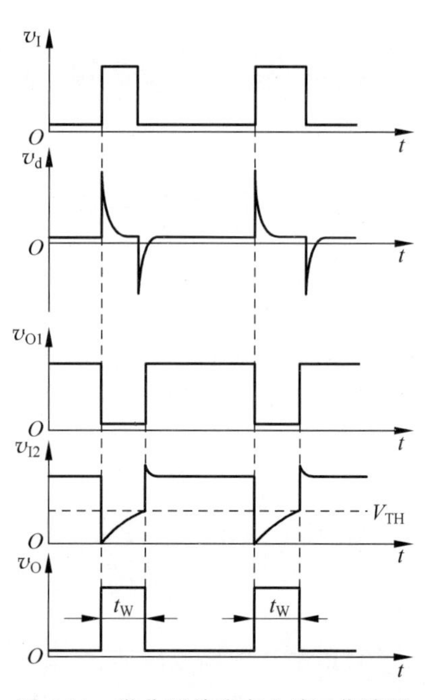

图 8-11 微分型单稳态电路工作波形

单稳态电路的脉冲宽度是由一阶 RC 电路将 v_{I2} 点的电位从 0 充到 CMOS 反相器 G_2 的阈值电压 V_{TH} 所花的时间。根据一阶电路的三要素公式

$$v_{I2}(t)=v_{I2}(\infty)+[v_{I2}(0)-v_{I2}(\infty)]e^{-t/\tau}$$

其中

$$\begin{cases} v_{I2}(0)=0 \\ v_{I2}(\infty)=V_{CC} \\ \tau=RC \end{cases}$$

令 $v_{I2}(t)=V_{TH}=(1/2)V_{CC}$，代入三要素公式

$$(1/2)V_{CC}=V_{CC}+[0-V_{CC}]e^{-t_W/RC}$$

从而解得

$$t_W=RC\ln 2\approx 0.693RC$$

即单稳态电路的脉冲宽度取决于电阻 R 和电容 C 的参数值。合理改变 R 或 C 的大小，就可以调整单稳态电路的脉冲宽度。

在保证单稳态电路正常工作的前提下，将两个相邻触发脉冲之间的最小时间间隔定义为分辨时间，用 t_D 表示。由单稳态电路的工作过程可知，$t_D=t_W+t_{re}$。

单稳态电路也可以基于 555 定时器设计，如图 8-12 所示。在 8 脚接电源，1 脚接地，4 脚接高电平，5 脚接 $0.01\mu\text{F}$ 滤波电容的情况下，只需要将 6 脚和 7 脚接在一起，6、7 脚到电源接电阻 R，到地接电容 C 即可构成单稳态电路。2 脚为触发脉冲输入端，3 脚为输出端。

555 定时器接成单稳态电路的工作原理分析如下：

(1) 稳态时，v_I 为高电平，$V_{C2}=1$。假设放电管稳态时截止，则电源 V_{CC} 经过电阻 R 向电容 C 充电，所以 v_C 为高电平，使 $v_{C1}=0$，$Q=0$，$Q'=1$，因而放电管导通。因此假设稳态时放电管截止是不成立的，所以稳态时放电管是导通的，$v_C=0$，$v_{C1}=1$，$Q=0$，输出电压 v_O 为低电平。

(2) 当 v_I 从高电平跳变至低电平时，$v_{C2}=0$ 使 $Q=1$，放电管由导通转变为截止，输出 v_O 跳变为高电平，电路进入暂稳态。这时即使触发脉冲撤销了，v_{C2} 已经恢复到高电平，但锁存器的状态保持，所以电路维持暂稳态不变。

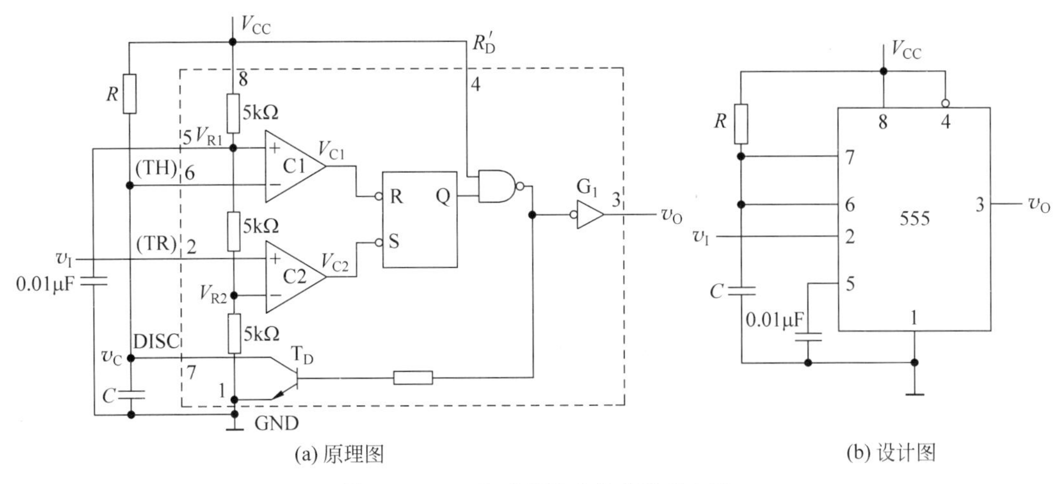

图 8-12　555 定时器接成的单稳态电路

(3) 由于暂稳态期间放电管是截止的，所以电源 V_{CC} 经过电阻 R 向电容 C 充电。随着充电过程的进行，v_C 点的电位越来越高。当 v_C 点的电位达到 $(2/3)V_{CC}$ 时，$v_{C1}=0$ 使 $Q=0$，$Q'=1$，电路返回稳态。图 8-13 为 v_I、v_O 和 v_C 点的工作波形。

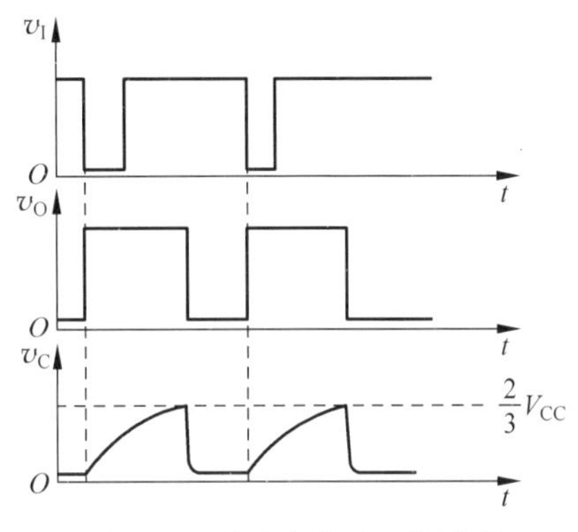

图 8-13　单稳态电路工作波形

由上述分析可知，单稳态电路的脉冲宽度 t_W 取决于一阶 RC 电路将电容 C 的电压由 0 充到 $(2/3)V_{CC}$ 所花的时间。根据一阶电路的三要素公式

$$v_C(t)=v_C(\infty)+[v_C(0)-v_C(\infty)]e^{-t/\tau}$$

其中

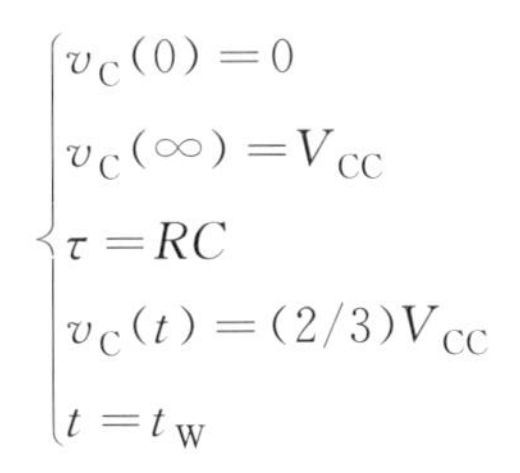

$$\begin{cases} v_C(0)=0 \\ v_C(\infty)=V_{CC} \\ \tau=RC \\ v_C(t)=(2/3)V_{CC} \\ t=t_W \end{cases}$$

解得

$$t_W=RC\ln 3\approx 1.1RC$$

单稳态电路应用广泛，集成单稳态器件分为不可重复触发和可重复触发两种类型。不可重复触发是指单稳态电路处于暂稳态期间再次触发无效，在暂稳态共维持 t_W 时间，如 74HC121。可重复触发是指在单稳态电路处于暂态期间允许再次触发，最后一次触发后延时 t_W 后返回稳态，如 74HC123。不可重复触发和可重复触发的单稳态触发器功能差异如图 8-14 所示，假设触发一次在暂稳态维持 2ms 时间。

74HC121 为不可重复触发的微分型单稳态器件，内部电路和引脚排列如图 8-15 所示。为了使用灵活方便，74HC121 提供了 3 个触发器输入端 A_1、A_2 和 B，两个互补输出端 v_O 和 v'_O，其中 A_1 和 A_2 为下降沿触发输入端，B 为上升沿触发输入端。74HC121 的功能如表 8-3 所示。

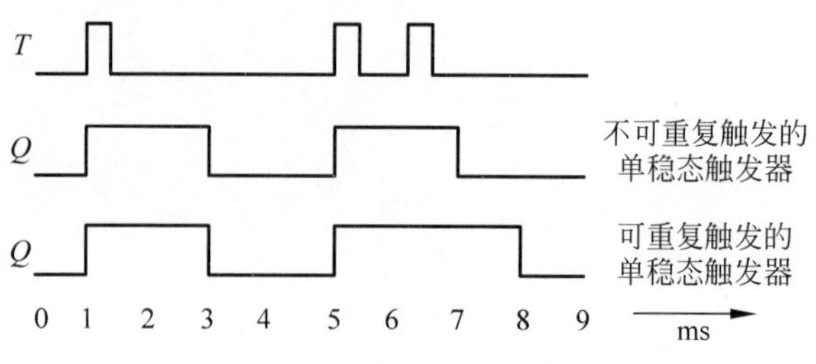

图 8-14　两种单稳态电路功能说明

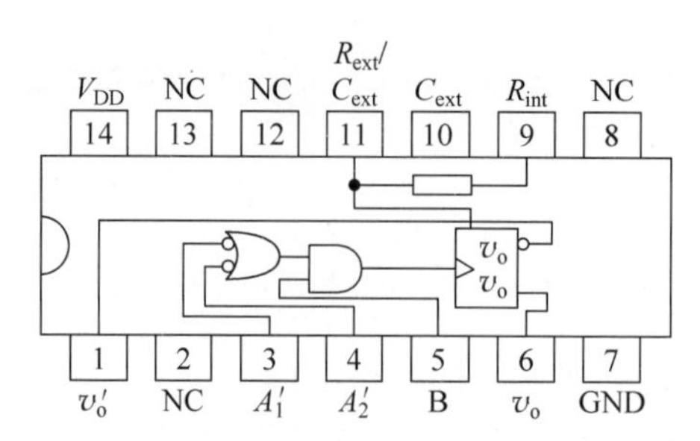

图 8-15　74HC121 的内部电路和引脚排列

表 8-3　74HC121 的功能表

输　入			输　出	
A_1	**A_2**	**B**	**v_O**	**v_O'**
0	×	1	0	1
×	0	1	0	1
A_1	A_2	B	v_O	v_O'
×	×	0	0	1
1	1	×	0	1
1	↓	1	⊓	⊔
↓	1	1	⊓	⊔
↓	↓	1	⊓	⊔
0	×	↑	⊓	⊔
×	0	↑	⊓	⊔

由于 74HC121 内部为微分型单稳态电路，所以在触发脉冲的作用下，74HC121 的脉冲宽度为

$$t_W = R_{ext}C_{ext}\ln 2 \approx 0.693R_{ext}C_{ext}$$

其中，R_{ext} 和 C_{ext} 为外接电阻和外接电容。

通常外接电阻 R_{ext} 的取值为 2～30kΩ，C_{ext} 的取值为 10pF～10μF，所以脉冲宽度 t_W 的范围为 20ns～200ms。如果要求 t_W 较小，可以直接使用 74HC121 内部电阻 R_{int}（=2kΩ）代替 R_{ext} 以简化电路设计。74HC121 的典型应用电路如图 8-16 所示。

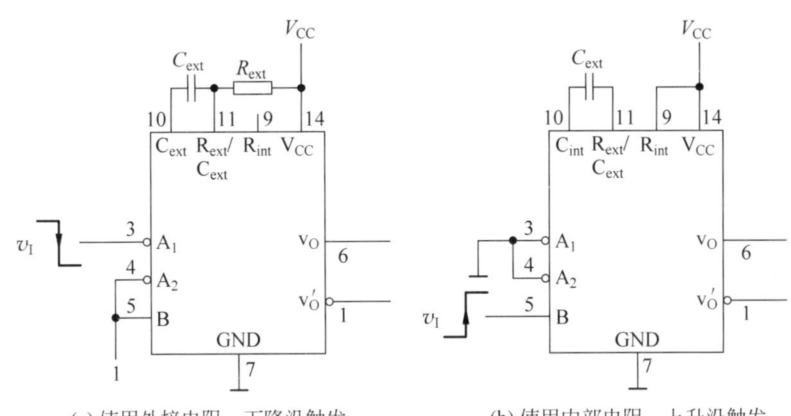

(a) 使用外接电阻，下降沿触发　　(b) 使用内部电阻，上升沿触发

图 8-16　74HC121 典型应用电路

电路有稳态，人也有稳态。“十年树木，百年树人”。我们从小到大养成的习惯就是我们的稳态。如果我们能够始终保持积极乐观的心态，养成自律的生活习惯和乐于进取的奋斗精神，将会使我们终身受益。相反，懒散的生活方式，爱玩游戏等不良习惯，将会贻害无穷。所以，“优秀是一种习惯”！

单稳态电路可以实现脉冲定时、延时和脉冲整形等多种功能。应用单稳态电路实现脉冲定时的应用电路和工作波形如图 8-17 所示。设计单稳态电路输出的脉冲宽度为 1s 时，则与门的打开时间为 1s，配合计数器就可以测量时钟脉冲 CLK 的频率。

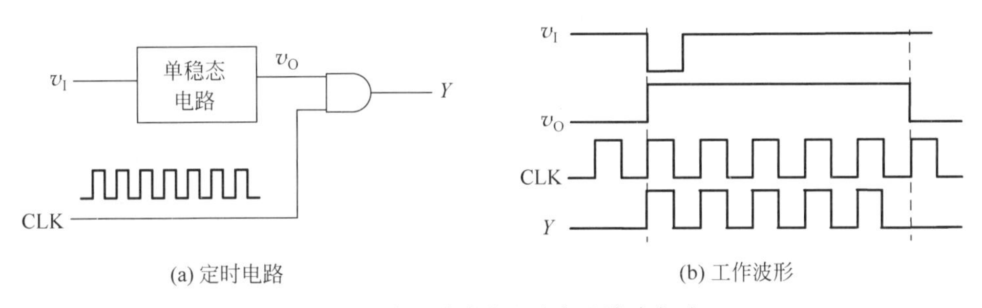

(a) 定时电路　　(b) 工作波形

图 8-17　应用单稳态电路实现脉冲定时

思考与练习

8-2　分析微分型单稳态电路的工作过程，说明如果两个相邻触发脉冲之间的时间间隔小于分辨时间，会出现什么问题？

8-3　微分型单稳态电路输出脉冲的宽度为 $RC\ln 2$，而由 555 定时器构成的单稳态电路输出脉冲的宽度为 $RC\ln 3$。根据电路参数分析其中的原因。

8.2.3　多谐振荡器

8.2.3
微课视频

多谐振荡器(astable multivibrator)没有稳态，只有两个暂稳态。当电路处于一个暂稳态时，经过一段时间会自行翻转到另一个暂稳态。两个暂稳态交替转换会输出矩形波，所以多谐振荡器为脉冲产生电路。

多谐振荡器有多种实现形式。最简单的多谐振荡器是由施密特反相器和一阶 RC 电路构成,如图 8-18(a)所示。接通电源时,因电容 C 上没有电荷,所以 $v_I=0$,输出 v_O 为高电平。其后输出的高电平 V_{OH} 通过电阻 R 向电容 C 充电,如图 8-18(b)所示,使 v_I 点的电位逐渐上升。当 v_I 达到 V_{T+} 时,施密特电路翻转,输出 v_O 跳变为低电平。于是,刚充到 V_{T+} 的电容电压开始通过电阻 R 和施密特电路的输出电阻 r_O 到地进行放电,如图 8-18(c)所示,使 v_I 点的电位逐渐下降。当 v_I 下降到 V_{T-} 时,施密特电路再次翻转,v_O 再次跳变为高电平,又开始对电容 C 充电。伴随着充电和放电过程的反复进行,施密特电路周而复始翻转输出矩形波,工作波形如图 8-19 所示。

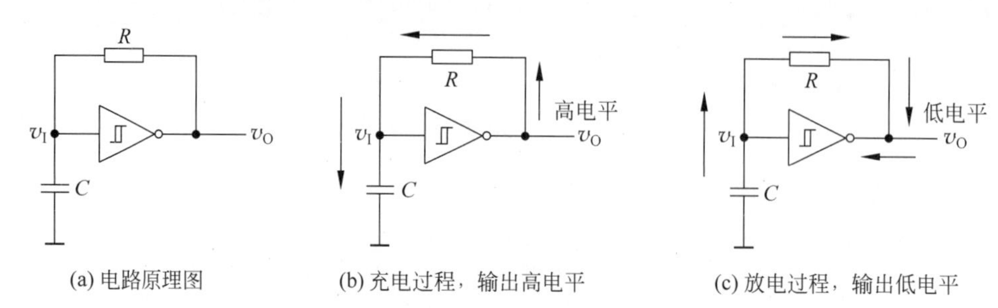

图 8-18　由施密特反相器构成的多谐振荡器

图 8-18 所示的多谐振荡器的振荡周期可由三要素公式推得。根据公式

$$v_I(t)=v_I(\infty)+[v_I(0)-v_I(\infty)]e^{-t/\tau}$$

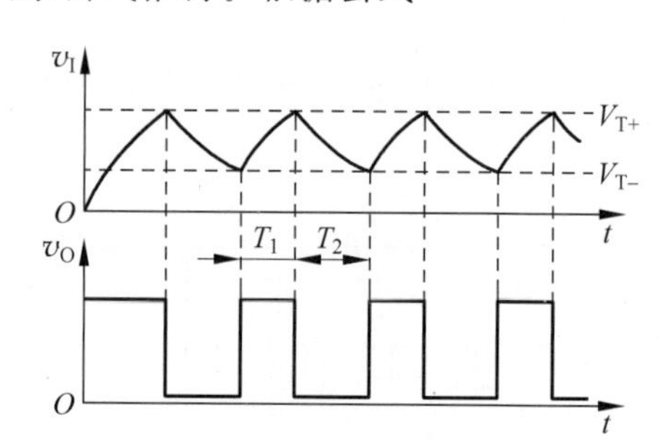

图 8-19　多谐振荡器工作波形

充电时

$$\begin{cases} v_I(0)=V_{T-} \\ v_C(\infty)=V_{OH} \\ \tau=RC \\ v_C(t_1)=V_{T+} \end{cases}$$

放电时

$$\begin{cases} v_I(0)=V_{T+} \\ v_C(\infty)=V_{OL} \\ \tau=RC \\ v_C(t_2)=V_{T-} \end{cases}$$

其中 t_1 和 t_2 分别为充电时间和放电时间。

对于 CMOS 门电路,$V_{OH}\approx V_{DD}$,$V_{OL}\approx 0$。若应用施密特反相器 74HC14,当 V_{DD} 取 4.5V 时,$V_{T+}\approx 2.7\text{V}$,$V_{T-}\approx 1.8\text{V}$。将上述参数代入,可推得振荡周期为

$$T=t_1+t_2=RC\ln\frac{V_{DD}-V_{T-}}{V_{DD}-V_{T+}}+RC\ln\frac{V_{T+}}{V_{T-}}\approx 0.81RC$$

占空比为

$$q=\frac{t_1}{T}=50\%$$

图 8-18(a)中的施密特电路也可以 555 定时器按图 8-8 所示的设计图实现。由于 $V_{T+}=(2/3)V_{CC}$,$V_{T-}=(1/3)V_{CC}$,用 555 定时器接成施密特电路的振荡周期为

$$T=t_1+t_2=RC\ln\frac{V_{DD}-V_{T-}}{V_{DD}-V_{T+}}+RC\ln\frac{V_{T+}}{V_{T-}}=2RC\ln 2\approx 1.4RC$$

占空比为

$$q=\frac{t_1}{T}=50\%$$

图 8-18(a)所示的多谐振荡器充电过程和放电过程都会影响施密特反相器的带负载能力，因此 555 定时器接成多谐振荡器时通常采用图 8-20 所示的改进电路，由电源充电，通过放电管放电。具体的工作原理是：刚接通电源时，电容 C 上没有电荷，因此 $v_C=0$，555 定时器输出为高电平，这时放电管 T_D 截止，电源 V_{CC} 经过电阻 R_1 和 R_2 对电容 C 进行充电，使 v_C 逐渐上升。当 v_C 上升到 $(2/3)V_{CC}$ 时，555 定时器的输出翻转为低电平，放电管 T_D 导通，刚充到 $(2/3)V_{CC}$ 的电容电压开始通过 R_2，放电管 T_D 到地进行放电，因此 v_C 逐渐下降。当 v_C 下降到 $(1/3)V_{CC}$ 时，555 定时器输出再次翻转为高电平，放电管 T_D 截止，开始下一个周期的充电过程。如此周而复始，产生振荡。

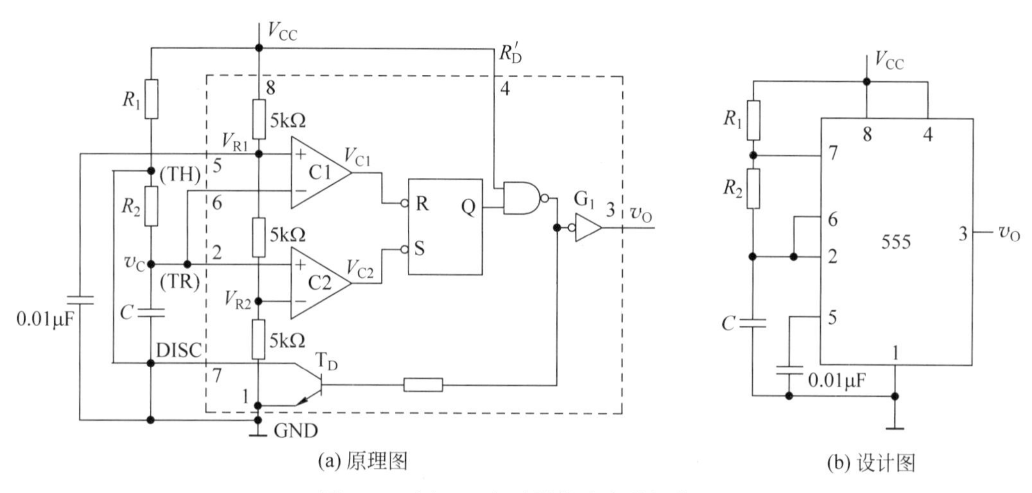

图 8-20　用 555 定时器接成多谐振荡器

同样，根据一阶电路的三要素公式

$$v_C(t)=v_C(\infty)+[v_C(0)-v_C(\infty)]e^{-t/\tau}$$

充电时

$$\begin{cases}v_I(0)=(1/3)V_{CC}\\ v_C(\infty)=V_{CC}\\ \tau=(R_1+R_2)C\\ v_C(t_1)=(2/3)V_{CC}\end{cases}$$

放电时

$$\begin{cases}v_I(0)=(1/3)V_{CC}\\ v_C(\infty)=0\\ \tau=R_2C\\ v_C(t_2)=(1/3)V_{CC}\end{cases}$$

因此,振荡周期为

$$T = t_1 + t_2 = (R_1 + R_2)C\ln2 + R_2C\ln2$$
$$= (R_1 + 2R_2)C\ln2 \approx 0.693(R_1 + 2R_2)C$$

占空比为

$$q = \frac{t_1}{T} = \frac{R_1 + R_2}{R_1 + 2R_2}$$

图 8-20 所示的多谐振荡器由于充电时间常数大,放电时间常数小,所以充电慢,放电快,因此占空比始终大于50%。若想任意调整占空比,可采用图 8-21 所示的改进电路,利用二极管的单向导电性选择充电和放电支路,通过电阻 R_2 对电容 C 充电,通过电阻 R_1 到地放电,因此充电时间常数为 R_2C,放电时间常数为 R_1C,改变 R_1(或 R_2)的值可以调整占空比。

多谐振荡器有着许多典型的应用。基于 555 定时器设计的电子门铃电路如图 8-22 所示,具体的工作原理是:

(1) 当门铃按键 S 未按时,$V_{C1}=0V$,因此 555 定时器的复位信号有效,振荡器停振,门铃不响;

(2) 当门铃按键 S 按下后,电源 V_{CC} 通过二极管 D_1 向电容 C_1 充电,当 V_{C1} 上升至高电平时,复位信号无效,振荡器开始振荡。在按键按下期间,电源 V_{CC} 通过二极管 D_2、电阻 R_2 和 R_3 对电容 C_2 充电,通过电阻 R_3 到地放电,因此振荡周期为

$$T_1 = (R_2 + 2R_3)C_2\ln2$$

(3) 当门铃按键 S 释放后,电容 C_1 上积累的电荷通过电阻 R_4 缓慢放电,因此复位信号还会维持在高电平一段时间。在这段时间内,电源 V_{CC} 只能通过电阻 R_1、R_2 和 R_3 对电容 C_2 充电,通过电阻 R_3 到地放电,因此振荡周期为

$$T_2 = (R_1 + R_2 + 2R_3)C_2\ln2$$

由于门铃按键 S 按下时和释放后多谐振荡器的振荡周期不同,因此频率也不同,会产生“叮”“咚”两种声音。随着电容 C_1 上的电压降至低电平,复位信号有效,振荡器停振。

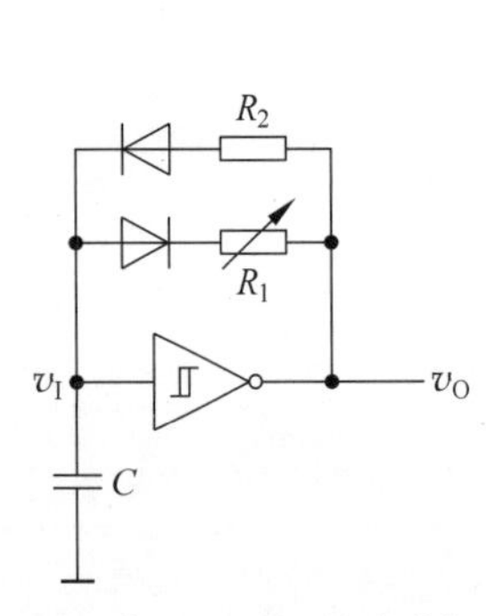

图 8-21 占空比可调的多谐振荡器

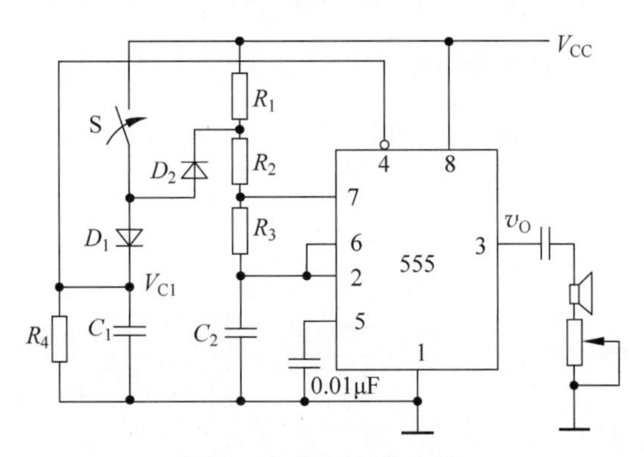

图 8-22 电子门铃电路

基于一阶 RC 电路充放电原理设计的多谐振荡器容易受电源电压波动、外界干扰和温度变化等因素的影响,振荡频率的稳定度一般在 10^{-3} 数量级。若用作计时电路的时钟,则每天的计时误差约为 $24\times60\times60\times10^{-3}$s=86.4s,显然不能满足计时精度要求。

石英晶体是沿一定方向切割的石英晶片，受到机械应力作用时将产生与应力成正比的电场，反之受到电场作用时将产生与电场成正比的应变，这种效应称为压电效应。石英晶体具有优良的机械特性、电学特性和温度稳定性，通常用于制作谐振器、振荡器和滤波器等，在稳频和选频方面都有突出的优点。

石英晶体的符号和频率特性如图 8-23 所示。可以看出，石英晶体在外加交变电压的频率为固有频率 f_0 时呈现的阻抗最小，所以将石英晶体接入多谐振荡器的反馈环路中，频率为 f_0 的信号最容易通过，而其他频率的信号经过石英晶体时被衰减，因此接入石英晶体的多谐振荡器的振荡频率决取决于石英晶体的固有频率 f_0，与外接电阻和电容无关。

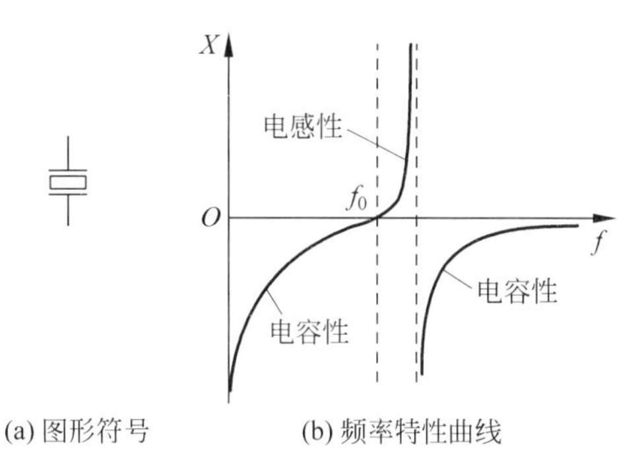

图 8-23　石英晶体图形符号及频率特性曲线

石英晶体的固有频率由晶体的结晶方向和外形尺寸决定，具有极高的频率稳定性，稳定度一般高达 $10^{-10} \sim 10^{-11}$。目前，有制成标准化和系列化的石英晶体产品出售，谐振频率一般为几十 kHz 至几十 MHz。

CD4060 内部集成的 CMOS 门电路可与外接电阻、电容或石英晶体构成多谐振荡器，如图 8-24 所示。复位端为高电平时振荡被禁止，为低电平时振荡器正常工作，输出信号送至内部异步二进制计数器实现分频，能够输出多种频率信号，如图 6-48 所示。

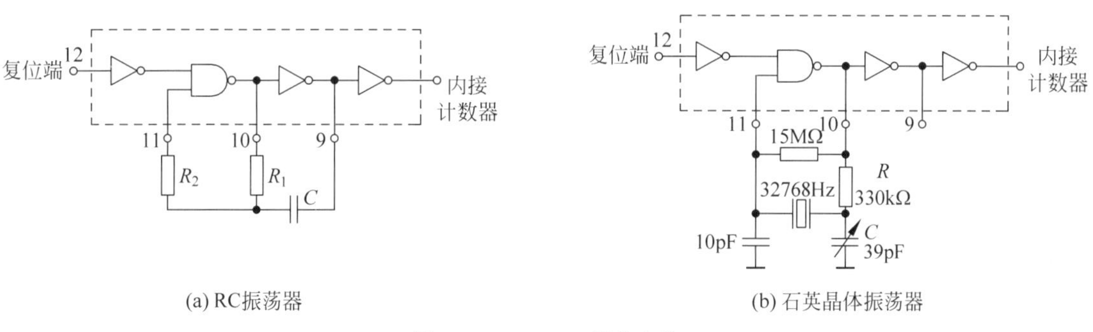

图 8-24　CD4060 振荡电路

思考与练习

8-4　将奇数个反相器级联可以构成多谐振荡器。对于图 8-25 所示的多谐振荡器，分析电路的工作原理，说明振荡周期与反相器传输延迟时间 t_{PD} 之间的关系，并由此推断该电路的应用。

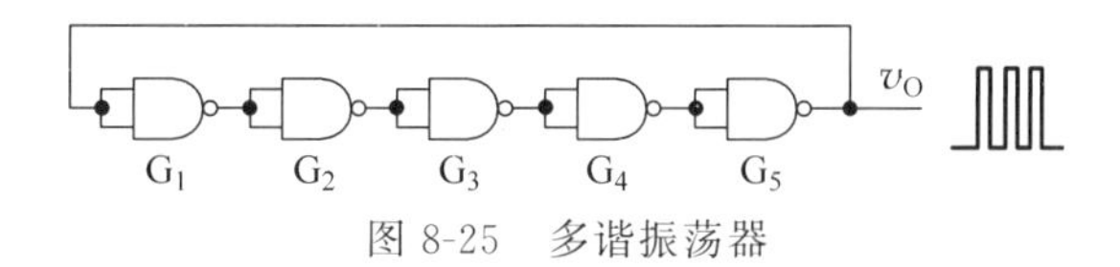

图 8-25　多谐振荡器

8.3 设计实践

555定时器能够实现脉冲整形、延时与定时、信号产生和窗口比较等多种功能，因此在信号产生、仪器仪表、小型家电以及玩具等方面应用广泛。

8.3.1 微课视频

8.3.1 音频脉冲产生电路设计

设计一个音频脉冲信号产生电路，能够产生如图8-26所示的周期性音频脉冲信号，音频信号的频率不限，脉冲的周期不限。

图8-26 周期音频脉冲信号

分析：音频信号的频率为20Hz～20kHz，对应于人类听力的下限和上限。其中语音信号的频率为300～3400Hz，音乐信号的频率为40～4000Hz。

要求音频脉冲信号按“有-无-有-无”的规律发声时，可用数字电路控制振荡器的复位端，输出为高电平时振荡器振荡发声，输出低电平时振荡器停振无声。

设计过程：本项目用555定时器设计音频振荡器，振荡频率选为440Hz，即钢琴小字一组音符A的频率。若要求音频脉冲按“响0.5s、停0.5s”的规律发声，则取时钟频率为2Hz，应用二进制计数器的状态输出控制音频振荡器的复位端即可实现。具体设计电路如图8-27所示。若要求音频脉冲按“响0.5秒、停1.5秒”的规律发声，则将计数器74HC161的状态输出Q_1和Q_0相与后控制555定时器的复位端即可实现。

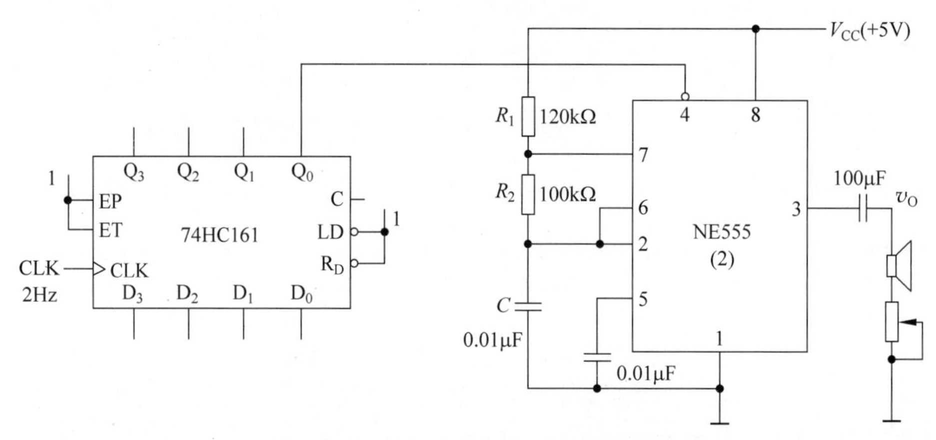

图8-27 音频脉冲信号产生电路参考设计图

一般地，如果要求音频脉冲的作用时间可调时，则可以应用图8-28所示的脉冲周期固定、占空比可调的PWM(Pulse Width Modulation，脉冲宽度调制)信号进行控制。在数字电路中，PWM信号通常由计数器和数据比较器产生。例如，将74HC161的状态输出$Q_3Q_2Q_1Q_0$作为4位数值比较器74HC85的输入$A_3A_2A_1A_0$，将占空比预设值$D_3D_2D_1D_0$作为74HC85的输入$B_3B_2B_1B_0$，则从74HC85的$Y_{(A<B)}$可输出占空比按6.25%

步进变化的 PWM 信号。

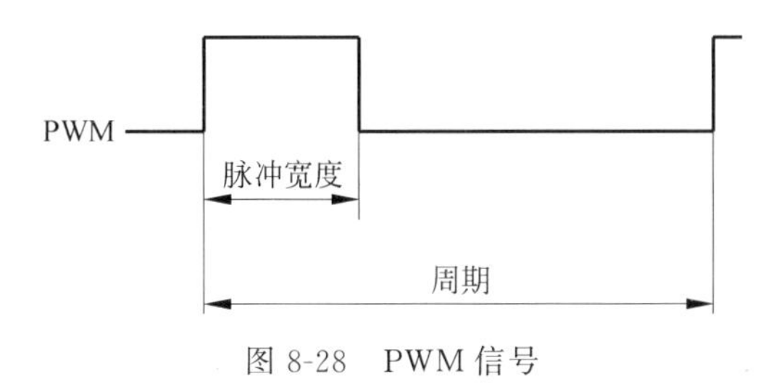

图 8-28 PWM 信号

8.3.2 简易电子琴设计

电子琴为电声乐器，通过按键产生音符，实现乐曲的演奏。

简单的电子琴可以基于压控振荡器设计。由 555 定时器构成的压控振荡器原理电路如图 8-29 所示。当 555 定时器的控制电压 V_{CO} 为 v_I 时，则压控振荡器的振荡周期为

$$T=(R_1+R_2)C\ln\frac{V_{CC}-V_{T-}}{V_{CC}-V_{T+}}+R_2C\ln\frac{V_{T+}}{V_{T-}}$$

$$=(R_1+R_2)C\ln\frac{V_{CC}-\frac{1}{2}v_I}{V_{CC}-v_I}+R_2C\ln 2$$

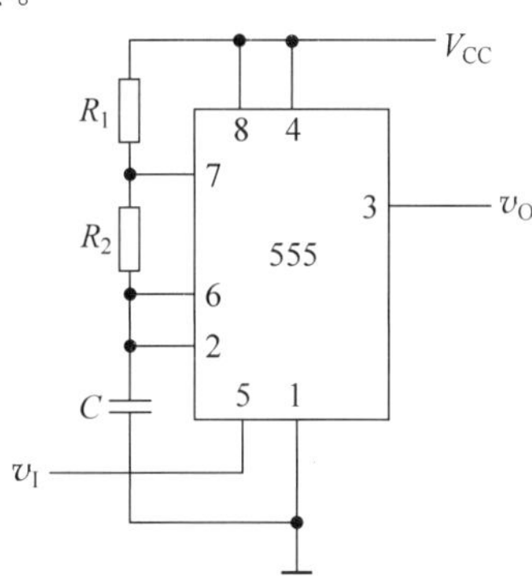

图 8-29 压控振荡器

因此，可以通过改变控制电压 v_I 的大小而改变压控振荡器的振荡周期 T，从而产生音乐中的音调。

构成音乐的音符有音调和时长两个基本要素。音调由振荡器的振荡频率决定，而时长由按键的作用时间决定。常用的小字组音调频率如表 8-4 所示。

表 8-4 常用音调的频率

唱名	音调名	小字组/Hz	小字一组/Hz	小字二组/Hz	小字三组/Hz
do	C	130.81	261.6	523.3	1046.5
re	D	146.83	293.7	587.3	1174.7
mi	E	164.81	329.6	659.3	1318.5
fa	F	174.61	349.2	698.5	1396.9
sol	G	196.00	392	784	1568
la	A	220	440	880	1760
si	B	246.94	493.9	987.8	1975.5

简易电子琴的原理电路如图 8-30 所示。当琴键 $S_1\sim S_n$ 均未按下时，三极管 T 接近饱和导通，v_E 约为 0V。当按下不同的琴键时，因电阻 $R_1\sim R_n$ 的阻值不同，v_E 不同，因此压控振荡器的振荡频率不同。

取 $R_B=20\text{k}\Omega$，$R_E=10\text{k}\Omega$，三极管的电流放大倍数 $\beta=150$，$V_{CC}=12\text{V}$ 时，设琴键电阻的阻值为 R_X，则压控振荡器的控制电压 v_E 为

$$v_E\approx\frac{R_B}{R_B+R_X}\times V_{CC}+0.7\text{V}$$

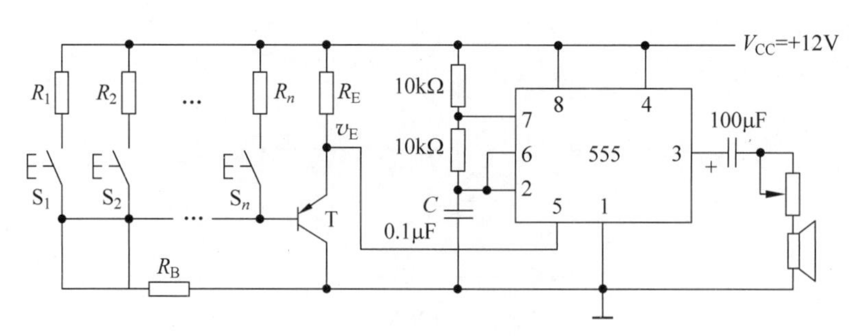

图 8-30 简易电子琴原理电路

根据不同的音调计算控制电压的取值,再将控制电压的取值代入上式计算电阻 R_X 的值,即可设计出简易的电子琴。上述计算方法具有一定的理论意义,具体实现时,可以应用电位器调整压控振荡器的频率,从而产生出不同的音调。

本章小结

脉冲电路分为脉冲整形电路和脉冲产生电路两大类。施密特电路和单稳态电路属于脉冲整形电路,多谐振荡器则为脉冲产生电路。

施密特电路的特点是输入电压在上升过程中的转换阈值和在下降过程中的转换阈值不同,并且在转换过程伴随有正反馈过程,因而能够将任何周期性的波形整成脉冲序列。另外,还可以利用施密特电路转换阈值不同的特点实现开关消抖。

74HC14 是施密特反相器,内部集成有 6 个反相输出的施密特电路。

单稳态电路在外部触发脉冲的作用下能够输出等宽度的脉冲,可用于定时、延时和脉冲宽度的整形等方面。

74HC121/123 是集成单稳态器件,其中 74HC121 为不可重复触发的单稳态器件,基于微分型单稳态电路设计,而 74HC123 为可重复触发的单稳态器件,内部包含两个微分型单稳态电路。

多谐振荡器加电后能够自动地输出脉冲序列,可用作脉冲源,为时序逻辑电路提供时钟脉冲。应用施密特反相器外接 RC 电路很容易构成多谐振荡器。

555 定时器是用途广泛的数模混合器件,通过不同的外接方法既可以构成施密特电路或者单稳态电路,还可以构成多谐振荡器,可用于简易仪器仪表、小型家电、玩具等电子产品中。

三要素法是分析单稳态电路和多谐振荡器性能参数的主要工具,只要确定了起始值、终了值和时间常数,即可计算一阶 RC 电路任意时刻的电压值,从而计算出电路的性能参数。

习题

8.1 用积分电路和施密特电路实现的按键消抖电路如图题 8-1 所示。分析电路的工作原理,按图中所示参数计算从按键 S 按下到输出 RST_n 跳变为低电平的延迟时间。已知施密特反相器 74HC14 的电源电压 $V_{CC}=4.5V$,$V_{T+}\approx 2.7V$,$V_{T-}\approx 1.8V$,传输延迟时间忽略不计。

8.2　由555定时器构成的延时电路如图题8-2所示。S是不带自锁功能的按钮，KA是继电器，Y为灯泡。当v_O为高电平时，继电器吸合，灯亮。当v_O为低电平时，继电器断开，灯灭。已知$R_1=1\text{M}\Omega$，$C_1=10\mu\text{F}$，计算从按钮S按下到灯灭的延时时间。

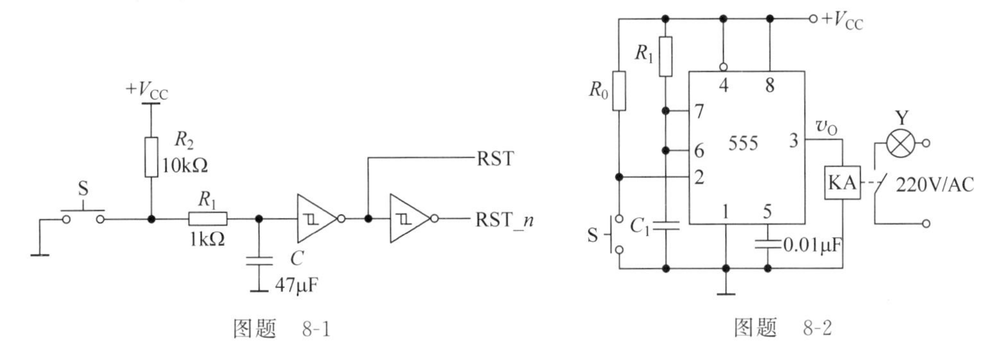

图题　8-1　　　　图题　8-2

8.3　由555定时器构成的锯齿波发生器如图题8-3所示，其中三极管T和电阻R_1、R_2、R_e构成恒流源电路，为电容C充电。分析该电路的工作原理，画出在触发脉冲v_I作用下，电容电压v_C及555输出电压v_O的波形图。当$V_{CC}=12\text{V}$，$R_1=68\text{k}\Omega$，$R_2=22\text{k}\Omega$，$R_e=2\text{k}\Omega$，$C=10\mu\text{F}$时，计算输出锯齿波的宽度。

8.4　对于图8-18所示的多谐振荡电路，已知$R_1=1\text{k}\Omega$，$R_2=8.2\ \text{k}\Omega$，$C=0.22\mu\text{F}$。试求振荡频率f和占空比q。

8.5　图题8-5为占空比可调的多谐振荡器，其中$R_W=R_{W1}+R_{W2}$，设二极管是理想的。分析电路的工作原理。当$V_{CC}=12\text{V}$，$R_1=10\text{k}\Omega$，$R_2=10\text{k}\Omega$，$R_W=10\text{k}\Omega$，$C=10\mu\text{F}$时，计算振荡频率f和占空比q的变化范围。

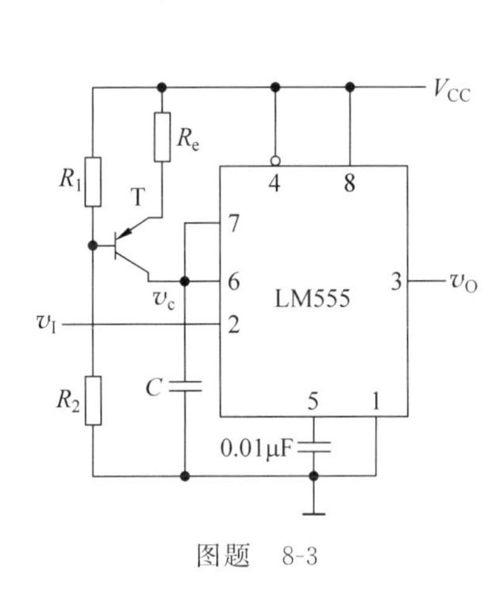

图题　8-3

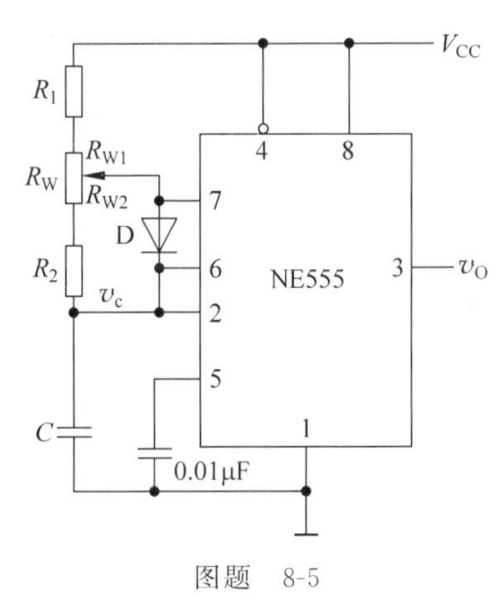

图题　8-5

8.6　由两个555定时器NE555接成的延时报警电路如图题8-6所示。当开关S断开后，经过一定的延迟时间后，扬声器开始发出声音。如果在延迟时间内开关S重新闭合，则扬声器不会发声。按图中给定参数计算延迟时间和扬声器发出声音的频率。设图中G_1是CMOS反相器，输出的高、低电平分别为$V_{OH}\approx12\text{V}$，$V_{OL}\approx0$。

8.7　过压报警电路如图题8-7所示，当电压V_x超过一定值时，发光二极管D将闪烁发出报警信号。试分析电路的工作原理，并按图中给定参数计算发光二极管的闪烁频率。

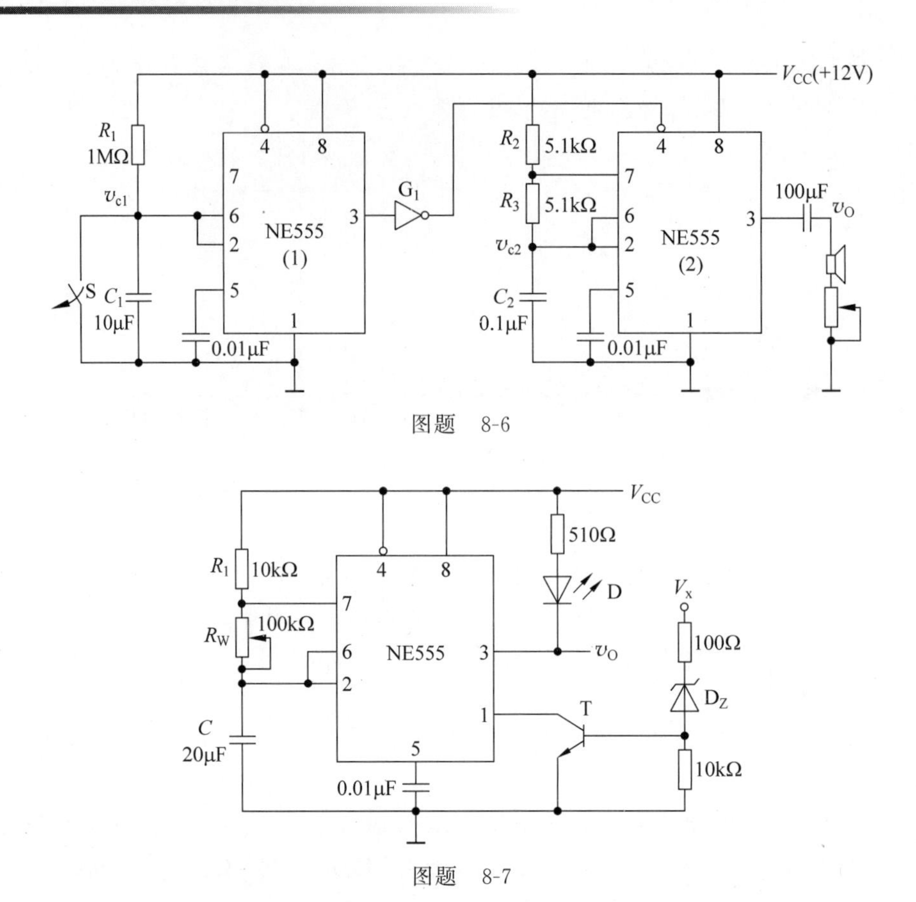

图题 8-6

图题 8-7

(提示：当晶体管T饱和时，555定时器的1脚近似接地)。

8.8 图题8-8是救护车扬声器发声电路。设V_{CC}=12V时，555定时器输出的高、低电平分别为11V和0.2V，输出电阻小于100Ω。按图中给定参数计算扬声器发声的高、低音的频率和相应的持续时间。

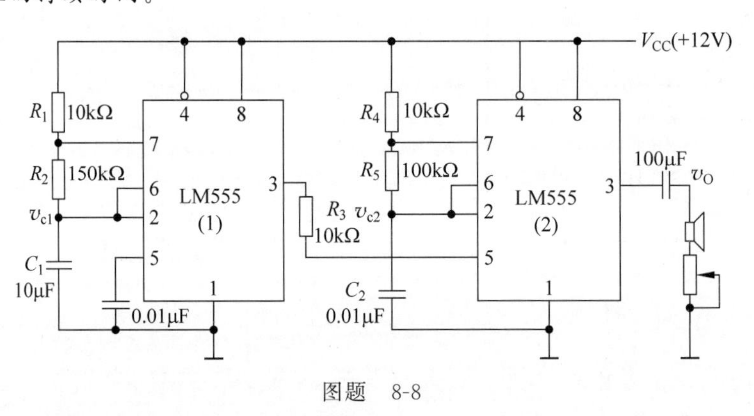

图题 8-8

8.9 图题8-9是由双555定时器LM556构成的频率可调而脉宽不变的矩形波发生器。分析电路的工作原理，解释二极管D在电路中的作用。当$V_{CC}=12V$，$R_1=50kΩ$，$R_2=10kΩ$，$R_3=10kΩ$，$R_5=10kΩ$，$C_1=10μF$，$C_3=4.7μF$时，计算输出矩形波的频率变化范围和输出脉宽值。

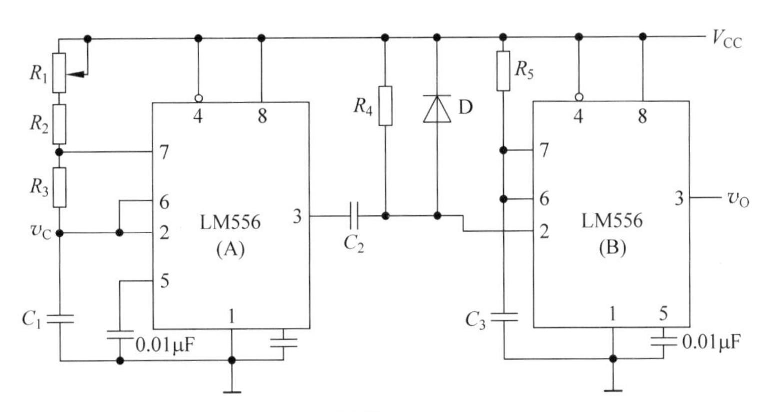

图题 8-9

8.10 图题 8-10(a)为心律失常报警电路，图题 8-10(b)中 v_I 是经过放大后的心电信号，其幅值 $v_{Imax}=4V$。设 v_{O2} 初态为高电平。

(1) 对应 v_I 分别画出图中 v_{O1}、v_{O2}、v_O 三点的电压波形；

(2) 分析电路的组成并解释其工作原理。

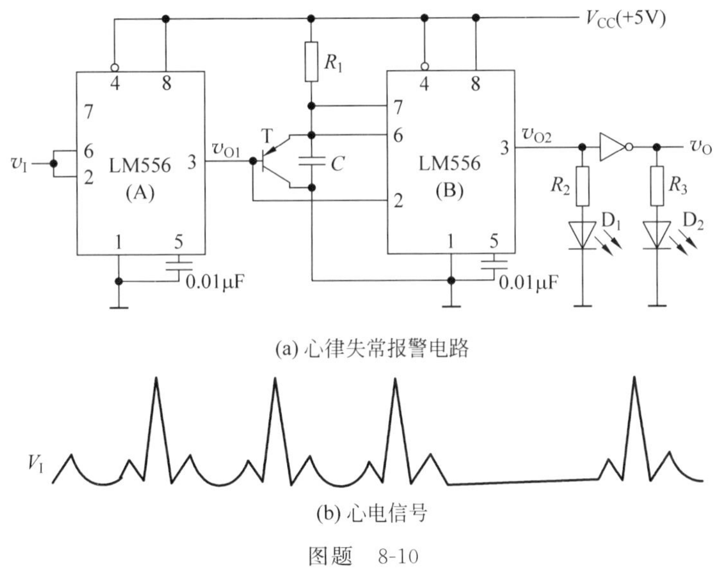

(a) 心律失常报警电路

(b) 心电信号

图题 8-10

8.11 某元件加工需要经过 3 道工序，要求这 3 道工序自动依次完成。第 1 道工序加工时间为 10s，第 2 道工序加工时间为 15s，第 3 道工序加工时间为 20s。试用单稳态电路设计该控制电路，输出 3 个信号顺序控制 3 道工序的加工时间。

*8.12 设计多种波形产生电路。具体要求如下：

(1) 使用 555 定时器，产生频率为 20～40kHz 连续可调的方波Ⅰ；

(2) 使用双 D 触发器 74HC74，产生频率为 5～10kHz 连续可调的方波Ⅱ；

(3) 使用运放电路，产生频率为 5～10kHz 连续可调的三角波；

(4) 使用运放电路，产生频率为 30kHz 的正弦波(选做)。

画出设计图，标明设计参数并解释其工作原理。

*8.13　设计一个洗衣机定时控制器，工作模式如图题 8-13 所示。用 3 个发光二极管分别指示洗衣机正转、停止和反转工作状态，具体要求如下：

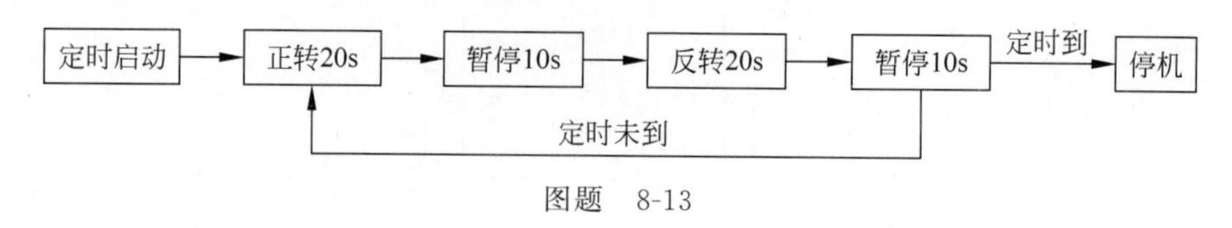

图题　8-13

(1) 洗涤时间在 1～99 分钟内由用户设定；

(2) 用两位数码管以倒计时方式显示洗涤剩余时间(以分钟为单位)；

(3) 时间为 0 时，控制洗衣机停止工作，同时发出音频信号提醒用户注意。

画出设计图，标明设计参数并说明其工作原理。

*8.14　由施密特反相器 74HC14 和 RC 电路构成的多谐振荡器如图题 8-14 所示。若要求输出信号 v_o 的振荡频率为 440Hz，确定电阻 R 和电容 C 的取值。已知 74HC14 的电源电压 V_{CC}=4.5V，反相器的传输延迟时间忽略不计。

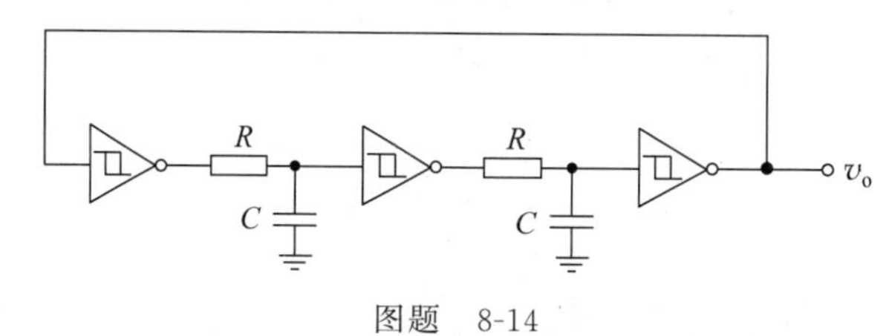

图题　8-14

第9章 数/模与模/数转换器

CHAPTER 9

数字系统以其抗干扰能力强、便于信息的存储与处理等诸多优势在电信行业、电子信息与人工智能以及工业控制领域获得了广泛的应用。然而，自然界本质是模拟的，需要应用数字系统处理模拟信号时，首先需要将模拟信号转换为数字信号，经数字系统处理完成后，通常还需要将数字信号再还原为模拟信号。例如，在工业控制领域，为了提高测控系统的性能，普遍采用如图9-1所示的数字化信息处理技术，将传感器感知的物理量(温度、压力、位移等)先转换成数字量，经过数字系统处理后，再将输出的数字量还原成模拟量，以驱动执行部件控制生产过程对象。因此，系统中需要有能够实现模拟量和数字量相互转换的器件。

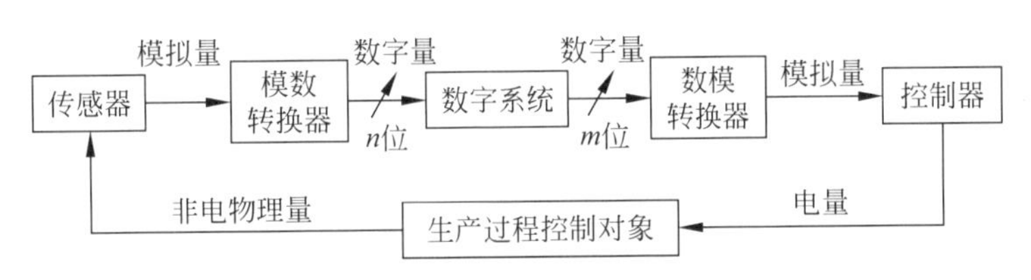

图9-1 模拟信号数字化处理结构框图

将模拟量转换成数字量称为模/数转换(A/D转换)，相应地，能够完成模/数转换的电路或器件称为模/数转换器(analog to digital converter，ADC或A/D转换器)。把数字量转换成模拟量称为数/模转换(D/A转换)，能够完成数模转换的电路或器件称为数/模转换器(digital to analog converter，DAC或D/A转换器)。

本章讲述常用A/D和D/A转换器的电路结构、转换原理、特性以及性能指标。由于D/A转换原理简单，而且部分A/D转换器中还要用到D/A转换器，因此先讲述D/A转换器，再讲述A/D转换器。

9.1 数/模转换器

9.1 微课视频

数/模转换器包括权电阻网络、R-2R梯形网络、权电流和开关树等多种实现形式。这些转换器的电路结构不同，性能特点也不同。

本节主要讲述基本的权电阻网络D/A转换器和常用的R-2R梯形网络D/A转换器的电路结构、转换原理及典型应用，然后简要介绍衡量D/A转换器性能的主要指标。

9.1.1 权电阻网络 D/A 转换器

对于无符号二进制数，不同数位的数码具有不同权值。权电阻网络(weighted resistor network)D/A 转换器应用不同阻值的电阻实现这些权值。

4 位权电阻网络 D/A 转换器的原理电路如图 9-2 所示，其中 $d_3d_2d_1d_0$ 为 4 位无符号二进制数，分别控制着 S_3、S_2、S_1 和 S_0 四个电子开关。当数码 $d_i(i=3\sim0)$ 为 1 时，对应的开关 S_i 切换到参考电压源 V_{REF}，为 0 时切换到地。与 4 位二进制数从高位到低位相对应的限流电阻分别取 R、$2R$、$4R$ 和 $8R$，因此，不同数位的数码由于限流电阻的不同而产生的电流大小不同，从而对总电流 i_Σ 的贡献不同。运放及其负反馈电阻用于实现电流到电压的转换。

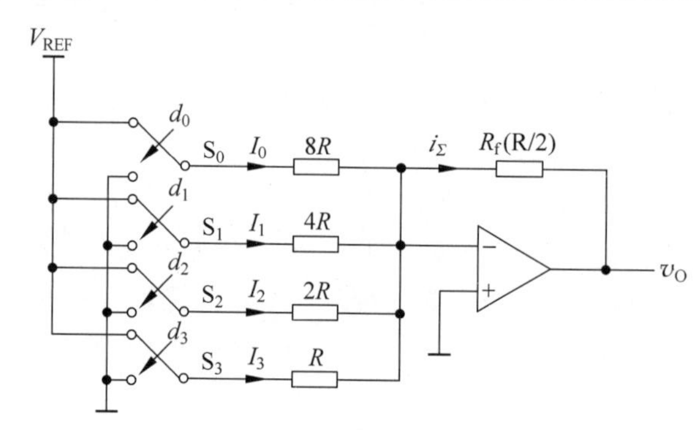

图 9-2　4 位权电阻网络 D/A 转换器原理电路

设 4 位二进制数 $d_3d_2d_1d_0$ 从高位到低位产生的电流分别用 I_3、I_2、I_1 和 I_0 表示，则

$$\begin{cases} I_3=\dfrac{V_{REF}}{R}d_3 \\ I_2=\dfrac{V_{REF}}{2R}d_2 \\ I_1=\dfrac{V_{REF}}{4R}d_1 \\ I_0=\dfrac{V_{REF}}{8R}d_0 \end{cases}$$

因此，流向运放反馈电阻的总电流

$$i_\Sigma=I_3+I_2+I_1+I_0=\frac{V_{REF}}{8R}(8d_3+4d_2+2d_1+d_0)$$

其中，$8d_3+4d_2+2d_1+d_0$ 代表了 4 位二进制数 $d_3d_2d_1d_0$ 的数值大小。若将 $d_3d_2d_1d_0$ 的数值大小用 D_n 表示，则 D/A 转换器的输出电压可表示为

$$v_O=-R_f\cdot i_\Sigma=-\frac{R}{2}\cdot\frac{V_{REF}}{8R}D_n=-\frac{V_{REF}}{2^4}D_n$$

上式表示，该电路能够将 4 位无符号二进制数 $d_3d_2d_1d_0$ 转换成与其数值大小 D_n 成正比的模拟量 v_O。

一般地，对于 n 位权电阻网络 D/A 转换器，当反馈电阻取 $R/2$ 时，其输出电压可表示为

$$v_O=-\frac{V_{REF}}{2^n}D_n$$

权电阻网络 D/A 转换原理简单，而且易于实现。按照图 9-2 所示的权电阻网络 D/A 转换电路，很容易扩展出多位 D/A 转换器。但是，随着转换位数的增多，电阻的种类越来越多，权电阻的差值越来越大，不利于集成 D/A 转换器的制造。但是，权电阻网络 D/A 转换原理清晰，易于实现，因此可用于搭建简单的应用系统。例如，用计数器配合权电阻网络 D/A 转换器可以实现信号发生器，而且电子开关可以省略。

【例 9-1】 利用 74HC161 和 4 位权电阻网络 D/A 转换器设计的锯齿波发生器电路如图 9-3 所示。分析电路的工作原理。设时钟脉冲 CLK 的频率为 1kHz，计算输出锯齿波的频率和最大幅度。设电源电压 $V_{DD}=5V$，74HC161 的 $V_{OH}\approx V_{DD}$，$V_{OL}\approx 0$。

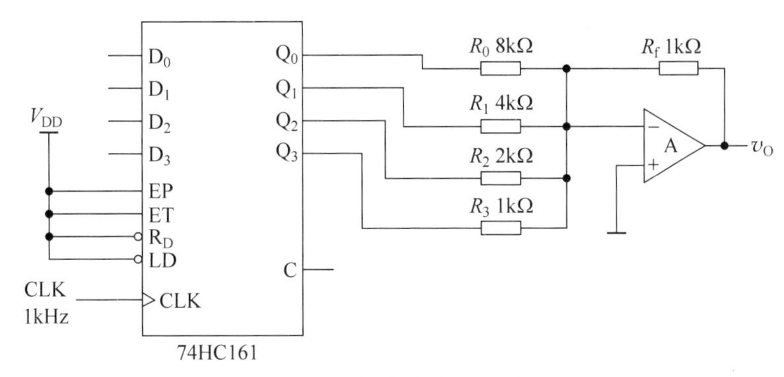

图 9-3　锯齿波产生电路

分析：74HC161 在时钟脉冲 CLK 的作用下依次输出 0000～1111 这 16 个数值，然后通过 4 位权电阻网络 D/A 转换器转换为模拟电压输出，输出的波形如图 9-4 所示。

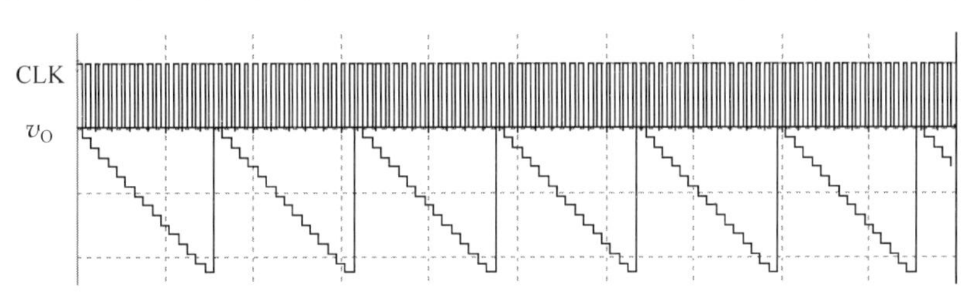

图 9-4　例 9-1 输出波形

当 CLK 取 1kHz 时，每 16 个时钟脉冲输出一个锯齿波，所以锯齿波的周期为

$$T=16T_{CLK}=16\times(1/1000)\text{s}=16\text{ms}$$

因此，输出锯齿波的频率为

$$f=1/T=62.5\text{Hz}$$

当计数器的状态 $Q_3Q_2Q_1Q_0=1111$ 时，锯齿波的幅度最大，其值为

$$\begin{aligned}V_{max}&=-V_{OH}(R_f/R_3\times Q_3+R_f/R_2\times Q_2+R_f/R_1\times Q_1+R_f/R_0\times Q_0)\\&=-5\times(1+1/2+1/4+1/8)\text{V}=-9.375\text{V}\end{aligned}$$

思考与练习

9-1　能否应用计数器和 4 位权电阻网络设计三角波发生器？画出设计图。若时钟频率为 1kHz，分析输出三角波的频率和幅度。

9.1.2 梯形电阻网络 D/A 转换器

与权电阻网络 D/A 转换器不同，梯形电阻网络(ladder resistor network)D/A 转换器只使用 R 和 $2R$ 两种规格的电阻即可实现任意位数的 D/A 转换器。

4 位梯形电阻网格 D/A 转换器的原理电路如图 9-5 所示，其中 4 位无符号二进制数 $d_3d_2d_1d_0$ 分别控制着 S_3、S_2、S_1 和 S_0 四个电子开关。当数码为 1 时，开关切换到右边，将 $2R$ 电阻下端接到运放的反向输入端，为 0 时，开关切换到左边，将 $2R$ 电阻下端接地。

由于运放通过反馈电阻引入了深负反馈，因此运放的两个输入端虚短，所以无论开关切换到左边还是右边，电阻 $2R$ 下端的电位均为 0，故梯形电阻网络的等效电路如图 9-6 所示。

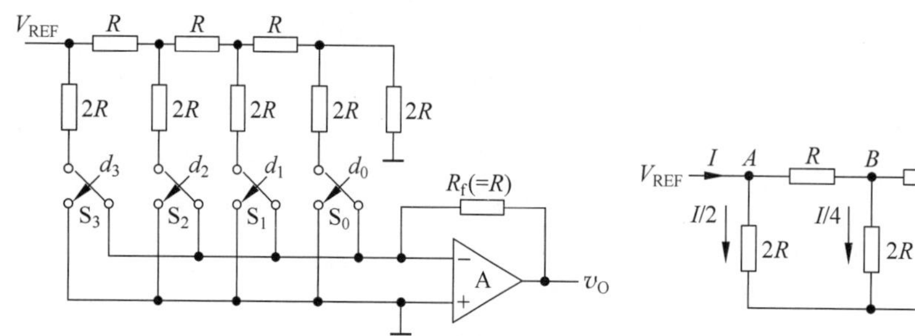

图 9-5 4 位梯形网络 D/A 转换器电路结构

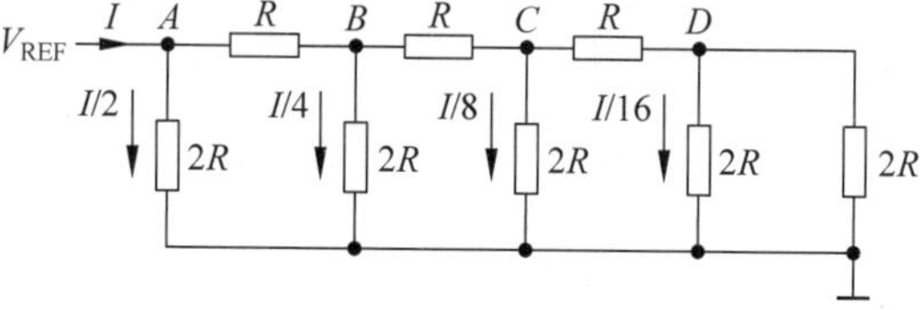

图 9-6 梯形电阻网络等效电路

梯形电阻网络具有明显的特点。从图 9-6 中的 A、B、C 和 D 点左侧分别向右看，网络的等效阻抗始终为 R，所以参考电压源 V_{REF} 产生的总电流为

$$I=\frac{V_{REF}}{R}$$

由于梯形电阻网络中 A、B、C 和 D 点右侧的两条支路阻抗均为 $2R$，所以电流每向右流过一个节点，两条支路的电流各分一半，所以从左向右流过 $2R$ 电阻的电流依次为 $I/2$、$I/4$、$I/8$ 和 $I/16$，如图 9-6 中所示，从而产生出不同权值的电流。

由于数码为 1 时，开关切换到右边接运放的反向输入端，电阻网络产生的权电流对流过反馈电阻的电流 i_Σ 有贡献，为 0 时，开关切换到左边接地对 i_Σ 没有贡献，因此流过反馈电阻 R 的总电流

$$\begin{aligned}i_\Sigma&=(I/2)d_3+(I/4)d_2+(I/8)d_1+(I/16)d_0\\&=(I/16)(8d_3+4d_2+2d_1+d_0)\\&=(I/16)D_n\end{aligned}$$

故 D/A 转换器的输出电压为

$$\begin{aligned}v_O&=-R_f\cdot i_\Sigma=-R\cdot\frac{D_n}{16}\cdot I\\&=-R\cdot\frac{D_n}{16}\cdot\frac{V_{REF}}{R}\\&=-\frac{V_{REF}}{2^4}D_n\end{aligned}$$

所以图 9-5 所示的梯形电阻网络 D/A 转换器能够将无符号二进制数 $d_3d_2d_1d_0$ 转换成与其数码大小 D_n 成正比的模拟量 v_O。

梯形电阻网络 D/A 转换器只使用了两种规格的电阻，而且结构规整，便于集成电路制造，是目前集成 D/A 转换器的主流结构。

DAC0832 为 8 位 D/A 转换器，内部电路框图如图 9-7 所示，由 8 位输入寄存器、8 位 DAC 寄存器和 8 位梯形电阻网络 D/A 转换器 3 部分组成。DAC0832 应用双缓冲结构，其中 8 位输入寄存器由 ILE、CS′、WR_1'控制，8 位 DAC 寄存器由 WR_2'、XFER′控制，可设置为双缓冲、单缓冲或直通 3 种工作模式。当 ILE、CS′和 WR_1'均有效时，锁存允许信号 LE_1'无效，外部待转换的二进制数 $DI_7 \sim DI_0$ 能够通过输入寄存器到达 DAC 寄存器的输入端。当 WR_2'和 XFER′均有效时，锁存允许信号 LE_2'无效，$DI_7 \sim DI_0$ 再通过 DAC 寄存器到达 D/A 转换器的输入端，实现 D/A 转换。

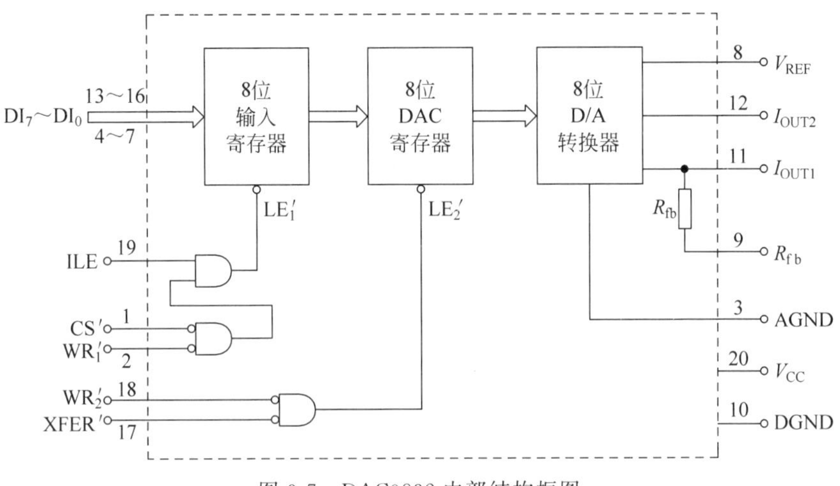

图 9-7　DAC0832 内部结构框图

DAC0832 为电流输出型 DAC，需要通过 I-V 转换电路将输出电流转换成输出电压，典型应用电路如图 9-8 所示。微控制器输出的 8 位待转换数据 $DI_7 \sim DI_0$ 在 ILE、CS′、WR_1'、WR_2'、XFER′控制信号的作用下，通过 DAC0832 内部 R-2R 梯形电阻网络和外接运放转换为模拟电压 v_O。

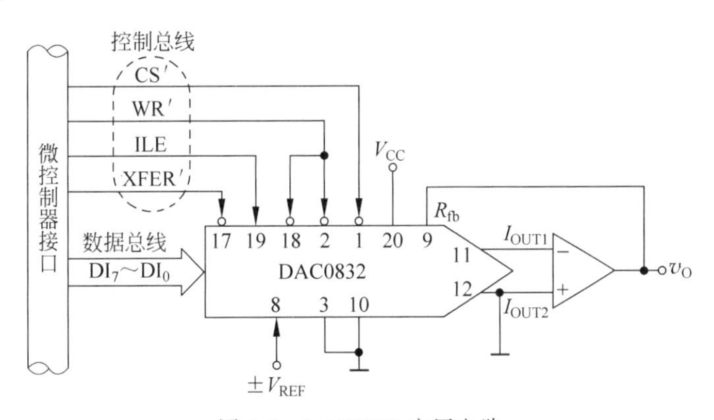

图 9-8　DAC0832 应用电路

10 位 D/A 转换器 AD7520 的内部电路结构如图 9-9 所示，由梯形电阻网络、电子开关和反馈电阻 R 组成。AD7520 同样为电流输出型 D/A 转换器，需要通过外接运放才能将电流转换为电压输出，具体应用电路请查阅器件手册。

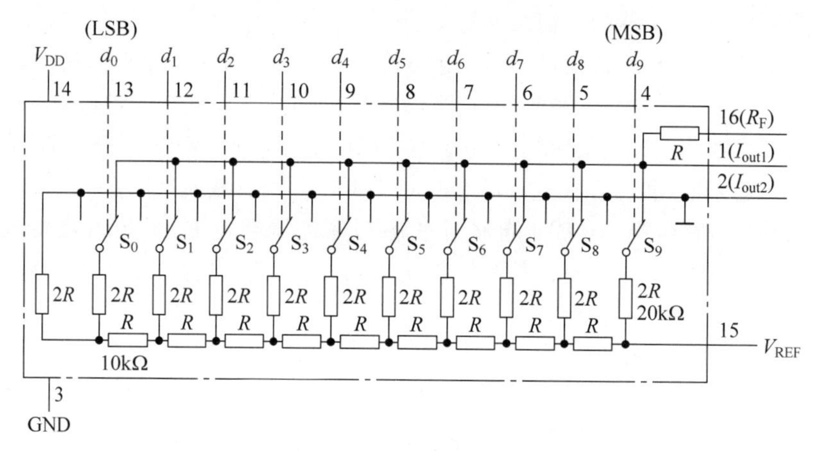

图 9-9　10 位 D/A 转换器 AD7520 内部电路结构

9.1.3 D/A 转换器的性能指标

转换精度和转换速度是衡量 D/A 转换精确度和实时性的两项指标。不同场合对 D/A 转换器的转换精度和转换速度的要求有所不同。

1. 转换精度

转换精度用于衡量 D/A 转换的精确度，用分辨率和转换误差两项指标来描述。

分辨率定义为 D/A 转换器能够输出的最小模拟电压(对应输入数字量中仅有最低数值位为 1 时)与最大模拟电压(对应输入数字量中所有数值位全为 1 时)的比值，反映 D/A 转换器理论上可以达到的转换精度。

n 位 D/A 转换器的分辨率为 $1/(2^n-1)$。选用时 D/A 转换器的位数 n 应满足分辨率要求。

实际 D/A 转换器因内部电阻值的偏差、电子开关的导通内阻以及运放的非线性因素等影响，输出电压并不一定完全与输入的数字量成正比，会存在一定的误差。把 D/A 转换器的实际输出特性与理想输出特性之间的最大偏差定义为转换误差，如图 9-10 所示，图中虚线表示 D/A 转换器的理想输出特性，实线表示 D/A 转换器的实际输出特性，Δv_O 为转换误差。

另外，D/A 转换的精度还受外部因素影响。当外界温度变化、电源电压波动或电磁干扰时，同样会产生转换误差。

2. 转换速度

转换速度由建立时间 t_{set} 定义，用来衡量 D/A 转换的实时性。D/A 转换器输入数字量从全 0 跳变为全 1 时开始，到输出电压稳定在满量程(full scale range，FSR)的($\pm 1/2$)LSB(least significant bit，最低有效位)范围内为止的时间称为建立时间，如图 9-11 所示。

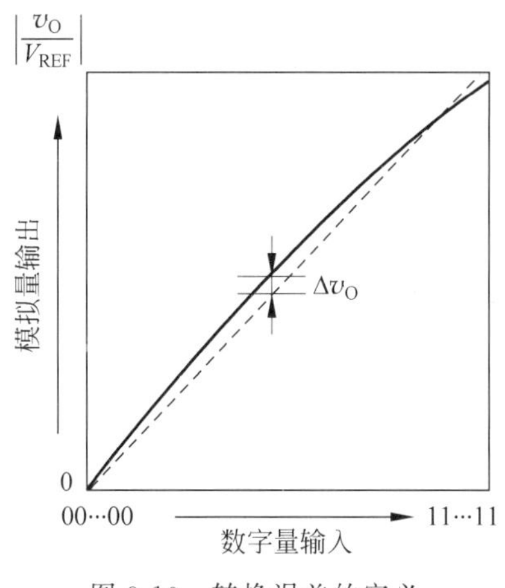

图 9-10　转换误差的定义

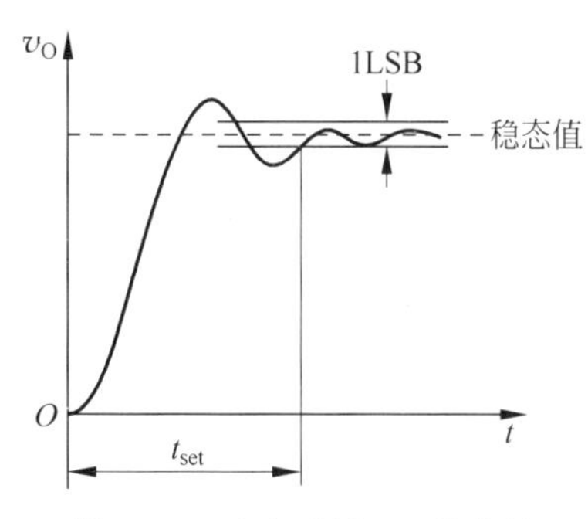

图 9-11　建立时间 t_{set} 的定义

DAC0832 和 AD7520 的建立时间均为 1μs。总体来说，DAC 的成本随着分辨率和转换速度的提高而增加，在实际应用中，需要根据系统的需求决定 DAC 的转换精度和转换速度。

D/A 转换器的应用非常广泛。当数字系统需要输出模拟电压或电流以驱动模拟器件时，就需要使用 DAC 进行转换。在工业控制领域，计算机输出的数字量通过 DAC 转换为模拟信号，用来调节任何需要控制的物理量，如电机的转速、加热炉的温度等。在自动检测领域，通过数字系统产生测试所需要的模拟激励信号，再将被测电路输出的模拟量通过 ADC 转换为数字量，送入计算机进行存储、显示和分析。

【例 9-2】 用数字系统控制电动机转速的电路原理框图如图 9-12 所示，将 DAC 输出 0～2mA 的模拟电流信号放大后控制电机的转速在 0～1000r/min 变化。如果希望控制电机转速的分辨率小于 2r/min，则需要采用几位 DAC？

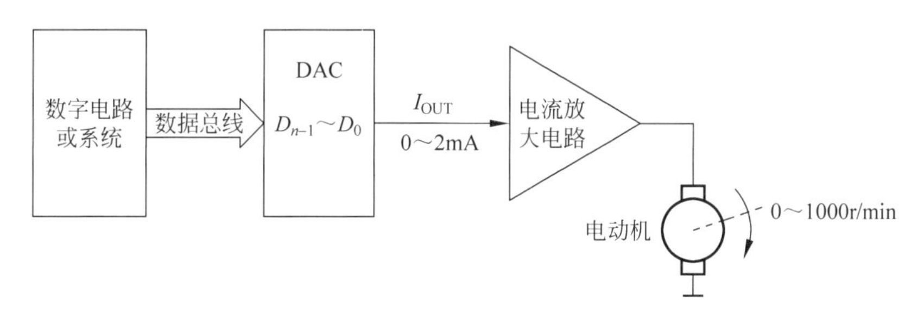

图 9-12　例 9-2 电路原理框图

分析：转速范围为 0～1000r/min，分辨率小于 2r/min，所以 DAC 最少应有 1000/2+1=501 个取值。因为 $2^9=512>501$，因此至少需要采用 9 位 D/A 转换器。

9.2　模/数转换器

9.2
微课视频

模/数转换用于将模拟量转换为数字量，一般需要经过采样、保持、量化与编码 4 个工作过程。相应地，A/D 转换器由采样-保持电路和量化与编码电路两部分组成，如图 9-13 所示。

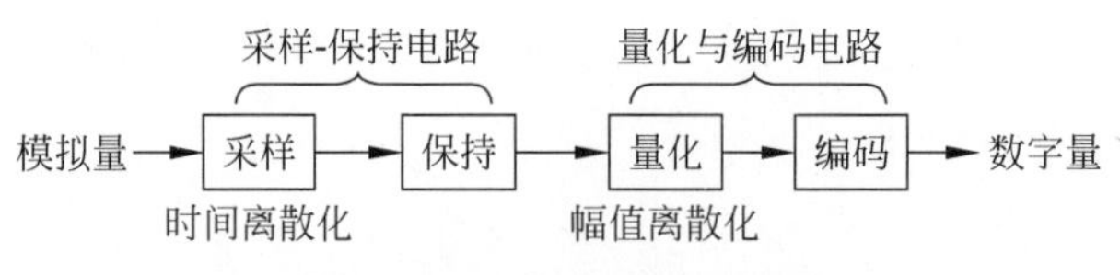

图 9-13 A/D 转换原理框图

根据量化与编码的原理不同,将 A/D 转换器分为直接型和间接型两大类。

直接型 A/D 转换器将模拟量直接转换成数字量,分为并联比较型和反馈比较型两种类型,其中反馈比较型又有计数器型和逐次渐近型两种实现方案。

间接型 A/D 转换器先将模拟量转换成某种中间物理量,再将中间量对应成数字量,分为电压-时间(V-T)型和电压-频率(V-F)型两种类型。

本节首先介绍采样-保持电路的结构与工作原理,然后重点讲述并联比较型、反馈比较型以及双积分型 3 种量化与编码电路的结构与工作原理,最后简要介绍衡量 A/D 转换器性能的主要指标。

9.2.1 采样-保持电路

采样是将时间连续、幅值连续的模拟信号转换为时间离散、幅值连续的采样信号,如图 9-14 所示。

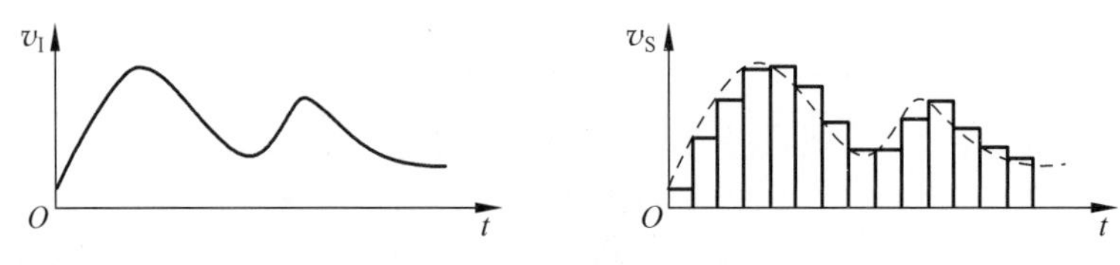

图 9-14 模拟信号的采样

信号与系统理论证明,为了能够从采样信号中恢复出原来的模拟信号,采样信号的频率 f_s 必须满足

$$f_s \geqslant 2f_{max}$$

其中 f_{max}为模拟信号的最高频率。在实际应用中,一般取

$$f_s = (2.5 \sim 4)f_{max}$$

以有利于后续低通滤波器的设计,同时尽量降低采样的数据量,以提高数字系统的解理速度。

采样-保持电路的核心为比例积分电路,如图 9-15 所示,其中 MOS 管 T 为采样开关,受采样信号 v_L 的控制。

采样-保持电路的工作过程可以划分为两个阶段。

(1) 采样阶段。

v_L 为高电平时,T 导通,采样-保持电路开始采样。

设积分器的初始电压为 0,则采样开始后积分器的输出电压为

$$v_O = -\frac{1}{RC}\int_0^t v_I \mathrm{d}t$$

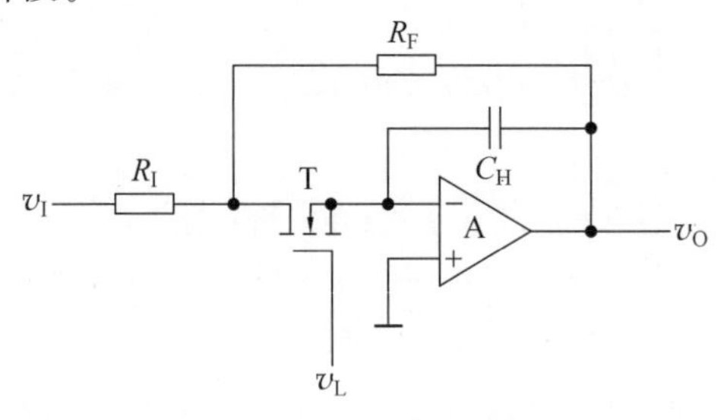

图 9-15 采样-保持电路

因此,随着采样过程的进行,积分器输出电压的

绝对值逐渐增大。受到比例电路的限制，采样-保持电路的最高输出电压可以达到

$$v_O = -\frac{R_F}{R_I} v_I$$

若取 $R_F = R_I$，则采样过程结束时，采样-保持电路的输出电压为

$$v_O = -v_I$$

（2）保持阶段。

当 v_L 由高电平跳变为低电平后，MOS 管 T 断开。由于运放的输入电阻趋于无穷大，因此采样过程积累到保持电容 C_H 上的电荷没有放电回路，所以采样-保持电路的输出电压 v_O 在量化与编码电路工作期间保持恒定。

9.2.2　量化与编码电路

量化与编码电路是 A/D 转换器的核心。量化用于将采样信号的幅度划分成若干个电平量级。编码则对每一电平量级分配唯一的二进制码。

若将幅度为 0～1V 的模拟电压量化为 3 位二进制码，有表 9-1 所示的两种方案。

表 9-1　划分量化电平的两种方案

第一种方案			第二种方案		
输入电压	二进制编码	表示的模拟电压	输入电压	二进制编码	表示的模拟电压
7/8～1V	111	7/8V	13/15～1V	111	14/15V
6/8～7/8V	110	6/8V	11/15～13/15V	110	12/15V
5/8～6/8V	101	5/8V	9/15～11/15V	101	10/15V
4/8～5/8V	100	4/8V	7/15～9/15V	100	8/15V
3/8～4/8V	011	3/8V	5/15～7/15V	011	6/15V
2/8～3/8V	010	2/8V	3/15～5/15V	010	4/15V
1/8～2/8V	001	1/8V	1/15～3/15V	001	2/15V
0～1/8V	000	0V	0～1/15V	000	0V
量化误差为 1/8V			量化误差为 1/15V		

第一种方案将 0～1V 划分为 8 个等区间，然后将 0～1/8V 认为是 0V，编码成 000；将 1/8～2/8V 认为是 1/8V，编码成 001；将 2/8～3/8V 认为是 2/8V，编码成 010；以此类推，将 7/8～1V 认为是 7/8V，编码成 111。这种方法与计算机语言中截断取整的方法相似，即使输入电压小于但非常接近于 2/8V，也被当作 1/8V，编码为 001，因此最大量化误差为 1/8V。

第二种方案将 0～1V 的信号划分为 8 个不等的区间，然后将 0～1/15V 认为是 0V，编码成 000；将 1/15～3/15V 认为是 2/15V，编码成 001；将 3/15～5/15V 认为是 4/15V，编码成 010；以此类推，将 13/15～1V 认为是 14/15V，编码成 111。这种方案与计算机语言中舍入取整的方法相似，最大量化误差为 1/15V。由于第二种方案量化误差小，所以通常采用第二种方案进行量化。

下面讲述 3 种典型量化与编码电路的结构和转换原理。

1. 并联比较型

在中学化学实验中，有时会用到图 9-16 所示的量杯，用来测量液体的体积。将液体倒

入量杯，根据量杯上的刻度和液面的位置即可测出液体的体积。

并联比较型 A/D 转换的原理与量杯测体积的原理相同。图 9-17 是 3 位并联比较型 A/D 转换器量化与编码电路的原理图，将待转换的模拟电压 v_I 同时加到 7 个比较器的同相输入端，与内部 8 个串联电阻构成的分压网络确定的参考电压 $(13/15)V_{REF}$、$(11/15)V_{REF}$、$(9/15)V_{REF}$、$(7/15)V_{REF}$、$(5/15)V_{REF}$、$(3/15)V_{REF}$ 和 $(1/15)V_{REF}$ 进行比较。这些参考电压值相当于量杯上的刻度。若 v_I 的幅度大于某个参考电压，则相应的比较器输出为 1，否则输出为 0。例如，v_I 的幅度在 $(3/15)V_{REF} \sim (5/15)V_{REF}$ 时，比较器输出为 0000011；v_I 的幅度为 $(9/15)V_{REF} \sim (11/15)V_{REF}$ 时，比较器输出为 0011111。因此，经过 7 个比较器的同时比较，即刻将采样信号 v_I 的幅度量化成数字量。

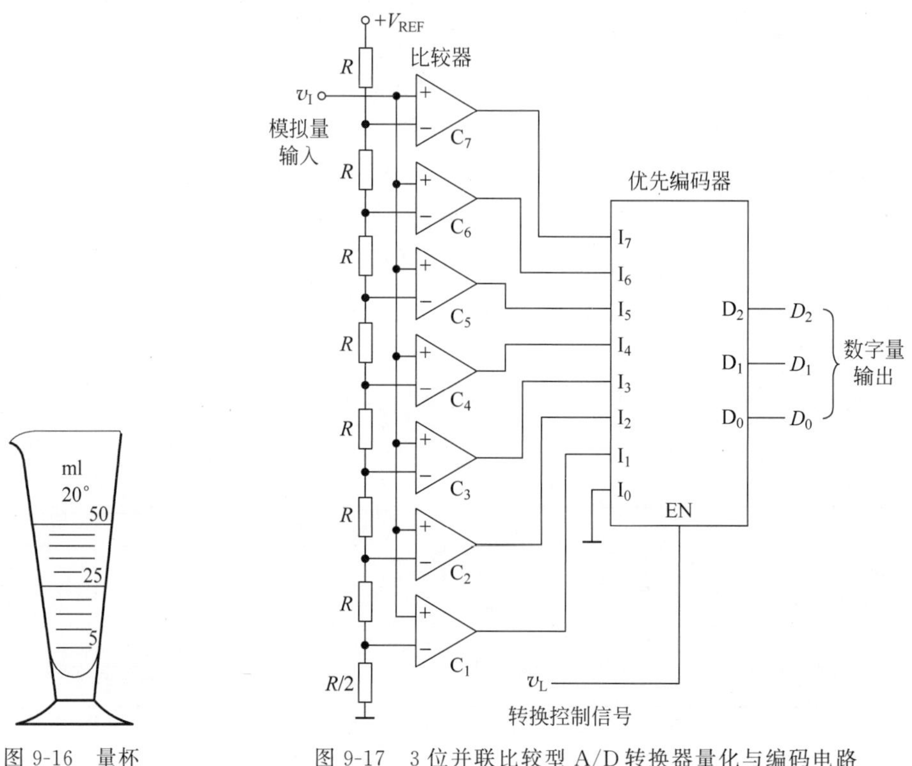

图 9-16　量杯

图 9-17　3 位并联比较型 A/D 转换器量化与编码电路

由于比较器输出的数字量不是二进制数形式，因此还需要应用 8 线-3 线优先编码器将比较结果转换为二进制数输出。编码器的功能表如表 9-2 所示。

表 9-2　图 9-17 电路编码器的功能表

输入模拟电压 v_I	7 个比较器的输出							编码器的输出		
	C_7	C_6	C_5	C_4	C_3	C_2	C_1	D_2	D_1	D_0
$0 \sim (1/15)V_{REF}$	0	0	0	0	0	0	0	0	0	0
$(1/15)V_{REF} \sim (3/15)V_{REF}$	0	0	0	0	0	0	1	0	0	1
$(3/15)V_{REF} \sim (5/15)V_{REF}$	0	0	0	0	0	1	1	0	1	0
$(5/15)V_{REF} \sim (7/15)V_{REF}$	0	0	0	0	1	1	1	0	1	1
$(7/15)V_{REF} \sim (9/15)V_{REF}$	0	0	0	1	1	1	1	1	0	0

续表

输入模拟电压 v_I	7个比较器的输出							编码器的输出		
	C_7	C_6	C_5	C_4	C_3	C_2	C_1	D_2	D_1	D_0
$(9/15)V_{REF} \sim (11/15)V_{REF}$	0	0	1	1	1	1	1	1	0	1
$(11/15)V_{REF} \sim (13/15)V_{REF}$	0	1	1	1	1	1	1	1	1	0
$(13/15)V_{REF} \sim V_{REF}$	1	1	1	1	1	1	1	1	1	1

并联比较型 A/D 转换器只需要一次比较，就可以将模拟量转换为数字量，是目前所有 A/D 转换器中速度最快的，因此称为 Flash A/D 转换器，每秒可以转换千万次以上。但从图 9-17 可以看出，3 位 A/D 转换就需要用 7 个比较器、7 个寄存器和 8 线-3 线优先编码器。若将模拟量转换成 8 位二进制数，则需要使用 255 个比较器、255 个寄存器和 256 线-8 线优先编码器，所以并联比较型 A/D 转换器的成本很高。

为了节约电路成本，在设计集成 ADC 时，有时应用图 9-18 所示的半 Flash 结构实现 8 位 A/D 转换。首先将采样电压通过 4 位并联比较型 A/D 转换得到高 4 位，然后应用差分放大电路将采样电压与高 4 位转换值对应模拟量的残差电压放大 16 倍后再通过 4 位并联比较型 A/D 转换得到低 4 位，从而得到 8 位 A/D 转换结果。

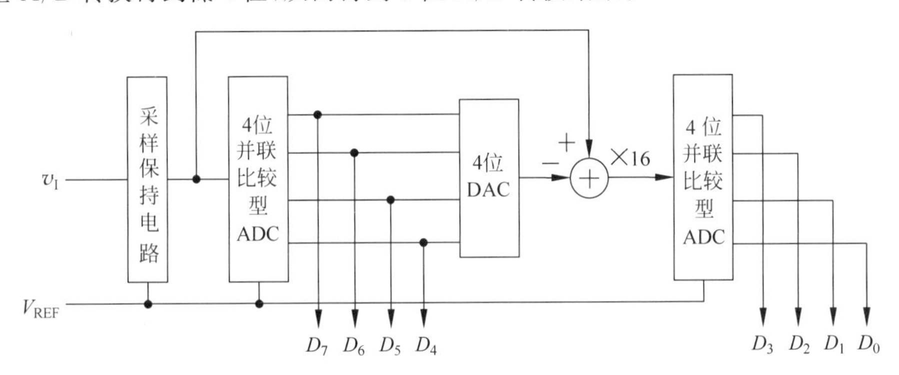

图 9-18　半 Flash A/D 转换原理图

TLC5510A 是 8 位 CMOS 半 Flash A/D 转换器，最高转换速率为 2×10^7 次/秒，可应用于数字 TV、医学图像、视频会议和高速数据采集等领域。

2. 反馈比较型

在中学物理实验中，有时会用到图 9-19 所示的天平，用于称量物体的质量。将待测物体放入一侧的托盘，另一侧托盘中放入砝码，观察天平是否平衡，若不平衡则继续放入或调

图 9-19　用天平称重物

整砝码，直到天平平衡为止，统计放入砝码的总质量即为重物的质量。曹冲称象就是采用这种反馈比较原理。

反馈比较型 A/D 转换器有两种实现方案。第一种为计数型，转换电路的原理框图如图 9-20 所示。这种方案相当于天平的每个砝码质量都一样，一次放入一个，直到天平平衡为止。具体的转换过程是：初始化时先将计数器清零。转换控制信号 v_L 跳变为高电平后开始进行转换。若 $v_I \neq 0$，则 $v_B = 1$，脉冲源可以通过与门 G 为计数器提供时钟脉冲。在时钟脉冲的作用下，D/A 转换器的输出电压 v_O 随着计数器不断计数而增长。当 $v_O = v_I$ 时，$v_B = 0$，与门 G 关闭，计数器因为没有时钟而停止计数。v_L 跳变为低电平时转换结束，计数器中的数字量即为转换结果，通过输出寄存器输出。

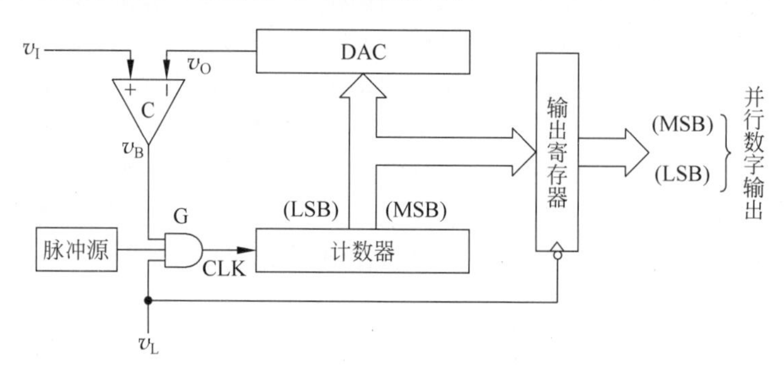

图 9-20 计数型 A/D 转换器原理框图

计数型 A/D 转换器原理简单，易于实现，但效率不高。n 位计数型 A/D 转换器的转换周期为 $(2^n - 1)T_{CLK}$，其中 T_{CLK} 为脉冲源的周期。

第二种方案为逐次渐近型(successive approximation register，SAR)，转换电路的原理框图如图 9-21 所示。这种方案相当于天平砝码的权值各不相同。先放入最重的砝码，观察一下天平是否平衡。不平衡时，需要判断哪边重，若重物重，则保留这个砝码，若重物轻，则去掉这个砝码。继续放入次重的砝码，观察天平是否平衡，以确定次重砝码的取舍，然后依次放入其他砝码进行比较，直到比较完最轻的砝码为止。

逐次渐近型 A/D 转换器具体的转换过程如下：初始化时，先将逐次渐近寄存器清零；转换控制信号 v_L 跳变为高电平时，转换开始；在控制逻辑的作用下，第一个时钟时，先将逐次渐近寄存器的最高位置 1，形成的数字量“10…0”经 D/A 转换后送入比较器 C 与 v_I 进行比较；第二个时钟时，将逐次渐近寄存器的次高位置 1，同时根据第一次的比较结果决定最高位的取舍——若 $v_O < v_I$，说明数字量小，则保留最高位，否则清除最高位；将新形成的数字量经 D/A 转换后再与 v_I 进行比较——若 $v_O < v_I$，则次高位在第 3 个时钟时保留，否则被清除；重复置 1 和比较，直至处理完逐次渐近寄存器的最低位；v_L 跳变为低电平后转换结束，逐次渐近寄存器中的数字量即为转换结果。

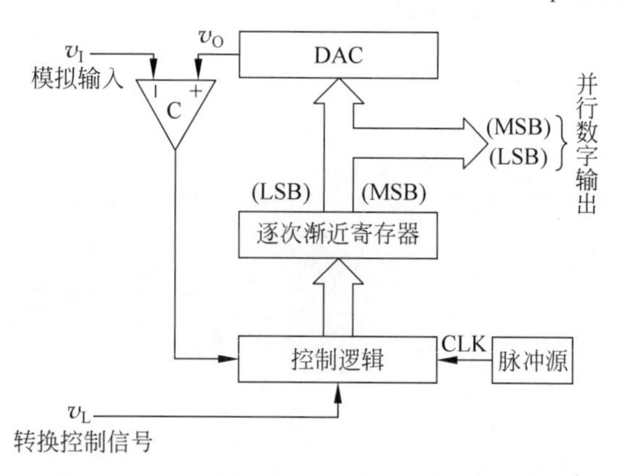

图 9-21 逐次渐近型 A/D 转换器原理框图

逐次渐近型 A/D 转换器的转换效率远高于计数型。对于 8 位 A/D 转换器，从最高位到最低位，每位的权值依次为 128、64、32、16、8、4、2 和 1。将逐次渐近寄存器清零后，经过 8 次置 1 和比较即可得到转换结果，再加上一个脉冲用于输出，所以 8 位逐次渐近型 A/D 转换器只需要 10 个时钟周期即可完成一次转换，而 8 位计数型 A/D 转换器则需要 255 个时钟周期。一般地，n 位逐次渐近型 A/D 转换器转换一次需要 $n+2$ 个时钟周期。

ADC0809 是 8 位 A/D 转换器，内部电路结构框图如图 9-22 所示，由 8 路模拟开关、地址锁存与译码器、逐次渐近型 A/D 转换器和三态输出锁存缓冲器组成。$IN_0 \sim IN_7$ 为 8 路模拟量输入通道，ADDC～ADDA 为 3 位地址。ALE 为地址锁存允许信号，高电平有效。当 ALE 为高电平时，地址锁存与译码器将 3 位地址 ADDC、ADDB、ADDA 锁定，经译码后选定待转换通道。START 为转换启动信号，上升沿时将内部寄存器清零，下降沿时启动转换。EOC 为转换结束标志信号，为高电平时表示转换结束，否则表示“正在转换中”。OE 为输出允许信号，为高电平时输出转换完成的数字量 $D_7 \sim D_0$，为低电平时，输出数据线呈高阻状态。CLK 为时钟脉冲，取时钟频率为 640kHz 时，完成一次转换的时间为 100μs。$V_{REF(+)}$、$V_{REF(-)}$ 为参考电压输入端。

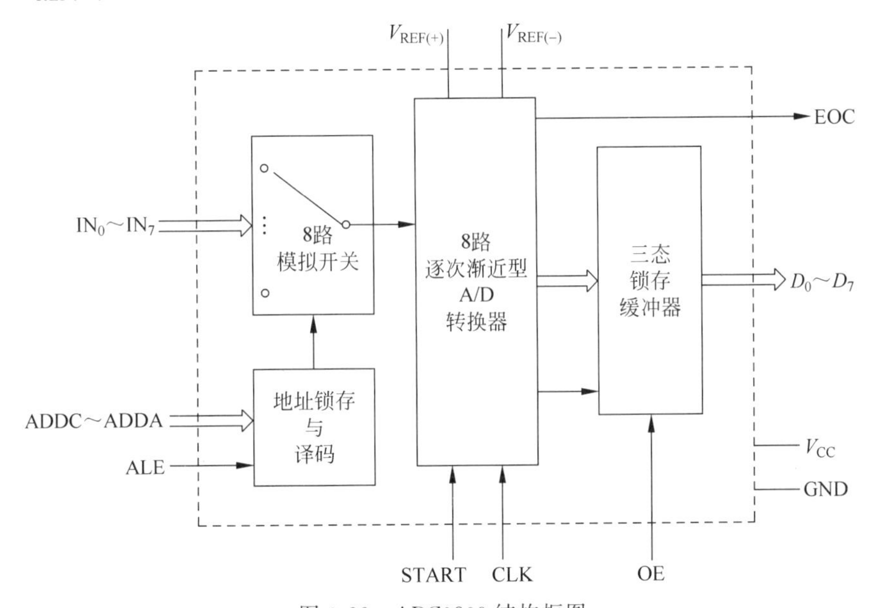

图 9-22　ADC0809 结构框图

ADC0809 能够对 8 路模拟量进行分时转换，工作时序如图 9-23 所示。其中 ALE 和 START 通常由一个信号控制，上升沿时锁存地址并将逐次渐近寄存器清零，下降沿时启动转换。转换开始后 EOC 跳变为低电平表示“正在转换中”，转换完成后 EOC 自动返回高电平，表示转换已经结束。这时控制 OE 为高电平，转换完成的数字量 $D_7 \sim D_0$ 出现在数据总线上，供微控制器读取。

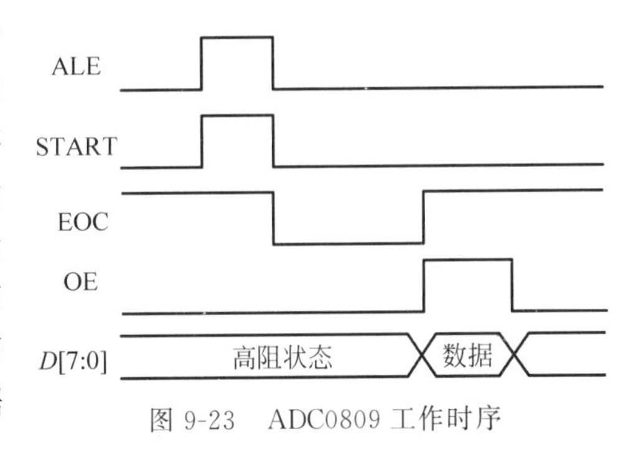

图 9-23　ADC0809 工作时序

思考与练习

9-2 在 A/D 转换过程中,取样-保持电路的作用是什么?

9-3 量化有哪两种方案?量化误差各为多少?

9-4 并联比较型 A/D 转换器是否需要外加取样保持电路?试分析说明。

3. 双积分型

双积分型 ADC 为间接型 A/D 转换器,其基本原理是先将输入电压转换成与其幅值成正比的时间间隔,然后再将时间间隔对应成数字量。

双积分型 A/D 转换器的原理框图如图 9-24 所示,由电子开关、积分器、比较器、计数器和控制逻辑等部件组成。具体的转换过程如下:初始化时,将开关 S_0 闭合使积分器清零;转换开始时,断开 S_0 并将开关 S_1 切换到待转换的模拟信号 v_I,积分器从零开始对输入电压 v_I 进行固定时长为 T_1 的正向积分过程,然后将开关 S_1 切换到与 v_I 极性相反的基准电压——V_{REF} 进行反向积分,积分器的输出返回 0 时转换结束。

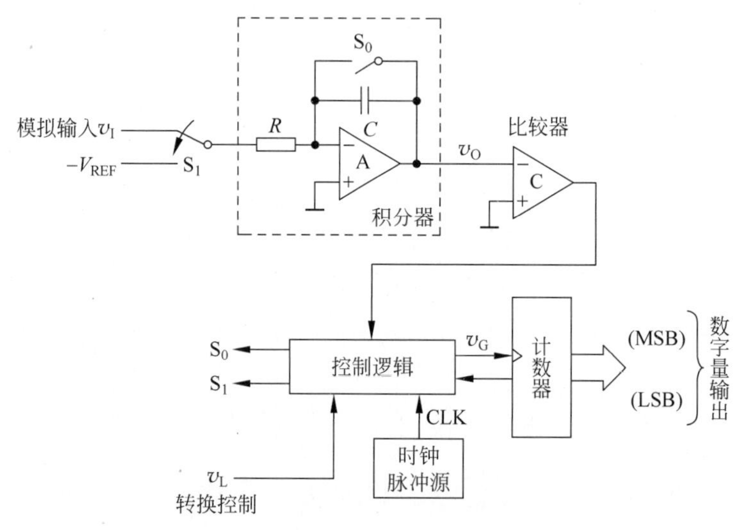

图 9-24 双积分型 A/D 转换器原理框图

由于正向积分时间为 T_1,所以完成正向积分后积分器的输出电压为

$$v_O = -\frac{1}{RC}\int_0^{T_1} v_I \mathrm{d}t = -\frac{T_1}{RC} v_I$$

设反向积分时间为 T_2,则

$$-\frac{T_1}{RC} v_I + \left(-\frac{1}{RC}\int_0^{T_2} (-V_{REF}) \mathrm{d}t\right) = 0$$

由上式解得

$$T_2 = \frac{T_1}{V_{REF}} v_I$$

由上式看出,反向积分时间 T_2 与输入电压 v_I 成正比。v_I 越大,反向积分时间 T_2 越长。若在反向积分时间 T_2 内通过计数器对固定频率的时钟源 CLK 进行计数,T_2 越长,则计数值越大,如图 9-25 所示。由于计数值与 T_2 成正比,而 T_2 与输入电压 v_I 成正比,所

以计数值自然也与输入电压 v_I 成正比，从而将输入模拟电压 v_I 转换成与之成正比的数字量，实现了 A/D 转换。

由于积分器对输入信号的平均值响应，对均值为 0 的随机噪声具有很强的抑制能力，所以双积分型 A/D 转换器的突出优点是抗干扰能力强。另外，积分结果与 R、C 的具体数值无关，因此双积分型 A/D 转换器对积分元件 R、C 的精度要求不高，稳定性好。

双积分型 A/D 转换器需要经过正向积分和反向积分才能完成一次转换，所以速度很慢，属于低速型 A/D 转换器，转换时间一般在几十毫秒到几百毫秒，即每秒只能完成几次到几十次转换。在工业控制以及仪器仪表等的应用场合，毫秒级的转换速度完全能够满足应用需求，所以双积分型 A/D 转换器以其抗干扰性能强、工作稳定性好的优点被广泛应用。

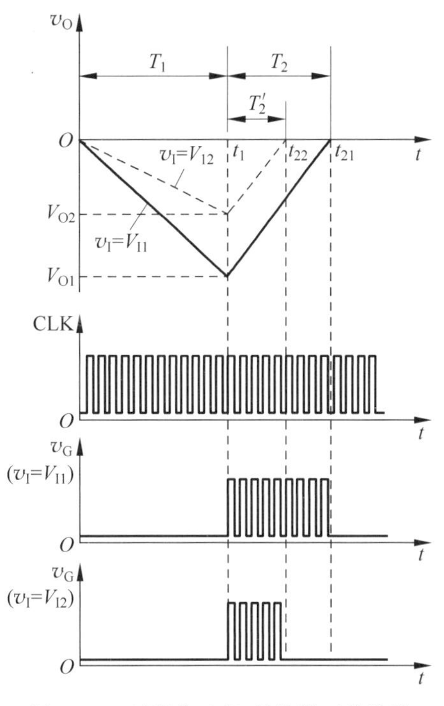

图 9-25　双积分 A/D 转换器工作波形

ICL7107 是 $3\frac{1}{2}$ 位（输出 BCD 码范围为 0000～1999，相当于 11 位二进制）双积分型 A/D 转换器，内含有七段译码器、显示驱动器、参考源和时钟。ICL7107 只需用 10 个左右的无源元件和 LED 数码管就可以构成高性能的数字多用表，其典型应用电路如图 9-26 所示。

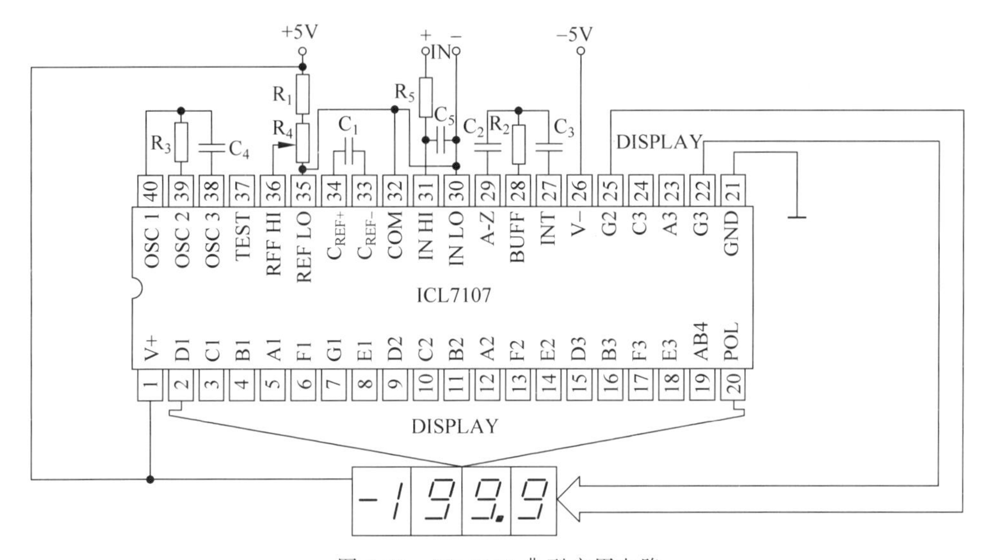

图 9-26　ICL7107 典型应用电路

ICL7135 是 $4\frac{1}{2}$ 位（输出 BCD 码范围为 00000～19999，相当于 14 位二进制）双积分型 A/D 转换器，只要外加译码器、数码管、驱动器以及电阻、电容等元件，就可构成高精度的数字多用表。具体应用电路可参考器件手册。

9.2.3 A/D 转换器的性能指标

转换精度和转换速度是衡量 A/D 转换器性能的两项主要指标。不同的应用场合应选用相适应的 A/D 转换器,以满足应用系统对转换精度和转换速度的不同需求。

1. 转换精度

转换精度用于衡量 A/D 转换的精确度,用分辨率和转换误差两项指标来描述。

分辨率表示 A/D 转换器对输入信号的分辨能力。从理论上讲,n 位 A/D 转换器应该能够区分出 2^n 个不同等级的输入电压,或者说,能够区分出的最小输入电压为满量程电压的 $1/2^n$。当输入电压范围一定时,A/D 转换器的位数越多,分辨率越高。对于 8 位 A/D 转换器,输入信号在 0~5V 时,能够区分出的最小输入电压为 $5V/2^8 \approx 19.5mV$。

转换误差表示 A/D 转换器实际输出的数字量和理论上输出数字量之间的差值,通常以最低有效位的倍数表示。例如,"相对误差≤±LSB/2"表明实际输出的数字量和理论上输出数字量之间的误差小于最低有效位的半个字。

2. 转换速度

转换速度是用 A/D 转换器完成一次转换所需要的时间来衡量。转换时间是指 A/D 转换器从转换控制信号有效开始,到输出数字量所经过的时间。

A/D 转换器的转换速度与量化与编码电路的类型有关,不同类型的转换器转换速度差异很大。并联比较型的转换速度最高,8 位 A/D 转换器的转换时间可以达到 50ns 以内;逐次渐近型 A/D 转换器的转换速度次之,转换时间为 1~100μs,但电路成本远低于并联比较型,是目前广泛应用的 A/D 转换器产品;双积分 A/D 转换器的转换速度最慢,转换时间在几十毫秒到几百毫秒之间,满足仪表与检测领域的需求。

在实际应用中,需要从转换精度、转换速度和输入模拟量的范围以及信号极性等方面综合考虑选用 A/D 转换器。

思考与练习

9-5 应用 A/D 转换器进行模/数转换时应注意哪些主要问题?

9-6 某同学用满量程为 5V 的 A/D 转换器对幅值为 0.5V 的模拟信号进行转换。你认为是否合适?如果不合适,应该怎么做?试分析说明。

9.3 设计实践

A/D 转换器和 D/A 转换器是连通模拟世界与数字系统的桥梁。有了 ADC 和 DAC,就可以处理模/数混合系统的设计问题。

9.3.1 可控增益放大电路设计

9.3.1
微课视频

放大电路通常需要根据输入信号的大小调整增益,以防止放大倍数过大导致输出信号失真,或者因放大倍数过小而导致分辨率降低的问题。可控增益放大电路是用数字量控制增益的放大电路。

设计任务：设计增益可控的放大电路，能够对峰值为10mV，频率为1000Hz的音频信号进行放大。电路设有UP和DOWN两个键，按UP时增益步进增加，按DOWN时增益步进减小。要求放大电路的增益范围为0～1000，步进不大于4，增益误差小于±5%。

分析：可控增益放大电路有多种设计方案。

(1) 应用集成可控增益放大器(如AD603或VCA821/822)设计；

(2) 基于运算放大器，通过电子开关(如CD4051/2/3)切换电阻而改变增益；

(3) 基于D/A转换器设计。

这3种方案各有特点：

(1) 应用集成可控增益放大器设计方便，但成本高，并且容易自激，对电路布局和制板工艺要求很高；

(2) 当要求步进小、增益变化范围大时，采用电子开关切换则电路非常复杂；

(3) 基于D/A转换器设计容易实现精确控制，步进由D/A转换器的位数决定。

综上所述，第3种方案最符合设计要求。

设计过程：应用D/A转换器设计可控增益放大电路的总体方案如图9-27所示。

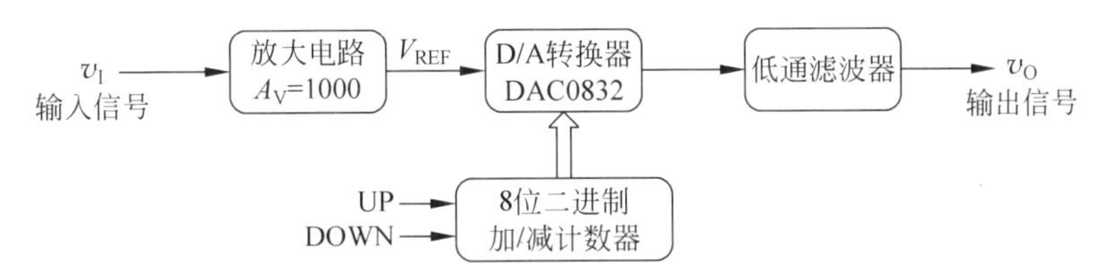

图9-27 可控增益放大电路总体设计方案

D/A转换器的输出电压与数字量和参考电压V_{ERF}的大小有关，V_{REF}越大，则输出电压的变化范围越大。由于输入信号的峰值只有10mV，因此需要将输入信号放大1000倍再送至D/A转换器作为参考电压V_{ERF}，由输入数字量控制其增益。

DAC0832为8位D/A转换器，因此

$$v_O = -\frac{V_{REF}}{256}D_n$$

取$V_{REF}=1000v_I$时，

$$v_O = -\frac{1000v_I}{256}D_n$$

故该电路的放大倍数为

$$A_v = \frac{v_O}{v_I} = -\frac{1000}{256}D_n = -3.90625D_n$$

用两片74HC193级联构成8位二进制加/减计数器，输出作为DAC0832的输入数字量$D_7 \sim D_0$，有0～255共256种取值，对应放大电路的增益分别为0、3.9、7.8、11.7、…、992.2和996.1。根据上述方案，可得如图9-28所示的整体设计电路。

可控增益放大电路的实际增益与运放的性能、电阻和电容等元件的参数以及电路板的布局与布线有关，实际性能以测量为准。

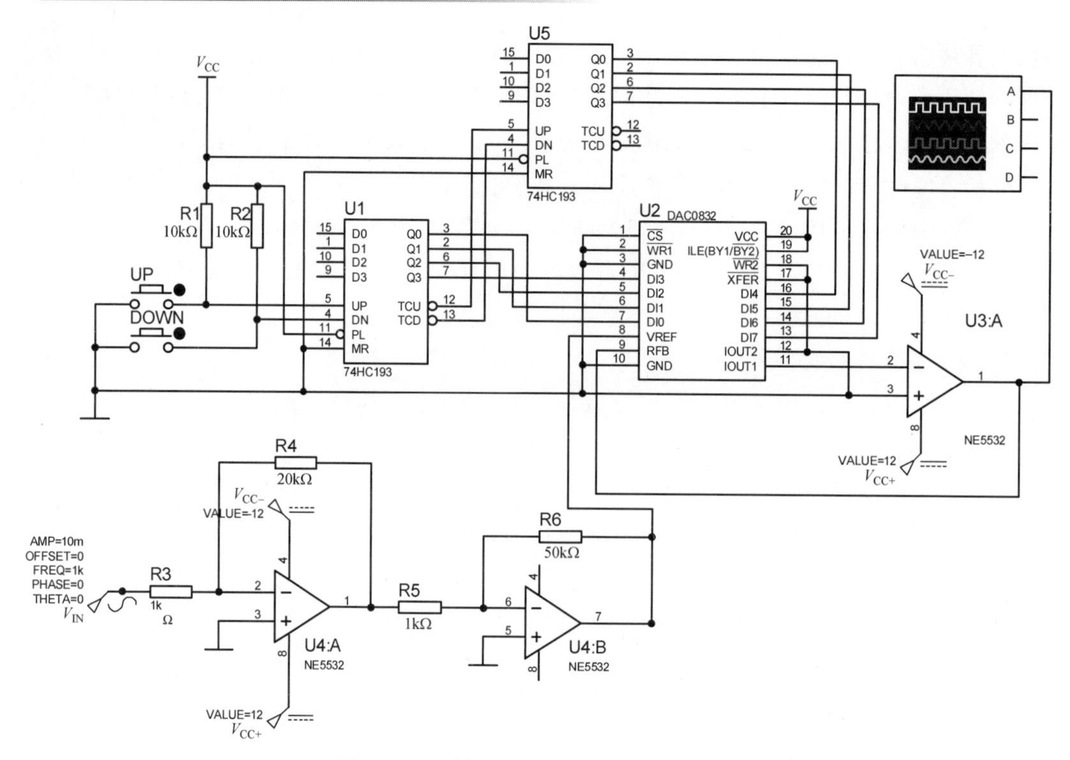

图 9-28 可控增益放大电路参考设计图

9.3.2 数控稳压电源设计

9.3.2
微课视频

稳压电源是基本的电子产品,用于为电子系统提供稳定的直流电源,分为线性稳压电源和开关电源两大类。

设计任务:设计数控直流稳压电源。电源设有 UP 和 DOWN 两个键。按 UP 时输出电压步进增加;按 DOWN 时输出电压步进减小。具体要求如下:

(1) 输出电压的范围为 0~9.9V,步进为 0.1V;

(2) 输出电压的误差≤±0.05V;

(3) 用数码管显示设定的输出电压值;

(4) 最大输出电流≥1A。

分析:要求电源的输出电压共有 100 种取值,而且输出电压可增可减,因此用 100 进制加/减计数器作为主控电路,然后通过 D/A 转换器将十位和个位的数字量转换成相应的模拟电压值,然后根据权值叠加成 0~9.9V 的控制电压,去控制直流稳压电源输出 0~9.9V 电压,故总体设计方案如图 9-29 所示。

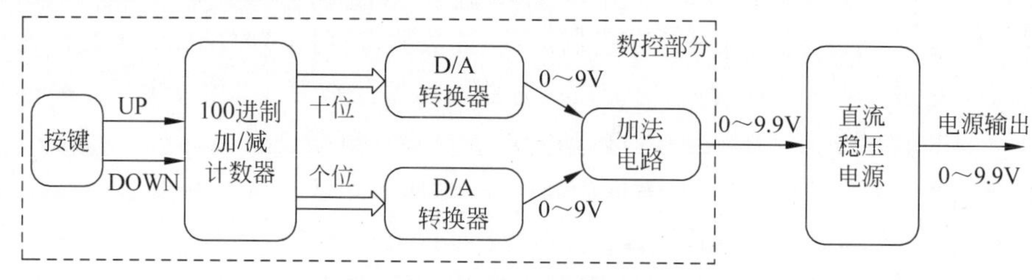

图 9-29 数控稳压电源总体设计方案

设计过程：用两个 74HC192 级联实现 100 进制加/减计数器，通过显示译码器 CD4511 驱动数码管显示设定的电压值。8 位 D/A 转换器选用 DAC0832，设置为直通模式，用于将数字量转换成模拟电压。由于 D/A 转换器的输出电压为

$$v_O = -\frac{V_{REF}}{256}D_n$$

取 $D_n = x_3x_2x_1x_0 0000$ 时，有

$$v_O = -\frac{V_{REF}}{16}(x_3x_2x_1x_0)$$

若取 $V_{REF} = 16V$，则

$$v_O = -(x_3x_2x_1x_0)$$

故可以将数字 0～9 转换成 0～－9V。

加法器基于运算放大器设计。设计十位数的加法增益为－1，个位数的加法增益为－0.1，可叠加出 0～9.9V 的控制电压。

用加法器的输出信号控制直流稳压电源，采用小功率三极管（如 S8050 或 S9013）复合中功率三极管（如 TIP41，最大输出电流为 6A）或大功率三极管（如 2N3055，最大输出电流为 15A）作为调整管，在散热完善的情况下，完全可以满足最大输出电流 1A 的要求。

数控直流稳压电源的参考设计电路如图 9-30 所示。

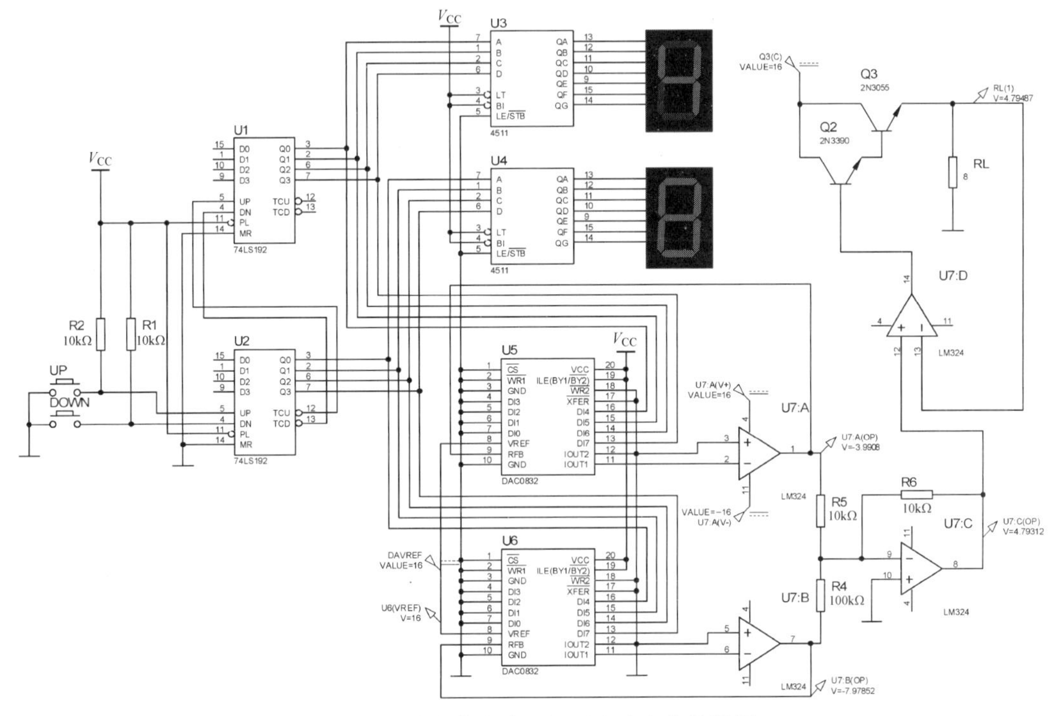

图 9-30 数控直流稳压电源电路参考设计图

数控直流稳压电源的输出电压与运放的性能、电阻和电容等元件的参数以及电路板的布局与布线有关，实际性能以测量为准。

9.3.3
微课视频

9.3.3 温度测量系统设计

温度是工业生产测量与控制的基本测量参数。

设计任务：设计一个温度测量与显示系统，要求被测温度范围为 0～99℃，测量误差不大于 1℃。

分析：温度测量可应用电子电路或单片机系统等多种方式实现。基于电子电路的温度测量与显示系统总体框图如图 9-31 所示。

图 9-31 温度测量系统框图

温度传感器有模拟温度传感器和数字温度传感器两大类，其中模拟温度传感器又有绝对温度传感器(AD590)、摄氏温度传感器(LM35/45)和用于工业现场测量高温的热电偶等多种类型。

本设计测量温度的范围不大，精度高求也不高，同时考虑后续电路设计方便，因此选用摄氏温度传感器 LM35。LM35 测量温度范围为 −55～150℃，测量误差为 ±0.5℃，输出电压与温度的关系为

$$V_{out} = 10(\text{mV/℃}) \times T(\text{℃})$$

因此，当测温范围为 0～100℃时，LM35 的输出电压对应为 0～1000mV。

为了提高测量精度，通过信号调理电路将温度传感器输出的电压信号放大 5 倍，达到 ADC0809 输入电压的满量程范围。同时为了减小调理电路对温度传感器电路的影响，采用输入阻抗极高的同相放大电路进行放大。

设计过程：ADC0809 的输入电压为 0～5V 时，其输出数字量 D 对应为 0～255，而相应的温度 T 应对应为 0～100℃，故应用公式

$$T = (D/255) \times 100$$

将数字量映射成温度值，并通过公式

(BCD 码) 十位 = $T/10$ (符号“/”表示取整)

(BCD 码) 个位 = $T\%10$ (符号“%”表示取余数)

将温度值转换为 BCD 码显示。

用上述公式建立“数字量 D-BCD 温度值”映射文件，加载至 256×8 位 ROM 中，实现转换与显示。生成映射文件的 C 程序参考如下：

```
#include <math.h>
#include <stdio.h>
int main(void)
 {
   unsigned int AD_dat;
   unsigned char Temp_dat;
   unsigned char BCD_s,BCD_g,BCD_dat;
   FILE *fp;
```

```
    fp = fopen("Trom256x8.bin","wb");
    for (AD_dat = 0;AD_dat < 256;AD_dat++)
      {
        Temp_dat = (AD_dat * 100.0)/255 + 0.5;
        BCD_s = Temp_dat/10; BCD_g = Temp_dat % 10;
        BCD_dat = (BCD_s << 4) + BCD_g;
        fputc(BCD_dat,fp);
      }
    fclose(fp);
    return(0);
    }
```

温度测量系统的整体设计如图 9-32 所示，将 EOC 与 START 和 ALE 相连可以实现温度的连续转换。

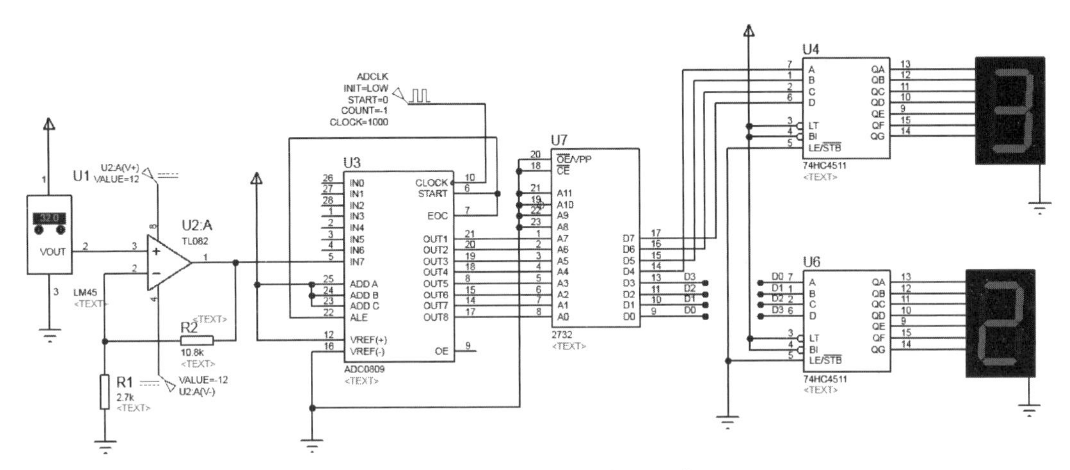

图 9-32　温度测量系统参考设计图

本章小结

A/D 转换器和 D/A 转换器是连通模拟世界和数字系统的桥梁。A/D 转换器用于将模拟信号转换为数字信号，而 D/A 转换器用于将数字信号还原为模拟信号。

D/A 转换器根据实现原理的不同，分为权电阻网络 D/A 转换器、梯形电阻网络 D/A 转换器和开关树等多种类型。权电阻网络 D/A 转换器原理简单，但随着转换位数的增多，权电阻的差值越来越大，不利于集成电路的制造，因此通常作为原理电路应用。梯形电阻网络 D/A 转换器只使用 R 和 $2R$ 两种电阻就可以实现任意位数的 D/A 转换，而且网络结构规整，便于集成电路制造，是目前集成 D/A 转换器的主流结构。

DAC0832 为集成 8 位电流输出型 D/A 转换器，需要外接运放将电流转换为电压输出，可接成直通、单缓冲和双缓冲三种工作模式。AD7520 为 10 位电流输出型 D/A 转换器，同样需要外接运放将电流转换为电压输出。

在实际应用中，选用 D/A 转换器时需要从转换精度和转换速度等方面综合考虑。

A/D 转换的原理相对复杂，需要通过采样、保持、量化和编码 4 个过程才能将模拟量转换为数字量。根据量化与编码的原理不同，将 A/D 转换器分为直接型和间接型两大类。

直接型 A/D 转换器将模拟量直接转换成数字量，分为并联比较型和反馈比较型两种类型，其中反馈比较型又有计数器型和逐次渐近型两种实现方案。

间接型 A/D 转换器先将模拟量转换成某种中间物理量，再将中间量对应成数字量，分为电压-时间(V-T)型和电压-频率(V-F)型两种类型。

A/D 转换器的转换速度与量化与编码电路的类型有关，不同类型的转换器转换速度差异很大。并联比较型的转换速度最高，8 位 A/D 转换器的转换时间可以达到 50ns 以内；逐次渐近型 A/D 转换器的转换速度次之，转换时间通常在 1～100μs；双积分 A/D 转换器的转换速度最慢，转换时间在几十毫秒至几百毫秒，满足仪表与检测领域的需要。

逐次渐近型 A/D 转换器具有较高的工作速度，而且电路成本远低于并联比较型，是目前 A/D 转换器的主流产品。

ADC0809 是集成 8 位逐次渐近型 A/D 转换器，能够对 8 路模拟量进行分时转换，输出 8 位数字量。ICL7107 是三位半双积分型 A/D 转换器，能够将模拟量直接转换为 BCD 码输出，驱动四位数码管显示转换结果。

在实际应用中，选用 A/D 转换器时，需要从转换精度和转换速度、成本、输入模拟量的范围和极性等方面综合考虑。

习题

9.1 由纯电阻网络构成的应用电路如图题 9-1 所示。推导输出电压 v_O 与输入电压 v_{d2}、v_{d1} 和 v_{d0} 之间的关系式，并说明应用电路的功能。

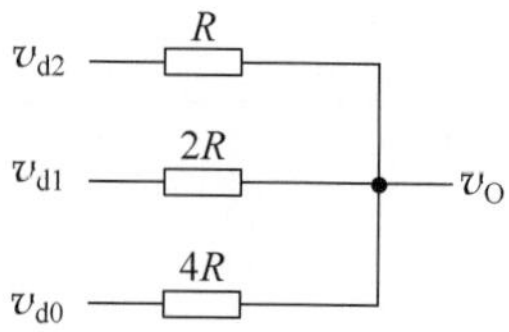

9.2 对于 4 位权电阻网络 D/A 转换器，当输入 $D_3D_2D_1D_0=1100$ 时，输出电压 $v_O=1.5$V，计算 D/A 转换器输出电压的变化范围。

9.3 若要求 D/A 转换器的最小分辨电压为 2mV，最大满刻度输出电压为 5V，计算 D/A 转换器输入二进制数字量的位数。

图题 9-1

9.4 已知 10 位 D/A 转换器的最大满刻度输出电压为 5V，计算该 D/A 转换器的最小分辨电压和分辨率。

9.5 对于 10 位 D/A 转换器 AD7520，若要求输入数字量为$(200)_{16}$时，输出电压 $V_O=5$V，则 V_{REF} 应取多少？

9.6 由 10 位二进制加/减计数器和 AD7520 构成的阶梯波发生器如图题 9-6 所示，分别画出加法计数和减法计数时 D/A 转换器的输出波形(设 $S=0$ 时为加法计数；$S=1$ 时为减法计数)。若时钟频率 CLK 为 1MHz，$V_{REF}=-8$V，计算输出阶梯波的周期。

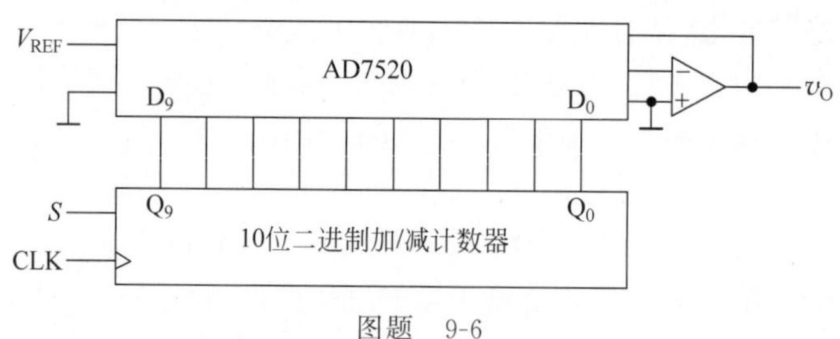

图题 9-6

9.7 对于4位逐次比较型A/D转换器，设 $V_{REF}=10V$，输入电压 $v_I=8.26V$，列出在时钟脉冲作用下比较器输出电压 V_B 的数值并计算最终转换结果。

9.8 对于8位逐次渐进型A/D转换器，已知时钟频率为1MHz，则完成一次转换需要多长时间？若要求完成转换时间小于100μs，时钟频率最低应取多少？

9.9 图题9-9所示电路是用D/A转换器AD7520和运算放大器构成的可控增益放大器，其电压放大倍数 $A_V=v_O/v_I$，由输入的数字量 $D(d_9d_8\cdots d_0)$ 设定。写出放大倍数 A_V 的计算公式，并说明 A_V 的取值范围。

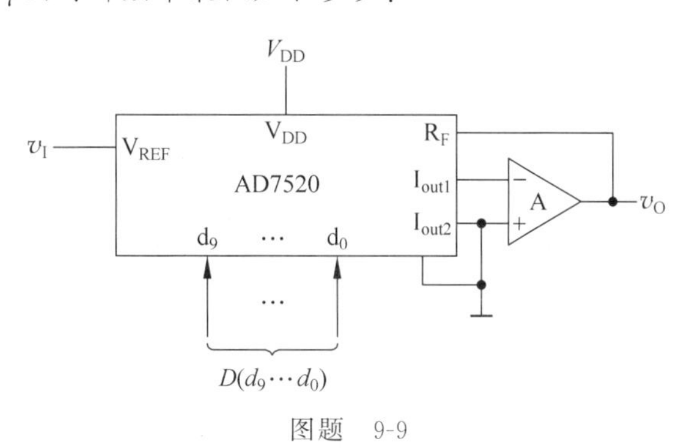

图题 9-9

*9.10 根据计数型A/D转换器的工作原理，设计一个8位A/D转换器，能够将0～5V的直流电压信号转换为8位二进制数，要求转换误差小于±1LSB。

*9.11 设计简易数控稳压电源。电源设有“电压增”(UP)和“电压减”(DOWN)两个键，按UP时输出电压步进增加，按DOWN时输出电压步进减小。要求输出电压范围为5～12V，步进为1V，输出电流大于1A。画出设计图，并说明其工作原理。

*9.12 设计简易数控电流源。电流源设有“电流增”(UP)和“电流减”(DOWN)两个键，按UP时输出电流步进增加，按DOWN时输出电流步进减小。要求输出电流范围为100～800mA，步进为100mA。画出设计图，并说明其工作原理。

*9.13 由555定时器、4位二进制计数器74HC161和集成运放构成的应用系统如图题9-12所示。设计数器的初始状态为0000，输出高电平为5V，输出低电平为0V。若运放是理想的，试回答下列问题：

(1) 555定时器构成了什么功能电路？在系统中有什么用途？

(2) 图中74HC161用作几进制计数器？写出其状态循环关系。

(3) 集成运放和电阻网络构成什么功能电路？推导 v_O 与 V_{Q2}、V_{Q1} 和 V_{Q0} 的关系式。

(4) 当555定时器输出100Hz矩形波时，画出输出电压 v_O 的波形，并计算其频率和最大幅值。

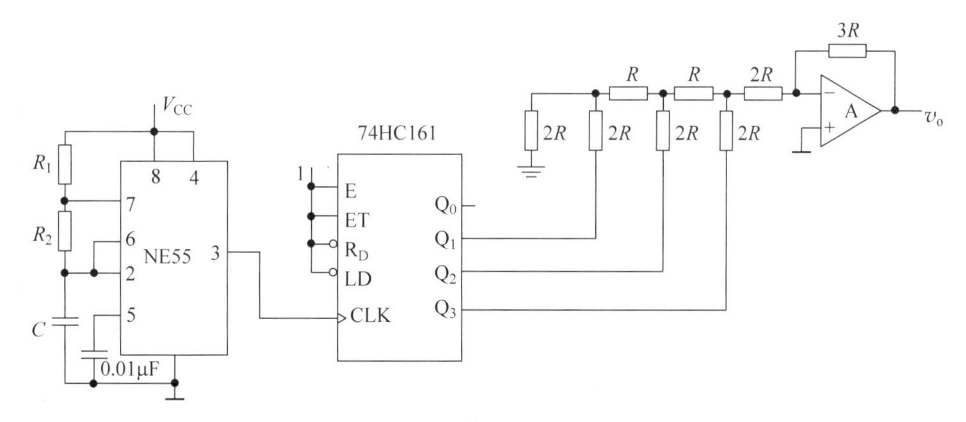

图题 9-12

第三篇

ARTICLE 3

数字系统设计新技术

数字系统设计需要应用3类器件：存储器、微处理器和逻辑器件。存储器用于存储数据和程序代码等信息；微处理器用于数值运算、数据存取和I/O控制等任务；逻辑器件则用于逻辑处理以及时序控制等功能。

逻辑器件可分为固定逻辑器件和可编程逻辑器件两大类。固定逻辑器件一旦制造完成，其功能是固定不变的，如74HC系列这类中、小规模集成器件。可编程逻辑器件按标准器件生产，但其逻辑功能可以根据用户的需要进行定义，能够实现更为复杂的数字系统。

随着半导体工艺进入纳米时代，可编程逻辑器件无论在容量上还是在速度上均有大幅度的提高，同时可以内嵌微处理器、存储器、乘法器和收发器等功能模块，这使得基于可编程逻辑器件设计的数字系统与传统的基于中、小规模设计的数字系统相比，无论在体积、速度、功耗还是设计的灵活性、系统的易构性方面有着无可比拟的优点，实现了高速性与灵活性的完美结合。目前，可编程逻辑器件逐渐取代了传统的中小规模数字器件，成为嵌入式系统、数字通信系统和数字信号处理系统设计的主要载体。

方法决定效率。本篇首先介绍EDA技术的概念和应用要素，然后重点讲述硬件描述语言、常用数字器件的描述以及有限状态机设计方法。

第10章 EDA技术基础

CHAPTER 10

EDA(electronic design automation,电子设计自动化)是20世纪90年代初发展起来的,以可编程逻辑器件(programmable logic device,PLD)为实现载体,以硬件描述语言(hardware description language,HDL)为主要设计手段,以EDA软件为设计平台,以ASIC(application specific integrated circuits,专用集成电路)或者SoC(system on-chip,片上系统)为目标器件,面向数字系统设计和集成电路设计的一门新技术。

应用EDA技术,设计者可以从概念或者算法开始,应用HDL描述模块功能,然后由EDA软件完成编译、逻辑化简、逻辑综合和优化,以及针对特定目标器件的逻辑映射和编程与配置,直至实现整个电子系统。

由于可编程逻辑器件通过软件设计和修改硬件的功能,具有可反复编程和在线可重构的特性,极大地提高了数字系统设计的灵活性,有利于产品的原型设计和更新换代。

10.1 EDA技术应用要素

应用EDA技术涉及硬件、软件和语言三个方面,其中可编程逻辑器件是硬件电路实现的载体,EDA软件是设计平台,硬件描述语言则是描述设计思想的主要工具。

10.1.1 可编程逻辑器件

可编程逻辑器件是在存储器基础上发展起来的,内部逻辑功能可以由用户通过编程方式定义的新型数字器件。从理论上讲,应用门电路、组合逻辑器件、时序逻辑器件这些中小规模器件和存储器可以构建任意复杂的数字系统,但基于可编程逻辑器件实现的数字系统具有体积更小、功耗更低、可靠性更高和速度更快等许多优点,同时具有可重构特性,因而在通信行业、数字信号处理以及嵌入式系统设计领域得到了更为广泛的应用。

可编程逻辑器件从20世纪70年代发展至今,在结构上不断完善,在工艺上不断改进,单芯片PLD的集成度和速度不断提高,同时许多系列产品内嵌收发器、锁相环、乘法器和处理器等功能模块,同时有丰富的IP核可供设计时选用,能够灵活、方便地构建复杂的数字系统,促进电子系统设计向SoC的目标发展。

为了便于表述可编程逻辑器件内部的电路结构,国际上普遍采用如图10-1所示的逻辑表示方法,其中交叉点上有“·”表示固定连接,有“×”表示可编程连接(由用户定义的连接),无标记则表示没有连接。

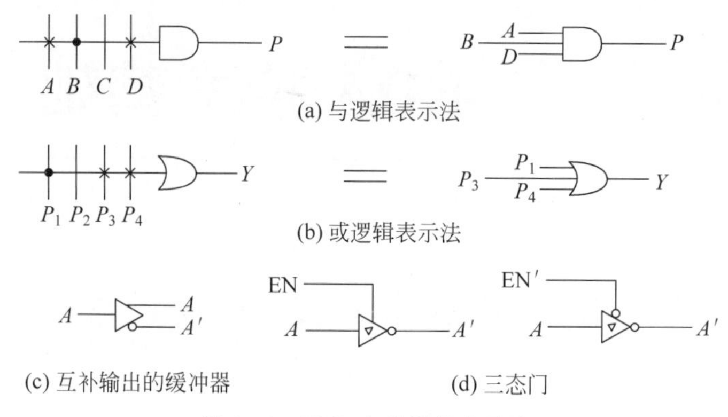

(a) 与逻辑表示法

(b) 或逻辑表示法

(c) 互补输出的缓冲器　　(d) 三态门

图 10-1　PLD 中的逻辑表示法

根据可编程逻辑器件实现逻辑函数的原理不同,将可编程逻辑器件分为基于乘积项结构的 PLD 和基于查找表结构的 FPGA 两种类型。

1. 基于乘积项结构的 PLD

基于乘积项结构的 PLD 由 ROM 发展而来,内部由输入电路、与阵列和或阵列,以及输出电路四部分组成,如图 10-2 所示。输入电路由图 10-1(c)所示的缓冲器构成,用于产生互补的输入变量;与阵列用于产生乘积项;或阵列用于将乘积项相加而实现逻辑函数;输出电路则用于提供不同的输出方式,如组合输出或者寄存器输出等,通常带有三态控制,同时将输出信号通过内部网络反馈到输入端,作为与阵列的输入信号。

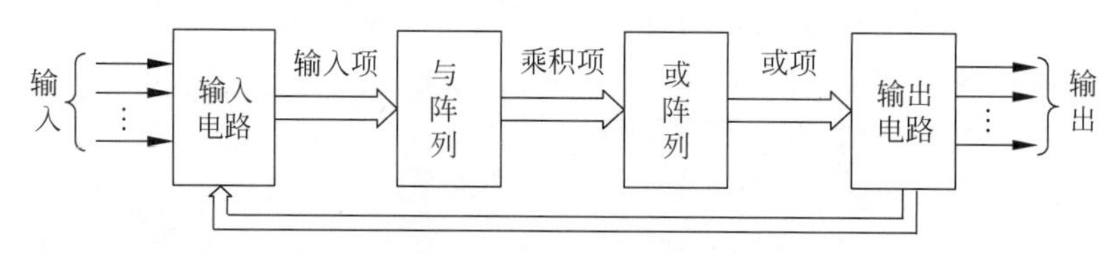

图 10-2　传统 PLD 的基本结构

早期的可编程逻辑器件有 PROM、EPROM 和 E^2PROM 三种类型,具有固定的与阵列(地址译码器)和可编程的或阵列(存储矩阵)。由于结构的限制,PROM、EPROM 和 E^2PROM 主要用作存储器,能够实现一些较为简单的逻辑函数。其后出现了结构上稍微复杂的 FPLA、PAL 和 GAL 器件,能够实现一些更为复杂的逻辑函数,正式命名为可编程逻辑器件。

FPLA(现场可编程逻辑阵列,field programmable logic array)内部由可编程的与阵列和可编程的或阵列构成,如图 10-3 所示。FPLA 与 ROM 的结构类似,所不同的是,ROM 的与阵列为地址译码器,而 FPLA 的与阵列是可编程的,用于产生所需要的乘积项,然后由或阵列将产生的乘积项相加构成逻辑函数。因此,FPLA 比 ROM 具有更高的资源利用率。

PAL(programmable array logic,可编程阵列逻辑)由可编程的与阵列和固定的或阵列构成,如图 10-4 所示。与 FPLA 不同的是,PAL 的或阵列是固定的,以简化 PLD 内部电路结构。由于 PAL 器件通常采用熔丝工艺,一旦编程后就不能再修改,因而不满足产品研发阶段经常测试电路的需要。

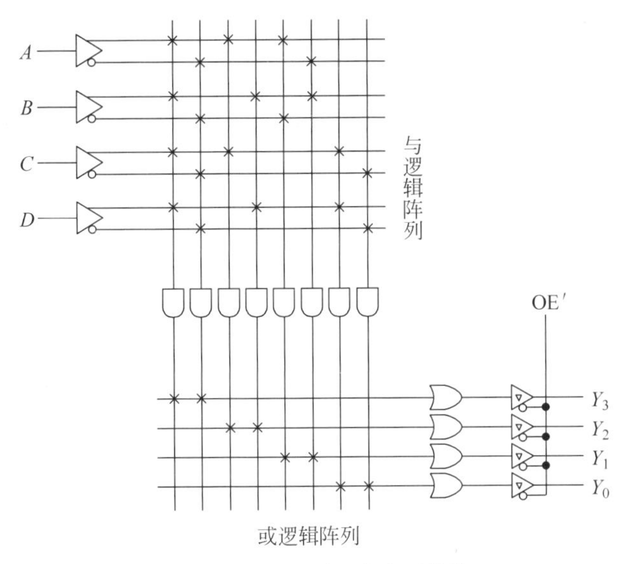

图 10-3　FPLA 与-或阵列结构

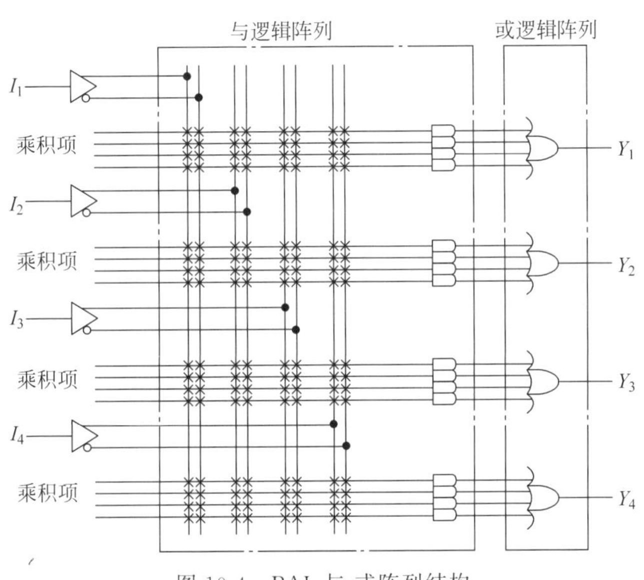

图 10-4　PAL 与-或阵列结构

为了克服 PAL 只能编程一次的缺点，Lattice 公司于 1985 年推出了里程碑式的新型可编程逻辑器件——GAL(generic array logic，通用阵列逻辑)，应用 E^2PROM 工艺，可电擦除和电改写，并且应用可编程输出逻辑宏单元 OLMC，可以通过编程将 OLMC 配置成不同的工作模式，从而增强了器件的通用性。GAL16V8 的内部结构如图 10-5 所示。

CPLD(complex PLD) 延续 GAL 器件的结构，但内部结构规划更合理，密度更高。CPLD 的集成度可达万门左右，适合于中、大规模数字系统的设计。不同厂商的 CPLD 在结构上都有各自的特点，但概括起来，CPLD 主要由三部分组成：通用可编程逻辑块、输入/输出(I/O)块和可编程互连线，如图 10-6 所示。就实现工艺而言，多数 CPLD 应用 E^2CMOS 编程工艺，也有少数应用 Flash 工艺。

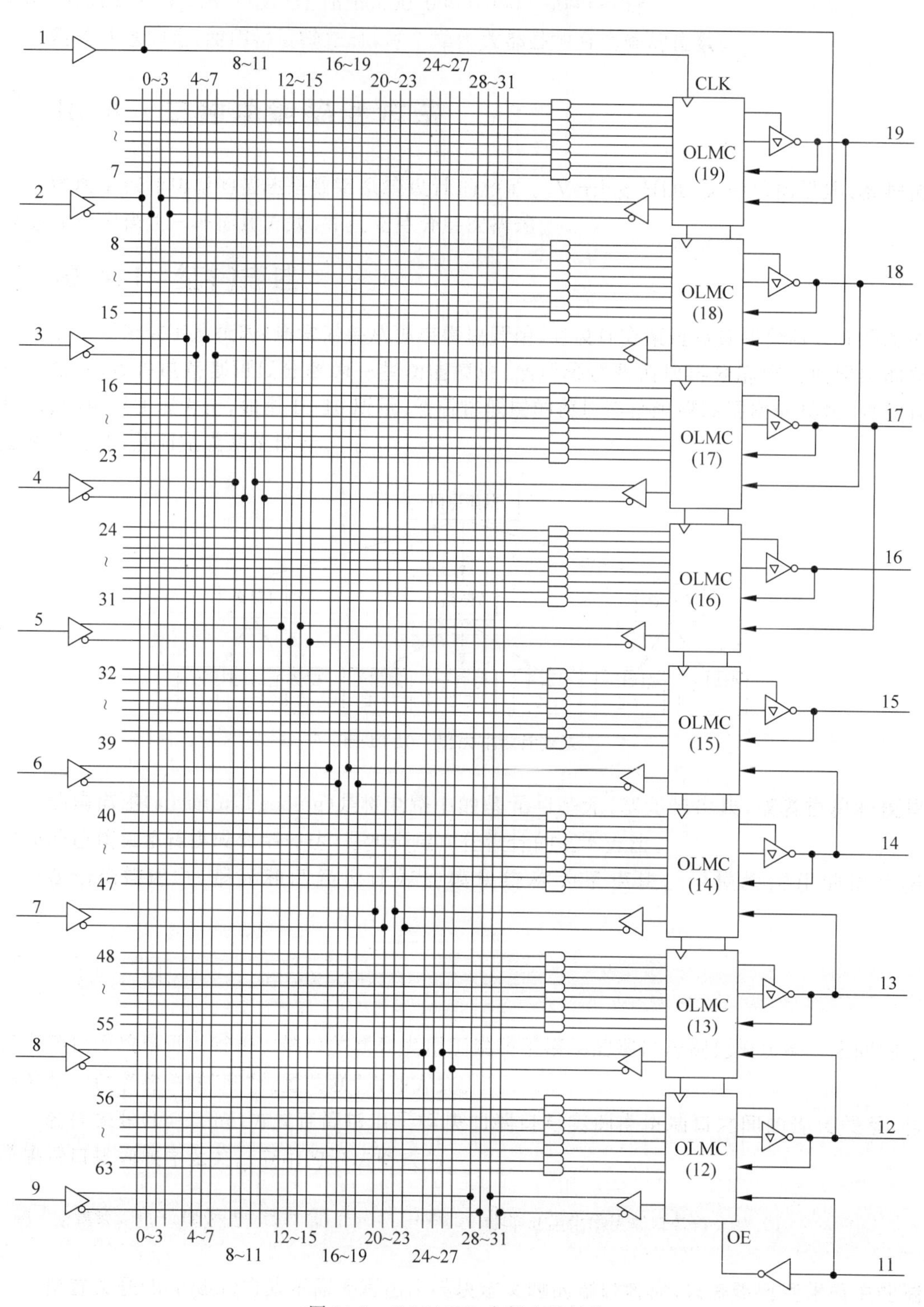

图 10-5 GAL16V8 内部电路结构

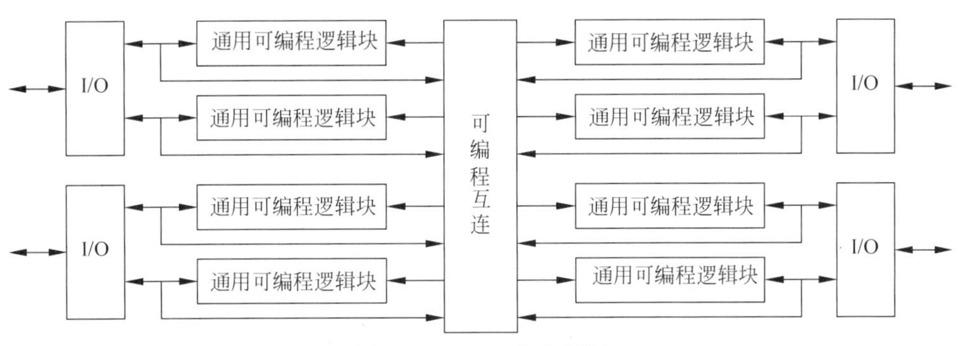

图 10-6　CPLD 结构框图

通用可编程逻辑块的电路结构如图 10-7 所示，由可编程与逻辑阵列、乘积项共享的或逻辑阵列和 OLMC 三部分组成，结构上与 GAL 器件类似，又做了若干改进，在组态时具有更大的灵活性。

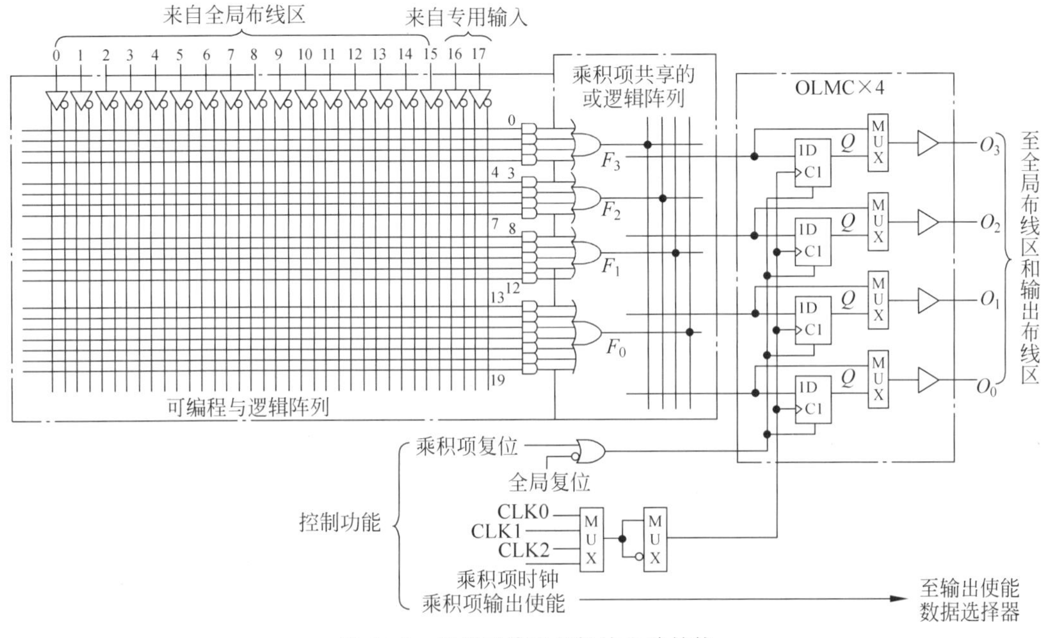

图 10-7　通用可编程逻辑块电路结构

CPLD 基于 E^2PROM 或者 Flash 工艺制造，掉电后信息不会丢失，加电后就可以工作，无须其他芯片配合。另外，CPLD 内部采用结构规整的与-或阵列结构，因此，从输入到输出的传输延迟时间是可预期的，不易产生竞争-冒险，常用于接口电路设计。

2. 基于查找表结构的 FPGA

FPGA(field programmable gate array，现场可编程门阵列)内部不再是与-或阵列结构，而是由多个可编程的基本逻辑单元组成，因此 FPGA 被称为单元型 PLD。目前主流的 FPGA 应用基于 SRAM 工艺的 LUT(look-up table，查找表)结构。

应用 LUT 实现逻辑函数的原理是：任意 n 变量逻辑函数共有 2^n 个取值组合。如果将 n 变量逻辑函数的函数值预先存放在一个 $2^n \times 1$ 位的存储器中，然后根据输入变量的取值组合查找存储器中相应存储单元中的函数值，就可以实现任意 n 变量逻辑函数。FPGA 通

过配置查找表中存储器的存储数据，就可以应用相同的电路结构实现不同的逻辑函数。例如，四变量逻辑函数的通用公式为

$$Y=D_0m_0+D_1m_1+D_2m_2+D_3m_3+\cdots+D_{14}m_{14}+D_{15}m_{15}$$

其中，$m_0,m_1,\cdots,m_{15}$ 为四变量逻辑函数的全部最小项。要实现三变量逻辑函数

$$Y_1=AB'+A'B+BC'+B'C$$

时，由于 Y_1 可表示为

$$Y_1=m_1+m_2+m_3+m_4+m_5+m_6$$

因此，取 $D_0,D_1,\cdots,D_{15}=0111\ 1110\ 0000\ 0000$，而实现四变量逻辑函数

$$Y_2=A'B'C'D+A'BD'+ACD+AB'$$

时，由于 Y_2 可表示为

$$Y_2=m_1+m_4+m_6+m_8+m_9+m_{10}+m_{11}+m_{15}$$

因此，取 $D_0,D_1,\cdots,D_{15}=0100\ 1010\ 1111\ 0001$。

目前 FPGA 中使用四变量或者六变量的 LUT。四变量 LUT 可以看成一个具有 4 位地址的 RAM，可以实现任意四变量逻辑函数。四输入与门的实现原理如表 10-1 所示。

表 10-1 四输入与门的实现原理

逻辑电路		LUT 实现方式	
a b c d → out		地址线 a b c d → 16×1 RAM (LUT) → 输出	
a,b,c,d 输入	逻辑输出	地址	RAM 中存储的内容
0000	0	0000	0
0001	0	0001	0
…	0	…	0
1111	1	1111	1

应用 FPGA 实现更多变量的逻辑函数时，可以通过多个查找表的组合来实现。这种实现方式好像“滚雪球”一样，变量数越多，逻辑函数越复杂，所用 LUT 的数量就越多。相比来说，FPGA 比 CPLD 具有更高的资源利用率，特别适合于实现大规模和超大规模数字系统。

Xilinx 公司 Spartan-Ⅱ系列 FPGA 的内部结构如图 10-8 所示，由可配置逻辑模块(CLB，Configurable Logic Block)、输入/输出模块(IOB，Input/Output Block)、存储器模块(Block RAM)和数字延迟锁相环 DLL(Delay-Locked Loop)组成，其中 CLB 用于实现逻辑功能，IOB 用于提供封装管脚与内部逻辑之间的接口，Block RAM 用于随机存取内部数据，DLL 则用于时钟控制和管理。

CLB 是 FPGA 的基本单元，不仅可以实现组合逻辑和时序逻辑，还可以配置为分布式 RAM 或者 ROM。CLB 的数量和特性会依器件的类型和型号的不同而不同。Spartan-Ⅱ系列 FPGA 中每个 CLB 含有两个 Slice(Xilinx 定义的 FPGA 基本逻辑单位)，每个 Slice 包括两个 LC(logic cell，逻辑单元)，每个 LC 由查找表、进位和控制逻辑以及触发器组成，如图 10-9 所示。除了 2 个 LC 外，CLB 模块中还包括附加逻辑和运算逻辑。CLB 模块中的附加逻辑可以将 2 个或 4 个函数发生器组合起来，用于实现更多输入变量的逻辑函数。

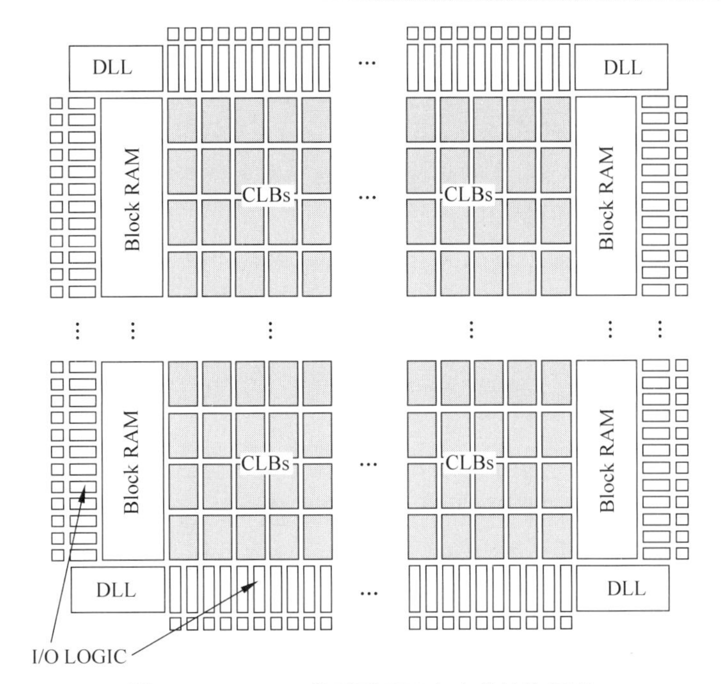

图 10-8　Spartan-Ⅱ系列 FPGA 内部结构框图

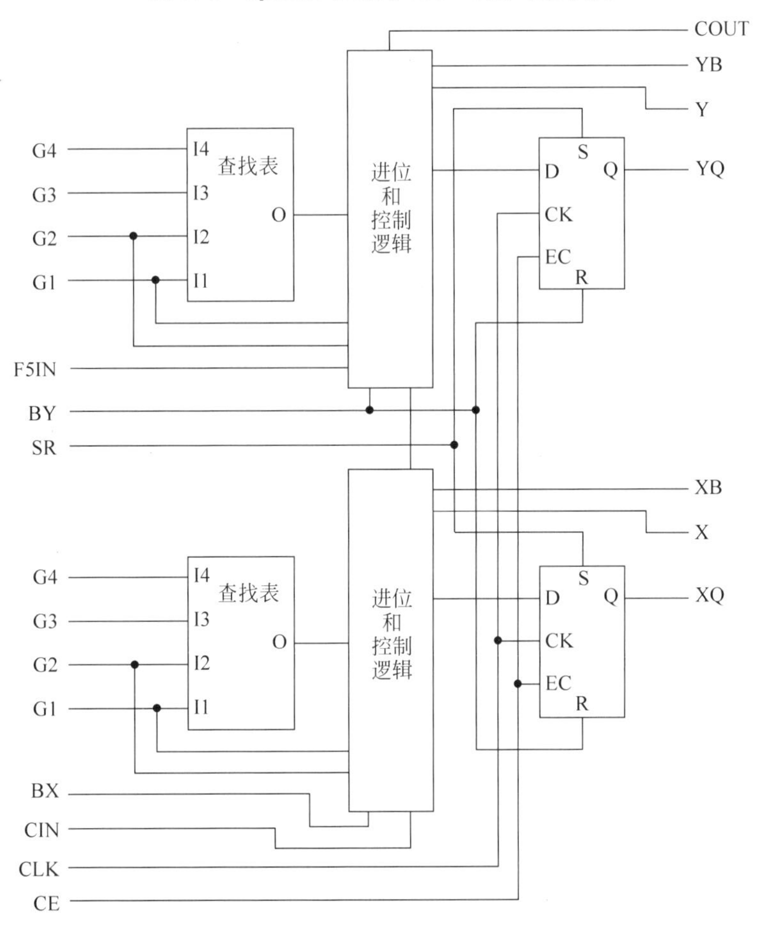

图 10-9　Spartan-Ⅱ Slice 结构

由于 LUT 应用 SRAM 存储信息，而 SRAM 在掉电后会丢失数据，因此在应用 FPGA 时需要外加配置器件保存电路设计信息。在系统上电时，FPGA 会主动将配置器件中的设计信息加载到片内 LUT 的 SRAM 中，完成后电路就可以正常工作了。

基于 LUT 的 FPGA 具有很高的集成度，目前单芯片的规模从数万门到数千万门，能够实现极为复杂的数字系统。但是，由于 FPGA 采用“滚雪球”的方式实现逻辑函数，因此对于多输入-多输出的逻辑电路，从输入到输出的传输路径不完全相同，传输延迟时间是不可预期的，所以基于 FPGA 实现的数字系统容易产生竞争-冒险，因此在设计时尽量采用同步时序电路结构以避免竞争-冒险现象。

10.1.2 硬件描述语言

传统的数字系统设计基于中小规模器件，应用原理图通过连线而构建功能电路和系统。例如，应用原理图设计 10^4 进制计数器时，可以用 4 个十进制计数器 74HC160 级联构成，扩展为 10^8 进制计数器时，则需要再添加 4 片 74HC160 重新连线进行设计。

原理图设计方法不但效率低下，而且可重用性差，无法满足复杂数字系统的设计需求，因此需要借助更先进的设计方法，以提高数字系统的设计效率。

EDA 技术的发展和应用使得数字系统的设计方法发生了革命性的变革。在复杂的系统设计中，应用 HDL 描述逐渐取代了传统的原理图设计方法。

硬件描述语言是用形式化方法描述数字电路行为与结构的计算机语言。数字电路和系统的设计者可以应用硬件描述语言描述功能模块，用一系列分层次的模块搭建数字系统，利用 EDA 工具逐层进行仿真验证，再综合到门级网表，然后应用布局布线工具转换为能在可编程逻辑器件实现的网表文件。

应用 HDL 描述数字系统的优点是：①用 HDL 描述模块的行为或结构，实现细节由 EDA 软件自动完成，从而能够减少工作量，缩短设计周期。例如，将 10^4 进制计数器扩展为 10^8 进制计数器，应用 HDL 描述时，只需要将参数由 10^4 改为 10^8，重新进行编译和综合即可实现。②HDL 描述与实现工艺无关，因而代码重用率比原理图设计方法高。

需要注意的是，HDL 用于描述硬件电路，具有程序语言不具备的三个特性：

(1) 并发性。硬件电路本质上是并行的，因此 HDL 具有描述同时发生的动作机制。

(2) 时间性。硬件电路工作需要消耗时间，因此 HDL 具有描述时间消逝的机制。

(3) 结构表示。复杂的数字系统通常由若干个功能模块组成，因此 HDL 具有描述模块之间连接关系的功能。

硬件描述语言有 40 多年的发展历史，已经成功地应用于数字系统的建模、仿真和综合等各个阶段。随着 EDA 软件功能的提高，综合工具将 HDL 描述转换成硬件电路的技术越来越成熟，大大提高了复杂数字系统的设计效率。

目前广泛应用的硬件描述语言有 Verilog HDL 和 VHDL 两种类型。

1. Verilog HDL

1983 年，GDA(gateway design automation)公司的 Phil Moorby 首创了 Verilog HDL。1984—1985 年，Moorby 设计出第一个关于 Verilog HDL 的仿真器。1986 年，Moorby 提出了用于快速门级仿真的 Verilog HDL-XL 算法。随着 XL 算法的成功，Verilog HDL 得到迅速发展。

1987年，Synopsys公司开始使用Verilog HDL作为综合工具的输入。1989年，Cadence公司收购了GDA公司，Verilog HDL成为Cadence公司的资产。1990年初，Cadence把Verilog HDL和Verilog HDL-XL分开，并公开发布了Verilog HDL，随后成立的OVI(open verilog HDL international)组织，负责促进Verilog HDL的发展。1993年，几乎所有ASIC厂商都开始支持Verilog HDL。同年，OVI推出2.0版本的Verilog HDL规范，IEEE(美国电气电子工程学会)则将OVI的Verilog HDL 2.0作为IEEE标准的提案。

1995年，IEEE发布了IEEE Std 1364™-1995(简称Verilog-1995)标准。2001年，IEEE对Verilog-1995进行了修正和扩展，发布了IEEE Std 1364™-2001(简称Verilog-2001)标准。2005年，IEEE再次对Verilog-2001进行了修订，发布了IEEE Std 1364™-2005(简称Verilog-2005)标准和加强硬件验证语言特性的SystemVerilog(IEEE Std 1800-2005)标准。

SystemVerilog进一步扩展了Verilog HDL语言的功能，提高了抽象建模能力，不但使Verilog HDL的可综合性能和系统仿真性能有大幅度的提高，而且在IP重用方面也有重大的突破。SystemVerilog的另一个显著特点是包含面向对象的验证技术，和芯片验证方法学结合在一起，作为实现方法学的一种语言工具，大大增强模块复用性、提高芯片开发效率，缩短开发周期。

2. VHDL

VHDL(very-high-speed integrated circuit hardware description language，超高速集成电路硬件描述语言)是美国国防部于20世纪80年代后期出于军事工业需要主持开发的硬件描述语言，经IEEE标准化后，于1987年推出了IEEE Std 1076-1987标准。此后，IEEE对VHDL又进行了多次修订，先后推出了IEEE Std 1076-1993、IEEE Std 1076-2000、IEEE Std 1076-2002和IEEE Std 1076-2008等多个标准。VHDL和Verilog HDL一样，已成为广泛应用的硬件描述语言，得到了众多EDA公司的支持。

Verilog HDL和VHDL同为IEEE标准的硬件描述语言，两者有着共同的特点：①以形式化方式描述电路的行为和结构；②支持层次化描述；③应用条件、分支和循环等高级程序语句描述电路的行为；④具有电路仿真与验证机制以测试设计的正确性；⑤支持电路描述由高层次到低层次的综合转换；⑥硬件描述和实现工艺无关；⑦便于文档管理；⑧易于理解和重用。

由于Verilog HDL和VHDL的起源不同，两者也有其各自的特点：①Verilog HDL在C语言的基础上发展而来，语法相对自由，而VHDL基于ADA语言开发，语法相对严谨；②Verilog HDL易学易用，具有广泛的设计群体。有C语言基础，就可以短期内掌握Verilog HDL；③Verilog HDL和VHDL在行为级抽象建模的覆盖范围方面有所不同。一般认为，Verilog HDL在系统级描述方面比VHDL略差一些，而在门级、开关级电路描述方面强得多。但是，随着SystemVerilog的产生和发展，Verilog HDL在系统级描述方面的能力大大增强。

10.1.3　EDA软件

EDA软件很多，功能各异，应用的对象与范围也不相同，但大致可以分两类：一类是PLD厂商针对自己公司产品提供的IDE(integrated development environment，集成开发环境）；另一类是第三方 EDA 公司提供的仿真、综合以及时序分析软件。

IDE 的主要特点是能够完成从设计输入、编辑、编译与综合、仿真、布局布线以及编程与配置等开发流程的所有工作。目前，使用广泛的集成开发环境有 Intel 公司的 Quartus Ⅱ/Prime 和 Xilinx 公司的 ISE 和支持“All Programmable”概念的新版软件 Vivado。

仿真软件用于对设计代码进行测试，以检查逻辑设计的正确性，包括布局布线前的功能仿真和布局布线后包含了门电路延时、布线延时等信息的时序仿真。Modelsim 是目前广泛应用的仿真软件，不仅支持 VHDL 和 Verilog 混合仿真，而且仿真速度比 IDE 自带的仿真工具速度更快。

综合软件用于对设计输入进行逻辑分析、综合和优化，将高级的设计描述转换成 CPLD/FPGA 或者 ASIC 的网表文件，著名的有 Synplicity 公司的 Synplify Pro、Mentor 公司的 Examplar 和 Synopsys 公司的 FPGA Compiler Ⅱ等。

10.2 Verilog HDL 基础

Verilog HDL(简称 Verilog)从 C 语言发展而来，继承了 C 语言简洁、高效的特点，在集成电路设计、数字信号处理以及通信系统设计中有着广泛的应用。

10.2.1 模块的基本结构

模块是 Verilog HDL 的基本组成单元，由模块声明、端口类型定义、数据类型定义和功能描述等多个部分构成。

模块的基本结构如下：

```
module 模块名(端口列表);                              // 模块声明
  // 端口类型定义
  input 输入端口列表;
  output 输出端口列表;
  inout 双向端口列表;
  // 数据类型定义
  wire 线网名,线网名,…;
  reg 变量名,变量名,…;
  // 功能描述
  assign 线网名 = 表达式;                             // 数据流描述
  always @(事件列表) 语句块;                          // 行为描述
  模块名 [例化模块名](端口关联列表);                  // 结构描述
endmodule
```

下面对模块的主要组成部分进行简要说明。

1. 模块声明

模块声明以关键词 module 开始，以关键词 endmodule 结束，由模块名和端口列表两部分组成。

模块声明的语法格式为：

```
module 模块名(端口列表);
  …
endmodule
```

其中模块名是模块唯一的标识，端口列表用于说明模块对外的I/O端口。

注意模块的所有代码应书写于关键词module和endmodule之间，包括端口类型定义、数据类型定义以及功能描述等部分。

2. 端口类型定义

Verilog HDL支持输入、输出和双向三种端口类型，定义的语法格式为：

```
input [msb:lsb] 端口名 x1,端口名 x2,…;
output [msb:lsb] 端口名 y1,端口名 y2,…;
inout [msb:lsb] 端口名 z1,端口名 z2,…;
```

其中input用于定义从外界读取数据的输入口，output用于定义往外界送出数据的输出口，inout则用于定义既支持数据输入又支持数据输出的双向口。msb和lsb用于定义端口的位宽，例如"[3:0]"表示端口的位宽为4位。位宽省略时默认为1。

3. 数据类型定义

数据类型定义用于定义模块中的物理连线或者具有保持作用的数据单元，或者指定模块端口的类型。定义的语法格式为：

```
wire [msb:lsb] 线网名 1,线网名 2,…;
reg [msb:lsb] 变量名 1,变量名 2,…;
```

其中wire为线网类型，用于定义电路中的信号连线，reg为寄存器类型，用于定义具有数据保持功能的变量。例如：

```
wire din;                         // 定义 din 为线网类型
reg [7:0] dout;                   // 定义 dout 为 8 位寄存器变量
```

4. 功能描述

功能描述用于定义模块的功能或者说明模块的结构。Verilog HDL支持数据流描述、行为描述和结构描述三种功能描述方法。

(1) 数据流描述。数据流描述应用连续赋值语句，通过在关键词assign后加函数表达式的方法描述组合逻辑电路的功能。例如：

```
assign y1 = a && b ;              // 描述二输入与逻辑 y1 = a·b
assign y2 = a || b ;              // 描述二输入或逻辑 y2 = a + b
assign y3 = !a ;                  // 描述非逻辑 y3 = a'
assign y4 = a ^ b ;               // 描述异或逻辑 y4 = a⊕b
```

(2) 行为描述。行为描述使用过程语句对模块的功能进行描述。always语句是Verilog HDL中最具特色的过程语句，反复执行，内部应用if…else、case等高级语句定义模块的功能。例如，应用always语句描述异或和同或逻辑：

```
always @(a,b)
  case ({a,b}) // y1:异或逻辑,y2:同或逻辑
    2'b00: begin y1 = 1'b0; y2 = 1'b1; end
    2'b01: begin y1 = 1'b1; y2 = 1'b0; end
    2'b10: begin y1 = 1'b1; y2 = 1'b0; end
    2'b11: begin y1 = 1'b0; y2 = 1'b1; end
  default: begin y1 = 1'b0; y2 = 1'b0; end
  endcase
```

其中“{}”为拼接操作符,表示将 a 和 b 连接起来作为一个整体应用。另外,用 begin 和 end 封装起来的语句称为语句块,形式上如同一条语句。

(3) 结构描述。结构描述是调用 Verilog HDL 定义的基元(primitive,门级或开关级元件)或者用户定义的功能模块对电路或者系统的结构进行描述。

结构描述的语法格式为:

```
基元或者模块名 [实例名](端口关联列表);
```

其中实例名可以省略。例如:

```
nand U1(y1,a,b,c);              // 调用基元 nand,描述三输入与非门 y1 = (abc)'
nor U2(y2,a,b,c);               // 调用基元 nor, 描述三输入或非门 y2 = (a + b + c)'
```

10.2.2 基本语法元素

1. 空白符与注释

空白符(white space)起分隔作用,包括空格、Tab 键、换行符和换页符。和 C 语言一样,在 Verilog HDL 代码中插入适当的空白符,能够增加代码的可阅读性。

注释(comments)分为单行注释和多行注释两种,与 C 语言完全相同。单行注释以“//”开始到行尾结束。多行注释以“/ * ”开始,以“ * /”结束。注意多行注释不允许嵌套。

2. 取值集合

Verilog HDL 为每位赋值对象定义了 4 种基本取值,具体的符号和含义如表 10-2 所示,其中 x 和 z 不区分大小写。

表 10-2 4 种基本取值

取　值	含　义	取　值	含　义
0	0、逻辑假	x/X	未知(不确定的值)
1	1、逻辑真	z/Z	高阻状态

3. 常量

取值不变的量称为常量(constant)。Verilog HDL 定义了整数常量、实数常量和字符串三种常量类型。

整数常量的取值为整数,定义的语法格式为:

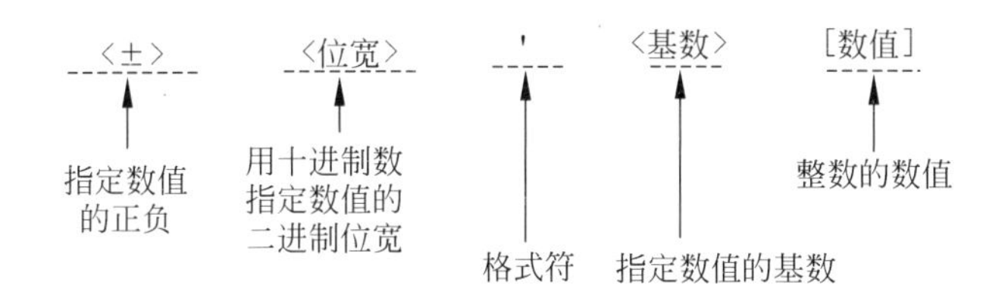

整数常量为正时符号可以省略。例如：

```
4'b1001                          // 4 位二进制数,值为 1001
5'd23                            // 5 位二进制数,数值为十进制数 23
-8'd6                            // 8 位二进制有符号数,值为 -6(用补码表示)
```

下画线“_”可以添加在常量中,用于增加数据的可阅读性。例如：

```
16'b0001001101111111 可以书写成 16'b0001_0011_0111_1111。
```

为了提高代码的可阅读性和可维护性,Verilog HDL 通常使用参数定义语句定义常量,用标识符代替具体的常量值,指定数据的位宽、定义参量和状态编码等。

参数定义语句的语法格式如下：

```
parameter 参数名 1 = 数值或表达式 1,参数名 2 = 数值或表达式 2,…;
localparam 参数名 1 = 数值或表达式 1,参数名 2 = 数值或表达式 2,…;
```

其中 parameter 用于定义通用参数,localparam 用于定义数值不可更改的参数。例如：

```
parameter MSB = 7, LSB = 0;          // 定义参数 MSB 和 LSB,分别表示 7 和 0
localparam DELAY = 10;               // 定义参数 DELAY,表示 10
…
reg [MSB:LSB] cnt_q;                 // 定义变量 cnt_q 的位宽为 8
and #DELAY (y,a,b);                  // 延迟 10 个时间单位,将 a 和 b 相与赋给 y
```

4. 标识符与关键词

标识符(identifier)是用户定义的,用来表示常量、线网/变量、参数或者模块的名称。

Verilog HDL 标识符的取名应符合以下基本规范：①由字母、数字、$ 和_(下画线)组成；②以字母或者下画线开头,中间可以使用下画线,但不能连续使用下画线,也不能以下画线结束；③长度小于 1024。

和 C 语言一样,Verilog HDL 中的标识符是区分大小写的。例如,MAX、Max 和 max 是三种不同的标识符。

Verilog HDL 预定义了一系列保留标识符,称为关键词(keywords),具有特定的含义,如 module、endmodule、input、output、inout、wire、reg、integer、real、initial、always、begin、end、if、else、case、casex、casez、endcase、for、repeat、while 和 forever 等。需要注意的是,用户定义的标识符不能和关键词重名。

10.2.3 数据类型

数据类型(data type)用于定义硬件电路中的物理连线和具有保持作用的数据单元,有线网(net)和变量(variable)两种类型。

1. 线网

线网表示硬件电路中的物理连线。定义的语法格式为：

```
线网类型名 [msb:lsb] 线网名 1,线网名 2, …, 线网名 n;
```

其中线网类型名是指线网的具体类型，msb 和 lsb 是定义线网位宽的常量或者常量表达式，默认为 1 位。

wire 和 tri 是常用的两种线网类型。wire 用于定义硬件电路中的信号线，tri 则用于描述多个驱动源驱动的总线。

2. 变量

变量表示具有保持作用的数据单元。变量被赋值后，其值能够保持到下一次赋值时为止。可综合的变量有寄存器变量和整型变量两种类型。

(1) 寄存器变量。寄存器变量用关键词 reg 描述，定义的语法格式为：

```
reg [msb:lsb] 变量名 1, 变量名 2, ... 变量名 n;
```

其中 msb 和 lsb 用于定义变量位宽的常量或者常量表达式，默认为 1。例如：

```
reg [3:0] cnt_q;                  // 定义 cnt_q 为 4 位寄存器变量
reg qtmp;                         // 定义 qtmp 为 1 位寄存器变量
reg [0:31] reg_A, reg_B,reg_C;    // 定义三个 32 位寄存器变量
```

在 Verilog HDL 中，寄存器变量用于存储无符号数。当寄存器变量被赋值为负数时，仍会被解释为无符号数。例如：

```
reg [3:0] tmp;
tmp = 5;                        // tmp 的值为 5.
tmp = -2;                       // tmp 的值为 14(-2 的补码值,按无符号数处理)。
```

(2) 整型变量。整型变量用关键词 integer 描述，定义的语法格式为：

```
integer 变量名 1, 变量名 2,... 变量名 n [msb:lsb];
```

其中 msb 和 lsb 是定义整数变量位宽的常量或者常量表达式，默认为 32 位。

在 Verilog HDL 中，整型变量用于存储有符号数，具体数值以二进制补码的形式表示。例如：

```
integer i;                      // 定义 i 为整数变量
...
i = -6;                         // i 值为 32'b1111...11010
```

3. 标量与矢量

在 Verilog HDL 中，位宽为一位称为标量，位宽大于一位的称为矢量。

对矢量进行说明时，矢量范围用括在中括号内的一对整数表示，中间用冒号隔开。例如：

```
reg [7:0] reg_a ;                    // 8 位寄存器变量
wire [7:0] bus_a,bus_b ;             // 8 位线网
```

10.3　基元、运算符与操作符

Verilog HDL 定义了 26 个基本元器件，简称基元，设计数字系统时可以直接调用这些基元对电路结构进行描述。同时，Verilog HDL 定义了 9 种运算符和操作符，为模块功能的描述提供了更为有效的方法。

10.3.1　基元

Verilog HDL 定义的 26 个基元可分为以下六种类型：

(1) 多输入门：and，nand，or，nor，xor，xnor。

(2) 多输出门：buf，not。

(3) 三态门：bufif0，bufif1，notif0，notif1。

(4) 上拉电阻/下拉电阻：pullup，pulldown。

(5) MOS 开关：cmos，nmos，pmos，rcmos，rnmos，rpmos。

(6) 双向开关：tran，tranif0，tranif1，rtran，rtranif0，rtranif1。

下面对多输入门、多输出门和三态门调用的语法格式进行说明。

1. 多输入门

多输入门有一个或者多个输入，但只有一个输出。Verilog HDL 定义了与、与非、或、或非、异或和同或 6 种多输入门。

多输入门调用的语法格式为：

```
多输入门名 [例化名] (输出, 输入 1, 输入 2, …,输入 n);
```

2. 多输出门

多输出门有缓冲器(buf)和反相器(not)两种类型，共同特点是只有一个输入，可以有一个或者多个输出。

多输出门调用的语法格式为：

```
多输出门名 [例化名] (输出 1, 输出 2, …, 输出 n, 输入);
```

3. 三态门

三态门有输入、输出和三态控制三个端口，调用的语法格式为：

```
三态门名 [例化名] (输出, 输入, 三态控制);
```

Verilog HDL 定义了两种三态驱动器 bufif0 和 bufif1 以及两种三态反相器 notif0 和

notif1，其中 if1 表示三态控制端高电平有效，if0 表示三态控制端低电平有效。

10.3.2 运算符与操作符

Verilog HDL 定义的运算符与操作符按功能可分为 9 类，如表 10-3 所示。表达式中运算符或者操作符的运算次序根据优先级的高低顺序执行，数值越小，优先级越高。优先级相同的运算符按照从左向右顺序执行，用括号可以改变运算的优先顺序。

表 10-3 Verilog HDL 运算符与操作符

<table>
<tr><th>种类</th><th>运算符</th><th>含义</th><th>优先级</th><th>种类</th><th>运算符</th><th>含义</th><th>优先级</th></tr>
<tr><td rowspan="5">算术运算符</td><td>+</td><td>加法</td><td>3</td><td rowspan="4">等式运算符</td><td>==</td><td>相等</td><td>6</td></tr>
<tr><td>-</td><td>减法</td><td>3</td><td>!=</td><td>不相等</td><td>6</td></tr>
<tr><td>*</td><td>乘法</td><td>2</td><td>===</td><td>全等</td><td>6</td></tr>
<tr><td>/</td><td>整除</td><td>2</td><td>!==</td><td>不全等</td><td>6</td></tr>
<tr><td>%</td><td>取余</td><td>2</td><td>条件操作符</td><td>?:</td><td>条件运算</td><td>11</td></tr>
<tr><td rowspan="3">逻辑运算符</td><td>!</td><td>非</td><td>1</td><td rowspan="4">移位操作符</td><td><<</td><td>逻辑左移</td><td>4</td></tr>
<tr><td>&&</td><td>与</td><td>9</td><td>>></td><td>逻辑右移</td><td>4</td></tr>
<tr><td>||</td><td>或</td><td>10</td><td><<<</td><td>算术左移</td><td>4</td></tr>
<tr><td rowspan="5">位操作符</td><td>~</td><td>非</td><td>1</td><td>>>></td><td>算术右移</td><td>4</td></tr>
<tr><td>&</td><td>与</td><td>7</td><td rowspan="6">缩位操作符</td><td>&</td><td>与</td><td>1</td></tr>
<tr><td>|</td><td>或</td><td>8</td><td>|</td><td>或</td><td>1</td></tr>
<tr><td>^</td><td>异或</td><td>7</td><td>~&</td><td>与非</td><td>1</td></tr>
<tr><td>~^或^~</td><td>同或</td><td>7</td><td>~|</td><td>或非</td><td>1</td></tr>
<tr><td rowspan="4">关系运算符</td><td>></td><td>大于</td><td>5</td><td>^</td><td>异或</td><td>1</td></tr>
<tr><td><</td><td>小于</td><td>5</td><td>~^或^~</td><td>同或</td><td>1</td></tr>
<tr><td>>=</td><td>大于或等于</td><td>5</td><td rowspan="2">拼接操作符</td><td>{}</td><td>拼接</td><td>—</td></tr>
<tr><td><=</td><td>小于或等于</td><td>5</td><td>{{}}</td><td>复制</td><td>—</td></tr>
</table>

1. 算术运算符

算术运算符(arithmetic operators)用于实现算术运算，包括加(+)、减(-)、乘(*)、整除(/)和取余(%)五种运算符。例如：

```
12.5/3:                    //结果为 4
12 % 4:                    //余数为 0
-15 % 2:                   //结果取第一个数的符号,余数为 -1
```

需要注意的是，整除的结果为整数。在取余运算时，结果的符号和第一个操作数的符号一致。在进行算术运算时，只要有一个操作数为 x 或 z，运算结果就为 x。

2. 逻辑运算符

逻辑运算符(logic operators)包括与(&&)、或(||)和非(!)三种，其运算规则如表 10-4 所示。

表 10-4　逻辑运算真值表

a	b	a&&b	a||b	!a	!b
0	0	0	0	1	1
0	1	0	1	1	0
1	0	0	1	0	1
1	1	1	1	0	0

注意逻辑运算的操作数均为1位,运算结果也为1位。若操作数为矢量,则非0矢量被当作1进行处理。例如:

```
a = 1'b0110
b = 1'b1000
```

则(a&&b)的结果为1,(a||b)的结果也为1。

若操作数中存在x或z,则结果根据逻辑含义确定。例如:

```
1'b0 && 1'bz                    //结果为 0
1'b1 || 1'bz                    //结果为 1
!x                              //结果为 x
```

3. 位操作符

位操作符(bitwise operators)对操作数的对应位进行操作,包括与(&)、或(|)、非(~)、异或(^)和同或(~^或者^~)5种操作符。

设a、b均为4位二进制数,a&b的含义是将a和b的对应位相与,a|b的含义是将a和b的对应位相或,a^b的含义是将a和b的对应位相异或,而~a、~b的含义是将a、b按位取反。例如,当a=4'b0110,b=4'b1000时,则a&b的结果为4'b0000,a|b的结果为4'b1110,a^b的结果为4'b1110,~a的结果为4'b1001,~b的结果为4'b0111。

如果两个位操作数的宽度不同,则比较时会将位宽较短的操作数高位添0补齐,然后按位进行操作,输出结果的位宽与位宽较长的操作数保持一致。例如,当ce1=4'b0111、ce2=6'b011101时,先将ce1补齐为6'b000111,因此ce1 & ce2=6'b000101。

位操作符与逻辑运算符的差异在于逻辑运算中的操作数和结果均为一位,而位操作中的操作数和结果既可以是一位,也可以为多位。

当操作数的位宽为1位时,位操作和逻辑运算的效果相同。

4. 关系运算符

关系运算符(relational operators)用于判断两个操作数的大小,如果关系为真,则返回1;如果关系为假,则返回0。关系运算符有大于(>)、大于或等于(>=)、小于(<)和小于或等于(<=)4种。所有的关系运算符有着相同优先级,但低于算术运算符的优先级。

如果操作数的位宽不同,则先将位宽较短的操作数左边添0补齐,再进行比较。例如:'b1000>='b01110等价于'b01000>='b01110,结果为假(0)。

在关系运算符中,若操作数中包含有x或者z,则结果为x。

5. 等式运算符

等式运算符(equality operators)用于判断两个操作数是否相等,如果结果为真返回1,

结果为假时则返回 0。

等式运算符有相等(==)、不相等(!=)、全等(===)和不全等(!==)4 种,其中运算符"=="和"!="称为逻辑等式运算符,比较时,值 x 和 z 具有通常的物理含义,若操作数中包含 x 或 z,则逻辑相等的比较结果为 x。运算符"==="和"!=="称为 case 等式运算符,可以比较含有 x 和 z 的操作数,比较时,不考虑 x 和 z 的物理含义,严格按字符值进行比较,结果非 0 即 1。例如,设

```
a = 4'b10x0
b = 4'b10x0
```

则(a==b)的比较结果为 x,而(a===b)的比较结果为 1。

表 10-5 为逻辑等式运算符和 case 等式运算符的真值表。case 等式运算符用于 case 表达式的判别,在模块的功能仿真中有着广泛的应用,但不可综合应用,所以只能在测试文件中使用。

表 10-5 等式运算符真值表

逻辑等式运算符					case 等式运算符				
==	**0**	**1**	**x**	**z**	**===**	**0**	**1**	**x**	**z**
0	1	0	x	x	0	1	0	0	0
1	0	1	x	x	1	0	1	0	0
x	x	x	x	x	x	0	0	1	0
z	x	x	x	x	z	0	0	0	1

6. 条件操作符

条件操作符(condition operators)根据条件表达式的取值是否为真,从两个表达式中选择其一。应用的语法格式为:

```
(条件表达式)? 表达式 1 : 表达式 2
```

表示若条件表达式为真,返回表达式 1 的值,否则返回表达式 2 的值。

应用条件操作符可以很方便地描述 2 选 1 数据选择器:

```
input D0,D1,sel;
output wire y;
assign y = (!sel)? D0 : D1;
```

条件操作符可以嵌套使用,以实现多路选择。例如,应用条件操作符描述 4 选 1 数据选择器,根据地址 A_1 和 A_0 的值从 4 路数据 D_0、D_1、D_2 和 D_3 中选择一路输出:

```
input D3,D2,D1,D0,A1,A0;
output wire y;
assign y = (A1)? ((A0)?D3:D2) : ((A0)?D1:D0);
```

7. 移位操作符

移位操作符(shift operators)用于对操作数进行移位,分为逻辑移位和算术移位两种类型。应用的语法格式为:

```
<操作数><移位操作符><位数>
```

其中移位的次数由操作符右侧的位数决定。

逻辑移位用于对无符号数进行移位,移出的空位用0填补,有"<<"(逻辑左移)和">>"(逻辑右移)两种操作符。"data << n"的含义是将操作数data向左移n位,"data >> n"的含义是将操作数data向右移n位。

算术移位用于对有符号数进行移位,移位时符号位保持不变,数值位左移移出的空位用0填补,右移移出的空位用符号位填补,有"<<<"(算术左移)和">>>"(算术右移)两种操作符。

在实际应用中,通常应用移位操作的组合实现乘法运算,以简化电路设计。例如计算d×20时,因为$20=2^4+2^2$,所以d×20可以应用"(d << 4)+(d << 2)"实现。

8. 缩位操作符

缩位操作符(reduction operators)用于对操作数进行缩位运算,包括缩位与(&)、缩位或(|)、缩位与非(~&)、缩位或非(~|)、缩位异或(^)和缩位同或(~^或^~)6种操作符。

缩位操作的运算规则与位操作类似,所不同的是,缩位操作是对单个操作数的所有位进行操作,返回结果为一位。缩位操作具体的运算过程为:首先对操作数的第一位和第二位进行操作,然后再将运算结果和第三位进行操作,以此类推,直至最后一位。例如:

```
reg [3:0] a;
wire y1,y2,y3;
assign y1 = &a;                    // 缩位与: y1 = a[3] & a[2] & a[1] & a[0]
assign y2 = |a;                    // 缩位或: y2 = a[3] | a[2] | a[1] | a[0]
assign y3 = ^a;                    // 缩位异或: y3 = a[3] ^ a[2] ^ a[1] ^ a[0]
```

9. 拼接操作符

拼接操作符(concatenation operators)用于将两个或两个以上的线网或者变量拼接起来,形成一个整体。例如,若线网a,b,c的位宽均为1位,则

```
{a,b,c}
```

表示将三个1位的线网拼接为一个3位的线网。

合理应用拼接操作能够简化逻辑描述。例如,应用拼接操作符实现移位操作:

```
input data_in;                               // 数据输入
reg [0:15] shift_reg;                        // 16位移位寄存器
shift_reg <= {data_in,shift_reg [0:14]};     // 数据右移一位
shift_reg <= {shift_reg [1:15],data_in};     // 数据左移一位
```

如果需要多次拼接同一个操作数,则重复拼接的次数可用常数指定。例如,4{2'b01}和8'b01010101 等价,16{1'b0}与 16'b0000_0000_0000_0000 等价。

需要注意的是,使用拼接操作时,每个操作数都必须有明确的位数。

10.4 三种功能描述方法

模块结构和功能的描述是数字系统设计的核心。Verilog HDL 支持结构描述、数据流描述和行为描述三种描述方式,并且支持分层次描述。

10.4.1 结构描述

设计复杂数字系统时,通常需要从顶层模块开始,对设计方案进行逐层分解。在系统的任一层次,硬件电路都可以分解为一些功能模块,然后将这些模块再分解成更低层次的模块,直到可以实现为止,如图 10-10 所示,然后将低层的模块连接组成高层次的模块,直到顶层模块为止,从而完成系统设计。

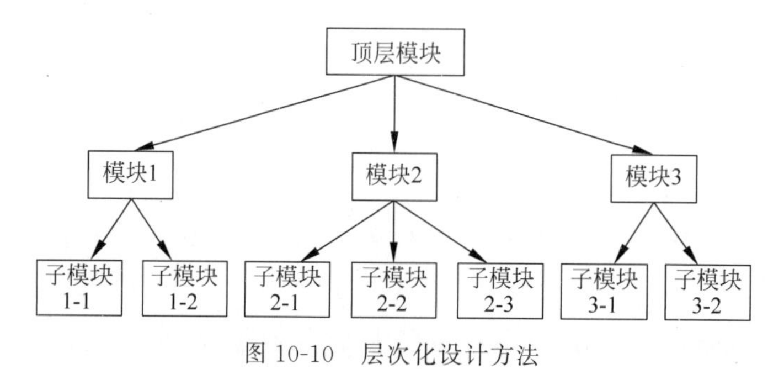

图 10-10 层次化设计方法

结构描述(structural coding)是将电路中的基元与基元、基元与模块,或者模块和模块之间的连接关系转换成文字表达,是实现层次化设计的基本方法。

在结构描述中,基元和已经设计好的模块统称为子模块。子模块调用的语法格式为:

```
子模块名 [例化模块名](端口关联列表);
```

其中例化模块名可以省略。端口关联列表用于说明子模块的端口与例化模块端口之间的连接关系,有“名称关联”和“位置关联”两种方式。

名称关联(by-name)方式直接指出子模块的端口与实例模块端口之间的连接关系,与模块端口排列顺序无关。应用的语法格式为:

```
.子模块端口 1(例化模块端口名), ……, .子模块端口 n(例化模块端口名);
```

位置关联(in-order)方式不需要写出子模块定义时的端口名称,只需要把例化模块的端口名按照子模块定义时的端口顺序排放就能自动映射到子模块的对应端口上。应用的语法格式为:

```
(例化模块端口 1,例化模块端口 2,…, 例化模块端口 n);
```

【例 10-1】 半加器的结构描述。

根据半加器的逻辑图(见图 4-34(a)),调用 Verilog 基元描述半加器的代码参考如下:

```
module half_adder(A,B,S,CO);
  input A,B;
  output wire S,CO;
  xor (S,A,B);              // 位置关联方式
  and (CO,A,B);
endmodule
```

【例 10-2】 全加器的结构描述。

全加器可应用两个半加器和一个或门实现,如图 10-11 所示。

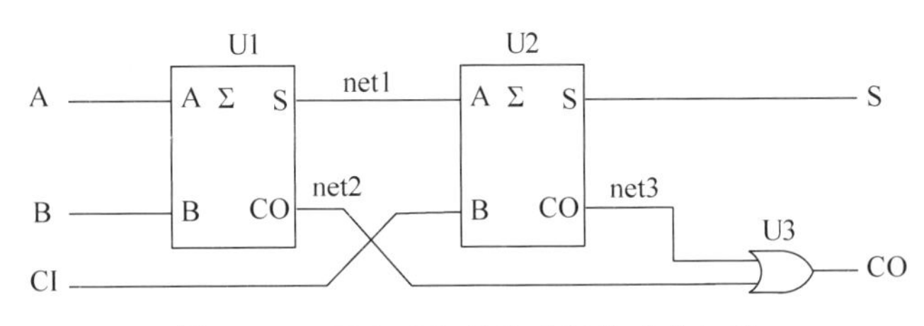

图 10-11 两个半加器和或门构成全加器

调用 Verilog HDL 基元和例 10-1 设计的半加器描述全加器的代码参考如下:

```
module Full_Adder(A,B,CI,Sum,CO);
  input A,B,CI;
  output wire Sum,CO;
  wire net1,net2,net3;
  half_adder U1 (.A(A),.B(B),.S(net1),.CO(net2));          // 名称关联方式
  half_adder U2 (.A(net1),.B(CI),.S(Sum),.CO(net3));
  or U3(CO,net2,net3);                                     // 位置关联方式
endmodule
```

【例 10-3】 应用层次化方法设计四位加法器。

四位加法器可以应用 4 个全加器按照串行进位方式连接构成,如图 10-12 所示。

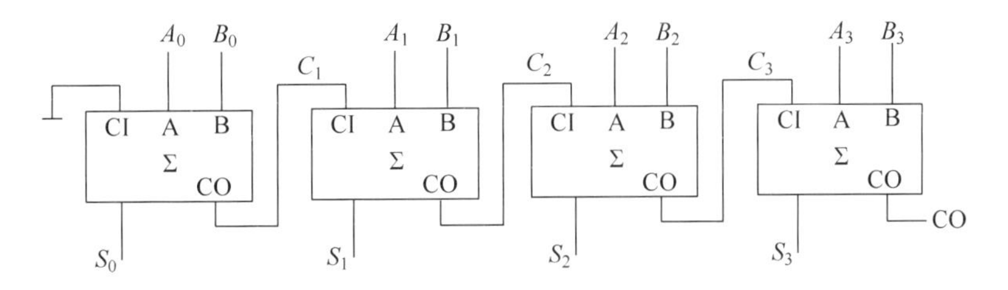

图 10-12 四位串行进位加法器

调用例 10-2 中的全加器模块描述四位加法器的代码参考如下:

```
module adder4bits (A,B,S,CO);
  input [3:0] A,B;                              // 两个4位二进制数输入
  output wire [3:0] S;                          // 加法和输出
  output wire CO;                               // 进位输出
  // 内部线网定义
  wire C1,C2,C3;
  // 结构描述,名称关联方式
  Full_Adder u1(.A(A[0]),.B(B[0]),.CI(0), .Sum(S[0]),.CO(C1));
  Full_Adder u2(.A(A[1]),.B(B[1]),.CI(C1),.Sum(S[1]),.CO(C2));
  Full_Adder u3(.A(A[2]),.B(B[2]),.CI(C2),.Sum(S[2]),.CO(C3));
  Full_Adder u4(.A(A[3]),.B(B[3]),.CI(C3),.Sum(S[3]),.CO(CO));
endmodule
```

10.4.2 数据流描述

数据流描述(dataflow coding)应用连续赋值语句,基于函数表达式描述线网的逻辑功能,用于描述组合逻辑电路。

数据流描述应用的语法格式为:

```
assign [延迟量] 线网名 = 函数表达式;
```

数据流描述的特点是其赋值过程是连续的,即当赋值表达式中任意一个量发生变化时,表达式的值立即被计算,经过"#延迟量"定义的延迟时间后将结果赋给左边线网。延迟量用于定义函数表达式的值发生变化时到赋给线网的延迟时间,只用于仿真,综合时将被忽略。延迟量的默认值为0。

【例 10-4】 2选1数据选择器的数据流描述。

根据2选1数据选择器的函数表达式,应用连续赋值语句进行描述的Verilog代码参考如下:

```
module mux2to1(D0,D1,A,y);
  input D0,D1,A;
  output wire y;
  assign y = !A && D0 || A && D1;
endmodule
```

【例 10-5】 全加器的数据流描述。

根据全加器的函数表达式,应用连续赋值语句进行描述的Verilog代码参考如下:

```
module Full_Adder(A,B,CI,Sum,CO);
   input A,B,CI;
   output wire S,CO;
   assign Sum = A ^B ^CI;
   assign CO = A&B | (A|B)&CI;
endmodule
```

【例 10-6】 4 位加法器的数据流描述。

根据 4 位加法计算公式，应用连续赋值语句进行描述的 Verilog 代码参考如下：

```
module Adder_nbits(A,B,CI,S,CO);
  parameter Nbits = 4;
  input [Nbits - 1:0] A,B;
  input CI;
  output wire [Nbits - 1:0] S;
  output wire CO;
  assign {CO,S} = A + B + CI;
endmodule
```

10.4.3 行为描述

1. 行为描述的定义

行为描述(behavioral coding)应用高级程序语句描述模块的行为特性，不考虑具体的实现方法。

行为描述以过程语句为单位，应用一个或者多个过程语句 always 描述模块的逻辑功能。

always 语句是反复执行的，有两种过程状态：执行状态和等待状态。一旦过程语句的事件列表中有事件发生，always 语句即进入执行状态；执行完毕后自动返回，进入等待状态。always 语句应用的语法格式为：

```
always @(事件列表)
  begin [:块名]
    [变量说明;]
    [延迟量 1] 语句 1;
    ⋮
    [延迟量 n] 语句 n;
  end
```

其中“块名”可以省略。“延迟量”定义只用于仿真，缺省时默认值为 0。

在 Verilog HDL 中，always 语句把“事件”作为触发过程语句执行的条件，分为“电平敏感事件”和“边沿触发事件”两种类型。

电平敏感事件是指将线网/变量的电平发生变化作为触发 always 语句执行的条件，应用的语法格式为：

```
@(电平敏感量 1 or … or 电平敏感量 n) 语句块;
```

例如：

```
always @ (a or b or c)
  begin 语句 1;…;语句 n; end
```

表示只要 a、b、c 任意一个发生变化，begin…end 中的语句就会被执行。敏感事件列表中的关键词 or 可以用“,”代替,即使用 “@ (a,b,c)”描述和使用“@ (a or b or c)”描述等效。

电平敏感事件既可以用于描述组合逻辑电路,又可以用于描述时序逻辑电路。例如,D 锁存器的功能描述如下:

```
module d_latch ( clk,d,q );
  input clk,d;
  output reg q;
  always @( clk,d )
    if ( clk ) q <= d;
endmodule
```

在上述语句中,clk 或者 d 任意一个发生变化时,如果检测到 clk 为高电平,就把 d 赋给 q。由于没有定义 clk 为低电平时执行的操作,默认 clk 为低电平时,q 保持不变。

边沿触发事件是指将信号/变量发生边沿跳变作为触发 always 语句执行的条件,分为上升沿触发(用关键词 posedge 描述)和下降沿触发(用关键词 negedge 描述)两种情况。

边沿触发事件应用的语法格式为:

```
@(边沿触发事件 1 or … or 边沿触发事件 n) 语句块;
```

边沿触发事件用于描述时序逻辑电路。例如,描述上升沿工作的 D 触发器参考代码如下:

```
module d_ff ( clk,d,q );
  input clk,d;
  output reg q;
  always @( posedge clk )
    q <= d;
endmodule
```

在上述语句中,当时钟脉冲的上升沿到来时,将 d 赋给 q,其余时间 q 保持不变。

为了使用起来灵活方便,商品化的触发器都附加有复位端和置位端,分为异步和同步两类。描述异步复位时,需要将复位信号列入 always 过程语句的敏感事件列表中,当复位有效时就能立即执行指定的操作。例如,描述异步复位的边沿 D 触发器参考代码如下:

```
module DFF_async_rst(clk,rd_n,d,q);
  input clk,rd_n,d;
  output reg q;
  always @( posedge clk or negedge rd_n )
    if ( !rd_n ) q <= 1'b0;
      else q <= d;
endmodule
```

同步复位只有当时钟脉冲的有效沿到来时才能使触发器复位。描述同步复位时,只需要将时钟脉冲的有效沿作为触发 always 过程语句执行的条件,然后在 always 内部语句块中检测复位信号是否有效。例如，同步复位 D 触发器的功能描述如下：

```
module dff_sync_reset(clk,rst_n,d,q);
  input clk,rst_n,d;
  output reg q;
  always @( posedge clk )
    if (!rst_n) q <= 1'b0;
      else q <= d;
endmodule
```

always 语句也可以没有事件列表，表示没有触发条件，语句块永远反复执行。但这种语句不可综合，只能用在仿真中，用于产生周期性的信号。例如：

```
always #10 clk1 = ~clk1;                    // 产生周期为 20 个仿真单位的脉冲序列
always #20 clk2 = ~clk2;                    // 产生周期为 40 个仿真单位的脉冲序列
```

2. 过程赋值语句

过程语句内部的赋值语句称为过程赋值语句。过程赋值语句用于对变量进行赋值，不能对线网进行赋值。经过赋值后，这些变量的值将保持不变，直到下一次赋值为止。

过程赋值语句应用的语法格式为：

```
<被赋值变量> <赋值操作符> <赋值表达式>
```

其中赋值操作符分为“=”和“<=”两种，分别代表阻塞赋值(blocking assignment)和非阻塞赋值(non-blocking assignment)。

阻塞赋值是指过程体中前一条赋值语句结束之前，后一条赋值语句被阻塞，不能执行。

非阻塞赋值是指过程体中的赋值语句同时执行，后面语句的执行不受前面语句执行的影响。非阻塞式赋值提供了在语句块内实现并行操作的方法。

由于阻塞赋值与非阻塞赋值在功能上存在差异，因此应正确地区分和应用这两种赋值语句。

【例 10-7】 阻塞赋值应用示例。

```
module blocking_demo(din,clk,q1,q2);
  input din,clk;
  output reg q1,q2;
  always @( posedge clk )
    begin q1 = din; q2 = q1; end
endmodule
```

对于上述代码，当时钟脉冲 clk 上升沿到来时，首先执行赋值语句“q1=din”，执行结束时，q1 得到 din 的值，然后执行赋值语句“q2=q1”，执行结束时 q2 得到 q1 的值。所以两条语句执行结束后，q2 和 q1 都得到了 din 的值，因而会综合出如图 10-13 所示的 2 位寄存器，其存储数据完全相同。

【例 10-8】 非阻塞赋值应用示例。

```
module non_blocking_demo(din,clk,q1,q2);
  input din,clk;
  output reg q1,q2;
  always @( posedge clk )
    begin q1 <= din; q2 <= q1; end
endmodule
```

对于上述代码,当时钟脉冲 clk 上升沿到来时,赋值语句“q1<=din”和“q2<=q1”同时执行,即在 q1 得到 din 值的同时,q2 得到 q1 原来的值,因而会综合出如图 10-14 所示的 2 位移位寄存器。

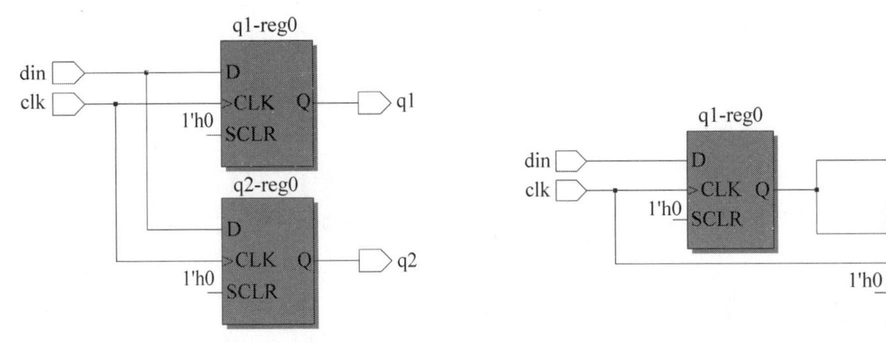

图 10-13 阻塞式赋值综合结果 图 10-14 非阻塞式赋值综合结果

一般来说,描述组合逻辑电路时建议使用阻塞赋值,描述时序逻辑电路时建议使用非阻塞赋值。需要同时描述时序逻辑和组合逻辑时,应使用两个 always 语句,一个处理时序逻辑,一个处理组合逻辑,或者改用连续赋值语句描述组合逻辑部分。注意,不能在同一个过程语句中同时使用阻塞赋值和非阻塞赋值。

3. 高级程序语句

Verilog HDL 中的高级程序语句与 C 语言一样,用于控制代码的流向,分为条件语句、分支语句和循环语句三种类型。

(1) 条件语句。根据条件表达式的结果是否为真决定执行的操作,有简单条件语句、分支条件语句和多重条件语句三种形式。

简单条件语句用于描述时序逻辑电路,应用的语法格式为:

```
if (条件表达式)语句块;
```

表示条件表达式为真时执行语句块,为假时不执行语句块。

分支条件语句的语法格式为:

```
if(条件表达式)
    语句块 1;
  else
    语句块 2;
```

表示条件表达式为真时执行语句块 1，否则执行语句块 2。例如，2 选 1 数据选择器可应用分支条件语句进行描述：

```
always @(A0,D0,D1)
  if (!A0) y = D0;
     else y = D1;
```

多重条件语句用于多路选择，应用的语法格式为：

```
if(条件表达式 1)语句块 1;
  else if(条件表达式 2)语句块 2;
  …
  else if (条件表达式 n)语句块 n;
    else 语句块 n+1;
```

对于上述 if-else if-else 语句，如果条件表达式 1 为真，则执行块语句 1，否则依次判断条件表达式 2 至条件表达式 n，若为真，则执行相应的块语句。当所有的条件均不满足时，才执行块语句 n+1。

由于多重条件语句对条件表达式的判断有先后顺序，隐含有优先级的关系。

【例 10-9】 4 线-2 线优先编码器的行为描述。

```
module prior_encoder(I3,I2,I1,I0,y);
  input I3,I2,I1,I0;
  output reg [1:0] y;
  always @ (I3,I2,I1,I0)
     if (I3) y = 2'b11;
       else if (I2) y = 2'b10;
         else if (I1) y = 2'b01;
           else     y = 2'b00;
endmodule
```

(2) 分支语句。分支语句用于多路选择，有 case…endcase、casez…endcase 和 casex…endcase 三种应用形式。

case 语句应用的语法格式为：

```
case(表达式)
   列出值 1:语句块 1;
   列出值 2:语句块 2;
   …
   列出值 n:语句块 n;
   [default: 语句块 n+1;]              // "[ ]"表示可选项
endcase
```

case 语句相当于 C 语言中的 switch 语句。当表达式的值与某个列出值相等时，则执行相应的语句块后退出。若表达式的值与所有列出值都不相等时，才执行 default 后面的“语句块 n+1”。

【例 10-10】 应用 case 语句描述 2 线-4 线译码器。

```
module decoder2_4(en,bin_code,y);
  input en;
  input [1:0] bin_code;
  output reg [3:0] y;
  always @( bin_code or en )
    if ( en )
      case ( bin_code )
        2'b00: y = 4'b0001;
        2'b01: y = 4'b0010;
        2'b10: y = 4'b0100;
        2'b11: y = 4'b1000;
      default: y = 4'b0000;
      endcase
    else
        y = 4'b0000;
endmodule
```

【例 10-11】 应用 case 语句描述 4 选 1 数据选择器。

```
module mux4to1(S_n,D,A,y);
  input S_n;                              // 控制端
  input [0:3] D;                          // 4 路数据
  input [1:0] A;                          // 2 位地址
  output reg y;                           // 输出
  always @(S_n,D,A)
    if(!S_n)                              // 当控制端有效时
      case (A)                            // 根据地址选择
        2'b00: y = D[0];
        2'b01: y = D[1];
        2'b10: y = D[2];
        2'b11: y = D[3];
      default: y = D[0];
      endcase
    else
      y = 0;
endmodule
```

在 case 语句中，表达式和列出值中的 x 和 z 是作为字符值进行比较的。也就是说，x 只和 x(或 X)匹配相等，z 只和 z(或 Z)匹配相等。

除了 case 语句外，分支语句还有两种应用形式：casez…endcase 和 casex…endcase。

casez 语句用来处理不考虑 z 的比较过程，出现在表达式和列出值中的 z 被认为是无关位，和任意取值都匹配相等。

casex 语句用来处理不考虑 x 和 z 的比较过程，出现在表达式和列出值中的 x 和 z 都被认为是无关位，和任意取值都匹配相等。

表 10-6～表 10-8 列出了 case、casez 和 casex 语句的真值表。

表 10-6　case 真值表

case	0	1	x	z
0	1	0	0	0
1	0	1	0	0
x	0	0	1	0
z	0	0	0	1

表 10-7　casez 真值表

casez	0	1	x	z
0	1	0	0	1
1	0	1	0	1
x	0	0	1	1
z	1	1	1	1

表 10-8　casex 真值表

casex	0	1	x	z
0	1	0	1	1
1	0	1	1	1
x	1	1	1	1
z	1	1	1	1

在 Verilog HDL 中，通常用字符“?”代替字符 x 和 z，表示无关位。

【例 10-12】　应用 casez 语句描述 4 线-2 线优先编码器。

```
module priority_encoder(I3,I2,I1,I0,y);
  input I3,I2,I1,I0;
  output reg [1:0] y;
  always @ (I3,I2,I1,I0)
    casez({I3,I2,I1,I0})
      4'b1???: y = 2'b11;
      4'b01??: y = 2'b10;
      4'b001?: y = 2'b01;
      4'b0001: y = 2'b00;
      default: y = 2'b00;
    endcase
endmodule
```

(3) 循环语句。循环语句的作用与 C 语言相同。Verilog HDL 支持 4 类循环语句：for 语句、while 语句、repeat 语句和 forever 语句。其中 for 语句和 while 语句的作用和用法与 C 语言相同。

for 语句应用的语法格式为：

```
for(循环初值表达式 1; 循环控制条件表达式 2; 增量表达式 3)语句块;
```

【例 10-13】　用移位累加方法实现乘法器。

```
module multiplier(prod,op_a,op_b);
  parameter Nbits = 8;                          // 参数定义
  input [Nbits:1] op_a,op_b;                    // 被乘数与乘数
  output reg [2 * Nbits:1] prod;                // 乘法结果
  // 循环变量定义
  integer i;
  // 组合逻辑过程,描述移位累加逻辑
  always @(op_a,op_b) begin
    prod = 0;
    for(i = 1;i <= Nbits; i = i + 1)
      if ( op_b[i] )
        prod = prod + ( {Nbits{1'bo},op_a}<<(i - 1) ); // 移位累加
  end
endmodule
```

10.5 设计实践

数字系统应用二进制进行数值运算，但运算结果通常需要转换为十进制显示。

将 4 位二进制数转换为 BCD 码可以通过列写真值表，应用卡诺图化简，写出函数表达式后画出逻辑图的方式进行设计。但是，当二进制数的位数远大于 4 时，应用上述方法进行设计则难以实现，因此，需要寻求实现二进制数到 BCD 码转换的高效算法。

将二进制数转换成十进制的基本原理是按照其位权展开式进行展开的，然后将各部分相加即可得到等值的十进制数，即

$$(d_{n-1}d_{n-2}\cdots d_1 d_0)_2=(d_{n-1}\times 2^{n-1}+d_{n-2}\times 2^{n-2}+\cdots+d_1\times 2^1+d_0\times 2^0)_{10}$$

而位权展开式还可以进一步写成

$$(d_{n-1}d_{n-2}\cdots d_1 d_0)_2=((((d_{n-1}\times 2+d_{n-2})\times 2+\cdots)\times 2+d_1)\times 2+d_0)_{10}$$

上式说明，n 位二进制数按位权展开式求和时，式中的 2^i $(i=n-1,n-2,\cdots,0)$可以转换为乘 2 运算 i 次。由于 Verilog HDL 中的逻辑左移相当于乘 2 运算，因此 2^i 就可以转换为左移 i 次实现。

BCD 码是用二进制数码 0000～1001 分别表示十进制数 0～9，其运算规则为逢十进一。4 位二进制数共有 0000～1001～1111 十六种取值，其运算规则为逢十六进一。对于 BCD 码来说，当数码大于或等于 10 时应该由低位向高位产生进位，但对于 4 位二进制数来说，只有当数值大于或等于 16 才会产生进位。因此，在移位前，必须对数值进行修正，才能得到正确的 BCD 码。

由于 BCD 码逢十进一，而 10/2=5，因此在移位前需要判断每四位数值是否大于或等于 5。当数值大于或等于 5 时，就需要在移位前给相应的数值加上(6/2=)3，这样左移时就会跳过 1010～1111 这 6 个无效的数码而得到正确的 BCD 码。例如，移位前数值若为 0110(对应十进制数 6)时，加 3 得到 1001，左移后数值为 10010，看作 BCD 码时，为十进制数 12。

根据上述转换原理，将这种二进制数转换为 BCD 码的方法称为移位加 3 算法(shift and add 3 algorithm)。具体的实现方法是：将 n 位二进制数转换为 BCD 码时，需要将数值左移 n 次。在每次移位前先判断每 4 位数值是否大于或等于 5，大于或等于 5 时给相应的数值加上 3，否则不加，然后进行移位，继续判断直到移完 n 次为止。8 位二进制数"1111 1111"转换为 3 位 BCD 码"255"的具体实现步骤如表 10-9 所示。

表 10-9　8 位二进制数转换为 BCD 码的实现步骤

操作	移位窗口			8 位二进制数	
	百位	十位	个位	1111	1111
第 1 次左移			1	1111	111
第 2 次左移			11	1111	11
第 3 次左移			111	1111	1
加 3 修正			1010	1111	1
第 4 次左移		1	0101	1111	
加 3 修正		1	1000	1111	

续表

操作	移位窗口			8位二进制数	
	百位	十位	个位	1 1 1 1	1 1 1 1
第5次左移		1 1	0 0 0 1	1 1 1	
第6次左移		1 1 0	0 0 1 1	1 1	
加3修正		1 0 0 1	0 0 1 1	1 1	
第7次左移	1	0 0 1 0	0 1 1 1	1	
加3修正	1	0 0 1 0	1 0 1 0	1	
第8次左移	1 0	0 1 0 1	0 1 0 1		
转换结果	2	5	5	BCD码	

移位加3算法适合应用硬件描述语言进行描述。将8位二进制数转换为3位BCD码的Verilog代码如下：

```
module BinarytoBCD( BINdata, BCDout );
   input [7:0] BINdata ;                          // 8 位二进制数输入
   output [11:0] BCDout;                          // 3 位 BCD 码输出
   // 内部线网和变量定义
   reg [11:0] BCDtmp;                             // 移位缓存区
   integer i;                                     // 循环变量
   // 移位加 3 过程
   always @( BINdata )
     begin
       BCDtmp = 12'b0;
       for( i = 0; i < 8 ; i = i + 1 )
         begin
           // 移位前修正
           if( BCDtmp[11:8] >= 5 ) BCDtmp[11:8] = BCDtmp[11:8] + 3;
           if( BCDtmp[7:4] >= 5 ) BCDtmp[7:4] = BCDtmp[7:4] + 3;
           if( BCDtmp[3:0] >= 5 ) BCDtmp[3:0] = BCDtmp[3:0] + 3;
           // 逻辑左移
           BCDtmp[11:0] = { BCDtmp[10:0], BINdata[7 - i] };
         end
     end
   // 转换结果输出
   assign BCDout = BCDtmp;
endmodule
```

本章小结

EDA技术是以可编程逻辑器件(PLD)为实现载体，以硬件描述语言(HDL)为主要设计手段，以EDA软件为设计平台，以ASIC或SOC为目标器件，面向数字系统设计和集成电路设计的新技术。

应用EDA技术涉及PLD、EDA软件和HDL三个方面，其中PLD是实现载体，EDA软件是设计平台，HDL是描述设计思想的主要工具。

可编程逻辑器件分为基于“与－或”阵列结构的CPLD和基于查找表结构的FPGA两种类型。其中FPGA将ASIC集成度高的优点和可编程逻辑器件使用灵活、重构方便的优点结合在一起，特别适合于样品研制或小批量产品开发，不但能使产品快速上市，而且容易转向由ASIC实现，因此开发风险低，成为复杂数字系统设计的实现载体。

EDA软件大致可分为两类：第一类是PLD厂商针对自己公司产品提供的集成开发环境，第二类是第三方专业EDA公司提供的仿真、综合以及时序分析工具软件。

硬件描述语言是从高级语言发展而来的，用形式化方法描述数字电路和系统的硬件结构和行为的计算机语言。应用硬件描述语言描述数字电路的优点是：①设计细节由计算机完成，减少了设计工作量，缩短了设计周期；②硬件描述与实现工艺无关，因而代码重用率比传统的原理图设计方法高。

Verilog HDL由C语言发展而来，是目前广泛使用的硬件描述语言之一。模块是Verilog HDL的基本单元，由模块声明、端口类型定义、数据类型定义和功能描述等多个部分构成。其中功能描述是模块的核心，Verilog HDL支持行为描述、数据流描述和结构描述三种描述方式，并且支持分层次描述。

习题

10.1　Verilog HDL中为每位赋值对象定义了哪几种基本取值？4位变量共有多少种取值组合？

10.2　Verilog HDL定义了哪几类数据类型？在连续赋值语句中，被赋值的对象应该定义为什么数据类型？在过程赋值语句中，被赋值的对象必须定义为什么数据类型？

10.3　模块有哪几种建模方式？

10.4　数据流描述方式采用什么语句进行描述？具体的语法格式是什么？

10.5　行为描述方式采用什么语句描述模块的功能？具体的语法是什么？被赋值的对象必须定义为什么数据类型？

10.6　在结构化建模方式中，.A(A)中两个A的具体含义分别是什么？

10.7　用Verilog语句定义以下线网、变量或常数：

(1) 名为Qtmp的8位寄存器变量，并赋值为－2；

(2) 名为Xbits的16位整数变量；

(3) 定义参数S1、S2、S3和S4，取值分别为4'b0001、4'b0010、4'b0100和4'b1000；

(4) 名为sindat_mem，容量为1024×10位的存储器；

(5) 名为DataBus的16位数据总线。

10.8　在Verilog HDL中，哪些操作符的结果是1位的？

10.9　比较逻辑操作符与位操作符，说明其共同点和应用差异。

10.10　已知半加器的真值表、逻辑函数表达式和逻辑图分别如图题10-10(a)～(c)所示，分别用行为描述、数据流描述和结构描述三种方法描述半加器。

A B	S CO
0 0	0 0
0 1	1 0
1 0	1 0
1 1	0 1

(a) 真值表

$$\begin{cases} S=A'B|AB'=A\oplus B \\ \text{CO}=AB \end{cases}$$

(b) 函数式

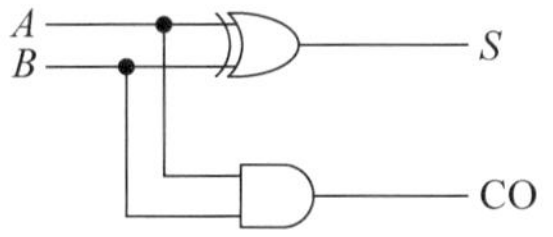

(c) 逻辑图

图题 10-10

10.11 已知全加器的真值表、逻辑函数表达式和逻辑图分别如图题10-11(a)~图题10-11(c)所示，分别用行为描述、数据流描述和基元例化方式描述全加器。

A B CI	S CO
0 0 0	0 0
0 0 1	1 0
0 1 0	1 0
0 1 1	0 1
1 0 0	1 0
1 0 1	0 1
1 1 0	0 1
1 1 1	1 1

(a) 真值表

$$\begin{cases} S=A\oplus B\oplus CI \\ \text{CO}=AB+(A+B)CI \end{cases}$$

(b) 函数式

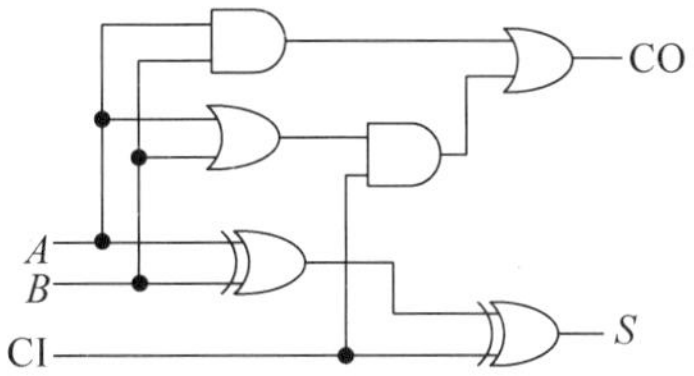

(c) 逻辑图

图题 10-11

第 11 章 常用数字器件的描述

CHAPTER 11

掌握了硬件描述语言 Verilog HDL 之后，本章首先对数字电路中常用器件进行功能描述，包括基本门电路、组合逻辑器件和时序逻辑器件，然后讲述三种典型的应用系统——频率计、DDS 信号源和键盘电子琴的设计。

11.1 组合逻辑器件的描述

常用的组合逻辑器件除基本逻辑门外，有编码器、译码器、数据选择器、数值比较器、三态缓冲器和奇偶校验器等多种类型。

11.1.1 基本逻辑门

逻辑代数中定义了与、或、非、与非、或非、异或和同或共 7 种运算，相应地，Verilog HDL 定义了实现 7 种逻辑关系的基元，例化这些基元就可以描述门电路。同时，应用 Verilog HDL 逻辑运算符或者位操作符也可以很方便地描述逻辑门。因此，基本逻辑门既可以应用行为描述方式直接定义门电路的逻辑功能，也可以应用数据流描述方式表述门电路输出与输入之间的逻辑关系。

【例 11-1】 基本逻辑门的描述。

应用数据流描述时，用连续赋值语句 assign 和逻辑运算符/位操作符实现。

```
module Basic_Gates (a,b,Yand,Yor,Ynot,Ynand,Ynor,Yxor,Ynxor);
    // 端口类型定义
    input a,b;
    output wire Yand,Yor,Ynot,Ynand,Ynor,Yxor,Ynxor;
    // 数据流描述,应用位操作符
    assign Yand = a & b;
    assign Yor = a | b;
    assign Ynot = ~a;
    assign Ynand = ~( a & b);
    assign Ynor = ~(a | b);
    assign Yxor = a ^ b;
    assign Ynxor = ~(a ^ b);
endmodule
```

11.1.2 编码器

编码器有4线-2线、8线-3线、16线-4线等多种类型。74HC148为常用的8线-3线优先编码器，用于将8个高/低电平信号编成3位二进制代码。

Verilog HDL中的条件语句if-else if-else和分支语句casex和casez本身隐含有优先级的关系，都可以用于描述优先编码器。

【例11-2】 应用条件语句描述74HC148。

```
module HC148a (
    input              s_n,              // 控制端,低电平有效
    input [7:0]        i_n,              // 输入端,低电平有效
    output reg [2:0]   y_n,              // 编码输出,低电平有效
    output wire        ys_n,             // 无编码信号指示,低电平有效
    output wire        yex_n             // 有编码输出指示,低电平有效
    );
    // 编码标志逻辑
    assign ys_n = s_n ? 1'b1 : ( &i_n ? 1'b0 : 1'b1 );
    assign yex_n = s_n ? 1'b1 : ( &i_n ? 1'b1 : 1'b0 );
    // 编码过程,应用多重条件语句描述
    always @( s_n,i_n )                  // 当控制信号或输入发生变化时
      if ( !s_n )                        // 控制信号有效时
          if ( !i_n[7] )        y_n = 3'b000;
          else if ( !i_n[6] )   y_n = 3'b001;
          else if ( !i_n[5] )   y_n = 3'b010;
          else if ( !i_n[4] )   y_n = 3'b011;
          else if ( !i_n[3] )   y_n = 3'b100;
          else if ( !i_n[2] )   y_n = 3'b101;
          else if ( !i_n[1] )   y_n = 3'b110;
                else            y_n = 3'b111;
      else                               // 控制信号无效时
          y_n = 3'b111;
endmodule
```

【例11-3】 应用分支语句描述74HC148。

```
module HC148b( s_n,i_n,y_n,ys_n,yex_n );
    input              s_n;
    input [7:0]        i_n;
    output reg [2:0]   y_n;
    output wire        ys_n;
    output wire        yex_n;
    // 编码标志逻辑
    assign ys_n = s_n ? 1'b1 : ( &i_n ? 1'b0 : 1'b1 );
    assign yex_n = s_n ? 1'b1 : ( &i_n ? 1'b1 : 1'b0 );
    // 编码过程,应用 casex 语句描述
    always @(s_n,i_n)
        if (!s_n)
            casex (i_n)
```

```
                    8'b0??????? : y_n = 3'b000;
                    8'b10?????? : y_n = 3'b001;
                    8'b110????? : y_n = 3'b010;
                    8'b1110???? : y_n = 3'b011;
                    8'b11110??? : y_n = 3'b100;
                    8'b111110?? : y_n = 3'b101;
                    8'b1111110? : y_n = 3'b110;
                    8'b11111110 : y_n = 3'b111;
                    8'b11111111 : y_n = 3'b111;
                        default : y_n = 3'b111;
                endcase
            else
                y_n = 3'b111;
endmodule
```

11.1.3 译码器

译码器用于将代码翻译为高、低电平信号。74HC138 是常用的二进制译码器，用于将 3 位二进制代码翻译成 8 个高、低电平信号。

译码器可以应用行为描述、数据流描述和结构描述等多种方式描述。

【例 11-4】 应用行为描述方式描述译码器。

```
module HC138(s1,s2_n,s3_n,a,y_n);
  input s1,s2_n,s3_n;
  input [2:0] a;
  output reg [7:0] y_n;
  //内部线网定义及逻辑
  wire s;
  assign s = s1&(~s2_n)&(~s3_n);
  //功能描述
  always @(s,a)
    if (s)
        case (a)
          3'b000: y_n = 8'b11111110;
          3'b001: y_n = 8'b11111101;
          3'b010: y_n = 8'b11111011;
          3'b011: y_n = 8'b11110111;
          3'b100: y_n = 8'b11101111;
          3'b101: y_n = 8'b11011111;
          3'b110: y_n = 8'b10111111;
          3'b111: y_n = 8'b01111111;
         default: y_n = 8'b11111111;
        endcase
    else
        y_n = 8'b11111111;
endmodule
```

显示译码器是特殊的译码器，用于将 BCD 或者二进制码译成七段码，以驱动半导体数码管显示相应的数字信息。CD4511 是常用的 BCD 显示译码器,输出高电平有效,同时具有灯测试、灭灯和锁存 3 种附加功能。

【例 11-5】 CD4511 功能描述。

```
module CD4511(LE,BI_n,LT_n,D,SEG7);
  input LE,BI_n,LT_n;
  input [3:0] D;
  output reg [6:0] SEG7;
  //功能描述
  always @(LE,BI_n,LT_n,D)
    if (!LT_n)                                 //灯测试信号有效时
      SEG7 <= 7'b1111111;                      //SEG7: gfedcba
    else if (!BI_n)                            //灭灯输入有效时
      SEG7 <= 7'b0000000;
    else if (!LE)                              //锁存信号无效时
      case (D)                                 //dcba
        4'b0000: SEG7 <= 7'b0111111;           //显示 0
        4'b0001: SEG7 <= 7'b0000110;           //显示 1
        4'b0010: SEG7 <= 7'b1011011;           //显示 2
        4'b0011: SEG7 <= 7'b1001111;           //显示 3
        4'b0100: SEG7 <= 7'b1100110;           //显示 4
        4'b0101: SEG7 <= 7'b1101101;           //显示 5
        4'b0110: SEG7 <= 7'b1111100;           //显示 6
        4'b0111: SEG7 <= 7'b0000111;           //显示 7
        4'b1000: SEG7 <= 7'b1111111;           //显示 8
        4'b1001: SEG7 <= 7'b1100111;           //显示 9
        default: SEG7 <= 7'b0000000;           //不显示
      endcase
endmodule
```

11.1.4 数据选择器

数据选择器是在地址信号的作用下,从多路输入数据中选择其中一路数据输出,有 2 选 1、4 选 1、8 选 1 等多种类型。

74HC151 为常用的 8 选 1 数据选择器,具有互补型输出。

【例 11-6】 74HC151 功能描述。

```
module HC151(s_n,a,d,y,w_n);
  input s_n;
  input [2:0] a;
  input [7:0] d;
  output reg y;
  output wire w_n;
  assign w_n = ~y;
  always @(s_n,a,d)
    begin
      if (!s_n)
        case (a)
```

```
            3'b000: y = d[0];
            3'b001: y = d[1];
            3'b010: y = d[2];
            3'b011: y = d[3];
            3'b100: y = d[4];
            3'b101: y = d[5];
            3'b110: y = d[6];
            3'b111: y = d[7];
           default: y = d[0];
          endcase
        else
          y = 1'b0;
      end
   endmodule
```

用 EDA 技术设计数字电路时，不受具体器件的限制，可以描述任何需要的功能模块。

【例 11-7】 设计 4 位 4 选 1 数据选择器，用于从 4 路 4 位信号中选择其中 1 路输出。

```
module MUX4b4to1(s_n,a,d0,d1,d2,d3,y);
  input s_n;
  input [1:0] a;
  input [3:0] d0,d1,d2,d3;            //4 位 4 路数据
  output reg [3:0] y;
  //功能描述
  always @(s_n,a,d0,d1,d2,d3)
   begin
     if (!s_n)
       case (a)
         2'b00: y = d0;
         2'b01: y = d1;
         2'b10: y = d2;
         2'b11: y = d3;
       default: y = d0;
       endcase
     else
       y = 4'b0;
  end
endmodule
```

11.1.5 数值比较器

数值比较器用于比较数值的大小。

74HC85 是 4 位数值比较器，用于比较两个 4 位二进制数码的大小。考虑到功能扩展方便，74HC85 还提供了 3 个来自低位比较结果的输入端。

【例 11-8】 74HC85 功能描述。

```
module HC85(a,b,Ia_gt_b,Ia_eq_b,Ia_lt_b,ya_gt_b,ya_eq_b,ya_lt_b);
  input [3:0] a,b;
  input Ia_gt_b,Ia_eq_b,Ia_lt_b;
  output reg ya_gt_b,ya_eq_b,ya_lt_b;
  //gt = greater than, eq = equal,lt = less than.
  wire [2:0] Iin;
  assign Iin = {Ia_gt_b,Ia_eq_b,Ia_lt_b};  //拼接
  always @(a,b,Iin)
    if (a > b) begin ya_gt_b = 1'b1;ya_eq_b = 1'b0;ya_lt_b = 1'b0; end
    else if (a < b) begin ya_gt_b = 1'b0;ya_eq_b = 1'b0;ya_lt_b = 1'b1; end
    else if (Iin == 3'b100) begin ya_gt_b = 1'b1;ya_eq_b = 1'b0;ya_lt_b = 1'b0; end
    else if (Iin == 3'b001) begin ya_gt_b = 1'b0;ya_eq_b = 1'b0;ya_lt_b = 1'b1; end
    else
      begin ya_gt_b = 1'b0;ya_eq_b = 1'b1;ya_lt_b = 1'b0; end
endmodule
```

11.1.6　三态缓冲器

三态缓冲器用于总线驱动或双向数据总线的构建，有三态反相器和三态驱动器两种类型。三态缓冲器的输出有低电平、高电平和高阻三种状态。

74HC240/74HC244 是双 4 位三态缓冲器，其中 74HC240 为三态反相器，74HC244 为三态驱动器。74HC240/74HC244 的功能如表 11-1 所示。

表 11-1　74HC240/74HC244 功能表

输　入		输　出	
G'	**A**	**74HC240**	**74HC244**
0	0	1	0
0	1	0	1
1	0	z	z
1	1	z	z

【例 11-9】 74HC244 逻辑描述。

```
module HC244(g1_n,a1,y1,g2_n,a2,y2);
  input g1_n,g2_n;
  input [3:0] a1,a2;
  output wire [3:0] y1,y2;
  assign y1 = (!g1_n)? a1:4'bz;  //第一组
  assign y2 = (!g2_n)? a2:4'bz;  //第二组
endmodule
```

74HC245 为 8 位双向缓冲驱动器，功能如表 11-2 所示。

表 11-2　74HC245 功能表

输　入		输入/输出	
OE′	DIR	A_n	B_n
0	0	$A=B$	输入
0	1	输入	$B=A$
1	x	z	z

【例 11-10】 74HC245 功能描述。

```
module HC245(a,b,dir,oe_n);
  inout [7:0] a,b;
  input dir,oe_n;
  reg [7:0] a,b;
  always @(oe_n,dir,a,b)
    if (!oe_n)
      if (dir == 1'b0)
        begin  a = b;  b = 8'bz;  end
      else
        begin  b = a;  a = 8'bz;  end
    else
      begin  a = 8'bz;  b = 8'bz;  end
  endmodule
```

11.1.7 奇偶校验器

奇偶校验是数字系统最基本的信息检错方法,分为奇校验和偶校验两种。奇偶校验码既可以用软件产生,也可以用硬件实现。

【例 11-11】 8 位奇偶校验器的逻辑描述。

```
module parity_code_gen(din,y_odd,y_even);
  input [7:0] din;                    //数据输入
  output wire y_odd,y_even;           //奇校验输出端,偶校验输出端
  assign y_odd = ~^din;               //奇校验输出
  assign y_even = ^din;               //偶校验输出
endmodule
```

11.2 时序逻辑器件的描述

时序逻辑电路是任一时刻的输出不但与当时的输入信号有关,而且与电路的状态也有关系。时序逻辑器件主要有寄存器和计数器两大类,两者均以存储电路为核心。

11.2.1 触发器

锁存器与触发器是两种基本的存储电路。锁存器在时钟脉冲的有效电平期间工作,而

触发器在时钟脉冲的有效沿工作。为了使用起来灵活方便，商品化的触发器都提供附加的复位端和置位端，分为异步复位和同步复位两种类型。

异步复位/置位与时钟脉冲无关。当复位/置位信号有效时立即将触发器置为0或1。

用always语句描述异步置位/复位时，需要将复位/置位信号列入always语句的敏感事件列表中，当复位/置位有效时就能立即执行指定的操作。

【例11-12】 74HC74功能描述。

```
module HC74(clk,rd_n,sd_n,d,q);
  input clk,rd_n,sd_n,d;
  output reg q;
  always @(posedge clk or negedge rd_n or negedge sd_n)
    if ( !rd_n)
      q<=1'b0;
    else if (!sd_n)
      q<=1'b1;
    else
      q<=d;
endmodule
```

【例11-13】 74HC112功能描述。

```
module HC112(clk,rd_n,sd_n,j,k,q);
   input clk,rd_n,sd_n,j,k;
   output reg q;
   always @(posedge clk or negedge rd_n or negedge sd_n)
     if (!rd_n)
       q<=1'b0;
     else if (!sd_n)
       q<=1'b1;
     else
       case ({j,k})
         2'b01: q<=1'b0;                    //置0
         2'b10: q<=1'b1;                    //置1
         2'b11: q<=~q;                      //翻转
       default: q<=q;                       //保持
       endcase
  endmodule
```

11.2.2 寄存器

74HC573是8位三态寄存器，内部由D锁存器构成，在数字系统中通常用于数据或地址信号的锁定。

【例11-14】 74HC573功能描述。

```
module HC573(D,LE,OE_n,Q);
  input [7:0] D;
```

```
    input LE,OE_n;
    output reg [7:0] Q;
    reg Qtmp;
    always @(D,LE)
      if (LE)
        Qtmp<=D;
    always @(OE_n)
      if (!OE_n)
          Q=Qtmp;
      else
          Q=8'bz;
endmodule
```

74HC574 是 8 位三态寄存器,内部由 D 触发器构成。与 74HC573 的作用相同,用于数据或地址信号的锁定。

【例 11-15】 74HC574 功能描述。

```
module HC374(D,Clk,OE_n,Q);
    input [7:0] D;
    input Clk,OE_n;
    output reg [7:0] Q;
    reg Qtmp;
    always @(posedge Clk)
      Qtmp<=D;
    always @(OE_n)
      if (!OE_n)
        Q=Qtmp;
      else
        Q=8'bz;
endmodule
```

74HC194 是 4 位双向移位寄存器,具有异步复位,同步左移、右移、并行输入和保持功能。

【例 11-16】 74HC194 功能描述。

```
module HC194(clk,Rd_n,s,d,dil,dir,q);
    input clk,Rd_n,dil,dir;
    input [0:3] d;
    input [0:1] s;
    output reg [0:3] q;
    always @(posedge clk or negedge Rd_n)
      if (!Rd_n)
         q<=4'b0000;
      else
        case (s)
          2'b00: q<=q;                              //保持
          2'b01: q[0:3]<={q[1:3],dil};              //左移
          2'b10: q[0:3]<={dir,q[0:2]};              //右移
          2'b11: q<=d;                              //并行输入
```

```
    default: q<=q;
    endcase
  endmodule
```

11.2.3 计数器

计数器是数字系统中应用最广泛的时序逻辑器件，分为同步计数器和异步计数器两大类。根据计数容量又可分为二进制、十进制和其他进制计数器，根据计数方式又可分为加法、减法和加/减计数器3种类型。

74HC160/74HC162为同步十进制计数器，74HC161/74HC163为同步十六进制计数器。74HC160/74HC161与74HC162/74HC163引脚排列完全相同，所不同的是，前两者为异步复位，后两者为同步复位。

【例11-17】 74HC160功能描述。

```
module HC160(CLK,Rd_n,LD_n,EP,ET,D,Q,CO);
  input CLK;
  input Rd_n,LD_n,EP,ET;
  input [3:0] D;
  output reg [3:0] Q;
  output wire CO;
  //进位逻辑
  assign CO = ( Q = =4'b1001 ) & ET;
  //计数逻辑,异步复位
  always @(posedge CLK or negedge Rd_n)
    if (!Rd_n)
      Q<=4'b0000;
    else if (!LD_n)
          Q<=D;
        else if (EP & ET)
          if (Q==4'b1001)
              Q<=4'b0000;
          else
              Q<=Q+1'b1;
  endmodule
```

【例11-18】 74HC163功能描述。

```
module HC163(CLK,CLR_n,LD_n,EP,ET,D,Q,CO);
  input CLK,CLR_n,LD_n,EP,ET;
  input [3:0] D;
  output reg [3:0] Q;
  output wire CO;
  //进位逻辑
  assign CO = ( Q = =4'b1111 ) & ET;
  //计数逻辑,同步复位
  always @(posedge CLK)
```

```
      if (!CLR_n)
         Q<=4'b0000;
      else if (!LD_n)
            Q<=D;
         else if (EP & ET)
            Q<=Q+1'b1;
endmodule
```

加/减计数器在时钟脉冲下既能实现加法计数,也能实现减法计数,分为单时钟和双时钟两种。单时钟加/减计数器的计数方式由加/减控制端控制,双时钟加/减计数器则采用不同的时钟输入控制加法计数或减法计数。

74HC191是单时钟十六进制加/减计数器,U'/D 是计数控制端。当 $U'/D=0$ 时,实现加法计数;$U'/D=1$ 时,实现减法计数。

【例 11-19】 74HC191 功能描述。

```
module HC191(clk,S_n,LD_n,UnD,D,Q);
  input clk,S_n,LD_n,UnD;
  input [3:0] D;
  output reg [3:0] Q;
  always @(posedge clk or negedge LD_n)
    if (!LD_n)
      Q<=D;
    else if (!S_n)
      if (!UnD)
        Q<=Q+1'b1;
      else
        Q<=Q-1'b1;
  endmodule
```

11.3 分频器的描述

分频器是一种时序逻辑电路,用于降低信号的频率。设分频器输入时钟信号 clk 的频率为 f_{clk},分频输出信号的频率为 f_{out},则 N 分频器的输出信号 f_{out} 与时钟脉冲 clk 的频率关系为

$$f_{out}=f_{clk}/N$$

通用 N 分频器的实现方法是:应用 N 进制计数器,将待分频的信号作为计数器的时钟脉冲,分频信号作为输出。设 M 为 1～$(N-1)$的任意整数,在计数器从 0 计到 $M-1$ 期间,分频信号输出为低(或高)电平,再从 M 计到 $N-1$ 期间,分频信号输出为高(或低)电平。其中 M 的具体数值根据分频输出信号的占空比要求进行调整。

【例 11-20】 通用分频器功能描述。

```
module fp_N ( clk,en,N,M,fp_out );
   input clk,en;                  // en 为分频器控制(enable)信号,高电平有效
   input [11:0] N;                // 分频系数 N,定义为 12 位时,最大分频系数为 4095
   input [11:0] M;                // 高、低电平分界设置,根据需要可在 1～4095 调整
   output wire fp_out;            // 分频输出信号
```

```
    // 内部计数变量定义
    reg [11:0] cnt;                    // 容量应满足 2ⁿ≥N
    // 分频输出
    assign fp_out = ( cnt < M ) ? 1'b0 : 1'b1;
    // 分频过程
    always @( posedge clk )
      if ( !en )                       // 控制信号无效时
        cnt <= 12'b0;
      else
        if ( cnt < N - 1 )
          cnt <= cnt + 1'b1;
        else
          cnt <= 12'b0;
endmodule
```

通用分频器是实现PWM(pulse width modulation,脉冲宽度调制)的基础,改变 M 的取值即可以改变输出信号的占空比。另外,根据分频系数 N 的特点,可以将分频器分为偶分频器和奇分频器两种基本类型。

偶分频器的分频系数 N 为偶数。除了通用的描述方法外,偶分频器还有另一种实现方法,即将待分频的信号作为计数器的时钟触发计数器计数,当计数值从0计到 $N/2-1$ 时,分频输出信号翻转,同时将计数器清零,下一个时钟到来时重新开始计数。如此循环反复,可以实现任意偶数分频。

【例 11-21】 偶分频器功能描述。

```
module fp_even(clk,rst_n,fp_out);
    input clk,rst_n;
    output rep fp_out;
    reg [3:0] count;                //n 位计数器,容量根据分频倍数进行调整
    parameter N = 10;               //分频系数 N,计数器容量应满足 2ⁿ≥(N/2)
    always @ (posedge clk)
      if (!rst_n)
        begin  count <= 1'b0;  fp_out <= 1'b0;  end
     else
       if ( count < N/2 - 1)
         count <= count + 1'b1;
       else
        begin  count <= 1'b0; fp_out <=  ~fp_out;  end
  endmodule
```

奇分频器的分频系数 N 为奇数。如果要求分频器输出为方波,则实现要相对复杂一些。输出占空比为50%的奇分频器具体的实现方法为:将待分频的信号作为计数器的时钟,在时钟脉冲的上升沿和下降沿同时进行 N 进制计数,当计数值从0计到 $(N-1)/2$ 时,分频输出信号翻转,然后计 $(N-1)/2$ 个时钟分频输出信号再次翻转,分别得到一个占空比为非50%的分频信号,将两个分频输出信号相或,可得到占空比为50%的奇分频信号。

【例 11-22】 奇分频器功能描述。

```
module fp_odd(clk,rst_n,fp_out);
  input clk,rst_n;
  output wire fp_out;
  reg [3:0] count1,count2;              //内部计数器,容量根据分频倍数进行调整
  reg  clk1,clk2;
  parameter N = 11;                      //分频系数 N,计数器容量应满足 2^n > N
  assign fp_out = clk1 | clk2;
  always @(posedge clk)
    if (!rst_n)
      begin  count1 <= 1'b0;  clk1 <= 1'b0;  end
    else
        if (count1 < (N-1))
          begin
            count1 <= count1 + 1'b1;
            if (count1 == (N-1)/2)  clk1 <= ~clk1;
          end
        else
          begin  clk1 <= ~clk1;  count1 <= 1'b0;  end

  always @ (negedge clk)
    if (!rst_n)
        begin  count2 <= 1'b0;  clk2 <= 1'b0;  end
    else if (count2 < (N-1))
        begin
          count2 <= count2 + 1'b1;
          if (count2 == (N-1)/2)  clk2 <= ~clk2;
        end
      else
        begin  clk2 <= ~clk2;  count2 <= 1'b0;  end
endmodule
```

11.4 存储器的描述

存储器分为 RAM 和 ROM 两大类,ROM 为组合逻辑电路,RAM 为时序逻辑电路。

小容量的 ROM 可以直接应用 case 语句定义存储数据。例如,描述二进制显示译码的 16×7 位 ROM 的 Verilog 代码参考如下:

```
module rom_16x7b(bincode,oHex7);
  input [3:0] bincode;
  output reg [6:0] oHex7;
  // 显示译码逻辑描述
  always @( bincode )
    case ( bincode )                           // gfedcba, 高电平有效
        4'b0000 : oHex7 = 7'b0111111;          // 显示 0
        4'b0001 : oHex7 = 7'b0000110;          // 显示 1
        4'b0010 : oHex7 = 7'b1011011;          // 显示 2
```

```
        4'b0011 : oHex7  =  7'b1001111;                 // 显示 3
        4'b0100 : oHex7  =  7'b1100110;                 // 显示 4
        4'b0101 : oHex7  =  7'b1101101;                 // 显示 5
        4'b0110 : oHex7  =  7'b1111101;                 // 显示 6
        4'b0111 : oHex7  =  7'b0000111;                 // 显示 7
        4'b1000 : oHex7  =  7'b1111111;                 // 显示 8
        4'b1001 : oHex7  =  7'b1101111;                 // 显示 9
        4'b1010 : oHex7  =  7'b1110111;                 // 显示 A
        4'b1011 : oHex7  =  7'b1111100;                 // 显示 b
        4'b1100 : oHex7  =  7'b0111001;                 // 显示 c
        4'b1101 : oHex7  =  7'b0011110;                 // 显示 d
        4'b1110 : oHex7  =  7'b1111001;                 // 显示 E
        4'b1111 : oHex7  =  7'b1110001;                 // 显示 F
        default : oHex7  =  7'b0000000;                 // 不显示
    endcase
endmodule
```

一般地，通用 ROM 应用寄存器数组描述，将定义存储数据的存储器初始化文件加载到寄存器数组中实现。例如：

```
reg [7:0] sine_rom [0:1023]  /* synthesis ram_init_file = "sin_data.mif" */;
```

RAM 为时序逻辑电路，分为单口 RAM 和双口 RAM 两种类型。

单口 RAM 具有一组地址线、输入数据线和输出数据线。由于读/写时共用时钟和地址线，所以单口 RAM 的读操作和写操作不能同时进行。

【例 11-23】 1024×8 位单口 RAM 功能描述。

```
module RAM_1port #( parameter ADDR_WIDTH = 10, DATA_WIDTH = 8 )
                 ( clock, data, wren, address, q );
  localparam RAM_DEPTH  =  1 << ADDR_WIDTH;
  input clock;
  input [DATA_WIDTH - 1:0] data;
  input wren;
  input [ADDR_WIDTH - 1:0] address;
  output wire [DATA_WIDTH - 1:0] q;
  // 存储体定义
  reg [DATA_WIDTH - 1:0] mem [RAM_DEPTH - 1:0];
  // 写过程
  always @ ( posedge clock )
    if ( wren )
       mem[address] <= data;
  // 读操作,直接输出
  assign q = mem[address];
endmodule
```

双口 RAM 具有两组独立的地址线、输入数据线和输出数据线。由于两组端口相互独立，因此双口 RAM 的读操作和写操作可以同时进行。

伪双口 RAM 有两组地址线和两条时钟线,但只有一组输入数据线和输出数据线。伪双口 RAM 与双口 RAM 的区别在于一个端口只读,另一个端口只写,而双口 RAM 的两组端口都可以进行读/写。

【例 11-24】 1024×8 位伪双口 RAM 功能描述。

```
module DPRAM_simp #( parameter ADDR_WIDTH = 10,DATA_WIDTH = 8 )
  ( wrclock,rdclock,data,wraddress,wren,rdaddress,rden,q );
  // 存储深度定义
  localparam RAM_DEPTH = 1 << ADDR_WIDTH;
  // 模块端口定义
  input wrclock,rdclock;                          // 写时钟和读时钟
  input [DATA_WIDTH - 1:0] data;                  // 输入数据
  input [ADDR_WIDTH - 1:0] wraddress,rdaddress;   // 写地址和读地址
  input wren,rden;                                // 写控制信号和读控制信号
  output reg [DATA_WIDTH - 1:0] q;                // 数据输出
  // RAM 存储体定义
  reg [DATA_WIDTH - 1:0] ram_mem [RAM_DEPTH - 1:0];
  // 写过程
  always @( posedge wrclock )
    if ( wren )
       ram_mem[wraddress] <= data;
  // 读过程
  always @( posedge rdclock )
    if ( rden )
       q <= ram_mem[rdaddress];
endmodule
```

11.5 设计实践

基于 FPGA 设计数字系统时,不再受具体器件功能与性能的限制,可以根据需要定制单元电路。同时,由于 FPGA 的高速性和易构性,基于 FPGA 设计的数字系统与传统的基于中、小规模器件设计的系统有着无可比拟的优点。

11.5.1 数字频率计设计 2

集成计数器 74HC160 从时钟到输出的典型传输延迟时间约为 18ns,最高工作速度只能达到 40MHz,无法对 100MHz 的频率信号进行计数。目前,FPGA 的传输延迟时间普遍很小,因此工作速度很容易达到 100MHz。

基于 HDL 设计数字系统时,可以根据需要应用 Verilog HDL 描述所需要的功能电路,既有利于节约资源,同时又有利于提高系统的性能和可靠性。

数字频率计仍基于 6.8.2 节的设计方案,由主控电路、计数器、锁存与译码电路和分频器构成。

1. 主控电路设计

主控电路用于产生周期性的清零信号、闸门信号和显示刷新信号,以控制频率计的测频

过程。基于 HDL 设计时,可以根据功能要求直接描述电路的功能。

主控电路仍基于表 6-22 所示的功能进行设计。取主控电路的时钟频率为 8Hz 时,则清零信号作用时间为 1/8s,闸门信号作用时间为 1s,显示刷新信号的作用时间为 1/8s。

描述主控电路功能的 Verilog 代码参考如下:

```
module freqer_ctrl ( clk, clr_n, cnten, dispen_n );
   input clk;                          // 8Hz
   output reg clr_n;                   // 计数器清零信号
   output reg cnten;                   // 闸门信号
   output reg dispen_n;                // 显示刷新信号,低电平有效
   // 计数变量定义
    reg [3:0] q;
   // 十进制计数逻辑描述
   always @( posedge clk )
      if (q >= 4'b1001) q <= 4'b0000;
       else q <= q + 1'b1;
   // 控制信号输出过程
   always @( q )
      case ( q )
        4'b0000 : begin clr_n = 0; cnten = 0; dispen_n = 1; end
        4'b0001 : begin clr_n = 1; cnten = 1; dispen_n = 1; end
        4'b0010 : begin clr_n = 1; cnten = 1; dispen_n = 1; end
        4'b0011 : begin clr_n = 1; cnten = 1; dispen_n = 1; end
        4'b0100 : begin clr_n = 1; cnten = 1; dispen_n = 1; end
        4'b0101 : begin clr_n = 1; cnten = 1; dispen_n = 1; end
        4'b0110 : begin clr_n = 1; cnten = 1; dispen_n = 1; end
        4'b0111 : begin clr_n = 1; cnten = 1; dispen_n = 1; end
        4'b1000 : begin clr_n = 1; cnten = 1; dispen_n = 1; end
        4'b1001 : begin clr_n = 1; cnten = 0; dispen_n = 0; end
         default: begin clr_n = 1; cnten = 0; dispen_n = 1; end
    endcase
endmodule
```

2. 频率计顶层模块设计

需要测量不高于 100MHz 信号的频率时,测频计数器应用 8 个十进制计数器 74HC160 级联构成,同时需要用 8 个 CD4511 进行锁存与显示译码。

频率计顶层电路既可以应用原理图进行设计,也可以应用 Verilog HDL 进行例化描述。描述频率计顶层设计电路的 Verilog HDL 参考代码如下:

```
module freqer8b_top(
  input OSC50MHz,                                  // 50MHz 输入
  input fx,                                        // 待测频率信号输入
  output wire [6:0] d0,d1,d2,d3,d4,d5,d6,d7        // 8 位数码管驱动输出
  );
  // 内部线网和变量定义
  wire fp8Hz,rd_n,ep,le;
```

```
    wire [3:0] bcd0,bcd1,bcd2,bcd3,bcd4,bcd5,bcd6,bcd7;
    wire c1,c2,c3,c4,c5,c6,c7,co;
    // 分频器例化描述,应用名称关联方式
    fp50MHz_8Hz U0 (.clk(OSC50MHz),.fp_out(fp8Hz));
    // 主控模块例化描述,应用名称关联方式
    freqer_ctrl U1(.clk(fp8Hz),.clr_n(rd_n),.cnten(ep),.dispen_n(le));
    // 计数器例化描述,应用名称关联方式
    HC160 U10 (.CLK(fx),.RD_n(rd_n),LD_n(1'b1),.EP(ep),.ET(1'b1),.D(),.Q(bcd0),.CO(c1));
    HC160 U11 (.CLK(fx),.RD_n(rd_n),LD_n(1'b1),.EP(ep),.ET(c1),  .D(),.Q(bcd1),.CO(c2));
    HC160 U12 (.CLK(fx),.RD_n(rd_n),LD_n(1'b1),.EP(ep),.ET(c2),  .D(),.Q(bcd2),.CO(c3));
    HC160 U13 (.CLK(fx),.RD_n(rd_n),LD_n(1'b1),.EP(ep),.ET(c3),  .D(),.Q(bcd3),.CO(c4));
    HC160 U14 (.CLK(fx),.RD_n(rd_n),LD_n(1'b1),.EP(ep),.ET(c4),  .D(),.Q(bcd4),.CO(c5));
    HC160 U15 (.CLK(fx),.RD_n(rd_n),LD_n(1'b1),.EP(ep),.ET(c5),  .D(),.Q(bcd5),.CO(c6));
    HC160 U16 (.CLK(fx),.RD_n(rd_n),LD_n(1'b1),.EP(ep),.ET(c6),  .D(),.Q(bcd6),.CO(c7));
    HC160 U17 (.CLK(fx),.RD_n(rd_n),LD_n(1'b1),.EP(ep),.ET(c7),  .D(),.Q(bcd7),.CO(co));
    // 显示译码器例化描述,名称关联方式
    CD4511 U20 (.LT_n(1'b1),.BI_n(1'b1),.D(bcd0),.LE(le),.SEG7(d0));
    CD4511 U21 (.LT_n(1'b1),.BI_n(1'b1),.D(bcd1),.LE(le),.SEG7(d1));
    CD4511 U22 (.LT_n(1'b1),.BI_n(1'b1),.D(bcd2),.LE(le),.SEG7(d2));
    CD4511 U23 (.LT_n(1'b1),.BI_n(1'b1),.D(bcd3),.LE(le),.SEG7(d3));
    CD4511 U24 (.LT_n(1'b1),.BI_n(1'b1),.D(bcd4),.LE(le),.SEG7(d4));
    CD4511 U25 (.LT_n(1'b1),.BI_n(1'b1),.D(bcd5),.LE(le),.SEG7(d5));
    CD4511 U26 (.LT_n(1'b1),.BI_n(1'b1),.D(bcd6),.LE(le),.SEG7(d6));
    CD4511 U27 (.LT_n(1'b1),.BI_n(1'b1),.D(bcd7),.LE(le),.SEG7(d7));
  endmodule
```

其中,模块 fp50MHz_8Hz 用于将 50MHz 晶振信号分频为 8Hz,为主控电路提供时钟,可参考 11.3 节分频器的描述代码进行设计。

11.5.2 DDS 信号源设计 2

基于中、小规模器件设计 DDS 信号源时,受到器件性能的限制以及布线延迟的影响,难以实现高速度和高分辨率。基于 EDA 设计 DDS 信号源时,可以直接应用 Verilog 代码描述相位累加器,应用寄存器数组或者定制存储器 IP 实现 ROM,不受具体器件性能的限制。

设计任务:设计 DDS 正弦信号源,要求输出信号的频率范围为 1Hz～32kHz,分频率为 1Hz。

分析:取 DDS 时钟频为 131072Hz,相位累加位宽为 17 位时,可以输出分频率为 1Hz 的正弦波。要求输出信号的频率范围为 1Hz～32kHz 时,应取 15 位频率控制字。

设计过程:为了节约 FPGA 存储资源,只存储第一象限 1/4 周期的正弦数据,然后利用正弦波结构的对称性,恢复出整个周期的正弦数据。

相位累加器描述代码参考如下:

```
module padder_addr ( clk, fword, addrout, datinv );
  input clk;
```

```
  input [14:0] fword;                                                  // 15 位控制字输入
  output reg [14:0] addrout;
  output reg datinv;                                                   // 数据反相标志
  reg [16:0] qq;                                                       // 15 + 2 位相位控制字
  always @ (posedge clk)
   begin
     qq <= qq + fword;                                                 // 相位累加
     case ( qq[16:15] )
       2'b00: begin addrout[14:0]<=  qq[14:0]; datinv = 0; end  //第一象限
       2'b01: begin addrout[14:0]<= ~qq[14:0]; datinv = 0; end  //第二象限
       2'b10: begin addrout[14:0]<=  qq[14:0]; datinv = 1; end  //第三象限
       2'b11: begin addrout[14:0]<= ~qq[14:0]; datinv = 1; end  //第四象限
     endcase
   end
endmodule
```

32k×10 位的正弦波 ROM 可以通过定制 ROM 并加载正弦采样数值实现。计算 1/4 周期的正弦采样数值的 C 程序参考如下：

```
#include <math.h>
#define PI 3.1415926
int main (void)
 {
   unsigned int sin_dat;
   float x;
   unsigned int i;
   for (i = 0;i < 32768;i++)
     { // 采样第一象限正弦数据, 2^15 = 32768
      x = sin(2 * PI/131072 * i); // 2^17 = 131072
      sin_dat = ((x + 1)/2 * 1023);
      printf(" %d : %d; \n",i,sin_dat); }
 }
```

由于 ROM 中只存储了 1/4 正弦波，所以需要对 ROM 输出的正弦采样数值进行校正，才能恢复出完整的正弦波。正弦数据校正代码参考如下：

```
module datainv ( din, datflag, dout );
  input [9:0] din;
  input datflag;
  output [9:0] dout;
  assign dout = ( datflag? ~din + 1 : din );
endmodule
```

DDS 顶层设计电路如图 11-1 所示，外接 10 位 D/A 转换器 AD7520 以及低通滤波器即可输出模拟正弦波。

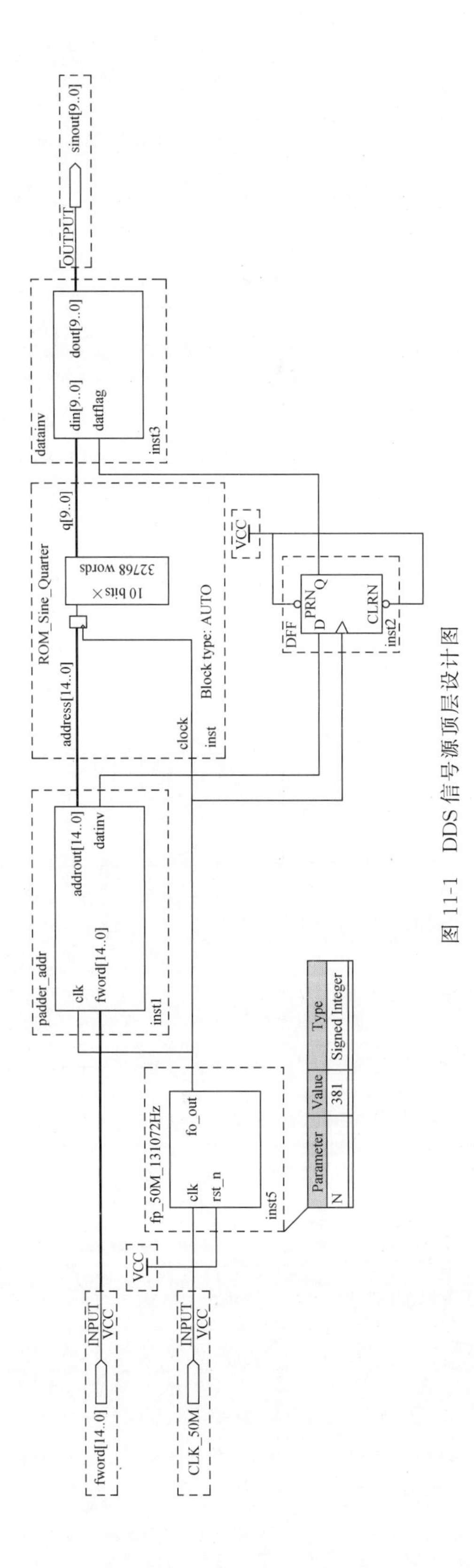

图 11-1 DDS信号源顶层设计图

11.5.3　键盘电子琴设计

PS/2是IBM公司定义的键盘/鼠标接口标准，采用6脚mini-DIN连接器，其中4个引脚有定义，如表11-3所示。PS/2键盘/鼠标依靠计算机端的连接器提供电源，Clock和Data则为键盘/鼠标与计算机之间数据通信的时钟和数据线。

表11-3　PS/2接口及引脚定义

键盘/鼠标口	计算机端	PS/2接口引脚定义
插头(male)	插座(female)	1——Data(数据)
5 6 3 4 1 2	6 5 4 3 2 1	2——Not Implemented(保留)
		3——Ground(电源地)
		4——+5V(电源)
		5——Clock(时钟)
6脚mini-DIN连接器		6——Not Implemented(保留)

计算机通过扫描码识别键盘的按键输入。扫描码分为通码和断码两种类型。当键按下时发送通码，释放时发送断码。键盘上每个按键都被分配了唯一的通码和断码。

按键的通码和断码组成了扫描码集。字母的通码为单字节，而断码为双字节，在通码前面加上F0构成，如表11-4所示。

表11-4　字母和数字键盘扫描码

按键	通码	断码	按键	通码	断码	按键	通码	断码	按键	通码	断码
A	1C	F0,1C	H	33	F0,33	O	44	F0,44	U	3C	F0,3C
B	32	F0,32	I	43	F0,43	P	4D	F0,4D	V	2A	F0,2A
C	21	F0,21	J	3B	F0,3B	Q	15	F0,15	W	1D	F0,1D
D	23	F0,23	K	42	F0,42	R	2D	F0,2D	X	22	F0,22
E	24	F0,24	L	4B	F0,4B	S	1B	F0,1B	Y	35	F0,35
F	2B	F0,2B	M	3A	F0,3A	T	2C	F0,2C	Z	1A	F0,1A
G	34	F0,34	N	31	F0,31	U	3C	F0,3C			

PS/2应用双向串行通信协议。PS/2键盘向主机发送数据，称为设备-主机通信；主机向键盘发送数据，称为主机-设备通信。无论为哪种通信方式，时钟总是由键盘产生，频率为10～20kHz。

键盘-主机通信的时序如图11-2所示，由键盘产生时钟和数据。通信以帧为单位，每帧包含11位串行数据：第一位是起始位(低电平)，随后分别为8位扫描码(从低位到高位)、一位奇偶校验位和一位停止位(高电平)。在空闲状态时，时钟线和数据线均处于高电平，从键盘发送到主机的数据在时钟脉冲的下降沿被读取。

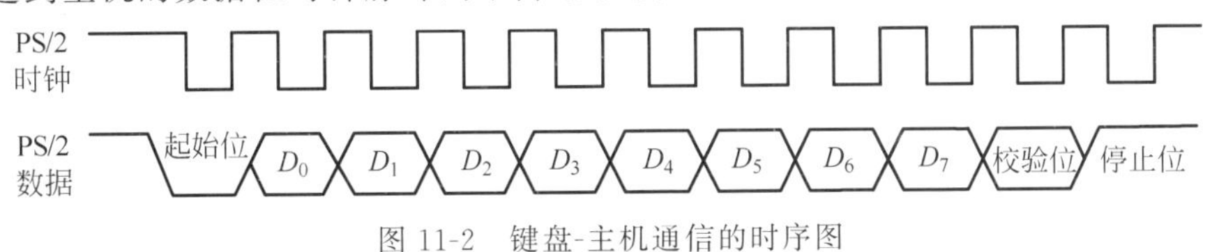

图11-2　键盘-主机通信的时序图

设计 PS/2 键盘扫描模块,与通用分频器相结合,应用键盘扫描码控制分频器的分频系数,就可以设计出键盘电子琴。

设计过程:字母键的通码为单字节,断码为双字节,因此需要定义两个 11 位帧寄存器,根据键盘-主机通信的时序,将接收到的扫描码存入寄存器中。

设两个 11 位帧寄存器分别用 KEYcode_reg1 和 KEYcode_reg2 表示,并按照图 11-3 所示的方式存储帧数据。

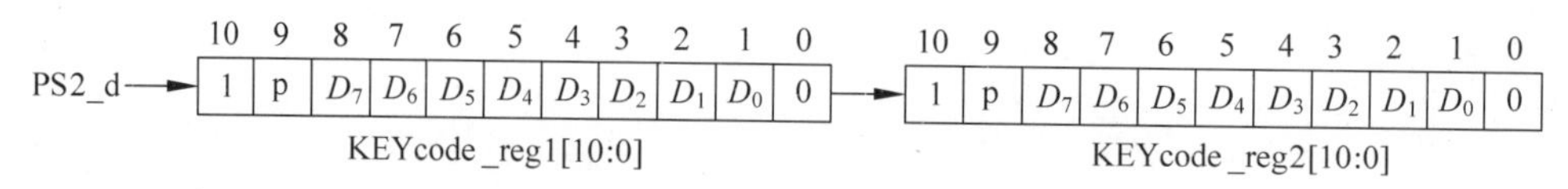

图 11-3 键盘-主机通信的时序图

通常,从键盘接收到的时钟和数据含有噪声。为了准确识别时钟和数据,需要对接收到的信号进行滤波。数据滤波方法有多种,最简单的方法是将信号送入 n 位移位缓冲区,并且规定:若连续接收到 n 个 1,则确认为高电平;若连续接收到 n 个 0,则确认为低电平。

按照上述设计思路,描述 PS/2 键盘接口电路的 Verilog HDL 代码如下:

```
module PS2keyboard_scanner (
   input OSC50,                                        // 50MHz 时钟
   input rst_n,                                        // 复位信号,低电平有效
   input PS2C,                                         // PS2 时钟线
   input PS2D,                                         // PS2 数据线
   output wire [15:0] scan_code                        // 2 字节扫描码输出
   );
   // 内部线网和变量定义
   reg clk25;                                          // 滤波时钟,25MHz
   reg [7:0]  PS2C_tmp8b,PS2D_tmp8b;                   // 滤波缓冲区
   reg        PS2_clk,PS2_d;                           // 有效时钟和数据
   reg [10:0] KEYcode_reg1,KEYcode_reg2;               // 帧缓冲区
   // 提取扫描码
   assign scan_code = { KEYcode_reg2[8:1],KEYcode_reg1[8:1] };
   // 生成滤波时钟
   always @ ( posedge OSC50 )  clk25 <= clk25 + 1'b1;
   // 接收及滤波过程
   always @( posedge clk25 or negedge rst_n )
     if ( !rst_n ) begin
        PS2C_tmp8b <= 8'h00;                           // 缓冲区清零
        PS2D_tmp8b <= 8'h00;
        PS2_clk    <= 1'b1;                            // 设置时钟和数据为空闲
        PS2_d      <= 1'b1;
        end
     else begin
        // 接收 PS2 时钟信号,右移存入缓冲区
        PS2C_tmp8b[7:0] <= { PS2C, PS2C_tmp8b[7:1] };
        // 接收 PS2 数据信号,右移存入缓冲区
        PS2D_tmp8b[7:0]<= { PS2D, PS2D_tmp8b[7:1] };
        // 滤波逻辑,缩位与为全 1,则为高电平,缩位或非为全 0,则为低电平
```

```
            if ( &PS2C_tmp8b )  PS2_clk <= 1'b1;
                else if ( ~|PS2C_tmp8b ) PS2_clk <= 1'b0;
            if ( &PS2D_tmp8b )  PS2_d   <= 1'b1;
                else if ( ~|PS2D_tmp8b ) PS2_d <= 1'b0;
        end
    // 帧数据存入过程
    always @( negedge PS2_clk or negedge rst_n )
      if ( !rst_n ) begin
          KEYcode_reg1 <= 11'd0;
          KEYcode_reg2 <= 11'd1;
          end
      else begin            // 时钟 PS2_clk 的下降沿接收数据 PS2_d,移位存入
          KEYcode_reg1 <= { PS2_d, KEYcode_reg1[10:1] };
          KEYcode_reg2 <= { KEYcode_reg1[0], KEYcode_reg2[10:1] };
          end
endmodule
```

若将键盘(见图 4-12)上排的 Q、W、E、R、T、Y 和 U 键,中排的 A、S、D、F、G、H 和 J 键以及下排的 Z、X、C、V、B、N 和 M 键分别定义为小字二组(高音区)、小字一组(中音区)和小字组(低音区)的 do、re、mi、fa、sol、la、si,即可实现 3 个八度音程的键盘电子琴。以 440kHz 为时钟设计分频器产生音乐的音调时,12 位分频系数如表 11-5 所示。

表 11-5　小字各组音调的分频系数值

唱名	音调名	小字组	小字一组	小字二组	小字三组
do	C	D24	692	349	1A4
re	D	BB5	5DA	2ED	177
mi	E	A6E	537	29B	14E
fa	F	9D8	4EC	276	13B
sol	G	8C5	462	231	119
la	A	7D0	3E8	1F4	0FA
si	B	6F6	37B	1BD	0DF

根据键盘扫描码表和分频系数,描述 3 个八度音程的按键译码模块的 Verilog 参考代码如下:

```
module PS2key_decoder(scan_code,fpdat);
    input [15:0] scan_code;                     // 键盘扫描码
    output reg [11:0] fpdat;                    // 分频系数
    // 组合逻辑过程,根据键盘扫描码定义分频系数
    always @( scan_code )
        if ( scan_code[15:8] == 8'hf0 )         // 断码时
            fpdat = 12'h000 ;                   // 分频系数置 0
        else                                    // 通码时,根据键盘码值确定分频系数
            case ( scan_code[7:0] )
              // 高音区(小字二组)
              8'h15: fpdat = 12'h349 ;          // Q:C2
              8'h1D: fpdat = 12'h2ED ;          // W:D2
```

```
            8'h24: fpdat  =  12'h29B ;          // E:E2
            8'h2D: fpdat  =  12'h276 ;          // R:F2
            8'h2C: fpdat  =  12'h231 ;          // T:G2
            8'h35: fpdat  =  12'h1F4 ;          // Y:A2
            8'h3C: fpdat  =  12'h1BD ;          // U:B2
            // 中音区(小字一组)
            8'h1C: fpdat  =  12'h692 ;          // A:C1
            8'h1B: fpdat  =  12'h5DA ;          // S:D1
            8'h23: fpdat  =  12'h537 ;          // D:E1
            8'h2B: fpdat  =  12'h4EC ;          // F:F1
            8'h34: fpdat  =  12'h462 ;          // G:G1
            8'h33: fpdat  =  12'h3E8 ;          // H:A1
            8'h3B: fpdat  =  12'h37B ;          // J:B1
            // 低音区(小字组)
            8'h1A: fpdat  =  12'hD24 ;          // Z:C
            8'h22: fpdat  =  12'hBB5 ;          // X:D
            8'h21: fpdat  =  12'hA6E ;          // C:E
            8'h2A: fpdat  =  12'h9D8 ;          // V:F
            8'h32: fpdat  =  12'h8C5 ;          // B:G
            8'h31: fpdat  =  12'h7D0 ;          // N:A
            8'h3A: fpdat  =  12'h6F6 ;          // M:B
        default: fpdat  =  12'h000 ;            // 静音
        endcase
endmodule
```

将模块 PS2keyboard_scanner 和模块 PS2key_decoder 进行例化，即可设计出键盘电子琴前端电路，Verilog 参考代码如下：

```
module keyboard_piano (OSC50MHz,rst_n,PS2C,PS2D,fpdout);
  input OSC50MHz;                          // 50MHz 晶振
  input rst_n;                             // 复位信号
  input PS2C,PS2D;                         // PS2 键盘时钟和数据输入
  output wire fpdout;                      // 分频系数输出
  // 内线线网定义
  wire [15:0] xscan_code;                  // 键盘扫描码
  // 键盘扫描模块例化
  PS2keyboard_scanner U1 (
    . OSC50 ( OSC50MHz ),
    . rst_n ( rst_n ),
    . PS2C ( PS2C ) ,
    . PS2D ( PS2D ) ,
    . scan_code ( xscan_code )
    );
  // 按键盘译码模块例化
  PS2key_decoder U2 (
    . scan_code ( xscan_code ),
    . fpdat ( fpdout)
    );
endmodule
```

将模块 keyboard_piano 与例 11-20 的通用分频器相结合，修改 M 为参数，并取 $M\approx\frac{N}{2}$ 时，即可设计出键盘电子琴。

本章小结

本章应用 Verilog HDL 对常用的组合逻辑器件——74HC148、74HC138、CD4511、74HC151、74HC85、74HC244 和 74HC245、奇偶校验器和常用的时序逻辑器件——74HC573/74HC574、74HC194、74HC160/74HC161/74HC162/74HC163 以及 94HC191 进行描述，并通过设计项目突出 EDA 技术在数字系统设计中的应用。

基于 EDA 技术设计数字系统时，不再受具体器件功能与性能的限制，可以根据功能要求定制所需要的单元电路。同时，由于 FPGA 的高速性和易构性，基于 FPGA 设计数字系统与传统的基于中、小规模器件的设计方法有着无可比拟的优点。

习题

11.1 分别用行为描述、数据流描述和结构描述 3 种方式描述 7 种逻辑门。

11.2 分别用行为描述、数据流描述和结构描述 3 种方式描述 74HC138。

11.3 用 Verilog 描述三态缓冲器 74HC240。

11.4 用 Verilog 描述 4 位二进制同步计数器 74HC161。

11.5 设计 4 位二进制计数器，按循环码的方式进行计数。

11.6 设计十六进制显示译码器。对于输入 4 位二进制数 0000～1111，在数码管显示数字 0～9 和 A、b、C、d、E、F 字符。

11.7 用 Verilog 描述 8 位加法器，能够实现两个 8 位二进制数相加，输出加法和与进位信号。

11.8 按表 7-3 所示真值表，用 Verilog 描述 4 位二进制乘法器。

11.9 用 Verilog 描述 8 位二进制乘法器，能够实现两个 8 位无符号数相乘，输出 16 位乘法结果。

11.10 应用显示译码器 CD4511 和 3-8 线译码器 74HC138 设计的 8 位数码管动态扫描驱动电路如图题 11-10 所示，其中 RN1 为段限流阻排。分析电路的工作原理，编写 Verilog HDL 描述代码能够驱动 8 个数码管分别显示由 8 个 BCD 码 D_0、D_1、…、D_7 定义的数字信息，以显示“12345678”进行功能测试。

11.11 参考 7.5.2 节 LED 点阵驱动电路的设计原理，采用动态扫描方法设计 16×16 点阵驱动电路，显示不少于 8 个 16×16 字符或图像。

11.12 用 Verilog 描述能够产生 1101000101 序列信号的序列信号产生器。

*11.13 李沙育图形(lissajous figures)是应用不同频率比(f_y/f_x)、不同相差(Φ)的两路正弦信号形成的图形，如表题 11-13 所示。

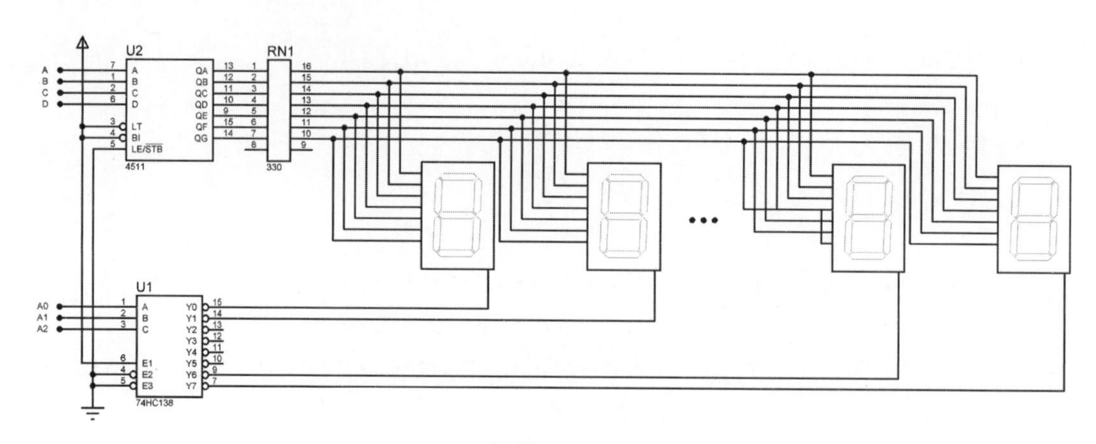

图题 11-10

表题 11-13 李沙育图形

f_y/f_x	Φ				
	0°	45°	90°	135°	180°
1∶1					
2∶1					
3∶1					
3∶2					

设计双通道 DDS 信号源，能够产生表题 11-13 所示的频率可变、相位可调的正弦信号，以驱动双通道示波器(应用 x/y 挡)显示李沙育图形。以基波频率为 1kHz 进行设计，要求能够在线更新图形的形状。

第12章 有限状态机设计

CHAPTER 12

时序逻辑电路在时钟脉冲及输入信号作用下在有限个状态之间进行转换，所以时序逻辑电路又称为有限状态机，简称为状态机。

基于HDL的状态机描述方法具有固定的代码模式，结构清晰，易于构成性能良好的同步时序电路，因而在复杂数字系统设计中应用广泛。

本章首先讲述状态机的HDL描述方法，然后通过多个应用实例阐述状态机的应用。

12.1 状态机设计方法

状态机有状态转换图、状态转换表和HDL描述三种表示方法。状态转换图是以图形的方式表示状态机，状态转换表是用表格的方式表示状态机。与状态转换图和状态转换表相比，应用HDL描述状态机不但代码结构清晰，而且安全高效，易于维护。

在EDA技术中，状态机设计的基本步骤是先定义电路的状态，然后画出状态转换图（或者列出状态转换表），最后应用HDL进行描述。

Verilog HDL用过程语句描述状态机。由于时序电路的次态是现态以及输入信号的逻辑函数，因此需要将现态和输入信号作为过程的电平敏感事件或者边沿触发事件，应用case和if等高级程序语句等描述时序电路的逻辑功能。

状态机有一段式、两段式和三段式三种描述方式。

一段式状态机应用一个always语句，既描述状态转换关系，又描述次态和输出。一段式状态机的优点是输出为时序逻辑，能够减少竞争-冒险，因而可靠性高；缺点是结构不清晰，不利于提高代码的可阅读性和可维护性。

两段式状态机应用两个always语句，一个用于描述状态转换关系；另一个用于描述次态和输出。两段式状态机的结构清晰，而且方便添加时序约束条件，有利于综合和优化以及布局布线。但是，两段式状态机的输出为组合逻辑，容易产生竞争-冒险，特别是用状态机的输出作为其他时序模块的时钟或者作为锁存器的输入信号时，则会产生不良的影响。

三段式状态机应用三个always语句，分别用于描述状态转换关系、电路的次态和输出。三段式状态机与两段式相比，状态机代码清晰易读，而且输出既可以应用组合逻辑，也可以应用时序逻辑，但占用的资源比两段式多。三种描述方法的特性比较如表12-1所示。

表 12-1 三种描述方法的特性比较

比 较 项 目	一段式	两段式	三段式
代码简洁度	不简洁	最简洁	简洁
过程语句个数	1	2	3
是否有利于时序约束	否	是	是
是否为寄存器输出	是	否	是
有利于综合与布线	否	是	是
代码的可靠性与可维护度	低	高	最高
代码的规范性	差	规范	规范
推荐等级	不推荐	推荐	推荐

随着 FPGA 的密度越来越大，成本越来越低，三段式状态机因其结构清晰，代码简洁规范而在复杂数字系统设计中得到了广泛的应用。

三段式状态机的描述模板如下：

```
//第一个过程语句,时序逻辑,描述状态转换关系
always @ ( posedge clk or negedge rst_n )
  if ( !rst_n )                              // 复位信号有效时
    current_state <= IDLE;
  else
    current_state <= next_state;             // 状态转换
// 第二个过程语句,组合逻辑,描述次态
always @ ( current_state, input_signals )    // 电平敏感事件
  case ( current_state )
     S1: if ( conditional_expression )
           next_state = ...;                 // 阻塞赋值
         else
           next_state = ...;
     S2: if ( conditional_expression )
           next_state = ...;
         else
           next_state = ...;
     ...
     default: ...;
  endcase
// 第三个过程语句描述输出 1,应用组合逻辑
always @ ( current_state, input_signals )
  case ( current_state )
     S1: if ( conditional_expression )
           out = ...;                        // 阻塞赋值
         else
           out = ...;
     S2: if ( conditional_expression )
           out = ...;
         else
           out = ...;
     ...
     default: ...;
```

```
    endcase
  // 第三个过程语句描述输出 2,应用时序逻辑
  always @ ( posedge clk or negedge rst_n )
    if ( !rst_n )
       out <= ...;                              // 非阻塞赋值
    else
      case ( current_state )
        S1: if ( conditional_expression )
               out <= ...;
            else
               out <= ...;
        S2: if ( conditional_expression )
               out <= ...;
            else
               out <= ...;
        ...
        default: ...;
      endcase
```

状态机输出的描述方法可分为两种情况：当输入信号发生变化时，如果希望状态机能够立即输出结果，则应用组合逻辑描述；如果不要求立即输出结果，可以改用时序逻辑描述以避免竞争-冒险，提高电路工作的可靠性。

设计 1111 序列检测器，应用三段式状态机描述的 Verilog 代码参考如下：

```
module serial_detor( input clk,                  // 检测器时钟
                     input rst_n,                // 复位信号
                     input x,                    // 串行数据输入
                     output wire y               // 检测结果输出
                     );
    // 状态定义及编码,一位热码方式
    localparam S0 = 5'b00001,S1 = 5'b00010,S2 = 5'b00100,S3 = 5'b01000,S4 = 5'b10000;
    // 内部状态变量定义
    reg [4:0] current_state,next_state;          // 现态和次态
    // 输出逻辑,Moore 型状态机
    assign y = ( current_state == S4 );
    // 时序逻辑过程,描述状态转换
    always @( posedge clk or negedge rst_n)
      if (!rst_n)
         current_state <= S0;
      else
         current_state <= next_state;
    // 组合逻辑过程,确定次态
    always @( current_state,x )
      case ( current_state )
            S0 : if (x) next_state = S1; else next_state = S0;
            S1 : if (x) next_state = S2; else next_state = S0;
            S2 : if (x) next_state = S3; else next_state = S0;
            S3 : if (x) next_state = S4; else next_state = S0;
            S4 : if (x) next_state = S4; else next_state = S0;
```

```
        default : next_state = S0;
      endcase
endmodule
```

12.2 A/D 转换控制器设计

A/D 转换传统的控制方法是用微控制器(micro-controller unit,MCU)按工作时序控制 A/D 转换器进行数据采集。受到微控制器工作速度的限制,这种控制方式在实时性方面有一定的局限性。若应用状态机控制 A/D 转换器,则具有速度快、可靠性高的优点,这是传统 MCU 控制方法所无法比拟的。

ADC0809 是 8 路 8 位逐次渐近式 A/D 转换控制器,其内部结构框图和工作时序如图 9-21 和图 9-22 所示。根据 ADC0809 的工作时序中控制信号的跳变点将一次数据采样过程划分为 st0～st4 共 5 个状态,各个状态的含义,以及输入和输出如表 12-2 所示,其中 LOCK 为附加的数据锁存信号。状态转换关系如图 12-1 所示。

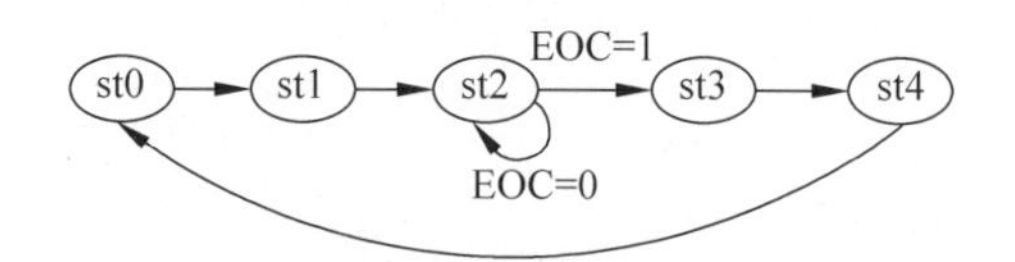

图 12-1 ADC0809 转换器状态转换图

表 12-2 转换控制器状态定义表

状 态	含 义	输 入	输 出			
			ALE	START	OE	LOCK
st0	A/D 初始化	×	0	0	0	0
st1	启动 A/D 转换	×	1	1	0	0
st2	A/D 转换中	EOC	0	0	0	0
st3	转换结束,输出数据	×	0	0	1	0
st4	锁存转换数据	×	0	0	1	1

根据图 12-1 所示的状态转换关系,结合状态机的三段式描述方法,设计 ADC0809 转换控制器的系统框图如图 12-2 所示。

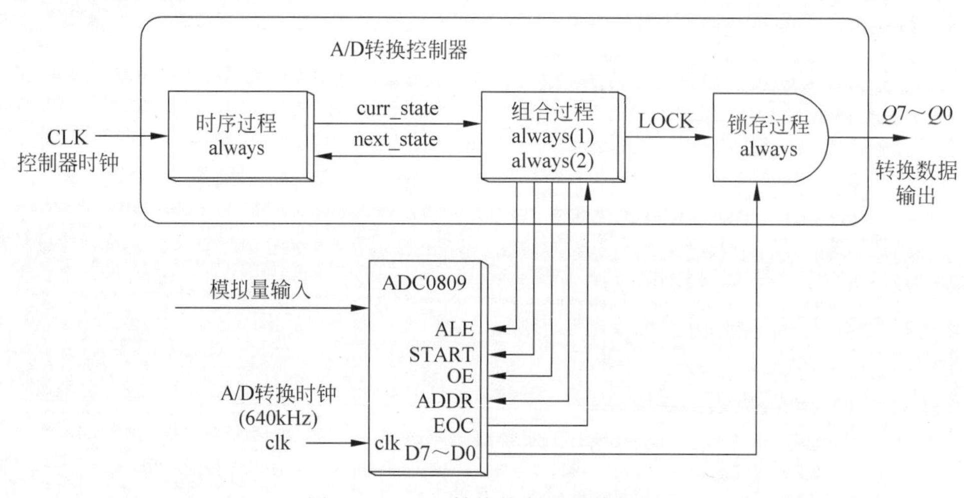

图 12-2 A/D 转换控制器系统框图

描述ADC0809转换控制器的Verilog代码参考如下：

```
module adc0809_controller(clk,rst_n,eoc,d,addr,start,ale,oe,lock,q);
  input clk,rst_n,eoc;
  input [7:0] d;
  input [2:0] addr;
  output reg start,ale,oe,lock;
  output reg [7:0] q;
  //状态及编码,一位热码方式
  parameter st0 = 5'b00001;
  parameter st1 = 5'b00010;
  parameter st2 = 5'b00100;
  parameter st3 = 5'b01000;
  parameter st4 = 5'b10000;
  //定义状变变量寄存器
  reg [4:0] curr_state,next_state;
  //同步时序逻辑过程,状态转换
  always @(posedge clk or negedge rst_n)
    if (!rst_n)
      curr_state <= st0;
    else
      curr_state <= next_state;
  //组合逻辑过程,确定次态
  always @(curr_state,eoc)
    case (curr_state)
      st0: next_state = st1;
      st1: next_state = st2;
      st2: if (eoc)
             next_state = st3;
           else
             next_state = st2;
      st3: next_state = st4;
      st4: next_state = st0;
    default: next_state = st0;
    endcase
  //同步时序逻辑过程,输出信号
  always @(negedge clk)
    case (curr_state)
      st0: begin start <= 1'b0; ale <= 1'b0; oe <= 1'b0; lock <= 1'b0; end
      st1: begin start <= 1'b1; ale <= 1'b1; oe <= 1'b0; lock <= 1'b0; end
      st2: begin start <= 1'b0; ale <= 1'b0; oe <= 1'b0; lock <= 1'b0; end
      st3: begin start <= 1'b0; ale <= 1'b0; oe <= 1'b1; lock <= 1'b0; end
      st4: begin start <= 1'b0; ale <= 1'b0; oe <= 1'b1; lock <= 1'b1; end
      default: begin start <= 1'b0; ale <= 1'b0; oe <= 1'b0; lock <= 1'b0; end
    endcase
  //锁存过程
  always @(posedge lock)
    q <= d; //锁存转换结果
endmodule
```

12.3 周期法频率计设计

第 6 章和第 11 章分别应用原理图和 HDL 设计了基于直接测频法的数字频率计。由于闸门信号的作用时间设计为 1s,因此从理论上讲,只能测量 1Hz 以上信号的频率,而且频率越低,测频的相对误差越大。虽然可以通过延长闸门信号的作用时间来扩展频率测量的下限值,但这种方法具有很大的局限性,因为加长了频率测量的周期。

对于低频信号,一般应用周期法进行测频,系统原理框图如图 12-3 所示。应用标准频率信号统计被测信号两个相邻脉冲之间的脉冲数,然后通过脉冲数计算被测信号的周期,再根据频率与周期之间的倒数关系计算出频率值。

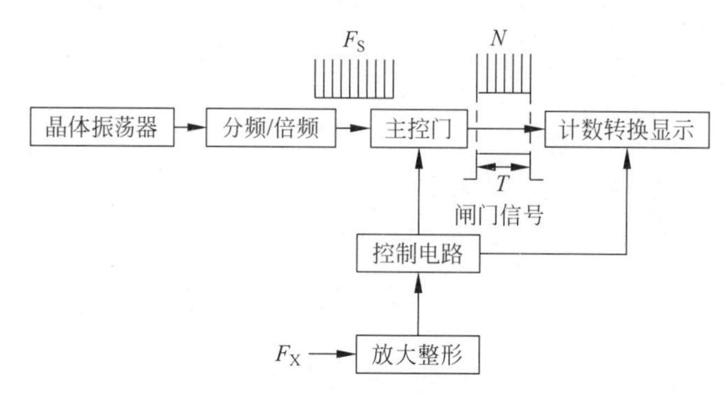

图 12-3 周期法频率计原理框图

设计任务:设计数字频率计,能够测量 0.1Hz~10kHz 低频信号的频率,要求频率测量误差的绝对值不大于 0.01%,应用数码管显示频率值。

分析:(1) 0.1Hz 信号的周期为 10s。若应用 50MHz 晶振信号统计被测信号的周期,则两个相邻脉冲之间需要统计 $10\times50\times10^6=5\times10^8$ 个脉冲,因此需要应用 29 位二进制计数器($2^{28}<5\times10^8<2^{29}$)进行计数。

(2) 被测信号的周期通常是以两个相邻脉冲的边沿为基准进行测量。信号边沿检测的方法是:应用同步器捕获和存储被测信号。若应用两级右移寄存器作为同步器,则当移存数据为 10 时表示检测到被测信号的上升沿,当移存数据为 01 时表示检测到被测信号的下降沿。

根据上述原理,描述信号边沿检测电路的 Verilog 代码参考如下:

```
module edge_detector (
  input det_clk,                    // 时钟,50MHz
  input rst_n,                      // 复位信号,低电平有效
  input x_signal,                   // 被测信号
  output wire rising_edge,          // 上升沿标志,高电平有效
  output wire fall_edge             // 下降沿标志,高电平有效
  );
  // 同步器定义
  reg [0:1] sync_reg;
  // 同步移存过程
```

```
  always @( posedge det_clk or negedge rst_n )
    if ( !rst_n )
      sync_reg <= 2'b00;
    else
      sync_reg[0:1] <= { x_signal, sync_reg[0] };
  // 边沿检测逻辑
  assign rising_edge = sync_reg[0] & ~sync_reg[1];
  assign fall_edge = ~sync_reg[0] & sync_reg[1];
endmodule
```

设计过程：周期法频率计内部需要应用状态机控制周期测量的工作过程，为此，先定义复位(RESET)、空闲(IDLE)、计数(COUNT)和结束(DONE)4 个状态。状态机设计的基本思路是：

(1) 复位信号有效时，强制状态机处于 RESET 状态。

(2) 复位信号撤销后，状态机转入 IDLE 状态，等待被测信号的有效沿。

(3) 检测到第一个有效沿时，状态机转入 COUNT 状态，开始对时钟脉冲进行计数。

(4) 检测到第二个有效沿时，状态机转入 DONE 状态，停止计数并输出周期计数值。

(5) 状态机处于 DONE 时，下一个时钟脉冲转入 IDLE 状态。

根据上述设计思路，周期测量状态机的状态转换关系如图 12-4 所示。

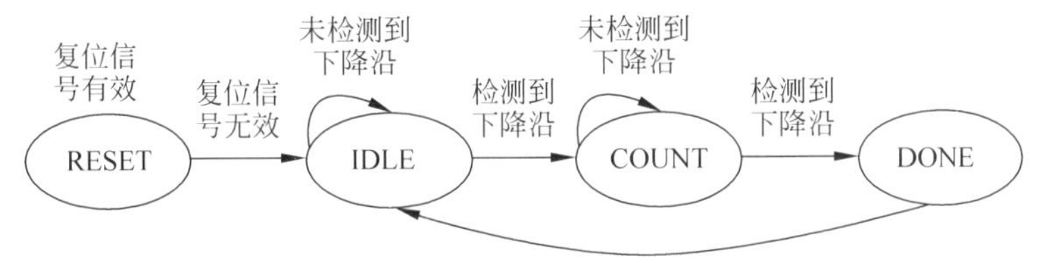

图 12-4 周期测量状态转换图

根据上述状态转换图，描述周期测量状态机的 Verilog 代码参考如下：

```
module period_detector (
  input det_clk,                             // 检测电路时钟,50MHz
  input rst_n,                               // 复位信号,低电平有效
  input x_signal,                            // 被测频率信号
  output reg [28:0] period_value             // 周期测量值
  );
  // 状态定义及编码
  localparam RESET  = 4'b0001;
  localparam IDLE   = 4'b0010;
  localparam COUNT  = 4'b0100;
  localparam DONE   = 4'b1000;
  // 内部线网和变量定义
  reg [0:1] sync_reg;                        // 同步寄存器
  wire fall_edge;                            // 下降沿标志
  reg [3:0] current_state,next_state;        // 现态与次态
  wire cnt_en;                               // 计数允许信号
  reg [28:0] period_cnt;                     // 周期计数值
```

```
    // 下降沿检测逻辑
    assign fall_edge = ~sync_reg[0] & sync_reg[1];
    // 计数允许逻辑
    assign cnt_en = ( current_state == COUNT );
    // 同步移存过程
    always @( posedge det_clk or negedge rst_n )
      if ( !rst_n ) sync_reg <= 2'b00;
        else sync_reg[0:1] <= { x_signal, sync_reg[0] };
    // 状态转换过程
    always @( posedge det_clk or negedge rst_n )
      if ( !rst_n ) current_state <= RESET;
        else current_state <= next_state;
    // 组合逻辑过程,描述次态
    always @ ( current_state )
      case ( current_state )
        RESET: next_state <= IDLE;
        IDLE: if ( fall_edge ) next_state = COUNT;
              else next_state = IDLE;
        COUNT: if ( fall_edge ) next_state = DONE;
               else next_state = COUNT;
        DONE: next_state = IDLE;
      default: next_state = RESET;
     endcase
    // 周期计数过程
    always @( posedge det_clk )
      if ( current_state == IDLE )
        period_cnt <= {33{1'b0}};
      else if ( cnt_en )
        period_cnt <= period_cnt + 1'b1;
    // 计数值锁存过程
    always @ ( current_state )
      if ( current_state == DONE )
        period_value <= period_cnt;
endmodule
```

在周期测量状态机的控制下,统计到被测信号周期的计数值 period_value 后,还需要应用除法运算将计数值换算为频率值,再应用移位加 3 算法将频率值转换为 BCD 码驱动数码管显示。这部分内容留给读者思考与实践。

12.4 设计实践

有限状态机设计模式规范,能够灵活地处理更为复杂的数字逻辑设计问题,在时序控制、行为建模、通信协议的实现等方面有着独特的应用。

12.4.1 交通灯控制器设计 2

交通灯主控制电路是时序逻辑电路,很容易采用状态机描述实现。根据 6.8.1 节的设计要求,可以画出如图 12-5 所示交通灯主控制器的状态转换图。

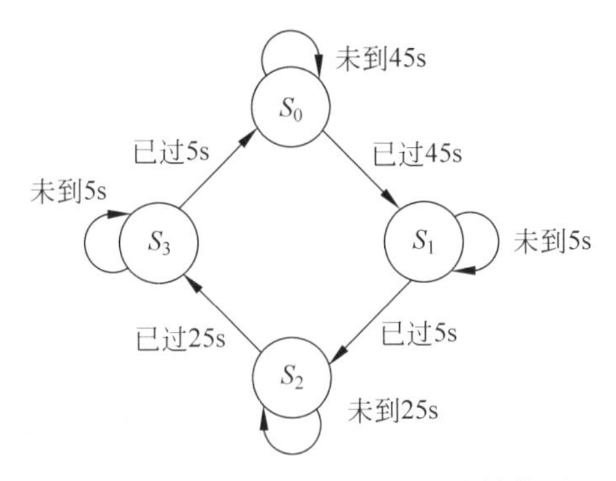

图 12-5　交通灯主控制器的状态转换图

1. 主控电路的描述

若定义 t_{45}、t_{25} 和 t_5 为 1 时分别表示 45s、25s 和 5s 计时时间已到，并设主干道的绿、黄和红灯分别用 mG、mY、mR 表示；支干道的绿、黄和红灯分别用 sg、sy、sr 表示，并且规定灯亮为 1，灯灭为 0，则描述交通灯主控电路的 Verilog 参考代码如下：

```
module traffic_controller
    ( clk,rst_n,t45,t5,t25,traffic_state,mG,mY,mR,sg,sy,sr );
    input clk,rst_n;
    input t45,t5,t25;
    output wire [3:0] traffic_state;                  // 需要显示计时时间时,状态需要输出
    output reg mG,mY,mR;                              // 主干道绿、黄、红灯
    output reg sg,sy,sr;                              // 支干道绿、黄、红灯
    // 状态及编码定义,独热码方式
     localparam S0 = 4'b0001, S1 = 4'b0010, S2 = 4'b0100, S3 = 4'b1000;
    // 内部变量定义
    reg [3:0] current_state,next_state;               // 现态和次态
    // 状态输出描述
    assign traffic_state = current_state;
     // 时序逻辑过程,描述状态转换
    always @( posedge clk or negedge rst_n )
      if ( !rst_n ) current_state <= S0;              // 异步复位
        else current_state <= next_state;             // 状态切换
    // 组合逻辑过程,确定次态
    always @( current_state,t45,t25,t5 )
      case ( current_state )
        S0 : if (t45) next_state = S1; else next_state = S0;
        S1 : if ( t5) next_state = S2; else next_state = S1;
        S2 : if (t25) next_state = S3; else next_state = S2;
        S3 : if ( t5) next_state = S0; else next_state = S3;
      default :       next_state = S0;
      endcase
    // 组合逻辑过程,描述输出
    always @( current_state )
     case ( current_state )
       S0: begin
```

```
            mG = 1; mY = 0; mR = 0;                   // 主干道绿灯
            sg = 0; sy = 0; sr = 1;                   // 支干道红灯
            end
        S1: begin
            mG = 0; mY = 1; mR = 0;                   // 主干道黄灯
            sg = 0; sy = 0; sr = 1;                   // 支干道红灯
            end
        S2: begin
            mG = 0; mY = 0; mR = 1;                   // 主干道红灯
            sg = 1; sy = 0; sr = 0;                   // 支干道绿灯
            end
        S3: begin
            mG = 0; mY = 0; mR = 1;                   // 主干道红灯
            sg = 0; sy = 1; sr = 0;                   // 支干道黄灯
            end
        default: begin                                // 其他取值时
            mG = 1; mY = 0; mR = 0;
            sg = 0; sy = 0; sr = 1;
            end
      endcase
endmodule
```

2. 计时电路设计

计时电路的设计与主、支干道的状态有关。若以倒计时方式分别显示主干道和支干道状态的剩余时间，则计时电路设计的 Verilog 描述代码参考如下：

```
module traffic_timer(clk,rst_n,state,t45,t5,t25,main_timer,sub_timer);
   input clk,rst_n;
   input [3:0] state;                           // 状态信息,来自 traffic_controller
   output wire t45,t5,t25;                      // 计时到输出信号,用于控制状态切换
   output reg [5:0] main_timer,sub_timer;       // 主干道和支干道计时信息,用于显示
   // 状态定义及编码,独热码方式
   localparam S0 = 4'b0001, S1 = 4'b0010, S2 = 4'b0100, S3 = 4'b1000;
   // 组合逻辑,计时时间到逻辑
   assign t45 = ( state == S0 ) && ( main_timer == 0 );
   assign t5 = ( main_timer == 0 ) && ( sub_timer == 0 );
   assign t25 = ( state == S2 ) && ( sub_timer == 0 );
   // 计时过程
   always @( posedge clk or negedge rst_n )
     if ( !rst_n ) begin                        // 复位有效时
       main_timer <= 45;                        // 从主干道通行开始
       sub_timer <= 50;
     end
       else                                     // 否则,在时钟作用下
         case ( state )                         // 分情况讨论
           S0: if ( t45 ) begin                 // 主干道通行时间到
                 main_timer <= 4;
                 sub_timer <= sub_timer - 1; end
               else begin
                 main_timer <= main_timer - 1;
```

```
                sub_timer <= sub_timer - 1; end
            S1: if ( t5 ) begin                 // 主干道停车时间到
                main_timer <= 29;
                sub_timer <= 24; end
              else begin
                main_timer <= main_timer - 1;
                sub_timer <= sub_timer - 1; end
            S2: if ( t25 ) begin                // 支干道通行时间到
                main_timer <= main_timer - 1;
                sub_timer <= 4; end
              else begin
                main_timer <= main_timer - 1;
                sub_timer <= sub_timer - 1; end
            S3: if ( t5 ) begin                 // 支干道停车时间到
                main_timer <= 44;
                sub_timer <= 49; end
              else begin
                main_timer <= main_timer - 1;
                sub_timer <= sub_timer - 1; end
            default: begin
                main_timer <= 45;
                sub_timer <= 50; end
          endcase
endmodule
```

将主控电路和计时电路两个模块通过例化连接即可设计出交通灯控制器顶层电路。

```
module traffic_top (
  input clk,
  input rst_n,
  output wire mG,mY,mR,
  output wire sg,sy,sr,
  output wire [5:0] main_timer,sub_timer );
  //内部线网定义
  wire t45,t5,t25;
  wire [3:0] traffic_state;
  // 主控电路例化
  traffic_controller traffic_controller_inst (
          .clk(clk),.rst_n(rst_n),
          .t45(t45),.t5(t5),.t25(t25),
          .traffic_state(traffic_state),
          .mG(mG),.mY(mY),.mR(mR),
          .sg(sg),.sy(sy),.sr(sr) );
  // 计时模块例化
  traffic_timer traffic_timer_inst (
         .clk(clk),.rst_n(rst_n),
         .state(traffic_state),
```

```
        .t45(t45),.t5(t5),.t25(25),
        .main_timer(main_timer),.sub_timer(sub_timer));
endmodule
```

需要注意的是,由于计时时间是以二进制方式计数的,因此显示主、支干道计时时间时,还需要将计时时间转换为 BCD 码,才能驱动数码管进行显示。转换电路应用移位加 3 算法进行设计,参看 10.5 节的转换原理和描述代码。

12.4.2 等精度频率计设计

直接测频法通过在单位时间范围内统计被测信号的脉冲数而实现频率测量。由于闸门信号的作用时间不一定与被测信号同步,统计时可能存在±1 个脉冲的计数误差,所以被测信号的频率越低,直接测频法的相对误差越大,存在着测量实时性和测量精度之间的矛盾。当被测信号的频率为 10Hz 时,如果要求频率测量的相对误差不大于 0.01%时,那么闸门信号的最短作用时间至少为 1000 秒。这样长的测量时间显然是无法接受的,因此直接测频法不适用于测量低频信号的频率。

应用边沿触发器能够产生与被测频率信号 B 严格同步的新闸门信号 A,从而能够消除计数误差,其原理电路和工作波形如图 5-30 所示。但是,由于 A 的作用时间受被测信号的控制,即使取原闸门信号 S 的作用时间为 1s,但 A 的作用时间不一定为 1s,因此用与门的输出作为计数器的时钟脉冲时,所统计的脉冲数并不能表示被测信号的频率值。改进的方法是,再添加一个与门和计数器,如图 12-6 所示,在 SG 为高电平期间同时对被测信号 f_x 和一个标准信号 f_s 进行计数,利用两个计数器的计数时间完全相同的关系推算出被测信号的频率值,电路的工作时序如图 12-7 所示。

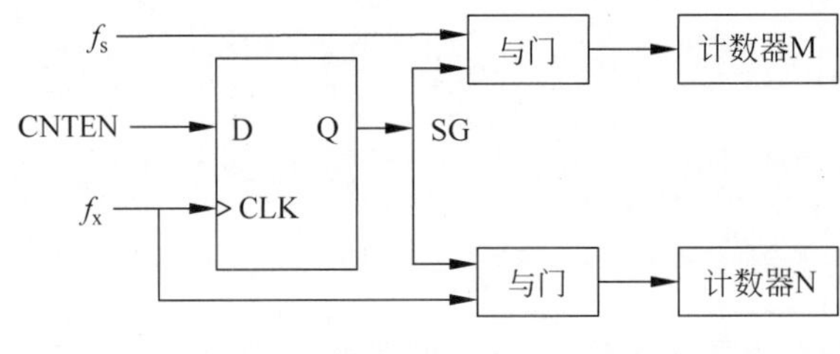

图 12-6　等精度测频法原理电路

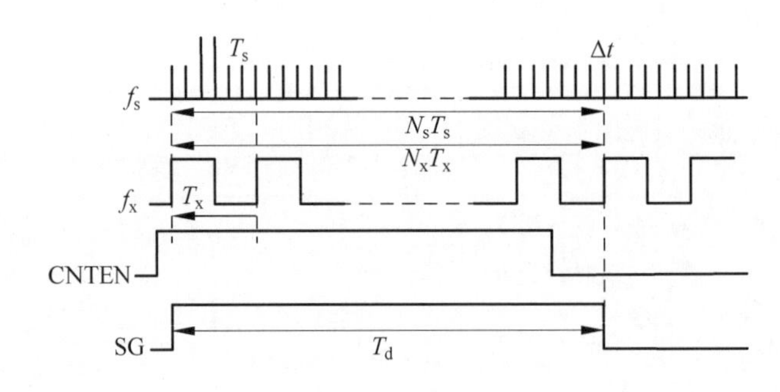

图 12-7　等精度测频法时序图

设闸门信号 SG 的作用时间为 T_d，标准信号 f_s 的周期为 T_s，被测信号 f_x 的周期为 T_x。设在 T_d 时间内对标准时钟信号和被测信号的计数值分别为 N_s 和 N_x，则 T_d 可表示为

$$T_d \approx N_s \cdot T_s$$

或

$$T_d = N_x \cdot T_x$$

取标准信号的频率很高，使 $T_s \ll T_d$ 时，可得

$$N_s \cdot T_s \approx N_x \cdot T_x$$

由于 $T_s = 1/f_s, T_x = 1/f_x$，代入上式整理得

$$f_x \approx f_s \cdot N_x / N_s$$

下面对等精度测频法的误差进行分析。设对标准信号所产生的计时误差为

$$\Delta t = T_d - N_s \cdot T_s$$

由于 Δt 最大为一个标准信号的周期，即 $\Delta t \leqslant T_s$，因此

$$f_x \approx N_x / (N_s \cdot T_s) = N_x / (T_d - \Delta t)$$

设被测信号频率精确值 $f_{x0} = N_x / T_d$，所以频率测量的相对误差为

$$\delta = (f_x - f_{x0}) / f_{x0} = \Delta t / (T_d - \Delta t)$$

当 $T_d \gg \Delta t$ 时，

$$\delta_{max} = T_s / (T_d - T_s) \approx T_s / T_d$$

由 δ_{max} 表达式可知，等精度测频法的相对误差与被测信号频率无关，仅取决于标准信号周期 T_s 与闸门时间 T_d 的比值。标准信号频率越高，或者闸门时间越长，则频率测量的相对误差就越小。表 12-3 是应用 10MHz 标准信号时，闸门时间 T_d 与测量精度的对应关系。

表 12-3 闸门时间与测量精度对应关系表

闸门时间 T_d/s	测量精度/%
0.01	$\leqslant 10^{-3}$
0.1	$\leqslant 10^{-4}$
1	$\leqslant 10^{-5}$

设计任务：设计周期性矩形脉冲频率测量仪，测量脉冲信号频率范围为 100Hz～100MHz。要求频率测量误差的绝对值不大于 0.01%。

分析：设计任务要求 $\delta_{max} = 0.01\%$，若取标准信号频率为 50MHz 时，要求闸门的最小时间为

$$T_d = T_s / \delta_{max} = 2 \times 10^{-8} / 0.0001\text{s} = 2 \times 10^{-4}\text{s}$$

即闸门时间不小于 200μs 即可以满足测量精度的要求。

设计过程：等精度频率计的设计方案如图 12-8 所示，其中主控电路、频率测量和计算电路以及数值转换与显示译码电路均在 FPGA 中实现。

等精度测量和频率计算电路具体的实现方法如图 12-9 所示。闸门信号 CNTEN 跳变为高电平时，必须等到被测信号的上升沿到来将 D 触发器置 1 时，才开始对标准信号和被

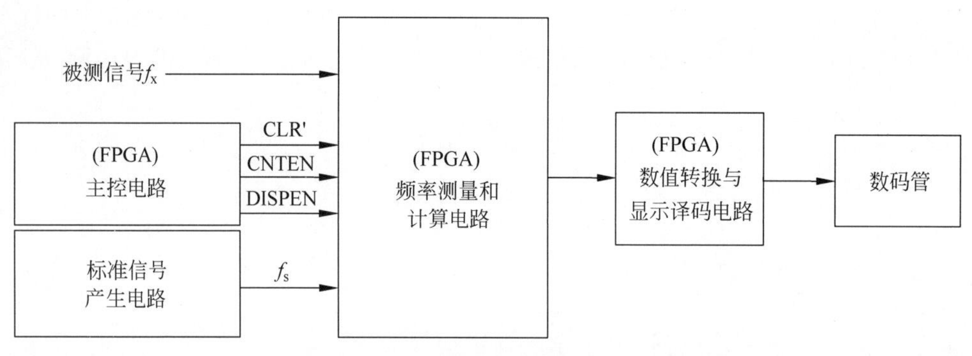

图 12-8　等精度频率计总体设计方案

测信号同时进行计数。当闸门信号 CNTEN 结束时，也必须等到被测信号的上升沿到来时将 D 触发器置 0 时，才同时停止对标准信号和被测信号进行计数。在主控电路的作用下锁存计数值，经计算输出测频结果。

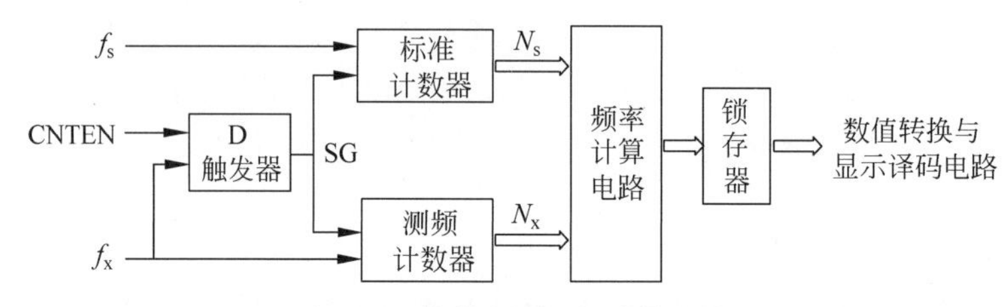

图 12-9　等精度测量与计算电路

等精度频率计的顶层设计电路如图 12-10 所示，其中分频模块 fp50MHz_8Hz 用于将系统时钟 50MHz 信号分频为 8Hz，为主控电路 freqer_ctrl 提供时钟。取闸门信号 CNTEN 的作用为 1s，需要测量不高于 100MHz 信号的频率时，则需要应用 27 位二进制计数器进行计数。受 EDA 开发环境中乘法器功能的限制，取标准计数器 FScnt 和测频计数器为 28 位。在主控电路的作用下，统计到标准信号 f_s(50MHz)的计数值 N_s 和被测信号 f_x 的计数值 N_x 后，应用乘法器 fmult 和除法器 fdiv 计算出被测信号的频率值(56 位商数和 28 位小数)，锁存后送给数值转换(应用移位加 3 算法将二进制频率值转换为 BCD 码)与显示译码模块 HEX7_8 驱动 8 位数码管显示频率值。

需要注意的是，要求频率测量范围为 100Hz～100MHz 时，为了提高频率显示的准确度，需要在模块 HEX7_8 中定义和自动切换显示格式。这部分内容留给读者思考与实践。

另外，在等精度频率计顶层设计电路中，可以扩展部分功能电路，以实现脉冲占空比的测量，进而能够实现序列的相差检测。这部分内容同样留给读者思考与实践。

12.4.3　VGA 时序控制器设计

VGA 是 IBM 公司定义的视频显示接口，具有分辨率高、显示速率快和色彩丰富等优点，目前仍广泛应用于计算机、投影仪和液晶电视等电子产品。VGA 采用 D-SUB 15 物理接口，如图 12-11 所示。

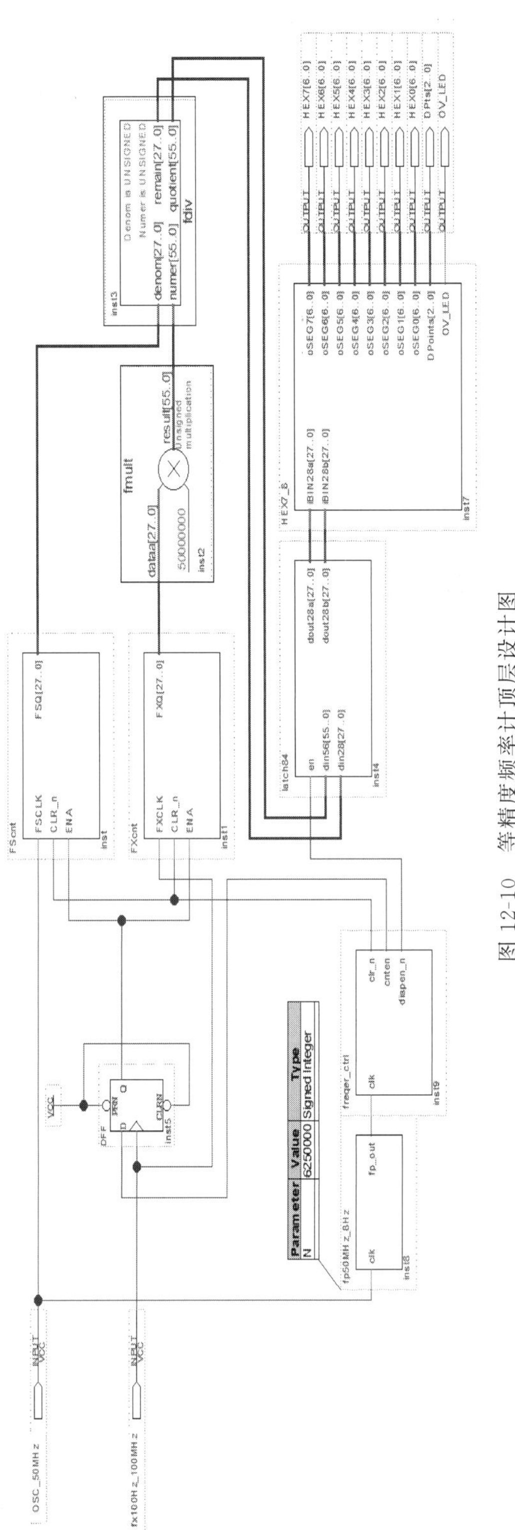

图 12-10　等精度频率计顶层设计图

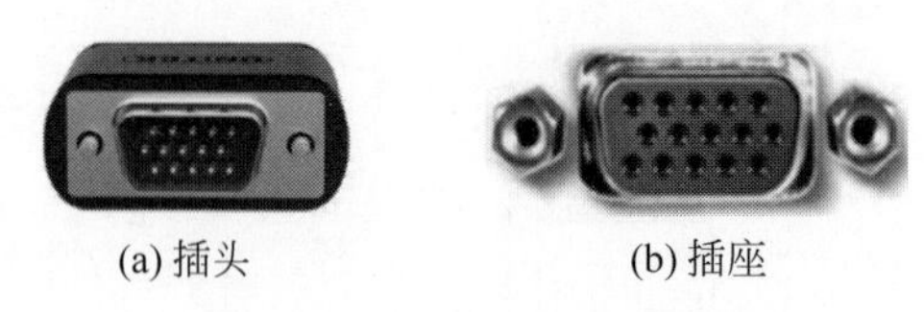

图 12-11　VGA 物理接口

VGA 主要有 5 个信号：行同步和场同步数字信号，以及红、绿、蓝三基色模拟信号。要能正确地显示图像，必须提供精准的行同步和场同步信号。

行同步、场同步信号的时序如图 12-12 所示，分为前沿、同步头、后沿和显示四个段。不同的是，行同步信号以像素(pixel)为单位，而场同步信号则以行(line)为单位。行、场同步头(a 段)低电平有效，b、c 和 d 段时，则为高电平。c 段时显示图像，其余时段则处于消隐状态。

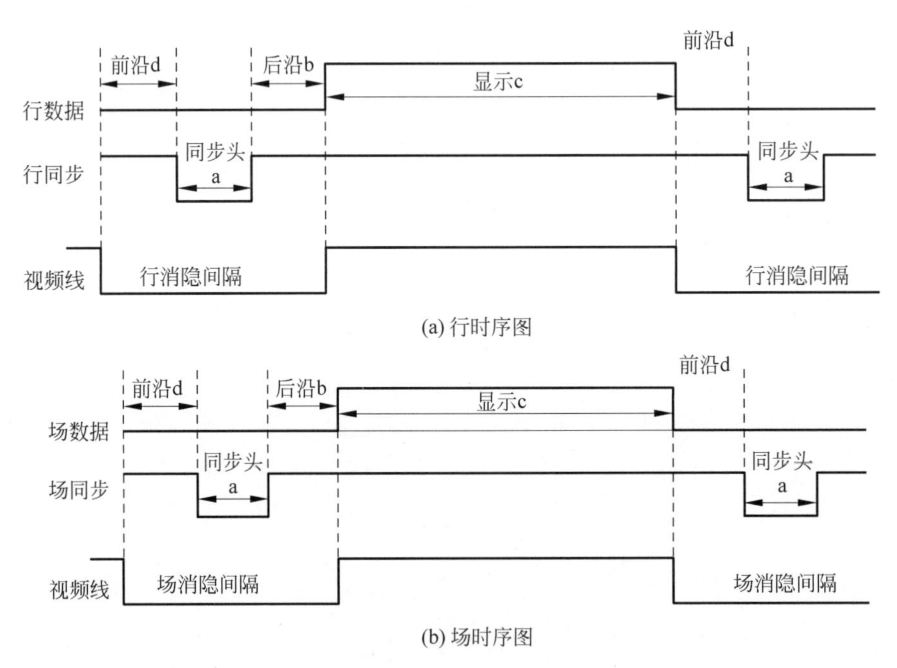

图 12-12　VGA 行场时序图

VGA 将图像按行划分为若干个像素，按列划分为若干行，采用动态扫描方式进行刷新，如图 12-13 所示。具体的工作过程是：从图像的左上方开始，从左向右、从上到下逐行(或者隔行)扫描。每扫描完一行后回扫到图像左侧下一行的起始位置，开始扫描下一行，并且在回扫期间消隐。行扫描过程用行同步信号进行同步，场扫描过程用场同步信号进行同步。扫描完一帧完整图像后，再回扫到图像的左上方，开始进行下一帧扫描。

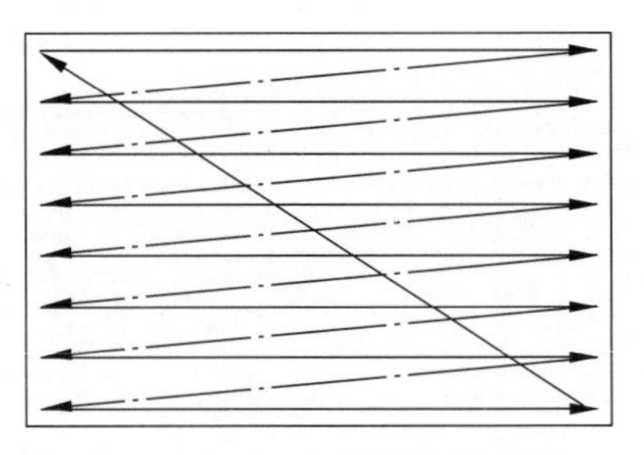

图 12-13　VGA 图像扫描过程

不同显示模式的行、场同步信号的具体参数如表 12-4 所示，其中“@ 60Hz”表示每秒扫描 60 帧图像。

表 12-4　行、场同步信号参数

显示模式 @60Hz	像素时钟 /MHz	行同步参数/pixel					场同步参数/line				
		a 段	b 段	c 段	d 段	总像素	a 段	b 段	c 段	d 段	总行数
640×480	25.2	96	48	640	16	800	2	33	480	10	525
800×600	50	120	64	800	56	1040	6	23	600	37	666
1024×768	65	136	160	1024	24	1344	6	29	768	3	806
1280×720	74.25	40	220	1280	110	1650	5	20	720	5	750
1280×1024	108	112	248	1280	48	1688	3	38	1024	1	1066
1920×1080	148.5	44	148	1920	88	2200	5	36	1080	4	1125

设计任务：设计 VGA 时序控制器，能够为 640×480@60Hz 显示模式提供行、场同步信号以及像素点坐标。

分析：从表 12-4 中可以看出，分辨率为 640×480 的图像每行共有 800 个像素点，其中显示段像素点为 640 个；每场共有 525 行，其中显示行数为 480 行。因此，显示 640×480@60Hz 图像时，VGA 像素时钟的频率应为 800×525×60＝25.2MHz。

VGA 时序控制器设计与 VGA 硬件电路有关。若 VGA 接口电路如图 12-14 所示，用 FPGA 输出 4 位红、绿、蓝三基色数字信号，通过权电阻网络转换为模拟信号，提供给 VGA 接口输出。

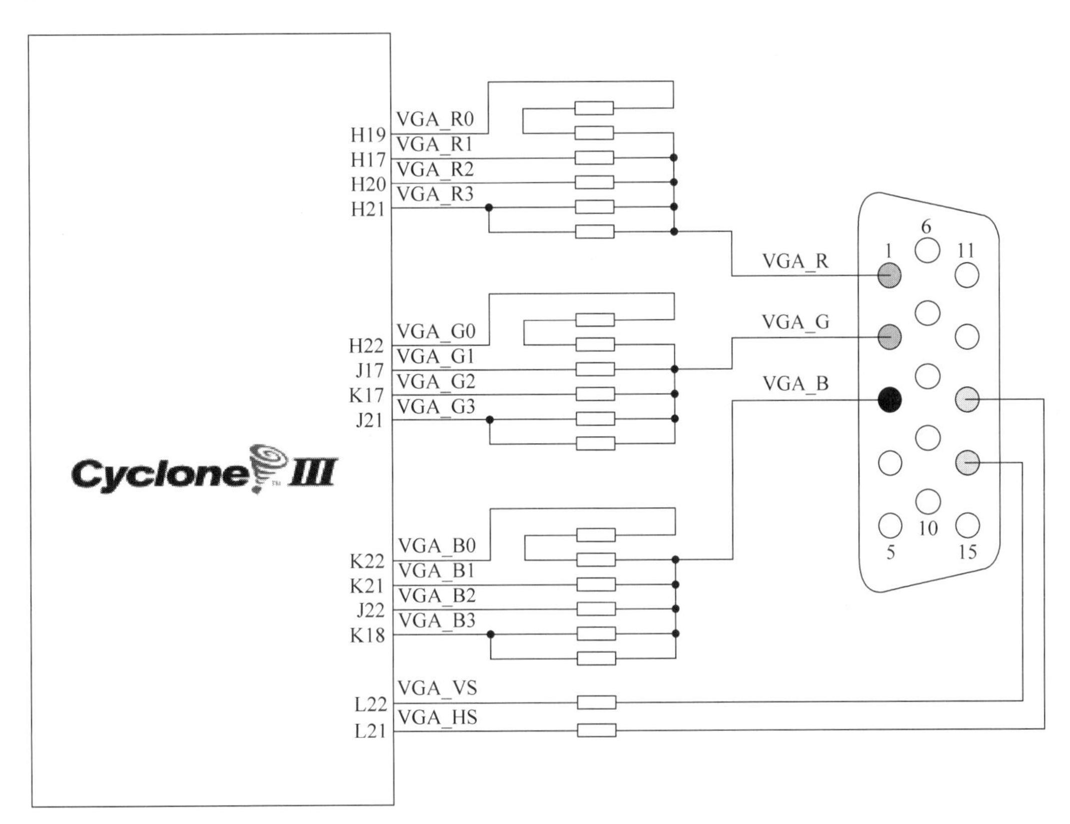

图 12-14　VGA 接口电路

设计过程：基于 FPGA 实现 VGA 图像显示的应用系统结构如图 12-15 所示，由 VGA 时钟产生电路、VGA 时序控制器和像素生成电路三部分组成。时钟产生电路用于产生 VGA 时序控制器所需要的像素时钟，时序控制器用于生成行、场同步信号以及像素点坐标，而像素生成电路则根据当前像素点坐标输出相应的 RGB 像素值，然后通过三通道 D/A 转换器将 RGB 像素值转换为三基色模拟信号，驱动 VGA 显示图像。

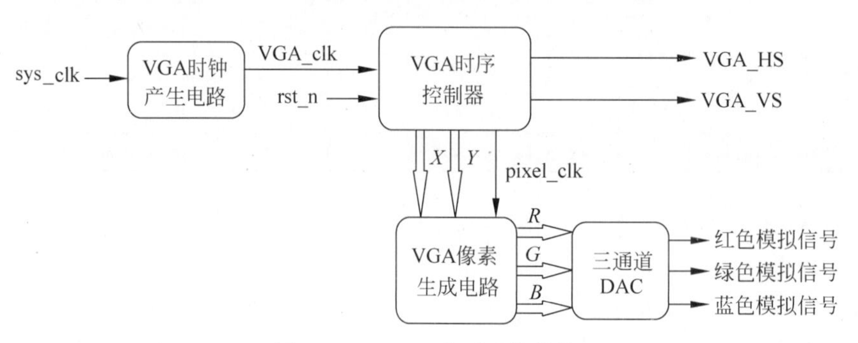

图 12-15　VGA 应用系统结构

VGA 时序控制器的结构框图如图 12-16 所示，由两个过程语句组成。其中第一个过程语句 always(1)用于产生行同步信号 VGA_HS 和像素行坐标 X，第二个过程语句 always(2)用于产生场同步信号 VGA_VS 和像素列坐标 Y。同时，VGA 时序控制器还需要为像素生成电路提供时钟。

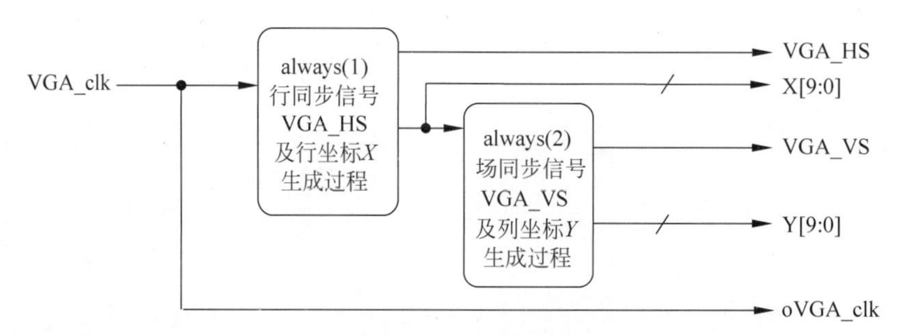

图 12-16　VGA 时序控制器结构框图

根据上述结构框图，描述 640×480@60Hz 显示模式行、场同步信号以及像素点坐标 X、Y 的 VGA 时序控制器的 Verilog HDL 代码参考如下：

```
module VGA_controller (
  input           iVGA_clk,                         // 时钟,50MHz
  input           rst_n,                            // 复位信号
  output wire     oVGA_clk,                         // VGA 输出时钟
  output reg      VGA_HS,                           // VGA 行同步信号
  output reg      VGA_VS,                           // VGA 场同步信号
  output reg [9:0] X,                               // 像素行坐标 X
  output reg [9:0] Y                                // 像素列坐标 Y
  );
  // 640×480@60Hz 行参数定义
  localparam H_FRONT = 16;                          // 前沿
  localparam H_SYNC  = 96;                          // 同步头
```

```
    localparam H_BACK = 48;                               // 后沿
    localparam H_ACT = 640;                               // 显示
    localparam H_BLANK = H_FRONT + H_SYNC + H_BACK;       // 消隐期
    localparam H_TOTAL = H_FRONT + H_SYNC + H_BACK + H_ACT; // 总像素
    // 640 × 480@60Hz 场参数定义
    localparam V_FRONT = 10;                              // 前沿
    localparam V_SYNC = 2;                                // 同步头
    localparam V_BACK = 33;                               // 后沿
    localparam V_ACT = 480;                               // 显示
    localparam V_BLANK = V_FRONT + V_SYNC + V_BACK;       // 消隐期
    localparam V_TOTAL = V_FRONT + V_SYNC + V_BACK + V_ACT; // 总行数
    // 内部变量定义
    reg       VGA_clk;                                    // VGA 时钟
    reg [9:0] H_cnt;                                      // 行计数器
    reg [9:0] V_cnt;                                      // 场计数器
    // VGA 输出时钟逻辑
    assign oVGA_clk = iVGA_clk;
    // 行同步信号 VGA_HS 和行像素坐标 X 生成过程
    always @( posedge iVGA_clk or negedge rst_n ) begin
       if ( rst_n ) H_cnt <= 0;                           // 行计数
         else if( H_cnt < H_TOTAL ) H_cnt <= H_cnt + 1'b1;
           else H_cnt <= 0;
       // 行同步头生成,检测行前沿结束点和同步头结束点
       if( H_cnt == H_FRONT - 1 )VGA_HS <= 1'b0;
       if( H_cnt == H_FRONT + H_SYNC - 1 ) VGA_HS <= 1'b1;
       // 行像素坐标生成
       if ( H_cnt >= H_BLANK) X <= H_cnt - H_BLANK;
         else X <= 0;
    end
    // 场同步信号 VGA_VS 和列坐标 Y 生成过程
    always @( posedge VGA_HS or negedge rst_n ) begin
      if ( rst_n ) V_cnt <= 0;                            // 场计数
        else if ( V_cnt < V_TOTAL ) V_cnt <= V_cnt + 1'b1;
          else V_cnt <= 0;
      // 场同步头生成,检测场前沿结束点和同步头结束点
      if( V_cnt == V_FRONT - 1 ) VGA_VS <= 1'b0;
      if ( V_cnt == V_FRONT + V_SYNC - 1 ) VGA_VS <= 1'b1;
      // 列像素坐标生成
      if ( V_cnt >= V_BLANK ) Y <= V_cnt - V_BLANK;
        else Y <= 0;
    end
endmodule
```

为了测试 VGA 时序控制器的功能，还需要编写像素生成模块，产生 RGB 数字量送给 VGA 接口电路转换为模拟信号，在 VGA 时序控制器的作用下，在 VGA 显示器像素坐标点 (X、Y) 上显示相应的色彩信息。

描述 8×8 彩色方格图像的 Verilog HDL 代码参考如下：

```
module VGA_pattern ( VGA_clk,X,Y,VGA_red,VGA_gre,VGA_blue );
   input VGA_clk;                                   // 来自 oVGA_clk
   input [9:0] X,Y;                                 // 像素点坐标
   output reg [3:0] VGA_red;                        // 红色分量值
   output reg [3:0] VGA_gre;                        // 绿色分量值
   output reg [3:0] VGA_blue;                       // 蓝色分量值
   // 方格色彩定义
   always @( posedge VGA_clk ) begin
     // 将 VGA 显示区按行等分为 4 个区,从上向下红色分量依次增强
     VGA_red <= ( Y < 120 )                ?  4  :
                ( Y >= 120 && Y < 240 )    ?  8  :
                ( Y >= 240 && Y < 360 )    ?  12 : 15 ;
     // 将 VGA 显示区按列等分为 8 个区,从左向右绿色分量依次增强
     VGA_gre <= ( X < 80 )                 ?  2  :
                ( X >= 80 && X < 160 )     ?  4  :
                ( X >= 160 && X < 240 )    ?  6  :
                ( X >= 240 && X < 320 )    ?  8  :
                ( X >= 320 && X < 400 )    ?  10 :
                ( X >= 400 && X < 480 )    ?  12 :
                ( X >= 480 && X < 560)     ?  14 : 15 ;
     // 将 VGA 显示区再按行等分为 8 个区,从上向下蓝色分量依次减弱
     VGA_blue <= ( Y < 60 )                ?  15 :
                 ( Y >= 60 && Y < 120 )    ?  14 :
                 ( Y >= 120 && Y < 180 )   ?  12 :
                 ( Y >= 180 && Y < 240 )   ?  10 :
                 ( Y >= 240 && Y < 300 )   ?  8  :
                 ( Y >= 300 && Y < 360 )   ?  6  :
                 ( Y >= 360 && Y < 420 )   ?  4  : 2 ;
     end
endmodule
```

将 VGA 时序控制器 VGA_controller 和像素生成模块 VGA_pattern 连接成顶层测试电路,Verilog 描述代码参考如下:

```
module VGA_pattern_tst (
   input sys_clk,                          // 系统时钟,50MHz
   input rst_n,                            // 复位信号
   output VGA_HS,VGA_VS,                   // 行、场同步信号
   output [3:0] VGA_red,VGA_green,VGA_blue
   );
   // 内部变量和线网定义
   reg VGA_clk;
   wire oVGA_clk,
   wire [9:0] X,Y;
   // VGA 时钟产生过程,25MHz
   always @( posedge sys_clk )
     VGA_clk <= VGA_clk + 1'b1;
   // VGA 时序控制器例化
   VGA_controller VGA_controller_inst (
```

```
        .iVGA_clk(VGA_clk),.rst_n(rst_n),.oVGA_clk(oVGA_clk),
        .VGA_HS(VGA_HS),.VGA_VS(VGA_VS),.X(X),.Y(Y) );
    VGA_pattern VGA_pattern_inst (
          .VGA_clk(oVGA_clk),.X(X),.Y(Y),.
          .VGA_red(VGA_red),.VGA_gre(VGA_green),.VGA_blue(VGA_blue) );
endmodule
```

本章小结

Verilog HDL的状态机描述方法具有固定的模式，易于构成性能良好的同步时序电路，在高速运算和实时控制方面具有巨大的优势。

有限状态机可采用一段式、两段式和三段式三种描述方式。

一段式状态机把组合逻辑和时序逻辑用一个always过程语句描述，输出为寄存器输出，无竞争-冒险现象，可靠性高。但一段式状态机代码难于修改和调试，一般避免使用。

两段式状态机采用两个always语句，一个用于描述时序逻辑，另一个用于描述组合逻辑。时序always语句用于描述状态的转换关系，组合always语句用于描述次态的转换条件和输出。两段式状态机结构清晰，但由于输出为组合逻辑电路，存在竞争-冒险现象。

三段式状态机采用三个always语句，其中两个时序always语句分别用来描述状态的转换关系和输出，组合always语句用于确定电路的次态。三段式状态机的输出为寄存器输出，无竞争-冒险现象，并且代码清晰易读，但占用的资源比两段式多。

习题

12.1　用状态机设计序列检测器，能够从输入的二进制序列中检测出1111序列信号，输出检测结果。

12.2　设计序列检测器，能够从输入的二进制序列中检测出110110序列信号，输出检测结果。

*12.3　设计周期性矩形脉冲占空比测量仪。设测量脉冲信号幅度为3.3～5V，频率范围为10Hz～2MHz，占空比范围为10%～90%。要求占空比测量频率误差不大于0.1%。

*12.4　设计周期性矩形脉冲频率测量仪。设测量脉冲信号幅度为0.1～5V，频率范围为10Hz～2MHz。要求频率测量频率误差不大于0.1%。

*12.5　设计图题12-5所示的移相信号发生器。具体要求如下：

(1) 输出信号A和B的频率范围均为20Hz～20kHz，步进为20Hz；

(2) 输出信号A和B的相差范围为0～359°，步进为1°；

(3) 应用数码管显示两路输出信号的频率值和相位差。

*12.6　设计图题12-6所示的相位测量仪。具体要求如下：

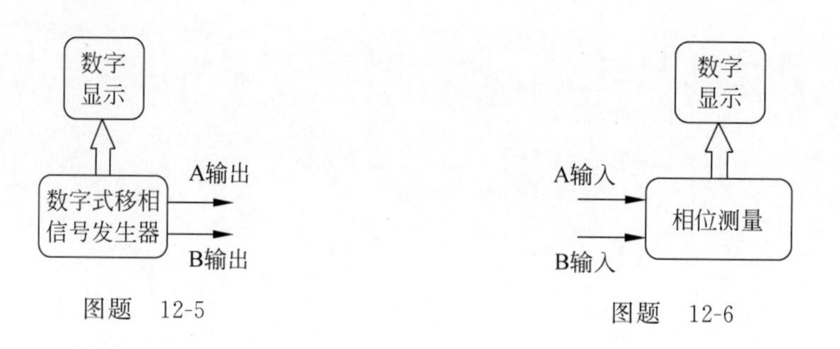

图题 12-5　　图题 12-6

(1) 测量信号的频率范围为 20Hz～20kHz 时,相差测量的绝对误差≤2°;

(2) 具有频率测量和显示功能;

(3) 显示相差读数,要求分辨率为 0.1°。

附录A 常用门电路逻辑符号对照表

APPENDIX A

名　称	曾用符号	逻辑符号	国标符号
与门			&
或门	+		≥1
非门			1
与非门			&
或非门	+		≥1
与或非门	+		& ≥1
异或门	⊕		=1
同或门	⊙		=1
传输门	TG		&
OC/OD门			&
三态门		EN	&

附录B 常用数字器件引脚速查

APPENDIX B

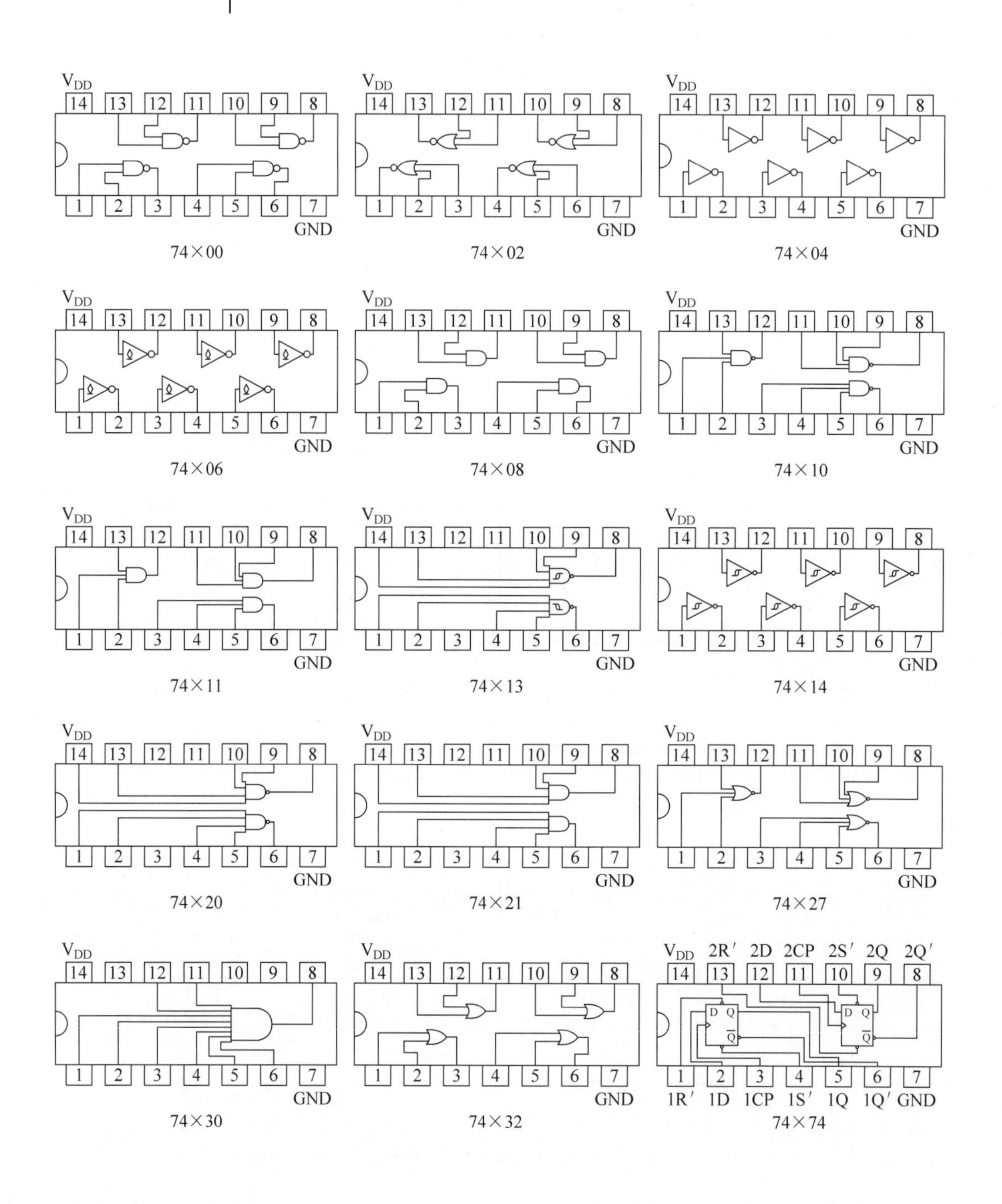

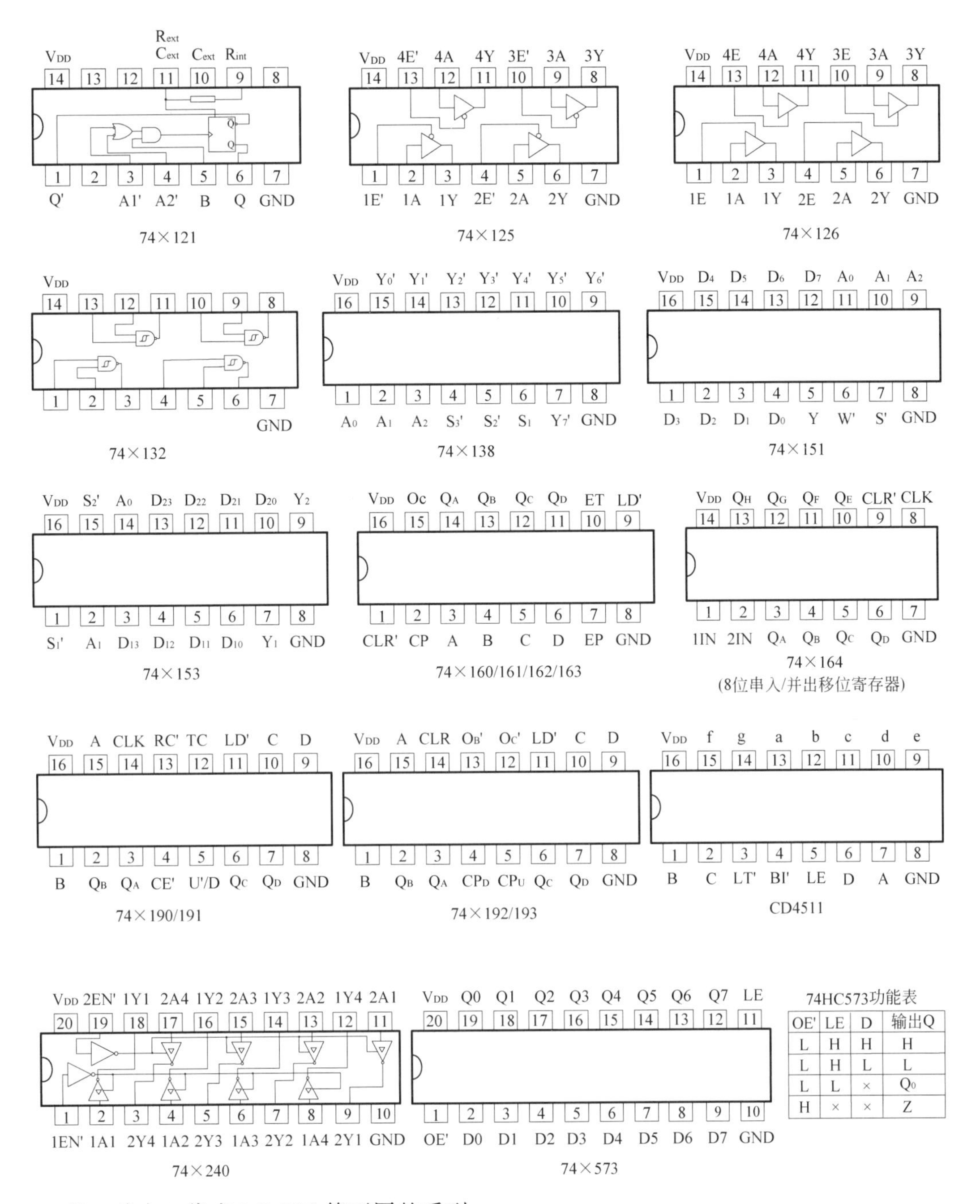

OE'	LE	D	输出Q
L	H	H	H
L	H	L	L
L	L	×	Q_0
H	×	×	Z

注：其中×代表 LS、HC 等不同的系列。

参 考 文 献

[1] 阎石.数字电子技术基础[M].5版.北京：高等教育出版社，2006.

[2] WAKERLY J F.数字设计——原理与实践[M].林生，等译.北京：机械工业出版社，2011.

[3] TOCCI R J，WIDMER N S，MOSS G L.数字系统原理与应用[M].林涛，梁宝娟，杨照辉，等译.9版.北京：电子工业出版社，2005.

[4] 张俊涛，陈晓莉.数字电子技术基础[M].西安：西安交通大学出版社，2022.

[5] 鲍家元，毛文林.数字逻辑[M].2版.北京：高等教育出版社，2002.

[6] 杨颂华.数字技术基础[M].2版.西安：西安电子科技大学出版社，2009.

[7] 林涛.数字电子技术基础[M].北京：清华大学出版社，2006.

[8] 白中英，谢松云.数字逻辑[M].6版.北京：科学出版社，2012.

[9] 潘松，陈龙，黄继业.EDA技术与Verilog HDL[M].2版.北京：清华大学出版社，2013.

[10] 何宾.EDA原理及Verilog实现[M].北京：清华大学出版社，2010.

[11] 康磊，张燕燕.Verilog HDL数字系统设计——原理、实例及仿真[M].西安：西安电子科技大学出版社，2012.

[12] 张俊涛，陈晓莉.现代EDA技术及应用[M].北京：清华大学出版社，2022.